资源与环境保护系列丛书之六

矿产资源开发 环境保护政策法规

生态环境部环境工程评估中心　编

中国环境出版集团·北京

图书在版编目（CIP）数据

矿产资源开发环境保护政策法规/生态环境部环境工程评估中心编．—北京：中国环境出版集团，2020.10

（资源与环境保护系列丛书；六）

ISBN 978-7-5111-4459-1

Ⅰ．①矿…　Ⅱ．①生…　Ⅲ．①矿产资源开发—环境保护政策—汇编—中国②矿产资源开发—环境保护法—汇编—中国　Ⅳ．①X322②D922.689

中国版本图书馆 CIP 数据核字（2020）第 191049 号

出 版 人　武德凯
责任编辑　李兰兰
责任校对　任　丽
封面设计　宋　瑞

更多信息，请关注
中国环境出版集团
第一分社

出版发行　中国环境出版集团
（100062　北京市东城区广渠门内大街 16 号）
网　　址：http：//www.cesp.com.cn
电子邮箱：bjgl@cesp.com.cn
联系电话：010-67112765（编辑管理部）
010-67112735（第一分社）
发行热线：010-67125803，010-67113405（传真）

印　　刷　北京建宏印刷有限公司
经　　销　各地新华书店
版　　次　2020 年 10 月第 1 版
印　　次　2020 年 10 月第 1 次印刷
开　　本　787×960　1/16
印　　张　42
字　　数　900 千字
定　　价　120.00 元

《矿产资源开发环境保护政策法规》
编 写 委 员 会

编写委员会

前　言

矿产资源是社会发展之基、生产之要，矿产资源合理开发事关国家现代化建设全局。但我国矿产资源大规模、高强度、粗放式开发，对生态环境造成了严重的破坏，且历史欠账较多，制约了矿业健康发展。为促进矿业绿色可持续发展，我国先后出台了一系列矿产资源开发法律法规、政策、标准、导则及规范。

为推进矿产资源开发领域生态文明建设，适应新时代新发展需要，帮助各级生态环境管理部门、矿产资源开发企业、环境影响评价机构、技术评估机构等相关单位人员及时熟悉和掌握矿产资源开发政策法规要求，提高矿产资源开发环境保护整体水平，生态环境部环境工程评估中心组织编写了《矿产资源开发环境保护政策法规》一书，书中全面系统收集整理了我国矿产资源开发环境保护相关法律法规 30 项，中共中央、国务院文件 12 项，部门规章 37 项，相关规划 11 项，环境保护政策 12 项，环境标准 14 项，导则及规范 20 项。

在本书编写出版过程中，生态环境部、中煤科工重庆设计研究院（集团）有限公司等单位给予了大力支持，中国环境出版集团领导和编校人员付出了辛勤劳动，在此表示衷心的感谢。

由于时间紧迫，书中难免有缺漏，敬请广大读者批评指正。

编　者

2020 年 4 月

目　录

一、法律法规

二、中共中央、国务院文件

三、部门规章

四、相关规划

五、环境保护政策

六、标准

七、导则、规范

一、法律法规

中华人民共和国矿产资源法（节选）

（1986 年 3 月 19 日第六届全国人民代表大会常务委员会第十五次会议通过 1986 年 3 月 19 日中华人民共和国主席令第三十六号公布 根据 1996 年 8 月 29 日第八届全国人民代表大会常务委员会第二十一次会议《关于修改〈中华人民共和国矿产资源法〉的决定》第一次修正 根据 2009 年 8 月 27 日第十一届全国人民代表大会常务委员会第十次会议《关于修改部分法律的决定》第二次修正）

第二章 矿产资源勘查的登记和开采的审批

第二十条 非经国务院授权的有关主管部门同意，不得在下列地区开采矿产资源：

（一）港口、机场、国防工程设施圈定地区以内；

（二）重要工业区、大型水利工程设施、城镇市政工程设施附近一定距离以内；

（三）铁路、重要公路两侧一定距离以内；

（四）重要河流、堤坝两侧一定距离以内；

（五）国家划定的自然保护区、重要风景区，国家重点保护的不能移动的历史文物和名胜古迹所在地；

（六）国家规定不得开采矿产资源的其他地区。

第二十一条 关闭矿山，必须提出矿山闭坑报告及有关采掘工程、不安全隐患、土地复垦利用、环境保护的资料，并按照国家规定报请审查批准。

第二十二条 勘查、开采矿产资源时，发现具有重大科学文化价值的罕见地质现象以及文化古迹，应当加以保护并及时报告有关部门。

第四章 矿产资源的开采

第二十九条 开采矿产资源，必须采取合理的开采顺序、开采方法和选矿工艺。矿山企业的开采回采率、采矿贫化率和选矿回收率应当达到设计要求。

第三十条 在开采主要矿产的同时，对具有工业价值的共生和伴生矿产应当统一规划，综合开采，综合利用，防止浪费；对暂时不能综合开采或者必须同时采出而暂时还不能综合利用的矿产以及含有有用组分的尾矿，应当采取有效的保护措施，防止损失破坏。

第三十二条 开采矿产资源，必须遵守有关环境保护的法律规定，防止污染环境。

开采矿产资源，应当节约用地。耕地、草原、林地因采矿受到破坏的，矿山企业应当因地制宜地采取复垦利用、植树种草或者其他利用措施。

开采矿产资源给他人生产、生活造成损失的，应当负责赔偿，并采取必要的补救措施。

第六章 法律责任

第四十四条 违反本法规定，采取破坏性的开采方法开采矿产资源的，处以罚款，可以吊销采矿许可证；造成矿产资源严重破坏的，依照刑法有关规定对直接责任人员追究刑事责任。

中华人民共和国水法（节选）

（1988 年 1 月 21 日第六届全国人民代表大会常务委员会第 24 次会议通过 2002 年 8 月 29 日第九届全国人民代表大会常务委员会第二十九次会议修订通过 根据 2009 年 8 月 27 日第十一届全国人民代表大会常务委员会第十次会议通过的《全国人民代表大会常务委员会关于修改部分法律的决定》修改 根据 2016 年 7 月 2 日第十二届全国人民代表大会常务委员会第二十一次会议通过的《全国人民代表大会常务委员会关于修改〈中华人民共和国节约能源法〉等六部法律的决定》修改）

第四章 水资源、水域和水工程的保护

第三十一条 从事水资源开发、利用、节约、保护和防治水害等水事活动，应当遵守经批准的规划；因违反规划造成江河和湖泊水域使用功能降低、地下水超采、地面沉降、水体污染的，应当承担治理责任。

开采矿藏或者建设地下工程，因疏干排水导致地下水水位下降、水源枯竭或者地面塌陷，采矿单位或者建设单位应当采取补救措施；对他人生活和生产造成损失的，依法给予补偿。

第三十六条 在地下水超采地区，县级以上地方人民政府应当采取措施，严格控制开采地下水。在地下水严重超采地区，经省、自治区、直辖市人民政府批准，可以划定地下水禁止开采或者限制开采区。在沿海地区开采地下水，应当经过科学论证，并采取措施，防止地面沉降和海水入侵。

第三十九条 国家实行河道采砂许可制度。河道采砂许可制度实施办法，由国务院规定。

在河道管理范围内采砂，影响河势稳定或者危及堤防安全的，有关县级以上人民政府水行政主管部门应当划定禁采区和规定禁采期，并予以公告。

第四十三条 国家对水工程实施保护。国家所有的水工程应当按照国务院的规定划定工程管理和保护范围。

国务院水行政主管部门或者流域管理机构管理的水工程，由主管部门或者流域管理机构商有关省、自治区、直辖市人民政府划定工程管理和保护范围。

前款规定以外的其他水工程，应当按照省、自治区、直辖市人民政府的规定，划定工程保护范围和保护职责。

在水工程保护范围内，禁止从事影响水工程运行和危害水工程安全的爆破、打井、采石、取土等活动。

第七章　法律责任

第七十二条　有下列行为之一，构成犯罪的，依照刑法的有关规定追究刑事责任；尚不够刑事处罚，且防洪法未作规定的，由县级以上地方人民政府水行政主管部门或者流域管理机构依据职权，责令停止违法行为，采取补救措施，处一万元以上五万元以下的罚款；违反治安管理处罚法的，由公安机关依法给予治安管理处罚；给他人造成损失的，依法承担赔偿责任：

（一）侵占、毁坏水工程及堤防、护岸等有关设施，毁坏防汛、水文监测、水文地质监测设施的；

（二）在水工程保护范围内，从事影响水工程运行和危害水工程安全的爆破、打井、采石、取土等活动的。

中华人民共和国土地管理法（节选）

（1986年6月25日第六届全国人民代表大会常务委员会第十六次会议通过 根据1988年12月29日第七届全国人民代表大会常务委员会第五次会议《关于修改〈中华人民共和国土地管理法〉的决定》第一次修正 1998年8月29日第九届全国人民代表大会常务委员会第四次会议修订 根据2004年8月28日第十届全国人民代表大会常务委员会第十一次会议《关于修改〈中华人民共和国土地管理法〉的决定》第二次修正 根据2019年8月26日第十三届全国人民代表大会常务委员会第十二次会议《关于修改〈中华人民共和国土地管理法〉〈中华人民共和国城市房地产管理法〉的决定》第三次修正）

第四章　耕地保护

第三十七条　非农业建设必须节约使用土地，可以利用荒地的，不得占用耕地；可以利用劣地的，不得占用好地。

禁止占用耕地建窑、建坟或者擅自在耕地上建房、挖砂、采石、采矿、取土等。

第七章　法律责任

第七十五条　违反本法规定，占用耕地建窑、建坟或者擅自在耕地上建房、挖砂、采石、采矿、取土等，破坏种植条件的，或者因开发土地造成土地荒漠化、盐渍化的，由县级以上人民政府自然资源主管部门、农业农村主管部门等按照职责责令限期改正或者治理，可以并处罚款；构成犯罪的，依法追究刑事责任。

中华人民共和国森林法（节选）

（1984 年 9 月 20 日第六届全国人民代表大会常务委员会第七次会议通过 根据 1998 年 4 月 29 日第九届全国人民代表大会常务委员会第二次会议《关于修改〈中华人民共和国森林法〉的决定》第一次修正 根据 2009 年 8 月 27 日第十一届全国人民代表大会常务委员会第十次会议《关于修改部分法律的决定》第二次修正 2019 年 12 月 28 日第十三届全国人民代表大会常务委员会第十五次会议修订）

第四章 森林保护

第三十七条 矿藏勘查、开采以及其他各类工程建设，应当不占或者少占林地；确需占用林地的，应当经县级以上人民政府林业主管部门审核同意，依法办理建设用地审批手续。

占用林地的单位应当缴纳森林植被恢复费。森林植被恢复费征收使用管理办法由国务院财政部门会同林业主管部门制定。

县级以上人民政府林业主管部门应当按照规定安排植树造林，恢复森林植被，植树造林面积不得少于因占用林地而减少的森林植被面积。上级林业主管部门应当定期督促下级林业主管部门组织植树造林、恢复森林植被，并进行检查。

第三十九条 禁止毁林开垦、采石、采砂、采土以及其他毁坏林木和林地的行为。

禁止向林地排放重金属或者其他有毒有害物质含量超标的污水、污泥，以及可能造成林地污染的清淤底泥、尾矿、矿渣等。

禁止在幼林地砍柴、毁苗、放牧。

禁止擅自移动或者损坏森林保护标志。

第四十三条 各级人民政府应当组织各行各业和城乡居民造林绿化。

城市规划区内、铁路公路两侧、江河两侧、湖泊水库周围，由各有关主管部门按照有关规定因地制宜组织开展造林绿化；工矿区、工业园区、机关、学校用地，部队营区以及农场、牧场、渔场经营地区，由各该单位负责造林绿化。组织开展城市造林绿化的具体办法由国务院制定。

第八章　法律责任

第七十四条　违反本法规定，进行开垦、采石、采砂、采土或者其他活动，造成林木毁坏的，由县级以上人民政府林业主管部门责令停止违法行为，限期在原地或者异地补种毁坏株数一倍以上三倍以下的树木，可以处毁坏林木价值五倍以下的罚款；造成林地毁坏的，由县级以上人民政府林业主管部门责令停止违法行为，限期恢复植被和林业生产条件，可以处恢复植被和林业生产条件所需费用三倍以下的罚款。

违反本法规定，在幼林地砍柴、毁苗、放牧造成林木毁坏的，由县级以上人民政府林业主管部门责令停止违法行为，限期在原地或者异地补种毁坏株数一倍以上三倍以下的树木。

向林地排放重金属或者其他有毒有害物质含量超标的污水、污泥，以及可能造成林地污染的清淤底泥、尾矿、矿渣等的，依照《中华人民共和国土壤污染防治法》的有关规定处罚。

中华人民共和国草原法（节选）

（1985 年 6 月 18 日第六届全国人民代表大会常务委员会第十一次会议通过 2002 年 12 月 28 日第九届全国人民代表大会常务委员会第三十一次会议修订 根据 2009 年 8 月 27 日第十一届全国人民代表大会常务委员会第十次会议《关于修改部分法律的决定》第一次修正 根据 2013 年 6 月 29 日第十二届全国人民代表大会常务委员会第三次会议《关于修改〈中华人民共和国文物保护法〉等十二部法律的决定》第二次修正）

第五章 利 用

第三十八条 进行矿藏开采和工程建设，应当不占或者少占草原；确需征收、征用或者使用草原的，必须经省级以上人民政府草原行政主管部门审核同意后，依照有关土地管理的法律、行政法规办理建设用地审批手续。

第六章 保 护

第五十条 在草原上从事采土、采砂、采石等作业活动，应当报县级人民政府草原行政主管部门批准；开采矿产资源的，并应当依法办理有关手续。

经批准在草原上从事本条第一款所列活动的，应当在规定的时间、区域内，按照准许的采挖方式作业，并采取保护草原植被的措施。

在他人使用的草原上从事本条第一款所列活动的，还应当事先征得草原使用者的同意。

第八章 法律责任

第六十八条 未经批准或者未按照规定的时间、区域和采挖方式在草原上进行采土、采砂、采石等活动的，由县级人民政府草原行政主管部门责令停止违法行为，限期恢复植被，没收非法财物和违法所得，可以并处违法所得一倍以上二倍以下的罚款；没有违法所得的，可以并处二万元以下的罚款；给草原所有者或者使用者造成损失的，依法承担赔偿责任。

中华人民共和国防沙治沙法（节选）

（2001 年 8 月 31 日第九届全国人民代表大会常务委员会第二十三次会议通过 根据 2018 年 10 月 26 日第十三届全国人民代表大会常务委员会第六次会议《关于修改〈中华人民共和国野生动物保护法〉等十五部法律的决定》修正）

第四章　沙化土地的治理

第三十条　已经沙化的土地范围内的铁路、公路、河流和水渠两侧，城镇、村庄、厂矿和水库周围，实行单位治理责任制，由县级以上地方人民政府下达治理责任书，由责任单位负责组织造林种草或者采取其他治理措施。

第五章　保障措施

第三十二条　国务院和沙化土地所在地区的地方各级人民政府应当在本级财政预算中按照防沙治沙规划通过项目预算安排资金，用于本级人民政府确定的防沙治沙工程。在安排扶贫、农业、水利、道路、矿产、能源、农业综合开发等项目时，应当根据具体情况，设立若干防沙治沙子项目。

第三十五条　因保护生态的特殊要求，将治理后的土地批准划为自然保护区或者沙化土地封禁保护区的，批准机关应当给予治理者合理的经济补偿。

第三十六条　国家根据防沙治沙的需要，组织设立防沙治沙重点科研项目和示范、推广项目，并对防沙治沙、沙区能源、沙生经济作物、节水灌溉、防止草原退化、沙地旱作农业等方面的科学研究与技术推广给予资金补助、税费减免等政策优惠。

中华人民共和国水土保持法（节选）

（1991 年 6 月 29 日第七届全国人民代表大会常务委员会第二十次会议通过 2010 年 12 月 25 日第十一届全国人民代表大会常务委员会第十八次会议修订）

第二章 规 划

第十五条 有关基础设施建设、矿产资源开发、城镇建设、公共服务设施建设等方面的规划，在实施过程中可能造成水土流失的，规划的组织编制机关应当在规划中提出水土流失预防和治理的对策和措施，并在规划报请审批前征求本级人民政府水行政主管部门的意见。

第三章 预 防

第十七条 地方各级人民政府应当加强对取土、挖砂、采石等活动的管理，预防和减轻水土流失。

禁止在崩塌、滑坡危险区和泥石流易发区从事取土、挖砂、采石等可能造成水土流失的活动。崩塌、滑坡危险区和泥石流易发区的范围，由县级以上地方人民政府划定并公告。崩塌、滑坡危险区和泥石流易发区的划定，应当与地质灾害防治规划确定的地质灾害易发区、重点防治区相衔接。

第十八条 水土流失严重、生态脆弱的地区，应当限制或者禁止可能造成水土流失的生产建设活动，严格保护植物、沙壳、结皮、地衣等。

在侵蚀沟的沟坡和沟岸、河流的两岸以及湖泊和水库的周边，土地所有权人、使用权人或者有关管理单位应当营造植物保护带。禁止开垦、开发植物保护带。

第二十条 禁止在二十五度以上陡坡地开垦种植农作物。在二十五度以上陡坡地种植经济林的，应当科学选择树种，合理确定规模，采取水土保持措施，防止造成水土流失。

省、自治区、直辖市根据本行政区域的实际情况，可以规定小于二十五度的禁止开垦坡度。禁止开垦的陡坡地的范围由当地县级人民政府划定并公告。

第二十一条 禁止毁林、毁草开垦和采集发菜。禁止在水土流失重点预防区和重点治理区铲草皮、挖树兜或者滥挖虫草、甘草、麻黄等。

第二十四条 生产建设项目选址、选线应当避让水土流失重点预防区和重点治理区；无法避让的，应当提高防治标准，优化施工工艺，减少地表扰动和植被损坏范围，有效控制可能造成的水土流失。

第二十五条 在山区、丘陵区、风沙区以及水土保持规划确定的容易发生水土流失的其他区域开办可能造成水土流失的生产建设项目，生产建设单位应当编制水土保持方案，报县级以上人民政府水行政主管部门审批，并按照经批准的水土保持方案，采取水土流失预防和治理措施。没有能力编制水土保持方案的，应当委托具备相应技术条件的机构编制。

第二十八条 依法应当编制水土保持方案的生产建设项目，其生产建设活动中排弃的砂、石、土、矸石、尾矿、废渣等应当综合利用；不能综合利用，确需废弃的，应当堆放在水土保持方案确定的专门存放地，并采取措施保证不产生新的危害。

第四章 治 理

第三十八条 对生产建设活动所占用土地的地表土应当进行分层剥离、保存和利用，做到土石方挖填平衡，减少地表扰动范围；对废弃的砂、石、土、矸石、尾矿、废渣等存放地，应当采取拦挡、坡面防护、防洪排导等措施。生产建设活动结束后，应当及时在取土场、开挖面和存放地的裸露土地上植树种草、恢复植被，对闭库的尾矿库进行复垦。

在干旱缺水地区从事生产建设活动，应当采取防止风力侵蚀措施，设置降水蓄渗设施，充分利用降水资源。

第六章 法律责任

第四十八条 违反本法规定，在崩塌、滑坡危险区或者泥石流易发区从事取土、挖砂、采石等可能造成水土流失的活动的，由县级以上地方人民政府水行政主管部门责令停止违法行为，没收违法所得，对个人处一千元以上一万元以下的罚款，对单位处二万元以上二十万元以下的罚款。

第五十五条 违反本法规定，在水土保持方案确定的专门存放地以外的区域倾倒砂、石、土、矸石、尾矿、废渣等的，由县级以上地方人民政府水行政主管部门责令停止违法行为，限期清理，按照倾倒数量处每立方米十元以上二十元以下的罚款；逾期仍不清理的，县级以上地方人民政府水行政主管部门可以指定有清理能力的单位代为清理，所需费用由违法行为人承担。

中华人民共和国环境保护法

（1989 年 12 月 26 日第七届全国人民代表大会常务委员会第十一次会议通过 2014 年 4 月 24 日第十二届全国人民代表大会常务委员会第八次会议修订）

第一章　总　则

第一条　为保护和改善环境，防治污染和其他公害，保障公众健康，推进生态文明建设，促进经济社会可持续发展，制定本法。

第二条　本法所称环境，是指影响人类生存和发展的各种天然的和经过人工改造的自然因素的总体，包括大气、水、海洋、土地、矿藏、森林、草原、湿地、野生生物、自然遗迹、人文遗迹、自然保护区、风景名胜区、城市和乡村等。

第三条　本法适用于中华人民共和国领域和中华人民共和国管辖的其他海域。

第四条　保护环境是国家的基本国策。

国家采取有利于节约和循环利用资源、保护和改善环境、促进人与自然和谐的经济、技术政策和措施，使经济社会发展与环境保护相协调。

第五条　环境保护坚持保护优先、预防为主、综合治理、公众参与、损害担责的原则。

第六条　一切单位和个人都有保护环境的义务。

地方各级人民政府应当对本行政区域的环境质量负责。

企业事业单位和其他生产经营者应当防止、减少环境污染和生态破坏，对所造成的损害依法承担责任。

公民应当增强环境保护意识，采取低碳、节俭的生活方式，自觉履行环境保护义务。

第七条　国家支持环境保护科学技术研究、开发和应用，鼓励环境保护产业发展，促进环境保护信息化建设，提高环境保护科学技术水平。

第八条　各级人民政府应当加大保护和改善环境、防治污染和其他公害的财政投入，提高财政资金的使用效益。

第九条　各级人民政府应当加强环境保护宣传和普及工作，鼓励基层群众性自治组织、社会组织、环境保护志愿者开展环境保护法律法规和环境保护知识的宣传，营造保护环境的良好风气。

教育行政部门、学校应当将环境保护知识纳入学校教育内容，培养学生的环境保护意识。

新闻媒体应当开展环境保护法律法规和环境保护知识的宣传，对环境违法行为进行舆论监督。

第十条 国务院环境保护主管部门，对全国环境保护工作实施统一监督管理；县级以上地方人民政府环境保护主管部门，对本行政区域环境保护工作实施统一监督管理。

县级以上人民政府有关部门和军队环境保护部门，依照有关法律的规定对资源保护和污染防治等环境保护工作实施监督管理。

第十一条 对保护和改善环境有显著成绩的单位和个人，由人民政府给予奖励。

第十二条 每年6月5日为环境日。

第二章 监督管理

第十三条 县级以上人民政府应当将环境保护工作纳入国民经济和社会发展规划。

国务院环境保护主管部门会同有关部门，根据国民经济和社会发展规划编制国家环境保护规划，报国务院批准并公布实施。

县级以上地方人民政府环境保护主管部门会同有关部门，根据国家环境保护规划的要求，编制本行政区域的环境保护规划，报同级人民政府批准并公布实施。

环境保护规划的内容应当包括生态保护和污染防治的目标、任务、保障措施等，并与主体功能区规划、土地利用总体规划和城乡规划等相衔接。

第十四条 国务院有关部门和省、自治区、直辖市人民政府组织制定经济、技术政策，应当充分考虑对环境的影响，听取有关方面和专家的意见。

第十五条 国务院环境保护主管部门制定国家环境质量标准。

省、自治区、直辖市人民政府对国家环境质量标准中未作规定的项目，可以制定地方环境质量标准；对国家环境质量标准中已作规定的项目，可以制定严于国家环境质量标准的地方环境质量标准。地方环境质量标准应当报国务院环境保护主管部门备案。

国家鼓励开展环境基准研究。

第十六条 国务院环境保护主管部门根据国家环境质量标准和国家经济、技术条件，制定国家污染物排放标准。

省、自治区、直辖市人民政府对国家污染物排放标准中未作规定的项目，可以制定地方污染物排放标准；对国家污染物排放标准中已作规定的项目，可以制定严于国家污染物排放标准的地方污染物排放标准。地方污染物排放标准应当报国务院环境保护主管部门备案。

第十七条 国家建立、健全环境监测制度。国务院环境保护主管部门制定监测规范，会同有关部门组织监测网络，统一规划国家环境质量监测站（点）的设置，建立监测数据共享机制，加强对环境监测的管理。

有关行业、专业等各类环境质量监测站（点）的设置应当符合法律法规规定和监测规范的要求。

监测机构应当使用符合国家标准的监测设备，遵守监测规范。监测机构及其负责人对监测数据的真实性和准确性负责。

第十八条 省级以上人民政府应当组织有关部门或者委托专业机构，对环境状况进行调查、评价，建立环境资源承载能力监测预警机制。

第十九条 编制有关开发利用规划，建设对环境有影响的项目，应当依法进行环境影响评价。

未依法进行环境影响评价的开发利用规划，不得组织实施；未依法进行环境影响评价的建设项目，不得开工建设。

第二十条 国家建立跨行政区域的重点区域、流域环境污染和生态破坏联合防治协调机制，实行统一规划、统一标准、统一监测、统一的防治措施。

前款规定以外的跨行政区域的环境污染和生态破坏的防治，由上级人民政府协调解决，或者由有关地方人民政府协商解决。

第二十一条 国家采取财政、税收、价格、政府采购等方面的政策和措施，鼓励和支持环境保护技术装备、资源综合利用和环境服务等环境保护产业的发展。

第二十二条 企业事业单位和其他生产经营者，在污染物排放符合法定要求的基础上，进一步减少污染物排放的，人民政府应当依法采取财政、税收、价格、政府采购等方面的政策和措施予以鼓励和支持。

第二十三条 企业事业单位和其他生产经营者，为改善环境，依照有关规定转产、搬迁、关闭的，人民政府应当予以支持。

第二十四条 县级以上人民政府环境保护主管部门及其委托的环境监察机构和其他负有环境保护监督管理职责的部门，有权对排放污染物的企业事业单位和其他生产经营者进行现场检查。被检查者应当如实反映情况，提供必要的资料。实施现场检查的部门、机构及其工作人员应当为被检查者保守商业秘密。

第二十五条 企业事业单位和其他生产经营者违反法律法规规定排放污染物，造成或者可能造成严重污染的，县级以上人民政府环境保护主管部门和其他负有环境保护监督管理职责的部门，可以查封、扣押造成污染物排放的设施、设备。

第二十六条 国家实行环境保护目标责任制和考核评价制度。县级以上人民政府应当将环境保护目标完成情况纳入对本级人民政府负有环境保护监督管理职责的部门及其负责人和下级人民政府及其负责人的考核内容，作为对其考核评价的重要依据。考核结果应当向社会公开。

第二十七条 县级以上人民政府应当每年向本级人民代表大会或者人民代表大会常务委员会报告环境状况和环境保护目标完成情况，对发生的重大环境事件应当及时向本级人民代表大会常务委员会报告，依法接受监督。

第三章 保护和改善环境

第二十八条 地方各级人民政府应当根据环境保护目标和治理任务，采取有效措施，改善环境质量。

未达到国家环境质量标准的重点区域、流域的有关地方人民政府，应当制定限期达标规划，并采取措施按期达标。

第二十九条 国家在重点生态功能区、生态环境敏感区和脆弱区等区域划定生态保护红线，实行严格保护。

各级人民政府对具有代表性的各种类型的自然生态系统区域，珍稀、濒危的野生动植物自然分布区域，重要的水源涵养区域，具有重大科学文化价值的地质构造、著名溶洞和化石分布区、冰川、火山、温泉等自然遗迹，以及人文遗迹、古树名木，应当采取措施予以保护，严禁破坏。

第三十条 开发利用自然资源，应当合理开发，保护生物多样性，保障生态安全，依法制定有关生态保护和恢复治理方案并予以实施。

引进外来物种以及研究、开发和利用生物技术，应当采取措施，防止对生物多样性的破坏。

第三十一条 国家建立、健全生态保护补偿制度。

国家加大对生态保护地区的财政转移支付力度。有关地方人民政府应当落实生态保护补偿资金，确保其用于生态保护补偿。

国家指导受益地区和生态保护地区人民政府通过协商或者按照市场规则进行生态保护补偿。

第三十二条 国家加强对大气、水、土壤等的保护，建立和完善相应的调查、监测、评估和修复制度。

第三十三条 各级人民政府应当加强对农业环境的保护，促进农业环境保护新技术的使用，加强对农业污染源的监测预警，统筹有关部门采取措施，防治土壤污染和土地沙化、盐渍化、贫瘠化、石漠化、地面沉降以及防治植被破坏、水土流失、水体富营养化、水源枯竭、种源灭绝等生态失调现象，推广植物病虫害的综合防治。

县级、乡级人民政府应当提高农村环境保护公共服务水平，推动农村环境综合整治。

第三十四条 国务院和沿海地方各级人民政府应当加强对海洋环境的保护。向海洋排放污染物、倾倒废弃物，进行海岸工程和海洋工程建设，应当符合法律法规规定和有关标准，防止和减少对海洋环境的污染损害。

第三十五条 城乡建设应当结合当地自然环境的特点，保护植被、水域和自然景观，加强城市园林、绿地和风景名胜区的建设与管理。

第三十六条 国家鼓励和引导公民、法人和其他组织使用有利于保护环境的产品和再生产品，减少废弃物的产生。

国家机关和使用财政资金的其他组织应当优先采购和使用节能、节水、节材等有利于保护环境的产品、设备和设施。

第三十七条 地方各级人民政府应当采取措施，组织对生活废弃物的分类处置、回收利用。

第三十八条 公民应当遵守环境保护法律法规，配合实施环境保护措施，按照规定对生活废弃物进行分类放置，减少日常生活对环境造成的损害。

第三十九条 国家建立、健全环境与健康监测、调查和风险评估制度；鼓励和组织开展环境质量对公众健康影响的研究，采取措施预防和控制与环境污染有关的疾病。

第四章 防治污染和其他公害

第四十条 国家促进清洁生产和资源循环利用。

国务院有关部门和地方各级人民政府应当采取措施，推广清洁能源的生产和使用。

企业应当优先使用清洁能源，采用资源利用率高、污染物排放量少的工艺、设备以及废弃物综合利用技术和污染物无害化处理技术，减少污染物的产生。

第四十一条 建设项目中防治污染的设施，应当与主体工程同时设计、同时施工、同时投产使用。防治污染的设施应当符合经批准的环境影响评价文件的要求，不得擅自拆除或者闲置。

第四十二条 排放污染物的企业事业单位和其他生产经营者，应当采取措施，防治在生产建设或者其他活动中产生的废气、废水、废渣、医疗废物、粉尘、恶臭气体、放射性物质以及噪声、振动、光辐射、电磁辐射等对环境的污染和危害。

排放污染物的企业事业单位，应当建立环境保护责任制度，明确单位负责人和相关人员的责任。

重点排污单位应当按照国家有关规定和监测规范安装使用监测设备，保证监测设备正常运行，保存原始监测记录。

严禁通过暗管、渗井、渗坑、灌注或者篡改、伪造监测数据，或者不正常运行防治污染设施等逃避监管的方式违法排放污染物。

第四十三条 排放污染物的企业事业单位和其他生产经营者，应当按照国家有关规定缴纳排污费。排污费应当全部专项用于环境污染防治，任何单位和个人不得截留、挤占或者挪作他用。

依照法律规定征收环境保护税的，不再征收排污费。

第四十四条 国家实行重点污染物排放总量控制制度。重点污染物排放总量控制指标由国务院下达，省、自治区、直辖市人民政府分解落实。企业事业单位在执行国家和地方污染物排放标准的同时，应当遵守分解落实到本单位的重点污染物排放总量控制指标。

对超过国家重点污染物排放总量控制指标或者未完成国家确定的环境质量目标的地区，省级以上人民政府环境保护主管部门应当暂停审批其新增重点污染物排放总量的建设项目环境影响评价文件。

第四十五条 国家依照法律规定实行排污许可管理制度。

实行排污许可管理的企业事业单位和其他生产经营者应当按照排污许可证的要求排放污染物；未取得排污许可证的，不得排放污染物。

第四十六条 国家对严重污染环境的工艺、设备和产品实行淘汰制度。任何单位和个人不得生产、销售或者转移、使用严重污染环境的工艺、设备和产品。

禁止引进不符合我国环境保护规定的技术、设备、材料和产品。

第四十七条 各级人民政府及其有关部门和企业事业单位，应当依照《中华人民共和国突发事件应对法》的规定，做好突发环境事件的风险控制、应急准备、应急处置和事后恢复等工作。

县级以上人民政府应当建立环境污染公共监测预警机制，组织制定预警方案；环境受到污染，可能影响公众健康和环境安全时，依法及时公布预警信息，启动应急措施。

企业事业单位应当按照国家有关规定制定突发环境事件应急预案，报环境保护主管部门和有关部门备案。在发生或者可能发生突发环境事件时，企业事业单位应当立即采取措施处理，及时通报可能受到危害的单位和居民，并向环境保护主管部门和有关部门报告。

突发环境事件应急处置工作结束后，有关人民政府应当立即组织评估事件造成的环境影响和损失，并及时将评估结果向社会公布。

第四十八条 生产、储存、运输、销售、使用、处置化学物品和含有放射性物质的物品，应当遵守国家有关规定，防止污染环境。

第四十九条 各级人民政府及其农业等有关部门和机构应当指导农业生产经营者科学种植和养殖，科学合理施用农药、化肥等农业投入品，科学处置农用薄膜、农作物秸秆等农业废弃物，防止农业面源污染。

禁止将不符合农用标准和环境保护标准的固体废物、废水施入农田。施用农药、化肥等农业投入品及进行灌溉，应当采取措施，防止重金属和其他有毒有害物质污染环境。

畜禽养殖场、养殖小区、定点屠宰企业等的选址、建设和管理应当符合有关法律法规规定。从事畜禽养殖和屠宰的单位和个人应当采取措施，对畜禽粪便、尸体和污水等废弃物进行科学处置，防止污染环境。

县级人民政府负责组织农村生活废弃物的处置工作。

第五十条 各级人民政府应当在财政预算中安排资金，支持农村饮用水水源地保护、生活污水和其他废弃物处理、畜禽养殖和屠宰污染防治、土壤污染防治和农村工矿污染治理等环境保护工作。

第五十一条 各级人民政府应当统筹城乡建设污水处理设施及配套管网，固体废物的收集、运输和处置等环境卫生设施，危险废物集中处置设施、场所以及其他环境保护公共设施，并保障其正常运行。

第五十二条 国家鼓励投保环境污染责任保险。

第五章 信息公开和公众参与

第五十三条 公民、法人和其他组织依法享有获取环境信息、参与和监督环境保护的权利。

各级人民政府环境保护主管部门和其他负有环境保护监督管理职责的部门，应当依法公开环境信息、完善公众参与程序，为公民、法人和其他组织参与和监督环境保护提供便利。

第五十四条 国务院环境保护主管部门统一发布国家环境质量、重点污染源监测信息及其他重大环境信息。省级以上人民政府环境保护主管部门定期发布环境状况公报。

县级以上人民政府环境保护主管部门和其他负有环境保护监督管理职责的部门，应当依法公开环境质量、环境监测、突发环境事件以及环境行政许可、行政处罚、排污费的征收和使用情况等信息。

县级以上地方人民政府环境保护主管部门和其他负有环境保护监督管理职责的部门，应当将企业事业单位和其他生产经营者的环境违法信息记入社会诚信档案，及时向社会公布违法者名单。

第五十五条 重点排污单位应当如实向社会公开其主要污染物的名称、排放方式、排放浓度和总量、超标排放情况，以及防治污染设施的建设和运行情况，接受社会监督。

第五十六条 对依法应当编制环境影响报告书的建设项目，建设单位应当在编制时向可能受影响的公众说明情况，充分征求意见。

负责审批建设项目环境影响评价文件的部门在收到建设项目环境影响报告书后，除涉及国家秘密和商业秘密的事项外，应当全文公开；发现建设项目未充分征求公众意见的，应当责成建设单位征求公众意见。

第五十七条 公民、法人和其他组织发现任何单位和个人有污染环境和破坏生态行为的，有权向环境保护主管部门或者其他负有环境保护监督管理职责的部门举报。

公民、法人和其他组织发现地方各级人民政府、县级以上人民政府环境保护主管部门和其他负有环境保护监督管理职责的部门不依法履行职责的，有权向其上级机关或者监察机关举报。

接受举报的机关应当对举报人的相关信息予以保密，保护举报人的合法权益。

第五十八条 对污染环境、破坏生态，损害社会公共利益的行为，符合下列条件的社会组织可以向人民法院提起诉讼：

（一）依法在设区的市级以上人民政府民政部门登记；

（二）专门从事环境保护公益活动连续五年以上且无违法记录。

符合前款规定的社会组织向人民法院提起诉讼，人民法院应当依法受理。

提起诉讼的社会组织不得通过诉讼牟取经济利益。

第六章　法律责任

第五十九条 企业事业单位和其他生产经营者违法排放污染物，受到罚款处罚，被责令改正，拒不改正的，依法作出处罚决定的行政机关可以自责令改正之日的次日起，按照原处罚数额按日连续处罚。

前款规定的罚款处罚，依照有关法律法规按照防治污染设施的运行成本、违法行为造成的直接损失或者违法所得等因素确定的规定执行。

地方性法规可以根据环境保护的实际需要，增加第一款规定的按日连续处罚的违法行为的种类。

第六十条 企业事业单位和其他生产经营者超过污染物排放标准或者超过重点污染物排放总量控制指标排放污染物的，县级以上人民政府环境保护主管部门可以责令其采取限制生产、停产整治等措施；情节严重的，报经有批准权的人民政府批准，责令停业、关闭。

第六十一条 建设单位未依法提交建设项目环境影响评价文件或者环境影响评价文件未经批准，擅自开工建设的，由负有环境保护监督管理职责的部门责令停止建设，处以罚款，并可以责令恢复原状。

第六十二条 违反本法规定，重点排污单位不公开或者不如实公开环境信息的，由县级以上地方人民政府环境保护主管部门责令公开，处以罚款，并予以公告。

第六十三条 企业事业单位和其他生产经营者有下列行为之一，尚不构成犯罪的，除依照有关法律法规规定予以处罚外，由县级以上人民政府环境保护主管部门或者其他有关部门将案件移送公安机关，对其直接负责的主管人员和其他直接责任人员，处十日以上十五日以下拘留；情节较轻的，处五日以上十日以下拘留：

（一）建设项目未依法进行环境影响评价，被责令停止建设，拒不执行的；

（二）违反法律规定，未取得排污许可证排放污染物，被责令停止排污，拒不执行的；

（三）通过暗管、渗井、渗坑、灌注或者篡改、伪造监测数据，或者不正常运行防治污染设施等逃避监管的方式违法排放污染物的；

（四）生产、使用国家明令禁止生产、使用的农药，被责令改正，拒不改正的。

第六十四条 因污染环境和破坏生态造成损害的，应当依照《中华人民共和国侵权责任法》的有关规定承担侵权责任。

第六十五条 环境影响评价机构、环境监测机构以及从事环境监测设备和防治污染设施维护、运营的机构，在有关环境服务活动中弄虚作假，对造成的环境污染和生态破坏负有责任的，除依照有关法律法规规定予以处罚外，还应当与造成环境污染和生态破坏的其他责任者承担连带责任。

第六十六条 提起环境损害赔偿诉讼的时效期间为三年，从当事人知道或者应当知道其受到损害时起计算。

第六十七条 上级人民政府及其环境保护主管部门应当加强对下级人民政府及其有关部门环境保护工作的监督。发现有关工作人员有违法行为，依法应当给予处分的，应当向其任免机关或者监察机关提出处分建议。

依法应当给予行政处罚，而有关环境保护主管部门不给予行政处罚的，上级人民政府环境保护主管部门可以直接作出行政处罚的决定。

第六十八条 地方各级人民政府、县级以上人民政府环境保护主管部门和其他负有环境保护监督管理职责的部门有下列行为之一的，对直接负责的主管人员和其他直接责任人员给予记过、记大过或者降级处分；造成严重后果的，给予撤职或者开除处分，其主要负责人应当引咎辞职：

（一）不符合行政许可条件准予行政许可的；

（二）对环境违法行为进行包庇的；

（三）依法应当作出责令停业、关闭的决定而未作出的；

（四）对超标排放污染物、采用逃避监管的方式排放污染物、造成环境事故以及不落实生态保护措施造成生态破坏等行为，发现或者接到举报未及时查处的；

（五）违反本法规定，查封、扣押企业事业单位和其他生产经营者的设施、设备的；

（六）篡改、伪造或者指使篡改、伪造监测数据的；

（七）应当依法公开环境信息而未公开的；

（八）将征收的排污费截留、挤占或者挪作他用的；

（九）法律法规规定的其他违法行为。

第六十九条 违反本法规定，构成犯罪的，依法追究刑事责任。

第七章 附 则

第七十条 本法自 2015 年 1 月 1 日起施行。

中华人民共和国水污染防治法（节选）

（1984 年 5 月 11 日第六届全国人民代表大会常务委员会第五次会议通过 根据 1996 年 5 月 15 日第八届全国人民代表大会常务委员会第十九次会议《关于修改〈中华人民共和国水污染防治法〉的决定》第一次修正 2008 年 2 月 28 日第十届全国人民代表大会常务委员会第三十二次会议修订 根据 2017 年 6 月 27 日第十二届全国人民代表大会常务委员会第二十八次会议《关于修改〈中华人民共和国水污染防治法〉的决定》第二次修正）

第三章 水污染防治的监督管理

第十九条 新建、改建、扩建直接或者间接向水体排放污染物的建设项目和其他水上设施，应当依法进行环境影响评价。

建设单位在江河、湖泊新建、改建、扩建排污口的，应当取得水行政主管部门或者流域管理机构同意；涉及通航、渔业水域的，环境保护主管部门在审批环境影响评价文件时，应当征求交通、渔业主管部门的意见。

建设项目的水污染防治设施，应当与主体工程同时设计、同时施工、同时投入使用。水污染防治设施应当符合经批准或者备案的环境影响评价文件的要求。

第二十一条 直接或者间接向水体排放工业废水和医疗污水以及其他按照规定应当取得排污许可证方可排放的废水、污水的企业事业单位和其他生产经营者，应当取得排污许可证；城镇污水集中处理设施的运营单位，也应当取得排污许可证。排污许可证应当明确排放水污染物的种类、浓度、总量和排放去向等要求。排污许可的具体办法由国务院规定。

禁止企业事业单位和其他生产经营者无排污许可证或者违反排污许可证的规定向水体排放前款规定的废水、污水。

第二十二条 向水体排放污染物的企业事业单位和其他生产经营者，应当按照法律、行政法规和国务院环境保护主管部门的规定设置排污口；在江河、湖泊设置排污口的，还应当遵守国务院水行政主管部门的规定。

第二十三条 实行排污许可管理的企业事业单位和其他生产经营者应当按照国家有关规定和监测规范，对所排放的水污染物自行监测，并保存原始监测记录。重点排污单位还应当安装水污染物排放自动监测设备，与环境保护主管部门的监控设备联网，并保证监测设备正常运行。具体办法由国务院环境保护主管部门规定。

应当安装水污染物排放自动监测设备的重点排污单位名录，由设区的市级以上地方人民政府环境保护主管部门根据本行政区域的环境容量、重点水污染物排放总量控制指标的要求以及排污单位排放水污染物的种类、数量和浓度等因素，商同级有关部门确定。

第二十四条 实行排污许可管理的企业事业单位和其他生产经营者应当对监测数据的真实性和准确性负责。

环境保护主管部门发现重点排污单位的水污染物排放自动监测设备传输数据异常，应当及时进行调查。

第二十九条 国务院环境保护主管部门和省、自治区、直辖市人民政府环境保护主管部门应当会同同级有关部门根据流域生态环境功能需要，明确流域生态环境保护要求，组织开展流域环境资源承载能力监测、评价，实施流域环境资源承载能力预警。

县级以上地方人民政府应当根据流域生态环境功能需要，组织开展江河、湖泊、湿地保护与修复，因地制宜建设人工湿地、水源涵养林、沿河沿湖植被缓冲带和隔离带等生态环境治理与保护工程，整治黑臭水体，提高流域环境资源承载能力。

从事开发建设活动，应当采取有效措施，维护流域生态环境功能，严守生态保护红线。

第四章 水污染防治措施

第一节 一般规定

第三十七条 禁止向水体排放、倾倒工业废渣、城镇垃圾和其他废弃物。

禁止将含有汞、镉、砷、铬、铅、氰化物、黄磷等的可溶性剧毒废渣向水体排放、倾倒或者直接埋入地下。

存放可溶性剧毒废渣的场所，应当采取防水、防渗漏、防流失的措施。

第三十八条 禁止在江河、湖泊、运河、渠道、水库最高水位线以下的滩地和岸坡堆放、存贮固体废弃物和其他污染物。

第三十九条 禁止利用渗井、渗坑、裂隙、溶洞，私设暗管，篡改、伪造监测数据，或者不正常运行水污染防治设施等逃避监管的方式排放水污染物。

第四十条 化学品生产企业以及工业集聚区、矿山开采区、尾矿库、危险废物处置场、垃圾填埋场等的运营、管理单位，应当采取防渗漏等措施，并建设地下水水质监测井进行监测，防止地下水污染。

加油站等的地下油罐应当使用双层罐或者采取建造防渗池等其他有效措施，并进行防渗漏监测，防止地下水污染。

禁止利用无防渗漏措施的沟渠、坑塘等输送或者存贮含有毒污染物的废水、含病原体的污水和其他废弃物。

第四十一条 多层地下水的含水层水质差异大的，应当分层开采；对已受污染的潜水和承压水，不得混合开采。

第四十二条 兴建地下工程设施或者进行地下勘探、采矿等活动，应当采取防护性措施，防止地下水污染。

报废矿井、钻井或者取水井等，应当实施封井或者回填。

第二节 工业水污染防治

第四十四条 国务院有关部门和县级以上地方人民政府应当合理规划工业布局，要求造成水污染的企业进行技术改造，采取综合防治措施，提高水的重复利用率，减少废水和污染物排放量。

第四十五条 排放工业废水的企业应当采取有效措施，收集和处理产生的全部废水，防止污染环境。含有毒有害水污染物的工业废水应当分类收集和处理，不得稀释排放。

向污水集中处理设施排放工业废水的，应当按照国家有关规定进行预处理，达到集中处理设施处理工艺要求后方可排放。

第五章 饮用水水源和其他特殊水体保护

第六十四条 在饮用水水源保护区内，禁止设置排污口。

第六十五条 禁止在饮用水水源一级保护区内新建、改建、扩建与供水设施和保护水源无关的建设项目；已建成的与供水设施和保护水源无关的建设项目，由县级以上人民政府责令拆除或者关闭。

禁止在饮用水水源一级保护区内从事网箱养殖、旅游、游泳、垂钓或者其他可能污染饮用水水体的活动。

第六十六条 禁止在饮用水水源二级保护区内新建、改建、扩建排放污染物的建设项目；已建成的排放污染物的建设项目，由县级以上人民政府责令拆除或者关闭。

在饮用水水源二级保护区内从事网箱养殖、旅游等活动的，应当按照规定采取措施，防止污染饮用水水体。

第六十七条 禁止在饮用水水源准保护区内新建、扩建对水体污染严重的建设项目；改建建设项目，不得增加排污量。

第七十四条 县级以上人民政府可以对风景名胜区水体、重要渔业水体和其他具有特殊经济文化价值的水体划定保护区，并采取措施，保证保护区的水质符合规定用途的水环境质量标准。

第七十五条 在风景名胜区水体、重要渔业水体和其他具有特殊经济文化价值的水体的保护区内，不得新建排污口。在保护区附近新建排污口，应当保证保护区水体不受污染。

第六章 水污染事故处置

第七十七条 可能发生水污染事故的企业事业单位，应当制定有关水污染事故的应急方案，做好应急准备，并定期进行演练。

第七章 法律责任

第八十三条 违反本法规定，有下列行为之一的，由县级以上人民政府环境保护主管部门责令改正或者责令限制生产、停产整治，并处十万元以上一百万元以下的罚款；情节严重的，报经有批准权的人民政府批准，责令停业、关闭：

（一）未依法取得排污许可证排放水污染物的；

（二）超过水污染物排放标准或者超过重点水污染物排放总量控制指标排放水污染物的；

（三）利用渗井、渗坑、裂隙、溶洞，私设暗管，篡改、伪造监测数据，或者不正常运行水污染防治设施等逃避监管的方式排放水污染物的；

（四）未按照规定进行预处理，向污水集中处理设施排放不符合处理工艺要求的工业废水的。

第八十四条 在饮用水水源保护区内设置排污口的，由县级以上地方人民政府责令限期拆除，处十万元以上五十万元以下的罚款；逾期不拆除的，强制拆除，所需费用由违法者承担，处五十万元以上一百万元以下的罚款，并可以责令停产整治。

第八十五条 有下列行为之一的，由县级以上地方人民政府环境保护主管部门责令停止违法行为，限期采取治理措施，消除污染，处以罚款；逾期不采取治理措施的，环境保护主管部门可以指定有治理能力的单位代为治理，所需费用由违法者承担：

（四）向水体排放、倾倒工业废渣、城镇垃圾或者其他废弃物，或者在江河、湖泊、运河、渠道、水库最高水位线以下的滩地、岸坡堆放、存贮固体废弃物或者其他污染物的；

（七）未采取防渗漏等措施，或者未建设地下水水质监测井进行监测的；

（九）未按照规定采取防护性措施，或者利用无防渗漏措施的沟渠、坑塘等输送或者存贮含有毒污染物的废水、含病原体的污水或者其他废弃物的。

第九十一条 有下列行为之一的，由县级以上地方人民政府环境保护主管部门责令停止违法行为，处十万元以上五十万元以下的罚款；并报经有批准权的人民政府批准，责令拆除或者关闭：

（一）在饮用水水源一级保护区内新建、改建、扩建与供水设施和保护水源无关的建设项目的；

（二）在饮用水水源二级保护区内新建、改建、扩建排放污染物的建设项目的；

（三）在饮用水水源准保护区内新建、扩建对水体污染严重的建设项目，或者改建建设项目增加排污量的。

第九十三条 企业事业单位有下列行为之一的，由县级以上人民政府环境保护主管部门责令改正；情节严重的，处二万元以上十万元以下的罚款：

（一）不按照规定制定水污染事故的应急方案的；

（二）水污染事故发生后，未及时启动水污染事故的应急方案，采取有关应急措施的。

中华人民共和国大气污染防治法（节选）

（1987年9月5日第六届全国人民代表大会常务委员会第二十二次会议通过 根据1995年8月29日第八届全国人民代表大会常务委员会第十五次会议《关于修改〈中华人民共和国大气污染防治法〉的决定》第一次修正 2000年4月29日第九届全国人民代表大会常务委员会第十五次会议第一次修订 2015年8月29日第十二届全国人民代表大会常务委员会第十六次会议第二次修订 根据2018年10月26日第十三届全国人民代表大会常务委员会第六次会议《关于修改〈中华人民共和国野生动物保护法〉等十五部法律的决定》第二次修正）

第三章　大气污染防治的监督管理

第十八条　企业事业单位和其他生产经营者建设对大气环境有影响的项目，应当依法进行环境影响评价、公开环境影响评价文件；向大气排放污染物的，应当符合大气污染物排放标准，遵守重点大气污染物排放总量控制要求。

第十九条　排放工业废气或者本法第七十八条规定名录中所列有毒有害大气污染物的企业事业单位、集中供热设施的燃煤热源生产运营单位以及其他依法实行排污许可管理的单位，应当取得排污许可证。排污许可的具体办法和实施步骤由国务院规定。

第二十条　企业事业单位和其他生产经营者向大气排放污染物的，应当依照法律法规和国务院生态环境主管部门的规定设置大气污染物排放口。

禁止通过偷排、篡改或者伪造监测数据、以逃避现场检查为目的的临时停产、非紧急情况下开启应急排放通道、不正常运行大气污染防治设施等逃避监管的方式排放大气污染物。

第四章　大气污染防治措施

第一节　燃煤和其他能源污染防治

第三十二条　国务院有关部门和地方各级人民政府应当采取措施，调整能源结构，推广清洁能源的生产和使用；优化煤炭使用方式，推广煤炭清洁高效利用，逐步降低煤炭在一次能源消费中的比重，减少煤炭生产、使用、转化过程中的大气污染物排放。

第三十三条 国家推行煤炭洗选加工，降低煤炭的硫分和灰分，限制高硫分、高灰分煤炭的开采。新建煤矿应当同步建设配套的煤炭洗选设施，使煤炭的硫分、灰分含量达到规定标准；已建成的煤矿除所采煤炭属于低硫分、低灰分或者根据已达标排放的燃煤电厂要求不需要洗选的以外，应当限期建成配套的煤炭洗选设施。

禁止开采含放射性和砷等有毒有害物质超过规定标准的煤炭。

第三十四条 国家采取有利于煤炭清洁高效利用的经济、技术政策和措施，鼓励和支持洁净煤技术的开发和推广。

国家鼓励煤矿企业等采用合理、可行的技术措施，对煤层气进行开采利用，对煤矸石进行综合利用。从事煤层气开采利用的，煤层气排放应当符合有关标准规范。

第三十五条 国家禁止进口、销售和燃用不符合质量标准的煤炭，鼓励燃用优质煤炭。

单位存放煤炭、煤矸石、煤渣、煤灰等物料，应当采取防燃措施，防止大气污染。

第二节 工业污染防治

第四十三条 钢铁、建材、有色金属、石油、化工等企业生产过程中排放粉尘、硫化物和氮氧化物的，应当采用清洁生产工艺，配套建设除尘、脱硫、脱硝等装置，或者采取技术改造等其他控制大气污染物排放的措施。

第四十八条 钢铁、建材、有色金属、石油、化工、制药、矿产开采等企业，应当加强精细化管理，采取集中收集处理等措施，严格控制粉尘和气态污染物的排放。

工业生产企业应当采取密闭、围挡、遮盖、清扫、洒水等措施，减少内部物料的堆存、传输、装卸等环节产生的粉尘和气态污染物的排放。

第四节 扬尘污染防治

第七十条 运输煤炭、垃圾、渣土、砂石、土方、灰浆等散装、流体物料的车辆应当采取密闭或者其他措施防止物料遗撒造成扬尘污染，并按照规定路线行驶。

装卸物料应当采取密闭或者喷淋等方式防治扬尘污染。

城市人民政府应当加强道路、广场、停车场和其他公共场所的清扫保洁管理，推行清洁动力机械化清扫等低尘作业方式，防治扬尘污染。

第七十二条 贮存煤炭、煤矸石、煤渣、煤灰、水泥、石灰、石膏、砂土等易产生扬尘的物料应当密闭；不能密闭的，应当设置不低于堆放物高度的严密围挡，并采取有效覆盖措施防治扬尘污染。

码头、矿山、填埋场和消纳场应当实施分区作业，并采取有效措施防治扬尘污染。

第六章　重污染天气应对

第九十六条　县级以上地方人民政府应当依据重污染天气的预警等级，及时启动应急预案，根据应急需要可以采取责令有关企业停产或者限产、限制部分机动车行驶、禁止燃放烟花爆竹、停止工地土石方作业和建筑物拆除施工、停止露天烧烤、停止幼儿园和学校组织的户外活动、组织开展人工影响天气作业等应急措施。

应急响应结束后，人民政府应当及时开展应急预案实施情况的评估，适时修改完善应急预案。

第七章　法律责任

第九十九条　违反本法规定，有下列行为之一的，由县级以上人民政府生态环境主管部门责令改正或者限制生产、停产整治，并处十万元以上一百万元以下的罚款；情节严重的，报经有批准权的人民政府批准，责令停业、关闭：

（一）未依法取得排污许可证排放大气污染物的；

（二）超过大气污染物排放标准或者超过重点大气污染物排放总量控制指标排放大气污染物的；

（三）通过逃避监管的方式排放大气污染物的。

第一百条　违反本法规定，有下列行为之一的，由县级以上人民政府生态环境主管部门责令改正，处二万元以上二十万元以下的罚款；拒不改正的，责令停产整治：

（一）侵占、损毁或者擅自移动、改变大气环境质量监测设施或者大气污染物排放自动监测设备的；

（二）未按照规定对所排放的工业废气和有毒有害大气污染物进行监测并保存原始监测记录的；

（三）未按照规定安装、使用大气污染物排放自动监测设备或者未按照规定与生态环境主管部门的监控设备联网，并保证监测设备正常运行的；

（四）重点排污单位不公开或者不如实公开自动监测数据的；

（五）未按照规定设置大气污染物排放口的。

第一百零二条　违反本法规定，煤矿未按照规定建设配套煤炭洗选设施的，由县级以上人民政府能源主管部门责令改正，处十万元以上一百万元以下的罚款；拒不改正的，报经有批准权的人民政府批准，责令停业、关闭。

违反本法规定，开采含放射性和砷等有毒有害物质超过规定标准的煤炭的，由县级以上人民政府按照国务院规定的权限责令停业、关闭。

第一百零八条 违反本法规定，有下列行为之一的，由县级以上人民政府生态环境主管部门责令改正，处二万元以上二十万元以下的罚款；拒不改正的，责令停产整治：

（五）钢铁、建材、有色金属、石油、化工、制药、矿产开采等企业，未采取集中收集处理、密闭、围挡、遮盖、清扫、洒水等措施，控制、减少粉尘和气态污染物排放的。

第一百一十五条 违反本法规定，施工单位有下列行为之一的，由县级以上人民政府住房城乡建设等主管部门按照职责责令改正，处一万元以上十万元以下的罚款；拒不改正的，责令停工整治：

（一）施工工地未设置硬质围挡，或者未采取覆盖、分段作业、择时施工、洒水抑尘、冲洗地面和车辆等有效防尘降尘措施的；

（二）建筑土方、工程渣土、建筑垃圾未及时清运，或者未采用密闭式防尘网遮盖的。

违反本法规定，建设单位未对暂时不能开工的建设用地的裸露地面进行覆盖，或者未对超过三个月不能开工的建设用地的裸露地面进行绿化、铺装或者遮盖的，由县级以上人民政府住房城乡建设等主管部门依照前款规定予以处罚。

第一百一十六条 违反本法规定，运输煤炭、垃圾、渣土、砂石、土方、灰浆等散装、流体物料的车辆，未采取密闭或者其他措施防止物料遗撒的，由县级以上地方人民政府确定的监督管理部门责令改正，处二千元以上二万元以下的罚款；拒不改正的，车辆不得上道路行驶。

第一百一十七条 违反本法规定，有下列行为之一的，由县级以上人民政府生态环境等主管部门按照职责责令改正，处一万元以上十万元以下的罚款；拒不改正的，责令停工整治或者停业整治：

（一）未密闭煤炭、煤矸石、煤渣、煤灰、水泥、石灰、石膏、砂土等易产生扬尘的物料的；

（二）对不能密闭的易产生扬尘的物料，未设置不低于堆放物高度的严密围挡，或者未采取有效覆盖措施防治扬尘污染的；

（三）装卸物料未采取密闭或者喷淋等方式控制扬尘排放的；

（四）存放煤炭、煤矸石、煤渣、煤灰等物料，未采取防燃措施的；

（五）码头、矿山、填埋场和消纳场未采取有效措施防治扬尘污染的。

第一百二十三条 违反本法规定，企业事业单位和其他生产经营者有下列行为之一，受到罚款处罚，被责令改正，拒不改正的，依法作出处罚决定的行政机关可以自责令改正之日的次日起，按照原处罚数额按日连续处罚：

（一）未依法取得排污许可证排放大气污染物的；

（二）超过大气污染物排放标准或者超过重点大气污染物排放总量控制指标排放大气污染物的；

（三）通过逃避监管的方式排放大气污染物的；

（四）建筑施工或者贮存易产生扬尘的物料未采取有效措施防治扬尘污染的。

中华人民共和国土壤污染防治法（节选）

（2018 年 8 月 31 日第十三届全国人民代表大会常务委员会第五次会议通过）

第二章　规划、标准、普查和监测

第十六条　地方人民政府农业农村、林业草原主管部门应当会同生态环境、自然资源主管部门对下列农用地地块进行重点监测：

（三）用于或者曾用于规模化养殖，固体废物堆放、填埋的；

（四）曾作为工矿用地或者发生过重大、特大污染事故的。

第十七条　地方人民政府生态环境主管部门应当会同自然资源主管部门对下列建设用地地块进行重点监测：

（一）曾用于生产、使用、贮存、回收、处置有毒有害物质的；

（二）曾用于固体废物堆放、填埋的；

（三）曾发生过重大、特大污染事故的。

第三章　预防和保护

第十八条　各类涉及土地利用的规划和可能造成土壤污染的建设项目，应当依法进行环境影响评价。环境影响评价文件应当包括对土壤可能造成的不良影响及应当采取的相应预防措施等内容。

第十九条　生产、使用、贮存、运输、回收、处置、排放有毒有害物质的单位和个人，应当采取有效措施，防止有毒有害物质渗漏、流失、扬散，避免土壤受到污染。

第二十二条　企业事业单位拆除设施、设备或者建筑物、构筑物的，应当采取相应的土壤污染防治措施。

土壤污染重点监管单位拆除设施、设备或者建筑物、构筑物的，应当制定包括应急措施在内的土壤污染防治工作方案，报地方人民政府生态环境、工业和信息化主管部门备案并实施。

第二十三条　各级人民政府生态环境、自然资源主管部门应当依法加强对矿产资源开发区域土壤污染防治的监督管理，按照相关标准和总量控制的要求，严格控制可能造成土壤污染的重点污染物排放。

尾矿库运营、管理单位应当按照规定，加强尾矿库的安全管理，采取措施防止土壤污染。危库、险库、病库以及其他需要重点监管的尾矿库的运营、管理单位应当按照规定，进行土壤污染状况监测和定期评估。

第二十八条 禁止向农用地排放重金属或者其他有毒有害物质含量超标的污水、污泥，以及可能造成土壤污染的清淤底泥、尾矿、矿渣等。

农田灌溉用水应当符合相应的水质标准，防止土壤、地下水和农产品污染。地方人民政府生态环境主管部门应当会同农业农村、水利主管部门加强对农田灌溉用水水质的管理，对农田灌溉用水水质进行监测和监督检查。

第三十三条 国家加强对土壤资源的保护和合理利用。对开发建设过程中剥离的表土，应当单独收集和存放，符合条件的应当优先用于土地复垦、土壤改良、造地和绿化等。

禁止将重金属或者其他有毒有害物质含量超标的工业固体废物、生活垃圾或者污染土壤用于土地复垦。

第五章　保障和监督

第七十九条 地方人民政府安全生产监督管理部门应当监督尾矿库运营、管理单位履行防治土壤污染的法定义务，防止其发生可能污染土壤的事故；地方人民政府生态环境主管部门应当加强对尾矿库土壤污染防治情况的监督检查和定期评估，发现风险隐患的，及时督促尾矿库运营、管理单位采取相应措施。

第六章　法律责任

第八十六条 违反本法规定，有下列行为之一的，由地方人民政府生态环境主管部门或者其他负有土壤污染防治监督管理职责的部门责令改正，处以罚款；拒不改正的，责令停产整治：

（五）尾矿库运营、管理单位未按照规定采取措施防止土壤污染的；

（六）尾矿库运营、管理单位未按照规定进行土壤污染状况监测的；

（七）建设和运行污水集中处理设施、固体废物处置设施，未依照法律法规和相关标准的要求采取措施防止土壤污染的。

有前款规定行为之一的，处二万元以上二十万元以下的罚款；有前款第二项、第四项、第五项、第七项规定行为之一，造成严重后果的，处二十万元以上二百万元以下的罚款。

第八十七条 违反本法规定，向农用地排放重金属或者其他有毒有害物质含量超标的污水、污泥，以及可能造成土壤污染的清淤底泥、尾矿、矿渣等的，由地方人民政府生态环境主管部门责令改正，处十万元以上五十万元以下的罚款；情节严重的，处五十万元以上二百万元以下的罚款，并可以将案件移送公安机关，对直接负责的主管人员和其他直接责任人员处五日以上十五日以下的拘留；有违法所得的，没收违法所得。

中华人民共和国固体废物污染环境防治法
（节选）

（1995年10月30日第八届全国人民代表大会常务委员会第十六次会议通过 2004年12月29日第十届全国人民代表大会常务委员会第十三次会议第一次修订 根据2013年6月29日第十二届全国人民代表大会常务委员会第三次会议《关于修改〈中华人民共和国文物保护法〉等十二部法律的决定》第一次修正 根据2015年4月24日第十二届全国人民代表大会常务委员会第十四次会议《关于修改〈中华人民共和国港口法〉等七部法律的决定》第二次修正 根据2016年11月7日第十二届全国人民代表大会常务委员会第二十四次会议《关于修改〈中华人民共和国对外贸易法〉等十二部法律的决定》第三次修正 2020年4月29日第十三届全国人民代表大会常务委员会第十七次会议第二次修订）

第一章 总 则

第三条 国家推行绿色发展方式，促进清洁生产和循环经济发展。

国家倡导简约适度、绿色低碳的生活方式，引导公众积极参与固体废物污染环境防治。

第五条 固体废物污染环境防治坚持污染担责的原则。

产生、收集、贮存、运输、利用、处置固体废物的单位和个人，应当采取措施，防止或者减少固体废物对环境的污染，对所造成的环境污染依法承担责任。

第二章 监督管理

第十七条 建设产生、贮存、利用、处置固体废物的项目，应当依法进行环境影响评价，并遵守国家有关建设项目环境保护管理的规定。

第十八条 建设项目的环境影响评价文件确定需要配套建设的固体废物污染环境防治设施，应当与主体工程同时设计、同时施工、同时投入使用。建设项目的初步设计，应当按照环境保护设计规范的要求，将固体废物污染环境防治内容纳入环境影响评价文件，落实防治固体废物污染环境和破坏生态的措施以及固体废物污染环境防治设施投资概算。

建设单位应当依照有关法律法规的规定，对配套建设的固体废物污染环境防治设施进行验收，编制验收报告，并向社会公开。

第二十条 产生、收集、贮存、运输、利用、处置固体废物的单位和其他生产经营者，应当采取防扬散、防流失、防渗漏或者其他防止污染环境的措施，不得擅自倾倒、堆放、丢弃、遗撒固体废物。

禁止任何单位或者个人向江河、湖泊、运河、渠道、水库及其最高水位线以下的滩地和岸坡以及法律法规规定的其他地点倾倒、堆放、贮存固体废物。

第二十一条 在生态保护红线区域、永久基本农田集中区域和其他需要特别保护的区域内，禁止建设工业固体废物、危险废物集中贮存、利用、处置的设施、场所和生活垃圾填埋场。

第二十二条 转移固体废物出省、自治区、直辖市行政区域贮存、处置的，应当向固体废物移出地的省、自治区、直辖市人民政府生态环境主管部门提出申请。移出地的省、自治区、直辖市人民政府生态环境主管部门应当及时商经接受地的省、自治区、直辖市人民政府生态环境主管部门同意后，在规定期限内批准转移该固体废物出省、自治区、直辖市行政区域。未经批准的，不得转移。

转移固体废物出省、自治区、直辖市行政区域利用的，应当报固体废物移出地的省、自治区、直辖市人民政府生态环境主管部门备案。移出地的省、自治区、直辖市人民政府生态环境主管部门应当将备案信息通报接受地的省、自治区、直辖市人民政府生态环境主管部门。

第三章 工业固体废物

第三十六条 产生工业固体废物的单位应当建立健全工业固体废物产生、收集、贮存、运输、利用、处置全过程的污染环境防治责任制度，建立工业固体废物管理台账，如实记录产生工业固体废物的种类、数量、流向、贮存、利用、处置等信息，实现工业固体废物可追溯、可查询，并采取防治工业固体废物污染环境的措施。

禁止向生活垃圾收集设施中投放工业固体废物。

第三十七条 产生工业固体废物的单位委托他人运输、利用、处置工业固体废物的，应当对受托方的主体资格和技术能力进行核实，依法签订书面合同，在合同中约定污染防治要求。

受托方运输、利用、处置工业固体废物，应当依照有关法律法规的规定和合同约定履行污染防治要求，并将运输、利用、处置情况告知产生工业固体废物的单位。

产生工业固体废物的单位违反本条第一款规定的，除依照有关法律法规的规定予以处罚外，还应当与造成环境污染和生态破坏的受托方承担连带责任。

第四十一条 产生工业固体废物的单位终止的，应当在终止前对工业固体废物的贮存、处置的设施、场所采取污染防治措施，并对未处置的工业固体废物作出妥善处置，防止污染环境。

产生工业固体废物的单位发生变更的，变更后的单位应当按照国家有关环境保护的规定对未处置的工业固体废物及其贮存、处置的设施、场所进行安全处置或者采取有效措施保证该设施、场所安全运行。变更前当事人对工业固体废物及其贮存、处置的设施、场所的污染防治责任另有约定的，从其约定；但是，不得免除当事人的污染防治义务。

第四十二条 矿山企业应当采取科学的开采方法和选矿工艺，减少尾矿、煤矸石、废石等矿业固体废物的产生量和贮存量。

国家鼓励采取先进工艺对尾矿、煤矸石、废石等矿业固体废物进行综合利用。

尾矿、煤矸石、废石等矿业固体废物贮存设施停止使用后，矿山企业应当按照国家有关环境保护等规定进行封场，防止造成环境污染和生态破坏。

第六章 危险废物

第七十七条 对危险废物的容器和包装物以及收集、贮存、运输、利用、处置危险废物的设施、场所，应当按照规定设置危险废物识别标志。

第七十八条 产生危险废物的单位，应当按照国家有关规定制定危险废物管理计划；建立危险废物管理台账，如实记录有关信息，并通过国家危险废物信息管理系统向所在地生态环境主管部门申报危险废物的种类、产生量、流向、贮存、处置等有关资料。

第七十九条 产生危险废物的单位，应当按照国家有关规定和环境保护标准要求贮存、利用、处置危险废物，不得擅自倾倒、堆放。

第八十三条 运输危险废物，应当采取防止污染环境的措施，并遵守国家有关危险货物运输管理的规定。

第八章 法律责任

第一百一十条 尾矿、煤矸石、废石等矿业固体废物贮存设施停止使用后，未按照国家有关环境保护规定进行封场的，由生态环境主管部门责令改正，处二十万元以上一百万元以下的罚款。

中华人民共和国清洁生产促进法（节选）

（2002年6月29日第九届全国人民代表大会常务委员会第二十八次会议通过 根据2012年2月29日第十一届全国人民代表大会常务委员会第二十五次会议《关于修改〈中华人民共和国清洁生产促进法〉的决定》修正）

第三章 清洁生产的实施

第十八条 新建、改建和扩建项目应当进行环境影响评价，对原料使用、资源消耗、资源综合利用以及污染物产生与处置等进行分析论证，优先采用资源利用率高以及污染物产生量少的清洁生产技术、工艺和设备。

第二十五条 矿产资源的勘查、开采，应当采用有利于合理利用资源、保护环境和防止污染的勘查、开采方法和工艺技术，提高资源利用水平。

中华人民共和国循环经济促进法（节选）

（2008年8月29日第十一届全国人民代表大会常务委员会第四次会议通过 根据2018年10月26日第十三届全国人民代表大会常务委员会第六次会议《关于修改〈中华人民共和国野生动物保护法〉等十五部法律的决定》修正）

第三章 减量化

第二十二条 开采矿产资源，应当统筹规划，制定合理的开发利用方案，采用合理的开采顺序、方法和选矿工艺。采矿许可证颁发机关应当对申请人提交的开发利用方案中的开采回采率、采矿贫化率、选矿回收率、矿山水循环利用率和土地复垦率等指标依法进行审查；审查不合格的，不予颁发采矿许可证。采矿许可证颁发机关应当依法加强对开采矿产资源的监督管理。

矿山企业在开采主要矿种的同时，应当对具有工业价值的共生和伴生矿实行综合开采、合理利用；对必须同时采出而暂时不能利用的矿产以及含有有用组分的尾矿，应当采取保护措施，防止资源损失和生态破坏。

第四章 再利用和资源化

第三十条 企业应当按照国家规定，对生产过程中产生的粉煤灰、煤矸石、尾矿、废石、废料、废气等工业废物进行综合利用。

第五章 激励措施

第四十六条 国家实行有利于资源节约和合理利用的价格政策，引导单位和个人节约和合理使用水、电、气等资源性产品。

对利用余热、余压、煤层气以及煤矸石、煤泥、垃圾等低热值燃料的并网发电项目，价格主管部门按照有利于资源综合利用的原则确定其上网电价。

第六章 法律责任

第五十三条 违反本法规定，矿山企业未达到经依法审查确定的开采回采率、采矿贫化率、选矿回收率、矿山水循环利用率和土地复垦率等指标的，由县级以上人民政府地质矿产主管部门责令限期改正，处五万元以上五十万元以下的罚款；逾期不改正的，由采矿许可证颁发机关依法吊销采矿许可证。

中华人民共和国煤炭法（节选）

（1996 年 8 月 29 日第八届全国人民代表大会常务委员会第二十一次会议通过 根据 2009 年 8 月 27 日第十一届全国人民代表大会常务委员会第十次会议《关于修改部分法律的决定》第一次修正 根据 2011 年 4 月 22 日第十一届全国人民代表大会常务委员会第二十次会议《关于修改〈中华人民共和国煤炭法〉的决定》第二次修正 根据 2013 年 6 月 29 日第十二届全国人民代表大会常务委员会第三次会议《关于修改〈中华人民共和国文物保护法〉等十二部法律的决定》第三次修正 根据 2016 年 11 月 7 日第十二届全国人民代表大会常务委员会第二十四次会议《关于修改〈中华人民共和国对外贸易法〉等十二部法律的决定》第四次修正）

第一章　总　则

第四条　国家对煤炭开发实行统一规划、合理布局、综合利用的方针。

第五条　国家依法保护煤炭资源，禁止任何乱采、滥挖破坏煤炭资源的行为。

第十一条　开发利用煤炭资源，应当遵守有关环境保护的法律、法规，防治污染和其他公害，保护生态环境。

第二章　煤炭生产开发规划与煤矿建设

第十四条　国务院煤炭管理部门根据全国矿产资源勘查规划编制全国煤炭资源勘查规划。

第十五条　国务院煤炭管理部门根据全国矿产资源规划规定的煤炭资源，组织编制和实施煤炭生产开发规划。

省、自治区、直辖市人民政府煤炭管理部门根据全国矿产资源规划规定的煤炭资源，组织编制和实施本地区煤炭生产开发规划，并报国务院煤炭管理部门备案。

第十九条　煤矿建设应当坚持煤炭开发与环境治理同步进行。煤矿建设项目的环境保护设施必须与主体工程同时设计、同时施工、同时验收、同时投入使用。

第三章　煤炭生产与煤矿安全

第二十一条　对国民经济具有重要价值的特殊煤种或者稀缺煤种，国家实行保护性开采。

第二十二条 开采煤炭资源必须符合煤矿开采规程，遵守合理的开采顺序，达到规定的煤炭资源回采率。

煤炭资源回采率由国务院煤炭管理部门根据不同的资源和开采条件确定。

国家鼓励煤矿企业进行复采或者开采边角残煤和极薄煤。

第二十四条 煤炭生产应当依法在批准的开采范围内进行，不得超越批准的开采范围越界、越层开采。

采矿作业不得擅自开采保安煤柱，不得采用可能危及相邻煤矿生产安全的决水、爆破、贯通巷道等危险方法。

第二十五条 因开采煤炭压占土地或者造成地表土地塌陷、挖损，由采矿者负责进行复垦，恢复到可供利用的状态；造成他人损失的，应当依法给予补偿。

第二十六条 关闭煤矿和报废矿井，应当依照有关法律、法规和国务院煤炭管理部门的规定办理。

第二十八条 国家提倡和支持煤矿企业和其他企业发展煤电联产、炼焦、煤化工、煤建材等，进行煤炭的深加工和精加工。

国家鼓励煤矿企业发展煤炭洗选加工，综合开发利用煤层气、煤矸石、煤泥、石煤和泥炭。

第二十九条 国家发展和推广洁净煤技术。

国家采取措施取缔土法炼焦。禁止新建土法炼焦窑炉；现有的土法炼焦限期改造。

中华人民共和国野生动物保护法（节选）

（1988年11月8日第七届全国人民代表大会常务委员会第四次会议通过 根据2004年8月28日第十届全国人民代表大会常务委员会第十一次会议《关于修改〈中华人民共和国野生动物保护法〉的决定》第一次修正 根据2009年8月27日第十一届全国人民代表大会常务委员会第十次会议《关于修改部分法律的决定》第二次修正 2016年7月2日第十二届全国人民代表大会常务委员会第二十一次会议修订 根据2018年10月26日第十三届全国人民代表大会常务委员会第六次会议《关于修改〈中华人民共和国野生动物保护法〉等十五部法律的决定》第三次修正）

第一章 总 则

第六条 任何组织和个人都有保护野生动物及其栖息地的义务。禁止违法猎捕野生动物、破坏野生动物栖息地。

任何组织和个人都有权向有关部门和机关举报或者控告违反本法的行为。野生动物保护主管部门和其他有关部门、机关对举报或者控告，应当及时依法处理。

第二章 野生动物及其栖息地保护

第十三条 县级以上人民政府及其有关部门在编制有关开发利用规划时，应当充分考虑野生动物及其栖息地保护的需要，分析、预测和评估规划实施可能对野生动物及其栖息地保护产生的整体影响，避免或者减少规划实施可能造成的不利后果。

禁止在相关自然保护区域建设法律法规规定不得建设的项目。机场、铁路、公路、水利水电、围堰、围填海等建设项目的选址选线，应当避让相关自然保护区域、野生动物迁徙洄游通道；无法避让的，应当采取修建野生动物通道、过鱼设施等措施，消除或者减少对野生动物的不利影响。

建设项目可能对相关自然保护区域、野生动物迁徙洄游通道产生影响的，环境影响评价文件的审批部门在审批环境影响评价文件时，涉及国家重点保护野生动物的，应当征求国务院野生动物保护主管部门意见；涉及地方重点保护野生动物的，应当征求省、自治区、直辖市人民政府野生动物保护主管部门意见。

第三章　野生动物管理

第二十条　在相关自然保护区域和禁猎（渔）区、禁猎（渔）期内，禁止猎捕以及其他妨碍野生动物生息繁衍的活动，但法律法规另有规定的除外。

野生动物迁徙洄游期间，在前款规定区域外的迁徙洄游通道内，禁止猎捕并严格限制其他妨碍野生动物生息繁衍的活动。迁徙洄游通道的范围以及妨碍野生动物生息繁衍活动的内容，由县级以上人民政府或者其野生动物保护主管部门规定并公布。

中华人民共和国农业法（节选）

（1993年7月2日第八届全国人民代表大会常务委员会第二次会议通过 2002年12月28日第九届全国人民代表大会常务委员会第三十一次会议修订 根据2009年8月27日第十一届全国人民代表大会常务委员会第十次会议《关于修改部分法律的决定》第一次修正 根据2012年12月28日第十一届全国人民代表大会常务委员会第三十次会议《关于修改〈中华人民共和国农业法〉的决定》第二次修正）

第五章 粮食安全

第三十一条 国家采取措施保护和提高粮食综合生产能力，稳步提高粮食生产水平，保障粮食安全。

国家建立耕地保护制度，对基本农田依法实行特殊保护。

第八章 农业资源与农业环境保护

第五十九条 各级人民政府应当采取措施，加强小流域综合治理，预防和治理水土流失。从事可能引起水土流失的生产建设活动的单位和个人，必须采取预防措施，并负责治理因生产建设活动造成的水土流失。

各级人民政府应当采取措施，预防土地沙化，治理沙化土地。国务院和沙化土地所在地区的县级以上地方人民政府应当按照法律规定制定防沙治沙规划，并组织实施。

第六十六条 县级以上人民政府应当采取措施，督促有关单位进行治理，防治废水、废气和固体废弃物对农业生态环境的污染。排放废水、废气和固体废弃物造成农业生态环境污染事故的，由环境保护行政主管部门或者农业行政主管部门依法调查处理；给农民和农业生产经营组织造成损失的，有关责任者应当依法赔偿。

中华人民共和国资源税法（节选）

（2019 年 8 月 26 日第十三届全国人民代表大会常务委员会第十二次会议通过）

第二条 资源税的税目、税率，依照《税目税率表》执行。

《税目税率表》中规定实行幅度税率的，其具体适用税率由省、自治区、直辖市人民政府统筹考虑该应税资源的品位、开采条件以及对生态环境的影响等情况，在《税目税率表》规定的税率幅度内提出，报同级人民代表大会常务委员会决定，并报全国人民代表大会常务委员会和国务院备案。《税目税率表》中规定征税对象为原矿或者选矿的，应当分别确定具体适用税率。

第六条 有下列情形之一的，免征资源税：

（一）开采原油以及在油田范围内运输原油过程中用于加热的原油、天然气；

（二）煤炭开采企业因安全生产需要抽采的煤成（层）气。

有下列情形之一的，减征资源税：

（一）从低丰度油气田开采的原油、天然气，减征百分之二十资源税；

（二）高含硫天然气、三次采油和从深水油气田开采的原油、天然气，减征百分之三十资源税；

（三）稠油、高凝油减征百分之四十资源税；

（四）从衰竭期矿山开采的矿产品，减征百分之三十资源税。

根据国民经济和社会发展需要，国务院对有利于促进资源节约集约利用、保护环境等情形可以规定免征或者减征资源税，报全国人民代表大会常务委员会备案。

第七条 有下列情形之一的，省、自治区、直辖市可以决定免征或者减征资源税：

（二）纳税人开采共伴生矿、低品位矿、尾矿。

中华人民共和国环境保护税法

（2016年12月25日第十二届全国人民代表大会常务委员会第二十五次会议通过 根据2018年10月26日第十三届全国人民代表大会常务委员会第六次会议《关于修改〈中华人民共和国野生动物保护法〉等十五部法律的决定》修正）

第一章　总　则

第一条　为了保护和改善环境，减少污染物排放，推进生态文明建设，制定本法。

第二条　在中华人民共和国领域和中华人民共和国管辖的其他海域，直接向环境排放应税污染物的企业事业单位和其他生产经营者为环境保护税的纳税人，应当依照本法规定缴纳环境保护税。

第三条　本法所称应税污染物，是指本法所附《环境保护税税目税额表》《应税污染物和当量值表》规定的大气污染物、水污染物、固体废物和噪声。

第四条　有下列情形之一的，不属于直接向环境排放污染物，不缴纳相应污染物的环境保护税：

（一）企业事业单位和其他生产经营者向依法设立的污水集中处理、生活垃圾集中处理场所排放应税污染物的；

（二）企业事业单位和其他生产经营者在符合国家和地方环境保护标准的设施、场所贮存或者处置固体废物的。

第五条　依法设立的城乡污水集中处理、生活垃圾集中处理场所超过国家和地方规定的排放标准向环境排放应税污染物的，应当缴纳环境保护税。

企业事业单位和其他生产经营者贮存或者处置固体废物不符合国家和地方环境保护标准的，应当缴纳环境保护税。

第六条　环境保护税的税目、税额，依照本法所附《环境保护税税目税额表》执行。

应税大气污染物和水污染物的具体适用税额的确定和调整，由省、自治区、直辖市人民政府统筹考虑本地区环境承载能力、污染物排放现状和经济社会生态发展目标要求，在本法所附《环境保护税税目税额表》规定的税额幅度内提出，报同级人民代表大会常务委员会决定，并报全国人民代表大会常务委员会和国务院备案。

第二章　计税依据和应纳税额

第七条　应税污染物的计税依据，按照下列方法确定：

（一）应税大气污染物按照污染物排放量折合的污染当量数确定；

（二）应税水污染物按照污染物排放量折合的污染当量数确定；

（三）应税固体废物按照固体废物的排放量确定；

（四）应税噪声按照超过国家规定标准的分贝数确定。

第八条　应税大气污染物、水污染物的污染当量数，以该污染物的排放量除以该污染物的污染当量值计算。每种应税大气污染物、水污染物的具体污染当量值，依照本法所附《应税污染物和当量值表》执行。

第九条　每一排放口或者没有排放口的应税大气污染物，按照污染当量数从大到小排序，对前三项污染物征收环境保护税。

每一排放口的应税水污染物，按照本法所附《应税污染物和当量值表》，区分第一类水污染物和其他类水污染物，按照污染当量数从大到小排序，对第一类水污染物按照前五项征收环境保护税，对其他类水污染物按照前三项征收环境保护税。

省、自治区、直辖市人民政府根据本地区污染物减排的特殊需要，可以增加同一排放口征收环境保护税的应税污染物项目数，报同级人民代表大会常务委员会决定，并报全国人民代表大会常务委员会和国务院备案。

第十条　应税大气污染物、水污染物、固体废物的排放量和噪声的分贝数，按照下列方法和顺序计算：

（一）纳税人安装使用符合国家规定和监测规范的污染物自动监测设备的，按照污染物自动监测数据计算；

（二）纳税人未安装使用污染物自动监测设备的，按照监测机构出具的符合国家有关规定和监测规范的监测数据计算；

（三）因排放污染物种类多等原因不具备监测条件的，按照国务院生态环境主管部门规定的排污系数、物料衡算方法计算；

（四）不能按照本条第一项至第三项规定的方法计算的，按照省、自治区、直辖市人民政府生态环境主管部门规定的抽样测算的方法核定计算。

第十一条　环境保护税应纳税额按照下列方法计算：

（一）应税大气污染物的应纳税额为污染当量数乘以具体适用税额；

（二）应税水污染物的应纳税额为污染当量数乘以具体适用税额；

（三）应税固体废物的应纳税额为固体废物排放量乘以具体适用税额；

（四）应税噪声的应纳税额为超过国家规定标准的分贝数对应的具体适用税额。

第三章　税收减免

第十二条　下列情形，暂予免征环境保护税：

（一）农业生产（不包括规模化养殖）排放应税污染物的；

（二）机动车、铁路机车、非道路移动机械、船舶和航空器等流动污染源排放应税污染物的；

（三）依法设立的城乡污水集中处理、生活垃圾集中处理场所排放相应应税污染物，不超过国家和地方规定的排放标准的；

（四）纳税人综合利用的固体废物，符合国家和地方环境保护标准的；

（五）国务院批准免税的其他情形。

前款第五项免税规定，由国务院报全国人民代表大会常务委员会备案。

第十三条　纳税人排放应税大气污染物或者水污染物的浓度值低于国家和地方规定的污染物排放标准百分之三十的，减按百分之七十五征收环境保护税。纳税人排放应税大气污染物或者水污染物的浓度值低于国家和地方规定的污染物排放标准百分之五十的，减按百分之五十征收环境保护税。

第四章　征收管理

第十四条　环境保护税由税务机关依照《中华人民共和国税收征收管理法》和本法的有关规定征收管理。

生态环境主管部门依照本法和有关环境保护法律法规的规定负责对污染物的监测管理。

县级以上地方人民政府应当建立税务机关、生态环境主管部门和其他相关单位分工协作工作机制，加强环境保护税征收管理，保障税款及时足额入库。

第十五条　生态环境主管部门和税务机关应当建立涉税信息共享平台和工作配合机制。

生态环境主管部门应当将排污单位的排污许可、污染物排放数据、环境违法和受行政处罚情况等环境保护相关信息，定期交送税务机关。

税务机关应当将纳税人的纳税申报、税款入库、减免税额、欠缴税款以及风险疑点等环境保护税涉税信息，定期交送生态环境主管部门。

第十六条　纳税义务发生时间为纳税人排放应税污染物的当日。

第十七条　纳税人应当向应税污染物排放地的税务机关申报缴纳环境保护税。

第十八条 环境保护税按月计算，按季申报缴纳。不能按固定期限计算缴纳的，可以按次申报缴纳。

纳税人申报缴纳时，应当向税务机关报送所排放应税污染物的种类、数量，大气污染物、水污染物的浓度值，以及税务机关根据实际需要要求纳税人报送的其他纳税资料。

第十九条 纳税人按季申报缴纳的，应当自季度终了之日起十五日内，向税务机关办理纳税申报并缴纳税款。纳税人按次申报缴纳的，应当自纳税义务发生之日起十五日内，向税务机关办理纳税申报并缴纳税款。

纳税人应当依法如实办理纳税申报，对申报的真实性和完整性承担责任。

第二十条 税务机关应当将纳税人的纳税申报数据资料与生态环境主管部门交送的相关数据资料进行比对。

税务机关发现纳税人的纳税申报数据资料异常或者纳税人未按照规定期限办理纳税申报的，可以提请生态环境主管部门进行复核，生态环境主管部门应当自收到税务机关的数据资料之日起十五日内向税务机关出具复核意见。税务机关应当按照生态环境主管部门复核的数据资料调整纳税人的应纳税额。

第二十一条 依照本法第十条第四项的规定核定计算污染物排放量的，由税务机关会同生态环境主管部门核定污染物排放种类、数量和应纳税额。

第二十二条 纳税人从事海洋工程向中华人民共和国管辖海域排放应税大气污染物、水污染物或者固体废物，申报缴纳环境保护税的具体办法，由国务院税务主管部门会同国务院生态环境主管部门规定。

第二十三条 纳税人和税务机关、生态环境主管部门及其工作人员违反本法规定的，依照《中华人民共和国税收征收管理法》《中华人民共和国环境保护法》和有关法律法规的规定追究法律责任。

第二十四条 各级人民政府应当鼓励纳税人加大环境保护建设投入，对纳税人用于污染物自动监测设备的投资予以资金和政策支持。

第五章　附　则

第二十五条 本法下列用语的含义：

（一）污染当量，是指根据污染物或者污染排放活动对环境的有害程度以及处理的技术经济性，衡量不同污染物对环境污染的综合性指标或者计量单位。同一介质相同污染当量的不同污染物，其污染程度基本相当。

（二）排污系数，是指在正常技术经济和管理条件下，生产单位产品所应排放的污染物量的统计平均值。

（三）物料衡算，是指根据物质质量守恒原理对生产过程中使用的原料、生产的产品和产生的废物等进行测算的一种方法。

第二十六条 直接向环境排放应税污染物的企业事业单位和其他生产经营者，除依照本法规定缴纳环境保护税外，应当对所造成的损害依法承担责任。

第二十七条 自本法施行之日起，依照本法规定征收环境保护税，不再征收排污费。

中华人民共和国陆生野生动物保护实施条例（节选）

（1992 年 2 月 12 日国务院批准 1992 年 3 月 1 日林业部发布 根据 2011 年 1 月 8 日《国务院关于废止和修改部分行政法规的决定》第一次修订 根据 2016 年 2 月 6 日《国务院关于修改部分行政法规的决定》第二次修订）

第二章 野生动物保护

第八条 县级以上各级人民政府野生动物行政主管部门，应当组织社会各方面力量，采取生物技术措施和工程技术措施，维护和改善野生动物生存环境，保护和发展野生动物资源。

禁止任何单位和个人破坏国家和地方重点保护野生动物的生息繁衍场所和生存条件。

第六章 奖励和惩罚

第三十五条 违反野生动物保护法规，在自然保护区、禁猎区破坏国家或者地方重点保护野生动物主要生息繁衍场所，依照《野生动物保护法》第三十四条的规定处以罚款的，按照相当于恢复原状所需费用 3 倍以下的标准执行。

在自然保护区、禁猎区破坏非国家或者地方重点保护野生动物主要生息繁衍场所的，由野生动物行政主管部门责令停止破坏行为，限期恢复原状，并处以恢复原状所需费用 2 倍以下的罚款。

中华人民共和国水土保持法实施条例
（节选）

（1993年8月1日中华人民共和国国务院令第120号发布 根据2011年1月8日《国务院关于废止和修改部分行政法规的决定》修订）

第一章 总 则

第二条 一切单位和个人都有权对有下列破坏水土资源、造成水土流失的行为之一的单位和个人，向县级以上人民政府水行政主管部门或者其他有关部门进行检举：

（一）违法毁林或者毁草场开荒，破坏植被的；

（三）向江河、湖泊、水库和专门存放地以外的沟渠倾倒废弃砂、石、土或者尾矿废渣的；

（四）破坏水土保持设施的；

（五）有破坏水土资源、造成水土流失的其他行为的。

第二章 预 防

第十四条 在山区、丘陵区、风沙区修建铁路、公路、水工程，开办矿山企业、电力企业和其他大中型工业企业，其环境影响报告书中的水土保持方案，必须先经水行政主管部门审查同意。

在山区、丘陵区、风沙区依法开办乡镇集体矿山企业和个体申请采矿，必须填写“水土保持方案报告表”，经县级以上地方人民政府水行政主管部门批准后，方可申请办理采矿批准手续。

建设工程中的水土保持设施竣工验收，应当有水行政主管部门参加并签署意见。水土保持设施经验收不合格的，建设工程不得投产使用。

水土保持方案的具体报批办法，由国务院水行政主管部门会同国务院有关主管部门制定。

第三章 治 理

第十九条 企业事业单位在建设和生产过程中造成水土流失的，应当负责治理。因技术等原因无力自行治理的，可以交纳防治费，由水行政主管部门组织治理。防治费的收取标准和使用管理办法由省级以上人民政府财政部门、主管物价的部门会同水行政主管部门制定。

第二十一条 建成的水土保持设施和种植的林草，应当按照国家技术标准进行检查验收；验收合格的，应当建立档案，设立标志，落实管护责任制。

任何单位和个人不得破坏或者侵占水土保持设施。企业事业单位在建设和生产过程中损坏水土保持设施的，应当给予补偿。

中华人民共和国土地管理法实施条例
（节选）

（1998年12月27日中华人民共和国国务院令第256号发布 根据2011年1月8日《国务院关于废止和修改部分行政法规的决定》第一次修订 根据2014年7月29日《国务院关于修改部分行政法规的决定》第二次修订）

第四章　耕地保护

第十六条　在土地利用总体规划确定的城市和村庄、集镇建设用地范围内，为实施城市规划和村庄、集镇规划占用耕地，以及在土地利用总体规划确定的城市建设用地范围外的能源、交通、水利、矿山、军事设施等建设项目占用耕地的，分别由市、县人民政府、农村集体经济组织和建设单位依照《土地管理法》第三十一条的规定负责开垦耕地；没有条件开垦或者开垦的耕地不符合要求的，应当按照省、自治区、直辖市的规定缴纳耕地开垦费。

第十七条　禁止单位和个人在土地利用总体规划确定的禁止开垦区内从事土地开发活动。

第五章　建设用地

第十九条　建设占用土地，涉及农用地转为建设用地的，应当符合土地利用总体规划和土地利用年度计划中确定的农用地转用指标；城市和村庄、集镇建设占用土地，涉及农用地转用的，还应当符合城市规划和村庄、集镇规划。不符合规定的，不得批准农用地转为建设用地。

第二十三条　具体建设项目需要使用土地的，必须依法申请使用土地利用总体规划确定的城市建设用地范围内的国有建设用地。能源、交通、水利、矿山、军事设施等建设项目确需使用土地利用总体规划确定的城市建设用地范围外的土地，涉及农用地的，按照下列规定办理：

（一）建设项目可行性研究论证时，由土地行政主管部门对建设项目用地有关事项进行审查，提出建设项目用地预审报告；可行性研究报告报批时，必须附具土地行政主管部门出具的建设项目用地预审报告。

（二）建设单位持建设项目的有关批准文件，向市、县人民政府土地行政主管部门提出建设用地申请，由市、县人民政府土地行政主管部门审查，拟订农用地转用方案、补充耕地方案、征收土地方案和供地方案（涉及国有农用地的，不拟订征收土地方案），经市、县人民政府审核同意后，逐级上报有批准权的人民政府批准；其中，补充耕地方案由批准农用地转用方案的人民政府在批准农用地转用方案时一并批准；供地方案由批准征收土地的人民政府在批准征收土地方案时一并批准（涉及国有农用地的，供地方案由批准农用地转用的人民政府在批准农用地转用方案时一并批准）。

（三）农用地转用方案、补充耕地方案、征收土地方案和供地方案经批准后，由市、县人民政府组织实施，向建设单位颁发建设用地批准书。有偿使用国有土地的，由市、县人民政府土地行政主管部门与土地使用者签订国有土地有偿使用合同；划拨使用国有土地的，由市、县人民政府土地行政主管部门向土地使用者核发国有土地划拨决定书。

（四）土地使用者应当依法申请土地登记。

建设项目确需使用土地利用总体规划确定的城市建设用地范围外的土地，涉及农民集体所有的未利用地的，只报批征收土地方案和供地方案。

第七章　法律责任

第三十五条　在临时使用的土地上修建永久性建筑物、构筑物的，由县级以上人民政府土地行政主管部门责令限期拆除；逾期不拆除的，由作出处罚决定的机关依法申请人民法院强制执行。

中华人民共和国森林法实施条例
（节选）

（2000 年 1 月 29 日中华人民共和国国务院令第 278 号发布 根据 2011 年 1 月 8 日《国务院关于废止和修改部分行政法规的决定》第一次修订 根据 2016 年 2 月 6 日《国务院关于修改部分行政法规的决定》第二次修订 根据 2018 年 3 月 19 日《国务院关于修改和废止部分行政法规的决定》第三次修订）

第二章 森林经营管理

第十六条 勘查、开采矿藏和修建道路、水利、电力、通信等工程，需要占用或者征收、征用林地的，必须遵守下列规定：

（一）用地单位应当向县级以上人民政府林业主管部门提出用地申请，经审核同意后，按照国家规定的标准预交森林植被恢复费，领取使用林地审核同意书。用地单位凭使用林地审核同意书依法办理建设用地审批手续。占用或者征收、征用林地未经林业主管部门审核同意的，土地行政主管部门不得受理建设用地申请。

（二）占用或者征收、征用防护林林地或者特种用途林林地面积 10 公顷以上的，用材林、经济林、薪炭林林地及其采伐迹地面积 35 公顷以上的，其他林地面积 70 公顷以上的，由国务院林业主管部门审核；占用或者征收、征用林地面积低于上述规定数量的，由省、自治区、直辖市人民政府林业主管部门审核。占用或者征收、征用重点林区的林地的，由国务院林业主管部门审核。

（三）用地单位需要采伐已经批准占用或者征收、征用的林地上的林木时，应当向林地所在地的县级以上地方人民政府林业主管部门或者国务院林业主管部门申请林木采伐许可证。

（四）占用或者征收、征用林地未被批准的，有关林业主管部门应当自接到不予批准通知之日起 7 日内将收取的森林植被恢复费如数退还。

第十七条 需要临时占用林地的，应当经县级以上人民政府林业主管部门批准。

临时占用林地的期限不得超过两年，并不得在临时占用的林地上修筑永久性建筑物；占用期满后，用地单位必须恢复林业生产条件。

第四章 植树造林

第二十六条 国家对造林绿化实行部门和单位负责制。

铁路公路两旁、江河两岸、湖泊水库周围，各有关主管单位是造林绿化的责任单位。工矿区，机关、学校用地，部队营区以及农场、牧场、渔场经营地区，各该单位是造林绿化的责任单位。

责任单位的造林绿化任务，由所在地的县级人民政府下达责任通知书，予以确认。

第六章 法律责任

第四十三条 未经县级以上人民政府林业主管部门审核同意，擅自改变林地用途的，由县级以上人民政府林业主管部门责令限期恢复原状，并处非法改变用途林地每平方米 10 元至 30 元的罚款。

临时占用林地，逾期不归还的，依照前款规定处罚。

中华人民共和国矿产资源法实施细则（节选）

（中华人民共和国国务院令第152号发布 1994年3月26日起实施）

第四章 矿产资源的开采

第二十九条 单位或者个人开采矿产资源前，应当委托持有相应矿山设计证书的单位进行可行性研究和设计。开采零星分散矿产资源和用作建筑材料的砂、石、黏土的，可以不进行可行性研究和设计，但是应当有开采方案和环境保护措施。

第三十一条 采矿权人应当履行下列义务：

（一）在批准的期限内进行矿山建设或者开采；

（二）有效保护、合理开采、综合利用矿产资源；

（三）依法缴纳资源税和矿产资源补偿费；

（四）遵守国家有关劳动安全、水土保持、土地复垦和环境保护的法律、法规；

（五）接受地质矿产主管部门和有关主管部门的监督管理，按照规定填报矿产储量表和矿产资源开发利用情况统计报告。

第三十二条 采矿权人在采矿许可证有效期满或者在有效期内，停办矿山而矿产资源尚未采完的，必须采取措施将资源保持在能够继续开采的状态，并事先完成下列工作：

（一）编制矿山开采现状报告及实测图件；

（二）按照有关规定报销所消耗的储量；

（三）按照原设计实际完成相应的有关劳动安全、水土保持、土地复垦和环境保护工作，或者缴清土地复垦和环境保护的有关费用。

采矿权人停办矿山的申请，须经原批准开办矿山的主管部门批准、原颁发采矿许可证的机关验收合格后，方可办理有关证、照注销手续。

第三十四条 关闭矿山报告批准后，矿山企业应当完成下列工作：

（一）按照国家有关规定将地质、测量、采矿资料整理归档，并汇交闭坑地质报告、关闭矿山报告及其他有关资料；

（二）按照批准的关闭矿山报告，完成有关劳动安全、水土保持、土地复垦和环境保护工作，或者缴清土地复垦和环境保护的有关费用。

矿山企业凭关闭矿山报告批准文件和有关部门对完成上述工作提供的证明，报请原颁发采矿许可证的机关办理采矿许可证注销手续。

第六章　法律责任

第四十二条　依照《矿产资源法》第三十九条、第四十条、第四十二条、第四十三条、第四十四条规定处以罚款的，分别按照下列规定执行：

（一）未取得采矿许可证擅自采矿的，擅自进入国家规划矿区、对国民经济具有重要价值的矿区和他人矿区范围采矿的，擅自开采国家规定实行保护性开采的特定矿种的，处以违法所得 50%以下的罚款；

（二）超越批准的矿区范围采矿的，处以违法所得 30%以下的罚款；

（六）采取破坏性的开采方法开采矿产资源，造成矿产资源严重破坏的，处以相当于矿产资源损失价值 50%以下的罚款。

第七章　附　则

第四十四条　地下水资源具有水资源和矿产资源的双重属性。地下水资源的勘查，适用《矿产资源法》和本细则；地下水资源的开发、利用、保护和管理，适用《水法》和有关的行政法规。

中华人民共和国自然保护区条例
（节选）

（1994 年 10 月 9 日中华人民共和国国务院令第 167 号发布 根据 2011 年 1 月 8 日《国务院关于废止和修改部分行政法规的决定》第一次修订 根据 2017 年 10 月 7 日《国务院关于修改部分行政法规的决定》第二次修订）

第一章　总　则

第八条　国家对自然保护区实行综合管理与分部门管理相结合的管理体制。

国务院环境保护行政主管部门负责全国自然保护区的综合管理。

国务院林业、农业、地质矿产、水利、海洋等有关行政主管部门在各自的职责范围内，主管有关的自然保护区。

县级以上地方人民政府负责自然保护区管理的部门的设置和职责，由省、自治区、直辖市人民政府根据当地具体情况确定。

第三章　自然保护区的管理

第二十五条　在自然保护区内的单位、居民和经批准进入自然保护区的人员，必须遵守自然保护区的各项管理制度，接受自然保护区管理机构的管理。

第二十六条　禁止在自然保护区内进行砍伐、放牧、狩猎、捕捞、采药、开垦、烧荒、开矿、采石、挖沙等活动；但是，法律、行政法规另有规定的除外。

第二十七条　禁止任何人进入自然保护区的核心区。因科学研究的需要，必须进入核心区从事科学研究观测、调查活动的，应当事先向自然保护区管理机构提交申请和活动计划，并经自然保护区管理机构批准；其中，进入国家级自然保护区核心区的，应当经省、自治区、直辖市人民政府有关自然保护区行政主管部门批准。

自然保护区核心区内原有居民确有必要迁出的，由自然保护区所在地的地方人民政府予以妥善安置。

第二十八条　禁止在自然保护区的缓冲区开展旅游和生产经营活动。因教学科研的目的，需要进入自然保护区的缓冲区从事非破坏性的科学研究、教学实习和标本采集活动的，应当事先向自然保护区管理机构提交申请和活动计划，经自然保护区管理机构批准。

从事前款活动的单位和个人，应当将其活动成果的副本提交自然保护区管理机构。

第二十九条 在自然保护区的实验区内开展参观、旅游活动的，由自然保护区管理机构编制方案，方案应当符合自然保护区管理目标。

在自然保护区组织参观、旅游活动的，应当严格按照前款规定的方案进行，并加强管理；进入自然保护区参观、旅游的单位和个人，应当服从自然保护区管理机构的管理。

严禁开设与自然保护区保护方向不一致的参观、旅游项目。

第三十条 自然保护区的内部未分区的，依照本条例有关核心区和缓冲区的规定管理。

第三十二条 在自然保护区的核心区和缓冲区内，不得建设任何生产设施。在自然保护区的实验区内，不得建设污染环境、破坏资源或者景观的生产设施；建设其他项目，其污染物排放不得超过国家和地方规定的污染物排放标准。在自然保护区的实验区内已经建成的设施，其污染物排放超过国家和地方规定的排放标准的，应当限期治理；造成损害的，必须采取补救措施。

在自然保护区的外围保护地带建设的项目，不得损害自然保护区内的环境质量；已造成损害的，应当限期治理。

限期治理决定由法律、法规规定的机关作出，被限期治理的企业事业单位必须按期完成治理任务。

第三十三条 因发生事故或者其他突然性事件，造成或者可能造成自然保护区污染或者破坏的单位和个人，必须立即采取措施处理，及时通报可能受到危害的单位和居民，并向自然保护区管理机构、当地环境保护行政主管部门和自然保护区行政主管部门报告，接受调查处理。

第四章 法律责任

第三十四条 违反本条例规定，有下列行为之一的单位和个人，由自然保护区管理机构责令其改正，并可以根据不同情节处以 100 元以上 5 000 元以下的罚款：

（一）擅自移动或者破坏自然保护区界标的；

（二）未经批准进入自然保护区或者在自然保护区内不服从管理机构管理的；

（三）经批准在自然保护区的缓冲区内从事科学研究、教学实习和标本采集的单位和个人，不向自然保护区管理机构提交活动成果副本的。

第三十五条 违反本条例规定，在自然保护区进行砍伐、放牧、狩猎、捕捞、采药、开垦、烧荒、开矿、采石、挖沙等活动的单位和个人，除可以依照有关法律、行政法规规定给予处罚的以外，由县级以上人民政府有关自然保护区行政主管部门或者其授权的自然保护区管理机构没收违法所得，责令停止违法行为，限期恢复原状或者采取其他补救措施；对自然保护区造成破坏的，可以处以300元以上1万元以下的罚款。

第三十八条 违反本条例规定，给自然保护区造成损失的，由县级以上人民政府有关自然保护区行政主管部门责令赔偿损失。

第四十条 违反本条例规定，造成自然保护区重大污染或者破坏事故，导致公私财产重大损失或者人身伤亡的严重后果，构成犯罪的，对直接负责的主管人员和其他直接责任人员依法追究刑事责任。

基本农田保护条例（节选）

（1998年12月27日中华人民共和国国务院令第257号发布 根据2011年1月8日《国务院关于废止和修改部分行政法规的决定》修订）

第三章 保 护

第十七条 禁止任何单位和个人在基本农田保护区内建窑、建房、建坟、挖砂、采石、采矿、取土、堆放固体废弃物或者进行其他破坏基本农田的活动。

第五章 法律责任

第三十三条 违反本条例规定，占用基本农田建窑、建房、建坟、挖砂、采石、采矿、取土、堆放固体废弃物或者从事其他活动破坏基本农田，毁坏种植条件的，由县级以上人民政府土地行政主管部门责令改正或者治理，恢复原种植条件，处占用基本农田的耕地开垦费1倍以上2倍以下的罚款；构成犯罪的，依法追究刑事责任。

风景名胜区条例（节选）

（2006 年 9 月 19 日中华人民共和国国务院令第 474 号公布 根据 2016 年 2 月 6 日《国务院关于修改部分行政法规的决定》修订）

第四章 保 护

第二十六条 在风景名胜区内禁止进行下列活动：

（一）开山、采石、开矿、开荒、修坟立碑等破坏景观、植被和地形地貌的活动；

（二）修建储存爆炸性、易燃性、放射性、毒害性、腐蚀性物品的设施；

（三）在景物或者设施上刻划、涂污；

（四）乱扔垃圾。

第六章 法律责任

第四十条 违反本条例的规定，有下列行为之一的，由风景名胜区管理机构责令停止违法行为、恢复原状或者限期拆除，没收违法所得，并处 50 万元以上 100 万元以下的罚款：

（一）在风景名胜区内进行开山、采石、开矿等破坏景观、植被、地形地貌的活动的；

（二）在风景名胜区内修建储存爆炸性、易燃性、放射性、毒害性、腐蚀性物品的设施的；

（三）在核心景区内建设宾馆、招待所、培训中心、疗养院以及与风景名胜资源保护无关的其他建筑物的。

县级以上地方人民政府及其有关主管部门批准实施本条第一款规定的行为的，对直接负责的主管人员和其他直接责任人员依法给予降级或者撤职的处分；构成犯罪的，依法追究刑事责任。

土地复垦条例（节选）

（2011年2月22日国务院第145次常务会议通过）

第一章 总 则

第三条 生产建设活动损毁的土地，按照“谁损毁，谁复垦”的原则，由生产建设单位或者个人（以下称土地复垦义务人）负责复垦。但是，由于历史原因无法确定土地复垦义务人的生产建设活动损毁的土地（以下称历史遗留损毁土地），由县级以上人民政府负责组织复垦。

第四条 生产建设活动应当节约集约利用土地，不占或者少占耕地；对依法占用的土地应当采取有效措施，减少土地损毁面积，降低土地损毁程度。

第二章 生产建设活动损毁土地的复垦

第十条 下列损毁土地由土地复垦义务人负责复垦：

（一）露天采矿、烧制砖瓦、挖沙取土等地表挖掘所损毁的土地；

（二）地下采矿等造成地表塌陷的土地；

（三）堆放采矿剥离物、废石、矿渣、粉煤灰等固体废弃物压占的土地；

（四）能源、交通、水利等基础设施建设和其他生产建设活动临时占用所损毁的土地。

第十三条 土地复垦义务人应当在办理建设用地申请或者采矿权申请手续时，随有关报批材料报送土地复垦方案。

土地复垦义务人未编制土地复垦方案或者土地复垦方案不符合要求的，有批准权的人民政府不得批准建设用地，有批准权的国土资源主管部门不得颁发采矿许可证。

本条例施行前已经办理建设用地手续或者领取采矿许可证，本条例施行后继续从事生产建设活动造成土地损毁的，土地复垦义务人应当按照国务院国土资源主管部门的规定补充编制土地复垦方案。

第十四条 土地复垦义务人应当按照土地复垦方案开展土地复垦工作。矿山企业还应当对土地损毁情况进行动态监测和评价。

生产建设周期长、需要分阶段实施复垦的，土地复垦义务人应当对土地复垦工作与生产建设活动统一规划、统筹实施，根据生产建设进度确定各阶段土地复垦的目标任务、工程规划设计、费用安排、工程实施进度和完成期限等。

第十五条 土地复垦义务人应当将土地复垦费用列入生产成本或者建设项目总投资。

第十六条 土地复垦义务人应当建立土地复垦质量控制制度，遵守土地复垦标准和环境保护标准，保护土壤质量与生态环境，避免污染土壤和地下水。

土地复垦义务人应当首先对拟损毁的耕地、林地、牧草地进行表土剥离，剥离的表土用于被损毁土地的复垦。

禁止将重金属污染物或者其他有毒有害物质用作回填或者充填材料。受重金属污染物或者其他有毒有害物质污染的土地复垦后，达不到国家有关标准的，不得用于种植食用农作物。

第六章 法律责任

第三十七条 本条例施行前已经办理建设用地手续或者领取采矿许可证，本条例施行后继续从事生产建设活动造成土地损毁的土地复垦义务人未按照规定补充编制土地复垦方案的，由县级以上地方人民政府国土资源主管部门责令限期改正；逾期不改正的，处 10 万元以上 20 万元以下的罚款。

第三十八条 土地复垦义务人未按照规定将土地复垦费用列入生产成本或者建设项目总投资的，由县级以上地方人民政府国土资源主管部门责令限期改正；逾期不改正的，处 10 万元以上 50 万元以下的罚款。

第四十条 土地复垦义务人将重金属污染物或者其他有毒有害物质用作回填或者充填材料的，由县级以上地方人民政府环境保护主管部门责令停止违法行为，限期采取治理措施，消除污染，处 10 万元以上 50 万元以下的罚款；逾期不采取治理措施的，环境保护主管部门可以指定有治理能力的单位代为治理，所需费用由违法者承担。

中华人民共和国河道管理条例
（节选）

（1988 年 6 月 10 日中华人民共和国国务院令第 3 号发布 根据 2011 年 1 月 8 日《国务院关于废止和修改部分行政法规的决定》第一次修正 根据 2017 年 3 月 1 日《国务院关于修改和废止部分行政法规的决定》第二次修正 根据 2017 年 10 月 7 日《国务院关于修改部分行政法规的决定》第三次修正 根据 2018 年 3 月 19 日《国务院关于修改和废止部分行政法规的决定》第四次修正）

第三章　河道保护

第二十四条　在河道管理范围内，禁止修建围堤、阻水渠道、阻水道路；种植高杆农作物、芦苇、杞柳、荻柴和树木（堤防防护林除外）；设置拦河渔具；弃置矿渣、石渣、煤灰、泥土、垃圾等。

在堤防和护堤地，禁止建房、放牧、开渠、打井、挖窖、葬坟、晒粮、存放物料、开采地下资源、进行考古发掘以及开展集市贸易活动。

第二十五条　在河道管理范围内进行下列活动，必须报经河道主管机关批准；涉及其他部门的，由河道主管机关会同有关部门批准：

（一）采砂、取土、淘金、弃置砂石或者淤泥；

（二）爆破、钻探、挖筑鱼塘；

（三）在河道滩地存放物料、修建厂房或者其他建筑设施；

（四）在河道滩地开采地下资源及进行考古发掘。

第三十二条　山区河道有山体滑坡、崩岸、泥石流等自然灾害的河段，河道主管机关应当会同地质、交通等部门加强监测。在上述河段，禁止从事开山采石、采矿、开荒等危及山体稳定的活动。

第三十四条　向河道、湖泊排污的排污口的设置和扩大，排污单位在向环境保护部门申报之前，应当征得河道主管机关的同意。

第三十五条　在河道管理范围内，禁止堆放、倾倒、掩埋、排放污染水体的物体。禁止在河道内清洗装贮过油类或者有毒污染物的车辆、容器。

河道主管机关应当开展河道水质监测工作，协同环境保护部门对水污染防治实施监督管理。

第六章　罚　则

第四十四条　违反本条例规定，有下列行为之一的，县级以上地方人民政府河道主管机关除责令其纠正违法行为、采取补救措施外，可以并处警告、罚款、没收非法所得；对有关责任人员，由其所在单位或者上级主管机关给予行政处分；构成犯罪的，依法追究刑事责任：

（一）在河道管理范围内弃置、堆放阻碍行洪物体的；种植阻碍行洪的林木或者高杆植物的；修建围堤、阻水渠道、阻水道路的；

（二）在堤防、护堤地建房、放牧、开渠、打井、挖窖、葬坟、晒粮、存放物料、开采地下资源、进行考古发掘以及开展集市贸易活动的；

（三）未经批准或者不按照国家规定的防洪标准、工程安全标准整治河道或者修建水工程建筑物和其他设施的；

（四）未经批准或者不按照河道主管机关的规定在河道管理范围内采砂、取土、淘金、弃置砂石或者淤泥、爆破、钻探、挖筑鱼塘的；

（五）未经批准在河道滩地存放物料、修建厂房或者其他建筑设施，以及开采地下资源或者进行考古发掘的。

第四十五条　违反本条例规定，有下列行为之一的，县级以上地方人民政府河道主管机关除责令其纠正违法行为、赔偿损失、采取补救措施外，可以并处警告、罚款；应当给予治安管理处罚的，按照《中华人民共和国治安管理处罚法》的规定处罚；构成犯罪的，依法追究刑事责任：

（一）损毁堤防、护岸、闸坝、水工程建筑物，损毁防汛设施、水文监测和测量设施、河岸地质监测设施以及通信照明等设施；

（二）在堤防安全保护区内进行打井、钻探、爆破、挖筑鱼塘、采石、取土等危害堤防安全的活动的。

长江河道采砂管理条例（节选）

（2001 年 10 月 10 日国务院第 45 次常务会议通过 中华人民共和国国务院令第 320 号发布 2002 年 1 月 1 日起实施）

第四条 国家对长江采砂实行统一规划制度。

第六条 长江采砂规划应当包括下列内容：

（一）禁采区和可采区；

（二）禁采期和可采期；

（三）年度采砂控制总量；

（四）可采区内采砂船只的控制数量。

第七条 沿江省、直辖市人民政府水行政主管部门根据长江采砂规划，可以拟订本行政区域内长江采砂规划实施方案，报本级人民政府批准后实施，并报长江水利委员会、长江航务管理局备案。

沿江省、直辖市人民政府应当将长江采砂规划确定的禁采区和禁采期予以公告。

沿江省、直辖市人民政府水行政主管部门可以根据本行政区域内长江的水情、工情、汛情、航道变迁和管理等需要，在长江采砂规划确定的禁采区、禁采期外增加禁采范围、延长禁采期限，报本级人民政府决定后公告。

第九条 国家对长江采砂实行采砂许可制度。

河道采砂许可证由沿江省、直辖市人民政府水行政主管部门审批发放；属于省际边界重点河段的，经有关省、直辖市人民政府水行政主管部门签署意见后，由长江水利委员会审批发放；涉及航道的，审批发放前应当征求长江航务管理局和长江海事机构的意见。省际边界重点河段的范围由国务院水行政主管部门划定。

河道采砂许可证式样由国务院水行政主管部门规定，由沿江省、直辖市人民政府水行政主管部门和长江水利委员会印制。

第十条 从事长江采砂活动的单位和个人应当向沿江市、县人民政府水行政主管部门提出申请；符合下列条件的，由长江水利委员会或者沿江省、直辖市人民政府水行政主管部门依照本条例第九条的规定，审批发放河道采砂许可证：

（一）符合长江采砂规划确定的可采区和可采期的要求；

（二）符合年度采砂控制总量的要求；

（三）符合规定的作业方式；

（四）符合采砂船只数量的控制要求；

（五）采砂船舶、船员证书齐全；

（六）有符合要求的采砂设备和采砂技术人员；

（七）长江水利委员会或者沿江省、直辖市人民政府水行政主管部门规定的其他条件。

市、县人民政府水行政主管部门应当自收到申请之日起 10 日内签署意见后，报送沿江省、直辖市人民政府水行政主管部门审批；属于省际边界重点河段的，经有关省、直辖市人民政府水行政主管部门签署意见后，报送长江水利委员会审批。长江水利委员会或者沿江省、直辖市人民政府水行政主管部门应当自收到申请之日起 30 日内予以审批；不予批准的，应当在作出不予批准决定之日起 7 日内通知申请人，并说明理由。

第十四条 长江水利委员会和沿江省、直辖市人民政府水行政主管部门年审批采砂总量不得超过规确定的年度采砂控制总量。

二、中共中央、国务院文件

中共中央 国务院关于加快推进生态文明建设的意见（节选）

中发〔2015〕12号　2015年4月25日印发

生态文明建设是中国特色社会主义事业的重要内容，关系人民福祉，关乎民族未来，事关“两个一百年”奋斗目标和中华民族伟大复兴中国梦的实现。党中央、国务院高度重视生态文明建设，先后出台了一系列重大决策部署，推动生态文明建设取得了重大进展和积极成效。但总体上看我国生态文明建设水平仍滞后于经济社会发展，资源约束趋紧，环境污染严重，生态系统退化，发展与人口资源环境之间的矛盾日益突出，已成为经济社会可持续发展的重大瓶颈制约。

加快推进生态文明建设是加快转变经济发展方式、提高发展质量和效益的内在要求，是坚持以人为本、促进社会和谐的必然选择，是全面建成小康社会、实现中华民族伟大复兴中国梦的时代抉择，是积极应对气候变化、维护全球生态安全的重大举措。要充分认识加快推进生态文明建设的极端重要性和紧迫性，切实增强责任感和使命感，牢固树立尊重自然、顺应自然、保护自然的理念，坚持绿水青山就是金山银山，动员全党、全社会积极行动、深入持久地推进生态文明建设，加快形成人与自然和谐发展的现代化建设新格局，开创社会主义生态文明新时代。

四、全面促进资源节约循环高效使用，推动利用方式根本转变

（十二）发展循环经济。按照减量化、再利用、资源化的原则，加快建立循环型工业、农业、服务业体系，提高全社会资源产出率。完善再生资源回收体系，实行垃圾分类回收，开发利用“城市矿产”，推进秸秆等农林废弃物以及建筑垃圾、餐厨废弃物资源化利用，发展再制造和再生利用产品，鼓励纺织品、汽车轮胎等废旧物品回收利用。推进煤矸石、矿渣等大宗固体废弃物综合利用。组织开展循环经济示范行动，大力推广循环经济典型模式。推进产业循环式组合，促进生产和生活系统的循环链接，构建覆盖全社会的资源循环利用体系。

（十三）加强资源节约。节约集约利用水、土地、矿产等资源，加强全过程管理，大幅降低资源消耗强度。加强用水需求管理，以水定需、量水而行，抑制不合理用水需求，促进人口、经济等与水资源相均衡，建设节水型社会。推广高效节水技术和产品，发展节水农业，加强城市节水，推进企业节水改造。积极开发利用再生水、矿井水、空中云水、海水等非常规水源，严控无序调

水和人造水景工程，提高水资源安全保障水平。按照严控增量、盘活存量、优化结构、提高效率的原则，加强土地利用的规划管控、市场调节、标准控制和考核监管，严格土地用途管制，推广应用节地技术和模式。发展绿色矿业，加快推进绿色矿山建设，促进矿产资源高效利用，提高矿产资源开采回采率、选矿回收率和综合利用率。

五、加大自然生态系统和环境保护力度，切实改善生态环境质量

（十五）全面推进污染防治。按照以人为本、防治结合、标本兼治、综合施策的原则，建立以保障人体健康为核心、以改善环境质量为目标、以防控环境风险为基线的环境管理体系，健全跨区域污染防治协调机制，加快解决人民群众反映强烈的大气、水、土壤污染等突出环境问题。继续落实大气污染防治行动计划，逐渐消除重污染天气，切实改善大气环境质量。实施水污染防治行动计划，严格饮用水源保护，全面推进涵养区、源头区等水源地环境整治，加强供水全过程管理，确保饮用水安全；加强重点流域、区域、近岸海域水污染防治和良好湖泊生态环境保护，控制和规范淡水养殖，严格入河（湖、海）排污管理；推进地下水污染防治。制定实施土壤污染防治行动计划，优先保护耕地土壤环境，强化工业污染场地治理，开展土壤污染治理与修复试点。加强农业面源污染防治，加大种养业特别是规模化畜禽养殖污染防治力度，科学施用化肥、农药，推广节能环保型炉灶，净化农产品产地和农村居民生活环境。加大城乡环境综合整治力度。推进重金属污染治理。开展矿山地质环境恢复和综合治理，推进尾矿安全、环保存放，妥善处理处置矿渣等大宗固体废物。建立健全化学品、持久性有机污染物、危险废物等环境风险防范与应急管理工作机制。切实加强核设施运行监管，确保核安全万无一失。

六、健全生态文明制度体系

加快建立系统完整的生态文明制度体系，引导、规范和约束各类开发、利用、保护自然资源的行为，用制度保护生态环境。

（十七）健全法律法规。全面清理现行法律法规中与加快推进生态文明建设不相适应的内容，加强法律法规间的衔接。研究制定节能评估审查、节水、应对气候变化、生态补偿、湿地保护、生物多样性保护、土壤环境保护等方面的法律法规，修订土地管理法、大气污染防治法、水污染防治法、节约能源法、循环经济促进法、矿产资源法、森林法、草原法、野生动物保护法等。

（十九）健全自然资源资产产权制度和用途管制制度。对水流、森林、山岭、草原、荒地、滩涂等自然生态空间进行统一确权登记，明确国土空间的自然资源资产所有者、监管者及其责任。完善自然资源资产用途管制制度，明确各类国土空间开发、利用、保护边界，实现能源、水资源、矿产资源按质量分级、梯级利用。严格节能评估审查、水资源论证和取水许可制度。坚持并完善

最严格的耕地保护和节约用地制度，强化土地利用总体规划和年度计划管控，加强土地用途转用许可管理。完善矿产资源规划制度，强化矿产开发准入管理。有序推进国家自然资源资产管理体制改革。

七、加强生态文明建设统计监测和执法监督

坚持问题导向，针对薄弱环节，加强统计监测、执法监督，为推进生态文明建设提供有力保障。

（二十七）加强统计监测。建立生态文明综合评价指标体系。加快推进对能源、矿产资源、水、大气、森林、草原、湿地、海洋和水土流失、沙化土地、土壤环境、地质环境、温室气体等的统计监测核算能力建设，提升信息化水平，提高准确性、及时性，实现信息共享。加快重点用能单位能源消耗在线监测体系建设。建立循环经济统计指标体系、矿产资源合理开发利用评价指标体系。利用卫星遥感等技术手段，对自然资源和生态环境保护状况开展全天候监测，健全覆盖所有资源环境要素的监测网络体系。提高环境风险防控和突发环境事件应急能力，健全环境与健康调查、监测和风险评估制度。定期开展全国生态状况调查和评估。加大各级政府预算内投资等财政性资金对统计监测等基础能力建设的支持力度。

中共中央 国务院关于全面加强生态环境保护坚决打好污染防治攻坚战的意见（节选）

中发〔2018〕17号 2018年6月16日印发

良好生态环境是实现中华民族永续发展的内在要求，是增进民生福祉的优先领域。为深入学习贯彻习近平新时代中国特色社会主义思想和党的十九大精神，决胜全面建成小康社会，全面加强生态环境保护，打好污染防治攻坚战，提升生态文明，建设美丽中国，现提出如下意见。

六、坚决打赢蓝天保卫战

编制实施打赢蓝天保卫战三年作战计划，以京津冀及周边、长三角、汾渭平原等重点区域为主战场，调整优化产业结构、能源结构、运输结构、用地结构，强化区域联防联控和重污染天气应对，进一步明显降低$PM_{2.5}$浓度，明显减少重污染天数，明显改善大气环境质量，明显增强人民的蓝天幸福感。

（二）大力推进散煤治理和煤炭消费减量替代。增加清洁能源使用，拓宽清洁能源消纳渠道，落实可再生能源发电全额保障性收购政策。安全高效发展核电。推动清洁低碳能源优先上网。加快重点输电通道建设，提高重点区域接受外输电比例。因地制宜、加快实施北方地区冬季清洁取暖五年规划。鼓励余热、浅层地热能等清洁能源取暖。加强煤层气（煤矿瓦斯）综合利用，实施生物天然气工程。到2020年，京津冀及周边、汾渭平原的平原地区基本完成生活和冬季取暖散煤替代；北京、天津、河北、山东、河南及珠三角区域煤炭消费总量比2015年均下降10%左右，上海、江苏、浙江、安徽及汾渭平原煤炭消费总量均下降5%左右；重点区域基本淘汰每小时35蒸吨以下燃煤锅炉。推广清洁高效燃煤锅炉。

（四）强化国土绿化和扬尘管控。积极推进露天矿山综合整治，加快环境修复和绿化。开展大规模国土绿化行动，加强北方防沙带建设，实施京津风沙源治理工程、重点防护林工程，增加林草覆盖率。在城市功能疏解、更新和调整中，将腾退空间优先用于留白增绿。落实城市道路和城市范围内施工工地等扬尘管控。

九、加快生态保护与修复

坚持自然恢复为主，统筹开展全国生态保护与修复，全面划定并严守生态保护红线，提升生态系统质量和稳定性。

（二）坚决查处生态破坏行为。2018 年年底前，县级及以上地方政府全面排查违法违规挤占生态空间、破坏自然遗迹等行为，制定治理和修复计划并向社会公开。开展病危险尾矿库和“头顶库”专项整治。持续开展“绿盾”自然保护区监督检查专项行动，严肃查处各类违法违规行为，限期进行整治修复。

（三）建立以国家公园为主体的自然保护地体系。到 2020 年，完成全国自然保护区范围界限核准和勘界立标，整合设立一批国家公园，自然保护地相关法规和管理制度基本建立。对生态严重退化地区实行封禁管理，稳步实施退耕还林还草和退牧还草，扩大轮作休耕试点，全面推行草原禁牧休牧和草畜平衡制度。依法依规解决自然保护地内的矿业权合理退出问题。全面保护天然林，推进荒漠化、石漠化、水土流失综合治理，强化湿地保护和恢复。加强休渔禁渔管理，推进长江、渤海等重点水域禁捕限捕，加强海洋牧场建设，加大渔业资源增殖放流。推动耕地草原森林河流湖泊海洋休养生息。

十、改革完善生态环境治理体系

深化生态环境保护管理体制改革，完善生态环境管理制度，加快构建生态环境治理体系，健全保障举措，增强系统性和完整性，大幅提升治理能力。

（一）完善生态环境监管体系。整合分散的生态环境保护职责，强化生态保护修复和污染防治统一监管，建立健全生态环境保护领导和管理体制、激励约束并举的制度体系、政府企业公众共治体系。全面完成省以下生态环境机构监测监察执法垂直管理制度改革，推进综合执法队伍特别是基层队伍的能力建设。完善农村环境治理体制。健全区域流域海域生态环境管理体制，推进跨地区环保机构试点，加快组建流域环境监管执法机构，按海域设置监管机构。建立独立权威高效的生态环境监测体系，构建天地一体化的生态环境监测网络，实现国家和区域生态环境质量预报预警和质控，按照适度上收生态环境质量监测事权的要求加快推进有关工作。省级党委和政府加快确定生态保护红线、环境质量底线、资源利用上线，制定生态环境准入清单，在地方立法、政策制定、规划编制、执法监管中不得变通突破、降低标准，不符合不衔接不适应的于 2020 年年底前完成调整。实施生态环境统一监管。推行生态环境损害赔偿制度。编制生态环境保护规划，开展全国生态环境状况评估，建立生态环境保护综合监控平台。推动生态文明示范创建、绿水青山就是金山银山实践创新基地建设活动。

严格生态环境质量管理。生态环境质量只能更好、不能变坏。生态环境质量达标地区要保持稳定并持续改善；生态环境质量不达标地区的市、县级政府，要于2018年年底前制定实施限期达标规划，向上级政府备案并向社会公开。加快推行排污许可制度，对固定污染源实施全过程管理和多污染物协同控制，按行业、地区、时限核发排污许可证，全面落实企业治污责任，强化证后监管和处罚。在长江经济带率先实施入河污染源排放、排污口排放和水体水质联动管理。2020年，将排污许可证制度建设成为固定源环境管理核心制度，实现“一证式”管理。健全环保信用评价、信息强制性披露、严惩重罚等制度。将企业环境信用信息纳入全国信用信息共享平台和国家企业信用信息公示系统，依法通过“信用中国”网站和国家企业信用信息公示系统向社会公示。监督上市公司、发债企业等市场主体全面、及时、准确地披露环境信息。建立跨部门联合奖惩机制。完善国家核安全工作协调机制，强化对核安全工作的统筹。

（二）健全生态环境保护经济政策体系。资金投入向污染防治攻坚战倾斜，坚持投入同攻坚任务相匹配，加大财政投入力度。逐步建立常态化、稳定的财政资金投入机制。扩大中央财政支持北方地区清洁取暖的试点城市范围，国有资本要加大对污染防治的投入。完善居民取暖用气用电定价机制和补贴政策。增加中央财政对国家重点生态功能区、生态保护红线区域等生态功能重要地区的转移支付，继续安排中央预算内投资对重点生态功能区给予支持。各省（自治区、直辖市）合理确定补偿标准，并逐步提高补偿水平。完善助力绿色产业发展的价格、财税、投资等政策。大力发展绿色信贷、绿色债券等金融产品。设立国家绿色发展基金。落实有利于资源节约和生态环境保护的价格政策，落实相关税收优惠政策。研究对从事污染防治的第三方企业比照高新技术企业实行所得税优惠政策，研究出台“散乱污”企业综合治理激励政策。推动环境污染责任保险发展，在环境高风险领域建立环境污染强制责任保险制度。推进社会化生态环境治理和保护。采用直接投资、投资补助、运营补贴等方式，规范支持政府和社会资本合作项目；对政府实施的环境绩效合同服务项目，公共财政支付水平同治理绩效挂钩。鼓励通过政府购买服务方式实施生态环境治理和保护。

（三）健全生态环境保护法治体系。依靠法治保护生态环境，增强全社会生态环境保护法治意识。加快建立绿色生产消费的法律制度和政策导向。加快制定和修改土壤污染防治、固体废物污染防治、长江生态环境保护、海洋环境保护、国家公园、湿地、生态环境监测、排污许可、资源综合利用、空间规划、碳排放权交易管理等方面的法律法规。鼓励地方在生态环境保护领域先于国家进行立法。建立生态环境保护综合执法机关、公安机关、检察机关、审判机关信息共享、案情通报、案件移送制度，完善生态环境保护领域民事、行政公益诉讼制度，加大生态环境违法犯罪行为的制裁和惩处力度。加强涉生态环境保护的司法力量建设。整合组建生态环境保护综合执法队伍，统一实行生态环境保护执法。将生态环境保护综合执法机构列入政府行政执法机构序列，推进执法规范化建设，统一着装、统一标识、统一证件、统一保障执法用车和装备。

（四）强化生态环境保护能力保障体系。增强科技支撑，开展大气污染成因与治理、水体污染控制与治理、土壤污染防治等重点领域科技攻关，实施京津冀环境综合治理重大项目，推进区域性、流域性生态环境问题研究。完成第二次全国污染源普查。开展大数据应用和环境承载力监测预警。开展重点区域、流域、行业环境与健康调查，建立风险监测网络及风险评估体系。健全跨部门、跨区域环境应急协调联动机制，建立全国统一的环境应急预案电子备案系统。国家建立环境应急物资储备信息库，省、市级政府建设环境应急物资储备库，企业环境应急装备和储备物资应纳入储备体系。落实全面从严治党要求，建设规范化、标准化、专业化的生态环境保护人才队伍，打造政治强、本领高、作风硬、敢担当，特别能吃苦、特别能战斗、特别能奉献的生态环境保护铁军。按省、市、县、乡不同层级工作职责配备相应工作力量，保障履职需要，确保同生态环境保护任务相匹配。加强国际交流和履约能力建设，推进生态环境保护国际技术交流和务实合作，支撑核安全和核电共同走出去，积极推动落实 2030 年可持续发展议程和绿色“一带一路”建设。

（五）构建生态环境保护社会行动体系。把生态环境保护纳入国民教育体系和党政领导干部培训体系，推进国家及各地生态环境教育设施和场所建设，培育普及生态文化。公共机构尤其是党政机关带头使用节能环保产品，推行绿色办公，创建节约型机关。健全生态环境新闻发布机制，充分发挥各类媒体作用。省、市两级要依托党报、电视台、政府网站，曝光突出环境问题，报道整改进展情况。建立政府、企业环境社会风险预防与化解机制。完善环境信息公开制度，加强重特大突发环境事件信息公开，对涉及群众切身利益的重大项目及时主动公开。2020 年年底前，地级及以上城市符合条件的环保设施和城市污水垃圾处理设施向社会开放，接受公众参观。强化排污者主体责任，企业应严格守法，规范自身环境行为，落实资金投入、物资保障、生态环境保护措施和应急处置主体责任。实施工业污染源全面达标排放计划。2018 年年底前，重点排污单位全部安装自动在线监控设备并同生态环境主管部门联网，依法公开排污信息。到 2020 年，实现长江经济带入河排污口监测全覆盖，并将监测数据纳入长江经济带综合信息平台。推动环保社会组织和志愿者队伍规范健康发展，引导环保社会组织依法开展生态环境保护公益诉讼等活动。按照国家有关规定表彰对保护和改善生态环境有显著成绩的单位和个人。完善公众监督、举报反馈机制，保护举报人的合法权益，鼓励设立有奖举报基金。

国务院关于促进煤炭工业健康发展的若干意见（节选）

国发〔2005〕18号　2005年6月7日印发

煤炭是我国重要的基础能源和原料，在国民经济中具有重要的战略地位。在我国一次能源结构中，煤炭将长期是我国的主要能源。改革开放以来，煤炭工业取得了长足发展，煤炭产量持续增长，生产技术水平逐步提高，煤矿安全生产条件有所改善，对国民经济和社会发展发挥了重要的作用。但煤炭工业发展过程中还存在结构不合理、增长方式粗放、科技水平低、安全事故多发、资源浪费严重、环境治理滞后、历史遗留问题较多等突出问题。随着国民经济的发展，煤炭需求总量不断增加，资源、环境和安全压力进一步加大。为促进煤炭工业持续稳定健康发展，保障国民经济发展需要，提出以下意见：

五、加强综合利用与环境治理，构建煤炭循环经济体系

（二十）推进资源综合利用。按照高效、清洁、充分利用的原则，开展煤矸石、煤泥、煤层气、矿井排放水以及与煤共伴生资源的综合开发与利用。鼓励瓦斯抽采利用，变害为利，促进煤层气产业化发展。按照就近利用的原则，发展与资源总量相匹配的低热值煤发电、建材等产品的生产。修改制定配套法规、标准和管理办法，落实和完善财税优惠政策，鼓励对废弃物进行资源化利用，无害化处理。在煤炭生产开发规划和建设项目申报中，必须提出资源综合利用方案，并将其作为核准项目的条件之一。

（二十一）保护和治理矿区环境。煤炭资源的开发利用必须依法开展环境影响评价，环保设施与主体工程要严格实行建设项目“三同时”制度。按照“谁开发、谁保护，谁污染、谁治理，谁破坏、谁恢复”的原则，加强矿区生态环境和水资源保护、废弃物和采煤沉陷区治理。研究建立矿区生态环境恢复补偿机制，明确企业和政府的治理责任，加大生态环境治理投入，逐步使矿区环境治理步入良性循环。对原中央国有重点煤矿历史形成的采煤沉陷等环境治理欠账，要制订专项规划，继续实施综合治理，中央政府给予必要的资金和政策支持，地方各级人民政府和煤炭企业按规定安排配套资金。

国务院关于促进稀土行业持续健康发展的若干意见（节选）

国发〔2011〕12号　2011年5月10日印发

稀土是不可再生的重要战略资源，在新能源、新材料、节能环保、航空航天、电子信息等领域的应用日益广泛。有效保护和合理利用稀土资源，对于保护环境，加快培育发展战略性新兴产业，改造提升传统产业，促进稀土行业持续健康发展，具有十分重要的意义。经过多年发展，我国稀土开采、冶炼分离和应用技术研发取得较大进步，产业规模不断扩大。但稀土行业发展中仍存在非法开采屡禁不止，冶炼分离产能扩张过快，生态环境破坏和资源浪费严重，高端应用研发滞后，出口秩序较为混乱等问题，严重影响行业健康发展。要进一步提高对有效保护和合理利用稀土资源重要性的认识，采取有效措施，切实加强稀土行业管理，加快转变稀土行业发展方式，促进稀土行业持续健康发展。现提出以下意见：

二、建立健全行业监管体系，加强和改善行业管理

（四）严格稀土行业准入管理。对稀土资源实施更为严格的保护性开采政策和生态环境保护标准，严把行业和环境准入关。加快制定和完善稀土开采及生产标准，明确稀土矿山和冶炼分离企业的产品质量、工艺装备、生产规模、能源消耗、资源综合利用、环境保护、清洁生产、安全生产和社会责任等方面的准入要求。实施严格的环境准入制度，严格执行《稀土工业污染物排放标准》，制定稀土行业环境风险评估制度。

（九）认真执行有关法律法规和制度。严格执行矿产资源法、海关法等有关法律法规的规定，依法加强对稀土的勘查开采、冶炼加工、产品流通、推广应用、战略储备、进出口等环节的管理。抓紧研究制定或修改完善稀土等稀有金属管理的有关法律法规。

三、依法开展稀土专项整治，切实维护良好的行业秩序

（十）坚决打击非法开采和超控制指标开采。国土资源部要进一步巩固稀土矿产开发秩序专项整治成果，加大稀土勘查开采监管力度，严格稀土开采总量控制指标管理，加强对重点稀土产区的联合监管。坚决取缔非法开采，严格禁止超控制指标开采，对重大非法开采案件要挂牌督办，

依法追究企业和相关人员责任。重新审核已颁发的勘查许可证和开采许可证，向社会公布合法采矿企业名单。加快建立规范稀土开采秩序和监管的长效机制。

（十二）坚决打击破坏生态和污染环境行为。环境保护部要立即对稀土开采及冶炼分离企业开展环境保护专项整治行动，严格执行国家和地方污染物排放标准。对未经环评审批的建设项目，一律停止建设和生产；对没有污染防治设施及污染防治设施运行不正常、超标排放或超过重点污染物排放总量控制指标的企业，依法责令立即停产，限期治理，逾期未完成治理任务的，依法注（吊）销相关证照。

四、加快稀土行业整合，调整优化产业结构

（十七）加快推进企业技术改造。鼓励企业利用原地浸矿、无氨氮冶炼分离、联动萃取分离等先进技术进行技术改造。加快淘汰池浸开采、氨皂化分离等落后生产工艺和生产线。发展循环经济，加强尾矿资源和稀土产品的回收再利用，提高稀土资源采收率和综合利用水平，降低能耗物耗，减少环境污染。支持企业将技术改造与兼并重组、淘汰落后产能相结合，加快推进技术进步。

六、加强组织领导，营造良好的发展环境

（二十一）明确责任和分工。国务院有关部门按职能分工，做好相应管理工作，承担相应的责任，并严格实行问责制。坚决改变重计划、轻落实，重审批、轻监管的现状。工业和信息化部总负责，并负责稀土行业管理，制定指令性生产计划，维护稀土生产秩序，指导组建稀土行业协会。工业和信息化部、商务部、新闻办牵头做好我稀土政策的对外宣传和释疑工作。发展改革委牵头做好稀土投资规模和出口总量控制工作。发展改革委、财政部、国土资源部共同牵头研究建立稀土战略储备。财政部牵头研究制定财税支持政策。国土资源部负责稀土资源勘查开采和总量控制管理、矿业秩序整顿和资源地储备。环境保护部负责环保专项整治，严格环境准入，加强污染防治。商务部负责出口配额管理，妥善协调与各国贸易关系。海关总署负责严格出口监管和打击走私。质检总局负责严格出口检验监管和打击逃漏检行为。监察部负责对地方政府和有关部门落实稀土政策情况进行监督检查，对工作不力，影响稀土行业持续健康发展的，要严肃追究责任。有关地方政府对本地区稀土行业的管理负总责，要层层落实责任制，督促稀土企业依法经营，严格按照国家计划组织生产经营，严格履行社会责任，切实保护资源和环境。

（二十二）正确引导舆论。加强稀土行业管理是保护生态环境和资源、促进稀土行业持续健康发展的需要，是转变稀土行业发展方式、发展战略性新兴产业的需要，是提高稀土行业整体效益、维护人民群众长远利益的需要。要正确引导舆论，积极宣传加强稀土行业管理的重要意义和积极作用，争取国内外的理解和支持。

国务院各有关部门和有关地方政府要进一步统一思想，增强大局意识、责任意识，加强组织领导和协调配合，抓好督促检查，落实责任制，确保各项政策措施落到实处，切实加强稀土资源的有效保护和合理利用，促进稀土行业持续健康发展。

国务院关于印发大气污染防治行动计划的通知（节选）

国发〔2013〕37号　2013年9月10日印发

大气环境保护事关人民群众根本利益，事关经济持续健康发展，事关全面建成小康社会，事关实现中华民族伟大复兴中国梦。当前，我国大气污染形势严峻，以可吸入颗粒物（PM_{10}）、细颗粒物（$PM_{2.5}$）为特征污染物的区域性大气环境问题日益突出，损害人民群众身体健康，影响社会和谐稳定。随着我国工业化、城镇化的深入推进，能源资源消耗持续增加，大气污染防治压力继续加大。为切实改善空气质量，制定本行动计划。

一、加大综合治理力度，减少多污染物排放

（一）加强工业企业大气污染综合治理。全面整治燃煤小锅炉。加快推进集中供热、“煤改气”“煤改电”工程建设，到2017年，除必要保留的以外，地级及以上城市建成区基本淘汰每小时10蒸吨及以下的燃煤锅炉，禁止新建每小时20蒸吨以下的燃煤锅炉；其他地区原则上不再新建每小时10蒸吨以下的燃煤锅炉。在供热供气管网不能覆盖的地区，改用电、新能源或洁净煤，推广应用高效节能环保型锅炉。在化工、造纸、印染、制革、制药等产业集聚区，通过集中建设热电联产机组逐步淘汰分散燃煤锅炉。

加快重点行业脱硫、脱硝、除尘改造工程建设。所有燃煤电厂、钢铁企业的烧结机和球团生产设备、石油炼制企业的催化裂化装置、有色金属冶炼企业都要安装脱硫设施，每小时20蒸吨及以上的燃煤锅炉要实施脱硫。除循环流化床锅炉以外的燃煤机组均应安装脱硝设施，新型干法水泥窑要实施低氮燃烧技术改造并安装脱硝设施。燃煤锅炉和工业窑炉现有除尘设施要实施升级改造。

推进挥发性有机物污染治理。在石化、有机化工、表面涂装、包装印刷等行业实施挥发性有机物综合整治，在石化行业开展“泄漏检测与修复”技术改造。限时完成加油站、储油库、油罐车的油气回收治理，在原油成品油码头积极开展油气回收治理。完善涂料、胶黏剂等产品挥发性有机物限值标准，推广使用水性涂料，鼓励生产、销售和使用低毒、低挥发性有机溶剂。

京津冀、长三角、珠三角等区域要于2015年年底前基本完成燃煤电厂、燃煤锅炉和工业窑炉

的污染治理设施建设与改造，完成石化企业有机废气综合治理。

（二）深化面源污染治理。综合整治城市扬尘。加强施工扬尘监管，积极推进绿色施工，建设工程施工现场应全封闭设置围挡墙，严禁敞开式作业，施工现场道路应进行地面硬化。渣土运输车辆应采取密闭措施，并逐步安装卫星定位系统。推行道路机械化清扫等低尘作业方式。大型煤堆、料堆要实现封闭储存或建设防风抑尘设施。推进城市及周边绿化和防风防沙林建设，扩大城市建成区绿地规模。

二、调整优化产业结构，推动产业转型升级

（四）严控“两高”行业新增产能。修订高耗能、高污染和资源性行业准入条件，明确资源能源节约和污染物排放等指标。有条件的地区要制定符合当地功能定位、严于国家要求的产业准入目录。严格控制“两高”行业新增产能，新、改、扩建项目要实行产能等量或减量置换。

（六）压缩过剩产能。加大环保、能耗、安全执法处罚力度，建立以节能环保标准促进“两高”行业过剩产能退出的机制。制定财政、土地、金融等扶持政策，支持产能过剩“两高”行业企业退出、转型发展。发挥优强企业对行业发展的主导作用，通过跨地区、跨所有制企业兼并重组，推动过剩产能压缩。严禁核准产能严重过剩行业新增产能项目。

（七）坚决停建产能严重过剩行业违规在建项目。认真清理产能严重过剩行业违规在建项目，对未批先建、边批边建、越权核准的违规项目，尚未开工建设的，不准开工；正在建设的，要停止建设。地方人民政府要加强组织领导和监督检查，坚决遏制产能严重过剩行业盲目扩张。

三、加快企业技术改造，提高科技创新能力

（八）强化科技研发和推广。加强灰霾、臭氧的形成机理、来源解析、迁移规律和监测预警等研究，为污染治理提供科学支撑。加强大气污染与人群健康关系的研究。支持企业技术中心、国家重点实验室、国家工程实验室建设，推进大型大气光化学模拟仓、大型气溶胶模拟仓等科技基础设施建设。

加强脱硫、脱硝、高效除尘、挥发性有机物控制、柴油机（车）排放净化、环境监测，以及新能源汽车、智能电网等方面的技术研发，推进技术成果转化应用。加强大气污染治理先进技术、管理经验等方面的国际交流与合作。

五、严格节能环保准入，优化产业空间布局

（十六）调整产业布局。按照主体功能区规划要求，合理确定重点产业发展布局、结构和规模，重大项目原则上布局在优化开发区和重点开发区。所有新、改、扩建项目，必须全部进行环境影

响评价；未通过环境影响评价审批的，一律不准开工建设；违规建设的，要依法进行处罚。加强产业政策在产业转移过程中的引导与约束作用，严格限制在生态脆弱或环境敏感地区建设“两高”行业项目。加强对各类产业发展规划的环境影响评价。

在东部、中部和西部地区实施差别化的产业政策，对京津冀、长三角、珠三角等区域提出更高的节能环保要求。强化环境监管，严禁落后产能转移。

（十七）强化节能环保指标约束。提高节能环保准入门槛，健全重点行业准入条件，公布符合准入条件的企业名单并实施动态管理。严格实施污染物排放总量控制，将二氧化硫、氮氧化物、烟粉尘和挥发性有机物排放是否符合总量控制要求作为建设项目环境影响评价审批的前置条件。

京津冀、长三角、珠三角区域以及辽宁中部、山东、武汉及其周边、长株潭、成渝、海峡西岸、山西中北部、陕西关中、甘宁、乌鲁木齐城市群等“三区十群”中的47个城市，新建火电、钢铁、石化、水泥、有色、化工等企业以及燃煤锅炉项目要执行大气污染物特别排放限值。各地区可根据环境质量改善的需要，扩大特别排放限值实施的范围。

对未通过能评、环评审查的项目，有关部门不得审批、核准、备案，不得提供土地，不得批准开工建设，不得发放生产许可证、安全生产许可证、排污许可证，金融机构不得提供任何形式的新增授信支持，有关单位不得供电、供水。

（十八）优化空间格局。科学制定并严格实施城市规划，强化城市空间管制要求和绿地控制要求，规范各类产业园区和城市新城、新区设立和布局，禁止随意调整和修改城市规划，形成有利于大气污染物扩散的城市和区域空间格局。研究开展城市环境总体规划试点工作。

结合化解过剩产能、节能减排和企业兼并重组，有序推进位于城市主城区的钢铁、石化、化工、有色金属冶炼、水泥、平板玻璃等重污染企业环保搬迁、改造，到2017年基本完成。

六、发挥市场机制作用，完善环境经济政策

（十九）发挥市场机制调节作用。本着“谁污染、谁负责，多排放、多负担，节能减排得收益、获补偿”的原则，积极推行激励与约束并举的节能减排新机制。

分行业、分地区对水、电等资源类产品制定企业消耗定额。建立企业“领跑者”制度，对能效、排污强度达到更高标准的先进企业给予鼓励。

全面落实“合同能源管理”的财税优惠政策，完善促进环境服务业发展的扶持政策，推行污染治理设施投资、建设、运行一体化特许经营。完善绿色信贷和绿色证券政策，将企业环境信息纳入征信系统。严格限制环境违法企业贷款和上市融资。推进排污权有偿使用和交易试点。

（二十）完善价格税收政策。根据脱硝成本，结合调整销售电价，完善脱硝电价政策。现有火电机组采用新技术进行除尘设施改造的，要给予价格政策支持。实行阶梯式电价。

推进天然气价格形成机制改革，理顺天然气与可替代能源的比价关系。

按照合理补偿成本、优质优价和污染者付费的原则合理确定成品油价格，完善对部分困难群体和公益性行业成品油价格改革补贴政策。

加大排污费征收力度，做到应收尽收。适时提高排污收费标准，将挥发性有机物纳入排污费征收范围。

研究将部分“两高”行业产品纳入消费税征收范围。完善“两高”行业产品出口退税政策和资源综合利用税收政策。积极推进煤炭等资源税从价计征改革。符合税收法律法规规定，使用专用设备或建设环境保护项目的企业以及高新技术企业，可以享受企业所得税优惠。

（二十一）拓宽投融资渠道。深化节能环保投融资体制改革，鼓励民间资本和社会资本进入大气污染防治领域。引导银行业金融机构加大对大气污染防治项目的信贷支持。探索排污权抵押融资模式，拓展节能环保设施融资、租赁业务。

地方人民政府要对涉及民生的“煤改气”项目、黄标车和老旧车辆淘汰、轻型载货车替代低速货车等加大政策支持力度，对重点行业清洁生产示范工程给予引导性资金支持。要将空气质量监测站点建设及其运行和监管经费纳入各级财政预算予以保障。

在环境执法到位、价格机制理顺的基础上，中央财政统筹整合主要污染物减排等专项，设立大气污染防治专项资金，对重点区域按治理成效实施“以奖代补”；中央基本建设投资也要加大对重点区域大气污染防治的支持力度。

七、健全法律法规体系，严格依法监督管理

（二十二）完善法律法规标准。加快大气污染防治法修订步伐，重点健全总量控制、排污许可、应急预警、法律责任等方面的制度，研究增加对恶意排污、造成重大污染危害的企业及其相关负责人追究刑事责任的内容，加大对违法行为的处罚力度。建立健全环境公益诉讼制度。研究起草环境税法草案，加快修改环境保护法，尽快出台机动车污染防治条例和排污许可证管理条例。各地区可结合实际，出台地方性大气污染防治法规、规章。

加快制（修）订重点行业排放标准以及汽车燃料消耗量标准、油品标准、供热计量标准等，完善行业污染防治技术政策和清洁生产评价指标体系。

（二十三）提高环境监管能力。完善国家监察、地方监管、单位负责的环境监管体制，加强对地方人民政府执行环境法律法规和政策的监督。加大环境监测、信息、应急、监察等能力建设力度，达到标准化建设要求。

建设城市站、背景站、区域站统一布局的国家空气质量监测网络，加强监测数据质量管理，客观反映空气质量状况。加强重点污染源在线监控体系建设，推进环境卫星应用。建设国家、省、

市三级机动车排污监管平台。到2015年，地级及以上城市全部建成细颗粒物监测点和国家直管的监测点。

（二十四）加大环保执法力度。推进联合执法、区域执法、交叉执法等执法机制创新，明确重点，加大力度，严厉打击环境违法行为。对偷排偷放、屡查屡犯的违法企业，要依法停产关闭。对涉嫌环境犯罪的，要依法追究刑事责任。落实执法责任，对监督缺位、执法不力、徇私枉法等行为，监察机关要依法追究有关部门和人员的责任。

（二十五）实行环境信息公开。国家每月公布空气质量最差的10个城市和最好的10个城市的名单。各省（区、市）要公布本行政区域内地级及以上城市空气质量排名。地级及以上城市要在当地主要媒体及时发布空气质量监测信息。

各级环保部门和企业要主动公开新建项目环境影响评价、企业污染物排放、治污设施运行情况等环境信息，接受社会监督。涉及群众利益的建设项目，应充分听取公众意见。建立重污染行业企业环境信息强制公开制度。

九、建立监测预警应急体系，妥善应对重污染天气

（二十九）建立监测预警体系。环保部门要加强与气象部门的合作，建立重污染天气监测预警体系。到2014年，京津冀、长三角、珠三角区域要完成区域、省、市级重污染天气监测预警系统建设；其他省（区、市）、副省级市、省会城市于2015年年底前完成。要做好重污染天气过程的趋势分析，完善会商研判机制，提高监测预警的准确度，及时发布监测预警信息。

（三十）制定完善应急预案。空气质量未达到规定标准的城市应制定和完善重污染天气应急预案并向社会公布；要落实责任主体，明确应急组织机构及其职责、预警预报及响应程序、应急处置及保障措施等内容，按不同污染等级确定企业限产停产、机动车和扬尘管控、中小学校停课以及可行的气象干预等应对措施。开展重污染天气应急演练。

京津冀、长三角、珠三角等区域要建立健全区域、省、市联动的重污染天气应急响应体系。区域内各省（区、市）的应急预案，应于2013年年底前报环境保护部备案。

（三十一）及时采取应急措施。将重污染天气应急响应纳入地方人民政府突发事件应急管理体系，实行政府主要负责人负责制。要依据重污染天气的预警等级，迅速启动应急预案，引导公众做好卫生防护。

十、明确政府企业和社会的责任，动员全民参与环境保护

（三十二）明确地方政府统领责任。地方各级人民政府对本行政区域内的大气环境质量负总责，要根据国家的总体部署及控制目标，制定本地区的实施细则，确定工作重点任务和年度控制指标，

完善政策措施，并向社会公开；要不断加大监管力度，确保任务明确、项目清晰、资金保障。

（三十三）加强部门协调联动。各有关部门要密切配合、协调力量、统一行动，形成大气污染防治的强大合力。环境保护部要加强指导、协调和监督，有关部门要制定有利于大气污染防治的投资、财政、税收、金融、价格、贸易、科技等政策，依法做好各自领域的相关工作。

（三十四）强化企业施治。企业是大气污染治理的责任主体，要按照环保规范要求，加强内部管理，增加资金投入，采用先进的生产工艺和治理技术，确保达标排放，甚至达到“零排放”；要自觉履行环境保护的社会责任，接受社会监督。

（三十五）广泛动员社会参与。环境治理，人人有责。要积极开展多种形式的宣传教育，普及大气污染防治的科学知识。加强大气环境管理专业人才培养。倡导文明、节约、绿色的消费方式和生活习惯，引导公众从自身做起、从点滴做起、从身边的小事做起，在全社会树立起“同呼吸、共奋斗”的行为准则，共同改善空气质量。

我国仍然处于社会主义初级阶段，大气污染防治任务繁重艰巨，要坚定信心、综合治理，突出重点、逐步推进，重在落实、务求实效。各地区、各有关部门和企业要按照本行动计划的要求，紧密结合实际，狠抓贯彻落实，确保空气质量改善目标如期实现。

国务院关于印发水污染防治行动计划的通知（节选）

国发〔2015〕17号　2015年4月2日印发

水环境保护事关人民群众切身利益，事关全面建成小康社会，事关实现中华民族伟大复兴中国梦。当前，我国一些地区水环境质量差、水生态受损重、环境隐患多等问题十分突出，影响和损害群众健康，不利于经济社会持续发展。为切实加大水污染防治力度，保障国家水安全，制定本行动计划。

一、全面控制污染物排放

专项整治十大重点行业。制定造纸、焦化、氮肥、有色金属、印染、农副食品加工、原料药制造、制革、农药、电镀等行业专项治理方案，实施清洁化改造。新建、改建、扩建上述行业建设项目实行主要污染物排放等量或减量置换。2017年年底前，造纸行业力争完成纸浆无元素氯漂白改造或采取其他低污染制浆技术，钢铁企业焦炉完成干熄焦技术改造，氮肥行业尿素生产完成工艺冷凝液水解解析技术改造，印染行业实施低排水染整工艺改造，制药（抗生素、维生素）行业实施绿色酶法生产技术改造，制革行业实施铬减量化和封闭循环利用技术改造。（环境保护部牵头，工业和信息化部等参与）

推进污泥处理处置。污水处理设施产生的污泥应进行稳定化、无害化和资源化处理处置，禁止处理处置不达标的污泥进入耕地。非法污泥堆放点一律予以取缔。现有污泥处理处置设施应于2017年年底前基本完成达标改造，地级及以上城市污泥无害化处理处置率应于2020年年底前达到90%以上。（住房城乡建设部牵头，发展改革委、工业和信息化部、环境保护部、农业部等参与）

二、推动经济结构转型升级

（五）调整产业结构。依法淘汰落后产能。自2015年起，各地要依据部分工业行业淘汰落后生产工艺装备和产品指导目录、产业结构调整指导目录及相关行业污染物排放标准，结合水质改善要求及产业发展情况，制定并实施分年度的落后产能淘汰方案，报工业和信息化部、环境保护部备案。未完成淘汰任务的地区，暂停审批和核准其相关行业新建项目。（工业和信息化部牵头，

发展改革委、环境保护部等参与）

严格环境准入。根据流域水质目标和主体功能区规划要求，明确区域环境准入条件，细化功能分区，实施差别化环境准入政策。建立水资源、水环境承载能力监测评价体系，实行承载能力监测预警，已超过承载能力的地区要实施水污染物削减方案，加快调整发展规划和产业结构。到2020年，组织完成市、县域水资源、水环境承载能力现状评价。（环境保护部牵头，住房城乡建设部、水利部、海洋局等参与）

（六）优化空间布局。合理确定发展布局、结构和规模。充分考虑水资源、水环境承载能力，以水定城、以水定地、以水定人、以水定产。重大项目原则上布局在优化开发区和重点开发区，并符合城乡规划和土地利用总体规划。鼓励发展节水高效现代农业、低耗水高新技术产业以及生态保护型旅游业，严格控制缺水地区、水污染严重地区和敏感区域高耗水、高污染行业发展，新建、改建、扩建重点行业建设项目实行主要污染物排放减量置换。七大重点流域干流沿岸，要严格控制石油加工、化学原料和化学制品制造、医药制造、化学纤维制造、有色金属冶炼、纺织印染等项目环境风险，合理布局生产装置及危险化学品仓储等设施。（发展改革委、工业和信息化部牵头，国土资源部、环境保护部、住房城乡建设部、水利部等参与）

推动污染企业退出。城市建成区内现有钢铁、有色金属、造纸、印染、原料药制造、化工等污染较重的企业应有序搬迁改造或依法关闭。（工业和信息化部牵头，环境保护部等参与）

积极保护生态空间。严格城市规划蓝线管理，城市规划区范围内应保留一定比例的水域面积。新建项目一律不得违规占用水域。严格水域岸线用途管制，土地开发利用应按照有关法律法规和技术标准要求，留足河道、湖泊和滨海地带的管理和保护范围，非法挤占的应限期退出。（国土资源部、住房城乡建设部牵头，环境保护部、水利部、海洋局等参与）

（七）推进循环发展。加强工业水循环利用。推进矿井水综合利用，煤炭矿区的补充用水、周边地区生产和生态用水应优先使用矿井水，加强洗煤废水循环利用。鼓励钢铁、纺织印染、造纸、石油石化、化工、制革等高耗水企业废水深度处理回用。（发展改革委、工业和信息化部牵头，水利部、能源局等参与）

促进再生水利用。以缺水及水污染严重地区城市为重点，完善再生水利用设施，工业生产、城市绿化、道路清扫、车辆冲洗、建筑施工以及生态景观等用水，要优先使用再生水。（住房城乡建设部牵头，发展改革委、工业和信息化部、环境保护部、交通运输部、水利部等参与）

三、着力节约保护水资源

（八）控制用水总量。实施最严格水资源管理。健全取用水总量控制指标体系。加强相关规划和项目建设布局水资源论证工作，国民经济和社会发展规划以及城市总体规划的编制、重大建设项目的布局，应充分考虑当地水资源条件和防洪要求。对取用水总量已达到或超过控制指标的地区，暂停审批其建设项目新增取水许可。对纳入取水许可管理的单位和其他用水大户实行计划用水管理。新建、改建、扩建项目用水要达到行业先进水平，节水设施应与主体工程同时设计、同时施工、同时投运。建立重点监控用水单位名录。到2020年，全国用水总量控制在6 700亿立方米以内。（水利部牵头，发展改革委、工业和信息化部、住房城乡建设部、农业部等参与）

严控地下水超采。在地面沉降、地裂缝、岩溶塌陷等地质灾害易发区开发利用地下水，应进行地质灾害危险性评估。严格控制开采深层承压水，地热水、矿泉水开发应严格实行取水许可和采矿许可。依法规范机井建设管理，排查登记已建机井，未经批准的和公共供水管网覆盖范围内的自备水井，一律予以关闭。编制地面沉降区、海水入侵区等区域地下水压采方案。开展华北地下水超采区综合治理，超采区内禁止工农业生产及服务业新增取用地下水。京津冀区域实施土地整治、农业开发、扶贫等农业基础设施项目，不得以配套打井为条件。2017年年底前，完成地下水禁采区、限采区和地面沉降控制区范围划定工作，京津冀、长三角、珠三角等区域提前一年完成。（水利部、国土资源部牵头，发展改革委、工业和信息化部、财政部、住房城乡建设部、农业部等参与）

（十）科学保护水资源。完善水资源保护考核评价体系。加强水功能区监督管理，从严核定水域纳污能力。（水利部牵头，发展改革委、环境保护部等参与）

四、强化科技支撑

（十一）推广示范适用技术。加快技术成果推广应用，重点推广饮用水净化、节水、水污染治理及循环利用、城市雨水收集利用、再生水安全回用、水生态修复、畜禽养殖污染防治等适用技术。完善环保技术评价体系，加强国家环保科技成果共享平台建设，推动技术成果共享与转化。发挥企业的技术创新主体作用，推动水处理重点企业与科研院所、高等学校组建产学研技术创新战略联盟，示范推广控源减排和清洁生产先进技术。（科技部牵头，发展改革委、工业和信息化部、环境保护部、住房城乡建设部、水利部、农业部、海洋局等参与）

（十二）攻关研发前瞻技术。整合科技资源，通过相关国家科技计划（专项、基金）等，加快研发重点行业废水深度处理、生活污水低成本高标准处理、海水淡化和工业高盐废水脱盐、饮用水微量有毒污染物处理、地下水污染修复、危险化学品事故和水上溢油应急处置等技术。开展有机物和重金属等水环境基准、水污染对人体健康影响、新型污染物风险评价、水环境损害评估、高品质再生水补充饮用水水源等研究。加强水生态保护、农业面源污染防治、水环境监控预警、水处理工艺技术装备等领域的国际交流合作。（科技部牵头，发展改革委、工业和信息化部、国土资源部、环境保护部、住房城乡建设部、水利部、农业部、卫生计生委等参与）

（十三）大力发展环保产业。规范环保产业市场。对涉及环保市场准入、经营行为规范的法规、规章和规定进行全面梳理，废止妨碍形成全国统一环保市场和公平竞争的规定和做法。健全环保工程设计、建设、运营等领域招投标管理办法和技术标准。推进先进适用的节水、治污、修复技术和装备产业化发展。（发展改革委牵头，科技部、工业和信息化部、财政部、环境保护部、住房城乡建设部、水利部、海洋局等参与）

加快发展环保服务业。明确监管部门、排污企业和环保服务公司的责任和义务，完善风险分担、履约保障等机制。鼓励发展包括系统设计、设备成套、工程施工、调试运行、维护管理的环保服务总承包模式、政府和社会资本合作模式等。以污水、垃圾处理和工业园区为重点，推行环境污染第三方治理。（发展改革委、财政部牵头，科技部、工业和信息化部、环境保护部、住房城乡建设部等参与）

五、充分发挥市场机制作用

（十四）理顺价格税费。加快水价改革。县级及以上城市应于 2015 年年底前全面实行居民阶梯水价制度，具备条件的建制镇也要积极推进。2020 年年底前，全面实行非居民用水超定额、超计划累进加价制度。深入推进农业水价综合改革。（发展改革委牵头，财政部、住房城乡建设部、水利部、农业部等参与）

完善收费政策。修订城镇污水处理费、排污费、水资源费征收管理办法，合理提高征收标准，做到应收尽收。城镇污水处理收费标准不应低于污水处理和污泥处理处置成本。地下水水资源费征收标准应高于地表水，超采地区地下水水资源费征收标准应高于非超采地区。（发展改革委、财政部牵头，环境保护部、住房城乡建设部、水利部等参与）

健全税收政策。依法落实环境保护、节能节水、资源综合利用等方面税收优惠政策。对国内企业为生产国家支持发展的大型环保设备，必需进口的关键零部件及原材料，免征关税。加快推进环境保护税立法、资源税税费改革等工作。研究将部分高耗能、高污染产品纳入消费税征收范围。（财政部、税务总局牵头，发展改革委、工业和信息化部、商务部、海关总署、质检总局等参与）

（十五）促进多元融资。引导社会资本投入。积极推动设立融资担保基金，推进环保设备融资租赁业务发展。推广股权、项目收益权、特许经营权、排污权等质押融资担保。采取环境绩效合同服务、授予开发经营权益等方式，鼓励社会资本加大水环境保护投入。（人民银行、发展改革委、财政部牵头，环境保护部、住房城乡建设部、银监会、证监会、保监会等参与）

增加政府资金投入。中央财政加大对属于中央事权的水环境保护项目支持力度，合理承担部分属于中央和地方共同事权的水环境保护项目，向欠发达地区和重点地区倾斜；研究采取专项转移支付等方式，实施“以奖代补”。地方各级人民政府要重点支持污水处理、污泥处理处置、河道整治、饮用水水源保护、畜禽养殖污染防治、水生态修复、应急清污等项目和工作。对环境监管能力建设及运行费用分级予以必要保障。（财政部牵头，发展改革委、环境保护部等参与）

（十六）建立激励机制。健全节水环保“领跑者”制度。鼓励节能减排先进企业、工业集聚区用水效率、排污强度等达到更高标准，支持开展清洁生产、节约用水和污染治理等示范。（发展改革委牵头，工业和信息化部、财政部、环境保护部、住房城乡建设部、水利部等参与）

推行绿色信贷。积极发挥政策性银行等金融机构在水环境保护中的作用，重点支持循环经济、污水处理、水资源节约、水生态环境保护、清洁及可再生能源利用等领域。严格限制环境违法企业贷款。加强环境信用体系建设，构建守信激励与失信惩戒机制，环保、银行、证券、保险等方面要加强协作联动，于 2017 年年底前分级建立企业环境信用评价体系。鼓励涉重金属、石油化工、危险化学品运输等高环境风险行业投保环境污染责任保险。（人民银行牵头，工业和信息化部、环境保护部、水利部、银监会、证监会、保监会等参与）

实施跨界水环境补偿。探索采取横向资金补助、对口援助、产业转移等方式，建立跨界水环境补偿机制，开展补偿试点。深化排污权有偿使用和交易试点。（财政部牵头，发展改革委、环境保护部、水利部等参与）

六、严格环境执法监管

（十七）完善法规标准。健全法律法规。加快水污染防治、海洋环境保护、排污许可、化学品环境管理等法律法规制修订步伐，研究制定环境质量目标管理、环境功能区划、节水及循环利用、饮用水水源保护、污染责任保险、水功能区监督管理、地下水管理、环境监测、生态流量保障、船舶和陆源污染防治等法律法规。各地可结合实际，研究起草地方性水污染防治法规。（法制办牵头，发展改革委、工业和信息化部、国土资源部、环境保护部、住房城乡建设部、交通运输部、水利部、农业部、卫生计生委、保监会、海洋局等参与）

完善标准体系。制修订地下水、地表水和海洋等环境质量标准，城镇污水处理、污泥处理处置、农田退水等污染物排放标准。健全重点行业水污染物特别排放限值、污染防治技术政策和清洁生产评价指标体系。各地可制定严于国家标准的地方水污染物排放标准。（环境保护部牵头，发展改革委、工业和信息化部、国土资源部、住房城乡建设部、水利部、农业部、质检总局等参与）

（十八）加大执法力度。所有排污单位必须依法实现全面达标排放。逐一排查工业企业排污情况，达标企业应采取措施确保稳定达标；对超标和超总量的企业予以“黄牌”警示，一律限制生产或停产整治；对整治仍不能达到要求且情节严重的企业予以“红牌”处罚，一律停业、关闭。自 2016 年起，定期公布环保“黄牌”“红牌”企业名单。定期抽查排污单位达标排放情况，结果

向社会公布。（环境保护部负责）

完善国家督查、省级巡查、地市检查的环境监督执法机制，强化环保、公安、监察等部门和单位协作，健全行政执法与刑事司法衔接配合机制，完善案件移送、受理、立案、通报等规定。加强对地方人民政府和有关部门环保工作的监督，研究建立国家环境监察专员制度。（环境保护部牵头，工业和信息化部、公安部、中央编办等参与）

严厉打击环境违法行为。重点打击私设暗管或利用渗井、渗坑、溶洞排放、倾倒含有毒有害污染物废水、含病原体污水，监测数据弄虚作假，不正常使用水污染物处理设施，或者未经批准拆除、闲置水污染物处理设施等环境违法行为。对造成生态损害的责任者严格落实赔偿制度。严肃查处建设项目环境影响评价领域越权审批、未批先建、边批边建、久试不验等违法违规行为。对构成犯罪的，要依法追究刑事责任。（环境保护部牵头，公安部、住房城乡建设部等参与）

（十九）提升监管水平。完善流域协作机制。健全跨部门、区域、流域、海域水环境保护议事协调机制，发挥环境保护区域督查派出机构和流域水资源保护机构作用，探索建立陆海统筹的生态系统保护修复机制。流域上下游各级政府、各部门之间要加强协调配合、定期会商，实施联合监测、联合执法、应急联动、信息共享。京津冀、长三角、珠三角等区域要于2015年年底前建立水污染防治联动协作机制。建立严格监管所有污染物排放的水环境保护管理制度。（环境保护部牵头，交通运输部、水利部、农业部、海洋局等参与）

完善水环境监测网络。统一规划设置监测断面（点位）。提升饮用水水源水质全指标监测、水生生物监测、地下水环境监测、化学物质监测及环境风险防控技术支撑能力。2017年年底前，京津冀、长三角、珠三角等区域、海域建成统一的水环境监测网。（环境保护部牵头，发展改革委、国土资源部、住房城乡建设部、交通运输部、水利部、农业部、海洋局等参与）

提高环境监管能力。加强环境监测、环境监察、环境应急等专业技术培训，严格落实执法、监测等人员持证上岗制度，加强基层环保执法力量，具备条件的乡镇（街道）及工业园区要配备必要的环境监管力量。各市、县应自2016年起实行环境监管网格化管理。（环境保护部负责）

七、切实加强水环境管理

（二十）强化环境质量目标管理。明确各类水体水质保护目标，逐一排查达标状况。未达到水质目标要求的地区要制定达标方案，将治污任务逐一落实到汇水范围内的排污单位，明确防治措施及达标时限，方案报上一级人民政府备案，自2016年起，定期向社会公布。对水质不达标的区域实施挂牌督办，必要时采取区域限批等措施。（环境保护部牵头，水利部参与）

（二十一）深化污染物排放总量控制。完善污染物统计监测体系，将工业、城镇生活、农业、移动源等各类污染源纳入调查范围。选择对水环境质量有突出影响的总氮、总磷、重金属等污染物，研究纳入流域、区域污染物排放总量控制约束性指标体系。（环境保护部牵头，发展改革委、工业和信息化部、住房城乡建设部、水利部、农业部等参与）

（二十二）严格环境风险控制。防范环境风险。定期评估沿江河湖库工业企业、工业集聚区环境和健康风险，落实防控措施。评估现有化学物质环境和健康风险，2017 年年底前公布优先控制化学品名录，对高风险化学品生产、使用进行严格限制，并逐步淘汰替代。（环境保护部牵头，工业和信息化部、卫生计生委、安全监管总局等参与）

稳妥处置突发水环境污染事件。地方各级人民政府要制定和完善水污染事故处置应急预案，落实责任主体，明确预警预报与响应程序、应急处置及保障措施等内容，依法及时公布预警信息。（环境保护部牵头，住房城乡建设部、水利部、农业部、卫生计生委等参与）

（二十三）全面推行排污许可。依法核发排污许可证。2015 年年底前，完成国控重点污染源及排污权有偿使用和交易试点地区污染源排污许可证的核发工作，其他污染源于 2017 年年底前完成。（环境保护部负责）

加强许可证管理。以改善水质、防范环境风险为目标，将污染物排放种类、浓度、总量、排放去向等纳入许可证管理范围。禁止无证排污或不按许可证规定排污。强化海上排污监管，研究建立海上污染排放许可证制度。2017 年年底前，完成全国排污许可证管理信息平台建设。（环境保护部牵头，海洋局参与）

八、全力保障水生态环境安全

（二十四）保障饮用水水源安全。从水源到水龙头全过程监管饮用水安全。地方各级人民政府及供水单位应定期监测、检测和评估本行政区域内饮用水水源、供水厂出水和用户水龙头水质等饮水安全状况，地级及以上城市自 2016 年起每季度向社会公开。自 2018 年起，所有县级及以上城市饮水安全状况信息都要向社会公开。（环境保护部牵头，发展改革委、财政部、住房城乡建设部、水利部、卫生计生委等参与）

强化饮用水水源环境保护。开展饮用水水源规范化建设，依法清理饮用水水源保护区内违法建筑和排污口。单一水源供水的地级及以上城市应于 2020 年年底前基本完成备用水源或应急水源建设，有条件的地方可以适当提前。加强农村饮用水水源保护和水质检测。（环境保护部牵头，发展改革委、财政部、住房城乡建设部、水利部、卫生计生委等参与）

防治地下水污染。定期调查评估集中式地下水型饮用水水源补给区等区域环境状况。石化生产存贮销售企业和工业园区、矿山开采区、垃圾填埋场等区域应进行必要的防渗处理。加油站地下油罐应于 2017 年年底前全部更新为双层罐或完成防渗池设置。报废矿井、钻井、取水井应实施封井回填。公布京津冀等区域内环境风险大、严重影响公众健康的地下水污染场地清单，开展修

复试点。（环境保护部牵头，财政部、国土资源部、住房城乡建设部、水利部、商务部等参与）

（二十五）深化重点流域污染防治。编制实施七大重点流域水污染防治规划。研究建立流域水生态环境功能分区管理体系。对化学需氧量、氨氮、总磷、重金属及其他影响人体健康的污染物采取针对性措施，加大整治力度。汇入富营养化湖库的河流应实施总氮排放控制。到2020年，长江、珠江总体水质达到优良，松花江、黄河、淮河、辽河在轻度污染基础上进一步改善，海河污染程度得到缓解。三峡库区水质保持良好，南水北调、引滦入津等调水工程确保水质安全。太湖、巢湖、滇池富营养化水平有所好转。白洋淀、乌梁素海、呼伦湖、艾比湖等湖泊污染程度减轻。环境容量较小、生态环境脆弱，环境风险高的地区，应执行水污染物特别排放限值。各地可根据水环境质量改善需要，扩大特别排放限值实施范围。（环境保护部牵头，发展改革委、工业和信息化部、财政部、住房城乡建设部、水利部等参与）

加强良好水体保护。对江河源头及现状水质达到或优于Ⅲ类的江河湖库开展生态环境安全评估，制定实施生态环境保护方案。东江、滦河、千岛湖、南四湖等流域于2017年年底前完成。浙闽片河流、西南诸河、西北诸河及跨界水体水质保持稳定。（环境保护部牵头，外交部、发展改革委、财政部、水利部、林业局等参与）

（二十六）加强近岸海域环境保护。实施近岸海域污染防治方案。重点整治黄河口、长江口、闽江口、珠江口、辽东湾、渤海湾、胶州湾、杭州湾、北部湾等河口海湾污染。沿海地级及以上城市实施总氮排放总量控制。研究建立重点海域排污总量控制制度。规范入海排污口设置，2017年年底前全面清理非法或设置不合理的入海排污口。到2020年，沿海省（区、市）入海河流基本消除劣于Ⅴ类的水体。提高涉海项目准入门槛。（环境保护部、海洋局牵头，发展改革委、工业和信息化部、财政部、住房城乡建设部、交通运输部、农业部等参与）

（二十八）保护水和湿地生态系统。加强河湖水生态保护，科学划定生态保护红线。禁止侵占自然湿地等水源涵养空间，已侵占的要限期予以恢复。强化水源涵养林建设与保护，开展湿地保护与修复，加大退耕还林、还草、还湿力度。加强滨河（湖）带生态建设，在河道两侧建设植被缓冲带和隔离带。加大水生野生动植物类自然保护区和水产种质资源保护区保护力度，开展珍稀濒危水生生物和重要水产种质资源的就地和迁地保护，提高水生生物多样性。2017年年底前，制定实施七大重点流域水生生物多样性保护方案。（环境保护部、林业局牵头，财政部、国土资源部、住房城乡建设部、水利部、农业部等参与）

九、明确和落实各方责任

（二十九）强化地方政府水环境保护责任。各级地方人民政府是实施本行动计划的主体，要于2015年年底前分别制定并公布水污染防治工作方案，逐年确定分流域、分区域、分行业的重点任务和年度目标。要不断完善政策措施，加大资金投入，统筹城乡水污染治理，强化监管，确保各项任务全面完成。各省（区、市）工作方案报国务院备案。（环境保护部牵头，发展改革委、财政部、住房城乡建设部、水利部等参与）

（三十）加强部门协调联动。建立全国水污染防治工作协作机制，定期研究解决重大问题。各有关部门要认真按照职责分工，切实做好水污染防治相关工作。环境保护部要加强统一指导、协调和监督，工作进展及时向国务院报告。（环境保护部牵头，发展改革委、科技部、工业和信息化部、财政部、住房城乡建设部、水利部、农业部、海洋局等参与）

（三十一）落实排污单位主体责任。各类排污单位要严格执行环保法律法规和制度，加强污染治理设施建设和运行管理，开展自行监测，落实治污减排、环境风险防范等责任。中央企业和国有企业要带头落实，工业集聚区内的企业要探索建立环保自律机制。（环境保护部牵头，国资委参与）

（三十二）严格目标任务考核。国务院与各省（区、市）人民政府签订水污染防治目标责任书，分解落实目标任务，切实落实“一岗双责”。每年分流域、分区域、分海域对行动计划实施情况进行考核，考核结果向社会公布，并作为对领导班子和领导干部综合考核评价的重要依据。（环境保护部牵头，中央组织部参与）

将考核结果作为水污染防治相关资金分配的参考依据。（财政部、发展改革委牵头，环境保护部参与）

对未通过年度考核的，要约谈省级人民政府及其相关部门有关负责人，提出整改意见，予以督促；对有关地区和企业实施建设项目环评限批。对因工作不力、履职缺位等导致未能有效应对水环境污染事件的，以及干预、伪造数据和没有完成年度目标任务的，要依法依纪追究有关单位和人员责任。对不顾生态环境盲目决策，导致水环境质量恶化，造成严重后果的领导干部，要记录在案，视情节轻重，给予组织处理或党纪政纪处分，已经离任的也要终身追究责任。（环境保护部牵头，监察部参与）

十、强化公众参与和社会监督

（三十三）依法公开环境信息。综合考虑水环境质量及达标情况等因素，国家每年公布最差、最好的10个城市名单和各省（区、市）水环境状况。对水环境状况差的城市，经整改后仍达不到要求的，取消其环境保护模范城市、生态文明建设示范区、节水型城市、园林城市、卫生城市等荣誉称号，并向社会公告。（环境保护部牵头，发展改革委、住房城乡建设部、水利部、卫生计生委、海洋局等参与）

各省（区、市）人民政府要定期公布本行政区域内各地级市（州、盟）水环境质量状况。国家确定的重点排污单位应依法向社会公开其产生的主要污染物名称、排放方式、排放浓度和总量、超标排放情况，以及污染防治设施的建设和运行情况，主动接受监督。研究发布工业集聚区环境友好指数、重点行业污染物排放强度、城市环境友好指数等信息。（环境保护部牵头，发展改革委、工业和信息化部等参与）

（三十四）加强社会监督。为公众、社会组织提供水污染防治法规培训和咨询，邀请其全程参与重要环保执法行动和重大水污染事件调查。公开曝光环境违法典型案件。健全举报制度，充分发挥“12369”环保举报热线和网络平台作用。限期办理群众举报投诉的环境问题，一经查实，可给予举报人奖励。通过公开听证、网络征集等形式，充分听取公众对重大决策和建设项目的意见。积极推行环境公益诉讼。（环境保护部负责）

（三十五）构建全民行动格局。树立“节水洁水，人人有责”的行为准则。加强宣传教育，把水资源、水环境保护和水情知识纳入国民教育体系，提高公众对经济社会发展和环境保护客观规律的认识。依托全国中小学节水教育、水土保持教育、环境教育等社会实践基地，开展环保社会实践活动。支持民间环保机构、志愿者开展工作。倡导绿色消费新风尚，开展环保社区、学校、家庭等群众性创建活动，推动节约用水，鼓励购买使用节水产品和环境标志产品。（环境保护部牵头，教育部、住房城乡建设部、水利部等参与）

我国正处于新型工业化、信息化、城镇化和农业现代化快速发展阶段，水污染防治任务繁重艰巨。各地区、各有关部门要切实处理好经济社会发展和生态文明建设的关系，按照“地方履行属地责任、部门强化行业管理”的要求，明确执法主体和责任主体，做到各司其职，恪尽职守，突出重点，综合整治，务求实效，以抓铁有痕、踏石留印的精神，依法依规狠抓贯彻落实，确保全国水环境治理与保护目标如期实现，为实现“两个一百年”奋斗目标和中华民族伟大复兴中国梦做出贡献。

国务院关于印发土壤污染防治行动计划的通知（节选）

国发〔2016〕31号　2016年5月28日印发

土壤是经济社会可持续发展的物质基础，关系人民群众身体健康，关系美丽中国建设，保护好土壤环境是推进生态文明建设和维护国家生态安全的重要内容。当前，我国土壤环境总体状况堪忧，部分地区污染较为严重，已成为全面建成小康社会的突出短板之一。为切实加强土壤污染防治，逐步改善土壤环境质量，制定本行动计划。

一、开展土壤污染调查，掌握土壤环境质量状况

（一）深入开展土壤环境质量调查。在现有相关调查基础上，以农用地和重点行业企业用地为重点，开展土壤污染状况详查，2018年年底前查明农用地土壤污染的面积、分布及其对农产品质量的影响；2020年年底前掌握重点行业企业用地中的污染地块分布及其环境风险情况。制定详查总体方案和技术规定，开展技术指导、监督检查和成果审核。建立土壤环境质量状况定期调查制度，每10年开展1次。（环境保护部牵头，财政部、国土资源部、农业部、国家卫生计生委等参与，地方各级人民政府负责落实。以下均需地方各级人民政府落实，不再列出）

（二）建设土壤环境质量监测网络。统一规划、整合优化土壤环境质量监测点位，2017年年底前，完成土壤环境质量国控监测点位设置，建成国家土壤环境质量监测网络，充分发挥行业监测网作用，基本形成土壤环境监测能力。各省（区、市）每年至少开展1次土壤环境监测技术人员培训。各地可根据工作需要，补充设置监测点位，增加特征污染物监测项目，提高监测频次。2020年年底前，实现土壤环境质量监测点位所有县（市、区）全覆盖。（环境保护部牵头，国家发展改革委、工业和信息化部、国土资源部、农业部等参与）

（三）提升土壤环境信息化管理水平。利用环境保护、国土资源、农业等部门相关数据，建立土壤环境基础数据库，构建全国土壤环境信息化管理平台，力争2018年年底前完成。借助移动互联网、物联网等技术，拓宽数据获取渠道，实现数据动态更新。加强数据共享，编制资源共享目录，明确共享权限和方式，发挥土壤环境大数据在污染防治、城乡规划、土地利用、农业生产中的作用。（环境保护部牵头，国家发展改革委、教育部、科技部、工业和信息化部、国土资源部、

住房城乡建设部、农业部、国家卫生计生委、国家林业局等参与）

二、推进土壤污染防治立法，建立健全法规标准体系

（四）加快推进立法进程。配合完成土壤污染防治法起草工作。适时修订污染防治、城乡规划、土地管理、农产品质量安全相关法律法规，增加土壤污染防治有关内容。2016年年底前，完成农药管理条例修订工作，发布污染地块土壤环境管理办法、农用地土壤环境管理办法。2017年年底前，出台农药包装废弃物回收处理、工矿用地土壤环境管理、废弃农膜回收利用等部门规章。到2020年，土壤污染防治法律法规体系基本建立。各地可结合实际，研究制定土壤污染防治地方性法规。（国务院法制办、环境保护部牵头，工业和信息化部、国土资源部、住房城乡建设部、农业部、国家林业局等参与）

（五）系统构建标准体系。健全土壤污染防治相关标准和技术规范。2017年年底前，发布农用地、建设用地土壤环境质量标准；完成土壤环境监测、调查评估、风险管控、治理与修复等技术规范以及环境影响评价技术导则制修订工作；修订肥料、饲料、灌溉用水中有毒有害物质限量和农用污泥中污染物控制等标准，进一步严格污染物控制要求；修订农膜标准，提高厚度要求，研究制定可降解农膜标准；修订农药包装标准，增加防止农药包装废弃物污染土壤的要求。适时修订污染物排放标准，进一步明确污染物特别排放限值要求。完善土壤中污染物分析测试方法，研制土壤环境标准样品。各地可制定严于国家标准的地方土壤环境质量标准。（环境保护部牵头，工业和信息化部、国土资源部、住房城乡建设部、水利部、农业部、质检总局、国家林业局等参与）

（六）全面强化监管执法。明确监管重点。重点监测土壤中镉、汞、砷、铅、铬等重金属和多环芳烃、石油烃等有机污染物，重点监管有色金属矿采选、有色金属冶炼、石油开采、石油加工、化工、焦化、电镀、制革等行业，以及产粮（油）大县、地级以上城市建成区等区域。（环境保护部牵头，工业和信息化部、国土资源部、住房城乡建设部、农业部等参与）

加大执法力度。将土壤污染防治作为环境执法的重要内容，充分利用环境监管网格，加强土壤环境日常监管执法。严厉打击非法排放有毒有害污染物、违法违规存放危险化学品、非法处置危险废物、不正常使用污染治理设施、监测数据弄虚作假等环境违法行为。开展重点行业企业专项环境执法，对严重污染土壤环境、群众反映强烈的企业进行挂牌督办。改善基层环境执法条件，配备必要的土壤污染快速检测等执法装备。对全国环境执法人员每3年开展1轮土壤污染防治专业技术培训。提高突发环境事件应急能力，完善各级环境污染事件应急预案，加强环境应急管理、技术支撑、处置救援能力建设。（环境保护部牵头，工业和信息化部、公安部、国土资源部、住房城乡建设部、农业部、安全监管总局、国家林业局等参与）

三、实施农用地分类管理，保障农业生产环境安全

（八）切实加大保护力度。各地要将符合条件的优先保护类耕地划为永久基本农田，实行严格保护，确保其面积不减少、土壤环境质量不下降，除法律规定的重点建设项目选址确实无法避让外，其他任何建设不得占用。产粮（油）大县要制定土壤环境保护方案。高标准农田建设项目向优先保护类耕地集中的地区倾斜。推行秸秆还田、增施有机肥、少耕免耕、粮豆轮作、农膜减量与回收利用等措施。继续开展黑土地保护利用试点。农村土地流转的受让方要履行土壤保护的责任，避免因过度施肥、滥用农药等掠夺式农业生产方式造成土壤环境质量下降。各省级人民政府要对本行政区域内优先保护类耕地面积减少或土壤环境质量下降的县（市、区），进行预警提醒并依法采取环评限批等限制性措施。（国土资源部、农业部牵头，国家发展改革委、环境保护部、水利部等参与）

防控企业污染。严格控制在优先保护类耕地集中区域新建有色金属冶炼、石油加工、化工、焦化、电镀、制革等行业企业，现有相关行业企业要采用新技术、新工艺，加快提标升级改造步伐。（环境保护部、国家发展改革委牵头，工业和信息化部参与）

四、实施建设用地准入管理，防范人居环境风险

（十二）明确管理要求。建立调查评估制度。2016 年年底前，发布建设用地土壤环境调查评估技术规定。自 2017 年起，对拟收回土地使用权的有色金属冶炼、石油加工、化工、焦化、电镀、制革等行业企业用地，以及用途拟变更为居住和商业、学校、医疗、养老机构等公共设施的上述企业用地，由土地使用权人负责开展土壤环境状况调查评估；已经收回的，由所在地市、县级人民政府负责开展调查评估。自 2018 年起，重度污染农用地转为城镇建设用地的，由所在地市、县级人民政府负责组织开展调查评估。调查评估结果向所在地环境保护、城乡规划、国土资源部门备案。（环境保护部牵头，国土资源部、住房城乡建设部参与）

分用途明确管理措施。自 2017 年起，各地要结合土壤污染状况详查情况，根据建设用地土壤环境调查评估结果，逐步建立污染地块名录及其开发利用的负面清单，合理确定土地用途。符合相应规划用地土壤环境质量要求的地块，可进入用地程序。暂不开发利用或现阶段不具备治理修复条件的污染地块，由所在地县级人民政府组织划定管控区域，设立标识，发布公告，开展土壤、地表水、地下水、空气环境监测；发现污染扩散的，有关责任主体要及时采取污染物隔离、阻断等环境风险管控措施。（国土资源部牵头，环境保护部、住房城乡建设部、水利部等参与）

（十三）落实监管责任。地方各级城乡规划部门要结合土壤环境质量状况，加强城乡规划论证和审批管理。地方各级国土资源部门要依据土地利用总体规划、城乡规划和地块土壤环境质量状

况，加强土地征收、收回、收购以及转让、改变用途等环节的监管。地方各级环境保护部门要加强对建设用地土壤环境状况调查、风险评估和污染地块治理与修复活动的监管。建立城乡规划、国土资源、环境保护等部门间的信息沟通机制，实行联动监管。（国土资源部、环境保护部、住房城乡建设部负责）

（十四）严格用地准入。将建设用地土壤环境管理要求纳入城市规划和供地管理，土地开发利用必须符合土壤环境质量要求。地方各级国土资源、城乡规划等部门在编制土地利用总体规划、城市总体规划、控制性详细规划等相关规划时，应充分考虑污染地块的环境风险，合理确定土地用途。（国土资源部、住房城乡建设部牵头，环境保护部参与）

五、强化未污染土壤保护，严控新增土壤污染

（十五）加强未利用地环境管理。按照科学有序原则开发利用未利用地，防止造成土壤污染。拟开发为农用地的，有关县（市、区）人民政府要组织开展土壤环境质量状况评估；不符合相应标准的，不得种植食用农产品。各地要加强纳入耕地后备资源的未利用地保护，定期开展巡查。依法严查向沙漠、滩涂、盐碱地、沼泽地等非法排污、倾倒有毒有害物质的环境违法行为。加强对矿山、油田等矿产资源开采活动影响区域内未利用地的环境监管，发现土壤污染问题的，要及时督促有关企业采取防治措施。推动盐碱地土壤改良，自2017年起，在新疆生产建设兵团等地开展利用燃煤电厂脱硫石膏改良盐碱地试点。（环境保护部、国土资源部牵头，国家发展改革委、公安部、水利部、农业部、国家林业局等参与）

（十六）防范建设用地新增污染。排放重点污染物的建设项目，在开展环境影响评价时，要增加对土壤环境影响的评价内容，并提出防范土壤污染的具体措施；需要建设的土壤污染防治设施，要与主体工程同时设计、同时施工、同时投产使用；有关环境保护部门要做好有关措施落实情况的监督管理工作。自2017年起，有关地方人民政府要与重点行业企业签订土壤污染防治责任书，明确相关措施和责任，责任书向社会公开。（环境保护部负责）

（十七）强化空间布局管控。加强规划区划和建设项目布局论证，根据土壤等环境承载能力，合理确定区域功能定位、空间布局。鼓励工业企业集聚发展，提高土地节约集约利用水平，减少土壤污染。严格执行相关行业企业布局选址要求，禁止在居民区、学校、医疗和养老机构等周边新建有色金属冶炼、焦化等行业企业；结合推进新型城镇化、产业结构调整和化解过剩产能等，有序搬迁或依法关闭对土壤造成严重污染的现有企业。结合区域功能定位和土壤污染防治需要，科学布局生活垃圾处理、危险废物处置、废旧资源再生利用等设施和场所，合理确定畜禽养殖布局和规模。（国家发展改革委牵头，工业和信息化部、国土资源部、环境保护部、住房城乡建设部、水利部、农业部、国家林业局等参与）

六、加强污染源监管，做好土壤污染预防工作

（十八）严控工矿污染。加强日常环境监管。各地要根据工矿企业分布和污染排放情况，确定土壤环境重点监管企业名单，实行动态更新，并向社会公布。列入名单的企业每年要自行对其用地进行土壤环境监测，结果向社会公开。有关环境保护部门要定期对重点监管企业和工业园区周边开展监测，数据及时上传全国土壤环境信息化管理平台，结果作为环境执法和风险预警的重要依据。适时修订国家鼓励的有毒有害原料（产品）替代品目录。加强电器电子、汽车等工业产品中有害物质控制。有色金属冶炼、石油加工、化工、焦化、电镀、制革等行业企业拆除生产设施设备、构筑物和污染治理设施，要事先制定残留污染物清理和安全处置方案，并报所在地县级环境保护、工业和信息化部门备案；要严格按照有关规定实施安全处理处置，防范拆除活动污染土壤。2017 年年底前，发布企业拆除活动污染防治技术规定。（环境保护部、工业和信息化部负责）

严防矿产资源开发污染土壤。自 2017 年起，内蒙古、江西、河南、湖北、湖南、广东、广西、四川、贵州、云南、陕西、甘肃、新疆等省（区）矿产资源开发活动集中的区域，执行重点污染物特别排放限值。全面整治历史遗留尾矿库，完善覆膜、压土、排洪、堤坝加固等隐患治理和闭库措施。有重点监管尾矿库的企业要开展环境风险评估，完善污染治理设施，储备应急物资。加强对矿产资源开发利用活动的辐射安全监管，有关企业每年要对本矿区土壤进行辐射环境监测。（环境保护部、安全监管总局牵头，工业和信息化部、国土资源部参与）

加强涉重金属行业污染防控。严格执行重金属污染物排放标准并落实相关总量控制指标，加大监督检查力度，对整改后仍不达标的企业，依法责令其停业、关闭，并将企业名单向社会公开。继续淘汰涉重金属重点行业落后产能，完善重金属相关行业准入条件，禁止新建落后产能或产能严重过剩行业的建设项目。按计划逐步淘汰普通照明白炽灯。提高铅酸蓄电池等行业落后产能淘汰标准，逐步退出落后产能。制定涉重金属重点工业行业清洁生产技术推行方案，鼓励企业采用先进适用生产工艺和技术。2020 年重点行业的重点重金属排放量要比 2013 年下降 10%。（环境保护部、工业和信息化部牵头，国家发展改革委参与）

加强工业废物处理处置。全面整治尾矿、煤矸石、工业副产石膏、粉煤灰、赤泥、冶炼渣、电石渣、铬渣、砷渣以及脱硫、脱硝、除尘产生固体废物的堆存场所，完善防扬散、防流失、防渗漏等设施，制定整治方案并有序实施。加强工业固体废物综合利用。对电子废物、废轮胎、废塑料等再生利用活动进行清理整顿，引导有关企业采用先进适用加工工艺、集聚发展，集中建设和运营污染治理设施，防止污染土壤和地下水。自 2017 年起，在京津冀、长三角、珠三角等地区的部分城市开展污水与污泥、废气与废渣协同治理试点。（环境保护部、国家发展改革委牵头，工业和信息化部、国土资源部参与）

七、开展污染治理与修复，改善区域土壤环境质量

（二十一）明确治理与修复主体。按照“谁污染，谁治理”原则，造成土壤污染的单位或个人要承担治理与修复的主体责任。责任主体发生变更的，由变更后继承其债权、债务的单位或个人承担相关责任；土地使用权依法转让的，由土地使用权受让人或双方约定的责任人承担相关责任。责任主体灭失或责任主体不明确的，由所在地县级人民政府依法承担相关责任。（环境保护部牵头，国土资源部、住房城乡建设部参与）

（二十二）制定治理与修复规划。各省（区、市）要以影响农产品质量和人居环境安全的突出土壤污染问题为重点，制定土壤污染治理与修复规划，明确重点任务、责任单位和分年度实施计划，建立项目库，2017 年年底前完成。规划报环境保护部备案。京津冀、长三角、珠三角地区要率先完成。（环境保护部牵头，国土资源部、住房城乡建设部、农业部等参与）

（二十三）有序开展治理与修复。确定治理与修复重点。各地要结合城市环境质量提升和发展布局调整，以拟开发建设居住、商业、学校、医疗和养老机构等项目的污染地块为重点，开展治理与修复。在江西、湖北、湖南、广东、广西、四川、贵州、云南等省份污染耕地集中区域优先组织开展治理与修复；其他省份要根据耕地土壤污染程度、环境风险及其影响范围，确定治理与修复的重点区域。到 2020 年，受污染耕地治理与修复面积达到 1 000 万亩。（国土资源部、农业部、环境保护部牵头，住房城乡建设部参与）

强化治理与修复工程监管。治理与修复工程原则上在原址进行，并采取必要措施防止污染土壤挖掘、堆存等造成二次污染；需要转运污染土壤的，有关责任单位要将运输时间、方式、线路和污染土壤数量、去向、最终处置措施等，提前向所在地和接收地环境保护部门报告。工程施工期间，责任单位要设立公告牌，公开工程基本情况、环境影响及其防范措施；所在地环境保护部门要对各项环境保护措施落实情况进行检查。工程完工后，责任单位要委托第三方机构对治理与修复效果进行评估，结果向社会公开。实行土壤污染治理与修复终身责任制，2017 年年底前，出台有关责任追究办法。（环境保护部牵头，国土资源部、住房城乡建设部、农业部参与）

（二十四）监督目标任务落实。各省级环境保护部门要定期向环境保护部报告土壤污染治理与修复工作进展；环境保护部要会同有关部门进行督导检查。各省（区、市）要委托第三方机构对本行政区域各县（市、区）土壤污染治理与修复成效进行综合评估，结果向社会公开。2017 年年底前，出台土壤污染治理与修复成效评估办法。（环境保护部牵头，国土资源部、住房城乡建设部、农业部参与）

八、加大科技研发力度，推动环境保护产业发展

（二十五）加强土壤污染防治研究。整合高等学校、研究机构、企业等科研资源，开展土壤环境基准、土壤环境容量与承载能力、污染物迁移转化规律、污染生态效应、重金属低积累作物和修复植物筛选，以及土壤污染与农产品质量、人体健康关系等方面基础研究。推进土壤污染诊断、风险管控、治理与修复等共性关键技术研究，研发先进适用装备和高效低成本功能材料（药剂），强化卫星遥感技术应用，建设一批土壤污染防治实验室、科研基地。优化整合科技计划（专项、基金等），支持土壤污染防治研究。（科技部牵头，国家发展改革委、教育部、工业和信息化部、国土资源部、环境保护部、住房城乡建设部、农业部、国家卫生计生委、国家林业局、中科院等参与）

（二十六）加大适用技术推广力度。建立健全技术体系。综合土壤污染类型、程度和区域代表性，针对典型受污染农用地、污染地块，分批实施 200 个土壤污染治理与修复技术应用试点项目，2020 年年底前完成。根据试点情况，比选形成一批易推广、成本低、效果好的适用技术。（环境保护部、财政部牵头，科技部、国土资源部、住房城乡建设部、农业部等参与）

加快成果转化应用。完善土壤污染防治科技成果转化机制，建成以环保为主导产业的高新技术产业开发区等一批成果转化平台。2017 年年底前，发布鼓励发展的土壤污染防治重大技术装备目录。开展国际合作研究与技术交流，引进消化土壤污染风险识别、土壤污染物快速检测、土壤及地下水污染阻隔等风险管控先进技术和管理经验。（科技部牵头，国家发展改革委、教育部、工业和信息化部、国土资源部、环境保护部、住房城乡建设部、农业部、中科院等参与）

（二十七）推动治理与修复产业发展。放开服务性监测市场，鼓励社会机构参与土壤环境监测评估等活动。通过政策推动，加快完善覆盖土壤环境调查、分析测试、风险评估、治理与修复工程设计和施工等环节的成熟产业链，形成若干综合实力雄厚的龙头企业，培育一批充满活力的中小企业。推动有条件的地区建设产业化示范基地。规范土壤污染治理与修复从业单位和人员管理，建立健全监督机制，将技术服务能力弱、运营管理水平低、综合信用差的从业单位名单通过企业信用信息公示系统向社会公开。发挥“互联网+”在土壤污染治理与修复全产业链中的作用，推进大众创业、万众创新。（国家发展改革委牵头，科技部、工业和信息化部、国土资源部、环境保护部、住房城乡建设部、农业部、商务部、工商总局等参与）

九、发挥政府主导作用，构建土壤环境治理体系

（二十八）强化政府主导。完善管理体制。按照“国家统筹、省负总责、市县落实”原则，完善土壤环境管理体制，全面落实土壤污染防治属地责任。探索建立跨行政区域土壤污染防治联动

协作机制。（环境保护部牵头，国家发展改革委、科技部、工业和信息化部、财政部、国土资源部、住房城乡建设部、农业部等参与）

加大财政投入。中央和地方各级财政加大对土壤污染防治工作的支持力度。中央财政整合重金属污染防治专项资金等，设立土壤污染防治专项资金，用于土壤环境调查与监测评估、监督管理、治理与修复等工作。各地应统筹相关财政资金，通过现有政策和资金渠道加大支持，将农业综合开发、高标准农田建设、农田水利建设、耕地保护与质量提升、测土配方施肥等涉农资金，更多用于优先保护类耕地集中的县（市、区）。有条件的省（区、市）可对优先保护类耕地面积增加的县（市、区）予以适当奖励。统筹安排专项建设基金，支持企业对涉重金属落后生产工艺和设备进行技术改造。（财政部牵头，国家发展改革委、工业和信息化部、国土资源部、环境保护部、水利部、农业部等参与）

完善激励政策。各地要采取有效措施，激励相关企业参与土壤污染治理与修复。研究制定扶持有机肥生产、废弃农膜综合利用、农药包装废弃物回收处理等企业的激励政策。在农药、化肥等行业，开展环保领跑者制度试点。（财政部牵头，国家发展改革委、工业和信息化部、国土资源部、环境保护部、住房城乡建设部、农业部、税务总局、供销合作总社等参与）

建设综合防治先行区。2016 年年底前，在浙江省台州市、湖北省黄石市、湖南省常德市、广东省韶关市、广西壮族自治区河池市和贵州省铜仁市启动土壤污染综合防治先行区建设，重点在土壤污染源头预防、风险管控、治理与修复、监管能力建设等方面进行探索，力争到 2020 年先行区土壤环境质量得到明显改善。有关地方人民政府要编制先行区建设方案，按程序报环境保护部、财政部备案。京津冀、长三角、珠三角等地区可因地制宜开展先行区建设。（环境保护部、财政部牵头，国家发展改革委、国土资源部、住房城乡建设部、农业部、国家林业局等参与）

（二十九）发挥市场作用。通过政府和社会资本合作（PPP）模式，发挥财政资金撬动功能，带动更多社会资本参与土壤污染防治。加大政府购买服务力度，推动受污染耕地和以政府为责任主体的污染地块治理与修复。积极发展绿色金融，发挥政策性和开发性金融机构引导作用，为重大土壤污染防治项目提供支持。鼓励符合条件的土壤污染治理与修复企业发行股票。探索通过发行债券推进土壤污染治理与修复，在土壤污染综合防治先行区开展试点。有序开展重点行业企业环境污染强制责任保险试点。（国家发展改革委、环境保护部牵头，财政部、人民银行、银监会、证监会、保监会等参与）

（三十）加强社会监督。推进信息公开。根据土壤环境质量监测和调查结果，适时发布全国土壤环境状况。各省（区、市）人民政府定期公布本行政区域各地级市（州、盟）土壤环境状况。重点行业企业要依据有关规定，向社会公开其产生的污染物名称、排放方式、排放浓度、排放总量，以及污染防治设施建设和运行情况。（环境保护部牵头，国土资源部、住房城乡建设部、农业

部等参与）

引导公众参与。实行有奖举报，鼓励公众通过“12369”环保举报热线、信函、电子邮件、政府网站、微信平台等途径，对乱排废水、废气，乱倒废渣、污泥等污染土壤的环境违法行为进行监督。有条件的地方可根据需要聘请环境保护义务监督员，参与现场环境执法、土壤污染事件调查处理等。鼓励种粮大户、家庭农场、农民合作社以及民间环境保护机构参与土壤污染防治工作。（环境保护部牵头，国土资源部、住房城乡建设部、农业部等参与）

推动公益诉讼。鼓励依法对污染土壤等环境违法行为提起公益诉讼。开展检察机关提起公益诉讼改革试点的地区，检察机关可以以公益诉讼人的身份，对污染土壤等损害社会公共利益的行为提起民事公益诉讼；也可以对负有土壤污染防治职责的行政机关，因违法行使职权或者不作为造成国家和社会公共利益受到侵害的行为提起行政公益诉讼。地方各级人民政府和有关部门应当积极配合司法机关的相关案件办理工作和检察机关的监督工作。（最高人民检察院、最高人民法院牵头，国土资源部、环境保护部、住房城乡建设部、水利部、农业部、国家林业局等参与）

（三十一）开展宣传教育。制定土壤环境保护宣传教育工作方案。制作挂图、视频，出版科普读物，利用互联网、数字化放映平台等手段，结合世界地球日、世界环境日、世界土壤日、世界粮食日、全国土地日等主题宣传活动，普及土壤污染防治相关知识，加强法律法规政策宣传解读，营造保护土壤环境的良好社会氛围，推动形成绿色发展方式和生活方式。把土壤环境保护宣传教育融入党政机关、学校、工厂、社区、农村等的环境宣传和培训工作。鼓励支持有条件的高等学校开设土壤环境专门课程。（环境保护部牵头，中央宣传部、教育部、国土资源部、住房城乡建设部、农业部、新闻出版广电总局、国家网信办、国家粮食局、中国科协等参与）

十、加强目标考核，严格责任追究

（三十二）明确地方政府主体责任。地方各级人民政府是实施本行动计划的主体，要于 2016 年年底前分别制定并公布土壤污染防治工作方案，确定重点任务和工作目标。要加强组织领导，完善政策措施，加大资金投入，创新投融资模式，强化监督管理，抓好工作落实。各省（区、市）工作方案报国务院备案。（环境保护部牵头，国家发展改革委、财政部、国土资源部、住房城乡建设部、农业部等参与）

（三十三）加强部门协调联动。建立全国土壤污染防治工作协调机制，定期研究解决重大问题。各有关部门要按照职责分工，协同做好土壤污染防治工作。环境保护部要抓好统筹协调，加强督促检查，每年 2 月底前将上年度工作进展情况向国务院报告。（环境保护部牵头，国家发展改革委、科技部、工业和信息化部、财政部、国土资源部、住房城乡建设部、水利部、农业部、国家林业局等参与）

（三十四）落实企业责任。有关企业要加强内部管理，将土壤污染防治纳入环境风险防控体系，严格依法依规建设和运营污染治理设施，确保重点污染物稳定达标排放。造成土壤污染的，应承担损害评估、治理与修复的法律责任。逐步建立土壤污染治理与修复企业行业自律机制。国有企业特别是中央企业要带头落实。（环境保护部牵头，工业和信息化部、国务院国资委等参与）

（三十五）严格评估考核。实行目标责任制。2016 年年底前，国务院与各省（区、市）人民政府签订土壤污染防治目标责任书，分解落实目标任务。分年度对各省（区、市）重点工作进展情况进行评估，2020 年对本行动计划实施情况进行考核，评估和考核结果作为对领导班子和领导干部综合考核评价、自然资源资产离任审计的重要依据。（环境保护部牵头，中央组织部、审计署参与）

评估和考核结果作为土壤污染防治专项资金分配的重要参考依据。（财政部牵头，环境保护部参与）

对年度评估结果较差或未通过考核的省（区、市），要提出限期整改意见，整改完成前，对有关地区实施建设项目环评限批；整改不到位的，要约谈有关省级人民政府及其相关部门负责人。对土壤环境问题突出、区域土壤环境质量明显下降、防治工作不力、群众反映强烈的地区，要约谈有关地市级人民政府和省级人民政府相关部门主要负责人。对失职渎职、弄虚作假的，区分情节轻重，予以诫勉、责令公开道歉、组织处理或党纪政纪处分；对构成犯罪的，要依法追究刑事责任，已经调离、提拔或者退休的，也要终身追究责任。（环境保护部牵头，中央组织部、监察部参与）

中共中央办公厅 国务院办公厅印发《关于划定并严守生态保护红线的若干意见》

厅字〔2017〕2号 2017年2月7日印发

生态空间是指具有自然属性、以提供生态服务或生态产品为主体功能的国土空间，包括森林、草原、湿地、河流、湖泊、滩涂、岸线、海洋、荒地、荒漠、戈壁、冰川、高山冻原、无居民海岛等。生态保护红线是指在生态空间范围内具有特殊重要生态功能、必须强制性严格保护的区域，是保障和维护国家生态安全的底线和生命线，通常包括具有重要水源涵养、生物多样性维护、水土保持、防风固沙、海岸生态稳定等功能的生态功能重要区域，以及水土流失、土地沙化、石漠化、盐渍化等生态环境敏感脆弱区域。党中央、国务院高度重视生态环境保护，作出一系列重大决策部署，推动生态环境保护工作取得明显进展。但是，我国生态环境总体仍比较脆弱，生态安全形势十分严峻。划定并严守生态保护红线，是贯彻落实主体功能区制度、实施生态空间用途管制的重要举措，是提高生态产品供给能力和生态系统服务功能、构建国家生态安全格局的有效手段，是健全生态文明制度体系、推动绿色发展的有力保障。现就划定并严守生态保护红线提出以下意见。

一、总体要求

（一）指导思想。全面贯彻党的十八大和十八届三中、四中、五中、六中全会精神，深入贯彻习近平总书记系列重要讲话精神和治国理政新理念新思想新战略，紧紧围绕统筹推进“五位一体”总体布局和协调推进“四个全面”战略布局，牢固树立新发展理念，认真落实党中央、国务院决策部署，以改善生态环境质量为核心，以保障和维护生态功能为主线，按照山水林田湖系统保护的要求，划定并严守生态保护红线，实现一条红线管控重要生态空间，确保生态功能不降低、面积不减少、性质不改变，维护国家生态安全，促进经济社会可持续发展。

（二）基本原则

——科学划定，切实落地。落实环境保护法等相关法律法规，统筹考虑自然生态整体性和系统性，开展科学评估，按生态功能重要性、生态环境敏感性与脆弱性划定生态保护红线，并落实到国土空间，系统构建国家生态安全格局。

——坚守底线，严格保护。牢固树立底线意识，将生态保护红线作为编制空间规划的基础。强化用途管制，严禁任意改变用途，杜绝不合理开发建设活动对生态保护红线的破坏。

——部门协调，上下联动。加强部门间沟通协调，国家层面做好顶层设计，出台技术规范和政策措施，地方党委和政府落实划定并严守生态保护红线的主体责任，上下联动、形成合力，确保划得实、守得住。

（三）总体目标。2017 年年底前，京津冀区域、长江经济带沿线各省（直辖市）划定生态保护红线；2018 年年底前，其他省（自治区、直辖市）划定生态保护红线；2020 年年底前，全面完成全国生态保护红线划定，勘界定标，基本建立生态保护红线制度，国土生态空间得到优化和有效保护，生态功能保持稳定，国家生态安全格局更加完善。到 2030 年，生态保护红线布局进一步优化，生态保护红线制度有效实施，生态功能显著提升，国家生态安全得到全面保障。

二、划定生态保护红线

依托“两屏三带”为主体的陆地生态安全格局和“一带一链多点”的海洋生态安全格局，采取国家指导、地方组织，自上而下和自下而上相结合，科学划定生态保护红线。

（四）明确划定范围。环境保护部、国家发展改革委会同有关部门，于 2017 年 6 月底前制定并发布生态保护红线划定技术规范，明确水源涵养、生物多样性维护、水土保持、防风固沙等生态功能重要区域，以及水土流失、土地沙化、石漠化、盐渍化等生态环境敏感脆弱区域的评价方法，识别生态功能重要区域和生态环境敏感脆弱区域的空间分布。将上述两类区域进行空间叠加，划入生态保护红线，涵盖所有国家级、省级禁止开发区域，以及有必要严格保护的其他各类保护地等。

（五）落实生态保护红线边界。按照保护需要和开发利用现状，主要结合以下几类界线将生态保护红线边界落地：自然边界，主要是依据地形地貌或生态系统完整性确定的边界，如林线、雪线、流域分界线，以及生态系统分布界线等；自然保护区、风景名胜区等各类保护地边界；江河、湖库，以及海岸等向陆域（或向海）延伸一定距离的边界；全国土地调查、地理国情普查等明确的地块边界。将生态保护红线落实到地块，明确生态系统类型、主要生态功能，通过自然资源统一确权登记明确用地性质与土地权属，形成生态保护红线全国“一张图”。在勘界基础上设立统一规范的标识标牌，确保生态保护红线落地准确、边界清晰。

（六）有序推进划定工作。环境保护部、国家发展改革委会同有关部门提出各省（自治区、直辖市）生态保护红线空间格局和分布意见，做好跨省域的衔接与协调，指导各地划定生态保护红线；明确生态保护红线可保护的湿地、草原、森林等生态系统数量，并与生态安全预警监测体系做好衔接。各省（自治区、直辖市）要按照相关要求，建立划定生态保护红线责任制和协调机制，明确责任部门，组织专门力量，制定工作方案，全面论证、广泛征求意见，有序推进划定工作，形成生态保护红线。环境保护部、国家发展改革委会同有关部门组织对各省（自治区、直辖市）生态保护红线进行技术审核并提出意见，报国务院批准后由各省（自治区、直辖市）政府发布实施。在各省（自治区、直辖市）生态保护红线基础上，环境保护部、国家发展改革委会同有关部门进行衔接、汇总，形成全国生态保护红线，并向社会发布。鉴于海洋国土空间的特殊性，国家海洋局根据本意见制定相关技术规范，组织划定并审核海洋国土空间的生态保护红线，纳入全国生态保护红线。

三、严守生态保护红线

落实地方各级党委和政府主体责任，强化生态保护红线刚性约束，形成一整套生态保护红线管控和激励措施。

（七）明确属地管理责任。地方各级党委和政府是严守生态保护红线的责任主体，要将生态保护红线作为相关综合决策的重要依据和前提条件，履行好保护责任。各有关部门要按照职责分工，加强监督管理，做好指导协调、日常巡护和执法监督，共守生态保护红线。建立目标责任制，把保护目标、任务和要求层层分解，落到实处。创新激励约束机制，对生态保护红线保护成效突出的单位和个人予以奖励；对造成破坏的，依法依规予以严肃处理。根据需要设置生态保护红线管护岗位，提高居民参与生态保护积极性。

（八）确立生态保护红线优先地位。生态保护红线划定后，相关规划要符合生态保护红线空间管控要求，不符合的要及时进行调整。空间规划编制要将生态保护红线作为重要基础，发挥生态保护红线对于国土空间开发的底线作用。

（九）实行严格管控。生态保护红线原则上按禁止开发区域的要求进行管理。严禁不符合主体功能定位的各类开发活动，严禁任意改变用途。生态保护红线划定后，只能增加、不能减少，因国家重大基础设施、重大民生保障项目建设等需要调整的，由省级政府组织论证，提出调整方案，经环境保护部、国家发展改革委会同有关部门提出审核意见后，报国务院批准。因国家重大战略资源勘查需要，在不影响主体功能定位的前提下，经依法批准后予以安排勘查项目。

（十）加大生态保护补偿力度。财政部会同有关部门加大对生态保护红线的支持力度，加快健全生态保护补偿制度，完善国家重点生态功能区转移支付政策。推动生态保护红线所在地区和受益地区探索建立横向生态保护补偿机制，共同分担生态保护任务。

（十一）加强生态保护与修复。实施生态保护红线保护与修复，作为山水林田湖生态保护和修复工程的重要内容。以县级行政区为基本单元建立生态保护红线台账系统，制定实施生态系统保护与修复方案。优先保护良好生态系统和重要物种栖息地，建立和完善生态廊道，提高生态系统完整性和连通性。分区分类开展受损生态系统修复，采取以封禁为主的自然恢复措施，辅以人工修复，改善和提升生态功能。选择水源涵养和生物多样性维护为主导生态功能的生态保护红线，开展保护与修复示范。有条件的地区，可逐步推进生态移民，有序推动人口适度集中安置，降低人类活动强度，减小生态压力。按照陆海统筹、综合治理的原则，开展海洋国土空间生态保护红线的生态整治修复，切实强化生态保护红线及周边区域污染联防联治，重点加强生态保护红线内入海河流综合整治。

（十二）建立监测网络和监管平台。环境保护部、国家发展改革委、国土资源部会同有关部门建设和完善生态保护红线综合监测网络体系，充分发挥地面生态系统、环境、气象、水文水资源、水土保持、海洋等监测站点和卫星的生态监测能力，布设相对固定的生态保护红线监控点位，及时获取生态保护红线监测数据。建立国家生态保护红线监管平台。依托国务院有关部门生态环境监管平台和大数据，运用云计算、物联网等信息化手段，加强监测数据集成分析和综合应用，强化生态气象灾害监测预警能力建设，全面掌握生态系统构成、分布与动态变化，及时评估和预警生态风险，提高生态保护红线管理决策科学化水平。实时监控人类干扰活动，及时发现破坏生态保护红线的行为，对监控发现的问题，通报当地政府，由有关部门依据各自职能组织开展现场核查，依法依规进行处理。2017年年底前完成国家生态保护红线监管平台试运行。各省（自治区、直辖市）应依托国家生态保护红线监管平台，加强能力建设，建立本行政区监管体系，实施分层级监管，及时接收和反馈信息，核查和处理违法行为。

（十三）开展定期评价。环境保护部、国家发展改革委会同有关部门建立生态保护红线评价机制。从生态系统格局、质量和功能等方面，建立生态保护红线生态功能评价指标体系和方法。定期组织开展评价，及时掌握全国、重点区域、县域生态保护红线生态功能状况及动态变化，评价结果作为优化生态保护红线布局、安排县域生态保护补偿资金和实行领导干部生态环境损害责任追究的依据，并向社会公布。

（十四）强化执法监督。各级环境保护部门和有关部门要按照职责分工加强生态保护红线执法监督。建立生态保护红线常态化执法机制，定期开展执法督查，不断提高执法规范化水平。及时发现和依法处罚破坏生态保护红线的违法行为，切实做到有案必查、违法必究。有关部门要加强与司法机关的沟通协调，健全行政执法与刑事司法联动机制。

（十五）建立考核机制。环境保护部、国家发展改革委会同有关部门，根据评价结果和目标任务完成情况，对各省（自治区、直辖市）党委和政府开展生态保护红线保护成效考核，并将考核结果纳入生态文明建设目标评价考核体系，作为党政领导班子和领导干部综合评价及责任追究、离任审计的重要参考。

（十六）严格责任追究。对违反生态保护红线管控要求、造成生态破坏的部门、地方、单位和有关责任人员，按照有关法律法规和《党政领导干部生态环境损害责任追究办法（试行)》等规定实行责任追究。对推动生态保护红线工作不力的，区分情节轻重，予以诫勉、责令公开道歉、组织处理或党纪政纪处分，构成犯罪的依法追究刑事责任。对造成生态环境和资源严重破坏的，要实行终身追责，责任人不论是否已调离、提拔或者退休，都必须严格追责。

四、强化组织保障

（十七）加强组织协调。建立由环境保护部、国家发展改革委牵头的生态保护红线管理协调机制，明确地方和部门责任。各地要加强组织协调，强化监督执行，形成加快划定并严守生态保护红线的工作格局。

（十八）完善政策机制。加快制定有利于提升和保障生态功能的土地、产业、投资等配套政策。推动生态保护红线有关立法，各地要因地制宜，出台相应的生态保护红线管理地方性法规。研究市场化、社会化投融资机制，多渠道筹集保护资金，发挥资金合力。

（十九）促进共同保护。环境保护部、国家发展改革委会同有关部门定期发布生态保护红线监控、评价、处罚和考核信息，各地及时准确发布生态保护红线分布、调整、保护状况等信息，保障公众知情权、参与权和监督权。加大政策宣传力度，发挥媒体、公益组织和志愿者作用，畅通监督举报渠道。

本意见实施后，其他有关生态保护红线的政策规定要按照本意见要求进行调整或废止。各地要抓紧制定实施方案，明确目标任务、责任分工和时间要求，确保各项要求落到实处。

国务院办公厅关于加快煤层气（煤矿瓦斯）抽采利用的若干意见（节选）

国办发〔2006〕47号　2006年6月15日印发

煤层气俗称煤矿瓦斯，是宝贵的能源资源。我国高瓦斯、煤与瓦斯突出矿井多，煤矿瓦斯一直是煤矿安全生产的重大隐患。近年来，煤矿重特大瓦斯爆炸事故时有发生，给人民群众生命财产造成了重大损失；同时，未经处理或回收的煤层气直接排放到大气中，也造成了严重的环境污染和资源浪费。为进一步加大煤层气抽采利用力度，强化煤矿瓦斯治理，减轻煤矿瓦斯灾害，经国务院同意，现就加快煤层气抽采利用提出以下意见：

一、加快煤层气抽采利用是贯彻以人为本，落实科学发展观，建设节约型社会的重要体现。必须坚持先抽后采、治理与利用并举的方针，采取各种鼓励和扶持措施，防范煤矿瓦斯事故，充分利用能源资源，有效保护生态环境。

六、坚持采气采煤一体化，依法清理并妥善解决煤层气和煤炭资源的矿业权交叉问题。凡新设探矿权，必须对煤层气、煤炭资源进行综合勘查、评价和储量认定。煤层中吨煤瓦斯含量高于规定标准且具备地面开发条件的，必须统一编制煤层气和煤炭开发利用方案，并优先选择地面煤层气抽采。煤层气和煤炭资源实施综合勘查、评价和储量认定的具体办法由国土资源部研究制订。

七、限制企业直接向大气中排放煤层气，环保总局要研究制订煤层气大气污染物排放的具体标准，并对超标准排放煤层气的企业依法实施处罚。

十三、对煤层气抽采利用实行税收优惠政策，具体办法由财政部会同税务总局、发展改革委等有关部门制订。

国务院办公厅转发安全监管总局等部门关于依法做好金属非金属矿山整顿工作意见的通知（节选）

国办发〔2012〕54号　2012年11月4日印发

近年来，各地区、各有关部门持续开展金属非金属矿山（含尾矿库，以下统称矿山）整顿和矿产资源开发整合等工作，取得了明显成效。“十一五”期间，全国矿山事故起数和死亡人数分别下降47%和45%。但是全国矿山数量多、规模小、分布散、基础差的状况尚未得到根本改善，生产安全事故仍然多发，安全生产形势依然严峻。根据《国务院关于坚持科学发展安全发展促进安全生产形势持续稳定好转的意见》（国发〔2011〕40号）等一系列文件精神，学习借鉴煤矿整顿工作经验，为从根本上改善矿山安全生产条件，降低事故总量，决定于2012—2015年组织开展矿山整顿攻坚战，现就有关事项提出如下意见：

二、矿山整顿重点

（二）对限期停产整改后仍不具备安全生产条件的矿山依法予以关闭：

1. 存在重大安全和环境隐患，且整改无望的；

2. 技术装备落后、安全生产和环境保护得不到保障的；

3. 小型露天矿山无正规设计或不按设计规范建设、应采用而未采用中深孔爆破、未实行机械铲装和机械二次破碎，以及未实行分台阶（分层）开采的；

4. 相邻小型露天采石场开采范围之间最小距离不符合有关规定的；

6. 尾矿库危库、险库未按要求治理或治理后仍不符合安全环保要求，以及未经审批擅自回采尾矿的。

（三）对工艺、技术、装备落后，不符合产业发展政策的矿山限期予以关闭：

5. 砖瓦用黏土、页岩等资源开采不符合国家关于保护土地资源、保护环境相关政策的。

三、矿山整顿标准

3. 地下矿山要炸毁或填实矿井井筒，露天矿山要恢复生态环境或治理边坡，尾矿库要履行闭库程序。

中共中央办公厅 国务院办公厅印发《关于统筹推进自然资源资产产权制度改革的指导意见》（节选）

2019年4月14日印发

自然资源资产产权制度是加强生态保护、促进生态文明建设的重要基础性制度。改革开放以来，我国自然资源资产产权制度逐步建立，在促进自然资源节约集约利用和有效保护方面发挥了积极作用，但也存在自然资源资产底数不清、所有者不到位、权责不明晰、权益不落实、监管保护制度不健全等问题，导致产权纠纷多发、资源保护乏力、开发利用粗放、生态退化严重。为加快健全自然资源资产产权制度，进一步推动生态文明建设，现提出如下意见。

一、总体要求

（二）基本原则

——坚持保护优先、集约利用。正确处理资源保护与开发利用的关系，既要发挥自然资源资产产权制度在严格保护资源、提升生态功能中的基础作用，又要发挥在优化资源配置、提高资源开发利用效率、促进高质量发展中的关键作用。

二、主要任务

（八）强化自然资源整体保护。编制实施国土空间规划，划定并严守生态保护红线、永久基本农田、城镇开发边界等控制线，建立健全国土空间用途管制制度、管理规范和技术标准，对国土空间实施统一管控，强化山水林田湖草整体保护。加强陆海统筹，以海岸线为基础，统筹编制海岸带开发保护规划，强化用途管制，除国家重大战略项目外，全面停止新增围填海项目审批。对生态功能重要的公益性自然资源资产，加快构建以国家公园为主体的自然保护地体系。国家公园范围内的全民所有自然资源资产所有权由国务院自然资源主管部门行使或委托相关部门、省级政府代理行使。条件成熟时，逐步过渡到国家公园内全民所有自然资源资产所有权由国务院自然资源主管部门直接行使。已批准的国家公园试点全民所有自然资源资产所有权具体行使主体在试点期间可暂不调整。积极预防、及时制止破坏自然资源资产行为，强化自然资源资产损害赔偿责任。探索建立政府主导、企业和社会参与、市场化运作、可持续的生态保护补偿机制，对履行自然资源资产保护义务的权利主体给予合理补偿。健全自然保护地内自然资源资产特许经营权等制度，构建以产业生态化和生态产业化为主体的生态经济体系。鼓励政府机构、企业和其他社会主体，通过租赁、置换、赎买等方式扩大自然生态空间，维护国家和区域生态安全。依法依规解决自然保护地内的探矿权、采矿权、取水权、水域滩涂养殖捕捞的权利、特许经营权等合理退出问题。

（九）促进自然资源资产集约开发利用。既要通过完善价格形成机制，扩大竞争性出让，发挥市场配置资源的决定性作用，又要通过总量和强度控制，更好发挥政府管控作用。深入推进全民所有自然资源资产有偿使用制度改革，加快出台国有森林资源资产和草原资源资产有偿使用制度改革方案。全面推进矿业权竞争性出让，调整与竞争性出让相关的探矿权、采矿权审批方式。有序放开油气勘查开采市场，完善竞争出让方式和程序，制定实施更为严格的区块退出管理办法和更为便捷合理的区块流转管理办法。健全水资源资产产权制度，根据流域生态环境特征和经济社会发展需求确定合理的开发利用管控目标，着力改变分割管理、全面开发的状况，实施对流域水资源、水能资源开发利用的统一监管。完善自然资源资产分等定级价格评估制度和资产审核制度。完善自然资源资产开发利用标准体系和产业准入政策，将自然资源资产开发利用水平和生态保护要求作为选择使用权人的重要因素并纳入出让合同。完善自然资源资产使用权转让、出租、抵押市场规则，规范市场建设，明确受让人开发利用自然资源资产的要求。统筹推进自然资源资产交易平台和服务体系建设，健全市场监测监管和调控机制，建立自然资源资产市场信用体系，促进自然资源资产流转顺畅、交易安全、利用高效。

（十）推动自然生态空间系统修复和合理补偿。坚持政府管控与产权激励并举，增强生态修复合力。编制实施国土空间生态修复规划，建立健全山水林田湖草系统修复和综合治理机制。坚持谁破坏、谁补偿原则，建立健全依法建设占用各类自然生态空间和压覆矿产的占用补偿制度，严格占用条件，提高补偿标准。落实和完善生态环境损害赔偿制度，由责任人承担修复或赔偿责任。对责任人灭失的，遵循属地管理原则，按照事权由各级政府组织开展修复工作。按照谁修复、谁受益原则，通过赋予一定期限的自然资源资产使用权等产权安排，激励社会投资主体从事生态保护修复。

三、实施保障

（十五）统筹推进试点。对自然资源资产产权制度改革涉及的具体内容，现行法律、行政法规没有明确禁止性规定的，鼓励地方因地制宜开展探索，充分积累实践经验；改革涉及具体内容需要突破现行法律、行政法规明确禁止性规定的，选择部分地区开展试点，在依法取得授权后部署实施。在福建、江西、贵州、海南等地探索开展全民所有自然资源资产所有权委托代理机制试点，明确委托代理行使所有权的资源清单、管理制度和收益分配机制；在国家公园体制试点地区、山水林田湖草生态保护修复工程试点区、国家级旅游业改革创新先行区、生态产品价值实现机制试点地区等区域，探索开展促进生态保护修复的产权激励机制试点，吸引社会资本参与生态保护修复；在全民所有自然资源资产有偿使用试点地区、农村土地制度改革试点地区等其他区域，部署一批健全产权体系、促进资源集约开发利用和加强产权保护救济的试点。强化试点工作统筹协调，及时总结试点经验，形成可复制可推广的制度成果。

（十六）加强宣传引导。加强政策解读，系统阐述自然资源资产产权制度改革的重大意义、基本思路和重点任务。利用世界地球日、世界环境日、世界海洋日、世界野生动植物日、世界湿地日、全国土地日等重要纪念日，开展形式多样的宣传活动。

中共中央办公厅 国务院办公厅印发《关于在国土空间规划中统筹划定落实三条控制线的指导意见》

2019 年 11 月 1 日印发

为统筹划定落实生态保护红线、永久基本农田、城镇开发边界三条控制线（以下简称三条控制线），现提出如下意见。

一、总体要求

（一）指导思想。以习近平新时代中国特色社会主义思想为指导，全面贯彻党的十九大精神，深入贯彻习近平生态文明思想，按照党中央、国务院决策部署，落实最严格的生态环境保护制度、耕地保护制度和节约用地制度，将三条控制线作为调整经济结构、规划产业发展、推进城镇化不可逾越的红线，夯实中华民族永续发展基础。

（二）基本原则

——底线思维，保护优先。以资源环境承载能力和国土空间开发适宜性评价为基础，科学有序统筹布局生态、农业、城镇等功能空间，强化底线约束，优先保障生态安全、粮食安全、国土安全。

——多规合一，协调落实。按照统一底图、统一标准、统一规划、统一平台要求，科学划定落实三条控制线，做到不交叉不重叠不冲突。

——统筹推进，分类管控。坚持陆海统筹、上下联动、区域协调，根据各地不同的自然资源禀赋和经济社会发展实际，针对三条控制线不同功能，建立健全分类管控机制。

（三）工作目标。到 2020 年年底，结合国土空间规划编制，完成三条控制线划定和落地，协调解决矛盾冲突，纳入全国统一、多规合一的国土空间基础信息平台，形成一张底图，实现部门信息共享，实行严格管控。到 2035 年，通过加强国土空间规划实施管理，严守三条控制线，引导形成科学适度有序的国土空间布局体系。

二、科学有序划定

（四）按照生态功能划定生态保护红线。生态保护红线是指在生态空间范围内具有特殊重要生态功能、必须强制性严格保护的区域。优先将具有重要水源涵养、生物多样性维护、水土保持、防风固沙、海岸防护等功能的生态功能极重要区域，以及生态极敏感脆弱的水土流失、沙漠化、石漠化、海岸侵蚀等区域划入生态保护红线。其他经评估目前虽然不能确定但具有潜在重要生态价值的区域也划入生态保护红线。对自然保护地进行调整优化，评估调整后的自然保护地应划入生态保护红线；自然保护地发生调整的，生态保护红线相应调整。生态保护红线内，自然保护地核心保护区原则上禁止人为活动，其他区域严格禁止开发性、生产性建设活动，在符合现行法律法规前提下，除国家重大战略项目外，仅允许对生态功能不造成破坏的有限人为活动，主要包括：零星的原住民在不扩大现有建设用地和耕地规模前提下，修缮生产生活设施，保留生活必需的少量种植、放牧、捕捞、养殖；因国家重大能源资源安全需要开展的战略性能源资源勘查，公益性自然资源调查和地质勘查；自然资源、生态环境监测和执法包括水文水资源监测及涉水违法事件的查处等，灾害防治和应急抢险活动；经依法批准进行的非破坏性科学研究观测、标本采集；经依法批准的考古调查发掘和文物保护活动；不破坏生态功能的适度参观旅游和相关的必要公共设施建设；必须且无法避让、符合县级以上国土空间规划的线性基础设施建设、防洪和供水设施建设与运行维护；重要生态修复工程。

（五）按照保质保量要求划定永久基本农田。永久基本农田是为保障国家粮食安全和重要农产品供给，实施永久特殊保护的耕地。依据耕地现状分布，根据耕地质量、粮食作物种植情况、土壤污染状况，在严守耕地红线基础上，按照一定比例，将达到质量要求的耕地依法划入。已经划定的永久基本农田中存在划定不实、违法占用、严重污染等问题的要全面梳理整改，确保永久基本农田面积不减、质量提升、布局稳定。

（六）按照集约适度、绿色发展要求划定城镇开发边界。城镇开发边界是在一定时期内因城镇发展需要，可以集中进行城镇开发建设、以城镇功能为主的区域边界，涉及城市、建制镇以及各类开发区等。城镇开发边界划定以城镇开发建设现状为基础，综合考虑资源承载能力、人口分布、经济布局、城乡统筹、城镇发展阶段和发展潜力，框定总量，限定容量，防止城镇无序蔓延。科学预留一定比例的留白区，为未来发展留有开发空间。城镇建设和发展不得违法违规侵占河道、湖面、滩地。

三、协调解决冲突

（七）统一数据基础。以目前客观的土地、海域及海岛调查数据为基础，形成统一的工作底数底图。已形成第三次国土调查成果并经认定的，可直接作为工作底数底图。相关调查数据存在冲突的，以过去 5 年真实情况为基础，根据功能合理性进行统一核定。

（八）自上而下、上下结合实现三条控制线落地。国家明确三条控制线划定和管控原则及相关技术方法；省（自治区、直辖市）确定本行政区域内三条控制线总体格局和重点区域，提出下一级划定任务；市、县组织统一划定三条控制线和乡村建设等各类空间实体边界。跨区域划定冲突由上一级政府有关部门协调解决。

（九）协调边界矛盾。三条控制线出现矛盾时，生态保护红线要保证生态功能的系统性和完整性，确保生态功能不降低、面积不减少、性质不改变；永久基本农田要保证适度合理的规模和稳定性，确保数量不减少、质量不降低；城镇开发边界要避让重要生态功能，不占或少占永久基本农田。目前已划入自然保护地核心保护区的永久基本农田、镇村、矿业权逐步有序退出；已划入自然保护地一般控制区的，根据对生态功能造成的影响确定是否退出，其中，造成明显影响的逐步有序退出，不造成明显影响的可采取依法依规相应调整一般控制区范围等措施妥善处理。协调过程中退出的永久基本农田在县级行政区域内同步补划，确实无法补划的在市级行政区域内补划。

四、强化保障措施

（十）加强组织保障。自然资源部会同生态环境部、国家发展改革委、住房城乡建设部、交通运输部、水利部、农业农村部等有关部门建立协调机制，加强对地方督促指导。地方各级党委和政府对本行政区域内三条控制线划定和管理工作负总责，结合国土空间规划编制工作有序推进落地。

（十一）严格实施管理。建立健全统一的国土空间基础信息平台，实现部门信息共享，严格三条控制线监测监管。三条控制线是国土空间用途管制的基本依据，涉及生态保护红线、永久基本农田占用的，报国务院审批；对于生态保护红线内允许的对生态功能不造成破坏的有限人为活动，由省级政府制定具体监管办法；城镇开发边界调整报国土空间规划原审批机关审批。

（十二）严格监督考核。将三条控制线划定和管控情况作为地方党政领导班子和领导干部政绩考核内容。国家自然资源督察机构、生态环境部要按照职责，会同有关部门开展督察和监管，并将结果移交相关部门，作为领导干部自然资源资产离任审计、绩效考核、奖惩任免、责任追究的重要依据。

三、部门规章

自然资源部办公厅 生态环境部办公厅关于加快推进露天矿山综合整治工作实施意见的函

自然资办函〔2019〕819号 2019年5月29日起施行

打赢蓝天保卫战，是党的十九大作出的重大决策部署，事关满足人民日益增长的美好生活需求，事关全面建成小康社会，事关经济高质量发展和美丽中国建设。按照《国务院关于印发打赢蓝天保卫战三年行动计划的通知》（国发〔2018〕22号）要求，自然资源部会同生态环境部等部门统筹推进全国露天矿山综合整治工作。为协同做好露天矿山综合整治工作，现将有关实施意见函告如下。

一、统筹落实露天矿山综合整治各项工作任务

国发〔2018〕22号文件对推进露天矿山综合整治作出了明确的部署安排，主要工作任务细化分解为四方面工作：

（一）全面摸底排查露天矿山情况。以违法违规开采和责任主体灭失的露天矿山为重点，全面查清本地区露天矿山基本情况，在全面核查露天矿山开发利用、环境保护、矿山地质环境恢复治理和土地复垦等情况的基础上，逐矿逐项登记汇总，分类建立台账，提出整治意见。

（二）依法开展露天矿山综合整治。依法关闭违反资源环境法律法规、规划，污染环境、破坏生态、乱采滥挖的露天矿山；对污染治理不规范的露天矿山，依法责令停产整治，经相关部门组织验收合格后方可恢复生产，对拒不停产或擅自恢复生产的依法强制关闭；对责任主体灭失的露天矿山，因地制宜加强修复绿化，减少和抑制大气扬尘。全面加强矸石山综合治理，消除自燃和冒烟现象。

（三）加强露天矿山生态修复。按照“谁开采、谁治理，边开采、边治理”原则，引导矿山按照绿色矿山建设行业标准，以环境影响报告书及批复、矿山地质环境保护与土地复垦方案等要求，开展生态修复。对责任主体灭失的露天矿山，按照“谁治理、谁受益”的原则，充分发挥财政资金的引导带动作用，大力探索构建“政府主导、政策扶持、社会参与、开发式治理、市场化运作”的矿山地质环境恢复和综合治理新模式，加快生态修复进度。

（四）严格控制新建露天矿山建设项目。严格贯彻国发〔2018〕22号文件有关要求，重点区

域原则上禁止新建露天矿山建设项目，国发〔2018〕22号文件下发前环境影响评价文件已经批复的重点区域露天矿山，确需建设的，在严格落实生态环境保护、矿产资源规划和绿色矿山建设行业标准等要求前提下可继续批准建设。其他区域新建露天矿山建设项目，也应严格执行生态环境保护、矿产资源规划和绿色矿山建设行业标准等要求。

二、加强推进露天矿山综合整治工作组织领导

（一）加强组织领导。露天矿山综合整治是打赢蓝天保卫战三年行动计划中的一项重要任务，按照国发〔2018〕22号文件要求，地方各级政府要把该项工作任务放在重要位置，主要领导是本行政区域第一责任人，切实加强组织领导，制定实施方案，细化分解目标任务，科学安排指标进度，防止脱离实际层层加码，要确保各项工作有力有序完成。

（二）强化责任落实。完善各级地方政府和有关部门责任清单，压实各方责任，层层抓好落实，强化露天矿山综合整治工作责任。组织自然资源、生态环境等相关部门切实履行工作职责和监管职责，严格执行政策要求，形成政府领导、部门联动、透明公开、快速推进的工作局面。对露天矿山综合整治工作谋划不够、行动迟缓、推进不力的，启动约谈，从严问责。

三、确保露天矿山综合整治工作取得实效

（一）制定政策措施。各地结合当地工作实际，建立露天矿山综合整治长效机制，突出重点区域、重点矿种，围绕开采准入标准、矿山升级改造、生态环境治理和提高资源保障能力等内容，制定出台符合本地实际、切实可行的政策措施，推动露天矿山综合整治取得实效。

（二）强化监督管理。各地应按照相关任务要求，建立考评机制，健全露天矿山综合整治监管体系，加强跟踪督办，确保目标、进度、措施等落实到位，保证整治工作在2020年顺利完成。工作进展情况请及时函告自然资源部。

国土资源部 财政部 环境保护部 国家质量监督检验检疫总局 中国银行业监督管理委员会 中国证券监督管理委员会关于加快建设绿色矿山的实施意见（节选）

国土资规〔2017〕4号　2017年3月22日起施行

为全面贯彻落实《中共中央国务院关于加快推进生态文明建设的意见》（中发〔2015〕12号）和《中华人民共和国国民经济和社会发展第十三个五年规划纲要》的决策部署，切实推进全国矿产资源规划实施，加强矿业领域生态文明建设，加快矿业转型与绿色发展，制定本实施意见。

一、总体要求

（二）总体目标

基本形成绿色矿山建设新格局。新建矿山全部达到绿色矿山建设要求，生产矿山加快改造升级，逐步达到要求。树立千家科技引领、创新驱动型绿色矿山典范，实施百个绿色勘查项目示范，建设50个以上绿色矿业发展示范区，形成一批可复制、能推广的新模式、新机制、新制度。

构建矿业发展方式转变新途径。坚持转方式与稳增长相协调，创新资源节约集约和循环利用的产业发展新模式和矿业经济增长的新途径，加快绿色环保技术工艺装备升级换代，加大矿山生态环境综合治理力度，大力推进矿区土地节约集约利用和耕地保护，引导形成有效的矿业投资，激发矿山企业绿色发展的内生动力，推动我国矿业持续健康发展。

建立绿色矿业发展工作新机制。坚持绿色转型与管理改革相互促进，研究建立国家、省、市、县四级联创、企业主建、第三方评估、社会监督的绿色矿山建设工作体系，健全绿色勘查和绿色矿山建设标准体系，完善配套激励政策体系，构建绿色矿业发展长效机制。

二、制定领跑标准，打造绿色矿山

（三）因地制宜，完善标准。各地要结合实际，按照绿色矿山建设要求（见附件），细化形成符合地区实际的绿色矿山地方标准，明确矿山环境面貌、开发利用方式、资源节约集约利用、现代化矿山建设、矿地和谐和企业文化形象等绿色矿山建设考核指标要求。建立国家标准、行业标准、地方标准、团体标准相互配合，主要行业全覆盖、有特色的绿色矿山标准体系。

（四）分类指导，逐步达标。新立采矿权出让过程中，应对照绿色矿山建设要求和相关标准，在出让合同中明确开发方式、资源利用、矿山地质环境保护与治理恢复、土地复垦等相关要求及违约责任，推动新建矿山按照绿色矿山标准要求进行规划、设计、建设和运营管理。对生产矿山，各地要结合实际，区别情况，作出全面部署和要求，积极推动矿山升级改造，逐步达到绿色矿山建设要求。

（五）示范引领，整体推进。选择绿色矿山建设进展成效显著的市或县，建设一批绿色矿业发展示范区。着力推进技术体系、标准体系、产业模式、管理方式和政策机制创新，探索解决布局优化、结构调整、资源保护、节约综合利用、地上地下统筹等重点问题，健全矿产资源规划、勘查、开发利用与保护的制度体系，完善绿色矿业发展激励政策体系，积极营造良好的投资发展环境，全域推进绿色矿山建设，打造形成布局合理、集约高效、环境优良、矿地和谐、区域经济良性发展的绿色矿业发展样板区。

（六）生态优先，绿色勘查。坚持生态保护第一，充分尊重群众意愿，调整优化找矿突破战略行动工作布局。树立绿色环保勘查理念，严格落实勘查施工生态环境保护措施，切实做到依法勘查、绿色勘查。大力发展和推广航空物探、遥感等新技术和新方法，加快修订地质勘查技术标准、规范，健全绿色勘查技术标准体系，适度调整或替代对地表环境影响大的槽探等勘查手段，减少地质勘查对生态环境的影响。

三、加大政策支持，加快建设进程

（七）实行矿产资源支持政策。对实行总量调控矿种的开采指标、矿业权投放，符合国家产业政策的，优先向绿色矿山和绿色矿业发展示范区安排。

符合协议出让情形的矿业权，允许优先以协议方式有偿出让给绿色矿山企业。

（八）保障绿色矿山建设用地。各地在土地利用总体规划调整完善中，要将绿色矿山建设所需项目用地纳入规划统筹安排，并在土地利用年度计划中优先保障新建、改扩建绿色矿山合理的新增建设用地需求。

对于采矿用地，依法办理建设用地手续后，可以采取协议方式出让、租赁或先租后让；采取出让方式供地的，用地者可依据矿山生产周期、开采年限等因素，在不高于法定最高出让年限的前提下，灵活选择土地使用权出让年期，实行弹性出让，并可在土地出让合同中约定分期缴纳土地出让价款。

支持绿色矿山企业及时复垦盘活存量工矿用地，并与新增建设用地相挂钩。将绿色矿业发展示范区建设与工矿废弃地复垦利用、矿山地质环境治理恢复、矿区土壤污染治理、土地整治等工作统筹推进，适用相关试点和支持政策；在符合规划和生态要求的前提下，允许将历史遗留工矿废弃地复垦增加的耕地用于耕地占补平衡。

对矿山依法开采造成的农用地或其他土地损毁且不可恢复的，按照土地变更调查工作要求和程序开展实地调查，经专报审查通过后纳入年度变更调查，其中涉及耕地的，据实核减耕地保有量，但不得突破各地控制数上限，涉及基本农田的要补划。

四、创新评价机制，强化监督管理

（十一）企业建设，达标入库。完成绿色矿山建设任务或达到绿色矿山建设要求和相关标准的矿山企业应进行自评估，并向市县级国土资源主管部门提交评估报告。市县国土资源、环境保护等有关部门以政府购买服务的形式，委托第三方开展现场核查，符合绿色矿山建设要求的，逐级上报省级有关主管部门，纳入全国绿色矿山名录，通过绿色矿业发展服务平台，向社会公开，接受监督。纳入名录的绿色矿山企业自动享受相关优惠政策。

（十二）社会监督，失信惩戒。绿色矿山企业应主动接受社会监督，建立重大环境、健康、安全和社会风险事件申诉—回应机制，及时受理并回应所在地民众、社会团体和其他利益相关者的诉求。省级国土资源、财政、环境保护等有关部门按照“双随机、一公开”的要求，不定期对纳入绿色矿山名录的矿山进行抽查，市县级有关部门做好日常监督管理。国土资源部会同财政、环境保护等有关部门定期对各省（区、市）绿色矿山建设情况进行评估。对不符合绿色矿山建设要求和相关标准的，从名录中除名，公开曝光，不得享受矿产资源、土地、财政等各类支持政策；对未履行采矿权出让合同中绿色矿山建设任务的，相关采矿权审批部门按规定及时追究相关违约责任。

五、落实责任分工，统筹协调推进

省级国土资源主管部门要会同财政、环境保护、质监等有关部门负责本省（区、市）绿色矿业发展工作的组织推进，专门制定工作方案，确定绿色勘查示范项目，制定绿色矿山建设地方标准，健全主要行业绿色矿山技术标准体系，明确配套政策措施，组织市县两级加快推进绿色勘查、绿色矿山建设；根据国土资源部等部门的工作布局要求，优选绿色矿业发展示范区，指导相应的市县编制建设工作方案，做好组织推进和监督管理工作；每年 12 月底前向国土资源部等部门报告相关进展情况和成效，以及监督检查情况。

本实施意见自印发之日起施行，有效期五年。

中国资源综合利用技术政策大纲（节选）

国家发展和改革委员会 科学技术部 工业和信息化部 国土资源部 住房和城乡建设部 商务部公告2010年第14号 2010年7月1日起施行

一、总论

（一）意义和目的

改革开放以来，我国经济持续快速增长，各项建设取得了巨大成就。与此同时，也付出了资源和环境代价，经济发展与资源环境的矛盾日益突出。"十二五"时期，我国仍将处于工业化和城镇化加快发展阶段，面临的资源和环境形势将更加严峻。开展资源综合利用，推动循环经济发展，是我国转变经济发展方式，走新型工业化道路，建设资源节约型、环境友好型社会的重要措施。

二、矿产资源综合利用技术

（一）能源矿产资源综合利用技术

1. 石油天然气矿产资源综合利用技术

（1）推广在油田开发建设中，采用适用技术，对伴生天然气进行回收利用。

（2）推广从石油和天然气中回收硫资源生产硫磺技术。

（3）推广高效井下污水处理和再生利用技术。

（4）推广柴油机余热利用技术。

（5）推广采用不稳定排放硫化氢气体资源化利用技术回收井口无组织排放的含硫化氢气体。

（6）推进页岩气勘探开发技术。

（7）研发废弃钻井液、井下作业废液资源化利用和无害化处置技术。

2. 煤炭资源综合利用技术

（1）推广无煤柱开采技术，推广采用不稳定或难采煤层开采技术、边角煤残采技术。

（2）推广煤系高岭土超细、增白、改性技术。

（3）推进煤系铝矾土、耐火黏土、膨润土、硅藻土、硫铁矿、油母页岩和石墨等资源综合利用技术的产业化。

（4）推进煤炭地下气化（UCG）技术的产业化，特别是加快具有井下无人、无设备，集建井、采煤、气化三大工艺于一体，适用于煤矿大量的煤柱、建筑物下压煤等呆滞煤量回收利用技术的研发和产业化。

（5）研发难选煤、干法选煤和高硫煤综合利用技术。

（6）研发“三下”（建筑物下、铁路下、水体下）及矸石充填采煤技术；研究提高开采上限技术。

（7）研发矿井水资源化利用技术。

3. 地热资源利用技术

推广采用热泵等技术，利用地下热能进行采暖和制冷。

（二）金属矿产资源综合利用技术

1. 黑色金属矿产资源综合利用技术

（1）推广磁铁矿精选作业的磁筛等高效利用技术。

（2）推广含稀土复合矿和钒钛磁铁矿综合利用技术。

（3）推广低品位、表外矿、复杂共伴生黑色金属矿产资源综合利用技术。

（4）推进尾矿再选技术及生产各种建筑材料的产业化。

（5）研发低品位硫铁矿选矿富集技术。

（6）研发尾矿干堆技术和尾矿高效浓缩工艺及设备。

2. 有色金属矿产资源综合利用技术

（1）无废（少废）开采技术

——推广尾砂充填、废石充填、全尾砂膏体充填等充填法采矿技术。

——推广原地浸出采矿技术。

（2）推广采用大型低品位矿产自然崩落法技术开采。

（3）推广拜耳法用于低铝硅比一水硬铝石矿的选矿。

（4）推广低品位、表外矿、复杂共伴生有色金属矿产资源综合利用技术。

（5）推广复杂多金属硫化矿矿浆电解处理技术及中低品位氧化锌矿选冶联合处理技术。

（6）推广铜铅锌锡矿细粒、微细粒矿载体浮选技术。

（7）推广铜矿等有色金属矿伴生金、银等贵金属的综合利用技术。

（8）推广有色金属硫化—氧化混合矿选矿技术。

（9）推广湿法冶金关键装备应用。

（10）研发矿山塌陷区、废石堆场和尾矿库修复与垦植技术。

（11）研发对复杂有色金属矿石选别与富集技术。

（12）研发低品位矿生物提取技术。

（13）研发尾矿有价金属综合回收利用技术。

3. 贵金属矿产资源综合利用技术

（1）推广含金银等多金属矿选矿尾渣中综合回收有价金属成分和非金属矿资源的矿物加工技术。

（2）推广采用复杂金矿循环流态化焙烧技术。

（3）推广高硫高砷高碳复杂难处理金矿的预处理技术。

（4）推广浮选富集—炭浸工艺技术等低品位金矿的综合利用技术。

4. 稀有、稀土金属矿产资源综合利用技术

（1）推广采用电解工艺开发稀土镁中间合金技术，综合利用稀土尾矿。

（2）推广高效低毒高纯氧化铕提取技术。

（3）推进稀土冶炼分离清洁生产工艺技术的产业化。

（三）非金属矿产资源综合利用技术

1. 化工原料非金属矿产资源综合利用技术

（1）盐湖钾盐综合利用技术

——推进盐湖钾盐伴生矿综合利用技术的产业化。

——研发固体难采钾矿溶采技术，非水溶性钾矿开发利用技术。

（2）磷矿综合利用技术

——推广磷矿伴生铁、硫、氟、碘、钒、钛等资源综合回收技术。

——推广反（双）浮选磷矿降镁技术。

——研发中低品位磷矿、中低品位胶磷矿选矿技术和窑法直接利用技术。

（3）硼矿综合利用技术

——研发低品位硼矿选矿技术。

——研发硼铁矿中硼、铁、铀有效分离和回收技术。

（4）研发中低品位萤石综合利用技术。

（5）研发钾长石综合利用技术。

2. 建材原料非金属矿产资源综合利用技术

（1）玻璃陶瓷原料非金属矿有效利用技术

——推广硅质原料非金属矿产的均化开采以及浮选技术。

——推广陶瓷生产采用低品位原料配方技术产业化。

——推广利用中低品位高岭岩替代叶蜡石生产玻璃纤维技术产业化。

（2）填料及其他深加工用非金属矿的合理利用技术

——推广利用煤系高岭土生产高档填料、涂料技术。

——推广温石棉尾矿提取轻质氧化镁及综合利用技术。

——推广伟晶岩中石英提纯技术。

（3）推广石灰石矿均化开采配比技术。

（4）推广石英砂岩提纯技术。

（5）研发低品位菱镁矿、滑石、硅藻土、蓝晶石族等非金属矿选矿综合利用技术。

三、工业“三废”综合利用技术

（一）煤炭工业“三废”综合利用技术

1. 煤矸石综合利用技术

（1）煤矸石发电技术

——推广适合燃烧煤矸石的大型循环流化床锅炉，在有条件的地区推广热、电、冷联产技术和热、电、煤气联供技术。

——推广炉内石灰脱硫和静电除尘技术。

——研发煤矸石等低热值燃料电厂锅炉高效除尘、脱硫、灰渣干法输送、存储及利用技术。

（2）煤矸石生产建筑材料技术

——制砖技术。推广全煤矸石生产承重多孔砖、非承重空心砖和清水墙砖技术。

——制水泥技术。推广利用煤矸石为原料，部分或全部代替黏土配制水泥生料，烧制水泥熟料技术。

——生产其他建材产品技术。推广利用煤矸石为原料生产陶瓷制品、陶粒、岩棉、加气混凝土等技术。

（3）推广利用煤矸石充填采煤塌陷区、采空区和露天矿坑及煤矸石复垦造地造田技术。

（4）推广利用煤矸石制取聚合氯化铝、硫酸铝、合成系列分子筛等化工产品技术。

（5）推广利用煤矸石生产复合肥料技术。

（6）推广煤矸石中极细粒钛铁矿、锐钛矿等杂质的分离技术。

（7）研发利用煤矸石生产特种硅铝铁合金、铝合金技术，以及利用煤矸石生产铝系列、铁系列超细粉体的技术。

（8）研发煤矸石提取五氧化二钒及其他稀有元素技术。

2. 矿井水综合利用技术

推广采用混凝、沉淀（或浮升）以及过滤、消毒等技术，净化处理煤矿矿井水。

3. 煤层气综合利用技术

（1）推进煤层气民用、发电、化工等技术的产业化。

（2）研发低浓度瓦斯利用技术。

（二）电力工业“三废”综合利用技术

1. 粉煤灰、脱硫石膏综合利用技术

（1）粉煤灰综合利用技术

——推广采用粉煤灰生产水泥、砌块、陶粒等建筑材料技术。

——推广采用粉煤灰建造水坝、油井平台、道路路基等建筑工程技术。

——推广粉煤灰制取漂珠、空心微珠、碳等化合物技术。

——推进高铝粉煤灰提取氧化铝技术的产业化。

——推进粉煤灰造纸及生产岩棉技术的产业化。

——研发粉煤灰用于农业（改良土壤、生产复合肥料、造地）、污水处理以及各类填充材料等技术。

（2）推广脱硫石膏制水泥缓凝剂、纸面石膏板、建筑石膏、粉刷石膏、砌块等建材产品的综合利用技术。

（3）研发脱硫石膏免煅烧制干混砂浆。

2. 废水综合利用技术

推广灰场冲灰废水封闭式循环利用等技术。

3. 废气综合利用技术

推广燃煤电厂烟气中回收硫资源生产硫磺技术。

（三）石油天然气工业“三废”综合利用技术

1. 废渣综合利用技术

（1）推广对油气采炼过程中产生的各类油砂、污泥、残渣、钻屑采用固化等无害化综合处理技术，并用于筑路、制造建筑材料、调剖堵水剂等。

（2）推广石油焦乳化焦浆/油（EGC）代油节能技术。

（3）研发改进缓和湿式氧化（WAO）—间歇式生物反应器（SBR）处理碱渣联合工艺，形成专有成套技术。

（4）研发污水处理场油泥（包括罐底泥）、浮渣和剩余活性污泥处理组合技术。

2. 废水（液）综合利用技术

（1）推广钻井污水、废液综合处理技术，实现闭路循环利用。

（2）推广炼油企业含氢尾气膜法回收技术。利用膜分离技术建设芳烃、加氢尾气膜法回收装置，回收芳烃预加氢精制单元酸性气、异构化富氢、加氢裂化低分气、柴油加氢低分气中的富含氢气体。

（3）推广采用中和、酸化以及各种精制技术，从石油炼制产生的酸碱废液、废催化剂中，回收环烷酸、粗酚、碳酸钠、浮选捕集剂等资源。

（4）研发石油化工高浓度、难降解的有机废水处理技术以及油田废水替代清水技术。

（5）研发经济有效的废水深度处理技术和回用技术、氨氮废水处理技术与回收利用技术。

3. 废气综合利用技术

（1）推广对炼油厂催化裂化过程中产生的高温烟气采用气能量回收技术进行能量回收。

（2）研发催化裂化再生烟气、加热炉气、工艺排气及电站排气中二氧化硫和氮氧化物处理技术。

（四）钢铁工业“三废”综合利用技术

1. 冶炼废渣综合利用技术

（1）推广炼钢炉渣回收和磁选粉深加工处理技术。

（2）推广立磨粉磨粒化高炉矿渣技术。

（3）推广硫铁矿烧渣综合利用技术。

（4）推广冷轧盐酸再生及铁粉回收技术。

（5）推广钢渣返回烧结，替代石灰作为炼铁厂烧结溶剂技术。

（6）推广转炉煤气干法除尘及尘泥压块技术。

（7）推广氧化铁皮回收利用技术。采用直接还原技术制取粉末冶金用的还原铁粉。

（8）推广含铁尘泥综合利用技术。

（9）推广废钢渣生产磁性材料技术。

（10）研发含锌尘泥综合利用技术。

（11）研发不锈钢和特殊钢渣的处理和利用技术，特别是防止水溶性铬离子浸出的技术。

（12）研发钢铁渣游离氧化钙、游离氧化镁降解处理技术。

2. 废水（液）综合利用技术

（1）推广对不同浓度的焦化废水优化分级处理与使用技术。

（2）推广采用“电氧化气浮”技术对废水进行深度处理并回用。

（3）推广污水深度处理脱盐回用技术。采用抗污染芳香族聚酰胺反渗透膜，生产高品质的回用水。

（4）推广冷轧含油乳化液膜分离回收技术。

（5）研发矿山酸性废水治理与循环利用技术。

（6）研发矿山含硫矿物，As、Pb、Cd 废水处理与循环利用技术。

3. 废气及余热、余压综合利用技术

（1）推广全燃烧高炉煤气锅炉的应用技术。

（2）推广焦炉、高炉、转炉煤气的回收技术。

（3）推广利用还原铁生产中回转窑废高温烟气余热发电技术。

（4）推广高炉煤气余压发电 TRT（高炉煤气余压透平发电装置）结合干法除尘技术。

（5）推广采用利用溴化锂制冷等技术回收利用冶金生产过程中炉窑烟气余热。

（6）推广采用双预蓄热式燃烧技术，实现炉窑废气余热的利用。

（7）推广铁合金矿热炉、烧结机等中低温烟气余热发电技术。

（8）推广焦化干熄焦技术，回收利用焦炭显热。

（9）推广低热值煤气燃气-蒸汽联合循环发电技术（CCPP）。

（10）推广炼钢厂除尘系统高温烟气余热发电技术。

（11）推广电炉余热回收及综合利用技术。

（12）推进烧结烟气脱硫副产石膏资源化利用技术的产业化。

（五）有色金属工业“三废”综合利用技术

1. 冶炼废渣综合利用技术

（1）推广采用炉渣选矿法从冶炼炉渣中回收金属铜技术。

（2）推广铜冶炼阳极泥及废渣（料）综合利用技术，回收金、银、铂、钯、硒、碲、铅、铋、铟等。

（3）推广铜冶炼冷态渣，镍冶炼冷态渣深度还原磁选提铁综合利用技术。

（4）推广采用“破碎—磁选分选焦煤”“球磨—磁选生产铁粉”等技术处理锌渣、窑渣。

（5）推广从铅电解阳极泥中提取金银的火法和湿法技术工艺。

（6）推广锌渣中提取银的技术。

（7）推广从锌浸出渣中提取铟技术。

（8）推广金属镁还原渣部分替代钙质和硅质原料生产水泥技术。

（9）研发高效利用铅锌冶炼渣再回收铅锌技术，以及稀散金属回收技术。

（10）研发低耗高效脱除氟、氯、氧化锌物料技术。

（11）研发采用氢气还原法从冶炼各类烟尘中制取金属锗综合利用技术。

（12）研发赤泥综合利用技术。

2. 废水（液）综合利用技术

（1）推广轧制废油回收利用技术。

（2）推广从生产印刷线路板产生含铜废液中回收金属铜技术。

（3）研发加工生产过程中表面处理废液、酸洗污泥综合回收技术。

3. 废气及余热综合利用技术

（1）推广采用氨吸收法技术，回收铜、铅、锌等有色金属冶炼企业产生的烟气二氧化硫，副产硫酸铵、硫酸钾等。

（2）推广采用钙吸收技术，对二氧化硫烟气脱硫并回用。

（3）推广采用氧化锌渣脱除铅锌冶炼烟气二氧化硫技术。

（4）推广冶炼废气中有价元素的回收利用技术。

（5）推广菱镁矿资源利用过程中二氧化碳回收以及生产二氧化碳衍生产品先进技术。

（6）推广有色冶金炉窑烟气余热利用技术。

（六）化学工业“三废”综合利用技术

1. 磷石膏等化工废渣综合利用技术

（1）推广蒸氨废渣综合利用技术。

（2）推广采用电石渣替代石灰石用于水泥工业、纯碱工业以及电厂的烟气脱硫技术。

（3）推广利用铬渣作水泥矿化剂技术；铬渣制自溶性烧结矿并冶炼含铬生铁技术；铬渣作为熔剂生产钙镁磷肥技术；铬渣制钙铁粉、铸石、人造骨料、玻璃着色剂及铬渣棉等技术。

（4）推广磷石膏制磷酸联产水泥、制硫酸钾、制硫铵和碳酸钙以及制硫酸铵、硫酸铵钾等作为化工原料的综合利用技术；磷石膏制水泥缓凝剂、纸面石膏板、建筑石膏、粉刷石膏、砌块等建材产品的综合利用技术；磷石膏作为盐碱地改良剂技术。

（5）推广黄磷炉渣生产水泥、混凝土、磷渣砖、保温材料、低温烧结陶瓷等技术。

（6）推广黄磷泥生产五氧化二磷以及双渣肥等综合利用技术。

（7）推广造气煤渣综合利用技术。

（8）推广利用硼泥制备轻质碳酸镁、氧化镁等镁盐技术。

（9）推广利用硼泥生产建筑材料、农业肥料和冶金辅助材料技术。

（10）推广氟石膏生产建筑材料等综合利用技术。

（11）研发磷石膏充填采矿技术。

2. 废水（液）综合利用技术

（1）推广纯碱生产中蒸氨废清液晒盐技术，采用高效蒸发技术和设备制氯化钙联产氯化钠。

（2）推广合成氨生产中采用水解汽提技术回收尿素。

（3）推广氮肥生产污水回用技术。

（4）推广循环冷却水超低排放技术。

（5）推广回收硼酸母液制备硼镁肥、轻质碳酸镁、氧化镁等镁盐产品技术。

（6）推广采用大孔径吸附树脂对 2,3-酸废水回收利用技术。

（7）推广“树脂吸附—氧化—树脂吸附”技术对 2-萘酚生产废水进行治理和资源化利用。

（8）推广处理 DSD（4,4-二氨基二苯乙烯-二磺酸）酸氧化工序生产废水采用树脂法将有机物吸附并洗脱和回收利用的资源化技术。

（9）推广苯胺、邻甲苯胺和对甲苯胺生产废水资源化技术。

（10）推广树脂吸附法处理氯化苯水洗废水综合利用技术。

（11）推广从电镀废水中回收镍、钴等稀有金属技术。

（12）推广从制盐母液中提取氯化钾、工业溴、氯化镁技术。

3. 废气、余热综合利用技术

（1）推广采用吸附、汽提、变压吸附等技术，从电石法聚氯乙烯生产尾气中回收氯乙烯、乙炔气。

（2）推广利用黄磷尾气发电并提纯一氧化碳生产甲醇、甲酸等化工产品技术。

（3）推广醇烃化工艺替代铜洗工艺技术。

（4）推广全燃式造气吹风气余热回收利用技术。

（5）推广湿法磷酸及磷肥生产副产品氟生产各种氟化物技术。

（6）推广以碳酸钠吸收硝酸生产尾气中的氮氧化物，生产硝酸钠、亚硝酸钠的技术。

（7）推广利用电石、炭黑生产尾气中的一氧化碳，作为燃料及化工原料用于制甲醇、合成氨和羰基产品技术。

（8）推广对含二氧化碳废气进行综合利用技术。其中利用氨水吸收尾气中二氧化碳制取碳酸氢铵；深冷制取液态二氧化碳或干冰；用纯碱吸收二氧化碳制取碳酸氢钠；用二氧化碳废气制取轻质碳酸镁；用烧碱废液吸收二氧化碳制取纯碱；用废气中的二氧化碳代替硫酸分解酚钠提取酚。

（9）推广氯化氢废气综合利用技术。其中用甘油吸收氯化氢制取二氯丙醇；在催化剂作用下制取环氧氯丙烷、二氯异丙醇，制取氯磺酸、染料、二氯化碳等化工产品；采用催化氯化法、电解法、硝酸氧化法生产氯气；副产盐酸生产聚氯乙烯等产品。

（10）推广催化干气蒸汽转化法制氢技术。

（11）推广草甘膦与有机硅生产中的氯元素循环利用技术。将草甘膦生产中的尾气经回收净化用于有机硅单体的合成。有机硅单体生产中产生盐酸，经净化后用于草甘膦合成，从而使含氯元素的化合物（氯甲烷、氯化氢）在草甘膦和有机硅两大类产品之间实现循环利用。

（七）建材工业“三废”综合利用技术

1. 废渣综合利用技术

（1）推广石材加工碎石和采矿废石生产人造石材（装饰材料）技术。

（2）研发废陶瓷高附加值再利用技术。

2. 废水综合利用技术

推广采用无机混凝剂（PAC）＋高分子助凝剂（PHM）等混凝沉淀处理技术。

3. 废气、余热综合利用技术

（1）推广水泥窑废气余热发电技术。

（2）推进玻璃熔窑废气余热发电技术产业化。

（八）食品发酵工业“三废”综合利用技术

1. 废渣综合利用技术

（1）推广玉米脱胚提油和小麦提取蛋白技术。

（2）推广利用酒精糟生产全糟蛋白饲料等技术。

（3）推广啤酒废酵母干燥生产饲料酵母技术；废酵母经酶处理制备医药培养基酵母浸膏技术。

（4）推广柠檬酸废渣替代天然石膏技术。

（5）推进啤酒废酵母生产制备核苷酸、氨基酸类物质技术的产业化。

（6）推广玉米芯生产木寡糖技术。

（7）推广利用制糖废糖蜜生产高活性酵母等发酵制品技术。

（8）推进利用酶技术从麦糟中提取功能性膳食纤维和蛋白质的产业化。

（9）推进果蔬浓缩汁生产废渣制备果胶、功能性膳食纤维和蛋白饲料技术的产业化。

（10）研发酵母细胞壁残渣制备甘露糖蛋白质及水溶性葡聚糖等。

（11）研发啤酒糟采用多菌种混合固体发酵生物改性，生产肽蛋白技术。

（12）研发马铃薯、木薯淀粉生产废渣综合利用技术。

2. 废水（液）综合利用技术

（1）推广发酵剩余资源厌氧发酵生产沼气技术。

（2）推广麦汁煮沸二次蒸汽回用技术。

（3）推广味精废母液生产复合肥技术。

（4）推广玉米浸泡水和谷氨酸离交尾液混合培养饲用酵母粉技术。

（5）推广木薯干片干式粉碎和鲜木薯湿法破碎分离技术，浓缩出精淀粉浆液和蛋白黄浆。

（6）研发采用膜过滤技术（MF）回收菌体制成饲料技术。

（7）研发薯类淀粉生产高浓工艺废水（俗称汁水或细胞水）回收蛋白技术。

（8）研发适用于食品行业生产的膜材料及膜分离装置；研发排放废水深度处理的膜技术与膜材料。

3. 废气综合利用技术

研发利用酒精等生产过程中产生的二氧化碳生产降解塑料技术。

（九）纺织工业资源综合利用技术

1. 废旧纤维等废渣综合利用技术

（1）推广废旧纤维循环利用技术。利用废旧涤纶及锦纶纤维、生产废料等生产再生纤维技术。

（2）推广利用废旧纤维作为产业用增强材料技术。

（3）推广溶解、萃取、离子交换等技术，对化纤工业产生的固体废弃物进行回收利用。

（4）推广针刺、热熔、纺粘、缝编等技术对废花、落棉、纱布角、短纤维等废弃物进行回收利用。

（5）推进废弃毛中提取蛋白制备生物蛋白纤维技术的产业化。

（6）推进利用双氧水对剥茧抽丝后的废弃物进行湿法纺丝技术的产业化。

（7）推进蚕蛹蛋白提炼及深加工、桑柞蚕丝下脚料生产针刺无纺布等综合利用产业化。

2. 废水（液）综合利用技术

（1）推广采用水蒸气直接蒸馏法从含溴染料废水中制取溴素技术；以分散蓝 2BLN 水解母液以及硝化废酸为原料从废水中离析回收 2,4-二硝基苯酚。

（2）推进洗毛废水采用高效分离回收等工艺设备提取羊毛脂技术产业化。

（3）推进聚酯企业生产废水中乙醛等有机物回收与利用技术产业化。

（4）研发适用于排放废水深度处理的膜材料，并研发适用于浆料、染料浓缩与回收工艺的膜分离装置。

（十）造纸工业“三废”综合利用技术

1. 废渣综合利用技术

（1）推广造纸废渣污泥资源化利用技术。

（2）推进制浆碱回收白泥生产优质碳酸钙技术的产业化。

2. 废水（液）综合利用技术

（1）推广制浆造纸过程水的梯级使用和废水深度处理部分回用技术。

（2）推广造纸白水多圆盘过滤机处理回收利用技术。

（3）推广厌氧生物处理高浓废水生产沼气技术。

（4）推广制浆封闭式筛选、中浓技术。

（5）推进纸浆废液生产微生物制剂技术的产业化。

六、资源综合利用现行税收优惠政策

（一）增值税

1. 资源综合利用及其他产品增值税政策（财税〔2008〕156 号）

（1）免征

——再生水（再生水是指对污水处理厂出水、工业排水、生活污水、垃圾处理厂渗透液等水源进行回收并经适当处理后在一定范围内重复利用的水资源）。

——利用废旧轮胎为原料生产胶粉和翻新轮胎。

——生产原料中掺兑废渣比例不低于 30%的特定建材产品（特定建材产品，是指砖、砌块、陶粒、墙板、管材、混凝土、砂浆、道路井盖、道路护栏、防火材料、耐火材料、保温材料、矿岩棉）。

（2）即征即退

——以工业废气为原料生产的高纯度二氧化碳产品。

——以垃圾为燃料生产的电力或热力（其中垃圾用量占发电燃料的比重不低于 80%；垃圾是指城市生活垃圾、农作物秸秆、树皮废渣、污泥、医疗垃圾）。

——以煤炭开采过程中伴生的舍弃物油母页岩为原料生产的页岩油。

——以废旧沥青混凝土为原料生产的再生沥青混凝土（废旧沥青混凝土用量占生产原料的比重不低于 30%）。

——采用旋窑法工艺生产并且生产原料中掺兑废渣比例不低于 30%的水泥（包括水泥熟料）。

（3）即征即退 50%

——以退役军用发射药为原料生产的涂料硝化棉粉（退役军用发射药在生产原料中的比例不低于 90%）。

——对燃煤发电厂及各类工业企业产生的烟气、高硫天然气进行脱硫生产的副产品（副产品是指石膏、硫酸、硫酸铵和硫磺）。

——以废弃酒糟和酿酒底锅水为原料生产的蒸汽、活性炭、白碳黑、乳酸、乳酸钙、沼气（废弃酒糟和酿酒底锅水在生产原料中所占的比重不低于 80%）。

——以煤矸石、煤泥、石煤、油母页岩为燃料生产的电力和热力（煤矸石、煤泥、石煤、油母页岩用量占发电燃料的比重不低于 60%）。

——部分新型墙体材料产品（具体范围按新型墙体材料目录执行）。

（4）先征后退

以废弃的动物油和植物油为原料生产的柴油（废弃的动物油和植物油用量占生产原料的比重

不低于 70%)。

2. 再生资源增值税政策(财税〔2008〕157 号)

2010 年年底前,对符合条件的增值税一般纳税人销售再生资源缴纳的增值税实行先征后退政策。具体退税比例 2009 年为 70%,2010 年为 50%。

3. 农林剩余物为原料的综合利用产品增值税政策(财税〔2009〕148 号)

在 2010 年 12 月 31 日前对企业以三剩物、次小薪材、农作物秸秆、蔗渣为原料自产的综合利用产品享受增值税即征即退政策。具体退税比例 2009 年为 100%,2010 年为 80%。

(二)企业所得税

企业所得税法及其实施条例规定:企业以《资源综合利用企业所得税优惠目录》规定的资源作为主要原材料,生产国家非限制和禁止并符合国家和行业相关标准的产品取得的收入,减按 90%计入收入总额。

1. 共生、伴生矿产资源

以 100%的煤系共生、伴生矿产资源、瓦斯为原料生产的高岭岩、膨润土、电力、热力及燃气。

2. 废水(液)、废气、废渣

(1)以 70%以上的煤矸石、石煤、粉煤灰、采矿和选矿废渣、冶炼废渣、工业炉渣、脱硫石膏、磷石膏、江河(渠)道的清淤(淤沙)、风积沙、建筑垃圾、生活垃圾焚烧余渣、化工废渣、工业废渣为原料生产的砖(瓦)、砌块、墙板类产品、石膏类制品以及商品粉煤灰。

(2)以 100%的转炉渣、电炉渣、铁合金炉渣、氧化铝赤泥、化工废渣、工业废渣为原料生产的铁、铁合金料、精矿粉、稀土。

(3)以 70%以上的化工、纺织、造纸工业废液及废渣为原料生产的银、盐、锌、纤维、碱、羊毛脂、聚乙烯醇、硫化钠、亚硫酸钠、硫氰酸钠、硝酸、铁盐、铬盐、木素磺酸盐、乙酸、乙二酸、盐酸、黏合剂、酒精、香兰素、饲料酵母、肥料、甘油、乙氰。

(4)以 70%以上的制盐液(苦卤)及硼酸废液为原料生产的氯化钾、硝酸钾、溴素、氯化镁、氢氧化镁、无水硝、石膏、硫酸镁、硫酸钾、肥料。

(5)以 100%的工业废水、城市污水为原料生产的再生水。

(6)以 100%的废生物质油、废弃润滑油为原料生产的生物柴油及工业油料。

(7)以焦炉煤气、化工、石油(炼油)化工废气、发酵废气、火炬气、炭黑尾气为原料生产的硫磺、硫酸、磷铵、硫铵、脱硫石膏、可燃气、轻烃、氢气、硫酸亚铁、有色金属、二氧化碳、干冰、甲醇、合成氨。

(8)以转炉煤气、高炉煤气、火炬气以及除焦炉煤气以外的工业炉气,工业过程中的余热、余压为原料生产的电力、热力。

3. 再生资源

（1）以 100%的废旧电池、电子电器产品为原料生产的金属（包括稀贵金属）、非金属。

（2）以 100%的废感光材料、废灯泡（管）为原料生产的有色（稀贵）金属及其产品。

（3）以 100%的锯末、树皮、枝丫材为原料生产的人造板及其制品。

（4）以 100%的废、旧轮胎为原料生产的胶粉、翻新轮胎。

（5）以 100%的废弃天然纤维、化学纤维及其制品为原料生产的造纸原料、纤维纱及织物、无纺布、毡、黏合剂、再生聚酯。

（6）以 70%以上的农作物秸秆及壳皮（包括粮食作物秸秆、农业经济作物秸秆、粮食壳皮、玉米芯）为原料生产的代木产品、电力、热力及燃气。

产业结构调整指导目录（2019 年本）（节选）

国家发展和改革委员会令第 29 号　2020 年 1 月 1 日起施行

第一类　鼓励类

三、煤炭

2. 矿井灾害（瓦斯、煤尘、矿井水、火、围岩、地温、冲击地压等）防治
8. 煤炭清洁高效洗选技术开发与应用
9. 地面沉陷区治理、矿井水资源保护与利用

七、石油、天然气

5. 油气田提高采收率技术、安全生产保障技术、生态环境恢复与污染防治工程技术开发利用
6. 放空天然气回收利用与装置制造
8. 石油储运设施挥发油气回收技术开发与应用

十二、建材

4. 陶瓷集中制粉、陶瓷园区清洁煤制气生产技术开发与应用；单块面积大于 1.62 平方米（含）的陶瓷板生产线和工艺装备技术开发与应用；利用尾矿、废弃物等生产的轻质发泡陶瓷隔墙板及保温板材生产线和工艺装备技术开发与应用

9. 石墨烯材料生产及应用开发；环境治理、节能储能、电子信息、保温隔热、农业用等非金属矿物功能材料生产及其技术装备开发应用；矿物超细材料加工在线检测与控制智能化生产线；非金属矿开采、加工、贸易、应用、投资等产业大数据平台技术开发和建设

11. 利用矿山尾矿、建筑废弃物、工业废弃物、江河湖（渠）海淤泥以及农林剩余物等二次资源生产建材及其工艺技术装备开发

四十三、环境保护与资源节约综合利用

1. 矿山生态环境恢复工程

2. 海洋环境保护及科学开发、海洋生态修复

23. 高效、节能、环保采矿、选矿技术（药剂）；低品位、复杂、难处理矿开发及综合利用技术与设备

24. 共生、伴生矿产资源综合利用技术及有价元素提取

25. 尾矿、废渣等资源综合利用及配套装备制造

44. 离子型稀土原矿绿色高效浸萃一体化技术

四十四、公共安全与应急产品

3. 堤坝、尾矿库安全自动监测报警技术开发与应用

4. 煤炭、矿山等安全生产监测报警技术开发与应用

16. 矿山、工程和危险化学品安全生产避险产品及设施

41. 矿山数字化技术开发与应用，安全生产模拟实训技术开发与应用，细粒尾矿模袋法堆坝安全技术

49. 煤矿瓦斯、热动力、水害等重大灾害应急救援及危险化学品风险监测、安全防控和应急处置成套技术与装备

66. 大型高尾矿库溃坝灾害防控关键技术研究及应用示范

第二类　限制类

二、煤炭

3. 煤炭资源回收率达不到国家规定要求的煤矿项目

八、黄金

7. 在林区、基本农田、河道中开采砂金项目

第三类 淘汰类

一、落后生产工艺装备

（二）煤炭

3. 既无降硫措施又无达标排放用户的高硫煤炭（含硫高于 3%）生产矿井，不能就地使用的高灰煤炭（灰分高于 40%）生产矿井以及高砷煤炭（动力用煤中砷含量超过 80 μg/g，炼焦用煤中砷含量超过 35 μg/g）生产煤矿

9. 不能实现洗煤废水闭路循环的选煤工艺、不能实现粉尘达标排放的干法选煤设备

10. 开采范围与自然保护区、风景名胜区、饮用水水源保护区重叠的煤矿（根据法律法规及国家有关文件要求进行淘汰）

（七）黄金

3. 无环保措施提取线路板中金、银、钯等贵重金属

5. 整体矿石汞齐化；露天焚烧汞合金或经过加工的汞合金；在居民区焚烧汞合金；在没有首先去除汞的情况下，对添加了汞的沉积物、矿石或尾矿石进行氰化物浸出

（十七）采矿

2. 未安装捕尘装置的干式凿岩作业

9. 露天矿山采用掏底崩落、掏挖开采、不分层的“一面墙”开采

10. 露天矿山使用爆破方式对大块矿岩进行二次破碎

（十八）其他

4. 超过生态承载力的旅游活动和药材等林产品采集

6. 不符合《大气污染防治法》《水污染防治法》《固体废物污染环境防治法》《节约能源法》《安全生产法》《产品质量法》《土地管理法》《职业病防治法》等国家法律法规，不符合国家安全、环保、能耗、质量方面强制性标准，不符合国际环境公约等要求的工艺、技术、产品、装备

页岩气产业政策（节选）

国家能源局公告2013年第5号　2013年10月22日起施行

为全面贯彻落实科学发展观，合理、有序开发页岩气资源，推进页岩气产业健康发展，提高天然气供应能力，促进节能减排，保障能源安全，根据国家相关法律法规，特制定本政策。

第一章　总　则

第二条　页岩气勘探开发利用按照统一规划、合理布局、示范先行、综合利用的原则。依靠科技进步，走资源利用率高、经济效益好、环境污染少的可持续发展道路，为全面建设小康社会提供清洁能源保障。

第三条　通过规划引导，逐步形成与环境保护、储运、销售和利用等外部条件相适应、与区域经济发展相协调的页岩气开发布局。

第六条　依靠科技进步，推进井场集约化建设和无水、少水储层改造及水资源循环使用，实现安全、高效、清洁生产，建设资源节约、环境友好、协调发展的页岩气资源勘探开发利用体系。

第二章　产业监管

第七条　从事页岩气勘探开发的企业应具备与项目勘探开发相适应的投资能力，具有良好的财务状况和健全的财务会计制度，能够独立承担民事责任。页岩气勘探开发企业应配齐地质勘查、钻探开采等专业技术人员。从事页岩气建设项目勘查、设计、施工、监理、安全评价等业务，应具备相应资质。

第三章　示范区建设

第十四条　加强对示范区页岩气勘探开发一体化管理，实现安全生产和资源高效有序开发。

第四章　产业技术政策

第十五条　鼓励页岩气勘探开发企业应用国际成熟的高新、适用技术提高页岩气勘探成功率、开发利用率和经济效益。包括页岩气分析测试技术、水平井钻完井技术、水平井分段压裂技术、增产改造技术、微地震监测技术、开发环境影响控制技术等关键技术。

第十六条 鼓励页岩气勘探开发技术自主化，加快页岩气关键装备研制，形成适合我国国情的轻量化、车载化、易移运、低污染、低成本、智能化的页岩气装备体系，促进油气装备制造业转型升级。

第十九条 为促进页岩气资源有序开发，国家能源主管部门负责制定页岩气勘探开发技术的行业标准和规范。

第六章 节约利用与环境保护

第二十三条 加强节能和能效管理。页岩气勘探开发利用项目必须按照节能设计规范和标准建设，推广使用符合国家能效标准、经过认证的节能产品。引进技术、设备等应达到国际先进水平。

第二十四条 坚持页岩气勘探开发与生态保护并重的原则。钻井、压裂等作业过程和地面工程建设要减少占地面积、及时恢复植被、节约利用水资源，落实各类废弃物处置措施，保护生态环境。

第二十五条 钻井液、压裂液等应做到循环利用。采取节水措施，减少耗水量。鼓励采用先进的工艺、设备，开采过程逸散气体禁止直接排放。

第二十六条 加强对地下水和土壤的保护。钻井、压裂、气体集输处理等作业过程必须采取各项对地下水和土壤的保护措施，防止页岩气开发对地下水和土壤的污染。

第二十七条 页岩气勘探开发利用必须依法开展环境影响评价，环保设施与主体工程要严格实行项目建设“三同时”制度。

第二十八条 加强页岩气勘探开发环境监管。页岩气开发过程排放的污染物必须符合相关排放标准，钻井、井下作业产生的各类固体废物必须得到有效处置，防止二次污染。

第二十九条 国家对页岩气勘探开发利用开展战略环境影响评价或规划影响评价，从资源环境效率、生态环境承载力及环境风险水平等多方面，优化页岩气勘探开发的时空布局。禁止在自然保护区、风景名胜区、饮用水水源保护区和地质灾害危险区等禁采区内开采页岩气。

煤层气产业政策（节选）

国家能源局公告2013年第2号　2013年2月22日起施行

煤层气是赋存于煤层及煤系地层中的烃类气体，主要成分是甲烷，发热量与常规天然气相当，是宝贵的能源资源。煤层气产业是新兴能源产业，发展煤层气产业对保障煤矿安全生产、优化能源结构、保护生态环境具有重要意义。为深入贯彻落实科学发展观，推动能源生产和消费革命，科学高效开发利用煤层气资源，加快培育和发展煤层气产业，根据《中华人民共和国煤炭法》、《中华人民共和国矿产资源法》和《国务院办公厅关于加快煤层气（煤矿瓦斯）抽采利用的若干意见》（国办发〔2006〕47号）等法律法规，制定本产业政策。

第三章　产业布局

第七条　国务院煤炭（煤层气）行业管理部门负责编制全国煤层气开发利用规划并组织实施。全国煤层气开发利用规划内容包括总体要求、发展目标、勘探开发布局、重大建设项目等。有关地方政府和重点企业应编制本地区、本企业煤层气开发利用规划，落实全国规划发展目标和重点任务。

第八条　加快沁水盆地和鄂尔多斯盆地东缘等煤层气产业化基地建设，大幅度提高煤层气产量。加大新疆、辽宁、黑龙江、河南、四川、贵州、云南、甘肃等地区煤层气资源勘探力度，建设规模化开发示范工程。在河北、吉林、安徽、江西、湖南等地区开展勘探开发试验。

第九条　煤层气以管道输送为主，就近利用、余气外输。煤层气优先用于居民用气、公共服务设施、工业燃料、汽车燃料等。鼓励建设储气库等调峰设施，因地制宜建设分布式能源系统，适度发展液化气或压缩气。统筹规划建设区域性输气管网，鼓励煤层气进入城市公共供气管网和天然气长输管网。输气管网运营企业应为煤层气用户提供公平、公正的管道运输服务。

第四章　勘探开发生产

第十条　煤层气勘探开发应遵循整体部署、分期实施、滚动开发的原则，注重提高区块开发总体效率，努力降低建设运营成本，提高项目经济效益。煤层气勘探开发项目原则上按照评价选区、重点勘探、先导试验、探明储量、编制开发方案、产能建设、生产运营等程序进行。

第十一条 坚持普查与重点勘探相结合，地质研究与勘探工程相结合，鼓励采用低成本的地震、钻探、测井、试井等多种勘探技术进行综合勘探，准确查明煤层气藏地质特征和各项参数，获取探明储量。复杂构造煤层气区块可通过三维地震等先进技术手段进行勘探。

第十二条 煤层气总体开发方案应进行多方案经济技术比选，合理确定煤层气产能规模、建设工期和项目总投资，优化井型井网部署、钻井与完井工艺、排采集输技术，因地制宜采用直井、丛式井或水平井。根据产能建设实际情况，对钻井、完井、增产改造、排采等工艺技术进行动态调整。

第十三条 合理制定煤层气井排采工作制度，有效控制煤粉产出、生产压差和排采速度，实现煤层气井高产稳产。统筹规划建设煤层气田集输管网，合理确定集气站、增压站位置和数量，优先采用低压集输工艺流程。

第六章 煤层气与煤炭协调开发

第十八条 煤炭远景区实施“先采气、后采煤”，优先进行煤层气地面开发。煤炭规划生产区实施“先抽后采”“采煤采气一体化”，鼓励地面、井下联合抽采煤层气资源，煤层瓦斯含量降低到规定标准以下，方可开采煤炭资源。

第十九条 在设置煤层气或煤炭探矿权的区域，探矿权人应对勘查区块范围内的煤层气和煤炭资源进行综合勘查，提交煤层气和煤炭资源综合勘查报告，并按有关规定进行储量评审（估）、备案。

第二十条 在已设置煤炭矿业权但尚未设置煤层气矿业权的区域，经勘查具备煤层气地面规模化开发条件的，应依法办理煤层气勘查或开采许可证手续，由煤炭矿业权人自行或采取合作等方式进行煤层气开发。在已设置煤层气矿业权的区域，根据国家煤炭建设规划 5 年内需要建设煤矿的，按照煤层气开发服务于煤炭开发的原则，采取合作或调整煤层气矿业权范围等方式，保证煤炭资源开发需要，并有效开发利用煤层气资源。

第二十一条 建立健全煤层气与煤炭资源开发方案相互衔接、项目进展定期通报、资料留存共享等制度。煤层气开发必须兼顾煤矿安全生产，钻井井位应与煤矿采掘部署做好衔接，废弃钻井必须按有关规定封井，不得留下安全隐患。煤层气、煤炭生产企业应妥善保存地质和工程资料，按规定报送有关部门。

第七章 安全节能环保

第二十三条 加强节能降耗，推进煤层气产业绿色发展、循环发展、低碳发展。煤层气建设项目应依法开展节能评估，推广使用高效节能设备，降低煤层气开发利用过程中的能源消耗。坚持最大化利用原则，加强勘探试采期煤层气的回收利用。

第二十四条 煤层气建设项目应依法开展环境影响评价，项目选址应避开自然保护区、饮用水水源地等生态敏感区域。严格执行煤层气排放标准，禁止煤层气直接排放。煤层气生产过程中产生的废气、废水等做到达标排放，妥善处置固体废物，避免对地下水造成污染。

煤炭产业政策（节选）

国家发展和改革委员会公告2007年第80号　2007年11月23日起施行

第一章　发展目标

第二条　深化煤炭资源有偿使用制度改革，加快煤炭资源整合，形成以合理开发、强化节约、循环利用为重点，生产安全、环境友好、协调发展的煤炭资源开发利用体系。

第三条　严格产业准入，规范开发秩序，完善退出机制，形成以大型煤炭基地为主体、与环境和运输等外部条件相适应、与区域经济发展相协调的产业布局。

第七条　加强煤炭资源综合利用，推进清洁生产，发展循环经济，建立矿区生态环境恢复补偿机制，建设资源节约型和环境友好型矿区，促进人与矿区和谐发展。

第二章　产业布局

第九条　根据国民经济和社会发展规划总体部署，按照煤炭工业发展规划、矿产资源规划、煤炭生产开发规划、煤矿安全生产规划、矿区总体规划，合理、有序开发和利用煤炭资源。

第十一条　大力推进煤炭、煤层气等资源的协调开发和基础设施的高效利用。在大型煤炭基地内，一个矿区原则上由一个主体开发，一个主体可以开发多个矿区。按照资源禀赋、运输、水资源等条件和环境承载能力确定区域煤炭开发规模和开发强度，在大型整装煤田和资源富集地区优先建设大型和特大型现代化煤矿。

第十三条　在水资源充足、煤炭资源富集地区适度发展煤化工，限制在煤炭调入区和水资源匮乏地区发展煤化工，禁止在环境容量不足地区发展煤化工。国家对特殊和稀缺煤种实行保护性开发，限制高硫、高灰煤炭资源开发。

第三章　产业准入

第十四条　开办煤矿或者从事煤炭和煤层气资源勘查，从事煤矿建设项目设计、施工、监理、安全评价等，应当具备相应资质，并符合法律、法规规定的其他条件。煤矿资源回收率必须达到国家规定标准，安全、生产装备及环境保护措施必须符合法律法规的规定。

第十五条 山西、内蒙古、陕西等省（区）新建、改扩建矿井规模不低于120万吨/年。重庆、四川、贵州、云南等省（市）新建、改扩建矿井规模不低于 15 万吨/年。福建、江西、湖北、湖南、广西等省（区）新建、改扩建矿井规模不低于9万吨/年。其他地区新建、改扩建矿井规模不低于 30 万吨/年。鉴于当前小煤矿数量多、布局不合理、破坏资源和环境的状况尚未根本改善，煤矿安全生产形势依然严峻，“十一五”期间一律停止核准（审批）30万吨/年以下的新建煤矿项目。

第四章　产业组织

第十七条 取缔非法煤矿，关闭布局不合理、不符合产业政策、不具备安全生产条件、乱采滥挖破坏资源、污染环境和造成严重水土流失的煤矿。

第五章　产业技术

第二十二条 鼓励采用高新技术和先进适用技术，建设高产高效矿井。鼓励发展露天矿开采技术。鼓励发展综合机械化采煤技术，推行壁式采煤。发展小型煤矿成套技术以及薄煤层采煤机械化、井下充填、“三下”采煤、边角煤回收等提高资源回收率的采煤技术。鼓励开展急倾斜特厚煤层水平分段综采放顶煤技术的研究。鼓励低品位、难采矿的地下气化等示范工程建设。

第二十四条 发展自动控制、集中控制选煤技术和装备。研制和发展高效干法选煤技术、节水型选煤技术、大型筛选设备及脱硫技术，回收硫资源。鼓励水煤浆技术的开发及应用。

第七章　贸易与运输

第三十三条 积极发展铁路、水路煤炭运输，加快建设和改造山西、陕西、内蒙古西部出煤通道和北方煤炭下水港口，提高煤炭运输能力。限制低热值煤、高灰分煤长距离运输。煤炭运输应当采取防尘、防洒漏措施。

第八章　节约利用与环境保护

第三十四条 实施节约优先的发展战略，加快资源综合利用，减少煤炭加工利用过程中的能源消耗，提高煤炭资源回采率和利用效率。

第二十五条 加强节能和能效管理，建立和完善煤炭行业节能管理、评价考核、节能减排和清洁生产奖惩制度。鼓励煤炭企业开发先进适用节能技术，煤炭企业新建、改扩建项目必须按照节能设计规范和用能标准建设，必须淘汰落后耗能工艺、设备和产品，推广使用符合国家能效标准、经过认证的节能产品。

第三十六条 按照减量化、再利用、资源化的原则，综合开发利用与煤共伴生资源和煤矿废弃物。鼓励企业利用煤矸石、低热值煤发电、供热，利用煤矸石生产建材产品、井下充填、复垦造田和筑路等，综合利用矿井水，发展循环经济。支持煤层气（煤矿瓦斯）长输管线建设，鼓励煤层气（煤矿瓦斯）民用、发电、生产化工产品等。

第三十七条 煤炭资源的开发利用必须依法开展环境影响评价，环保设施与主体工程要严格实行项目建设“三同时”制度。按照谁开发、谁保护，谁损坏、谁恢复，谁污染、谁治理，谁治理、谁受益的原则，推进矿区环境综合治理，形成与生产同步的水土保持、矿山土地复垦和矿区生态环境恢复补偿机制。

第三十八条 煤炭采选、贮存、装卸过程中产生的污染物必须达标排放，防止二次污染。加强煤矿瓦斯抽采利用和减少排放。洗煤水应当实现闭路循环。优化巷道布置，减少井下矸石产出量。

第三十九条 建立矿区开发环境承载能力评估制度和评价指标体系。严格执行煤矿环境影响评价、水土保持、土地复垦和排污收费制度。限制在地质灾害高易发区、重要地下水资源补给区和生态环境脆弱区开采煤炭，禁止在自然保护区、重要水源保护区和地质灾害危险区等禁采区内开采煤炭。加强废弃矿井的综合治理。

第四十条 加强对在矿山开发过程中可能诱发灾害的调查、监测及预报预警，及时采取有效的防治措施。建立信息网络系统，制定防灾减灾预案。

铝行业规范条件（节选）

工业和信息化部公告 2020 年第 6 号　2020 年 2 月 28 日起施行

一、总体要求

（一）铝土矿开采须符合国家及地方产业政策、矿产资源规划、环保及节能法律法规和政策、矿业法律法规和政策、安全生产法律法规和政策、行业发展规划等要求。

（二）采矿权人应按照批准的开发利用方案、初步设计和安全设施设计进行矿山建设和开发，严禁无证开采、乱采滥挖和破坏环境、浪费资源。氧化铝、电解铝企业应按照国家有关规定经有关部门备案，氧化铝企业应落实铝土矿资源、赤泥堆存等外部条件，电解铝企业应落实氧化铝、电力、水资源长期稳定供应。鼓励电解铝企业通过重组实现水电铝、煤电铝或铝电一体化发展。鼓励再生铝企业靠近废铝资源聚集地区布局。

五、环境保护

（十四）企业应取得生态环境主管部门的环境影响评价报告的批复并通过验收，应遵守环境保护相关法律、法规和政策，应建立、实施并保持满足 GB/T 24001 要求的环境管理体系，并鼓励通过环境管理体系第三方认证。

（十五）铝土矿企业应按照《有色金属行业绿色矿山建设规范》（DZ/T 0320）要求，开展绿色矿山建设，最大限度减少对自然环境的扰动和破坏，贯彻“边开采、边治理”的原则，编制矿山地质环境保护与土地复垦方案、矿山生态环境保护与恢复治理方案，切实履行矿山地质环境保护与土地复垦等责任义务，及时开展矿山生态环境治理和地质环境恢复，复垦矿山占用土地和损毁土地。

（十六）氧化铝、电解铝企业污染物排放应符合国家或地方相关排放标准要求，再生铝企业应符合《再生铜铝铅锌工业污染物排放标准》（GB 31574）的要求。企业污染物排放总量不超过生态环境主管部门核定的总量控制指标，重点区域内项目重点大气污染物排放应按照国家和地方有关规定执行，鼓励未在特别排放限值地区的项目执行相关特别排放限值标准（要求）。

（十七）氧化铝、电解铝企业应按《排污单位自行监测技术指南　有色金属冶炼》（HJ 989）

等相关标准规范开展自行监测。其中，应安装、使用自动监测设备的，须依法安装配套的污染物在线监测设施，与生态环境主管部门的监控设备联网，保障监测设备正常运行，鼓励开展厂内降尘监测。物料储存、转移输送、卸载和工艺过程等环节的无组织排放须加强控制管理，制定相应的环境管理措施，满足有关环保标准要求。应推行清洁生产，降低产污强度，氧化铝、电解铝企业应依法定期实施清洁生产审核，并通过评估验收。

（十八）企业须依法取得排污许可证后，方可排放污染物，并在生产经营中严格落实排污许可证规定的环境管理要求。固体废物贮存、利用、处置应当符合国家有关标准规范的要求，严格执行危险废物管理计划、申报登记、转移联单、经营许可等管理制度，并应通过全国固体废物管理信息系统如实填报固体废物产生、贮存、转移、利用、处置的相关信息，防止二次污染。

铅锌行业规范条件（节选）

工业和信息化部公告 2020 年第 7 号　2020 年 2 月 28 日起实施

一、总体要求

（一）铅锌矿山企业须符合国家及地方产业政策、矿产资源规划、环保及节能法律法规和政策、矿业法律法规和政策、安全生产法律法规和政策、行业发展规划等要求。其中，铅锌矿山企业须依法取得采矿许可证和安全生产许可证。采矿权人应按照批准的矿产资源开发利用方案、初步设计和安全设施设计进行矿山建设和开发，严禁无证开采、乱采滥挖和破坏环境、浪费资源。

二、质量、工艺和装备

（三）铅锌矿山企业，须采用适合矿床开采技术条件的先进采矿方法，优先采用充填采矿法，尽量采用大型先进设备，提高自动化水平。选矿矿石处理能力应不小于矿山开采能力。根据矿石种类和成分，采用先进适用的选矿工艺，提高选矿回收率和资源综合利用水平。

五、环境保护

（十八）铅锌矿山、冶炼企业须遵守环境保护相关法律、法规和政策，应建立、实施并保持满足 GB/T 24001 要求的环境管理体系，并鼓励通过环境管理体系第三方认证。企业须依法领取排污许可证后，方可排放污染物，并在生产经营中严格落实排污许可证规定的环境管理要求。企业应有健全的企业环境管理机构，制定有效的企业环境管理制度。

（十九）铅锌矿山企业应按照《有色金属行业绿色矿山建设规范》（DZ/T 0320）要求，开展绿色矿山建设，最大限度减少对自然环境的扰动和破坏，贯彻“边开采、边治理”的原则，编制矿山地质环境保护与土地复垦方案、矿山生态环境保护与恢复治理方案，切实履行矿山地质环境保护与土地复垦等责任义务，及时开展矿山生态环境治理和地质环境恢复，复垦矿山占用土地和损毁土地。

（二十）铅锌矿山、冶炼企业应做到污染物处理工艺技术可行，治理设施齐备，运行维护记录齐全，与主体生产设施同步运行。各项污染物排放须符合国家《铅、锌工业污染物排放标准》

（GB 25466）中相关要求。企业污染物排放总量不超过生态环境主管部门核定的总量控制指标。物料储存、转移输送、装卸和工艺过程等环节的无组织排放须加强控制管理，制定相应的环境管理措施，满足有关环保标准要求。尾矿渣、冶炼渣、冶炼飞灰等固体废弃物须按照国家固体废物和危险废物管理的要求进行无害化处理处置或交有资质的单位处理。加强对土壤污染的预防和保护，列入土壤污染重点监管单位名录的企业应严格控制有毒有害物质排放，并按年度向生态环境主管部门报告排放情况；建立土壤污染隐患排查制度，保证持续有效防止有毒有害物质渗漏、流失、扬散；制定、实施自行监测方案，并将监测数据报生态环境主管部门。处理含锌二次资源的企业，须符合《再生铜、铝、铅、锌工业污染物排放标准》（GB 31574）中的相关要求，其原料属于固体废物或危险废物的，应按照国家固体废物和危险废物管理要求进行贮存、处理和处置。

（二十一）铅锌矿山、冶炼企业依法实施强制性清洁生产审核。应安装、使用自动监测设备的，须依法安装配套的污染物在线监测设施，与生态环境主管部门的监控设备联网，保障监测设备正常运行。铅锌冶炼企业应按照《排污单位自行监测技术指南　有色金属工业》（HJ 989）等相关标准规范开展自行监测。

稀土行业准入条件（节选）

工业和信息化部公告2012年第33号　2012年7月26日起施行

一、项目的设立和布局

（一）稀土矿山开发、冶炼分离、金属冶炼项目应符合国家资源、安全生产、环境保护、节能管理等法律、法规要求，符合国家产业政策和相关发展规划要求，符合各省（自治区、直辖市）城市建设规划、土地利用总体规划、环境保护规划、安全生产规划等要求。

（二）开采稀土矿产资源，应依法取得采矿许可证和安全生产许可证。矿山企业应严格按照批准的开发利用方案和开采计划进行开采，严禁无证、越界开采和使用破坏环境、浪费资源的采选矿工艺。

（三）在国家法律、法规、行政规章及规划确定或省级以上人民政府批准的饮用水水源保护区、自然保护区、风景名胜区、生态功能保护区等需要特殊保护的地区，不得建设稀土矿山开发、冶炼分离项目。

二、生产规模、工艺和装备

（二）工艺及装备

混合型稀土矿、氟碳铈矿开发应建有完备的“三废”处理设施，专门的废石场和尾矿库。

离子型稀土矿开发应采用原地浸矿等适合资源和环境保护要求的生产工艺，禁止采用堆浸、池浸等国家禁止使用的落后选矿工艺。

稀土冶炼分离项目，不得采用氨皂化等国家禁止使用的落后生产工艺。

稀土金属冶炼项目，不得采用湿法生产电解用氟化稀土生产工艺、稀土氯化物电解制备金属工艺。采用氟化物熔盐电解体系的，合成氟化稀土须配有完备的含氟废水、含氟废气处理装置，含氟废渣须专门处理，不得随其他工业废渣排放。

四、资源综合利用

混合型稀土矿、氟碳铈矿采矿损失率和贫化率不得超过10%，一般矿石的选矿回收率达到72%

以上（含，下同），低品位、难选冶稀土矿石选矿回收率达到60%以上，生产用水循环利用率达到85%以上。

离子型稀土矿采选综合回收率达到75%以上，生产用水循环利用率达到90%以上。

处理混合型稀土矿和氟碳铈矿的冶炼分离项目，从稀土精矿到混合稀土，稀土总收率大于90%，从混合稀土到单一或富集稀土化合物，稀土总收率大于 95%；处理离子型稀土矿的冶炼分离项目，从混合稀土到单一或富集稀土化合物，稀土总收率大于 92%。

稀土金属冶炼直收率大于 92%。

五、环境保护

稀土矿山开发、冶炼分离、金属冶炼企业应通过环境保护部稀土企业环境保护核查，列入环境保护部发布的符合环保要求的稀土企业公告名单。应达到以下基本要求：

（一）严格落实各项环境保护措施，新（改、扩）建项目严格执行建设项目环评审批、“三同时”、环保设施竣工验收制度，生产项目未经环境保护部门验收不得投产。

（二）污染物排放满足总量控制指标，完成污染物减排任务；严格执行《稀土工业污染物排放标准》（GB 26451—2011），安装在线排放检测装置；按要求办理排污申报、排污许可证等环保手续，定期实施清洁生产审核，并通过评估验收。

（三）开采稀土矿产应严格执行矿山生态恢复治理保障金制度，根据“边开采、边治理”的原则，编制矿山生态保护与治理恢复方案，并按照方案进行矿山生态、地质环境恢复治理和矿区土地复垦。对含伴生放射性元素的稀土矿山，应采取相应的辐射防护和放射性污染防治措施。

（四）稀土企业一般固体废物处理处置应符合《一般工业固体废物贮存、处置场污染控制标准》（GB 18599—2001）要求，属于危险废物的，应严格执行危险废物相关管理规定；含钍、铀等放射性废渣要按照《中华人民共和国放射性污染防治法》、《放射性废物管理规定》（GB 14500—2002）要求，严格进行管理。

（五）遵守国家和地方相关法律、法规和政策；近三年未发生重大及以上环境污染事故或重大生态破坏事件；按规定制定企业环境风险应急预案并定期演练。

八、监督与管理

（一）新建、改建和扩建稀土矿山开发、冶炼分离和金属冶炼项目须符合上述准入条件。对不符合准入条件基本要求的项目，有关项目审批部门不予核准，国土资源管理部门不予办理建设用地审批手续，安全监管部门对矿山开发项目安全设施设计不予审批，环保部门不予批准环境影响评价报告，节能审查部门不予通过节能审查，工商部门不予注册，税务部门不予登记，金融机构不予提供贷款和其他形式的授信支持等。

（二）未达到上述准入条件的现有稀土矿山开发、冶炼分离和金属冶炼企业应根据产业结构优化升级的要求，在国家产业政策的指导下，通过淘汰落后、兼并重组与技术改造相结合等方式，尽快达到本准入条件的规定要求。国家有关文件另有规定的从其规定。

钼行业准入条件（节选）

工业和信息化部公告 2012 年第 30 号　2012 年 7 月 17 日起施行

一、企业布局

（一）新建、改扩建钼矿山、钼炉料、钼酸铵和钼粉项目应符合有关法律法规的规定，符合国家产业政策、矿产资源总体规划、土地利用总体规划、土地供应政策。严格执行环境影响评价、安全评价、职业危害评价制度和环保、安全、职业卫生“三同时”制度。

（三）在国家法律、法规、规章制度及规划确定或经县级以上人民政府批准的自然保护区、生态功能保护区、风景名胜区、森林公园、饮用水水源保护区，大中城市及其近郊，居民集中区、疗养地、医院，食品、药品、电子等环境条件要求高的企业周边新建钼矿山、钼炉料、钼酸铵和钼粉生产企业应符合国家相关大气环境防护距离和卫生防护距离的规定。已在上述区域内投产运营的企业要根据该区域规划，依法通过搬迁、转停产等方式逐步退出。

二、生产规模和工艺装备

（一）钼矿山

4. 钼矿山生产企业的采选项目应配备与生产规模相适应的能耗低、效率高的先进设备，严禁使用国家产业结构调整目录中规定淘汰的工艺和设备。

（二）钼炉料

工业氧化钼生产应采用多膛炉和内燃式回转窑，在 2015 年年底前淘汰外燃式回转窑，禁止采用传统工艺中的反射炉。

钼炉料企业在生产过程中应采用符合国家环保规定的除尘、收尘工艺和尾气综合回收工艺，确保尾气排放达到国家和地方标准。

（三）钼酸铵

淘汰盐酸生产钼酸铵工艺，改进硝酸生产钼酸铵工艺，鼓励采用水洗法生产钼酸铵工艺，确保废水排放达到国家和地方标准。

三、资源回收利用及能耗

（一）钼矿山

坑采采矿损失率不超过 10%、露天采矿损失率不超过 2.6%、坑采采矿贫化率不超过 10%、露天采矿贫化率不超过 2.8%。硫化矿选矿实际回收率达到 85%以上。平均每吨矿石选矿耗电量低于 25 千瓦时，吨钼精矿综合能耗低于 1.2 吨标煤，水的重复利用率大于 80%。

（二）钼炉料

内燃式回转窑生产工业氧化钼实际回收率不低于 98%，多膛炉生产工业氧化钼实际回收率不低于 99%，工业氧化钼焙烧综合能耗不高于 250 千克标煤/吨。钼铁实际回收率不低于 98.5%。

（三）钼酸铵

钼酸铵实际金属回收率不低于 97%，液氨单耗控制在 0.5 吨/吨钼酸铵以内。

（四）钼粉

金属钼粉还原工艺钼回收率不低于 99%，每吨钼粉用电量低于 5 000 千瓦时，耗用氢气量低于 1 600 立方米。

四、环境保护

（一）钼矿山、钼炉料、钼酸铵和钼粉生产企业（含新建、改扩建项目）严格执行环境影响评价制度，按照环境保护主管部门的相关规定报批环境影响评价文件。按照环境保护“三同时”的要求建设矿山、冶炼项目，并经环保部门验收后，方可投入生产。依法履行矿山地质环境恢复治理义务，严格执行矿山地质环境治理恢复制度；严格执行土地复垦规定，履行土地复垦法定义务。严格执行国家和地方污染物总量控制的要求，将污染物排放控制在计划目标内。

（二）废气

在原料处理、转运、熔炼、加工等过程中均配备收尘及烟气净化装置，各种炉窑均采用电除尘或旋风加袋式除尘器收尘，安装环保部门认可的烟气在线监测装置。废气排放要达到《工业炉窑大气污染物排放标准》和《大气污染物综合排放标准》要求。钼炉料企业要建立二氧化硫在线自动监控系统，并与当地环保部门信息平台联网。

（三）废水

废水排放符合《污水综合排放标准》要求。

（四）固体废物

一般工业固体废物的贮存应符合《一般工业固体废物贮存、处置场污染控制标准》。危险污染物的产生、收集、贮存、运输及处置应严格执行危险废物相关管理规定。企业必须建设满足生产发展要求，符合环境保护要求的排土场、堆碴场、尾矿库，建设与尾矿排放量相匹配的回水设施，保护生态环境，满足生态功能区的要求。尾矿库由具有相应资质的单位承担设计，经相关部门验收合格后方可投产。对露天采矿场、排土场、堆碴场制定植被复垦计划并实施。

（五）噪声

厂内噪声符合《工业企业厂界环境噪声排放标准》。

（六）推行清洁生产，降低产污强度，钼生产企业应依法定期实施清洁生产审核，并通过评估验收。

（七）国家发布行业污染物排放标准后按新的行业标准执行。向有相关地方污染物标准的地区排放污染物的，应满足地方污染物排放标准要求。

镁行业准入条件（节选）

工业和信息化部公告 2011 年第 7 号　2011 年 3 月 7 日起施行

一、企业布局及规模

（一）新建或改扩建的镁冶炼项目应靠近具有资源、能源优势地区，应符合有关法律法规规定，符合国家产业政策和行业规划要求，符合城市建设发展规划、土地利用规划、环境保护和污染防治规划、矿产资源规划等规划要求。

（二）在国家法律、法规、行政规章及规划确定或县级以上人民政府批准的饮用水水源保护区、基本农田保护区、自然保护区、风景名胜区、生态功能保护区等需要特殊保护的地区，城市市区及周边、居民集中区、疗养地、医院和食品、药品、电子等对环境质量要求高的企业周边 1 公里内，不得新建镁冶炼项目。已在上述区域内投产运营的镁冶炼企业要根据该区域规划，依法通过搬迁、转产、停产等方式限期退出。

（三）开采镁矿资源，应遵守《矿产资源法》等相关规定，应依法取得采矿许可证、安全生产许可证等相关证照，严格按照批准的开发利用方案和开采设计进行开采，严禁无证开采、乱采滥挖和破坏浪费资源。

（四）现有镁冶炼企业生产能力准入规模应不低于 1.5 万吨/年；改造、扩建镁冶炼项目，生产能力应不低于 2 万吨/年；新建镁及镁合金项目，生产能力应不低于 5 万吨/年。鼓励大中型优势镁冶炼企业并购小型镁厂。

二、工艺装备

（一）工艺

新建镁及镁合金项目，选择符合镁冶炼要求的白云石资源，采用热法炼镁且生产效率高、工艺先进、能耗低、环保达标、资源综合利用效果好的生产工艺系统。其工艺技术指标为：还原镁收率≥80%、硅铁中硅利用率≥70%、粗镁精炼收率≥95%。必须拥有资源综合利用、节能、冶炼尾气余热回收、收尘和低 SO_2 尾气浓度治理的工艺及设备；创造条件对还原渣进行综合利用。必须满足国家《节约能源法》《清洁生产促进法》《环境保护法》等法律法规的要求。

（二）装备

煅烧系统：采用节能环保型回转窑，必须余热利用；以气体为燃料的可控竖窑。

配料制球系统：采用微机配料，实现机械化操作，输料系统全封闭。

还原系统：采用蓄热式高温空气燃烧技术还原炉，用气有计量，实现机械化出渣。

精炼系统：采用坩埚熔化，用气体燃料；合金用电炉保温，连铸机浇注，有气体保护。

所有炉窑均采用 PCL 或 DCS 计算机远程控制系统，使镁冶炼装备高效、节能、环保、安全、自动化控制，达到目前国内先进水平。

鼓励积极研发节能、环保的新技术、新工艺、新装备。

四、资源、能源消耗

企业准入值 资（能）源消耗	现有企业	改、扩建企业	新建企业
白云岩	11.5	11.0	10.5
硅铁（Si＞75%）	1.1	1.05	1.04
新水量	15	12	10
吨镁综合能耗/（tce/t）	6	5.5	5

注：根据气体燃料的热值和用量或煤制气用煤量折成标煤。

禁止用原煤直接加热各种炉窑（部分企业回转窑喷煤粉除外）。应采用清洁能源（焦炉煤气、半焦煤气、天然气、煤层气、两段式发生炉煤气和电等），采用蓄热式高温空气燃烧技术和余热利用技术。

五、资源、能源综合利用

镁还原渣综合利用率≥70%。镁还原渣中氧化镁的含量≤8%。要积极利用镁还原渣生产镁渣硅酸盐水泥等建材产品，减少废渣排放。

生产全过程余热综合利用率≥80%。包括回转窑窑头窑尾的余热及镁还原渣的余热等。

六、环境保护

（一）镁矿山和冶炼生产企业应严格执行环境影响评价制度，按照环境保护主管部门的相关规定报批环境影响评价文件。按照环境保护“三同时”的要求建设矿山、冶炼项目，并经环保部门验收后，方可投入生产。依法履行矿山地质环境恢复治理义务，严格执行矿山地质环境治理恢复制度；严格执行土地复垦规定，履行土地复垦法定义务。严格执行国家和地方污染物总量控制的要求，将污染物排放控制在计划目标内。

（二）废气

在原料处理、转运、熔炼、加工等过程中所有产生粉尘的部位，必须配备收尘及烟气净化装置，安装环保部门认可的烟气在线监测装置。废气排放达到《镁、钛工业污染物排放标准》的要求。

（三）废水

废水排放达到《镁、钛工业污染物排放标准》的要求。

（四）废渣

设有专用的废渣堆存处置场地，并符合《一般工业固体废物贮存、处置场污染控制标准》。危险污染物的产生、收集、贮存、运输及处置应严格执行危险废物相关管理规定。

（五）噪声

厂内噪声符合《工业企业厂界噪声标准》。采用低噪声设备和设置隔声屏障等进行噪声治理。

（六）推行清洁生产，降低产污强度，镁生产企业应依法定期实施清洁生产审核，并通过评估验收。

（七）国家发布行业污染物排放标准后按新的标准执行。向有相关地方污染物标准的地区排放污染物的，应满足地方污染物排放标准要求。

土地复垦条例实施办法（节选）

自然资源部令第 5 号　2019 年 7 月 16 日起施行

（2012 年 12 月 27 日国土资源部第 56 号令公布 根据 2019 年 7 月 16 日自然资源部第 2 次部务会议《自然资源部关于第一批废止和修改的部门规章的决定》修正）

第二章　生产建设活动损毁土地的复垦

第六条　属于条例第十条规定的生产建设项目，土地复垦义务人应当在办理建设用地申请或者采矿权申请手续时，依据自然资源部《土地复垦方案编制规程》的要求，组织编制土地复垦方案，随有关报批材料报送有关自然资源主管部门审查。

第十三条　土地复垦义务人因生产建设项目的用地位置、规模等发生变化，或者采矿项目发生扩大变更矿区范围等重大内容变化的，应当在三个月内对原土地复垦方案进行修改，报原审查的自然资源主管部门审查。

第二十条　采矿生产项目的土地复垦费用预存，统一纳入矿山地质环境治理恢复基金进行管理。

条例实施前，采矿生产项目按照有关规定向自然资源主管部门缴存的矿山地质环境治理恢复保证金中已经包含了土地复垦费用的，土地复垦义务人可以向所在地自然资源主管部门提出申请，经审核属实的，可以不再预存相应数额的土地复垦费用。

第二十四条　土地复垦义务人在生产建设活动中应当遵循“保护、预防和控制为主，生产建设与复垦相结合”的原则，采取下列预防控制措施：

（一）对可能被损毁的耕地、林地、草地等，应当进行表土剥离，分层存放，分层回填，优先用于复垦土地的土壤改良。表土剥离厚度应当依据相关技术标准，根据实际情况确定。表土剥离应当在生产工艺和施工建设前进行或者同步进行；

（二）露天采矿、烧制砖瓦、挖沙取土、采石，修建铁路、公路、水利工程等，应当合理确定取土的位置、范围、深度和堆放的位置、高度等；

（三）地下采矿或者疏干抽排地下水等施工，对易造成地面塌陷或者地面沉降等特殊地段应当采取充填、设置保护支柱等工程技术方法以及限制、禁止开采地下水等措施；

（四）禁止不按照规定排放废气、废水、废渣、粉灰、废油等。

矿山地质环境保护规定

自然资源部令第 5 号　2019 年 7 月 16 日起施行

（2009 年 3 月 2 日国土资源部令第 44 号公布 根据 2015 年 5 月 6 日国土资源部第 2 次部务会议《国土资源部关于修改〈地质灾害危险性评估单位资质管理办法〉等 5 部规章的决定》第一次修正 根据 2016 年 1 月 5 日国土资源部第 1 次部务会议《国土资源部关于修改和废止部分规章的决定》第二次修正 根据 2019 年 7 月 16 日自然资源部第 2 次部务会议《自然资源部关于第一批废止和修改的部门规章的决定》第三次修正）

第一章　总　则

第一条　为保护矿山地质环境，减少矿产资源勘查开采活动造成的矿山地质环境破坏，保护人民生命和财产安全，促进矿产资源的合理开发利用和经济社会、资源环境的协调发展，根据《中华人民共和国矿产资源法》《地质灾害防治条例》《土地复垦条例》，制定本规定。

第二条　因矿产资源勘查开采等活动造成矿区地面塌陷、地裂缝、崩塌、滑坡，含水层破坏，地形地貌景观破坏等的预防和治理恢复，适用本规定。

开采矿产资源涉及土地复垦的，依照国家有关土地复垦的法律法规执行。

第三条　矿山地质环境保护，坚持预防为主、防治结合，谁开发谁保护、谁破坏谁治理、谁投资谁受益的原则。

第四条　自然资源部负责全国矿山地质环境的保护工作。

县级以上地方自然资源主管部门负责本行政区的矿山地质环境保护工作。

第五条　国家鼓励开展矿山地质环境保护科学技术研究，普及相关科学技术知识，推广先进技术和方法，制定有关技术标准，提高矿山地质环境保护的科学技术水平。

第六条　国家鼓励企业、社会团体或者个人投资，对已关闭或者废弃矿山的地质环境进行治理恢复。

第七条　任何单位和个人对破坏矿山地质环境的违法行为都有权进行检举和控告。

第二章　规　划

第八条　自然资源部负责全国矿山地质环境的调查评价工作。

省、自治区、直辖市自然资源主管部门负责本行政区域内的矿山地质环境调查评价工作。

市、县自然资源主管部门根据本地区的实际情况，开展本行政区域的矿山地质环境调查评价工作。

第九条　自然资源部依据全国矿山地质环境调查评价结果，编制全国矿山地质环境保护规划。

省、自治区、直辖市自然资源主管部门依据全国矿山地质环境保护规划，结合本行政区域的矿山地质环境调查评价结果，编制省、自治区、直辖市的矿山地质环境保护规划，报省、自治区、直辖市人民政府批准实施。

市、县级矿山地质环境保护规划的编制和审批，由省、自治区、直辖市自然资源主管部门规定。

第十条　矿山地质环境保护规划应当包括下列内容：

（一）矿山地质环境现状和发展趋势；

（二）矿山地质环境保护的指导思想、原则和目标；

（三）矿山地质环境保护的主要任务；

（四）矿山地质环境保护的重点工程；

（五）规划实施保障措施。

第十一条　矿山地质环境保护规划应当符合矿产资源规划，并与土地利用总体规划、地质灾害防治规划等相协调。

第三章　治理恢复

第十二条　采矿权申请人申请办理采矿许可证时，应当编制矿山地质环境保护与土地复垦方案，报有批准权的自然资源主管部门批准。

矿山地质环境保护与土地复垦方案应当包括下列内容：

（一）矿山基本情况；

（二）矿区基础信息；

（三）矿山地质环境影响和土地损毁评估；

（四）矿山地质环境治理与土地复垦可行性分析；

（五）矿山地质环境治理与土地复垦工程；

（六）矿山地质环境治理与土地复垦工作部署；

（七）经费估算与进度安排；

（八）保障措施与效益分析。

第十三条 采矿权申请人未编制矿山地质环境保护与土地复垦方案，或者编制的矿山地质环境保护与土地复垦方案不符合要求的，有批准权的自然资源主管部门应当告知申请人补正；逾期不补正的，不予受理其采矿权申请。

第十四条 采矿权人扩大开采规模、变更矿区范围或者开采方式的，应当重新编制矿山地质环境保护与土地复垦方案，并报原批准机关批准。

第十五条 采矿权人应当严格执行经批准的矿山地质环境保护与土地复垦方案。

矿山地质环境保护与治理恢复工程的设计和施工，应当与矿产资源开采活动同步进行。

第十六条 开采矿产资源造成矿山地质环境破坏的，由采矿权人负责治理恢复，治理恢复费用列入生产成本。

矿山地质环境治理恢复责任人灭失的，由矿山所在地的市、县自然资源主管部门，使用经市、县人民政府批准设立的政府专项资金进行治理恢复。

自然资源部，省、自治区、直辖市自然资源主管部门依据矿山地质环境保护规划，按照矿山地质环境治理工程项目管理制度的要求，对市、县自然资源主管部门给予资金补助。

第十七条 采矿权人应当依照国家有关规定，计提矿山地质环境治理恢复基金。基金由企业自主使用，根据其矿山地质环境保护与土地复垦方案确定的经费预算、工程实施计划、进度安排等，统筹用于开展矿山地质环境治理恢复和土地复垦。

第十八条 采矿权人应当按照矿山地质环境保护与土地复垦方案的要求履行矿山地质环境保护与土地复垦义务。

采矿权人未履行矿山地质环境保护与土地复垦义务，或者未达到矿山地质环境保护与土地复垦方案要求，有关自然资源主管部门应当责令采矿权人限期履行矿山地质环境保护与土地复垦义务。

第十九条 矿山关闭前，采矿权人应当完成矿山地质环境保护与土地复垦义务。采矿权人在申请办理闭坑手续时，应当经自然资源主管部门验收合格，并提交验收合格文件。

第二十条 采矿权转让的，矿山地质环境保护与土地复垦的义务同时转让。采矿权受让人应当依照本规定，履行矿山地质环境保护与土地复垦的义务。

第二十一条 以槽探、坑探方式勘查矿产资源，探矿权人在矿产资源勘查活动结束后未申请采矿权的，应当采取相应的治理恢复措施，对其勘查矿产资源遗留的钻孔、探井、探槽、巷道进行回填、封闭，对形成的危岩、危坡等进行治理恢复，消除安全隐患。

第四章　监督管理

第二十二条　县级以上自然资源主管部门对采矿权人履行矿山地质环境保护与土地复垦义务的情况进行监督检查。

相关责任人应当配合县级以上自然资源主管部门的监督检查，并提供必要的资料，如实反映情况。

第二十三条　县级以上自然资源主管部门应当建立本行政区域内的矿山地质环境监测工作体系，健全监测网络，对矿山地质环境进行动态监测，指导、监督采矿权人开展矿山地质环境监测。

采矿权人应当定期向矿山所在地的县级自然资源主管部门报告矿山地质环境情况，如实提交监测资料。

县级自然资源主管部门应当定期将汇总的矿山地质环境监测资料报上一级自然资源主管部门。

第二十四条　县级以上自然资源主管部门在履行矿山地质环境保护的监督检查职责时，有权对矿山地质环境与土地复垦方案确立的治理恢复措施落实情况和矿山地质环境监测情况进行现场检查，对违反本规定的行为有权制止并依法查处。

第二十五条　开采矿产资源等活动造成矿山地质环境突发事件的，有关责任人应当采取应急措施，并立即向当地人民政府报告。

第五章　法律责任

第二十六条　违反本规定，应当编制矿山地质环境保护与土地复垦方案而未编制的，或者扩大开采规模、变更矿区范围或者开采方式，未重新编制矿山地质环境保护与土地复垦方案并经原审批机关批准的，责令限期改正，并列入矿业权人异常名录或严重违法名单；逾期不改正的，处3万元以下的罚款，不受理其申请新的采矿许可证或者申请采矿许可证延续、变更、注销。

第二十七条　违反本规定，未按照批准的矿山地质环境保护与土地复垦方案治理的，或者在矿山被批准关闭、闭坑前未完成治理恢复的，责令限期改正，并列入矿业权人异常名录或严重违法名单；逾期拒不改正的或整改不到位的，处3万元以下的罚款，不受理其申请新的采矿权许可证或者申请采矿权许可证延续、变更、注销。

第二十八条　违反本规定，未按规定计提矿山地质环境治理恢复基金的，由县级以上自然资源主管部门责令限期计提；逾期不计提的，处3万元以下的罚款。颁发采矿许可证的自然资源主管部门不得通过其采矿活动年度报告，不受理其采矿权延续变更申请。

第二十九条　违反本规定第二十一条规定，探矿权人未采取治理恢复措施的，由县级以上自然资源主管部门责令限期改正；逾期拒不改正的，处 3 万元以下的罚款，5 年内不受理其新的探矿权、采矿权申请。

第三十条 违反本规定，扰乱、阻碍矿山地质环境保护与治理恢复工作，侵占、损坏、损毁矿山地质环境监测设施或者矿山地质环境保护与治理恢复设施的，由县级以上自然资源主管部门责令停止违法行为，限期恢复原状或者采取补救措施，并处 3 万元以下的罚款；构成犯罪的，依法追究刑事责任。

第三十一条 县级以上自然资源主管部门工作人员违反本规定，在矿山地质环境保护与治理恢复监督管理中玩忽职守、滥用职权、徇私舞弊的，对相关责任人依法给予处分；构成犯罪的，依法追究刑事责任。

国土资源部关于贯彻落实全国矿产资源规划发展绿色矿业建设绿色矿山工作的指导意见

国土资发〔2010〕119号　2010年8月13日起施行

各省、自治区、直辖市国土资源厅（国土环境资源厅、国土资源局、国土资源和房屋管理局、规划和国土资源管理局），部机关各司局、各有关单位：

《全国矿产资源规划（2008—2015年）》提出了发展绿色矿业的明确要求，并确定了2020年基本建立绿色矿山格局的战略目标，为全面落实规划目标任务，现就发展绿色矿业、建设绿色矿山提出以下指导意见。

一、发展绿色矿业建设绿色矿山的重要意义

（一）是贯彻落实科学发展观，推动经济发展方式转变的必然选择。当前我国正处于工业化城镇化加快发展的关键阶段，资源需求刚性上升，资源环境压力日益增大。促进资源开发与经济社会全面协调可持续发展，必须将资源开发与保护放到经济社会发展的战略高度，按照国家转变经济发展方式的战略要求，通过开源节流、高效利用、创新体制机制，改变矿业发展方式，推动矿业经济发展向主要依靠提高资源利用效率带动转变。发展绿色矿业、建设绿色矿山，既是立足国内提高能源资源保障能力的现实选择，也是转变发展方式、建设“两型”社会的必然要求，对我国经济社会发展全局具有十分重要的现实意义和深远的战略意义。

（二）是加快转变矿业发展方式的现实途径。发展绿色矿业、建设绿色矿山，以资源合理利用、节能减排、保护生态环境和促进矿地和谐为主要目标，以开采方式科学化、资源利用高效化、企业管理规范化、生产工艺环保化、矿山环境生态化为基本要求，将绿色矿业理念贯穿于矿产资源开发利用全过程，推行循环经济发展模式，实现资源开发的经济效益、生态效益和社会效益协调统一，为转变单纯以消耗资源、破坏生态为代价的开发利用方式提供了现实途径。

（三）是落实企业责任加强行业自律，保证矿业健康发展的重要手段。发展绿色矿业、建设绿色矿山，关键在于充分调动矿山企业的积极性，加强行业自律，促进矿山企业依法办矿，规范管理，加强科技创新，建设企业文化，使矿山企业将高效利用资源、保护环境、促进矿地和谐的外在要求转化为企业发展的内在动力，自觉承担起节约集约利用资源、节能减排、环境重建、土地

复垦、带动地方经济社会发展的企业责任。建设绿色矿山，是矿山企业经营管理方式的一次变革，对于完善矿产资源管理共同责任机制，全面规范矿产资源开发秩序，加快构建保障和促进科学发展新机制具有重要意义。

二、推进绿色矿山建设的思路、原则与目标

（四）总体思路。深入贯彻落实科学发展观，按照国家转变经济增长方式的战略要求，将发展绿色矿业、建设绿色矿山作为保障矿业健康可持续发展的重要抓手，认真落实全国矿产资源规划提出的目标任务和部署要求，坚持规划统筹、政策配套，试点先行、整体推进，通过绿色矿山建设促进矿业发展方式的转变，努力构建规范矿产资源开发利用秩序的长效机制。

（五）基本原则。一是坚持政府引导。强化政策激励，积极引导，组织做好试点示范，建立健全绿色矿山建设标准体系，有序推进。二是落实企业责任。鼓励矿山企业树立科学发展理念、严格规范管理、推进科技创新、加强文化建设，落实节约资源、节能减排、保护环境、促进矿区和谐等社会责任。三是加强行业自律。充分发挥行业协会桥梁和纽带作用，密切联系矿山企业，加强宣传，扩大共识，加强行业自律。四是搞好政策配套。充分运用经济、行政等多种手段，制定有利于促进资源合理利用、环境保护等方面的政策措施，建立完善制度，推动绿色矿山建设。

（六）建设目标。力争 1～3 年完成一批示范试点矿山建设工作，建立完善的绿色矿山标准体系和管理制度，研究形成配套绿色矿山建设的激励政策。到 2020 年，全国绿色矿山格局基本形成，大中型矿山基本达到绿色矿山标准，小型矿山企业按照绿色矿山条件严格规范管理。资源集约节约利用水平显著提高，矿山环境得到有效保护，矿区土地复垦水平全面提升，矿山企业与地方和谐发展。

三、统筹规划绿色矿山建设工作

（七）认真落实矿产资源规划的目标任务和部署要求。各级国土资源管理部门要加大矿产资源规划实施力度，将各级规划提出的绿色矿山建设的目标任务和具体要求予以落实，结合规划确定的矿山结构布局优化调整、资源高效利用和矿山地质环境治理恢复等要求，切实统筹好新建和生产矿山、大中小型矿山，以及各行业绿色矿山建设，采取有效措施，有序推进绿色矿山建设工作。各地可结合实际情况，制定专项规划和具体措施，加快推进绿色矿山建设工作。

（八）指导矿山企业制定绿色矿山建设的发展规划。指导矿山企业按照绿色矿山建设要求和条件，结合自身发展目标和进程，因地制宜编制绿色矿山建设发展规划，从提高资源利用水平、节能减排、保护耕地和矿山地质环境、创建和谐社区等角度出发，明确具体工作任务、安排、进度和措施等，按照规划积极推进各项工作，实现绿色矿山建设目标。

四、开展国家级绿色矿山建设试点示范

（九）试点工作坚持政府指导支持、协会支撑、矿山主体的原则。以大中型矿山企业为主体，兼顾不同地区、不同行业及小型矿山企业，按照矿山企业自愿、协会推荐组织、试点矿山制定规划和开展建设，通过评估考核、达标公布的步骤进行，探索绿色矿山建设的有效途径。

（十）中国矿业联合会要切实做好组织和有关业务支撑工作。加快研究完善绿色矿山建设具体标准和办法，会同有关行业协会组织做好国家级试点矿山的推荐和评估工作，加强政府和企业之间的沟通配合，积极搭建绿色矿山建设交流与合作平台，为试点矿山提供经验交流和技术咨询等服务，切实承担起全面推进绿色矿山建设的业务支撑工作。

（十一）各级国土资源管理部门要做好绿色矿山建设试点示范的指导工作。各级国土资源部门要切实发挥职能作用，结合地方实际情况和矿业发展特点，通过加强对绿色矿山建设工作的指导，落实鼓励和支持政策，引导企业按照绿色矿山发展模式建设和经营矿山，协调解决试点过程中遇到的问题，通过不断完善管理制度和加强监督，促进试点矿山达到建设要求，努力使企业的发展和地方经济发展协调一致。

（十二）试点矿山要按照规划积极开展建设工作。具备条件的矿山，要按照绿色矿山建设的基本要求编制建设规划，明确建设目标、具体内容和发展模式，有效推进绿色矿山建设各项工作，力争尽快达到绿色矿山条件和标准，主动地为保护资源、保护环境、促进地方经济发展和维护群众利益做出贡献。

五、稳步推进全国绿色矿山建设

（十三）加强试点经验总结和推广。全面总结推广不同类型绿色矿山建设的经验与模式，逐步完善分地域、分规模、分类型的绿色矿山建设标准和相关管理办法，研究探索有利于资源合理利用、节能减排、环境保护的政策措施和管理制度，为全面推进绿色矿山建设奠定基础。通过试点示范企业树立先进样板，发挥试点示范作用，带动更多矿山企业开展绿色矿山建设活动，积极履行绿色矿山建设的各项责任和义务，促进绿色矿业的全面发展。

（十四）依据绿色矿山建设标准和条件严格矿山准入管理。各级国土资源管理部门要把发展绿色矿业、建设绿色矿山的要求贯彻于矿产资源管理的始终，用绿色矿山建设标准规范矿产资源勘查、开发利用与保护的各项活动，加强对新建矿山开发利用、环境保护、土地复垦等方案的审查，严禁采用国家限制和淘汰的采选技术、工艺和设备，确保新建矿山实现合理开发、资源节约、环境保护、安全生产和社区和谐。全面落实矿产资源规划确定的最低开采规模制度和准入条件，优化资源勘查开发布局和矿业结构，逐步构建集约、高效、协调的矿山开发格局。

（十五）加强对生产矿山监督管理。用绿色矿山建设标准规范矿产资源勘查、开发利用与保护的各项活动，督促矿山企业自觉按照绿色矿山建设标准不断改进开发利用方式，提高开发利用水平，促进节能减排，落实企业社会责任，实现合理开发、节约资源、保护环境、安全生产和社区和谐，为绿色矿山建设工作营造良好环境。

六、营造良好的政策环境

（十六）加大财政专项资金的支持力度。加大危机矿山接替资源勘查、矿山地质环境恢复治理、矿产资源节约与综合利用等财政专项资金向绿色矿山企业的倾斜和支持力度，鼓励和支持矿山企业开展做好资源合理利用、环境保护等相关工作，不断提高发展水平。

（十七）研究制定有利于绿色矿山建设的资源配置制度。在资源配置和矿业用地等方面向达到绿色矿山条件的企业实行政策倾斜，依法优先配置资源和提供用地，鼓励企业做大做强，积极为繁荣地方经济做出贡献，建设和谐矿区。

（十八）逐步完善税费等经济政策。全面落实资源综合利用、矿山环境保护、节能减排等已有相关优惠政策，通过资源税费改革和税费减免，形成矿山企业资源消耗的自我约束机制。积极协调相关部门，建立和完善资源综合利用等税费减免制度，逐步形成与法律制度相衔接，向绿色矿山企业倾斜的经济政策体系。

（十九）加强技术政策引导。鼓励矿山企业加大科技投入和技术攻关，研究制定矿产资源节约与综合利用鼓励、限制、淘汰技术目录，通过技术改造采用先进技术、工艺和装备，逐步淘汰落后产能，提高资源开发利用、节能减排和环境保护的水平，满足绿色矿山建设的要求。

七、加强组织协调

（二十）各级国土资源管理部门要切实加强组织领导和监督检查。高度重视绿色矿山建设工作，作为一项重要任务纳入工作计划进行部署，加强领导，落实责任，精心部署，完善制度，抓好落实，认真做好绿色矿山建设工作的指导、协调和监督检查，加强对绿色矿山建设工作的总结、宣传和推广，有序推进绿色矿山建设工作。

（二十一）中国矿业联合会要全面推进行业自律。通过积极推进矿业领域循环经济发展和资源节约与综合利用，积极倡导和鼓励企业发展绿色矿业，提高依法办矿的意识，促使企业履行社会责任和规范化管理，不断加强行业自律和社会监督。

（二十二）矿山企业要认真履行社会责任全面开展绿色矿山建设。矿山企业是绿色矿山建设主体，要积极加入并自觉遵守《绿色矿业公约》，按照绿色矿山建设的有关条件和循环经济的发展模式，不断加强规范管理，切实履行社会责任，加大投入，改进生产工艺、优化生产布局，加强环境保护，促进资源开发、环境保护与矿区和谐的协调发展。

附件：国家级绿色矿山基本条件

附件

国家级绿色矿山基本条件

为了贯彻实施科学发展观，规范矿山企业行为，加强行业自律，履行企业社会责任，推进绿色矿业发展，构建资源节约型、环境友好型和谐社会，实现《全国矿产资源规划》中确定的建立绿色矿山格局的目标，特制定绿色矿山基本条件。

一、依法办矿

（一）严格遵守《矿产资源法》等法律法规，合法经营，证照齐全，遵纪守法。

（二）矿产资源开发利用活动符合矿产资源规划的要求和规定，符合国家产业政策。

（三）认真执行《矿产资源开发利用方案》《矿山地质环境保护与治理恢复方案》《矿山土地复垦方案》等。

（四）三年内未受到相关的行政处罚，未发生严重违法事件。

二、规范管理

（一）积极加入并自觉遵守《绿色矿业公约》，制订有切实可行的绿色矿山建设规划，目标明确，措施得当，责任到位，成效显著。

（二）具有健全完善的矿产资源开发利用、环境保护、土地复垦、生态重建、安全生产等规章制度和保障措施。

（三）推行企业健康、安全、环保认证和产品质量体系认证，实现矿山管理的科学化、制度化和规范化。

三、综合利用

（一）按照矿产资源开发规划与设计，较好地完成了资源开发与综合利用指标，技术经济水平居国内同类矿山先进行列。

（二）资源利用率达到矿产资源规划要求，矿山开发利用工艺、技术和设备符合矿产资源节约与综合利用鼓励、限制、淘汰技术目录的要求，“三率”指标达到或超过国家规定标准。

（三）节约资源，保护资源，大力开展矿产资源综合利用，资源利用达国内同行业先进水平。

四、技术创新

（一）积极开展科技创新和技术革新，矿山企业每年用于科技创新的资金投入不低于矿山企业总产值的1%。

（二）不断改进和优化工艺流程，淘汰落后工艺与产能，生产技术居国内同类矿山先进水平。

（三）重视科技进步，发展循环经济，矿山企业的社会、经济和环境效益显著。

五、节能减排

（一）积极开展节能降耗、节能减排工作，节能降耗达国家规定指标。

（二）采用无废或少废工艺，成果突出。“三废”排放达标。矿山选矿废水重复利用率达到90%以上或实现零排放，矿山固体废弃物综合利用率达到国内同类矿山先进水平。

六、环境保护

（一）认真落实矿山环境恢复治理保证金制度，严格执行环境保护“三同时”制度，矿区及周边自然环境得到有效保护。

（二）制定矿山环境保护与治理恢复方案，目的明确，措施得当，矿山地质环境恢复治理水平明显高于矿产资源规划确定的本区域平均水平。重视矿山地质灾害防治工作，近三年内未发生重大地质灾害。

（三）矿区环境优美，绿化覆盖率达到可绿化区域面积的80%以上。

七、土地复垦

（一）矿山企业在矿产资源开发设计、开采各阶段中，有切实可行的矿山土地保护和土地复垦方案与措施，并严格实施。

（二）坚持“边开采，边复垦”，土地复垦技术先进，资金到位，对矿山压占、损毁而可复垦的土地应得到全面复垦利用，因地制宜，尽可能优先复垦为耕地或农用地。

八、社区和谐

（一）履行矿山企业社会责任，具有良好的企业形象。

（二）矿山在生产过程中，及时调整影响社区生活的生产作业，共同应对损害公共利益的重大事件。

（三）与当地社区建立磋商和协作机制，及时妥善解决各类矛盾，社区关系和谐。

九、企业文化

（一）企业文化是企业的灵魂。企业应创建有一套符合企业特点和推进实现企业发展战略目标的企业文化。

（二）拥有一个团结战斗、锐意进取、求真务实的企业领导班子和一支高素质的职工队伍。

（三）企业职工文明建设和职工技术培训体系健全，职工物质、体育、文化生活丰富。

中华人民共和国工业和信息化部公告

工产业〔2010〕第122号　2010年10月13日起施行

为加快淘汰落后生产能力，促进工业结构优化升级，按照《国务院关于进一步加强淘汰落后产能工作的通知》（国发〔2010〕7号）要求，依据国家有关法律、法规，我部制定了《部分工业行业淘汰落后生产工艺装备和产品指导目录（2010年本）》。

一、本目录所列淘汰落后生产工艺装备和产品主要是不符合有关法律法规规定，严重浪费资源、污染环境、不具备安全生产条件，需要淘汰的落后生产工艺装备和产品。按照以下原则确定淘汰落后生产工艺装备和产品目录：

（一）危及生产和人身安全，不具备安全生产条件；

（二）严重污染环境或严重破坏生态环境；

（三）产品不符合国家或行业规定标准；

（四）严重浪费资源、能源；

（五）法律、行政法规规定的其他情形。

二、对本目录所列的落后生产工艺装备和产品，按规定期限淘汰，一律不得转移、生产、销售、使用和采用。

三、按照国发〔2010〕7号文件要求，对未按规定限期淘汰落后产能的企业吊销排污许可证，银行业金融机构不得提供任何形式的新增授信支持，有关部门不予审批和核准新的投资项目，国土资源管理部门不予批准新增用地，环境保护部门不予审批扩大产能的项目，相关管理部门不予办理生产许可，已颁发生产许可证、安全生产许可证的要依法撤回。对未按规定淘汰落后产能、被地方政府责令关闭或撤销的企业，限期办理工商注销登记，或者依法吊销工商营业执照。必要时，政府相关部门可要求电力供应企业依法对落后产能企业停止供电。

四、工业和信息化部将根据工业结构调整需要适时修订本目录。

五、本目录自发布之日起执行，由工业和信息化部负责解释。

部分工业行业淘汰落后生产工艺装备和产品指导目录（2010年本）（节选）

二、有色金属

30. 处理砂金矿砂20万立方米/年以下的砂金开采生产设施

31. 处理矿石规模50吨/日以下的金矿采选生产设施

33. 有色金属矿物选矿使用重铬酸盐或氰化物等剧毒药剂的分离工艺

四、建材

34. 不符合环保、安全生产要求的非金属矿开采，非机械化非金属矿开采

38. 装饰石材矿山硐室爆破开采技术、吊索式大理石土拉锯

六、轻工

1. 北方海盐年产30万吨、湖盐年产20万吨以下的生产设施；真空制盐单套生产能力年产10万吨及以下的生产设备

2. 利用矿盐卤水、油气田水且采用平锅制盐生产设备

3. 2万吨/年及以下的南方海盐生产设施

国家发展改革委 商务部关于印发《市场准入负面清单（2019 年版）》的通知（节选）

发改体改〔2019〕1685 号 2019 年 10 月 24 日起施行

国家发展改革委、商务部以习近平新时代中国特色社会主义思想为指导，认真落实党中央、国务院决策部署，会同各地区各有关部门对《市场准入负面清单（2018 年版）》开展全面修订，形成《市场准入负面清单（2019 年版）》，经党中央、国务院批准印发实施。现将有关要求通知如下：

一、认真做好清单落地实施工作。对清单所列事项，各地区各部门要持续优化管理方式，严格规范审批行为，优化审批流程，提高审批效率，正确高效地履行职责。对清单之外的行业、领域、业务等，各类市场主体皆可依法平等进入，不得违规另设市场准入行政审批。需提请修改完善相关法律、法规、国务院决定的措施，各地区各部门要尽快按法定程序办理，并做好相关规章和规范性文件“立改废”工作。

二、严格落实“全国一张清单”管理模式。坚决维护市场准入负面清单制度的统一性、严肃性和权威性，确保“一单尽列、单外无单”。按照党中央、国务院要求编制的涉及行业性、领域性、区域性等方面，需要用负面清单管理思路或管理模式出台相关措施的，应纳入全国统一的市场准入负面清单。已经纳入的，各有关部门要做好对地方细化措施的监督指导，确保符合“全国一张清单”管理要求。严禁各地区各部门自行发布市场准入性质的负面清单。

三、加快完善清单信息公开机制。各地区各部门要配合做好市场准入负面清单的信息完善和公开工作，依托全国一体化政务服务平台建设，进一步梳理清单所列事项措施的管理权限、审批流程、办理要件等，为实现清单事项“一目了然、一网通办”打好基础，不断提升市场准入透明度和便捷性。

四、持续推动放宽市场准入门槛。各地区各部门要密切关注市场反映，多渠道听取市场主体、行业协会等意见，及时发现并推动破除各种形式的市场准入不合理限制和隐性壁垒，努力营造稳定公平透明可预期的营商环境。国家发展改革委、商务部将紧密围绕国家重大战略，选取部分地区以服务业为重点开展进一步放宽市场准入限制试点。

五、健全完善市场准入制度体系。各地区各部门要持续跟踪关注清单实施情况，认真研究解决发现的问题，及时提出完善市场准入负面清单制度的意见建议。要进一步健全完善与市场准入负面清单制度相适应的准入机制、审批机制、事中事后监管机制、社会信用体系和激励惩戒机制、商事登记制度等，系统集成、协同高效地推进市场准入制度改革工作。

国家发展改革委、商务部将会同各地区各部门认真落实党中央、国务院部署要求，扎实做好市场准入负面清单制度组织实施工作。清单实施中的重大情况及时向党中央、国务院报告。

附件 1 市场准入负面清单（2019 年版）

《市场准入负面清单（2019 年版）》

项目号	禁止或许可事项	事项编码	禁止或许可准入措施描述
1	法律、法规、国务院决定等明确设立且与市场准入相关的禁止性规定	100001	法律、法规、国务院决定等明确设立，且与市场准入相关的禁止性规定（见附件）
2	国家产业政策明令淘汰和限制的产品、技术、工艺、设备及行为	100002	《产业结构调整指导目录》中的淘汰类项目，禁止投资；限制类项目，禁止新建（调整修订的具体措施见附件 2）
3	不符合主体功能区建设要求的各类开发活动	100003	地方国家重点生态功能区产业准入负面清单（或禁止限制目录）、农产品主产区产业准入负面清单（或禁止限制目录）所列事项
16	未获得许可或资质条件等，不得从事矿产资源的勘查开采、生产经营及对外合作	202001	探矿权和采矿权审批登记
			铀矿资源开采审批
			石油天然气勘查开采审批
			非煤矿矿山企业（另有规定的除外）、煤矿企业及煤矿的安全生产许可证核发
			煤矿建设、非煤矿矿山建设、金属冶炼建设等项目的安全设施设计审查
			矿产资源储量评审备案与储量登记核准
			石油、天然气、页岩气、煤层气对外合作专营；对外合作项目（含风险勘探区块、合作开发区块和总体开发方案）由指定公司专营；石油天然气（含煤层气）对外合作项目（含风险勘探和合作开发区域）审批
112	未获得许可，不得投资建设特定能源项目	221002	煤矿：国家规划矿区内新增年生产能力 120 万吨及以上煤炭开发项目由国务院行业管理部门核准，其中新增年生产能力 500 万吨及以上的项目由国务院投资主管部门核准并报国务院备案；国家规划矿区内的其余煤炭开发项目和一般煤炭开发项目由省级政府核准。国家规定禁止建设或列入淘汰退出范围的项目，不得核准

项目号	禁止或许可事项	事项编码	禁止或许可准入措施描述
115	未获得许可，不得投资建设特定原材料项目	221005	稀土、铁矿、有色矿山开发：由省级政府核准 稀土：稀土冶炼分离项目、稀土深加工项目由省级政府核准 黄金：采选矿项目由省级政府核准

附件 2　与市场准入相关的禁止性规定

与市场准入相关的禁止性规定

序号	禁止措施	设立依据
1	严禁占用永久基本农田挖塘造湖、植树造林、建绿色通道、堆放固体废弃物及其他毁坏基本农田种植条件和破坏基本农田的行为	《中华人民共和国土地管理法》 《中华人民共和国基本农田保护条例》 《中共中央 国务院关于加强耕地保护和改进占补平衡的意见》（中发〔2017〕4 号） 《国土资源部关于强化管控落实最严格耕地保护制度的通知》（国土资发〔2014〕18 号） 《国土资源部关于全面实行永久基本农田特殊保护的通知》（国土资规〔2018〕1 号）
2	禁止占用耕地建窑、建坟或者擅自在耕地上建房、挖沙、采石、采矿、取土等	《中华人民共和国土地管理法》
4	禁止开垦草原等活动；禁止在生态脆弱区的草原上采挖植物和从事破坏草原植被的其他活动	《中华人民共和国草原法》
5	禁止围湖造田（地）和违规围垦河道	《中华人民共和国水法》 《中华人民共和国防洪法》 《中华人民共和国河道管理条例》
8	禁止毁林开垦和毁林采石、采砂、采土以及其他毁林行为	《中华人民共和国森林法》《中华人民共和国森林法实施条例》
11	禁止将重金属污染物或者其他有毒有害物质用作回填或者充填材料，受重金属污染物或者其他有毒有害物质污染的土地复垦后，达不到国家有关标准的，不得用于种植食用农作物	《土地复垦条例》
19	禁止生产、销售、使用国家明令禁止的农业投入品	《中华人民共和国土壤污染防治法》
20	禁止生产、销售和使用黏土砖	《中华人民共和国循环经济促进法》
66	禁止在大坝的集水区域内进行乱伐林木、陡坡开荒等导致水库淤积的活动，禁止在库区内围垦和进行采石、取土等危及山体的活动	《水库大坝安全管理条例》

序号	禁止措施	设立依据
67	禁止在大坝管理和保护范围内从事爆破、打井、采石、采矿、挖沙、取土、修坟等危害大坝安全的活动	《中华人民共和国水法》 《水库大坝安全管理条例》
68	在饮用水水源保护区内，禁止设置排污口	《中华人民共和国水污染防治法》
69	禁止在饮用水水源准保护区内新建、扩建对水体污染严重的建设项目	《中华人民共和国水污染防治法》
70	禁止在饮用水水源一级保护区内新建、改建、扩建与供水设施和保护水源无关的建设项目	《中华人民共和国水污染防治法》
71	禁止在饮用水水源二级保护区内新建、改建、扩建排放污染物的建设项目	《中华人民共和国水污染防治法》
72	在风景名胜区水体、重要渔业水体和其他具有特殊经济文化价值的水体的保护区内，不得新建排污口	《中华人民共和国水污染防治法》
84	禁止在崩塌、滑坡危险区和泥石流易发区从事取土、挖砂、采石等可能造成水土流失的活动	《中华人民共和国水土保持法》

工业和信息化部 科学技术部
国家安全生产监督管理局
公告

工联节〔2011〕第139号 2011年2月10日起施行

为实施《金属尾矿综合利用专项规划》，加快金属尾矿综合利用先进适用技术推广应用，提高金属尾矿综合利用率，发展循环经济，工业和信息化部、科学技术部、国家安全生产监督管理总局联合编制了《金属尾矿综合利用先进适用技术目录》，现予以公告。

金属尾矿综合利用先进适用技术目录

编号	技术名称	适用范围	基本原理和内容	典型项目资源综合利用效果	推广前景
一、尾矿提取有价组分					
1	尾矿反浮选提铁降硅资源综合利用技术	铁矿石尾矿	品位约为11%的尾矿经立缓脉动高梯度磁选机复选粗精矿；粗精矿由渣浆泵经脱磁器给入高频细筛，高频细筛筛上经浓缩磁选后给入球磨机，球磨机排矿返回高频细筛，高频细筛筛下经磁选后给入二段磨矿细筛；二段磨矿细筛筛上经浓缩磁选后给入二段磨机，筛下经磁选进入反浮选作业除硅，获得含铁品位67.2%的铁精粉	年处理尾矿200万t的项目，每年可提取66.7%铁精粉20万t，产生无法再选别的尾矿180万t，经深度加工后用于充填地下采矿区，替代河沙200万m^3，尾矿水经深度处理后回用于生产	该技术适用于品位10%以上的铁尾矿，可将尾矿铁品位降低至5%左右。提高尾矿中铁资源利用率，节约矿石资源，减少尾矿堆存，具有明显的经济效益。以年处理200万t尾矿为例，每年产生直接经济效益4 600万元，具有较高的推广价值

编号	技术名称	适用范围	基本原理和内容	典型项目资源综合利用效果	推广前景
2	尾矿再选短流程大型细粒浮选柱	硫化矿尾矿、氧化矿尾矿以及其他非金属尾矿	以尾矿作为矿源，采用正浮选工艺，回收尾矿中的目的矿物和其他主要有价元素。采用浮选—重选—浮选联合工艺配置方案：尾矿经大浮选柱一次富集后，精矿泡沫给入螺旋溜槽进行重选分离，目的矿物再给入小浮选柱二次富集后直接产出精矿	减少资源浪费、提高资源综合利用率，降低浮选设备单位能耗，实现节能减排，提高企业的经济效益和核心竞争力。年处理尾矿 2 500 万 t 的项目，直接经济效益达 5 000 万元以上	大型细粒浮选柱的技术开发有助于我国尾矿资源的高效利用。该大型浮选柱在取得高品质精矿的条件下，实现了节能降耗和资源高效回收的目的
3	钒钛磁铁矿选铁尾矿回收钛铁技术	钒钛磁铁矿选铁尾矿	利用钒钛磁铁矿选铁后的尾矿作为原料，经一段磁场强度为 1 300 安的强磁抛尾后得到含 TiO_2 17%～19%的粗钛精矿；将粗钛精矿进行一段闭路磨矿，合格产品经过弱磁扫铁后，给入二段强磁磁选（磁场强度为 750 安），获得含 TiO_2 22%～24%的钛精矿；二段强磁磁选尾矿经反浮选除硫作业后，再给入全粒级浮钛作业，主要药剂为 R-2 及硫酸，经过一粗四精的选别作业后，获得含钛 47%以上的钛精矿	该技术最大限度地回收了尾矿中的有价元素，减少了资源浪费，减少了尾矿占用土地面积，延长了尾矿库服务年限	该技术工艺新颖、可靠，不仅简化选别工艺流程，实现钛铁矿全粒级浮选，而且对矿浆粒度、浓度有较强的适应性，加工费用低
4	浮钼尾矿综合回收白钨技术	浮钼尾矿	浮钼尾矿先经过浮选柱常温浮选，所得粗精矿经浓缩机浓缩至65%～80%的浓度后，送入搅拌筒进行加温脱药（即彼得罗夫法），待矿浆制作完成后以一定流速放入ϕ 2 000×2 000 搅拌筒稀释至25%～28%的浓度，然后进入精选作业，最终获得品位在 25%～35%的钨精矿	以年处理尾矿量 8 965 万 t 计，每年可回收 8 000 多 t 钨精矿。该技术全部采用国内先进设备，自动化程度高，高效、节能、环保。提高了资源利用率，同时减少了对矿产资源的开采	该技术适用于栾川地区浮钼尾矿低品位、难选白钨的浮选，达到国内先进技术水平，生产成本较低，设备维修方便，效益较好；采用的药剂简单、种类少，对环境没有危害。本技术已在部分地区推广
5	多金属尾矿综合回收萤石技术	含萤石尾矿	该技术采用磁选、浮选相联合的方式选别尾矿中的萤石，其中磁选主要是脱除尾矿中的弱磁性含硅矿物，为萤石浮选提供有利的条件，或脱除萤石浮选精矿中的弱磁性矿物，降低萤石精矿杂质含量；浮选是采用组合调整剂和新型改性油酸增大萤石与其他脉石矿物表面的可浮性差异，从而提高萤石精矿品位和回收率	年处理尾矿量 120 万 t，可减少 10%尾矿排放，每年可创造产值 4 000 万元，既增加了就业又提高了企业经济效益	采用该尾矿综合利用技术能达到低碳、绿色、环保和节能减排的生产要求，同时也为企业带来巨大的经济效益。该技术可推广到含萤石尾矿的矿山，具有较好的前景

编号	技术名称	适用范围	基本原理和内容	典型项目资源综合利用效果	推广前景
6	粗颗粒充气机械搅拌式浮选机	尾矿再选及冶炼炉渣浮选	当浮选机叶轮旋转时，来自鼓风机的低压空气通过分配器周边的孔进入叶轮叶片间，同时矿浆由叶轮下部被吸入到叶轮叶片间，矿浆和空气在叶轮叶片间充分混合后，从叶轮上半部周边排出，经定子稳流后，穿过阻流栅板，进入槽内上部区。此时浮选机内部区矿浆中含有大量气泡，而外侧循环通道内矿浆中不含气泡（或含有极少量气泡），于是内外矿浆就形成压差，在此压差及叶轮抽吸力作用下，内部区矿浆在设定的流速下上升通过阻流栅板，并在阻流栅板上方形成大比重矿物悬浮层，而矿化气泡和含有较细矿粒的矿浆则继续上升，矿化气泡升到液面形成泡沫层，含有较细矿粒的矿浆则越过隔板经循环通道，进入叶轮区加入再循环。采用液位变送器检测浮选机矿浆液面的高低，由气动执行器、排矿锥阀控制矿浆液面稳定	整个控制系统配置合理，工作稳定，操作简单，根据浮选工艺要求自动调节浮选机出泡量，控制精矿产率，使浮选作业始终满足工艺要求。使用该设备配置的浮选流程简单，基建投资少	该技术填补了国内尾矿再选及冶炼炉渣浮选设备的空白，促进我国选矿技术进步，提高有色金属固体废物综合利用，减少环境污染。具有推广价值
7	尾矿回收磁性铁矿物技术	含磁性铁矿物尾矿	采用强磁、摇床选别相结合的磁—重联合工艺流程。结合尾矿贫、细、杂的特性，采用低浓度给矿和小直径强磁分选介质，通过不同磁场强度的强磁粗选、精选工艺，生产品位为 50%以上的铁精矿	年处理尾矿能力400万t的项目，每天可从尾矿中回收品位为50%～52%的二级铁精矿800～1 000 t。具有显著的经济效益	针对尾矿浓度低，给矿体积大、矿物嵌布粒度细的特点，采用了磁—重联合工艺流程，并利用地形高差实现了全自流，达到了稳定生产、提高资源利用率、节能减排、提高经济效益的目的。适合在国内推广应用
8	湿式强弱磁选铁及尾渣综合利用技术	提金尾渣	提金尾渣湿式强、弱磁选铁技术的基本原理是对提金尾渣中的各种弱磁性矿物、非金属矿物进行超细磨、高温烘干后，利用“多层感应磁极技术”和“双向冲洗压力气水联合技术”磁选选铁	年处理提金尾渣 20 万 t 的项目，全年可回收铁精粉 7.2 万 t，尾渣水泥添加剂 12.8 万 t，上缴税金 400 万元，为企业增效 2 900 万元。年可节约用电 30 万度，间接增加效益 50 万元	该技术工艺流程短、生产管理简单。生产过程中不添加任何选铁用剂，污染小、环保可靠。自主开发的循环生产用水体系、设备改进工艺以及选铁尾渣综合利用工艺，使该技术更具实用性和推广性

编号	技术名称	适用范围	基本原理和内容	典型项目 资源综合利用效果	推广前景
9	锡尾矿综合利用技术	锡尾矿	根据不同矿物间矿物学性质及物理化学性质的差异采用重-磁-浮联合工艺，其中重选主要是根据锡、钨、钽、铌、黄玉与长石、石英、云母及其他脉石矿物之间比重的差异，采用螺旋溜槽、摇床等重选设备和重选技术将比重较大的钽铌、黄玉和其他矿物分离或预富集；再根据钽铌矿和其他矿物之间磁性的差异，将钽铌矿和其他矿物分离；根据钽铌矿物、长石矿物、石英矿物、锂云母矿物之间浮游的差异等将这些矿物梯度分离	年处理20万t尾矿能力的尾矿再选厂，试产一年产值为5 899.78万元，税后利润2 325.08万元。由于再选回收利用了70%以上的大宗非金属矿物并采用回水利用技术，避免了二次排放对环境的污染，实现了清洁生产，减少了尾矿堆存	该项技术的应用不仅最大限度回收了尾矿中的有价金属元素，同时合理利用了尾矿中石英和长石等大宗矿物材料，为有色金属矿山“二次资源”利用提供了技术依据，对有色金属矿山开展清洁生产有着示范作用
10	尾矿库尾砂再选技术	尾矿库尾砂回收磁性铁	粗选采用隔渣、强磁选回收工艺，精选采用阶段磨矿、阶段磁选、高频振动筛分与精选机选别的工艺流程，回收尾矿砂中的磁性铁，实现节约资源，发展循环经济，提高经济效益	年处理尾矿量达800万t的项目，2006年至2009年年底，累计回收精矿粉95.65万t，创造效益50 090余万元，实现经济效益、社会效益、环境效益相统一	该技术的实施可提高资源利用率，有利于节约资源、保护环境，主要技术方案经济合理，值得推广
11	磷铁钛综合利用技术	磷钛铁多金属矿综合回收	破碎流程为三段一闭路，一段粗破采用颚式破碎机，二段中破采用圆锥标准破碎机，三段为细破采用短头圆锥破碎机。磨选流程是“先选磷、后选铁”，即一次磨矿后球磨溢流先行选磷，流程为一次粗选、二次精选、一次扫选，可获得34%以上的磷精矿，磷精矿进入18 m大井进行浓缩沉淀后，再进行磷过滤脱水处理，得到含水量10%左右的磷精矿。扫选后的磷尾矿进入磁选流程，磁选流程包括两段磨矿三次磁选、高频振动筛、磁团聚重选，可获得65.5%以上的铁精粉，铁精粉过滤脱水后得到含水量8.5%左右的铁精粉，进入成品仓。将选磷、铁的综合尾矿送至钛选车间选钛，经两次螺旋溜槽重选—细筛—两次摇床重选—一次强磁选，得到钛精矿	磷浮选使用了新型药剂，不仅解决了环保问题，而且使原来磷的可选品位由不低于10%降到1.8%；磷尾矿可选品位也由1.5%以下降到0.7%以下，大大提高了回收率。年处理285万t尾矿的项目，每年可回收26万t磷精矿和10万t钛精矿，尾矿库服务年限延长15%，给企业带来巨大的经济效益	该技术采用新型浮选工艺和药剂不仅解决了环保问题，而且打破了北方低温不能进行浮选的禁忌，推广前景广阔

编号	技术名称	适用范围	基本原理和内容	典型项目 资源综合利用效果	推广前景
12	选冶联合回收锡尾矿有价组分技术	锡尾矿提取有价组分	锡尾矿经过预处理，粗砂采用载体富集技术使尾矿中锡、铁、铅等有价金属得到富集，再采用磁选、重选技术使锡（锡铅）矿物和铁矿物分离，得到锡富中矿和含锡铁物料；细泥经脱泥、分级，采用窄级别分选技术回收微细粒锡金属矿物，得到锡富中矿产品。锡富中矿产品经烟化炉处理，得到含锡40%的烟尘锡；含锡铁产品物料经氯化挥发与还原分离，使锡、铅、铟等多种有价金属挥发得到回收，挥发后的物料进行还原，铁矿球团直接作为冶炼生铁的原料，在熔融态中实现金属铁和炉渣的熔融分离，最后得到生铁产品	年处理锡尾矿 66 万 t 的选厂，安排劳动就业岗位 300 余人，具有较好的社会效益；减少尾矿排放量约 17%，节约尾矿库库容，减少尾矿堆存占用土地和对环境的危害	该技术充分发挥选冶联合工艺的技术优势，选冶指标高、工艺简单、生产成本低，有效利用尾矿资源、减少尾矿占用土地，应用和推广前景广阔
13	旋流喷射浮选柱	金属尾矿提取有价组分	旋流喷射浮选柱在气泡矿化、矿浆充气等方面主要有以下特点：1.大量析出活性微泡；2.采用旋流器式充气器；3.为了使空气分散得更好并防止给矿过早排出槽外，正对着喷嘴孔设有挡板；4.可调式尾矿排出管是将斜三通管与一节软管（比如胶皮管）相连，简单实用；5.浮选速度高；6.占地面积小，建设费用低；7.不会引起矿浆短路循环；8.适合单槽浮选，用以去掉可浮矿物，减少过磨；9.可以在低成本和不增加现有面积的情况下提高现有选厂的生产能力；10.回收率高；11.富集比高	日处理铅锌尾矿 2 300 t 和稀土尾矿 2 000 t 的选厂，产品有锌精矿和稀土精矿。综合利用效益 1 000 万元。每年回收锌精矿和稀土精矿 2 万多 t	采用该技术设备可最大限度地从尾矿中选出有价矿物，提高资源回收率、减少环境污染
14	尾矿（金、铅、锌尾矿）中回收绢云母技术	千枚岩型有色金属尾矿	根据尾矿中的绢云母在细粒级中富集的特点，采用分级脱粗、超细粒分级的方法从细粒尾矿中回收绢云母，并进行细磨改性加工。 尾矿中回收的绢云母粒度较细（5～6 μm），径厚比和比表面积大，绢云母产品在橡胶、塑料、涂料、油漆、阻燃、油漆等行业有广泛用途，市场竞争力强	采用尾矿为原料，生产的产品性能好、附加值高，经济效益明显。以年处理尾矿 6.5 万 t 的项目为例，可获得绢云母产品 1 万 t，减少尾矿对周边环境的污染，实现资源的二次利用，安排人员就业，为橡胶、塑料等相关行业提供质优价廉的原料	千枚岩型有色金属矿是我国最具代表性的有色矿，其选矿尾矿约占有色金属选矿尾矿总量的 40%。此类尾矿主要由绢云母、石英、高岭土等矿物组成。该技术推广应用价值大，前景广阔

编号	技术名称	适用范围	基本原理和内容	典型项目 资源综合利用效果	推广前景
15	尾矿伴生萤石综合回收技术	伴生萤石尾矿	通过按高效浓缩脱药、高梯度磁选去除磁性矿物、常温下新型选矿药剂浮选萤石、浮选柱、浮选机连选结合、中矿合理返回、强磁脱硅、产品分流等技术回收尾矿中的萤石	建设两条萤石回收生产线，投入5 947.56万元，总建筑面积5 629 m^2，包括萤石回收主厂房、脱水、干燥、成球、仓储等车间。建成后，具备年产10万t萤石精矿生产能力，品位94%以上，回收率40%左右	尾矿伴生萤石回收技术，减少了尾矿排放，解决了柿竹园尾矿中萤石的回收问题，创造了显著的经济效益，增强了企业竞争力
16	尾矿回收锰矿物技术	铅锌尾矿提取锰矿物	回收铅、锌尾矿中的锰，采用的工艺流程为高梯度一粗一精一扫选工艺—中矿返回—锰精矿弱磁选除铁流程。该技术用立环脉动高梯度强磁选机回收碳酸锰、锰粗精矿弱磁选除铁，达到较高的锰品位及回收率	年处理尾矿量3万t的项目，从尾矿中回收碳酸锰，五年累计为企业新增经济效益约5 000万元。该技术的成功实施为矿山固体废物零排放提供了技术支撑	该技术提高了资源的综合利用率，环境与经济效益显著。本项目曾获中国有色金属工业科技进步一等奖，并成功推广到同类矿山，为我国同类矿山矿产资源综合利用提供了一个工程范例。锰矿是我国的紧缺资源，自给率不足20%，而我国大部分铅锌矿尾矿中都含有锰金属，技术应用前景广阔
17	尾矿综合回收钨、铋、钼技术	钨、钼、铋伴生多金属尾矿提取有价成分	尾矿经球磨机磨矿后进行浮选，得到铋、钼混合精矿及浮选尾矿，铋、钼混合精矿送选厂分离，浮选尾矿进入绒毯溜槽回收钨精矿及氧化铋精矿后，最终排出的尾矿，出售给当地的建材砂砖厂	年处理尾矿18万t的项目，年产钨精矿33.8 t（WO_3 60%），铋精矿47.7 t，钼精矿236.0 t（Mo 45%），剩余179 598 t尾矿全部销售。一方面减少了尾矿库的库容压力，降低了尾矿库的安全风险；另一方面提供了比较廉价的原材料替代黏土，节约了土地资源，增加了就业，提高了企业经济效益	该技术流程简单，药剂均为常用药剂，同类型的选矿厂尾矿都适用

编号	技术名称	适用范围	基本原理和内容	典型项目 资源综合利用效果	推广前景
18	堆浸尾渣※综合利用技术	黄金尾渣综合利用	采用尾渣破碎—磨矿—全泥氰化—炭浆提金工艺。堆浸尾渣经破碎、筛分、两段闭路磨矿分级、除屑除杂后，矿浆经浓缩送至氰化系统（CIL 边浸边吸流程），得到的载金炭再进行解吸电解。解吸电解系统采用目前先进的高温高压无氰解吸技术。电解后的金泥经水洗、酸洗处理后再进行冶炼铸锭，产品为合质金	该技术运行稳妥可靠，易于操作。实现了高效、节能、降耗的目的，实际生产中单位电耗为 28.8 kW·h/t。入选原矿（包括堆浸废渣）金平均品位 0.90 g/t，其中入选堆浸尾渣金平均品位 0.55 g/t，氰化后尾矿品位 0.14 g/t，金总回收率 73%	该技术适用于黄金尾渣综合利用，投资少，效益好，不仅可有效回收贵重资源、消除堆积浸渣造成的环境污染及安全隐患，又可以获得较好的经济效益，极具推广价值
19	化学硫化集成技术	低品位含铜废石※	以低品位含铜废石为原料，经日晒雨淋、细菌氧化、喷淋堆浸等作用产生含铜酸性水，酸性水经除杂提纯预处理工序，去除水中大部分金属离子，进入硫化工序以硫化铜的形式回收铜金属	该技术对喷淋产生的酸性水中铜回收率达 90%以上、铜品位 30%以上，铜成本 1.5 万元/t 以下。采矿废石堆浸喷淋产生的酸性水的铜离子浓度降到 40 mg/L 时，该技术仍然能够通过对铜金属的高回收率维持运行。对采矿废石品位的波动具有很强的适应能力，实现了对采矿废石中有色金属更广泛的回收	该工艺可以较好地提取含铜废石中的金属铜，尤其是能够提取含铜浓度低的酸性水中的铜，同时还能够起到处理酸性水的作用，使酸性水达标排放，经济成本较低，环境效益好
20	金属尾矿综合利用湿法冶金技术	各种金属尾矿、剥离表皮矿	从尾矿库采回的铜矿尾砂，经水冲式下料装置用部分萃余液和循环回用的中水调浆并除去石块、树枝、草根等杂物后，用稀硫酸进行浸出，将尾砂中的酸溶铜全部浸出，酸浸矿浆经浓密、萃取得到富铜液，富铜液经反复电解，生产阴极铜。经过三级磁选作业，产出的铁精矿作为产品出售，铁尾矿矿浆经卧螺离心机脱水后，矿渣直接售建材厂和水泥厂生产矿渣环保砖和水泥，中水返回上料调浆循环使用。这样，铜矿尾砂中的有价金属铜和铁，经过“L-SX-EW”湿法冶金流水线，以阴极铜板和铁精矿形态被提炼出来	年处理尾矿量 50 万 t 的项目，2010 年预计工业产值达 1.2 亿元，利税 1 500 万元，同时为当地的制砖厂和大型水泥厂提供了优质廉价的辅料。随着尾矿库的逐步降容，库区安全系数迅速提高，长期困扰尾砂库区的环境污染问题逐渐解决，改善周边地区生态环境，增加可利用的土地资源 2 500 亩以上	“酸浸-萃取-电积”法简称“L-SX-EW”法，具有效率高、成本低、无“三废”排放（萃余液全部返回循环利用）、绿色环保、低碳节能、高回收率等特点，有着极大的社会意义和经济效益，应用发展前景广阔。应用该技术可减少建材生产企业对资源的消耗，解决困扰尾砂库区的环境污染问题，真正实现了企业、社会、政府三赢

编号	技术名称	适用范围	基本原理和内容	典型项目资源综合利用效果	推广前景
21	尾矿中回收弱磁性矿技术	含弱磁性矿物的细粒级尾矿	该技术采用NdB永磁体及开放磁系多磁极磁路设计，裸露的永磁体直接作用于矿物的全作用面磁选，针对尾矿嵌布粒度细等特点，采用解离细粒尾矿直接磁选和粗粒磨至解离再磁选的方式，减少了磨矿成本，提高了弱磁性矿物回收率	年处理60万t氧化锰尾矿项目，选别5.8%～9.6%氧化锰矿，精矿品位达33%～38%，选出11万t氧化锰矿，尾矿减排18%。采用物理选矿方式，不造成二次污染，工艺能耗低，水循环利用，节能环保	该技术应用成本低、单线产能大、提质降杂能力强、节能环保，应用范围可遍及所有含弱磁性矿物的尾矿，具备广阔的市场前景
二、尾矿生产建筑材料					
22	尾矿砂制造木化板技术	铁尾矿生产建筑材料	木化地板是以精选的碳硅化合物和高分子聚合物为主要原料，添加各种功能填料与助剂，经高温高压等数十道工艺而制成的新一代装饰材料。产品经国家建材权威检测部门检测，各项指标达到国家有关标准	年处理尾矿砂13.6万t的项目，可节约木材纤维充填体约2万t。减少尾矿对环境的污染，保护水资源及土地资源	该产品是环保新型建材，产品生产加工工艺和设备成熟、可靠，产品质量有保证，可带动周边相关行业发展，具有较好的经济、社会效益
23	利用铅锌尾矿渣生产低碱优质硅酸盐水泥熟料技术	铅锌尾矿渣生产低碱优质硅酸盐水泥	尾矿中的主要成分 SiO_2 能够满足硅酸盐水泥生产的需要，而且尾矿中的微量元素具有矿化效果。同时其低碱性能非常适合低碱硅酸盐水泥的生产需求。因此，可代替黏土配料作为非活性填充料，或改性作为活性混合材使用	年利用尾矿量22万t，水泥生产线日产2 000 t，标准煤耗由过去的每吨熟料143 kg降为135 kg，年节约用煤3 700余t，节约用电340余万度，节约黏土12万t，减少水土流失，保护了生态环境。减少尾矿占地，消除尾矿堆积造成的环保和安全隐患，使尾矿资源得到循环利用	经国家大型重点工程如西康铁路、西柞高速、襄渝铁路复线工程等多家单位反复试验对比和实际应用证明，使用铅锌尾矿生产的各等级、品种水泥具有强度高、易性好、耐腐蚀、抗渗性好的特点，加之低碱的特性，混凝土的可靠性和耐久性得到保证。产品具有广阔的市场前景
24	铁尾矿制砖技术	页岩尾矿烧结砖	铁尾矿主要由赤铁矿、菱铁矿、石英、高岭石、方解石、磁铁矿、白云石等组成，具有比普通制砖黏土更大的比表面积和更小的平均粒径，有较好的成型塑性。该技术主要通过浓密脱水、成型、干燥、焙烧等工艺，生产尾矿烧结砖	年产7 000万块尾矿烧结砖项目，年可综合利用铁尾矿渣20万t。企业降低成本带来的经济效益年可增加280万元	页岩尾矿烧结砖可替代黏土烧结砖用于建筑工程墙体，符合墙体材料改革发展的方向；技术开发研究证明了尾矿资源化应用的可行性，形成的综合技术、工艺便于向社会推广应用，为尾矿的处理提供了有效的途径，值得推广

编号	技术名称	适用范围	基本原理和内容	典型项目 资源综合利用效果	推广前景
25	铅锌尾矿资源综合利用技术	铅锌尾矿提取硫、铁，生产混凝土和建筑用砖	有些铅锌尾矿中含有一定量的硫、铁、含铁铝的硅酸盐矿物、氧化铁矿物，根据这些矿物的可浮性不同、硬度不同、比重不同、磁性不同，选用合适的分级设备、磁选设备、固液分离设备以及合适的絮凝药剂，富集分离其中的硫、铁、石英等，硫、铁销售，石英用作混凝土细骨料，细粒级的尾矿用于生产建筑砖等	每年处理铅锌尾矿 100 万 t，硫精矿回收率达到 90%，铁精矿回收率达到 80%，两者的直接经济效益 450 万元；用于生产混凝土和建筑砖等经济效益 150 万元	我国铅锌矿资源丰富，是世界主要的铅锌生产国之一。综合回收铅锌尾矿中的硫、铁等有价元素，经济效益显著，并且铅锌尾矿再选后用于生产建材，可显著减少尾矿排放量，节约尾矿堆存成本，环境效益、经济效益巨大；具有广阔的推广前景
26	尾矿制轻质保温建材技术	铁尾矿生产轻集料混凝土空心砌块与泡沫混凝土砌块	尾矿属惰性材料，活性较差，只能作集料或掺合剂加入建材中。1.轻集料混凝土空心砌块：把尾矿进行膨化造粒作为轻集料加入，不但解决了其他轻集料运到现场成本过高的问题，还增加了砌块所消耗的尾矿量，减少了水泥用量，使成本下降；2.泡沫混凝土砌块：用物理方法将发泡剂水溶液制成泡沫加入由水泥基胶凝材料、集料、掺和料、外加剂和水等制成的料浆中，经混合搅拌浇注成型，自然或蒸气养护成发泡混凝土	以年利用尾矿量 10 万 t 计，年销售收入和税金为 3 000 万元，年利润总额为 890 万元。该技术全部投资回收期 3.2 年，具有较强的盈利能力，敏感性分析和盈亏平衡分析也表明项目的抗风险能力较强	应用该技术生产的产品，符合严寒地区墙体节能 65%规定，砌体厚度＞300 mm 时符合墙体节能 50%规定。在较严寒地区具有较好的推广前景
27	尾矿砂制纳米彩色波形瓦、外墙保温板、免烧砖技术	铁尾矿生产环保新型彩釉波形瓦等建筑材料	利用 65%的尾矿砂和 35%其他原料作为反应生成剂，生产环保新型彩釉波形瓦、外墙保温板、轻质复合墙隔体板等。工艺流程为：铁矿尾矿砂处理→添加化学原料→搅拌→挤压成型→凝固→切割→上釉→成品→入库→出厂	年利用尾矿砂 41 万 t，年实际销售收入 26 022 万元，利税总额 3 352 万元，所得税后静态投资回收期 6.83 年，具有较好的经济和社会效益	新型彩釉波形瓦以铁矿尾矿砂及无机黏合材料为原料，大量消纳铁矿尾矿，具有良好的经济效益、社会效益和环境效益，推广前景广阔

编号	技术名称	适用范围	基本原理和内容	典型项目 资源综合利用效果	推广前景
28	金尾矿砂新型建材的制造技术	金矿尾矿砂生产彩色混凝土瓦、混凝土砌块等建筑材料	彩色混凝土瓦采用轮碾式定量强制搅拌机，使物料搅拌均匀，混凝土达到良好的合易性，高压成型。 尾砂混凝土空心砌块，物料用混凝土搅拌机搅拌均匀，然后振动高压成型，自然养护，七日内每3～4小时加水一次，养护28天后出厂。 加气混凝土砌块：将尾砂、粉煤灰加水磨成料浆，加入粉状石灰、适量水泥、石膏和发泡剂、稳泡剂，经搅拌注入模框内，静养发泡固化后，切割成各种规格砌块或板材，送入蒸压釜，经高温高压蒸气养护，形成轻质多孔加气混凝土砌块	典型项目年利用尾矿量22.5万t，配以水泥及其他辅料，生产新型节能混凝土加气砌块、混凝土空心砖、彩色混凝土瓦、混凝土普通砖。其中尾砂用量占40%～60%以上，节约煤炭1.5万t，节省土地530亩。实现经济效益100万元，具有显著地经济效益、社会效益和环境效益	利用尾矿资源，减少尾矿堆存占地，节省制造黏土砖所耗用的煤资源，减少环境污染，保护生态环境。金矿尾砂新型建材产品，适合我国国情，顺应新型建材发展的方向，具有较好的经济效益和广阔的市场前景
29	砂岩型磁铁尾矿应用于蒸压加气混凝土生产技术	砂岩型磁铁尾矿生产蒸压加气混凝土	利用砂岩型铁尾矿取代石英砂（含硅量90%以上），经过调整粉磨细度及颗粒级配，提高砂岩型铁尾矿活性，配比适当的钙质量材料，生产加气混凝土制品。技术关键：（1）控制磨细度及颗粒极配，提高铁尾矿配料活性技术；（2）控制合理的钙硅比，使钙质材料与硅质材料反应充分；（3）尾矿有害成分预处理技术	投资一年产30万m^3加气混凝土项目，总投资约4 600万元，其中设备、基地、安装约3 000万元，厂房土建约1 600万元，年创造收入约6 000万元，利润约800万元，处消纳尾矿10万t，解决100人就业，税收120万元，投资回收期5年	在北京密云、河北唐山、辽宁、四川等地，有大量的砂岩型铁尾矿，大多都存在于尾矿库中。同时，每年又会新增上千万吨尾矿，需要新建大坝来储存，既浪费土地，又不安全，维护成本又高。加气混凝土广泛应用于城市公共建筑及居民住宅，具有重量轻、保温节能、隔声防火等一系列优点，推广前景广阔
30	尾矿砂蒸压砖及尾矿加气建材制造技术	铜尾矿生产蒸压砖及加气建材	将难于开发利用的低硅、低活性尾矿，通过化学发泡方法，生产符合国家标准的尾矿加气混凝土板材。该新型尾矿加气板材具有保温、隔音、轻质、高强等特点，满足国家对建筑物节能60%的要求。可以根据用户的需求，改变尺寸和形状，便于运输	典型项目投入4 100万元，年产尾矿砖6 000万块，年利用尾矿16万t。尾矿制砖项目，引进德国技术，采用双向液压成型，高温高压蒸养技术，使尾矿利用率达到88%	尾矿资源化，实现企业从矿山资源型企业向综合型企业转型，提高资源利用效率。为地方经济持续发展，注入新的活力和增长点

编号	技术名称	适用范围	基本原理和内容	典型项目 资源综合利用效果	推广前景
31	金属尾矿渣烧结多孔砖技术	金属尾矿渣生产多孔砖	该技术可以减少产品干燥焙烧收缩，不产生裂纹；形成微孔网络结构，吸收排除水分；调解室内外干湿度。工艺原理：将尾矿从尾矿堆放场运送到控料机，经过圆筒筛，传送到生产线进行制坯生产。控制掺配量，防止原料中化学成分波动太大	以年产烧结多孔砖2 500万块的项目为例，实现产值816万元，工业增加值345万元，利润50万元，同时每年可减少尾矿占地费用、环境污染等综合费用30余万元	减少尾矿占地，改善生态环境，节约资源，降低安全隐患。具有广泛的推广价值和使用价值
32	铝硅酸盐尾矿生产微晶玻璃技术	铝硅酸盐尾矿生产微晶玻璃	该技术以 Na_2O-CaO-FeO-Al_2O_3-SiO_2 五元体系作为尾矿微晶玻璃基础配方工艺；以硅灰石及辉石作为主析晶相，采用“水淬-烧结法”工艺，生产尾矿微晶玻璃。本技术的特点：1.利用尾矿为主要原料，变废为宝，有利于环保并降低生产成本；2.黑色微晶玻璃材料表面花纹精美，光亮度优于天然石材；3.通过配方里引进特殊添加剂和采用先进生产工艺，极大地降低微晶玻璃的气孔率，消除了尾矿微晶玻璃产品表面气孔，板材不变裂和碎裂，产品成品率达到95%以上	以年产3万t粒料，20万 m^2 微晶玻璃板材生产线为例，年利用尾矿量20万t，产品中尾矿所占质量比达60%。年产值1.5亿元、利税5 000万元	本技术是一项成熟的高附加值新技术，具有很好的应用推广和产业化示范意义。同时该技术利用尾矿做原料符合国家倡导的资源综合利用产业政策向导，可节约天然石材资源，具有较高的社会效益
33	利用金属尾矿生产蒸压加气混凝土砌块技术	铜尾矿生产蒸压加气混凝土砌块	利用尾砂作为主要原料生产蒸压加气混凝土砌块，尾砂占用比例为63%左右，加入一定比例的水泥、石灰、石膏、铝粉等，按特定的工艺经过发泡、蒸养后制成多孔轻质加气混凝土制品	该技术消纳了铜矿尾矿，生产过程基本实现零排放。所生产的产品为国家鼓励发展的建材产品，具有较好的行业发展示范意义	该技术利用选矿废渣（粉末）、脱硫石膏等固体废弃物替代石英砂为主要原料，生产工艺技术为国内领先。产品轻质高强、吸音隔音、防潮耐火、隔热保温、节能利废、抗压耐久、可加工性强，在住宅使用中节能效果显著，具有广阔的推广应用前景

编号	技术名称	适用范围	基本原理和内容	典型项目资源综合利用效果	推广前景
34	铁尾矿无尾化利用技术	伴生钼、锌的铁尾矿提取钼、锌并生产建筑材料	有些铁尾矿中含有一定量的钼、锌、石英、含铁铝的硅酸盐矿物、氧化铁矿物，这些矿物的可浮性、硬度、比重、磁性不同，选用合适的分级设备、磁选设备、固液分离设备、絮凝药剂、浮选药剂及工艺富集分离其中的钼、锌、石英、石榴子石等，钼、锌作为重要的金属矿精矿可以销售，粗颗粒的石英等用作混凝土细骨料，细粒级的尾矿用于生产水泥、建筑砖等	尾矿排放量的减少便带来了可观的附加经济效益；同时有效减少了尾矿对水、空气和土地的污染及占用土地，环境效益显著。年处理含钼、锌铁尾矿100万 t的典型项目，钼精矿回收直接经济效益1 030万元；锌精矿回收直接经济效益110万元；石榴子石精矿回收经济效益1 080万元，用于生产混凝土和水泥、建筑砖等经济效益220万元	华东地区有众多含钼、锌的铁尾矿，采用该技术减少了尾矿排放量，充分回收了尾矿中的有价组分，尾矿建材化的市场广阔，经济效益和环境效益明显，技术推广前景广阔
35	浮选尾矿资源综合利用工程化应用技术	黄金尾矿堆浸提金及堆浸后尾矿生产混凝土砌块与蒸压砖	尾矿堆浸提金采用无制粒化学疏松法堆浸工艺，氰化物在有氧化剂的条件下，从含金物料中选择性地溶解金、银，使金、银及其他金属矿物与脉石分离。浸出液中的金吸附到载金炭中，采用解吸电解方法回收。加气混凝土是以硅质材料 SiO_2 和钙质材料 CaO 为主要原料，掺加发气剂，经加水搅拌，由化学反应形成气孔，通过浇注成型、预养切割、蒸压养护等工艺过程制成的多孔硅酸盐混凝土。 尾矿蒸压砖以尾矿砂为主要原料，掺加一定量骨料、固化剂，在适宜的机械压力、外加剂等外界因素的作用下，实现初期“固化”。然后送到轮碾机里进行碾压，再送到压砖机内压制成砖坯，将砖坯送到釜中进行蒸压 12 小时，得到成品	典型项目的年采选处理量为 31.5 万 t，产生的浮选尾矿总量为 27.7 万 t，金平均品位在 0.25 g/t 左右，SiO_2 含量在 63%～75%，具有一定的回收利用价值。通过该项目，使尾矿资源利用最大化，变废为宝、减少环境污染，年可节约土地 10 余亩，延长尾矿库服务年限，实现矿山生产尾矿零排放	生产实践及产品应用证明，有色和黑色金属矿山生产的尾矿 SiO_2 含量大于 62%。对品位大于 0.25 g/t 的黄金尾矿，可以采用尾矿无制粒堆浸提金后再生产加气混凝土砌块和蒸压砖等建材产品。该技术开辟了尾矿资源再利用新途径，具有较大环保效益，值得推广

编号	技术名称	适用范围	基本原理和内容	典型项目资源综合利用效果	推广前景
36	尾矿综合利用处理设备及技术	有色金属、黑色金属、黄金及非金属尾矿	该新型过滤与分离设备，主要有橡胶带式真空过滤机，陶瓷真空过滤机，立式板框压滤机，赤泥过滤机等。 采用烧结法溶出赤泥快速分离与洗涤技术，橡胶带式水平真空过滤机是将赤泥料浆直接进入胶带式水平过滤机进行赤泥分离与洗涤，赤泥分离后的滤液进入粗液槽，洗液进入相应的洗涤槽进行反向洗涤，滤饼用洗液冲洗进入赤泥混合槽，然后用底流泵送至赤泥洗涤工序，滤布在线用热水和碱液再生循环利用，滤饼排出到赤泥堆场干堆放	以每年过滤 100 万 t 铁精矿分析，每年节电、节水、节投资综合效益可达 2 500 多万元。并且占地面积少，增加安全性，在矿山运营中无废气、废水、固体废弃物、噪声、粉尘和其他废弃物排放，达到国家环境与保护行业标准的要求，实现资源开发和环境保护	该技术已经在河北、山西、陕西等地的铁矿、铅锌矿、铜矿、金矿等尾矿广泛应用。中国铝业也已用于处理氧化铝赤泥。该尾矿综合利用处理设备及技术已在全国 100 多家企业使用
37	金银尾矿砂综合利用技术	金、银尾矿提取贵金属及尾矿生产加气混凝土砌块	1.尾砂提取有价组分：利用高压水枪冲稀尾矿砂，用大功率砂泵抽取砂浆至选厂，根据尾砂浆的浓度高低及尾砂所含金属成分配制药水等选出有价组分，分离出的其余尾砂经分级机分离后生产新型建筑材料。 2.生产蒸压砂加气混凝土砌块：利用选矿尾砂废渣与石灰、水泥、脱硫石膏，按一定比例搭配、搅拌后加入铝粉发气，经切割（浇注、预养）、蒸压养护生成新型墙体材料（蒸压砂加气混凝土砌块）	尾矿库尾砂经过处理，从中提取有价组分，处理后的尾砂生产建筑用新型墙砖。整个生产，都在尾矿库内进行，不造成污染，取得较好的社会、环境和经济效益	该技术先进，投资较少，回收快，有较高的经济、环境等效益，应用前景广阔
三、尾矿充填采空区					
38	井下充填新型胶结材料	有色金属矿山采空区充填	通过对高炉废渣进行活性分析、试验研究及工业化生产试验，把高炉废渣烘干外加石膏和复合激发剂等材料，经粉磨均匀混合配制成新型胶结材料。其物理形态如普通水泥。主要化学成分为 SiO_2、Al_2O_3、Fe_2O_3、CaO、MgO、SO_3	该胶结材料的应用，使得企业每年节省充填成本 200 万元；通过无间柱连续回采较以往多回收高品位矿石间柱、底柱 4 万 t/a（价值 6 000 万元），矿山综合回采率提高 10%以上，提高了矿产资源利用率	该材料用于井下充填具有用量少、砂浆流动性好、易于输送、形成充填体强度高等优点，可有效减少采场空顶时间，提高采矿安全保障。在达到相同充填强度的条件下，该材料用量为普硅水泥的 1/2 以下，是一种“快、强、省”的新型尾砂胶结充填材料，应用前景广阔

编号	技术名称	适用范围	基本原理和内容	典型项目资源综合利用效果	推广前景
39	深井矿山清洁化生产成套技术及装备	有色金属矿山采空区充填	矿山充填系统分为地表充填料制备系统和井下充填管路系统两大部分组成。地表充填料制备系统是充填系统的主体工程，主要由全尾砂、冶炼炉渣、水泥、水、搅拌、泵送6个子系统组成。井下充填系统包括接力泵站系统、充填管线、放砂池、井下压力传感器	该技术实现了矿业废弃物的资源化利用，降低了生产成本和能源消耗，提高了资源利用率和劳动生产率，保护了生态环境	该技术实现了全尾砂—冶炼炉渣膏体与采矿废石联合充填，全尾砂连续给料，浓度为74%～76%。实现了井深1 380 m、充填管道长度超过4 000 m的膏体充填，在国内外处于领先地位。经济和社会效益显著，市场竞争力较强
40	低品位铁矿全尾砂结构流体胶结充填技术	黑色金属矿山采空区充填	以全尾砂作为充填材料，采用全新的充填料浆制备及输送工艺实现胶结充填。为了确保井下充填质量，解决充填料脱水问题，必须尽量提高充填料浆制备输送浓度，实现全尾砂结构流体胶结充填料浆的大倍线管道自流输送，使充填料浆充入采场后不脱水或少脱水	保护地表自然环境，可有效防止采场顶板及上覆第四系的冒落；矿石回采率由59%提高到80%，矿山整体经济效益大幅度提高；尾砂得到充分利用，减少了尾矿库占地面积，节约了耕地	该技术在低品位大规模地下黑色矿山开采中属首次应用，其较低的充填成本，较高的充填质量为国内同类矿山实现充填作业提供了示范作用，符合国家大力提倡的节能减排、保护环境、减少地质灾害、保护耕地等要求，弥补了大型黑色矿山无充填的空白，具有广泛的推广价值
41	（深井）高浓度极细粒级全尾砂充填技术	有色金属矿山采空区充填	通过合理的喷咀设施造浆技术以及喷咀布置，将极细粒级的全尾砂（−20 μm全尾砂约占40%）直接制备成高浓度（74%以上）砂浆，然后采用（深井）管道自流输送降压系统以及采场泄水技术，实现立式砂仓流态化全尾砂高浓度连续充填。该技术解决了深部高大采场嗣后充填问题	该技术能提高矿山的资源利用率，充分利用尾矿资源，节地、节能、节材、环保利废，为建设无废排放矿山奠定基础	该项技术经济和社会效益显著，拥有广阔的推广应用前景
42	深井全尾砂一水淬渣膏体物料充填技术	有色金属矿山采空区充填	将全尾砂浆体用泵输送至充填制备站的缓冲槽，然后自流到1 000多m^3的深锥浓密机中，添加絮凝剂后，使全尾砂快速均匀沉降，经浓密机浓缩成一定浓度的浆体，然后再泵送至膏体搅拌系统的一段搅拌槽；在搅拌槽内，按比例加入炼铅炉渣和普通水泥，再加入水，尾砂、炼铅炉渣、水泥三种物料和水在一段搅拌槽混合搅拌后，进入位控反切搅拌机搅拌，制备成合符采矿要求浓度的合格膏体，自流到柱塞泵料斗内，通过泵压输送，经过充填钻孔、中段平巷、斜井、充填天井等进入井下采空区内	减少工业固体废物排放，实现了矿山无废开采，减少了地表环境污染，实现了人与自然环境的和谐友好，为清洁矿山生产树立了典范	膏体充填采矿技术是解决深部矿体开采安全、提高资源利用率和减少矿业固体废弃物对环境影响的关键技术之一，对国内矿业的可持续发展有着重要的应用推广价值

编号	技术名称	适用范围	基本原理和内容	典型项目资源综合利用效果	推广前景
43	深井高浓度全尾砂充填技术	有色金属矿山采空区充填	采用砂仓直接将尾砂沉降高效脱水，具有节能、缓冲、不间断等优点，采用活化造浆及连续放砂技术实现了全尾砂低成本高浓度连续充填	年利用尾矿量 100 万 t 的项目：1.每年节省处理采空区费用和尾矿库建设费用约 1 000 万元以上；2.每年回采的矿产资源创造经济效益上亿元；3.回采区域岩体稳定，不会发生地压灾害。产生的直接经济效益达 4 458 万元	全尾砂高浓度充填技术可广泛应用于充填采矿或嗣后充填采矿技术的金属矿山。该技术对于金属矿山开采工艺和采矿方法具有促进和变革作用，并具有一定的经济效益和社会效益。同时，对部分非金属矿山的充填技术也具有借鉴意义
44	分级尾砂胶结充填技术	有色金属矿山采空区充填	该技术利用尾矿库分级尾砂充填井下采空区，很好地解决了尾矿库库容问题，控制了地压力。同时由于采场断面扩大，使采场单产能力有明显提高，坑木消耗量明显减少，对矿山安全生产、经营起到至关重要的作用	由于是利用尾矿库分级尾砂作为主充填料，减少了工业排放，相当于延长了尾矿库的使用年限，为矿山的可持续发展奠定了基础，保障了矿山的经济效益	该技术是一项能充分利用尾矿资源，提高矿产资源利用水平，延长尾矿库使用年限的先进技术。技术的实施不仅能为矿山带来可观的经济效益，创造安全的工作环境，也能产生良好的社会效益
45	铁尾矿胶结充填技术	黑色金属矿山采空区充填	利用选矿厂产生的尾砂，以物化力学和胶体化学的理论为基础，通过强力机械（活化）搅拌装置将全尾砂与适量的水泥和水混合制成高浓度均质胶结充填料，以管道全自流或机械加压方式充入采空区，形成整体性强的低标号胶结体用于作为矿产资源回收柱或维护采空区地压	典型项目年利用尾矿量 30 万 t，2005 年至 2010 年，已多回采矿石 50 万 t，按每吨矿石 400 元计算，累计多创造经济效益 20 000 万元，平均每年多创造经济效益 4 000 万元。同时减少尾矿堆存，节省堆存维护费用	由于把尾矿充入井下空区，有效解决了尾矿的存放及空区安全问题，实现了矿山清洁生产
46	汞锑矿尾砂充填技术	有色金属矿山采空区充填	该技术采用全尾砂作为充填料，全尾砂经自然沉降，部分脱水、压气造浆后放至搅拌筒，水泥经双管螺旋定量添加至高浓度搅拌槽。料浆经搅拌后，通过砂浆泵，最终经充填管网送至井下采空区或采场充填	利用尾砂充填技术不仅可实现无污染堆放处理，而且通过充填采空区可解决井下生产中的安全隐患，并提高矿产资源开采率，可增加矿柱回收效益。典型项目年利用尾矿量 11.4 万 t，减少安全生产风险管理费用约 200 万元	该技术为无废开采技术，在满足环保要求的同时，可以降低生产成本，经济、社会效益显著，可广泛运用于金属矿产资源的开采利用

编号	技术名称	适用范围	基本原理和内容	典型项目资源综合利用效果	推广前景
47	全尾砂高浓度充填采空区技术	有色金属矿山充填采空区	采用合理的控压助流风水造浆技术，将全尾砂直接制备成高浓度砂浆，按一定配比加入水泥和其他辅料，经搅拌混合并调节浓度后，高浓度全尾砂浆或胶结全尾砂浆自流输送到二步回采空区。生产中根据采场顶部结构确定接顶方式。采场充填工艺技术主要选择合理的充填料配比及浓度，采用经济的脱水方式与充填挡墙结构以实现安全采矿与回填的目的	采用高浓度全尾砂料浆连续充填采空区，对有效控制回采区域地压，实现安全高效开采起到了积极重要的作用。该技术实现了低成本全尾砂充填，保证了金属矿山的正常生产，为无废开采奠定了技术基础	全尾砂高浓度充填技术可广泛应用于充填采矿或嗣后充填采矿技术的金属矿山，对于金属矿山开采工艺和采矿方法具有促进和变革作用，具有一定的经济效益和社会效益
48	有色金属矿山全尾砂胶结充填技术	有色金属矿山充填采空区	全尾砂输送采用管道分二级泵送至永久充填站的两个立式砂仓，每个砂仓的有效储砂能力为 900 m^3，砂仓底部放砂采用多孔等阻力自动卸料，有效卸料率达 78%，卸料过程中浓度非常均匀和稳定，砂仓放出的砂浆直接进入ϕ 2 m 的搅拌桶，按灰砂比要求同时加入普通 425#硅酸盐水泥，搅拌成均匀浆体，下放到ϕ 110 mm，h=236 m 的垂直钻孔至五中段，用ϕ 89 充填管连接，自动输送到井下各采空区	典型项目年利用尾矿量 26.4 万 t，可实现对 12 万 m^3 的采空区实施充填；从 1998 年到 2010 年 6 月，已累计完成井下采空区充填 978 733 m^3。延长了尾砂库的使用年限，减少地表环境污染	全尾砂胶结充填技术工艺成熟，经济合理，并且已运行十多年，技术适应性强，可示范推广
49	塌陷区尾矿砂高浓度浓缩堆存技术	金属矿山塌陷区	尾矿砂高浓度浓缩堆存是指将尾矿经过脱水处理后，制成一种不偏析、低含水的饼状尾矿，再进行堆存。系统主要包括：高压深锥浓缩系统，水隔离泵站系统，脱水车间，塌陷区安全检测系统	该技术的实施，解决了尾矿堆存问题，年处理矿石量增加 40 万 t，减少废水排放 340 万 t，改善环境、消除安全隐患、节省维护费用，使原尾矿库逐步闭库并恢复生态环境。解决了塌陷区安全隐患，为企业安全生产创造了较好的条件	塌陷区尾矿砂高浓度浓缩堆存技术是解决尾矿洁净处理和综合治理塌陷区的一项成熟、可靠的先进技术。具有显著的社会效益和经济效益。该工艺技术的推广应用，将大大减少尾矿堆存占地，降低基建投资，抑制尾矿扬尘，提高回水利用率

编号	技术名称	适用范围	基本原理和内容	典型项目 资源综合利用效果	推广前景
四、尾矿用于农业领域					
50	钼尾矿无害化生产全价元素可控缓释BB肥、土壤调理剂技术	钼尾矿用于农用肥料	第一，提取和回收钼尾矿中的有价元素（组分）。第二，分离回收尾矿中的石英和部分长石，使 SiO_2 含量低于35%。第三，通过熔融氧化反应，回收尾矿中的重金属；钝化残留重金属，使重金属全含量符合国家相关农用标准的限值标准。第四，消除尾矿中含有的有毒、有害选矿添加剂，使无害化处理后的尾矿原料中不含有毒、有害有机化合物。第五，将中、微量元素和有益元素活化成可被植物吸收的枸溶性有效态化合物。第六，调节无害化钼尾矿pH值到7.0～7.5，即成为可替代黏土类和轻质碳酸钙生产无机全价元素可控缓释BB肥的原料（活化肥料基质）。这样，既消纳了尾矿资源，又利用了尾矿的中、微量及有益元素	典型项目年无害化处理钼尾矿100万t，年产全价元素可控缓释肥料60万t、年产土壤调理剂40万t。间接形成减排能力（大宗工业固体废弃物等）≥20%；削减农业碳排放（提高肥料氮利用率20个百分点以上）≥20%；帮助相关产业提高能效（指化肥生产和自身企业生产链条）≥20%	技术先进。投资少，见效快，产品附加值高，资源利用价值大。生产成本仅为目前市场缓/控肥的50%～60%，因而不仅肥料销售价格竞争优势明显，而且还有效降低了农业生产成本
五、尾矿库复垦					
51	基于蜈蚣草的金属矿山尾砂库复垦技术	含有重金属的有色金属矿山尾矿库复垦	把筛选出来的As超富集植物蜈蚣草种植在含有重金属的有色金属尾矿上，利用其超量吸收尾矿中的As、Pb、Zn、Cu等金属，并通过定期收割其地上部分，烘干焚烧后从灰分中冶炼回收有价金属	该技术具有以下特点：1.复垦土地，减少尾矿库扬尘时对周边环境的影响，去除尾矿中的重金属；2.焚烧后所形成的灰分（生物矿石）比传统矿石拥有更高的金属含量；3.是一种环境友好的绿色技术，可以规避重金属对周边环境的污染，减少水土流失，美化环境，取得一定的经济收入	我国砷矿资源丰富，探明储量为世界总储量的70%。在开采中产生的含铅锌在内的砷尾矿非常多，分布面积较广，这为利用蜈蚣草在内的众多As超富集植物复垦提供了广阔市场；加上蜈蚣草的生物量较大，可以富集多种有价金属，因此可提高复垦的成功率和植物采矿的效率

注※废石：是指已采下的不含矿的围岩和夹石的总称；黄金堆浸尾渣：黄金矿石采用化学选矿法，如氰化浸出处理后产生的尾矿渣。

工业和信息化部 科学技术部 关于印发《赤泥综合利用指导意见》的通知

工信部联节〔2010〕401号 2010年8月10日起施行

各省、自治区、直辖市及计划单列市、新疆生产建设兵团工业和信息化、科技主管部门，有关行业协会、中央企业：

为贯彻落实国务院《有色金属产业调整和振兴规划》，提高赤泥综合利用率和综合利用技术水平，减少赤泥堆存对环境、安全造成的影响，促进赤泥综合利用工作。工业和信息化部、科技部联合编制了《赤泥综合利用指导意见》，现印发你们，请遵照执行。

二〇一〇年八月十日

赤泥综合利用指导意见（节选）

三、重点技术和重点工程

（一）鼓励研发和攻关共性关键技术

1. 低成本赤泥脱碱技术

低成本赤泥脱碱技术不仅可以为赤泥的大宗高值利用奠定基础，还能回收利用其中的碱。技术攻关要点：（1）低成本赤泥脱碱的基础物理化学条件优化；（2）低成本赤泥脱碱技术的短流程清洁生产工艺开发；（3）赤泥脱碱溶液的低成本浓缩技术；（4）赤泥脱碱过程中的节能与能源梯级利用关键技术；（5）低成本赤泥脱碱的成套设备研制。

2. 高铁赤泥及赤泥铁精矿深度还原再选铁技术

高铁赤泥（含铁量在30%以上）直接深度还原和赤泥铁精粉深度还原再选铁技术，可以使还原铁粉的品位达到90%以上，实现赤泥中铁回收率达到90%以上。技术攻关要点：（1）深度还原反应气氛和过程的准确控制技术；（2）深度还原过程中还原废气的回收利用、能源的梯级利用；

（3）深度还原工艺过程关键工艺参数优化；（4）深度还原过程中抑制硅酸铁的生成及抑制物料与耐火材料的黏连技术；（5）深度还原过程中铁粒的生长控制技术、自净化控制技术与非金属矿物物相控制技术；（6）深度还原产物高效磁选分离技术。

4. 赤泥循环流化床锅炉脱硫技术

充分利用赤泥中氧化钠、氧化钙等碱性物质含量高的特点，进行烟气脱硫、脱硝、脱碳技术。技术攻关要点：（1）赤泥在燃煤烟气中与二氧化硫、三氧化硫、氮氧化合物和二氧化碳等酸性成分反应过程控制；（2）用于循环流化床锅炉的赤泥低成本干燥与预处理工艺；（3）干粉状赤泥大规模输送与准确计量技术；（4）浆状赤泥直接用于燃煤锅炉烟气脱硫技术；（5）赤泥脱硫产物综合利用技术。

7. 赤泥制备环境修复材料技术

利用赤泥具有巨大的比表面积和含有大量纳米和亚微米级孔隙的特点，生产具有可控孔结构、高气孔率、高比表面积和高强度赤泥环境修复材料技术；利用赤泥的高碱性及其他特征制备非烧结型环境修复材料技术。技术攻关要点：（1）烧结型赤泥基环境修复材料成孔剂、扩孔剂与赤泥性能的协调性优化；（2）赤泥基环境修复材料成型和烧结过程中纳米级和亚微米级孔隙结构活化技术；（3）大规模工业化生产中碱组分迁移、碱污染和碱蚀沉积控制与能源梯级利用技术；（4）赤泥基环境修复材料应用过程中的反应调控技术；（5）赤泥基环境修复材料的环境效应综合评价；（6）赤泥基环境修复材料成套生产设备研制。

（二）应用示范工程

2. 赤泥胶结充填料用于矿山充填工程

本项示范工程将建成年产 5 万吨赤泥胶凝材料示范生产线、50 万吨矿山胶结充填料生产线和 20 万立方米/年的胶结充填采矿生产线。以拜耳法低铁赤泥或选铁后的赤泥尾渣或选砂、选铁后的富碱尾渣（钠硅渣）与高炉水淬矿渣、脱硫石膏、粉煤灰、循环流化床炉渣、自燃煤矸石等固体废弃物为主要原料配制成可替代水泥的矿山充填用胶凝材料，其中赤泥用量不低于 30%。

（三）推广示范项目

2. 赤泥制备新型燃煤脱硫剂

到 2015 年，推广 10 台以上循环流化床锅炉应用赤泥脱硫工程建设，形成年处理赤泥 100 万吨生产能力。

国家发展和改革委员会 财政部 国土资源部 商务部 中国人民银行 海关总署 国家税务总局 国家质检总局 国家环境保护总局关于加快铝工业结构调整指导意见的通知（节选）

发改运行〔2006〕589号　2006年4月11日起施行

各省、自治区、直辖市和计划单列市、新疆生产建设兵团发展改革委、经委（经贸委、工业办）、财政厅（局）、国土资源厅（局）、商务主管部门，中国人民银行上海总部、各分行、营业管理部、各省会（首府）城市中心支行，海关总署广东分署、天津特派办、上海特派办、各直属海关，国家税务局、质监局、环保局：

为贯彻落实国务院《关于发布实施〈促进产业结构调整暂行规定〉的决定》（国发〔2005〕40号）和《关于加快推进产能过剩行业结构调整的通知》（国发〔2006〕11号）精神，现将加快铝工业结构调整指导意见通知如下：

三、加快铝工业结构调整的主要政策措施

（四）加强环保执法，淘汰落后能力

严格执行环保标准，淘汰落后的电解铝生产能力。由国家环保总局定期公布环保不达标电解铝企业名单，限期进行治理。贯彻《清洁生产促进法》《节约能源法》，促使企业节能降耗，并依照《清洁生产审核暂行办法》进行清洁生产审核。利用国债资金等多种融资手段，支持企业的环保、节能改造。按照产业政策规定，彻底淘汰二人转轧机等铝加工工艺装备。

（五）整顿铝土矿开采秩序，合理开发国内资源

依法关闭破坏资源、污染环境和不符合安全生产条件的矿点，制止乱采滥挖、无证开采行为。严格执行新建铝土矿矿山、勘查许可证和采矿许可证审批制度。新建铝土矿山要认真履行环境影响评价文件审批和环保设施“三同时”验收程序。

工业和信息化部关于印发《稀土企业准入公告管理暂行办法》的通知

工信部原〔2012〕377号　2012年7月26日起施行

各省、自治区、直辖市及计划单列市、新疆生产建设兵团工业主管部门：

为进一步加强和改善稀土行业管理，促进稀土产业结构调整、淘汰落后和产业升级，我部商环境保护部、安全监管总局等部门研究制定了《稀土企业准入公告管理暂行办法》。现印发给你们，并就有关事项通知如下：

一、各省、自治区、直辖市工业主管部门负责受理本地区稀土行业准入公告申请，并会同省级相关部门按照本办法规定的工作程序和要求，对申请公告企业提供的材料对照《稀土行业准入条件》进行核实，将核实意见和企业填报资料（一式六份）报送我部。

二、我部组织专家对申报材料复核、重点抽查和公示后，以工业和信息化部公告形式发布符合准入条件的企业名单。

三、负责此项工作的省级工业主管部门要加强协调，严格把关，认真组织好本地区稀土企业准入管理工作，对于工作中出现的问题，及时向我部报告。

稀土企业准入公告管理暂行办法（节选）

第二章　申请与核实

第五条　符合本办法第四条所列条件的稀土企业可向本地区省级稀土行业主管部门提出准入公告申请，填报《稀土企业准入公告申请书》及相关情况（见附件）。准入公告申请书应对本企业符合《准入条件》中规定的企业布局、生产规模、工艺装备、能源消耗、资源综合利用、环境保护、安全生产、职业病危害防治等方面要求做出详细说明，并提供企业营业执照、环境保护部门对项目环境影响评价报告的批复文件、建设项目竣工环保验收意见、排污许可证、环境污染物监测报告、项目核准文件、采矿许可证、安全生产许可证、安全生产评价备案表等文件的复印件。

国土资源部关于贯彻落实《国务院关于促进稀土行业持续健康发展的若干意见》的通知（节选）

国土资发〔2011〕105号 2011年7月24日起施行

一、严厉打击违法勘查开采和超指标开采，维护良好开发秩序

各级国土资源主管部门要巩固稀土矿产专项整治成果，继续保持打击违法违规的高压态势。通过运用卫片、视频监控、巡查、举报电话、全国“一张图”及综合信息监管平台等手段，加强对重点稀土产区的监管，及时发现和制止各种违法勘查开采和超指标开采行为。继续加大稀土违法勘查开采打击力度，严肃查处无证勘查开采等违法违规行为，对重大违法勘查开采案件要挂牌督办，依法追究企业和相关人员责任。省级国土资源部门要将稀土开采总量控制指标逐级分解到稀土矿山，及时向社会公布指标分配情况并报部备案；对稀土矿山生产的产品流向和数量逐一造册登记，严格按照有关规定做好统计季报工作，禁止超控制指标开采。

三、全面清理稀土探矿权采矿权，提高开采准入门槛

为进一步规范稀土矿业权管理，省级国土资源部门要按照本通知附件要求，严格清理并重新审核已颁发的勘查许可证和采矿许可证；对列入省级稀土勘查专项规划矿区和经潜力评价确定的成矿远景区内的所有矿业权逐一进行清查，依法严格查处以登记其他矿种的名义勘查开采稀土等违法违规行为。对清理审核工作要求不落实、清理不到位、弄虚作假的，部将追究有关责任人的责任。按照《意见》要求，在全国范围内继续暂停受理新立稀土探矿权、采矿权申请，不得新增稀土矿业权；原则上禁止现有稀土开采矿山扩大产能；制定南方离子型稀土矿开采准入制度，从申请人的资金实力、技术力量、生产规模等方面提高准入门槛。

四、继续推进矿产资源开发整合，不断优化开发格局

进一步推进稀土资源开发整合，提升稀土矿业权集中度。挂牌督办所有稀土开发整合矿区的整合工作，同时加快办理整合后矿业权变更登记手续，大幅减少稀土开采企业数量。在推进整合过程中，严禁借整合之名扩大稀土生产规模的行为，积极做好稀土资源开发整合工作与稀土行业

兼并重组的衔接，优化产业结构，推动实施大企业、大集团战略，使矿业权不断向优势企业集中。力争用 1～2 年时间，基本形成以大型企业为主导的稀土开发格局。

五、加强地质环境治理恢复工作，改善矿区生态环境

各级国土资源部门要高度重视矿山地质环境治理恢复工作，严格执行矿山地质环境治理恢复保证金制度，合理确定保证金标准，按照“谁开发、谁保护”“谁破坏、谁治理”的原则，认真落实企业地质环境保护与治理恢复的主体责任。坚决取缔南方离子型稀土池浸和堆浸工艺，全面推行原地浸矿工艺。没有编制《矿山地质环境保护与治理恢复方案》的已有采矿权，国土资源部门应督促矿业权人编制并送主管部门审查。

六、积极推进矿区土地复垦，提高土地利用的综合效益

各级国土资源主管部门要严格按照《土地复垦条例》规定，依据土地复垦方案督促土地复垦义务人全面落实土地复垦义务，实现稀土矿山边开采，边保护，边复垦。《土地复垦条例》颁布实施前已取得稀土采矿权，没有编制土地复垦方案的，国土资源主管部门应督促土地复垦义务人补充编报。

长江河道采砂管理条例实施办法（节选）

水利部令第 48 号　2016 年 8 月 1 日起施行

（2003 年 6 月 2 日水利部令第 19 号发布 根据 2010 年 3 月 12 日《水利部关于修改〈长江河道采砂管理条例实施办法〉的决定》第一次修正 根据 2010 年 12 月 28 日《水利部关于废止宣布失效修改部分规章和规范性文件的决定》第二次修正 根据 2016 年 8 月 1 日《水利部关于废止和修改部分规章的决定》第三次修正）

第三条　长江采砂规划是长江采砂管理和监督检查的依据。沿江各省、直辖市编制的长江采砂规划实施方案必须符合长江采砂规划的要求。

长江采砂规划的修改，由长江水利委员会根据长江河势变化、河道变迁、砂石补给、环境保护的情况以及管理的需要进行，并严格履行报批手续。

第六条　每年 6 月 1 日至 9 月 30 日以及河道水位超过警戒水位时，为长江宜宾以下干流河道（不含三峡水库库区河道）采砂的禁采期。长江寸滩水文站流量大于 25 000 立方米每秒时，为三峡水库库区河道采砂的禁采期。

第八条　采砂可行性论证报告应当包括下列内容：

（一）采砂河段河势、河床演变分析报告；

（二）采砂范围图、控制点坐标以及现势性强的水下地形图；

（三）采砂对河势、防洪影响的论证分析；

（四）开采总量的可行性分析；

（五）采砂对通航安全影响的论证分析；

（六）采砂对水环境影响的论证分析；

（七）采砂对水上、水下重要设施影响的论证分析；

（八）论证的主要结论。

水利部关于河道采砂管理工作的指导意见（节选）

水河湖〔2019〕58号　2019年2月22日起施行

各流域管理机构，各省、自治区、直辖市水利（水务）厅（局），新疆生产建设兵团水利局：

为深入贯彻落实习近平生态文明思想和党的十九大精神，进一步加强河道（含湖泊，下同）采砂管理，维护河势稳定，保障防洪安全、供水安全、通航安全、生态安全和重要基础设施安全，根据《水法》《防洪法》《河道管理条例》等法律法规和中央全面推行河长制湖长制相关要求，现就河道采砂管理工作提出如下意见：

一、切实提高政治站位，高度重视河道采砂管理

保护江河湖泊事关人民群众福祉，事关中华民族长远发展。河道采砂管理是保护江河湖泊的重要内容。经过多年努力，河道采砂管理工作不断加强，全国采砂秩序总体可控。但是，近年来，随着经济社会不断发展，砂石需求居高不下，加之河流、湖泊总体来沙量持续减少，一些地方河道无序开采、私挖乱采等问题时有发生，造成河床高低不平、河流走向混乱、河岸崩塌、河堤破坏，严重影响河势稳定，威胁桥梁、涵闸、码头等涉河重要基础设施安全，影响防洪、航运和供水安全，危害生态环境。

各地要深入贯彻落实习近平生态文明思想，牢固树立“四个意识”，坚定“四个自信”，坚决做到“两个维护”，积极践行人与自然和谐共生、绿水青山就是金山银山的理念，正确处理河湖保护和经济发展的关系，充分认识加强河道采砂管理工作的重要性、紧迫性、艰巨性、复杂性和长期性，按照“保护优先、科学规划、规范许可、有效监管、确保安全”的原则和要求，保持河道采砂有序可控，维护河湖健康生命。

三、坚持保护优先原则，强化规划刚性约束

采砂规划是河道采砂管理的依据，是规范河道采砂活动的基础。各地要根据河湖管理权限，对具有采砂任务的河湖，抓紧编制采砂规划。河道采砂规划一经批准，必须严格执行，确需修改的，应当依照原批准程序报批。

河道采砂规划要按照《河道采砂规划编制规程》（SL 423—2008）相关要求进行编制。落实保护优先、绿色发展的要求，坚持统筹兼顾、科学论证，确保河势稳定、防洪安全、通航安全、生态安全和重要基础设施安全，严格规定禁采期，划定禁采区、可采区，合理确定可采区采砂总量、年度开采总量、可采范围与高程、采砂船舶和机具数量与功率要求。采砂规划要按照水利规划环境影响评价的有关要求，编写环境影响篇章或说明。

自然资源部办公厅关于开展长江经济带废弃露天矿山生态修复工作的通知

上海、江苏、浙江、安徽、江西、湖北、湖南、重庆、四川、贵州、云南省（市）自然资源主管部门：

为全面贯彻落实习近平总书记在深入推动长江经济带发展座谈会上的重要讲话精神，按照“共抓大保护，不搞大开发”的部署要求，部决定开展长江经济带废弃露天矿山生态修复工作。现将工作方案印发给你们，请认真组织实施。

自然资源部办公厅

2019 年 4 月 25 日

长江经济带废弃露天矿山生态修复工作方案

为贯彻落实习近平总书记在深入推动长江经济带发展座谈会上的重要讲话精神，把修复长江生态环境摆在压倒性位置，根据推动长江经济带发展领导小组工作部署和部门任务分工，现就开展长江经济带废弃露天矿山生态修复工作，制定如下方案。

一、指导思想

以习近平新时代中国特色社会主义思想为指导，全面贯彻习近平生态文明思想，牢固树立“绿水青山就是金山银山”理念，坚持共抓大保护、不搞大开发，统筹山水林田湖草系统保护修复，按照保障安全、恢复生态、兼顾景观总体要求，因地制宜、多措并举，扎实开展长江经济带废弃露天矿山生态修复，助力长江经济带成为我国生态文明建设的先行示范带、创新驱动带、协调发展带。

二、基本原则

（一）因地制宜，分类施策。坚持尊重自然、顺应自然、保护自然原则，充分考虑区域特点和条件，因地制宜、因矿制宜，采取符合自然规律的生态修复措施，分类施策，科学施工，避免造成新的生态损害，努力完成矿山生态修复。

（二）保证安全，生态优先。坚持以人为本，把保障长江沿岸生态安全放在首要位置。突出生态功能，进行系统性修复、整体性保护。在具备条件的区域，兼顾生态景观建设。

（三）全面统筹，重点突破。将废弃露天矿山生态修复与山水林田湖草生态保护修复等有机结合，按照国土空间规划和用途管制要求，立足生态系统完整性，进行统筹部署。坚持问题导向，区分轻重缓急，优先部署长江干流和主要支流两岸各 10 公里范围内、生态问题严重的废弃露天矿山生态修复，在重点突破基础上实行整体推进。

三、总体目标

按照党中央国务院关于全面加强生态环境保护坚决打好污染防治攻坚战重大战略部署，落实蓝天保卫战三年行动计划、长江保护修复攻坚战行动计划等要求，对长江干流（含金沙江四川、云南段，四川宜宾市至入海口）及主要支流（含岷江、沱江、赤水河、嘉陵江、乌江、清江、湘江、汉江、赣江）沿岸废弃露天矿山（含采矿点）生态环境破坏问题进行综合整治。到 2020 年年底，全面完成长江干流及主要支流两岸各 10 公里范围内废弃露天矿山治理任务。

四、重点任务

上游地区：云南、贵州、四川、重庆废弃露天矿山以铁、锰、铝土、稀土、磷等金属、非金属为主，滑坡、泥石流、地裂缝等地质灾害较为发育。该区域矿山生态修复重点是消除地质灾害隐患，防治水土流失，恢复植被。

中游地区：江西、湖南废弃露天矿山以有色金属、稀土等为主，湖北以磷矿为主，总磷和重金属水土污染问题突出。该区域矿山生态修复重点是废渣治理，防治污染，恢复植被。

下游地区：安徽废弃露天矿山以铁、铜等金属和石灰石等非金属为主，江苏、浙江、上海以建材矿山为主，山体、植被破坏问题较为严重。该区域矿山生态修复重点是恢复生态和修复地形地貌景观。

五、阶段安排

各省（市）自然资源主管部门要分阶段、按步骤组织开展矿山生态修复工作。

（一）摸底核查

根据部 2017 年全国矿山环境遥感调查数据（见附表），对本区域内废弃露天矿山情况进行核查，并建立档案，内容包括基本情况、主要问题、位置及范围、保护与治理恢复情况（含自然恢复）、采取的主要措施等。在核查基础上，以省（市）为单元制定实施方案，“一矿一策”建立台账，明确责任主体、治理任务、资金来源、治理时限等。

完成时限：2019 年 6 月前。

（二）综合治理

将治理任务逐级分解，抓好实施方案落实。治理工作应在保证地质环境稳定基础上，修复和提升土地资源利用价值，结合植被恢复和山体修复，最大限度减少裸露地面，增加绿化面积。按照本方案确定的总体目标，修复一批在库中注销一批。

完成时限：2020 年 12 月前。

（三）监督检查

建立动态监管制度，按进度对工作开展情况进行检查督导，确保取得实效，及时对检查情况进行通报并向社会公示，主动接受监督。部建立遥感监测与随机抽查相结合的监管机制，根据进度安排，对各省（市）工作进展情况进行监督检查。国家自然资源督察机构开展对地方政府落实长江经济带废弃露天矿山生态修复职责情况的督察。

完成时限：根据工作进展同步推进。

（四）验收评估

按照有关项目和资金管理要求，在工程完成后及时组织开展验收。部将适时组织开展总体评估工作。

完成时限：验收工作在 2021 年 3 月底前完成。总体评估在 2021 年 6 月底前完成。

六、保障措施

（一）高度重视，明确分工。各省（市）自然资源主管部门要充分认识废弃露天矿山生态修复工作对于保护修复长江生态系统、推动长江经济带发展的重要意义，高度重视，精心组织，在省委、省政府领导下，建立省（市）负总责、市县抓落实的工作机制，逐级分解任务，统筹协调，分工落实。

（二）强化监管，保证质量。各省（市）自然资源主管部门要按照总体目标要求，建立考评机制，健全质量监管体系，加强跟踪督办，确保目标、进度、措施等落实到位，保证生态修复工作实现预期目标。

（三）整合资金，加大投入。各省（市）自然资源主管部门要积极主动协调，按照《国务院关于印发矿产资源权益金制度改革方案的通知》（国发〔2017〕29 号）要求，推进各级地方财政将矿业权出让收益统筹用于矿山生态修复等支出，为废弃露天矿山生态修复提供资金支持。注重加强项目资金整合，将废弃露天矿山生态修复与山水林田湖草生态保护修复工程、地质灾害治理、乡村振兴战略实施、城乡建设用地增减挂钩、工矿废弃地复垦利用、生态移民搬迁等有机结合，打好组合拳，提高工作成效。按照“谁修复、谁受益”原则，广泛吸引社会资本参与，构建“政府主导、政策扶持、社会参与、开发式治理、市场化运作”的矿山生态修复新模式。中央财政将根据各省（市）修复任务和成效，给予一定奖补资金支持。

（四）加强宣传，营造氛围。各级自然资源主管部门要充分发挥媒体作用，大力弘扬“绿水青山就是金山银山”理念，广泛宣传开展废弃露天矿山生态修复的重要意义，及时总结推广各地先进经验，发挥典型示范带动作用，凝聚共识，营造氛围。做好部门之间信息共享和工作配合，修复台账和实施方案要及时向社会公开，接受社会监督。

国土资源部办公厅关于做好矿山地质环境保护与土地复垦方案编报有关工作的通知

国土资规〔2016〕21号　2017年1月3日起施行

为贯彻落实党中央、国务院关于深化行政审批制度改革的有关要求，切实减少管理环节，提高工作效率，减轻矿山企业负担，按照《土地复垦条例》《矿山地质环境保护规定》的有关规定，现就做好矿山企业矿山地质环境保护与治理恢复方案和土地复垦方案合并编报有关工作，通知如下。

一、总体要求

自本通知下发之日，施行矿山企业矿山地质环境保护与治理恢复方案和土地复垦方案合并编报制度。矿山企业不再单独编制矿山地质环境保护与治理恢复方案、土地复垦方案。合并后的方案以采矿权为单位进行编制，即一个采矿权编制一个方案。方案名称为：矿业权人名称+矿山名称+矿山地质环境保护与土地复垦方案。

除采矿项目外的其他生产建设项目土地复垦方案编报审查，依照土地复垦法律法规及相关规定执行。

二、方案编制

（一）采矿权申请人在申请办理采矿许可证前，应当自行编制或委托有关机构编制矿山地质环境保护与土地复垦方案。

（二）在办理采矿权变更时，涉及扩大开采规模、扩大矿区范围、变更开采方式的，应当重新编制或修订矿山地质环境保护与土地复垦方案。

（三）在办理采矿权延续时，矿山地质环境保护与土地复垦方案超过适用期或方案剩余服务期少于采矿权延续时间的，应当重新编制或修订。矿山企业原矿山地质环境保护与治理恢复方案和土地复垦方案其中一个超过适用期的或方案剩余服务期少于采矿权延续时间的，应重新编制矿山地质环境保护与土地复垦方案。

（四）矿山地质环境保护与土地复垦方案的编制按照《矿山地质环境保护与土地复垦方案编制

指南》执行。矿山企业在编制矿山地质环境保护与土地复垦方案过程中，应当充分听取相关权利人意见。

三、方案审查

（一）采矿权申请人或采矿权人编制的矿山地质环境保护与土地复垦方案，应按采矿权发证权限，报具有相应审批权的国土资源主管部门组织审查。审查费用列入部门预算，不得向矿山企业和编制单位收取费用。

（二）组织审查的国土资源主管部门应建立完善方案评审专家库，委托具有一定技术力量的事业单位或行业组织承担具体评审工作，并向社会公告。

（三）评审单位应按相关法律法规、技术规范和相关文件要求，在评审时限内，公平、公开、公正地组织评审工作。地质环境保护要重点评审矿区地面塌陷、地裂缝等地质灾害、含水层破坏、地形地貌景观破坏等内容；土地复垦要重点评审节约集约利用土地和保护耕地情况，促进损毁土地优先复垦为耕地，达到可供利用状态。

（四）有关国土资源主管部门应将评审结果向社会公示，公示期 7 个工作日。在公示期满无异议后，及时向社会公告审查结果。公示期内存在异议的，有关国土资源主管部门应当组织核实并提出处理意见。

（五）矿山企业和编制单位应对方案所引用相关数据的真实性负责，并按国家相关保密规定对社会公示文本进行相应处理。

四、监督管理

（一）矿山企业应当依据经审查通过的方案，开展矿山地质环境保护与土地复垦工作，于每年 12 月 31 日前向县级以上国土资源主管部门报告当年矿山地质环境保护与土地复垦情况。

（二）国土资源部将按照《国土资源部随机抽查事项清单》的规定，加强对经部审查的矿山地质环境保护与土地复垦方案执行情况的监督检查。

（三）地方各级国土资源主管部门要加强对方案编制审查工作的组织领导和对方案实施情况的监督管理，按照“双随机一公开”要求，督促矿山企业切实履行地质环境保护与土地复垦义务。矿山企业不复垦或者复垦不符合要求的，应当依法缴纳土地复垦费。对未按规定履行地质环境治理与土地复垦义务的矿山企业，列入矿业权人异常名录或严重违法名单，责令整改。整改不到位的，不得批准其申请新的采矿许可证或者申请采矿许可证延续、变更、注销，不得批准其申请新的建设用地。

五、其他

（一）各省（区、市）国土资源主管部门要按本通知要求，尽快出台矿山地质环境保护与治理恢复方案和土地复垦方案合并编报的办法。

（二）本通知下发之日起，《国土资源部办公厅关于做好矿山地质环境保护与治理恢复方案编制审查及有关工作的通知》（国土资厅发〔2009〕61号）同时废止。

本通知有效期为5年。

国土资源部关于加强矿山地质环境治理项目监督管理的通知

国土资发〔2009〕197 号　2009 年 12 月 31 日起施行

矿山地质环境治理工作受到各级政府及有关部门的高度重视。近年来，中央财政在探矿权和采矿权价款及使用费中安排用于矿山地质环境治理的专项资金逐年增加，带动各级地方财政投入逐步增加，矿山地质环境治理工作取得显著成效。为规范中央财政支持的矿山地质环境治理项目管理，保证实施效果，现将有关事项通知如下：

一、建立制度，规范管理

各级国土资源主管部门要切实履行矿山地质环境保护职责，高度重视矿山地质环境治理工作，加强治理项目的监督管理。对批准进行治理的项目，要建立管理制度，规范管理。

（一）明确项目任务，抓好项目设计。财政部、国土资源部年度矿山地质环境治理项目批准文件下发后，省级国土资源主管部门应及时向各项目承担单位下达项目任务书，明确项目目的任务、主要实物工作量、工期时限等。项目承担单位应根据项目任务书，委托有资质的单位编制项目设计，并报省级国土资源主管部门审查批准。

（二）规范招投标管理，接受公众监督。项目承担单位应严格按照招投标管理规定，确定项目设计、施工和监理单位。从 2009 年 12 月份下达的中央财政支持项目起，治理项目的设计、施工和监理单位应具有相应的地质灾害防治工程设计、施工、监理资质。

开始施工前，承担单位应在项目区设立公示牌，公布项目名称、批准部门、资金数额、承担单位、施工期限、项目区现状与治理效果对比图以及设计、施工、监理单位等项目基本情况，接受公众监督。

（三）严格项目验收，确保工程质量。项目应在规定的实施期限内完成。完成后，承担单位应及时向省级国土资源主管部门提出验收申请。验收时，应提交以下资料：

1. 项目立项批准文件及任务书；

2. 经批准的项目设计；

3. 项目中标通知书及合同；

4. 工程参加单位相应的资质复印件；

5. 开工报告、施工日志、工程竣工图、施工总结；

6. 工程监理报告；

7. 施工质量评定及验收评定表；

8. 重大质量事故处理资料；

9. 项目成果数据库（包括工程有关的影像图片资料）；

10. 工程进度付款凭证复印件及其汇总表，工程费用调整文件及其批准意见，工程决算及审计报告；

11. 承担单位对工程验收的意见；

12. 其他必须提供的有关文件。

二、加强监督，注重成效

（一）做好巡查抽查，掌握项目进度。省级国土资源主管部门每年应对本辖区内实施的矿山地质环境治理项目至少检查一次，督促承担单位严格按照项目设计，保证工程质量并在规定时间内完工。对检查发现存在资金挪用、不能按时验收、工程质量达不到标准等违规行为的，应及时提出处理意见并限期整改。部将每年组织对各省（区、市）矿山地质环境治理项目进行不定期抽查。

（二）定期报告进展，及时总结经验。各级国土资源部门应定期向上级国土资源部门报告本辖区内矿山地质环境治理项目进展情况，及时总结项目实施过程中的经验教训。省级国土资源主管部门应于每年 12 月底前，将本辖区内矿山地质环境治理项目实施情况报部。主要内容如下：

1. 历年来中央批准立项的项目及进展情况：自 2001 年以来批准的项目总数及已完成验收项目数；自 2001 年以来逐年批准的项目及完成验收情况；对未验收项目的情况说明及处理意见。

2. 历年来地方批准立项的项目及进展情况：历年来由省级以下地方政府立项并安排资金开展矿山地质环境治理项目数、资金量及取得的效果。

3. 本年度项目检查总结：本年度开展矿山地质环境治理项目检查情况。

4. 制度建设情况：出台和落实项目管理制度情况。

5. 存在问题及处理意见：总结项目实施中存在的问题并提出处理意见。

部将根据各省（区、市）矿山地质环境治理工作开展情况，会同有关部门对重点地区和重点项目进行抽查，并将结果在部门户网站及公众媒体定期公布，提请社会监督。对群众或媒体反映存在问题一经查实，或项目管理制度不落实，检查整改工作不力的，将要求省级国土资源主管部门整改一年，并提交整改报告。整改不到位的，暂停其中央财政支持项目的申报。

三、总结成果，加强宣传

中央财政支持项目完成验收后，各项目承担单位应及时将成果资料汇交到省级国土资源主管部门备查。各省（区、市）国土资源主管部门应将历年来各项目成果数据库等资料汇总，及时报部。加大项目治理效果的宣传力度，通过出版图册，举办展览等形式，在电视、广播、报纸等媒体对矿山地质环境治理项目取得的成效进行宣传，争取社会各界对矿山地质环境保护工作的理解和支持。

对于省级及以下地方财政支持开展的矿山地质环境治理项目，各省（区、市）应参照本通知要求，建立制度，加强监督，规范管理，保证实施效果。

国土资源部关于加强海砂开采管理的通知（节选）

国土资发〔2007〕190号　2007年8月10日起施行

各省、自治区、直辖市国土资源厅（国土环境资源厅、国土资源局、国土资源和房屋管理局、房屋土地资源管理局）：

为实现对海砂（砾）开采的科学管理，完善海砂（砾）采矿权有偿取得制度，深化矿业权市场改革，保护海域生态环境，依据矿产资源法律法规及有关的管理规定，针对海砂（砾）资源储量具有动态补给性、开采方式特殊性的特点，现就海砂（砾）开采管理有关问题通知如下：

五、因疏浚航道而采挖出的海砂（砾）用于销售或工程建设的，可凭航道管理部门的批准文件、海洋环境影响评估报告等资料，经省级人民政府国土资源主管部门提出初审意见并评估采矿权价款后，报国土资源部依法办理采矿许可证，有效期为1年。

因海洋工程建设而采挖出的海砂（砾）用于销售或工程建设的，可凭对海洋工程建设项目的批准文件、海洋环境影响评估报告等资料，经省级人民政府国土资源主管部门提出初审意见并评估采矿权价款后，报国土资源部依法办理采矿许可证，有效期为1年。

工业和信息化部 国家发展改革委 自然资源部 生态环境部 住房城乡建设部 交通运输部 水利部 应急部 市场监管总局 国铁集团关于推进机制砂石行业高质量发展的若干意见（节选）

工信部联原〔2019〕239 号　2019 年 11 月 4 日起施行

二、多措并举保障市场供应

（一）统筹协调布局。根据“十四五”投资建设需要，统筹考虑矿产资源、市场需求、交通物流等因素，按照安全、环保、功能区等方面要求，科学规划、合理布局，建立国内合理的机制砂石供应体系，既保障供给，又防止“一哄而上”造成产能过剩。根据京津冀及周边、长三角、珠三角等重要城市群，以及中西部建设需要，合理投放砂石资源采矿权，支持大型项目加快建设，尽快形成新的优质产能，保障重点工程建设。各省在做好本地区规划平衡的同时，加强与其他省份的联动。推动贵州、安徽、江西、湖南、广西、河北等砂石资源丰富地区和需求量大地区的衔接，适应机制砂石大宗物料特点，沿主要运输通道布局一批超大型企业，形成若干大型生产基地。市、县区域合理布局服务当地的砂石加工基地或集散中心。

（二）拓展砂石来源。规范砂石资源管理，鼓励利用废石以及铁、钼、钒钛等矿山的尾矿生产机制砂石，节约天然资源，提高产业固体废物综合利用水平。支持就地取材，利用开山、道路、隧洞、场地平整等建设工程产生的砂石料生产机制砂石，减少长距离运输外来砂石，满足建设需要。

（三）加强运输保障。推进机制砂石中长距离运输“公转铁、公转水”，减少公路运输量，增加铁路运输量，完善内河水运网络和港口集疏运体系建设。在充分利用铁路专用线、城市铁路货场和岸线码头运输能力的同时，推进铁路专用线建设，对年运量 150 万吨以上的机制砂石企业，应按规定建设铁路专用线。有序发展多式联运，加强不同运输方式间的有效衔接，大力发展集装箱铁公联运，切实提高机制砂石运输能力。加快建设封闭式运输皮带廊道，逐步减少散货露天装卸量。利用信息化手段对砂石运输实现全程监管，构建绿色物流和绿色供应链。加强运输车辆检测，防止超限超载车辆出场（站）上路。

三、加快技术创新提高质量水平

（四）加快技术创新。整合行业创新资源，搭建行业技术创新和交流平台，建设创新中心，突破关键共性技术。以机制砂石的颗粒整形、级配调整、节能降耗、综合利用等关键技术和工艺为重点，鼓励技术创新和技术改造。加强装备、工艺与岩石匹配性研究开发，扩展可用母岩种类。加大对破碎、整形等关键装备研发投入，提高工艺装备的自动化、机械化程度。推广使用变频、智能控制等节能技术，袋式除尘等减排技术，以及尾矿综合利用技术。

（六）推进智能制造。推动大数据、人工智能、工业互联网等在机制砂石行业应用，提升自动化、智能化、网络化水平。建设集矿石破碎、粉尘收集、废水处理、物料储运、智能监控、环境检测等于一体的数字化、柔性化的智能工厂。以矿山三维仿真、矿石在线监测、生产自动配矿和车辆智能调度为重点，着力打造数字矿山。开发和推广适合砂石骨料行业的智能设备、控制系统、检测设备，利用信息化手段提高对砂石产品粒形、级配、产出率的控制能力。

四、优化产业结构促进产业融合

（七）推动联合重组。鼓励企业以资源、资本、技术、品牌、市场等为纽带，通过市场化法治化手段实施兼并重组，压减、改造机制砂石低效产能，提升产业集中度。培育打造管理先进、装备精良、质量可靠、本质安全、环境优美、品牌突出的跨区域砂石企业集团。支持企业开展技术、业态和商业模式创新，推进装备、建工、水泥、混凝土、物流等企业协同发展。

（八）促进产业集聚。加强砂石资源开发整合，推进机制砂石生产规模化、集约化，建设一批大型生产基地。

五、推动绿色发展提升本质安全

（十）发展绿色制造。机制砂石企业要坚持绿色低碳循环发展，按照相关规范要求建设绿色矿山。生产线配套建设抑尘收尘、水处理和降噪等污染防治以及水土保持设施，对设备、产品采取棚化密封或其他有效覆盖措施，推进清洁生产，严控无组织排放，满足达标排放等环保要求。对工艺废水、细粉和沉淀泥浆等加强回收再利用，鼓励利用生产过程中的伴生石粉生产绿色建材，实现近零排放。

（十二）推进综合整治。对正在开采的矿山，坚持“边开采、边治理”原则，切实履行矿山地质环境保护与土地复垦责任义务。对违反资源环境法律法规、规划，污染环境、破坏生态、乱采滥挖、无证开采的矿山，要依法停产整治或关闭，并追究其破坏生态环境相关责任。对废弃矿山，加大矿山环境治理修复力度，严禁以治理工程为名进行新的开采、造成新的生态破坏。

工业和信息化部 国家发展和改革委员会 公安部 财政部 自然资源部 生态环境部 商务部 应急管理部 国务院国有资产监督管理委员会 海关总署 国家税务总局 国家市场监督管理总局 关于持续加强稀土行业秩序整顿的通知（节选）

工信部联原〔2018〕265 号　2018 年 12 月 10 日起施行

二、加强重点环节管理

（一）确保稀土资源有序开采

加大对重点资源地和矿山动态督查力度，坚决依法取缔关闭以采代探、无证开采、越界开采、非法外包等违法违规开采稀土矿点（含回收利用），没收违法所得，彻底清理地面设施。严格管控压覆稀土资源回收，对本区域压覆稀土资源回收项目进行全面清理，已有压覆稀土资源回收项目要严格按照批复文件和环境影响评价报告开展工作，做好矿点生态环境恢复和综合治理，严防安全和生态破坏事件。（各省级自然资源主管部门牵头，省级工业和信息化、公安、生态环境、应急等主管部门按职责分工负责）

（二）严格落实开采和冶炼分离计划

督促辖区内稀土集团每年按时公示其所属正在生产的稀土矿山名单（含压覆稀土资源回收项目）和所有冶炼分离企业名单，接受社会监督，并在稀土产品追溯系统中如实填报原材料采购（含进口矿采购数量）、实际产量、销售量、库存等信息。结合年度稀土开采和冶炼分离总量控制计划、稀土产品追溯系统、稀土增值税专用发票开具量、资源税完税证明等数据，定期核查计划执行情况，严禁开展代加工业务。对存在收购、加工和倒卖非法稀土矿产品，超计划生产，进口手续一证多用等违法违规行为的企业，依法依规严肃处理。（各省级工业和信息化、自然资源主管部门牵头，省级公安、生态环境、应急、税务、市场监管等主管部门按职责分工负责）

（三）规范资源综合利用企业

全面排查辖区内现有资源综合利用企业，限定资源综合利用企业只能以稀土功能材料及器件废料等二次资源为原料，禁止以稀土矿（包括进口稀土矿）、富集物及稀土化合物等为原料。严控新增稀土资源综合利用（含独居石处理）企业数量和规模，严禁以综合利用为名变相核准冶炼分离企业，督促实际工艺、装备与核准文件不符的企业转产。（各省级工业和信息化、发展改革主管部门牵头，省级生态环境、市场监管等主管部门按职责分工负责）

四、提升行业发展质量

（七）促进绿色高效发展

支持稀土集团和研究单位不断完善稀土开采、冶炼分离技术规范和标准，推广先进清洁生产技术，创建冶炼分离示范工厂，建设高水平、可移动、可示范的离子型稀土绿色矿山，严控氨氮对地下水的污染。强化对稀土矿山、冶炼分离和资源综合利用企业的污染物排放和辐射安全监管，督促企业严格执行环评审批（含辐射环境影响评价）和环保设施竣工验收制度，加强火法冶炼和稀土烘干焙烧、烧结等工艺环节废气治理，妥善处理处置含放射性废渣。对环评手续不全、污染物处理设施运行长期不正常，且超标排放的企业，依法依规处理处罚到位。（稀有金属部际协调机制成员单位及各省级工业和信息化、自然资源、生态环境、市场监管等主管部门按职责分工负责）

自然资源部关于探索利用市场化方式推进矿山生态修复的意见

2019 年 12 月 17 日起施行

各省、自治区、直辖市及计划单列市自然资源主管部门，新疆生产建设兵团自然资源主管部门，国家林业和草原局，中国地质调查局及部其他直属单位，各派出机构，部机关各司局：

为解决矿山生态修复历史欠账多、现实矛盾多、投入不足等突出问题，按照党的十九大“构建政府为主导、企业为主体、社会组织和公众共同参与的环境治理体系”的要求，坚持“谁破坏、谁治理”“谁修复、谁受益”原则，通过政策激励，吸引各方投入，推行市场化运作、科学化治理的模式，加快推进矿山生态修复，制定本意见。

一、据实核定矿区土地利用现状地类

地方各级自然资源主管部门要据实调查矿区土地利用现状、权属、合法性。对已有因采矿塌陷确实无法恢复原用途的农用地，经省级自然资源主管部门会同相关部门组织核实并征得土地权利人同意，报自然资源部核定后，可以变更为其他类型农用地或未利用地，涉及耕地的据实统筹进行核减，其中涉及永久基本农田的按规定进行调整补划，并纳入国土空间规划。耕地核减不免除造成塌陷责任人的法定应尽义务。

二、强化国土空间规划管控和引领

市、县级人民政府编制国土空间规划时，应充分考虑历史遗留矿山和正在开采矿山的废弃矿区土地利用现状和开发潜力、土壤环境质量状况、水资源平衡状况、地质环境安全和生态保护修复适宜性等，尊重土地权利人意见，结合生态功能修复和后续资源开发利用、产业发展等需求，按照宜农则农、宜建则建、宜水则水、宜留则留原则，合理确定矿区内各类空间用地的规模、结构、布局和时序，优化国土利用格局，为合理开发和科学利用创造条件。

三、鼓励矿山土地综合修复利用

历史遗留矿山废弃国有建设用地修复后拟改为经营性建设用地的，在符合国土空间规划前提下，可由地方政府整体修复后，进行土地前期开发，以公开竞争方式分宗确定土地使用权人；也可将矿山生态修复方案、土地出让方案一并通过公开竞争方式确定同一修复主体和土地使用权人，并分别签订生态修复协议与土地出让合同。历史遗留矿山废弃国有建设用地修复后拟作为国有农用地的，可由市、县级人民政府或其授权部门以协议形式确定修复主体，双方签订国有农用地承包经营合同，从事种植业、林业、畜牧业或者渔业生产。

对历史遗留矿山废弃土地中的集体建设用地，集体经济组织可自行投入修复，也可吸引社会资本参与。修复后国土空间规划确定为工业、商业等经营性用途，并经依法登记的集体经营性建设用地，土地所有权人可出让、出租用于发展相关产业。

各地依据国土空间规划在矿山修复后的土地上发展旅游产业，建设观光台、栈道等非永久性附属设施，在不占用永久基本农田以及不破坏生态环境、自然景观和不影响地质安全的前提下，其用地可不征收（收回）、不转用，按现用途管理。

四、实行差别化土地供应

各地可依据国土空间规划，利用矿山修复后的国有建设用地发展教育、科研、体育、公共文化、医疗卫生、社会福利等产业，符合《划拨用地目录》的，可按有关规定以划拨方式提供土地使用权，鼓励土地使用人在自愿的前提下，以出让、租赁等有偿方式取得土地使用权。矿山修复后的国有建设用地可采取弹性年期出让、长期租赁、先租后让、租让结合的方式供应。

五、盘活矿山存量建设用地

各地将正在开采矿山依法取得的存量建设用地和历史遗留矿山废弃建设用地修复为耕地的，经验收合格后，可参照城乡建设用地增减挂钩政策，腾退的建设用地指标可在省域范围内流转使用。其中，正在开采的矿山将依法取得的存量建设用地修复为耕地及园地、林地、草地和其他农用地的，经验收合格后，腾退的建设用地指标可用于同一法人企业在省域范围内新采矿活动占用同地类的农用地。

在符合国土空间规划和土壤环境质量要求、不改变土地使用权人的前提下，经依法批准并按市场价补缴土地出让价款后，矿山企业可将依法取得的国有建设用地修复后用于工业、商业、服务业等经营性用途。

六、合理利用废弃矿山土石料

对地方政府组织实施的历史遗留露天开采类矿山的修复，因削坡减荷、消除地质灾害隐患等修复工程新产生的土石料及原地遗留的土石料，可以无偿用于本修复工程；确有剩余的，可对外进行销售，由县级人民政府纳入公共资源交易平台，销售收益全部用于本地区生态修复，涉及社会投资主体承担修复工程的，应保障其合理收益。土石料利用方案和矿山生态修复方案要在科学评估论证基础上，按“一矿一策”原则同步编制，经县级自然资源主管部门报市级自然资源主管部门审查同意后实施。

七、加强监督管理

地方各级自然资源主管部门要加强工作指导，做好日常监督管理，建立健全政府、矿山企业、社会投资方、公众共同参与的监督机制，探索建立修复企业诚信档案和信用积累制度。特别要确保矿山修复形成的耕地及其他农用地质量达到土壤环境质量要求；确保对列入土壤污染风险管控和修复名录的地块，在达到风险管控、修复目标之前，不得调整为住宅、公共管理与公共服务用地。加强对涉及废弃土石料处置项目的监管，防止各类违规违法问题的发生。

各省（区、市）自然资源主管部门可结合当地实际，制定具体实施办法。在实施过程中遇有重大政策问题，及时向部报告。

本文件有效期 5 年。

最高人民法院关于审理矿业权纠纷案件适用法律若干问题的解释（节选）

法释〔2017〕12号　2017年6月24日起施行

为正确审理矿业权纠纷案件，依法保护当事人的合法权益，根据《中华人民共和国物权法》《中华人民共和国合同法》《中华人民共和国矿产资源法》《中华人民共和国环境保护法》等法律法规的规定，结合审判实践，制定本解释。

第十八条　当事人约定在自然保护区、风景名胜区、重点生态功能区、生态环境敏感区和脆弱区等区域内勘查开采矿产资源，违反法律、行政法规的强制性规定或者损害环境公共利益的，人民法院应依法认定合同无效。

第二十三条　本解释施行后，人民法院尚未审结的一审、二审案件适用本解释规定。本解释施行前已经作出生效裁判的案件，本解释施行后依法再审的，不适用本解释。

生态环境部 自然资源部 住房和城乡建设部 水利部 农业农村部关于印发地下水污染防治实施方案的通知（节选）

环土壤〔2019〕25号 2019年3月28日起施行

各省、自治区、直辖市、新疆生产建设兵团生态环境厅（局）、自然资源主管部门、住房城乡建设厅（建委、城管委、建设局）、水利（务）厅（局）、农业农村（农牧、农业）厅（局、委）：

为贯彻落实习近平总书记对地下水污染防治工作的重要批示精神，全面打好污染防治攻坚战，保障地下水安全，现将《地下水污染防治实施方案》印发给你们，请认真贯彻执行，加快推进地下水污染防治各项工作。

地下水污染场地清单公布技术要求

一、清单筛选范围

化学品生产企业及工业集聚区、矿山开采区、尾矿库、危险废物处置场、垃圾填埋场等造成地下水污染的场地。

二、清单筛选原则

（一）由于污染场地造成周边水源受到污染的；

（二）已开展地下水环境状况调查评估或土壤污染状况详查，发现确为污染且健康风险不可接受的；

（三）发生过地下水污染事故或存在群众反映强烈的。

三、清单公布方式

各省（区、市）要在相关网站或公众信息平台上逐年公布本行政区域内环境风险大、严重影响公众健康的地下水污染场地清单。

四、公布内容

应依法向社会公开污染场地名称、所属区县、调查边界及面积、其生产的主要污染物名称、超标情况、修复（防控）目标、整治措施及进度，主动接受监督。

财政部 国土资源部关于印发《矿产资源节约与综合利用专项资金管理办法》的通知

财建〔2013〕81号 2013年3月26日起施行

中央有关部门，有关中央企业，各省、自治区、直辖市、计划单列市财政厅（局）、国土资源主管部门：

为规范矿产资源节约与综合利用专项资金管理，提高资金使用效益，根据《中华人民共和国预算法》等有关法律、法规规定，我们制定了《矿产资源节约与综合利用专项资金管理办法》。现印发给你们，请遵照执行。

矿产资源节约与综合利用专项资金管理办法

第一章 总 则

第一条 为了加强和规范矿产资源节约与综合利用专项资金（以下简称专项资金）管理，提高资金使用效益，依据《中华人民共和国预算法》、《财政部 国土资源部关于将矿产资源专项收入统筹安排使用的通知》（财建〔2010〕925号）等规定制定本办法。

第二条 专项资金由中央财政通过中央分成的矿产资源专项收入安排，主要用于矿产资源综合利用示范基地（以下简称示范基地）建设。

第三条 专项资金安排按照党的十八大提出的全面促进资源节约和加强矿产资源保护、合理开发等有关要求，以加强全过程节约管理，推动资源利用方式根本转变为目的，以“关系全局、意义深远、带动性强”为原则，选择资源分布相对集中、资源潜力大、综合利用前景好、矿产开发布局基本合理的地区，依托大型骨干矿业集团，开展示范基地建设工作。

第四条 专项资金专款专用，任何单位和个人不得截留、挤占和挪用。

第二章　支持重点及条件

第五条　专项资金重点支持提高矿产资源开采回采率、选矿回收率和综合利用率，低品位、共伴生、难选冶及尾矿资源高效利用，以及多矿种兼探兼采和综合开发利用。主要包括以下 7 个领域：

（一）油气及共伴生资源综合利用。重点支持油盐、油钾的综合开发利用，支持稠油、低渗、超低渗油气资源综合利用；积极开展页岩气、致密砂岩气、煤层气、油砂、油页岩、天然气水合物等综合开发利用。

（二）煤炭及共伴生资源综合利用。重点支持煤炭煤层气、煤铝的综合开发利用；支持特厚煤层、缺煤地区极薄和中薄煤层、特殊稀缺煤种及煤系伴生高岭土资源的综合开发利用，“以矸换煤”绿色开采等。

（三）黑色金属综合利用。重点支持钒钛磁铁矿、赤铁矿、褐铁矿、菱铁矿等低品位、难利用铁矿及尾矿资源综合利用，锰、铬矿资源高效利用。

（四）有色金属综合利用。重点支持低品位、难选冶、共伴生铜、铅、锌、钨、钼、镍、锡、锑、铝土矿等资源及尾矿综合利用。

（五）稀有、稀土及贵金属综合利用。重点支持轻、重稀土资源综合利用，稀有金属综合利用，低品位金矿及共伴生、尾矿资源综合利用。

（六）化工及非金属综合利用。重点支持钾盐、中低品位磷矿、硼铁矿、萤石、石墨资源及其他特色非金属资源综合利用。

（七）铀矿及共伴生资源综合利用。重点支持煤铀、硼铀、钼铀等矿床共生组合，北方砂岩型、南方硬岩型铀矿及共伴生铼资源等综合开发利用。

第六条　示范基地建设责任主体为矿山企业，应当具备以下基本条件：

（一）法定证照齐全、有效；

（二）依法履行了采矿权人的法定义务，按时、足额缴纳国家有关税费；

（三）矿山企业在相关领域和专业具有较强的技术优势和创新能力，具备必备的人才条件、技术装备和组织管理能力；管理机构健全，有专门的矿山地质、采矿、选矿管理机构和技术人员；

（四）采选技术方法先进，具有规模效应，示范效应突出，可大幅度提高资源利用水平；

（五）矿产资源节约与综合利用水平达到设计或国土资源行政主管部门核定的标准；

（六）近三年矿产资源开发利用年度检查合格，无违法违规记录；

（七）近三年无重大生产安全事故和环境污染事故；

（八）列入矿产资源开发整合方案的，已完成资源整合，并实现规模化、集约化开发利用；

（九）有关资源节约与综合利用工作已纳入矿山企业发展规划，示范基地建设工作能及时有效开展；

（十）具有较强的资金筹措能力，可以落实配套资金。

第三章　支持方式及使用范围

第七条　专项资金由财政部和国土资源部共同管理。财政部负责确定专项资金年度预算，国土资源部负责确定示范基地名单。

第八条　国土资源部、财政部发布矿产资源综合利用示范基地建设工作安排和要求，省级国土资源部门、财政部门，以及有关中央企业在充分论证的基础上，提出示范基地建议名单。

第九条　国土资源部会同财政部组织专家对各省和有关中央企业提出的建议名单中的示范基地进行论证，确定示范基地名单。

第十条　示范基地所在地省级国土资源部门、财政部门或所属中央企业依据《全国矿产资源规划》《矿产资源节约与综合利用“十二五”规划》，以及国土资源部和财政部有关制度规定和工作要求，负责组织示范基地建设单位编制矿产资源综合利用示范基地建设 3～5 年实施方案。

实施方案应明确示范基地建设总体目标和建设任务、年度目标和建设任务，以及年度资金投入。目标任务应当可量化、可考核，资金投入应包括自筹资金和财政补助资金。

第十一条　国土资源部、财政部组织专家对示范基地建设实施方案进行审查论证，一次性核定示范基地建设总投资和年度投资，并确定总目标和年度建设目标。

对于实施方案通过审查论证的示范基地，国土资源部、财政部将在向社会公示后，与其所在地省级人民政府或所属中央企业签订示范建设合作协议。财政部、国土资源部将根据财力可能一次性确定总补助资金和各年度补助资金，并按项目进展情况下达补助资金。中央财政补助资金原则上不超过项目总投资的 50%。

第十二条　专项资金重点用于以下方面：

（一）综合利用相关技术工艺的科技攻关，工程化、工业化技术研究及生产实验研究；

（二）提高开采回采率、选矿回收率、综合利用率水平，尾矿及固体废弃物综合利用相关的工程建设及设备采购；

（三）成熟先进技术、方法、工艺的转化、推广与应用；

（四）技术标准规范的制定、发布，总结推广相关的技术标准、规范以及生产管理模式的相关支出。

第十三条　专项资金不得用于下列事项：

（一）职工工资、奖金、津补贴及其他福利性支出；投资性支出、捐款及赞助；各种罚款、违约金、滞纳金等支出；缴纳税费等；

（二）支付矿山建设引起的居民搬迁补偿、征地补偿、青苗补偿等相关支出；

（三）购置和修建与项目实施无关的设备、装备、房屋、基础设施等固定资产；

（四）公务车辆、生产辅助材料、低值易耗品、配件及燃料采购等支出；

（五）归还贷款本息；

（六）与矿产资源节约与综合利用工作无关的费用。

第四章　预算及财务管理

第十四条　专项资金支付按照财政国库管理制度的有关规定执行。

第十五条　专项资金实行专账核算，各项支出标准参照国家相关标准执行。

第十六条　示范基地建设单位要严格执行国家有关财务会计制度，及时办理年度资金结算和竣工财务决算。示范基地所在地省级财政、国土资源部门或所属中央企业负责批复竣工财务决算，并做好项目决算审计和竣工验收工作。

第十七条　预算一经下达，原则上不做调整。对于示范基地项目地点、建设内容、建设期限、资金投入确需变更的，由省级国土资源、财政部门或所属中央企业审核后报国土资源部、财政部批准。

第五章　监督检查

第十八条　财政部、国土资源部每年将根据本办法第五条规定及经论证的实施方案对示范基地年度建设情况进行考核。

对考核合格的示范基地，财政部、国土资源部将按计划给予持续支持；对考核不合格的项目，财政部、国土资源部将暂停下一年度预算安排，要求其限期整改，经整改仍不符合要求的，取消示范资格并收回已拨付资金。

第十九条　示范基地所在地省级财政部门、国土资源部门或所属中央企业应当强化专项资金监管，建立专项资金使用约束机制，督促矿山企业完善内部财务管理制度，加强示范基地建设工作的监督检查，确保各项目标任务的实现。督促项目承担单位加快预算执行进度，提高专项资金使用效益，重大事项要及时向财政部和国土资源部报告。

第二十条　示范基地建设单位应严格按照批准下达的预算，合理安排使用资金，不得扩大支出范围，不得用于本办法规定支出范围以外的其他支出，自觉接受、主动配合财政、审计及监察等部门的监督检查。

第二十一条　对在示范建设过程中发生安全生产或环境污染事故，以及有其他违法违规行为的示范基地建设单位，财政部、国土资源部将暂停支持，并责令其整改，对于情节特别严重的将收回示范资金，取消其示范资格。

第二十二条 对违反规定，截留、挤占、挪用等违规使用项目资金的，依照《财政违法行为处罚处分条例》及有关法律法规予以处理。涉嫌犯罪的，移送司法机关处理。

第六章 附 则

第二十三条 本办法由财政部、国土资源部负责解释。

第二十四条 本办法自印发之日起实施，原《矿产资源节约与综合利用专项资金管理办法》（财建〔2010〕312 号）同时废止。

工业和信息化部关于印发《京津冀及周边地区工业资源综合利用产业协同发展行动计划（2015—2017年）》的通知

工信部节〔2015〕229号　2015年7月3日起施行

北京市、天津市、河北省、山西省、内蒙古自治区、山东省工业和信息化主管部门：

为贯彻落实《中共中央 国务院关于加快推进生态文明建设的意见》《京津冀协同发展规划纲要》，推进京津冀及周边地区工业资源综合利用产业和生态协同发展，探索资源综合利用产业区域协同发展新模式，按照《2015年工业绿色发展专项行动实施方案》要求，现将《京津冀及周边地区工业资源综合利用产业协同发展行动计划（2015—2017年）》印发给你们，请认真贯彻执行。

京津冀及周边地区工业资源综合利用产业协同发展行动计划（2015—2017年）（节选）

为贯彻落实《中共中央 国务院关于加快推进生态文明建设的意见》《京津冀协同发展规划纲要》，探索京津冀及周边地区资源综合利用产业协同发展新模式，促进区域工业资源综合利用产业与生态协调发展，按照工业和信息化部《2015年工业绿色发展专项行动实施方案》的要求，特制定本行动计划。

二、总体思路和主要目标

力争到2017年，建设10个工业固体废物综合利用协同发展示范基地，15个再生资源综合利用协同发展示范园区，50个能够支撑京津冀及周边地区工业资源综合利用协同发展格局的重点示范项目（具体园区和示范项目见附表），培育30家龙头企业，建设一批工业资源综合利用技术创新平台，形成跨区域工业资源综合利用协同发展新模式，建成全国工业资源综合利用协同创新发展的先行示范区。实现年消纳工业固体废物4亿吨，加工利用再生资源2 000万吨，总产值达到2 200

亿元，年减少二氧化碳排放400万吨，减少细颗粒物排放2 000吨，减少化学需氧量7 000吨，节水7 000万立方米，减排氨氮及其他水体污染物3 000吨，减少京津冀及周边地区植被破坏和土地占用5万亩。

三、主要任务

（一）推动工业固体废物综合利用产业区域协同发展

协同利用钢渣、矿渣、煤矸石、粉煤灰和脱硫石膏。推动京津地区高校、科研院所与河北、山西、内蒙古、山东的企业对接合作，在河北邢台、沧州、邯郸、唐山、承德、山西朔州、大同、阳泉、内蒙古锡林郭勒、乌兰察布等地建设10个钢渣、矿渣、粉煤灰、脱硫石膏协同利用生产高性能胶凝材料和节能建筑部品，发展煤矸石综合利用热电联产、煤电建材一体化，支持煤矸石综合利用电厂实施超低排放和清洁生产改造。实现年消纳工业固体废物 9 000 万吨，替代水泥 800 万吨。完善工业固体废物协同利用标准体系，推动跨行业跨产业链协同利用，实现钢铁、电力、建材等产业之间耦合，促进转型升级和绿色发展。

国家发展和改革委员会 科学技术部 工业和信息化部 财政部 国土资源部 环境保护部 住房和城乡建设部 国家税务总局 国家质量监督检验检疫总局 国家安全生产监督管理总局 令

第18号

2015年3月1日起施行

为引导和规范煤矸石综合利用行为，减少其对土地资源占用和环境影响，促进循环经济发展，推进生态文明建设。我们对《煤矸石综合利用管理办法》进行了修订，现予发布，自2015年3月1日起施行。1998年原国家经贸委等八部门联合发布的《煤矸石综合利用管理办法》（国经贸资〔1998〕80号）同时废止。

煤矸石综合利用管理办法（2014年修订版）

第一章 总 则

第一条 为深入推进煤矸石综合利用健康有序发展，发展循环经济，减少其对土地资源占用和环境影响，提高资源利用效率，促进煤矿安全生产，根据《清洁生产促进法》《固体废物污染环境防治法》《循环经济促进法》《煤炭法》等法律，制定本办法。

第二条 中华人民共和国境内对煤矸石综合利用的管理活动，适用本办法。

本办法所称煤矸石，是指煤矿在开拓掘进、采煤和煤炭洗选等生产过程中排出的含碳岩石，是煤矿生产过程中的废弃物。

本办法所称煤矸石综合利用，是指利用煤矸石进行井下充填、发电、生产建筑材料、回收矿产品、制取化工产品、筑路、土地复垦等。

第三条 煤矸石综合利用应当坚持减少排放和扩大利用相结合，实行就近利用、分类利用、大宗利用、高附加值利用，提升技术水平，实现经济效益、社会效益和环境效益有机统一，加强全过程管理，提高煤矸石利用量和利用率。

第二章 综合管理

第四条 国家发展改革委会同科技部、工业和信息化部、财政部、国土资源部、环境保护部、住房城乡建设部、税务总局、质检总局、安全监管总局、能源局、煤矿安监局等负责起草、拟订、发布煤矸石综合利用相关规划、产业和扶持政策、技术规范等，并在各自职责范围内开展煤矸石综合利用管理工作。

第五条 省、自治区、直辖市人民政府资源综合利用主管部门负责本办法的贯彻实施，以及本行政区域内煤矸石综合利用活动的监督、管理和协调工作。省、自治区、直辖市人民政府其他相关部门在各自职责范围内支持配合煤矸石综合利用工作。

第六条 设区的市级环境保护部门、资源综合利用主管部门会同煤炭行业管理部门负责统计和发布本地区煤矸石产生、贮存、流向、利用、处置等数据信息。

省、自治区、直辖市环境保护部门和资源综合利用主管部门应于每年 3 月底前，将本地区上年度统计数据报环境保护部、国家发展改革委。

第七条 有关行业协会、社会中介组织要积极发挥在技术指导、市场推广和信息咨询服务等方面的作用，加强行业自律。

第八条 主要产煤省份（内蒙古、山西、陕西、河南、山东、新疆、贵州、安徽、云南等）资源综合利用主管部门，要会同有关部门根据煤炭工业发展规划、矿区总体规划和矿产资源规划等组织编制本行政区域煤矸石综合利用发展规划（或实施方案），并将控制煤矸石利用碳排放纳入当地控制温室气体排放总体工作方案（或低碳发展规划）。

第九条 煤炭开发项目（包括选煤厂项目）的项目核准申请报告中资源开发及综合利用分析篇章中须包括煤矸石综合利用和治理方案，明确煤矸石综合利用途径和处置方式。对未提供煤矸石综合利用方案的煤炭开发项目，有关主管部门不得予以核准。

煤矸石综合利用方案中涉及煤矸石产生单位自行建设的工程，要与煤矿（选煤厂）工程同时设计、同时施工、同时投产使用；涉及为其他单位提供煤矸石的工程，煤矸石利用单位应当具备符合国家产业政策和环境保护要求的生产与处置能力。

第十条 新建（改扩建）煤矿及选煤厂应节约土地、防止环境污染，禁止建设永久性煤矸石堆放场（库）。确需建设临时性堆放场（库）的，其占地规模应当与煤炭生产和洗选加工能力相匹配，原则上占地规模按不超过 3 年储矸量设计，且必须有后续综合利用方案。煤矸石临时性堆放场（库）选址、设计、建设及运行管理应当符合《一般工业固体废物贮存、处置场污染控制标准》《煤炭工程项目建设用地指标》等相关要求。

第十一条 煤炭生产企业要因地制宜，采用合理的开采方式，煤炭和耕地复合度高的地区应当采用煤矸石井下充填开采技术，其他具备条件的地区也要优先和积极推广应用此项技术，有效控制地面沉陷、损毁耕地，减少煤矸石排放量。煤炭行业主管部门会同国土资源主管部门制订煤矸石井下充填开采技术标准体系，编制煤矸石井下充填开采方案。

第十二条 利用煤矸石进行土地复垦时，应严格按照《土地复垦条例》和国土、环境保护等相关部门出台的有关规定执行，遵守相关技术规范、质量控制标准和环保要求。

第十三条 煤矸石发电项目应当按照国家有关部门低热值煤发电项目规定进行规划建设，煤矸石使用量不低于入炉燃料的 60%（重量比），且收到基低位发热量不低于 5 020 千焦（1 200 千卡）/千克，应根据煤矸石资源量合理配备循环流化床锅炉及发电机组，并在煤矸石的使用环节配备准确可靠的计量器具。鼓励能量梯级利用，满足周边用户热（冷）负荷需要。对申报资源综合利用认定的发电项目（机组），其入炉混合燃料收到基低位发热量应不高于 12 550 千焦（3 000 千卡）/千克。

第十四条 煤矸石综合利用要符合国家环境保护相关规定，达标排放。煤矸石发电企业应严格执行《火电厂大气污染物排放标准》等相关标准规定的限值要求和总量控制要求，应建立环保设施管理制度，并实行专人负责；发电机组烟气系统必须安装烟气自动在线监控装置，并符合《固定污染源烟气排放连续监测技术规范》要求，同时保留好完整的脱硫脱硝除尘系统数据，且保存一年以上；煤矸石发电产生的粉煤灰、脱硫石膏、废烟气脱硝催化剂等固体废弃物应按照有关规定进行综合利用和妥善处置。

第十五条 煤矸石产生单位应对既有的煤矸石堆场（库）的安全和环保负责，应制定治理方案，明确整改期限，采取有效综合利用措施消纳煤矸石、消除矸石山；对确难以综合利用的，须采取安全环保措施，并进行无害化处置，按照矿山生态环境保护与恢复治理技术规范等要求进行煤矸石堆场的生态保护与修复，防治煤矸石自燃对大气及周边环境的污染，鼓励对煤矸石山进行植被绿化。

第十六条 下列产品和工程项目，应当符合国家或行业有关质量、环境、节能和安全标准：

（一）利用煤矸石生产的建筑材料或其他与煤矸石综合利用相关的产品；

（二）煤矸石井下充填置换工程；

（三）利用煤矸石或制品的建筑、道路等工程；

（四）其他与煤矸石综合利用相关的工程项目。

第三章　鼓励措施

第十七条　国家鼓励煤矸石大宗利用和高附加值利用：

（一）煤矸石井下充填；

（二）煤矸石循环流化床发电和热电联产；

（三）煤矸石生产建筑材料；

（四）从煤矸石中回收矿产品；

（五）煤矸石土地复垦及矸石山生态环境恢复；

（六）其他大宗、高附加值利用方式。

第十八条　通过国家科技计划（基金、专项）等对煤矸石高附加值利用关键共性技术的自主创新研究和产业化推广给予一定支持。

第十九条　煤矸石利用单位可按照《国家鼓励的资源综合利用认定管理办法》有关要求和程序申报资源综合利用认定。符合条件的，可根据国家有关规定申请享受并网运行、财税等资源综合利用鼓励扶持政策。对符合燃煤发电机组环保电价及环保设施运行管理的煤矸石综合利用发电（含热电联产）企业，可享受环保电价政策。

第二十条　对符合国家或行业质量标准的煤矸石及其制品，设计、施工单位应在设计、建筑施工中优先选用。

第二十一条　各级资源综合利用主管部门应会同相关部门，根据本地区实际情况制定相应的引导、扶持、监管措施。

第四章　监督检查

第二十二条　煤炭开发项目（包括选煤厂项目）正式运行后，煤矸石综合利用未按照项目核准申请报告中的综合利用方案实施的，项目核准部门应监督其限期整改，整改合格后方可进行综合验收。

第二十三条　违反本办法第十条规定，新建（改扩建）煤矿或煤炭洗选企业建设永久性煤矸石堆场的或不符合《煤炭工程项目建设用地指标》要求的，由国土资源等部门监督其限期整改。

违反本办法第十条、第十二条、第十四条、第十六条有关规定对环境造成污染的，由环境保护部门依法处罚；煤矸石发电企业超标排放的，由所在地价格主管部门依据环境保护部门提供的环保设施运行情况，按照燃煤发电机组环保电价及环保设施运行监管办法有关规定罚没其环保电价款，同时环境保护部门每年向社会公告不达标企业名单。

违反本办法第十六条（一）项的，由质量技术监督部门依据《产品质量法》进行处罚；违反本办法第十五条、第十六条（二）（三）（四）项造成安全事故的，由安监部门依据有关规定进行处罚。

对达不到本办法第十三条、第十四条、第十五条、第十六条规定，弄虚作假、不符合质量标准和安全要求、超标排放的，有关部门应及时取消其享受国家相关鼓励扶持政策资格，并限期整改；对已享受国家鼓励扶持政策的，将按照有关法律和相关规定予以处罚和追缴。

第二十四条 任何单位和个人在煤矸石堆场取矸时，要明确安全责任主体，制定安全技术措施，不得影响煤矿生产安全，造成财产损失或引发生产安全事故的，安全监管等部门要依法追究相关单位和人员责任。

第二十五条 对获得国家和地方资金支持的煤矸石综合利用项目，所在地区科技、投资、环保等部门应当对项目进展、资金使用、环境影响情况进行监督检查，并进行资源综合利用效果的后评估。

第五章 附 则

第二十六条 本办法自 2015 年 3 月 1 日起施行。原国家经贸委等八部门联合发布的《煤矸石综合利用管理办法》（国经贸资〔1998〕80 号）同时废止。

国家能源局 财政部 国土资源部 环境保护部 关于印发《煤矿充填开采工作指导意见》的通知

国能煤炭〔2013〕19号 2013年1月9日起实施

各产煤省（区、市）煤炭行业管理部门、财政厅（局）、国土资源厅（局）、环境保护厅（局），中央管理煤炭企业：

为推进煤炭生产方式变革，解决“三下”（建筑物下、铁路下、水体下等）压煤和边角残煤等资源开采问题，提高煤炭资源开发利用水平，改善矿区环境，促进煤炭工业健康发展，建设和谐社会，国家能源局、财政部、国土资源部和环境保护部研究制定了《煤矿充填开采工作指导意见》。现予印发，请结合实际贯彻落实。

煤矿充填开采工作指导意见

为推进煤炭生产方式变革，解决“三下”（建筑物下、铁路下、水体下等，下同）压煤和边角残煤等资源开采问题，提高煤炭资源开发利用水平，改善矿区环境，促进煤炭工业健康发展，建设和谐社会，根据《中华人民共和国煤炭法》《中华人民共和国矿产资源法》《中华人民共和国循环经济促进法》等法律法规的要求，研究制定本意见。

一、现实背景和重要意义

（一）煤矿开采技术亟待创新。我国人均煤炭资源拥有量较少，“三下”压煤量较大，矿井正常生产接续受到影响；常规垮落法煤炭开采方式引发地表沉陷和地下水及含水层破坏，造成地表建筑物损毁；大量矸石直接外排堆存，占压土地、污染环境。这些问题亟待通过开采技术创新予以解决。

（二）充填开采技术逐步成熟。充填开采是随着回采工作面的推进，向采空区充填矸石、粉煤灰、建筑垃圾以及专用充填材料的煤炭开采技术。近年来，部分煤矿企业积极探索并实施了煤矸石等固体材料充填、膏体材料充填、高水材料充填等多种充填工艺技术，集成创新了较为成熟的充填开采技术和装备，提高了资源回收率，取得了良好的社会和环境效益，具备了一定的推广应用条件。

（三）实施充填开采具有重要意义。实施充填开采，可以减少井下采空区水、瓦斯积聚空间，降低采空区突水、瓦斯爆炸、有害气体突出、浮煤自燃等事故发生可能性，抑制煤层及顶底板的动力现象，提高矿井安全保障程度；可以充分回收“三下”压煤和边角残煤，延长矿井服务年限；可以大量消化矸石，减轻煤炭开采对地表的影响，减少耕地占用和矿区村庄搬迁，保护和改善矿区生态环境，促进资源开发与生态环境协调发展。

二、指导思想和主要目标

（四）指导思想。贯彻落实科学发展观，以建设绿色生态和谐矿区为目标，以科技进步为支撑，以“三下”压煤地区和环境敏感地区为重点，加强政策引导，强化规范管理，因地制宜，不断创新，大力推广充填开采技术，促进安全有保障、资源利用率高、环境污染少、综合效益好和可持续发展的新型煤炭工业体系建设。

（五）主要目标。安全保障程度不断提高。通过充填开采、以矸换煤，为“三下”压煤和边角残煤等资源回收创造安全生产条件。资源节约效果逐步显现。实施充填开采的“三下”煤炭资源，中厚煤层采区回采率达到85%以上，薄煤层采区回采率达到90%以上；对留设煤柱和边角残煤实施以矸换煤开采的，回采率达到70%以上。矿区生态环境明显改善。地面基本实现无矸石山堆存，地表变形和次生地质灾害得到有效控制，地下水系和地面生态环境破坏程度大幅度降低。

三、实施要求

（六）科学规划充填区域。煤矿企业要通过科学论证，努力扩大充填范围，在确保生产安全和保护地面生态环境的前提下，实现“三下”压煤和各种保安煤柱、边角残煤等煤炭资源的充分回收。充填开采首先在“三下”压煤区域推广。进入生产中后期的矿井，要积极采取充填开采置换保安煤柱、边角残煤等煤炭资源。无“三下”压煤的煤矿在矿井和采区设计布置中，可根据矿井客观条件，规划一定区域，优先采用充填开采。充填区域的选择及充填开采方案应与土地复垦方案、矿山地质环境保护与恢复治理方案有机结合。

（七）切实保护村庄、农田和地下水。在人口密集地区的村庄下采煤，经论证不宜搬迁村庄的，要采用充填开采方式，保障居民正常生产生活。在耕地特别是基本农田保护区下采煤，要做好规划和设计，确定充填开采区域衔接顺序，避免地表二次治理。在需要保水开采的区域，可采用充填开采方式，避免煤炭开采破坏地下水及含水层。

（八）稳步开展禁采区充填试采。经论证充填开采能够保证达到地面安全保护规定的禁采区域，经省级及以上煤炭行业管理部门会同有关部门批准后可进行充填试采。试采过程中，必须加强对应区域的地表变形观测，及时调整充填参数，确保原禁采区设立目标不受影响。

（九）合理选择充填材料。充填材料必须对地下水无污染，凡对地下水水质有影响的，必须预先进行无毒、无害化处理，避免充填材料污染地下水及含水层。要多渠道收集各种充填材料，鼓励充填材料选择与建筑垃圾处理、河道清淤、沙漠流沙治理等相结合。

（十）充分利用煤矸石。新建煤矿不再设立永久性地面矸石山，临时周转堆存的煤矸石要制定综合利用方案，优先用于井下充填。既有煤矿已经排放的煤矸石等固体废弃物不得在地面长时间堆存，要积极开展综合利用，重点用于保安煤柱、边角残煤置换开采和建筑材料生产。鼓励煤矿在井下进行毛煤预排矸或建设井下选煤系统，矸石直接在井下用于充填开采，减少提升能耗和无效运输。煤矿要根据年矸石固体废弃物排放总量，统筹安排煤柱留设、充填开采区域布置和采区接替，为实施充填开采创造有利条件。

（十一）有效利用粉煤灰和炉渣。煤矸石综合利用电站和坑口电站排放的粉煤灰和炉渣，凡不能继续进行综合利用的，应优先用于附近煤矿充填开采，减少土地占压和环境污染。

（十二）优化充填工艺。井下充填开采应采用机械化充填装备，减轻从业人员劳动强度，加强安全管理，保证充填效果。具体充填工艺结合矿井煤层赋存条件、充填材料种类及可获得性统筹考虑。

（十三）保证充填效果。实施充填开采，应根据地面保护体和生态环境情况确定充填率指标，设计充填开采工艺，努力实现地面保护体免受扰动，最大限度降低对土地的损毁及地表生态环境的影响。对薄煤层、中厚煤层实施充填开采，煤矸石、尾矿、建筑垃圾等固体材料充填率应达到80%以上；膏体、似膏体材料充填率应达到85%以上；高水、超高水材料充填率应达到90%以上，以利于土地复垦利用和生态环境恢复。

（十四）严格充填计量。煤矿企业在编制充填开采设计时，应根据地质资料、回采率要求等初步测算充填开采煤炭产量。实施过程中，应在充填开采工作面运煤皮带安装计量装置，准确计量充填开采煤炭产量；从地面向井下输送充填材料的，应在充填进料管路安装计量装置，及时统计充填材料用量。所有计量装置必须符合国家计量标准，并实现数据在线监控。

（十五）落实煤矿企业领导职责。煤矿企业法人是充填开采工作的第一责任人，全面负责本企业的充填开采工作。总工程师是第一技术负责人，组织制定和论证充填开采方案，协助企业法人制定完善的责任规章和日常生产运行管理制度。

（十六）强化企业内部管理。实施充填开采的煤矿企业要按照目标明确、组织健全、责任落实、措施到位、逐级考核、严格奖惩的总体要求，建立健全工作体系，加强充填开采效果监测，做好岩层地表移动观测，建立充填开采台账，确保充填开采有关数据真实可靠。

（十七）加强政府部门监管。煤矿企业实施充填开采应制定规划和设计，报省级煤炭行业管理部门批准后实施。省级煤炭行业管理部门（或授权有相应资质的第三方）每年要对煤矿企业充填开采工作进行考核，并会同财政、国土资源、环保等部门，对企业申报的充填规模、置换原煤产量、充填效果做出鉴定。

四、保障措施

（十八）建立标准和评估体系。国家煤炭行业主管部门组织制定充填开采工艺、装备、材料、效果等行业技术标准，建立健全评估机制和评价体系。地方煤炭行业管理部门可根据国家有关规定，结合本地实际情况，制定区域性标准和管理办法。

（十九）加大资金支持力度。煤矿企业实施充填开采，可作为重大技术改造、产业升级、生态环保、资源综合利用项目，符合相关要求的，优先享受有关专项资金支持。充填开采置换出的原煤产量经省级国土资源管理部门会同同级财政部门批准同意后，可相应减缴矿产资源补偿费。

（二十）鼓励技术开发与转让。国家支持煤矿企业开展充填开采技术改造、技术研发和技术引进。鼓励已经开展充填开采的煤矿企业进行技术转让，提供技术咨询和服务，由此取得的收入，可以按现行规定享受国家有关税收优惠政策。

（二十一）加强宣传交流。大力宣传煤矿实施充填开采的重要意义，宣传煤矿充填开采在保障安全生产、提高资源回收率、保护生态环境等方面的重要作用。行业协会、科研机构要加强信息、技术交流和咨询、推广工作，促进煤矿企业实施充填开采。

四、相关规划

国务院办公厅关于印发能源发展战略行动计划（2014—2020 年）的通知

国办发〔2014〕31 号　2014 年 6 月 7 日起施行

各省、自治区、直辖市人民政府，国务院各部委、各直属机构：

《能源发展战略行动计划（2014—2020 年）》已经国务院同意，现印发给你们，请认真贯彻落实。

能源发展战略行动计划（2014—2020 年）（节选）

二、主要任务

（一）增强能源自主保障能力。

1. 推进煤炭清洁高效开发利用。

按照安全、绿色、集约、高效的原则，加快发展煤炭清洁开发利用技术，不断提高煤炭清洁高效开发利用水平。

推进煤电大基地大通道建设。依据区域水资源分布特点和生态环境承载能力，严格煤矿环保和安全准入标准，推广充填、保水等绿色开采技术，重点建设晋北、晋中、晋东、神东、陕北、黄陇、宁东、鲁西、两淮、云贵、冀中、河南、内蒙古东部、新疆等 14 个亿吨级大型煤炭基地。到 2020 年，基地产量占全国的 95%。采用最先进节能节水环保发电技术，重点建设锡林郭勒、鄂尔多斯、晋北、晋中、晋东、陕北、哈密、准东、宁东等 9 个千万千瓦级大型煤电基地。发展远距离大容量输电技术，扩大西电东送规模，实施北电南送工程。加强煤炭铁路运输通道建设，重点建设内蒙古西部至华中地区的铁路煤运通道，完善西煤东运通道。到 2020 年，全国煤炭铁路运输能力达到 30 亿吨。

4. 积极发展能源替代。

稳妥实施煤制油、煤制气示范工程。按照清洁高效、量水而行、科学布局、突出示范、自主创新的原则，以新疆、内蒙古、陕西、山西等地为重点，稳妥推进煤制油、煤制气技术研发和产业化升级示范工程，掌握核心技术，严格控制能耗、水耗和污染物排放，形成适度规模的煤基燃料替代能力。

（二）推进能源消费革命。

1. 严格控制能源消费过快增长。

推行区域差别化能源政策。在能源资源丰富的西部地区，根据水资源和生态环境承载能力，在节水节能环保、技术先进的前提下，合理加大能源开发力度，增强跨区调出能力。合理控制中部地区能源开发强度。大力优化东部地区能源结构，鼓励发展有竞争力的新能源和可再生能源。

2. 着力实施能效提升计划。

实行绿色交通行动计划。完善综合交通运输体系规划，加快推进综合交通运输体系建设。积极推进清洁能源汽车和船舶产业化步伐，提高车用燃油经济性标准和环保标准。加快发展轨道交通和水运等资源节约型、环境友好型运输方式，推进主要城市群内城际铁路建设。大力发展城市公共交通，加强城市步行和自行车交通系统建设，提高公共出行和非机动出行比例。

三、保障措施

（二）健全和完善能源政策。

完善能源税费政策。加快资源税费改革，积极推进清费立税，逐步扩大资源税从价计征范围。研究调整能源消费税征税环节和税率，将部分高耗能、高污染产品纳入征收范围。完善节能减排税收政策，建立和完善生态补偿机制，加快推进环境保护税立法工作，探索建立绿色税收体系。

国土资源部 国家发展改革委 工业和信息化部 财政部 环境保护部 商务部关于发布实施《全国矿产资源规划（2016—2020年）》的通知

国土资发〔2016〕93号 2016年11月2日起实行

《全国矿产资源规划（2016—2020 年）》，是根据《中华人民共和国矿产资源法》及其实施细则的规定，为了统筹好矿产资源勘查、开发、利用和保护各项工作，在全面评估第二轮矿产资源规划实施情况并向国务院报告的基础上，由国土资源部会同国家发展改革委、工业和信息化部、财政部、环境保护部、商务部制定的规划。

2016年11月2日，《全国矿产资源规划（2016—2020年）》由国务院原则同意通过。

全国矿产资源规划（2016—2020年）（节选）

第一章 规划基础

第一节 主要成效

资源环境保护水平稳步提高。推进矿产资源补偿费与资源储量消耗挂钩，组织实施矿产资源节约与综合利用专项，40个国家级综合利用示范基地建设成效显著，发布160余项矿产资源节约和综合利用标准。全面实施矿山地质环境治理恢复保证金制度（已取消，由基金制度代替）。累计投入矿山地质环境治理资金773亿元，治理恢复面积32.5万公顷。推进661个国家级绿色矿山建设试点，矿业绿色转型升级步伐加快。

第二章　指导思想、原则与目标

第二节　基本原则

——优化布局，促进矿业协调发展。着力推动资源开发与区域发展、产业升级、环境保护、城乡建设相协调，实行矿种差别化、区域差别化管理，统筹矿产勘查开发布局与时序，形成协调有序的资源开发保护新格局。

——加快转型，推进矿业绿色发展。坚持生态保护第一，充分尊重群众意愿，促进资源开发与环境保护协调发展。树立节约集约循环利用的资源观，加强全过程节约管理，推动资源利用方式根本转变，加快发展绿色矿业，大力推进生态文明建设。

第三节　主要目标

到 2020 年，基本建立安全、稳定、经济的资源保障体系，基本形成节约高效、环境友好、矿地和谐的绿色矿业发展模式，基本建成统一开放、竞争有序、富有活力的现代矿业市场体系，显著提升矿业发展的质量和效益，塑造资源安全与矿业发展新格局。

——资源环境保护和合理利用水平显著提高。开发利用布局进一步优化，矿山规模化集约化程度明显提高，大中型矿山比例超过 12%。节约与综合利用水平显著提高，主要矿产资源产出率提高 15%。绿色矿业发展新格局基本形成。矿产资源开发的环境影响得到有效控制，开发区域生态环境不退化、环境质量不下降。矿山地质环境得到有效保护和及时治理，完成 50 万公顷历史遗留矿山地质环境治理恢复任务。

2025 年远景目标：稳定开放的资源安全保障体系全面建立，资源开发与经济社会发展、生态环境保护相协调的发展格局基本形成，资源保护更加有效，矿业实现全面转型升级和绿色发展，现代矿业市场体系全面建立，参与全球矿业治理能力显著提升。

第四章　坚持协调发展优化矿产开发保护格局

第二节　推动资源开发与产业发展相协调

（六）推进页岩气规模开发利用。加强页岩气调查评价与勘查，获取优质规模储量。开展四川长宁—威远、重庆涪陵、贵州遵义—铜仁、云南昭通、陕西延安等地区页岩气勘查开发示范，发展适合我国地质特点的页岩气勘查开发关键技术和装备，继续实行页岩气开发利用补贴政策，推动低成本规模开发。强化页岩气开发环境保护。

第三节　推动资源开发与环境保护相协调

一、强化矿产开发源头管控

依法严格控制采矿活动对生态环境的影响。坚持科学规划论证，提高矿产勘查、采选等准入条件。限制开采高硫、高灰、高砷、高氟煤炭和湿地泥炭，以及砂金、砂铁等重砂矿物。禁止开采蓝石棉、可耕地砖瓦用黏土等矿产。不再新建汞矿山，逐步停止汞矿开采。严格砂石黏土矿开采布局管控，避免滥采滥挖破坏环境。严格控制海砂（砾）和河砂（砾）开采，合理确定开采范围、开采时段和开采量。依法依规做好规划环评工作，加强与规划方案的互动衔接，强化环境问题的源头预防。

二、严格各类保护地矿产开发管理

全面落实主体功能区规划和生态保护要求，在自然保护区内严禁开展不符合功能定位的开发活动。在国家地质公园等地区，依法严格准入管理。全面清理各类保护地内已有矿产资源勘查开发项目，由各地区别情况，分类处理，研究制定退出补偿方案，在维护矿业权人合法权益的前提下，依法有序退出，及时治理恢复矿区环境，复垦损毁土地；确需保留的极少数国家战略性矿产开发项目，按程序批准后，实行清单式管理，明确资源环境保护要求和措施，严格监管。

三、强化矿山生产过程环境监管

加强矿产资源开发过程的环境保护，最大限度减少或避免因矿产开发而引发的矿山环境问题。建立国家、省、市、县四级地质环境动态监测体系，强化矿山生产全过程的环境影响监测。加强对采矿权人履行矿山地质环境保护和治理恢复义务情况的监督检查，对造成重大环境影响的，限期禁采限采，及时消除影响；对拒不履行治理恢复任务的，纳入企业经营异常名录管理；情节严重的，纳入严重违法名单，在国有土地出让和矿业权申请审批中依法予以禁入。将矿山地质环境保护与治理恢复责任落实情况，作为矿业企业信息社会公示和抽检的重要内容，强化社会监督和政府监管。

四、加强废弃矿山矿井监管

严格废弃矿山矿井后续处理处置，防止废弃尾矿、建设设施等污染土壤地下水等周边环境，对于煤矿等矿井矿坑，要实施封井回填，防止污染地下水，对废弃矿山实施生态修复。

第五章　坚持绿色发展强化资源节约集约循环利用

第三节　强化矿产资源节约与综合利用

一、提高矿产资源节约与综合利用水平

矿山企业应当采取科学的开采方法和选矿工艺，减少尾矿、矸石、废石等矿业固体废物的产生量和贮存量。尾矿、矸石、废石等矿业固体废物贮存设施停止使用后，矿山企业应当按照国家有关环境保护规定进行封场，防止造成环境污染和生态破坏。

第六章　坚持开放发展促进全球矿业合作共赢

第二节　提高矿业领域对外开放水平

二、积极有效引进境外资金和先进适用技术

坚持引资、引技、引智并举，完善政策措施，鼓励引进先进的勘查开发技术、管理经验和高素质人才。鼓励外资参与页岩气煤层气等资源开发、尾矿利用、矿山环境治理和生态修复等新技术开发应用项目。鼓励引入先进适用的节能降耗工艺、技术和设备。

国家发展改革委 国家能源局 关于印发煤炭工业发展“十三五”规划的通知

发改能源〔2016〕2714号　2016年12月22日起施行

各省（自治区、直辖市）发展改革委（能源局）、煤炭行业管理部门、新疆生产建设兵团发展改革委，各有关中央企业：

为加快推进煤炭领域供给侧结构性改革，推动煤炭工业转型发展，建设集约、安全、高效、绿色的现代煤炭工业体系，依据《国民经济和社会发展第十三个五年规划纲要》和《能源发展“十三五”规划》，我们制订了《煤炭工业发展“十三五”规划》。现印发你们，请遵照执行。

煤炭工业发展“十三五”规划（节选）

第一章　发展基础和形势

一、发展基础

矿区生态环境逐步改善。推动采煤沉陷区和排矸场综合治理，矿区生态修复和环境治理成效明显。大力发展煤矿清洁生产和循环经济，煤矸石、矿井水、煤层气（煤矿瓦斯）等资源综合利用水平不断提高。棚户区改造加快推进，职工生产生活环境进一步改善。

二、主要问题

清洁发展水平亟待提高。煤炭开采引发土地沉陷、水资源破坏、瓦斯排放、煤矸石堆存等，破坏矿区生态环境，恢复治理滞后。煤炭利用方式粗放，大量煤炭分散燃烧，污染物排放严重，大气污染问题突出，应对气候变化压力大。

三、发展形势

生态环保和应对气候变化压力增加。我国资源约束趋紧，环境污染严重，人民群众对清新空气、清澈水质、清洁环境等生态产品的需求迫切。我国是二氧化碳排放量最大的国家，已提出2030年左右二氧化碳排放达到峰值的目标，国家将保护环境确定为基本国策，推进生态文明建设，煤炭发展的生态环境约束日益强化，必须走安全绿色开发与清洁高效利用的道路。

第二章　指导方针和目标

二、基本原则

坚持绿色开发与清洁利用相结合，推动绿色发展。以生态文明理念引领煤炭工业发展，将生态环境约束转变为煤炭绿色持续发展的推动力，从煤炭开发、转化、利用各环节着手，强化全产业链统筹衔接，加强引导和监管，推进煤炭安全绿色开发，促进清洁高效利用，加快煤炭由单一燃料向原料和燃料并重转变，推动高碳能源低碳发展，最大限度减轻煤炭开发利用对生态环境的影响，实现与生态环境和谐发展。

第三章　优化生产开发布局

全国煤炭开发总体布局是压缩东部、限制中部和东北、优化西部。东部地区煤炭资源枯竭，开采条件复杂，生产成本高，逐步压缩生产规模；中部和东北地区现有开发强度大，接续资源多在深部，投资效益降低，从严控制接续煤矿建设；西部地区资源丰富，开采条件好，生态环境脆弱，加大资源开发与生态环境保护统筹协调力度，结合煤电和煤炭深加工项目用煤需要，配套建设一体化煤矿。

第五章　推进煤炭清洁生产

牢固树立绿色发展理念，推行煤炭绿色开采，发展煤炭洗选加工，发展矿区循环经济，加强矿区生态环境治理，推动煤炭供给革命。

一、推行煤炭绿色开采

研究制定矿区生态文明建设指导意见，建立清洁生产评价体系，建设一批生态文明示范矿区。在煤矿设计、建设、生产等环节，严格执行环保标准，采用先进环保理念和技术装备，减轻对生态环境影响。以煤矿掘进工作面和采煤工作面为重点，实施粉尘综合治理，降低粉尘排放。因地制宜推广充填开采、保水开采、煤与瓦斯共采、矸石不升井等绿色开采技术。限制开发高硫、高灰、高砷、高氟等对生态环境影响较大的煤炭资源。加强生产煤矿回采率管理，对特殊和稀缺煤类实行保护性开发。

二、发展煤炭洗选加工

大中型煤矿应配套建设选煤厂或中心选煤厂，加快现有煤矿选煤设施升级改造，提高原煤入选比重。推进千万吨级先进洗选技术装备研发应用，降低洗选过程中的能耗、介耗和污染物排放。大力发展高精度煤炭洗选加工，实现煤炭深度提质和分质分级。鼓励井下选煤厂示范工程建设，发展井下排矸技术。支持开展选煤厂专业化运营维护，提升选煤厂整体效率，降低运营成本。

三、发展矿区循环经济

以经济效益、社会效益、生态效益协同提高为目标，促进煤炭与共伴生资源的综合开发与循环利用。坚持统一规划和集中高效管理，统筹矿区综合利用项目及相关产业建设布局，提升循环经济园区建设水平。支持煤炭企业按等容量置换原则建设洗矸煤泥综合利用电厂，发挥综合利用发电在废弃物消纳处置、矿区供热、供暖、供冷等方面作用。发展煤矸石和粉煤灰制建材，提高煤矸石新型建材的市场竞争力。推进矿井排水产业化利用，提高矿井水资源利用率和利用水平。加强科研创新，探索与煤共伴生的铝、镓、锗等资源利用价值。

四、加强矿区生态环境治理

按照不欠新账、快还旧账的原则，全面推进矿区损毁土地复垦和植被恢复。推进采煤沉陷区综合治理，探索利用采煤沉陷区、废弃煤矿工业场地及周边地区，发展风电、光伏、现代农业、林业等产业。加强统筹规划和资金支持，推进新疆等地区煤田火区治理。构建政府主导、政策扶持、社会参与、开发式治理、市场化运作的治理新模式，加大历史遗留矿山地质环境问题治理力度。

第八章　加强煤炭科技创新

二、应用推广先进适用技术

以提高效率为核心，应用推广煤田高精度勘探、深厚冲积层快速建井、岩巷快速掘进、高效充填开采、智能工作面综采、薄煤层开采、干法选煤、矿井水和矿井热能利用、中低浓度瓦斯利用、高效低排放煤粉工业锅炉等先进工艺技术，鼓励应用煤机再制造产品和技术。加强煤炭集成创新，推动物联网、大数据、云计算等现代信息技术在煤炭行业的集成应用，服务煤炭生产、灾害预防预警、煤炭物流、行业管理等工作。

第九章　加快煤层气产业发展

统筹煤炭、煤层气勘探开发布局和时序，坚持煤层气（煤矿瓦斯）先抽后采、抽采达标，加大勘查开发利用力度，保障煤矿安全生产，增加清洁能源供应，减少温室气体排放。

第十一章　发展煤炭服务产业

一、发展煤炭现代物流

推进环渤海、长三角等大型煤炭储配基地和煤炭物流园区建设，实现煤炭精细化加工配送。加快蒙西至华中等铁路通道和水运、进出口通道建设，优化煤炭物流网络。发展煤炭水铁联运，完善煤炭物流转运设施，实现铁路货运站与港口码头无缝衔接。发展煤炭绿色物流，推进封闭运输，减轻对环境影响。

第十三章　环境影响评价

一、煤炭开发对环境的影响

煤炭开发对环境的影响主要是煤矸石、煤矿瓦斯和矿井水排放，以及采煤引起的地表沉陷和水土流失。

东部地区。人口稠密、土地资源稀缺，多数煤矿位于平原地区，主要环境影响是地表沉陷。2020 年，预计东部地区产生煤矸石 0.56 亿吨、煤泥 1 490 万吨、矿井水 4.52 亿立方米，新形成沉陷土地面积 0.42 万公顷。

中部和东北地区。山西、内蒙古煤炭开发强度大，生态环境较脆弱，主要环境影响是地下水径流破坏、潜水位下降和地表水减少，煤矸石和煤矿瓦斯产生量大。吉林、湖北、湖南、江西煤炭产量逐渐减少，主要环境影响是地表沉陷、水土流失和瓦斯排放。2020 年，预计中部和东北地区产生煤矸石 3.36 亿吨、煤泥 8 760 万吨、矿井水 20.05 亿立方米，新形成沉陷土地面积 2.8 万公顷。

西部地区。除西南地区外，均处于干旱半干旱地区，水资源缺乏，植被稀少，生态环境脆弱，主要环境影响是地下水径流破坏、地下潜水位下降和地表水减少，引起地表干旱、水土流失、荒漠化和植被枯萎，煤矸石和瓦斯产生量大。2020 年，预计西部地区产生煤矸石 4.03 亿吨、煤泥 9 120 万吨、矿井水 35.47 亿立方米，新形成沉陷土地面积 3.34 万公顷。

二、预防和减轻环境影响的对策

（一）顶层设计，推进煤炭清洁高效开发利用。优化煤炭产业结构、消费结构，支持和鼓励煤炭生产企业通过多种技术途径，从源头减少煤矸石、矿井水和煤矿瓦斯等排放，继续推进矿区节能减排，加强商品煤质量管控，大幅度提高煤炭集中转化、废弃资源和污染物集中治理的比重。扶持企业立足资源和区位特点，积极开拓煤炭使用新领域，推进煤炭清洁高效利用。

（二）科技创新，为减缓环境影响提供基础支撑。加强基础研究与科技攻关，健全政-产-学-研-用科技创新体系，完善扶持政策。加强碳减排、乏风瓦斯氧化利用、充填开采、保水开采等绿色开采技术，煤炭分级提质利用、煤炭深加工、高效燃煤发电等技术研发，推动创新成果的推广和产业化应用。

（三）加强治理，改善矿区生态环境。树立生态保护红线意识，严格执行国家有关环境治理和水土保持方面的法律法规及标准要求，全面落实环境保护和水土保持“三同时”制度。在环境敏感区和生态脆弱区，结合资源条件和环境容量，严格控制煤炭开发规模，合理安排开发时序。强化生产端废弃物源头减量，切实减少矿区各类污染物排放。建立多部门联动生态治理监管机制，有序推进煤田火区、采空区、沉陷区综合治理，防治地质灾害。将生态文明理念融入煤矿全生命周期建设，树立良好社会形象，使煤炭开发与当地社会和谐发展。

（四）公众监督，完善公众参与机制。发挥社会公众和新闻媒体的监督作用，完善公众参与机制，强化环保宣传，支持和鼓励企业定期发布社会责任报告，建立公众反馈意见的监督执行制度，切实保障社会公众有效行使监督权。

三、环境治理的预期效果

通过实施以上措施，到2020年基本实现规划提出的环境保护目标，煤炭清洁高效生产体系基本建立，矿区生态环境显著改善。

（一）全国环境治理预期效果。到2020年，煤矸石综合利用率75%左右；矿井水综合利用率80%；煤矿稳定沉陷土地治理率80%以上，排矸场和露天矿排土场复垦率达到90%以上；瓦斯综合利用水平显著提高，煤层气（煤矿瓦斯）抽采量达到240亿立方米，利用率67%左右；新增沉陷土地面积6.56万公顷，复垦面积约3.91万公顷，土地复垦率60%左右。

（二）地区环境治理预期效果。东部地区采取煤矸石发电、井下充填、土地复垦和立体开发等措施，煤矸石利用率达到100%，矿井水利用率92%，沉陷土地复垦率68%，煤层气（煤矿瓦斯）利用率53%。中部和东北地区采取煤矸石发电、井下充填、地表土地复垦和立体开发、植被绿化等措施，煤矸石利用率76%，矿井水利用率77%，沉陷土地复垦率63%，煤层气（煤矿瓦斯）利用率64%。西部地区采取煤矸石发电、井下充填、地表土地复垦和立体开发、植被绿化、保水充填开采等措施，煤矸石利用率70%，矿井水利用率80%，沉陷土地复垦率55%，煤层气（煤矿瓦斯）利用率72%。

国家发展改革委
关于印发石油天然气发展“十三五”规划的通知

发改能源〔2016〕2743号　2016年12月24日起施行

各省、自治区、直辖市发展改革委（能源局）、新疆生产建设兵团发展改革委，中国石油天然气集团公司、中国石油化工集团公司、中国海洋石油总公司，中国石油和化学工业联合会：

为落实《中华人民共和国国民经济和社会发展第十三个五年规划纲要》总体要求，促进石油、天然气产业有序、健康、可持续发展，根据《能源发展“十三五”规划》，我们制订了《石油发展“十三五”规划》《天然气发展“十三五”规划》，现印送你们，请按照执行。

石油发展“十三五”规划（节选）

二、指导思想和目标

（二）基本原则

开发利用与环境保护相互协调。处理好资源开发利用与土地利用、环保、城乡规划、海洋主体功能区划、海洋功能区划等相关规划的统筹衔接，加强生产、运输和利用等全产业链生态环境保护，完善节能环保管理体系，强化源头控制和污染物治理，推进产业绿色、可持续发展。

五、环境保护

（一）环境影响分析

部分油田处在人口稠密、水网发达、生态脆弱等环境相对敏感区域，随着经济社会发展和城镇化水平提升，企业生产面临压力。

水体影响分析。油田勘探开发对陆上矿区水体环境有一定的影响，主要污染物为COD和石油类。海上原油生产对环境的影响主要体现在泥浆钻屑、铺设海管、电缆过程中掀起的海底沉积物、生活污水、含油生产污水、可能存在的溢油事故等。

大气影响分析。油田大气环境污染主要是挥发性有机物、二氧化硫、氮氧化物、烟尘、硫化氢等，可能存在生产设备密封点泄漏、储罐和装卸过程挥发损失、废水废液废渣系统逸散等无组织排放及非正常工况排污。

土壤影响分析。油田生产过程中造成土壤石油类污染的主要原因是油泥沙、钻井废弃泥浆、岩屑和落地油和管线穿孔造成土壤污染。油田和管道建设中可能对防洪设施、水资源造成影响，大量占压和扰动地表、破坏地貌植被，易造成水土流失。油田生产中的落地原油、油泥，以及注水开采、水力压裂活动等可能长期损害水土保持功能。

（二）环境保护措施

环境保护工作除了建设环保防控体系外，还应推进产业结构优化升级，以提高能效、降低资源和能源消耗为重点，努力形成“低投入、低消耗、低排放、高效率”的发展模式。

完善节能环保管理体系，强化节能环保监督管理。全面贯彻落实节约能源、污染防治等有关法律法规、管理规定和标准。做好建设项目的环境影响评价、节能审查评估工作。加强建设项目防洪影响和水资源论证工作，切实落实建设项目水土保持方案制度和“三同时”制度，认真实施水土保持预防和治理措施，控制人为水土流失。

强化源头控制，加大污染治理力度。实施工艺改进、生产环节和废水废液废渣系统封闭性改造、设备泄漏检测与修复（LDAR）、罐型和装卸方式改进等措施，对易泄漏环节制定针对性改进措施，从源头减少挥发性有机物的泄漏排放。加强锅炉污染治理，确保稳定达标排放。推进清洁生产，开展综合利用，大力推广二氧化碳驱油和埋存技术。加大环保投入和科研开发，加强环保监控系统建设，强化环保队伍建设。

加强用地用海协调。对可能与石油发展规划实施有用地用海矛盾、相互制约的土地功能区划或功能海域（自然保护区、海洋保护区、森林公园、农渔业区、港口航运区等），需提前做好协调和沟通工作。

天然气发展“十三五”规划（节选）

二、指导思想和目标

（二）基本原则

资源开发与环境保护相协调。处理好天然气发展与生态环境保护的关系，注重生产、运输和利用中的环境保护和资源供应的可持续性，减少环境污染。

五、环境保护

（一）环境影响分析

1. 提高能效和节能减排效果显著

目前，我国一次能源消费结构仍以煤炭为主，二氧化碳排放强度高，环境压力大。“十三五”期间，随着天然气资源开发利用加快，天然气占一次能源消费的比重将提高，可有效降低污染物和二氧化碳排放强度。发电和工业燃料上天然气热效率比煤炭高约 10%，天然气冷热电三联供热效率较燃煤发电高近 1 倍。天然气二氧化碳排放量是煤炭的 59%、燃料油的 72%。大型燃气-蒸汽联合循环机组二氧化硫排放浓度几乎为零，工业锅炉上二氧化硫排放量天然气是煤炭的 17%、燃料油的 25%；大型燃气-蒸汽联合循环机组氮氧化物排放量是超低排放煤电机组的 73%，工业锅炉的氮氧化物排放量天然气是煤炭的 20%；另外，与煤炭、燃料油相比，天然气无粉尘排放。若 2020 年天然气消费量达到 3 600 亿立方米，比 2015 年增加 1 670 亿立方米，同增加等量热值的煤炭相比，每年可减排二氧化碳 7.1 亿吨、二氧化硫 790 万吨。

2. 可持续发展作用重大

天然气广泛使用对保护生态环境，改善大气质量，提高公众生活质量和健康水平，实现可持续发展具有重要作用。天然气覆盖面的扩大和天然气普及率的提高，使越来越多的人民群众能共享天然气的清洁性，生活质量得到提高，对我国经济社会可持续发展将发挥重要作用。

（二）环境保护措施

坚持统筹规划、合理布局、保护环境、造福人民，实现天然气开发利用与安全健康、节能环保协调发展。认真执行环境影响评价制度和节能评估审查制度，加强项目环保评估和审查、节能评估和审查。加强国家重要生态功能区或生态脆弱区等生态保护重点地区环境监管力度。加强建设项目防洪影响和水资源论证工作，切实落实建设项目水土保持方案制度和“三同时”制度，认真实施水土保持预防和治理措施，控制人为水土流失。加强集约化开发力度，尽量减少耕地、林地占用。大力发展生物天然气，促进农作物秸秆、畜禽粪便等农业废弃物资源的利用。完善高酸性气田安全开发技术，加强对常规天然气开采及净化等过程大气污染治理，减少无组织排放和非正常排放，确保满足环境管理相关要求。加强对页岩气开发用水和煤制天然气生产用水及其处理的管理及环境监测。大力推广油田伴生气和气田试采气回收技术、天然气开采节能技术等。采取严格的环境保护措施降低对环境敏感区的影响，优化储运工艺，加强天然气泄漏检测，减少温室气体逃逸排放。加大 LNG 冷能利用力度。

国家能源局
关于印发页岩气发展规划（2016—2020 年）的通知

国能油气〔2016〕255 号　2016 年 9 月 14 日起施行

各省、自治区、直辖市及计划单列市发展改革委（能源局），有关企业：

为加快我国页岩气发展，规范和引导“十三五”期间页岩气勘探开发，现将《页岩气发展规划（2016—2020 年）》印发你们，请按照执行。

页岩气发展规划（2016—2020 年）（节选）

三、指导方针和目标

（二）基本原则

注重生态保护。严格开展页岩气开发环境影响评价，通过优化方案设计、使用清洁原料和先进技术装备、改善管理和加强综合利用等，从源头削减污染和减少用水、用地，实现页岩气开发与生态保护协调发展。

四、重点任务

（一）大力推进科技攻关

5. 页岩气开采环境评价及保护技术

重点开展页岩气井钻井液及压裂返排液处理处置技术、开发生态及地下水环境风险评估与监控技术、安全环保标准体系等攻关研究。

六、社会效益与环境评估

（二）环境评估

页岩气作为清洁能源，开发利用将节约和替代大量煤炭和石油资源，减少二氧化碳排放量，改善生态环境。同时，页岩气开发也会产生一定的环境影响，如页岩气井场建设会对地表植被产生破坏，开发和集输过程中可能产生甲烷逸散或异常泄漏，页岩气增产改造会引发地表震动，增产改造用水量大，影响地区水资源，钻井液和压裂液返排后处理不当，可能会造成污染。

采取的相关措施主要包括：严格遵守《环境保护法》（2014 年修订）等法律法规，制修订页岩气开发相关环境标准；大范围推广水平井工厂化作业，减少井场数量，降低占地面积；对废弃井场进行植被恢复；生产过程中严格回收甲烷气体，不具备回收利用条件的须进行污染防治处理；增产改造过程中将返排的压裂液回收再利用，或进行无害化处理，降低污染物在环境中的排放。

国家能源局关于印发煤层气（煤矿瓦斯）开发利用“十三五”规划的通知

国能煤炭〔2016〕334 号　2016 年 11 月 24 日起施行

有关省（区、市）及新疆生产建设兵团发展改革委（经信委）、煤炭行业管理部门、煤矿瓦斯防治（集中整治）领导小组，有关中央企业：

为贯彻落实国民经济社会发展第十三个五年规划纲要和能源发展“十三五”规划，加快煤层气（煤矿瓦斯）开发利用，保障煤矿安全生产，增加清洁能源供应，减少温室气体排放，我们组织编制了《煤层气（煤矿瓦斯）开发利用“十三五”规划》，现印发给你们，请结合本地区、企业实际认真贯彻落实。

煤层气（煤矿瓦斯）开发利用“十三五”规划（节选）

前　言

煤层气（煤矿瓦斯）是赋存在煤层及煤系地层的烃类气体，是优质清洁能源。加快煤层气（煤矿瓦斯）开发利用，对保障煤矿安全生产、增加清洁能源供应、减少温室气体排放具有重要意义。国家高度重视煤层气开发利用和煤矿瓦斯防治工作，“十二五”期间煤层气产业化发展步伐加快，煤矿瓦斯防治工作取得显著成效。

第二章　发展形势

二、生态环境约束趋紧

国家确定 2020 年单位国内生产总值二氧化碳排放较 2005 年下降 40%～45%，2030 年左右二氧化碳排放达到峰值，对控制温室气体排放提出了更高要求。煤层气（煤矿瓦斯）的温室效应是二氧化碳的 21 倍，加快煤层气（煤矿瓦斯）开发利用，不断提高利用率，可降低温室气体排放，保护大气环境。“十三五”期间，需要完善瓦斯利用政策，鼓励企业提高瓦斯利用率，研究建立碳排放交易平台，竭力减少碳排放，提高社会资金参与煤层气（煤矿瓦斯）开发利用的积极性。

第三章　指导思想、基本原则与发展目标

二、基本原则

——坚持协调发展。推进煤层气矿业权审批制度改革试点，实现煤层气与煤炭等资源协调开发。构建煤炭远景区先采气后采煤、煤炭生产规划区先抽后采和采煤采气一体化格局，促进资源勘查与开发、地面开发与井下抽采协调发展。延伸煤层气产业链，实现煤层气（煤矿瓦斯）抽采、管道输送、压缩液化、销售利用、工程服务和装备制造等上下游及关联产业协调发展。

——坚持绿色发展。立足确保煤矿安全生产、增加清洁能源供应，推动地面开发基地化、井下抽采规模化，实现“安全-资源-环保”绿色发展。严格执行煤矿瓦斯排放标准，推进低浓度瓦斯发电、液化浓缩和乏风瓦斯利用，建设瓦斯零排放示范项目，形成低碳循环发展模式。加强环境影响评价和节能评估，强化勘探开发过程中的生态环境保护，努力减少温室气体排放。

第四章　规划布局和重点任务

二、煤层气（煤矿瓦斯）开发

（六）建设煤矿瓦斯治理示范矿井

选择瓦斯灾害严重、发展潜力好的煤矿，建成一批瓦斯灾害治理示范矿井，推进瓦斯灾害防治理念、技术、管理、装备集成创新，实现煤与瓦斯安全高效共采，达到瓦斯零事故、零超限，形成不同地质条件下瓦斯灾害防治模式，发挥区域示范引领作用。

第五章　环境影响评价与保护

一、环境影响分析

（一）煤层气开发

煤层气井、集输站场等施工期间，对环境的影响主要来自噪声、污水和固体废弃物。施工车辆、机械和人员活动产生的噪声对周围的影响是暂时的，施工结束后就会消失。钻井液、压裂液等工程废水对周围环境的影响较小。固体废弃物产生数量少，经过妥善处理，不会对地表水、土壤和植被产生大的影响。场地平整、管沟开挖、施工机械车辆、人员活动等会造成一定的土壤扰动和植被破坏，通过采取生态恢复措施，不会影响生态系统的稳定性和完整性。

（二）煤层气生产

煤层气开采期间，对大气的影响主要来自站场、清管作业及放空燃烧排放的少量烟气；水污染物主要来自站场排放的少量废水。根据现有煤层气生产井废水化验资料，各项指标浓度均低于

污水综合排放标准。若未按要求采取环保措施，地面抽采可能对区域环境产生影响。

（三）煤矿瓦斯抽采

煤矿井下瓦斯抽采装置、地面瓦斯处理场站及储气等配套设施的建设期间，施工时对环境的影响主要是少量的扬尘、污水、噪声和固体废弃物，影响较小。井下抽采期间可能对地下水产生影响，如地下水位变动及水污染等。

（四）管道输气

煤层气（煤矿瓦斯）输气管道施工期间对环境的影响主要包括噪声、污水、固体废弃物等对沿线土壤、植被造成的扰乱。管道建成后，管道、沿途输气站会对沿线地区的敏感目标存在一定的环境风险。

二、环境保护措施

（一）环境保护

严格执行煤层气（煤矿瓦斯）排放标准，禁止煤层气直接排放。煤层气（煤矿瓦斯）开采企业建立环保管理制度，负责监督环境保护措施的落实，协调解决有关问题。对规划建设的项目依法开展环境影响评价，严格执行环保设施与主体工程同时设计、同时施工、同时投入使用的“三同时”制度。

推广使用高效节能环保的技术和装备，降低开发利用过程中的污染物排放。生产过程中产生的废气、废水等应做到达标排放，防范对地下水造成污染，妥善处置固体废物，落实生态保护措施。

煤层气管网建设应提高工程质量，避免泄漏事故。对清管作业及站场异常排放的煤层气，应进行火炬燃烧处理。选用低噪声设备，必要时进行降噪隔声处理。站场周围进行绿化，以控制噪声、吸收大气中的有害气体、阻滞大气中颗粒物质扩散。

实行最严格的节约用地制度，项目建设要节约集约利用土地，不占或少占耕地，对依法占用土地造成损毁的，施工结束后应及时组织复垦，减少土地损毁面积，降低土地损毁程度。

在选场、选站、选线过程中必须避开生活饮用水水源地、自然保护区、名胜古迹，尽量避绕经济作物种植区、林地、水域、沼泽地。经济作物种植区施工时，避免占用基本农田保护区，尽量降低对农业生态环境的干扰和破坏。林地施工时，禁止乱砍滥伐野外植被，做好野生动物保护工作。

煤层气勘查开采活动，应符合所在区域的主体功能、生态服务功能。生态保护红线内禁止勘查开采煤层气，在其他重点环境敏感区开采煤层气，研究制定准入负面清单。鼓励采取先进的咨询管理、工程技术等措施，合理规划、合理利用、合理施工，尽量减少对当地生态环境的影响。

（二）环境监测

项目建设前，必须系统监测项目所在区域环境质量状况，以便对比分析。应选择一定数量的煤层气井，监测其在钻井、压裂、排采等作业过程对井场及周边生态环境、声学环境、地表水及地下水的影响。应对管道沟两侧 1 米内，以及集输站周围的生态环境进行监测；对加压站、发电站厂界外 1 公里范围内的声学环境影响进行监测；对管道两侧各 40 米范围内和加压站场四周 50 米范围内环境风险评价；对煤层气开采井网分布范围内的地下水影响进行评价。

三、环境保护效果

实现煤层气（煤矿瓦斯）开发利用“十三五”规划目标，将累计利用煤层气（煤矿瓦斯）至少 600 亿立方米，相当于节约标准煤约 7 200 万吨，减排二氧化碳约 9 亿吨。煤层气（煤矿瓦斯）替代煤炭燃烧利用，可有效降低二氧化硫、烟尘等大气污染物排放总量，减少粉煤灰占地产生的环境问题，避免煤炭加工、运输时产生的扬尘等大气污染，有利于改善大气环境。

第六章　保障措施与规划实施

一、保障措施

（四）强化行业指导和管理

煤矿瓦斯防治部际协调领导小组发挥综合协调、督促落实职能作用，统筹煤层气产业发展规划，推动落实行业重大政策措施。健全法律法规体系，制定煤层气开发利用管理办法，规范指导煤层气产业发展。中央和地方各级政府进一步提高协调、服务意识，及时协调解决重点项目实施有关问题，推动完善统一开放、竞争有序的市场体系。国家鼓励煤层气输送管网建设，在满足气质标准的前提下，督促天然气基础设施运营企业为煤层气输送提供公平、开放的服务。加强支撑体系建设，充分发挥行业协会作用，为政府决策和行业发展提供研究咨询服务。加强行政执法，严厉打击煤层气生产建设违反环境保护和安全生产相关法律行为。指导煤层气开采企业加强企业经营管理，完善煤层气项目经济评价体系，严格按照基本建设程序开展项目建设。

工业和信息化部关于印发稀土行业发展规划（2016—2020年）的通知

工信部规〔2016〕319号　2016年9月29日起施行

各省、自治区、直辖市及计划单列市、新疆生产建设兵团工业和信息化主管部门，有关行业协会，有关中央企业：

为贯彻落实《中华人民共和国国民经济和社会发展第十三个五年规划纲要》、《中国制造2025》和《国务院关于促进稀土行业持续健康发展的若干意见》，促进稀土行业可持续发展，推动产业整体迈入中高端，制定《稀土行业发展规划（2016—2020年）》。现印发你们，请结合实际认真贯彻实施。

稀土行业发展规划（2016—2020年）（节选）

一、发展基础

（二）面临形势

发展的主要机遇：二是可持续发展战略为产业发展创造新空间。党的十八大提出了“美丽中国”战略，从国家层面整体推进生态文明建设，实现绿色、循环、低碳发展。稀土在节能、环保领域的应用前景广阔，市场需求将大幅增加。

面临的主要挑战：一是稀土初级产品生产能力过剩，违法开采、违规生产屡禁不止，导致稀土产品价格低迷，未体现稀缺资源价值，迫切要求进一步规范行业秩序，严格控制增量，优化稀土初级产品加工存量，淘汰落后产能。二是我国稀土产业整体处于世界稀土产业链的中低端，高端材料和器件与先进国家仍存在较大差距，缺乏自主知识产权技术，产业整体需要由低成本资源和要素投入驱动，向扩大新技术、新产品和有效供给的创新驱动转变，优化产业结构，重点发展稀土高端材料和器件产业。三是清洁生产水平不能满足国家生态文明建设要求，行业发展的安全环保压力和要素成本约束日益突出，供给侧结构性改革、提质增效、绿色可持续发展等任务艰巨。

二、总体思路

（二）基本原则

坚持绿色发展。加快资源综合利用技术研发和清洁生产改造，推广绿色低碳发展模式，发展循环经济，减少污染物产生和排放，提高资源能源利用率，拓展稀土材料在节能环保领域应用。

三、重点任务

（一）强化资源和生态保护，促进可持续发展

1. 加强稀土资源管理

加强国家对稀土资源勘查、开发、利用的统一规划，根据资源形势和市场需求，合理调控开采、生产总量，保障国家经济安全和长远发展需要，到2020年稀土年度开采量控制在14万吨以内。严厉打击稀土生产违法违规行为，在开发中保护，在保护中开发。严格市场准入制度，除六家大型稀土企业集团外不再新增采矿权。继续支持内蒙古包头、四川凉山、江西赣州、福建龙岩等重点资源地完善矿区资源保护和监控设施，加强稀土矿采选项目技术改造。加强对探明的大中型矿产地资源储备和保护，与《全国矿产资源规划（2016—2020年）》相衔接，划定一批国家规划矿区，实行统一规划，规模开发，重点监督，推动优质资源保护与合理利用。

2. 加强资源地生态保护

严格执行国家和地方污染物排放标准，对建设项目和企业环评严格审查，坚决淘汰落后产能。推广采用采矿新技术、新工艺，落实稀土矿山地质环境保护与治理恢复保证金制度和经济责任，加强尾矿库处理处置与综合利用，实行生产排污许可证制度；推广离子型稀土矿浸萃一体化、冶炼分离污染防治新技术，促进行业清洁生产。建立稀土绿色开发机制，落实行业规范条件，全面推行稀土行业强制性清洁生产审核。

（四）加快绿色化和智能化转型，构建循环经济

1. 推进上游产业绿色转型

大力研发稀土资源绿色高效采选和冶炼分离新技术和重点装备，加大离子型稀土原矿绿色高效浸萃一体化、低碳低盐无氨氮分离提纯等稀土采选、冶炼分离清洁生产新工艺的推广力度，加快企业生产技术和工艺装备优化升级，进一步提高生产、环保等技术水平，降低能耗物耗，实现废水零排放和废物资源化利用，严格职业卫生防护管理。发展循环经济，加强尾矿资源、伴生资源的综合利用，研发废旧稀土产品再利用成套技术，建立健全回收制度，完善稀土回收利用体系，提升稀土资源综合利用水平。

专栏 4 稀土绿色升级改造工程

1. 南方离子型稀土矿绿色高效开采。开展复杂地质条件离子矿浸矿工艺及工程技术研究、浸出液高效回收与循环利用技术及配套设备研究、高效绿色环保浸矿剂及对环境影响评价研究、矿山废水处理及微量稀土高效回收技术开发、新型浸矿模式和生态恢复工程技术开发、矿山开采标准及技术规范研究与制定、离子型稀土原矿绿色高效浸萃一体化技术应用推广，提高稀土回收率，解决矿区水资源污染问题。

2. 稀土绿色高效选冶工艺及装备。开发新型选矿药剂、稀土矿绿色高效选别工艺及装备，提高稀土选矿回收率；开发新型萃取剂，推广高丰度稀土元素优先分离技术；研发复杂低品位稀土资源高效清洁提取技术，开发低盐低碳无氨氮稀土冶炼分离工艺及装备；以零排放、全回收、再利用、资源化为目标，推广冶炼分离废水全循环回收处理技术，酸、碱、盐和 CO_2 等物料循环利用技术及装备。

3. 稀土资源综合利用。开发稀土伴生资源铌、氟等有价元素综合回收利用技术及稀土二次资源绿色高效回收利用，实现资源绿色高效综合利用，形成工程示范；制定相关技术标准和产业规范，回收的稀土元素纳入生产总量控制管理。

4. 稀土生产废渣高值化利用。开发稀土冶炼废渣深度无害化处理技术；利用稀土尾矿、废渣和钢铁、有色、电厂等废渣为原料，开发低成本的高硬度、耐腐蚀、高耐磨、高强度的结构材料和高性能功能材料，满足冶金、电力等行业特殊应用需求，在解决稀土废渣高值化利用的同时，带动和提升尾矿废渣对环境污染的治理。

工业和信息化部关于印发有色金属工业发展规划（2016—2020年）的通知

工信部规〔2016〕316号 2016年9月28日起施行

各省、自治区、直辖市及计划单列市、新疆生产建设兵团工业和信息化主管部门，有关行业协会，有关中央企业：

为贯彻落实《中华人民共和国国民经济和社会发展第十三个五年规划纲要》和《中国制造2025》，促进有色金属工业转型升级，创造竞争新优势，工业和信息化部制定了《有色金属工业发展规划（2016—2020年）》。现印发你们，请结合实际认真贯彻实施。

有色金属工业发展规划（2016—2020年）（节选）

有色金属工业是制造业的重要基础产业之一，是实现制造强国的重要支撑。进入新世纪以来，我国有色金属工业发展迅速，基本满足了经济社会发展和国防科技工业建设的需要。但与世界强国相比，在技术创新、产业结构、质量效益、绿色发展、资源保障等方面仍有一定差距。

本规划涵盖范围包括铜、铝、铅、锌、镍、锡、锑、汞、镁、钛等十种常用有色金属，以及钨、钼、锂、黄金、锆、铟、锗、镓、钴等主要稀贵金属。

一、产业现状

（二）主要问题

3. 环境保护压力加大。随着环保标准不断提高，有色金属企业面临的环境保护压力不断加大。我国有色金属矿山尾矿和赤泥累积堆存量越来越大，部分企业无组织排放问题突出，锑等部分小品种及小再生冶炼企业生产工艺和管理水平低，难以实现稳定达标排放，重点流域和区域砷、镉等重金属污染治理、矿山尾矿治理以及生态修复任务繁重。部分大型有色金属冶炼企业随着城市发展已处于城市核心区，安全、环境压力隐患加大，与城市长远发展矛盾十分突出。

三、指导思想、基本原则及主要目标

（二）基本原则

坚持绿色发展。加强大气污染、水污染、土壤污染防治，严格控制重金属污染物排放，推广绿色低碳发展模式以及节能减排、资源综合利用技术，提高再生资源利用水平，实现产业可持续发展。

（三）主要目标

4. 绿色发展。重金属污染得到有效防控，企业实现稳定、达标排放。规模以上单位工业增加值能耗、主要产品单位能耗进一步降低。矿山尾砂、熔炼渣等固废综合利用水平不断提高，赤泥综合利用率达到10%以上。

四、主要任务

（一）实施创新驱动

1. 加强技术创新

专栏 4　技术创新重点

重金属污染防治：烟气脱汞技术、含砷等固体废物无害化技术、重污染场地生态修复技术等。

资源综合利用：残钛合金、废锂离子电池以及稀有、稀贵和难熔金属回收及再生利用技术，高铝粉煤灰经济利用产业化技术，赤泥综合利用技术，锌浸出渣含锌二次物料高效处理技术等。

（二）加快产业结构调整

3. 加快传统产业升级改造

充分发挥技术改造对传统产业转型升级的促进作用，瞄准国际同行业标杆，引导企业运用先进适用技术及智能化技术，加快技术进步，推广应用新工艺、新技术、新装备，到2020年，国内有色金属冶炼工艺技术达到世界先进水平，全行业实现绿色清洁生产，使有色金属工业由传统产业向绿色产业转变。

专栏 5　产业升级技改工程

冶炼升级：推广利用粗铜连续吹炼技术改造转炉，实现铜冶炼吹炼清洁生产；推广电解铝槽及氧化铝生产线大型化技术升级、铝冶炼余热回收利用技术，实现节能减排；采用富氧熔池熔炼工艺直接处理废铅酸蓄电池铅膏，实现清洁生产和降低能耗；采用铜-黄金联合冶炼改造小型湿法黄金冶炼厂，提高黄金生产集约化水平和金属回收率，减少污染物排放；锑冶炼采用富氧强化熔池熔炼等先进技术淘汰鼓风炉等落后装备，降低能耗，无害化处置砷碱渣，提高回收率。采用先进盐湖提锂技术，扩大青海及西藏盐湖提锂生产规模，推进江西锂云母资源综合利用产业化。提升改造现有高铝粉煤灰提取氧化铝生产线并构建铝电完整产业链，降低成本。

退城入园：推进湖南株洲冶炼厂、广东韶关冶炼厂、株洲硬质合金厂、湖南锡矿山、湖南株洲冶金炉厂、北京矿冶总院磁材、云南铜业冶炼厂、甘肃华鹭铝业、中铝贵州分公司氧化铝和电解铝、抚顺铝业电解铝、赤峰云铜阴极铜等搬迁改造工程，开展工业污染土地、废弃地治理，加强市政设施、公共服务设施和接续替代产业建设。

（四）促进绿色可持续发展

1. 积极发展绿色制造

坚持源头减量、过程控制、末端循环的理念，增强绿色制造能力，提高全流程绿色发展水平。鼓励利用现有先进的矿铜、矿铅冶炼工艺设施处理废杂铜、废蓄电池铅膏，支持铅冶炼与蓄电池联合生产。实施绿色制造体系建设试点示范，实施排污许可证制度，推进企业全面达标排放。加强清洁生产审核，组织编制重点行业清洁生产技术推行方案，推进企业实施清洁生产技术改造。推动节能减排以及低碳技术和产品普及应用，支持高载能产业利用局域电网消纳可再生能源，推进有色金属行业绿色低碳转型。

2. 大力发展循环经济

提高尾矿资源、井下热能的综合利用和熔炼渣、废气、废液和余热资源化利用水平。充分利用“互联网+”，依托“城市矿产”示范基地和进口再生资源加工园区，创新回收模式，完善国内回收和交易体系，突破再生资源智能化识别分选、冶金分离、杂质控制和有毒元素无害化处理等共性关键技术和装备，提高有价元素回收和保级升级再利用水平。完善高铝粉煤灰提取氧化铝及固废处理工艺技术，为高铝粉煤灰资源经济性、规模化开发利用提供技术储备。

3. 加强重金属污染防治

严禁在环境敏感区域、重金属污染防治重点区域及大气污染防治联防联控重点地区新建、扩建增加重金属排放的项目。推进重金属污染区域联防联控，以国家重点防控区及铅锌、铜、镍、二次有色金属资源冶炼等企业为核心，以铅、砷、镉、汞和铬等Ⅰ类重金属污染物综合防治为重点，严格执行国家约束性减排指标，确保重金属污染物稳定、达标排放。鼓励在有色金属工矿区和冶炼区周边土壤污染严重地区开展重金属污染现状调查，在有色金属企业聚集区集中建设重金属固废处理处置中心。锑冶炼企业应配套建设砷碱渣无害化处理生产线，支持企业处理社会遗留砷碱渣等危险废物。推进资源枯竭地区的老工业区、独立工矿区改造转型，加大历史遗留问题突出、生态严重破坏、重金属污染风险隐患较大地区的综合整治。

专栏 10　绿色发展工程

循环经济：以"城市矿产"示范基地和进口再生资源加工园区为重点，加快高值再生产业化基地建设。支持以废杂铜为原料生产高值铜加工产品，支持废旧易拉罐保级利用示范工程的建设和推广，支持利用现有矿铜、铅、锌冶炼技术和装备处理含铅、含铜、含锌二次资源，在二次锌资源企业推广窑渣回收设施、余热回收利用系统、尾气脱硫系统等。支持以矿山废渣为复垦土壤基质的综合利用示范工程建设。支持建设黄金尾矿、氰化尾渣等固体废弃物二次利用工程。在氧化铝厂区或赤泥库附近建设赤泥资源综合利用工程。

节能减排：推广大型高效节能自动化采选装备以及新型高效药剂，低品位铝土矿生产氧化铝高效节能技术，铝电解槽、镁冶炼、海绵钛、氧氯化锆节能减排技术等，支持利用局域电网消纳绿色可再生能源。

清洁生产：在湖南、广西、贵州等锑冶炼集中地区开展砷碱渣集中收集和无害化处理工程，对新产生砷碱渣全部进行无害化处理和利用，到 2020 年消纳现有集中入库堆放的砷碱渣。实施烟气脱硫、脱硝、除尘改造工程，推广不锈钢滤网脉冲反吹清灰电除尘器。开展工业污染土地、废弃地治理。重点推广重金属废水生物制剂法深度处理与回用技术、黄金冶炼氰化废水无害化处理技术、采矿废水生物制剂协同氧化深度处理与回用技术等。冶炼企业要实现雨污分流、清污分流，加强废水深度处理和中水回用技术改造，降低水耗。

绿色产品：在全社会积极推广轻量化交通运输工具，如铝合金运煤列车、铝合金油罐车、铝合金半挂车、铝合金货运集装箱、铝合金新能源汽车、铝合金乘用车等，到 2020 年，实现 30% 的油罐车、挂车、铁路货运列车采用铝合金车体。

国家发展改革委 国家能源局 国土资源部 关于印发《地热能开发利用“十三五”规划》的通知

发改能源〔2017〕158号 2017年1月23日起施行

各省、自治区、直辖市及新疆生产建设兵团发展改革委（能源局）、国土资源厅，国家能源局各派出机构，国家电网公司、南方电网公司，国家地热能中心、中国地质调查局、中国能源学会地热专委会、国家可再生能源中心：

为促进地热能产业持续健康发展，推动建设清洁、低碳、安全、高效的现代能源体系，按照《可再生能源法》要求，根据《能源发展“十三五”规划》和《可再生能源发展“十三五”规划》，我们组织编制了《地热能开发利用“十三五”规划》，现印发你们，请结合实际贯彻落实。

地热能开发利用“十三五”规划（节选）

地热能是一种绿色低碳、可循环利用的可再生能源，具有储量大、分布广、清洁环保、稳定可靠等特点，是一种现实可行且具有竞争力的清洁能源。我国地热资源丰富，市场潜力巨大，发展前景广阔。加快开发利用地热能不仅对调整能源结构、节能减排、改善环境具有重要意义，而且对培育新兴产业、促进新型城镇化建设、增加就业均具有显著的拉动效应，是促进生态文明建的重要举措。

二、指导方针和目标

（二）基本原则

坚持清洁高效、持续可靠。加强地热能开发利用规划，加强全过程管理，建立资源勘查与评价、项目开发与评估、环境监测与管理体系。严格地热能利用环境监管，保证取热不取水、不污染水资源，有效保障地热能的清洁开发和永续利用。

三、重点任务

（二）积极推进水热型地热供暖

按照“集中式与分散式相结合”的方式推进水热型地热供暖，在“取热不取水”的指导原则下，进行传统供暖区域的清洁能源供暖替代，特别是在经济较发达、环境约束较高的京津冀鲁豫和生态环境脆弱的青藏高原及毗邻区，将水热型地热能供暖纳入城镇基础设施建设中，集中规划，统一开发。

（三）大力推广浅层地热能利用

在“十三五”时期，要按照“因地制宜，集约开发，加强监管，注重环保”的方式开发利用浅层地热能。通过技术进步、规范管理解决目前浅层地热能开发中出现的问题，并加强我国南方供暖制冷需求强烈地区的浅层地热能开发利用。在重视传统城市区域浅层地热能利用的同时，要重视新型城镇地区市场对浅层地热能供暖（制冷）的需求。

（六）加强信息监测统计体系建设

建立浅层及水热型地热能开发利用过程中的水质、岩土体温度、水位、水温、水量及地质环境灾害的地热资源信息监测系统。建立全国地热能开发利用监测信息系统，利用现代信息技术，对地热能勘查、开发利用情况进行系统的监测和动态评价。

六、投资估算和环境社会影响分析

（二）环境社会效益分析

地热资源具有绿色环保、污染小的特点，其开发利用不排放污染物和温室气体，可显著减少化石燃料消耗和化石燃料开采过程中的生态破坏，对自然环境条件改善和生态环境保护具有显著效果。

2020 年地热能年利用总量相当于替代化石能源 7 000 万吨标准煤，相应减排二氧化碳 1.7 亿吨，节能减排效果显著。

生态环境部 国家发展和改革委员会 关于印发《长江保护修复攻坚战行动计划》的通知

环水体〔2018〕181号 2018年12月31日起施行

上海、江苏、浙江、安徽、江西、湖北、湖南、重庆、四川、贵州、云南省（市）人民政府，国务院有关部委、直属机构：

经国务院同意，现将《长江保护修复攻坚战行动计划》印发给你们，请认真贯彻落实。

长江保护修复攻坚战行动计划

长江是中华民族的母亲河，也是中华民族发展的重要支撑。推动长江经济带发展必须从中华民族长远利益考虑，把修复长江生态环境摆在压倒性位置，共抓大保护、不搞大开发。为深入贯彻全国生态环境保护大会精神，打好长江保护修复攻坚战，制定本行动计划。

一、总体要求

（一）指导思想。以习近平新时代中国特色社会主义思想为指导，全面贯彻党的十九大和十九届二中、三中全会精神，深入贯彻习近平生态文明思想和习近平总书记关于长江经济带发展重要讲话精神，认真落实党中央、国务院决策部署，以改善长江生态环境质量为核心，以长江干流、主要支流及重点湖库为突破口，统筹山水林田湖草系统治理，坚持污染防治和生态保护“两手发力”，推进水污染治理、水生态修复、水资源保护“三水共治”，突出工业、农业、生活、航运污染“四源齐控”，深化和谐长江、健康长江、清洁长江、安全长江、优美长江“五江共建”，创新体制机制，强化监督执法，落实各方责任，着力解决突出生态环境问题，确保长江生态功能逐步恢复，环境质量持续改善，为中华民族的母亲河永葆生机活力奠定坚实基础。

（二）基本原则。

——生态优先、统筹兼顾。树立绿水青山就是金山银山的理念，把修复长江生态环境摆在压倒性位置，融入长江经济带发展的各方面和全过程。以长江保护修复推动形成节约资源和保护生态环境的文化理念、产业结构、生产和生活方式，以高质量发展成果提升长江保护修复水平，努力实现长江发展与保护和谐共赢。

——空间管控、严守红线。坚持山水林田湖草系统治理，强化“三线一单”（生态保护红线、环境质量底线、资源利用上线，生态环境准入清单）硬约束，健全生态环境空间管控体系，划定河湖生态缓冲带，实施流域控制单元精细化管理，分解落实各级责任，用最严格制度最严密法治保护生态环境，坚决遏止沿河环湖各类无序开发活动。

——突出重点、带动全局。以长江干流、主要支流及重点湖库为重点，加快入河（湖、库）排污口（以下简称排污口）排查整治，强化工业、农业、生活、航运污染治理，加强生态系统保护修复，全面推动长江经济带大保护工作，为全国生态环境保护形成示范带动作用。

——齐抓共管、形成合力。坚持生态环境保护“党政同责”“一岗双责”，落实地方生态环境保护责任。通过更好发挥政府的作用，激发和保障市场的决定性作用，完善“政府统领、企业施治、市场驱动、公众参与”的生态环境保护机制，构建齐抓共管大格局，着力解决长江大保护突出生态环境问题。

（三）工作目标。通过攻坚，长江干流、主要支流及重点湖库的湿地生态功能得到有效保护，生态用水需求得到基本保障，生态环境风险得到有效遏制，生态环境质量持续改善。到2020年年底，长江流域水质优良（达到或优于Ⅲ类）的国控断面比例达到85%以上，丧失使用功能（劣于Ⅴ类）的国控断面比例低于2%；长江经济带地级及以上城市建成区黑臭水体消除比例达90%以上，地级及以上城市集中式饮用水水源水质优良比例高于97%。

（四）重点区域范围。在长江经济带覆盖的上海、江苏、浙江、安徽、江西、湖北、湖南、重庆、四川、云南、贵州等11省市（以下称沿江11省市）范围内，以长江干流、主要支流及重点湖库为重点开展保护修复行动。长江干流主要指四川省宜宾市至入海口江段；主要支流包含岷江、沱江、赤水河、嘉陵江、乌江、清江、湘江、汉江、赣江等河流；重点湖库包含洞庭湖、鄱阳湖、巢湖、太湖、滇池、丹江口、洱海等湖库。

二、主要任务

（一）强化生态环境空间管控，严守生态保护红线。

完善生态环境空间管控体系。编制实施长江经济带国土空间规划，划定管制范围，严格管控空间开发利用。根据流域生态环境功能需要，明确生态环境保护要求，加快确定生态保护红线、环境质量底线、资源利用上线，制定生态环境准入清单。原则上在长江干流、主要支流及重点湖库周边一定范围划定生态缓冲带，依法严厉打击侵占河湖水域岸线、围垦湖泊、填湖造地等行为，各地可根据河湖周边实际情况对范围进行合理调整。开展生态缓冲带综合整治，严格控制与长江生态保护无关的开发活动，积极腾退受侵占的高价值生态区域，大力保护修复沿河环湖湿地生态系统，提高水环境承载能力。2019年年底前，基本建成长江经济带“三线一单”信息共享系统。2020年年底前，完成生态保护红线勘界定标工作。（生态环境部、自然资源部按职责分工牵头，发展改革委、住房城乡建设部、交通运输部、水利部、林草局等参与，地方各级人民政府负责落实。以下均需地方各级人民政府落实，不再列出）

实施流域控制单元精细化管理。坚持山水林田湖草系统治理，按流域整体推进水生态环境保护，强化水功能区水质目标管理，细化控制单元，明确考核断面，将流域生态环境保护责任层层分解到各级行政区域，结合实施河长制湖长制，构建以改善生态环境质量为核心的流域控制单元管理体系。2020年年底前，沿江11省市完成控制单元划分，确定控制单元考核断面和生态环境管控目标。（生态环境部牵头，自然资源部、住房城乡建设部、水利部、农业农村部等参与）

整治劣Ⅴ类水体。以湖北省十堰市神定河口、泗河口断面，荆门市马良龚家湾、拖市、运粮湖同心队断面；四川省成都市二江寺断面，自贡市碳研所断面，内江市球溪河口断面；云南省昆明市通仙桥、富民大桥断面，楚雄州西观桥断面；贵州省黔南州凤山桥边断面等12个国控断面为重点，综合施策，力争2020年年底前长江流域国控断面基本消除劣Ⅴ类水体。（生态环境部牵头，有关部门参与）

（二）排查整治排污口，推进水陆统一监管。

按照水陆统筹、以水定岸的原则，有效管控各类入河排污口。统筹衔接前期长江入河排污口专项检查和整改提升工作安排，对于已查明的问题，加快推进整改工作。及时总结整改提升经验，为进一步深入排查奠定基础。选择有代表性的地级城市深入开展各类排污口排查整治试点，综合利用卫星遥感、无人机航拍、无人船和智能机器人探测等先进技术，全面查清各类排污口情况和存在的问题，实施分类管理，落实整治措施。通过试点工作，探索出排污口排查和整治经验，建立健全一整套排污口排查整治标准规范体系。2019年完成试点工作，之后在长江干流及主要支流全面开展排污口排查整治，并持续推进。（生态环境部牵头，有关部门参与）

（三）加强工业污染治理，有效防范生态环境风险。

优化产业结构布局。加快重污染企业搬迁改造或关闭退出，严禁污染产业、企业向长江中上游地区转移。长江干流及主要支流岸线1公里范围内不准新增化工园区，依法淘汰取缔违法违规工业园区。以长江干流、主要支流及重点湖库为重点，全面开展“散乱污”涉水企业综合整治，分类实施关停取缔、整合搬迁、提升改造等措施，依法淘汰涉及污染的落后产能。加强腾退土地污染风险管控和治理修复，确保腾退土地符合规划用地土壤环境质量标准。2020年年底前，沿江11省市有序开展“散乱污”涉水企业排查，积极推进清理和综合整治工作。（工业和信息化部、生态环境部牵头，发展改革委等参与）

规范工业园区环境管理。新建工业企业原则上都应在工业园区内建设并符合相关规划和园区定位，现有重污染行业企业要限期搬入产业对口园区。工业园区应按规定建成污水集中处理设施并稳定达标运行，禁止偷排漏排。加大现有工业园区整治力度，完善污染治理设施，实施雨污分流改造。组织评估依托城镇生活污水处理设施处理园区工业废水对出水的影响，导致出水不能稳定达标的，要限期退出城镇污水处理设施并另行专门处理。依法整治园区内不符合产业政策、严重污染环境的生产项目。2020年年底前，国家级开发区中的工业园区（产业园区）完成集中整治和达标改造。（生态环境部牵头，发展改革委、科技部、工业和信息化部、住房城乡建设部、商务部等参与）

强化工业企业达标排放。制定造纸、焦化、氮肥、有色金属、印染、农副食品加工、原料药制造、制革、农药、电镀等十大重点行业专项治理方案，推动工业企业全面达标排放。深入推进排污许可证制度，2020 年年底前，完成覆盖所有固定污染源的排污许可证核发工作。（生态环境部、工业和信息化部等按职责分工负责）

推进“三磷”综合整治。组织湖北、四川、贵州、云南、湖南、重庆等省市开展“三磷”（即磷矿、磷肥和含磷农药制造等磷化工企业、磷石膏库）专项排查整治行动，磷矿重点排查矿井水等污水处理回用和监测监管，磷化工重点排查企业和园区的初期雨水、含磷农药母液收集处理以及磷酸生产环节磷回收，磷石膏库重点排查规范化建设管理和综合利用等情况。2019 年上半年，相关省市完成排查，制定限期整改方案，并实施整改。2020 年年底前，对排查整治情况进行监督检查和评估。（生态环境部牵头，有关部门参与）

加强固体废物规范化管理。实施打击固体废物环境违法行为专项行动，持续深入推动长江沿岸固体废物大排查，对发现的问题督促地方政府限期整改，对发现的违法行为依法查处，全面公开问题清单和整改进展情况。建立部门和区域联防联控机制，建立健全环保有奖举报制度，严厉打击固体废物非法转移和倾倒等活动。2020 年年底前，有效遏制非法转移、倾倒、处置固体废物案件高发态势。深入落实《禁止洋垃圾入境推进固体废物进口管理制度改革实施方案》。（生态环境部牵头，工业和信息化部、公安部、住房城乡建设部、交通运输部、卫生健康委、海关总署等参与）

严格环境风险源头防控。开展长江生态隐患和环境风险调查评估，从严实施环境风险防控措施。深化沿江石化、化工、医药、纺织、印染、化纤、危化品和石油类仓储、涉重金属和危险废物等重点企业环境风险评估，限期治理风险隐患。在主要支流组织调查，摸清尾矿库底数，按照“一库一策”开展整治工作。（生态环境部牵头，发展改革委、工业和信息化部、应急部、自然资源部等参与）

（四）持续改善农村人居环境，遏制农业面源污染。

加快推进美丽宜居村庄建设。持续开展农村人居环境整治行动，推进农村“厕所革命”，探索建立符合农村实际的生活污水、垃圾处理处置体系，有条件的地区可开展农村生活垃圾分类减量化试点，推行垃圾就地分类和资源化利用。加快推进农村生态清洁小流域建设。加强农村饮用水水源环境状况调查评估和保护区（保护范围）划定。2020年年底前，有基础、有条件的地区基本实现农村生活垃圾处置体系全覆盖，农村生活污水治理率明显提高。（农业农村部牵头，生态环境部、住房城乡建设部、水利部、卫生健康委等参与）

实施化肥、农药施用量负增长行动。开展化肥、农药减量利用和替代利用，加大测土配方施肥推广力度，引导科学合理施肥施药。推进有机肥替代化肥和废弃农膜回收，完善废旧地膜和包装废弃物等回收处理制度。2020年年底前，化肥利用率提高到40%以上，测土配方施肥技术推广覆盖率达到93%以上，鄱阳湖和洞庭湖周边地区化肥、农药使用量比2015年减少10%以上。（农业农村部牵头，生态环境部等参与）

着力解决养殖业污染。推进畜禽粪污资源化利用，鼓励第三方处理企业开展畜禽粪污专业化集中处理，因地制宜推广粪污全量收集还田利用等技术模式。着力提升粪污处理设施装备配套率。2020年年底前，所有规模养殖场粪污处理设施装备配套率达到95%以上，生猪等畜牧大县整县实现畜禽粪污资源化利用。持续推进渔业绿色发展，发布实施养殖水域滩涂规划，依法划定禁止养殖区、限制养殖区和养殖区，禁止超规划养殖。积极引导渔民退捕转产，加快禁捕区域划定，实施水生生物保护区全面禁捕。严厉打击“电毒炸”和违反禁渔期禁渔区规定等非法捕捞行为，全面清理取缔“绝户网”等严重破坏水生生态系统的禁用渔具和涉渔“三无”船舶。2020年年底前，长江流域重点水域实现常年禁捕；重点湖库非法围网养殖完成全面整治。（农业农村部牵头，发展改革委、财政部、自然资源部、生态环境部、水利部、林草局等参与）

（五）补齐环境基础设施短板，保障饮用水水源水质安全。

加强饮用水水源保护。推动饮用水水源地规范化建设，划定饮用水水源保护区，规范保护区标志及交通警示标志设置，建设一级保护区隔离防护工程。全面推进长江经济带饮用水水源地环境保护专项行动，重点排查和整治县级及以上城市饮用水水源保护区内的违法违规问题。2020年年底前，城市饮用水水源地规范化建设比例达到60%以上，乡镇及以上集中式饮用水水源保护区划定工作基本完成。（生态环境部牵头，住房城乡建设部、水利部、交通运输部、林草局等参与）

推动城镇污水收集处理。加快推进沿江地级及以上城市建成区黑臭水体治理，以黑臭水体整治为契机，加快补齐生活污水收集和处理设施短板，推进老旧污水管网改造和破损修复，提升城镇污水处理水平。对污水处理设施产生的污泥进行稳定化、无害化和资源化处理处置，禁止处理处置不达标的污泥进入耕地，非法污泥堆放点一律予以取缔。2020年年底前，沿江地级及以上城市基本无生活污水直排口，基本消除城中村、老旧城区和城乡接合部生活污水收集处理设施空白区，城市生活污水集中收集效能显著提高，污泥无害化处理处置率达到90%以上。（住房城乡建设部牵头，发展改革委、生态环境部等参与）

全力推进垃圾收集转运及处理处置。建立健全城镇垃圾收集转运及处理处置体系，推动生活垃圾分类，统筹布局生活垃圾转运站，淘汰敞开式收运设施，在城市建成区推广密闭压缩式收运方式，加快建设生活垃圾处理设施。对于无渗滤液处理设施、渗滤液处理不达标的生活垃圾处理设施，加快完成改造。2020年年底前，完成城市水体蓝线范围内的非正规垃圾堆放点整治，实现沿江城镇垃圾全收集全处理。（住房城乡建设部牵头，发展改革委、生态环境部等参与）

（六）加强航运污染防治，防范船舶港口环境风险。

深入推进非法码头整治。巩固长江干线非法码头整治成果，研究建立监督管理长效机制，坚决防止反弹和死灰复燃。按照长江干线非法码头治理标准和生态保护红线管控等要求，开展长江主要支流非法码头整治，推进砂石集散中心建设，促进沿江港口码头科学布局。2020年年底前，全面完成长江主要支流非法码头清理取缔。（推动长江经济带发展领导小组办公室牵头制定长效机制的指导意见；交通运输部牵头推进相关工作，发展改革委、工业和信息化部、财政部、生态环境部、水利部等参与）

完善港口码头环境基础设施。优化沿江码头布局，严格危险化学品港口码头建设项目审批管理。推进生活污水、垃圾、含油污水、化学品洗舱水接收设施建设。加快港口码头岸电设施建设，逐步提高三峡、葛洲坝过闸船舶待闸期间岸电使用率。港口、船舶修造厂所在地市、县级人民政府切实落实《中华人民共和国水污染防治法》要求，统筹规划建设船舶污染物接收、转运及处理处置设施。2020年年底前，完成港口、船舶修造厂污染物接收设施建设，做好与城市公共转运、处置设施的衔接；主要港口和排放控制区港口50%以上已建的集装箱、客滚、邮轮、3千吨级以上客运和5万吨级以上干散货专业化泊位，具备向船舶供应岸电的能力。（交通运输部牵头，发展改革委、工业和信息化部、财政部、生态环境部、住房城乡建设部、国家电网、三峡集团等参与）

加强船舶污染防治及风险管控。积极治理船舶污染，严格执行《船舶水污染物排放控制标准》，加快淘汰不符合标准要求的高污染、高能耗、老旧落后船舶，推进现有不达标船舶升级改造。2020年年底前，完成现有船舶改造，经改造仍不能达到标准要求的，加快淘汰。尽快制定化学品运输船舶强制洗舱规定，促进化学品洗舱水达标处理。强化长江干流及主要支流水上危险化学品运输环境风险防范，严厉打击危险化学品非法水上运输及油污水、化学品洗舱水等非法转运处置等行为。2020年年底前，严禁单壳化学品船和600载重吨以上的单壳油船进入长江干线、京杭运河、长江三角洲等高等级航道网以及乌江、湘江、沅水、赣江、信江、合裕航道、江汉运河。（交通运输部牵头，工业和信息化部、生态环境部、商务部、市场监管总局等参与）

（七）优化水资源配置，有效保障生态用水需求。

实行水资源消耗总量和强度双控。严格用水总量指标管理，健全覆盖省、市、县三级行政区域的用水总量控制指标体系，加快完成跨省江河流域水量分配，严格取用水管控。严格用水强度指标管理，建立重点用水单位监控名录，对纳入取水许可管理的单位和其他用水大户实行计划用水管理。2020 年年底前，长江经济带用水总量控制在 2 922 亿立方米以内；万元工业增加值用水量比 2015 年下降 25%以上。（水利部牵头，发展改革委、工业和信息化部等参与）

严格控制小水电开发。严格控制长江干流及主要支流小水电、引水式水电开发。沿江 11 省市组织开展摸底排查，科学评估，建立台账，实施分类清理整顿，依法退出涉及自然保护区核心区或缓冲区、严重破坏生态环境的违法违规建设项目，进行必要的生态修复。全面整改审批手续不全、影响生态环境的小水电项目。对保留的小水电项目加强监管，完善生态环境保护措施。2020 年年底前，基本完成小水电清理整顿工作。（水利部牵头，发展改革委、自然资源部、生态环境部、能源局、农业农村部等参与）

切实保障生态流量。加强流域水量统一调度，切实保障长江干流、主要支流和重点湖库基本生态用水需求。深化河湖水系连通运行管理，实施长江上中游水库群联合调度，增加枯水期下泄流量，确保生态用水比例只增不减。2020 年年底前，长江干流及主要支流主要控制节点生态基流占多年平均流量比例在 15%左右。（水利部牵头，发展改革委、生态环境部、交通运输部、农业农村部、统计局、国家电网、三峡集团等参与）

（八）强化生态系统管护，严厉打击生态破坏行为。

严格岸线保护修复。实施长江岸线保护和开发利用总体规划，统筹规划长江岸线资源，严格分区管理与用途管制。落实河长制湖长制，编制“一河一策”“一湖一策”方案，针对突出问题，开展专项整治行动，严厉打击筑坝围堰等违法违规行为。推进长江干流两岸城市规划范围内滨水绿地等生态缓冲带建设。落实岸线规划分区管控要求，组织开展长江干流岸线保护和利用专项检查行动。2020 年年底前，基本完成岸线修复工作，恢复岸线生态功能。（水利部、住房城乡建设部按职责分工牵头，自然资源部、交通运输部、林草局等参与）

严禁非法采砂。沿江 11 省市严格落实禁采区、可采区、保留区和禁采期管理措施，加强对非法采砂行为的监督执法。2019 年年底前，组织跨部门联合监督检查和执法专项行动，严厉打击非法采砂行为。2020 年年底前，建立长江干流及主要支流非法采砂跨区域联动执法机制。（水利部牵头，公安部、自然资源部、交通运输部等参与）

实施生态保护修复。从生态系统整体性和长江流域系统性出发，开展长江生态环境大普查，摸清资源环境本底情况，系统梳理和掌握各类生态环境风险隐患。（生态环境部会同自然资源部、水利部、林草局等部门负责）

开展退耕还林还草还湿、天然林资源保护、河湖与湿地保护恢复、矿山生态修复、水土流失和石漠化综合治理、森林质量精准提升、长江防护林体系建设、野生动植物保护及自然保护区建设、生物多样性保护等生态保护修复工程。因地制宜实施排污口下游、主要入河（湖）口等区域人工湿地水质净化工程。强化以中华鲟、长江鲟、长江江豚为代表的珍稀濒危物种拯救工作，加大长江水生生物重要栖息地保护力度，实施水生生物产卵场、索饵场、越冬场和洄游通道等关键生境保护修复工程，开展长江干流、主要支流及重点湖库水生生物保护区监督检查。2020 年年底前，以国际重要湿地和国家级湿地自然保护区为重点，完成 10 处左右湿地保护与修复工程建设。（发展改革委、自然资源部、生态环境部、水利部、农业农村部、林草局等按照职责分工负责）

强化自然保护区生态环境监管。持续开展自然保护区监督检查专项行动，重点排查自然保护区内采矿（石）、采砂、设立码头、开办工矿企业、挤占河（湖）岸、侵占湿地以及核心区缓冲区内旅游开发、水电开发等对生态环境影响较大的活动，坚决查处各种违法违规行为。2019 年 6 月底前，沿江 11 省市完成长江干流、主要支流和重点湖库各级自然保护区自查，制定限期整改方案。对自查和整改情况，开展监督检查。（生态环境部牵头，自然资源部、交通运输部、农业农村部、水利部、林草局等参与）

三、保障措施

（一）加强党的领导。

全面落实生态环境保护“党政同责”“一岗双责”。地方政府要把打好长江保护修复攻坚战放在突出位置，主要领导是本行政区域第一责任人，组织制定本地区工作方案，细化分解目标任务，明确部门分工，落实各级河长湖长责任，确保各项工作有力有序完成。各有关部门切实履行生态环境保护职责，主动对表、积极作为、分工协作、共同发力，构建长江保护修复齐抓共管大格局。（生态环境部牵头，有关部门参与）

严格考核问责。将长江保护修复攻坚战年度和终期目标任务完成情况作为重要内容，纳入污染防治攻坚战成效考核，做好考核结果应用。发现篡改、伪造监测数据的地区，考核结果认定为不合格，并依法依纪追究责任。对工作不力、责任不落实、环境污染严重、问题突出的地区，由生态环境部公开约谈当地政府主要负责人。按照国家有关规定，对在长江保护修复攻坚战工作中涌现出的先进典型予以表彰奖励。（生态环境部牵头，中央组织部、人力资源社会保障部等参与）

（二）完善政策法规标准。

强化长江保护法律保障。推动制定出台长江保护法，为长江经济带实现绿色发展，全面系统解决空间管控、防洪减灾、水资源开发利用与保护、水污染防治、水生态保护、航运管理、产业布局等重大问题提供法律保障。（司法部、生态环境部、发展改革委、交通运输部、水利部、自然

资源部、林草局等部门参与）

推动制定地方性环境标准。根据流域生态环境功能目标，明确流域生态环境管控要求，有针对性制定地方水污染物排放标准。岷江、沱江、乌江等总磷污染重点区域应研究制定针对总磷控制的地方水污染物排放标准。（生态环境部牵头，有关部门参与）

（三）健全投资与补偿机制。

拓宽投融资渠道。各级财政支出要向长江保护修复攻坚战倾斜，增加中央水污染防治专项投入。采取多种方式拓宽融资渠道，鼓励、引导和吸引政府与社会资本合作（PPP）项目参与长江生态环境保护修复。完善资源环境价格收费政策，探索将生态环境成本纳入经济运行成本，逐步建立完善污水垃圾处理收费制度，城镇污水处理收费标准原则上应补偿到污水处理和污泥处置设施正常运营并合理盈利。扩大差别电价、阶梯电价执行的行业范围，拉大峰谷电价价差，探索建立基于单位产值能耗、污染物排放的差别化电价政策。完善高耗水行业用水价格机制，提高火电、钢铁、纺织、造纸、化工、食品发酵等高耗水行业用水价格，鼓励发展节水高效现代农业。全面清理取消对高污染排放行业的各种不合理价格优惠政策，研究完善有机肥生产销售运输使用等环节的支持政策和长江港口、水上服务区、待闸锚地岸电电价扶持政策。（发展改革委、财政部、人民银行按职责分工牵头，生态环境部、住房城乡建设部、水利部等参与）

完善流域生态补偿。健全长江流域生态补偿机制，深入实施长江经济带生态保护修复奖励政策，进一步加大中央财政支持长江经济带及源头地区生态补偿资金投入，推进沿江 11 省市实施市场化、多元化的横向生态补偿。实行国家重点生态功能区转移支付资金与补偿地区生态环境保护绩效挂钩。沿江 11 省市加快建立行政区域内与水生态环境质量挂钩的财政资金奖惩机制。（财政部牵头，发展改革委、生态环境部、水利部、农业农村部、自然资源部、林草局等参与）

（四）强化科技支撑。

加强科学研究和成果转化。加快开展长江生态保护修复技术研发，系统推进区域污染源头控制、过程削减、末端治理等技术集成创新与风险管理创新，尽快形成一批可复制可推广的区域生态环境治理技术模式。加强珍稀濒危物种保护及其关键生境修复技术攻关。整合各方科技资源，创新科技服务模式，促进水体污染控制与治理科技重大专项、水资源高效开发利用、重大有害生物灾害防治、农业面源和重金属污染农田综合防治与修复技术研发等科研项目成果转化。（科技部、生态环境部、住房城乡建设部按职责分工牵头，水利部、农业农村部、林草局等参与）

大力发展节能环保产业。积极发展节能环保技术、装备、服务等产业，完善支持政策。构建市场导向的绿色技术创新体系。创新环境治理服务模式，拓展环境服务托管、第三方监测治理等服务市场。培育农业农村环境治理市场主体，推动建立政府主导、市场主体、农户参与的农业生产和农村生活废弃物收集、转化、利用三级网络体系。（发展改革委牵头，工业和信息化部、科技

部、生态环境部、水利部、农业农村部等参与）

（五）严格生态环境监督执法。

建立完善长江环境污染联防联控机制和预警应急体系，建立健全跨部门、跨区域突发环境事件应急响应机制和执法协作机制，加强长江流域环境违法违规企业信息共享，构建环保信用评价结果互认互用机制。（生态环境部牵头，最高人民法院、最高人民检察院、发展改革委、公安部、司法部、交通运输部、水利部、农业农村部、林草局等参与）

加大生态环境执法力度。加快组建长江流域环境监管执法机构，增强环境监管和行政执法合力。统一实行生态环境保护执法，从严处罚生态环境违法行为，着力解决长江流域环境违法、生态破坏、风险隐患突出等问题。坚持铁腕治污，对非法排污、违法处置固体废物特别是危险废物等行为，综合运用按日连续处罚、查封扣押、限产停产等手段依法从严查处。强化排污者责任，对未依法取得排污许可证、未按证排污的排污单位，依法依规从严处罚。加强涉生态环境保护的司法力量建设，健全行政执法与刑事司法、行政检察衔接机制，完善信息共享、案情通报、案件移送等制度。（生态环境部、中央编办按职责分工牵头，最高人民法院、最高人民检察院、公安部、司法部、交通运输部、水利部、农业农村部等参与）

深入开展生态环境保护督察。将长江保护修复攻坚战目标任务完成情况纳入中央生态环境保护督察及其"回头看"范畴，对污染治理不力、保护修复进展缓慢、存在突出环境问题、生态环境质量改善达不到进度要求甚至恶化的地区，视情组织专项督察，进一步压实地方政府及有关部门责任，杜绝敷衍整改、表面整改、假装整改。全面开展省级生态环境保护督察，实现对地市督察全覆盖。建立完善排查、交办、核查、约谈、专项督察"五步法"监管机制。（生态环境部负责）

提升监测预警能力。开展天地一体化长江水生态环境监测调查评估，完善水生态监测指标体系，开展水生生物多样性监测试点，逐步完善水生态环境监测评估方法。制定实施长江经济带排污口监测体系建设方案。落实水环境质量监测预警办法，对水环境质量达标滞后地区开展预警工作。完成长江干流岸线生态环境无人机遥感调查，摸清长江干流岸线排污口、固体废物堆放、岸线开发利用、生态本底、企业空间分布等情况。（生态环境部牵头，有关部门参与）

（六）促进公众参与。

加强环境信息公开。定期公开国控断面水质状况、水环境质量达标滞后地区等信息。地方各级人民政府及时公开本行政区域内生态环境质量、"三线一单"划定及落实、饮用水水源地保护及水质、黑臭水体整治等攻坚战相关任务完成情况等信息。重点企业定期公开污染物排放、治污设施运行情况等环境信息。各地要建立宣传引导和群众投诉反馈机制，发布权威信息，及时回应群众关心的热点、难点问题。（生态环境部牵头，有关部门参与）

构建全民行动格局。增强人民群众的获得感，聚焦群众身边的突出生态环境问题，引导群众建言献策，鼓励群众通过多种渠道举报生态环境违法行为，接受群众监督，群策群力，群防群治，让全社会参与到保护母亲河行动中来。鼓励有条件的地区选择环境监测、城市污水和垃圾处理等设施向公众开放，拓宽公众参与渠道。新闻媒体充分发挥监督引导作用，全面阐释长江保护修复的重要意义，积极宣传各地生态环境管理法律法规、政策文件、工作动态和经验做法。（生态环境部牵头，中央宣传部、教育部等参与）

环境保护部 国家发展和改革委员会 水利部 关于印发《长江经济带生态环境保护规划》的通知

环规财〔2017〕88号 2017年7月13日起施行

上海市、江苏省、浙江省、安徽省、江西省、湖北省、湖南省、重庆市、四川省、贵州省、云南省人民政府，工业和信息化部，财政部，国土资源部，住房城乡建设部，农业部，质检总局，林业局，能源局，海洋局，三峡办：

为落实党中央、国务院关于推动长江经济带发展的重大决策部署，环境保护部、发展改革委、水利部会同有关部门编制了《长江经济带生态环境保护规划》。

经商推动长江经济带发展领导小组办公室，现将《长江经济带生态环境保护规划》印发给你们，请认真贯彻执行。

长江经济带生态环境保护规划（节选）

二、指导思想、原则和目标

（二）基本原则

生态优先，绿色发展。尊重自然规律，坚持“绿水青山就是金山银山”的基本理念，从中华民族长远利益出发，把生态环境保护摆在压倒性的位置，在生态环境容量上过紧日子，自觉推动绿色低碳循环发展，形成节约资源和保护生态环境的产业结构、增长方式和消费模式，增强和提高优质生态产品供给能力。

统筹协调，系统保护。以长江干支流为经脉，以山水林田湖为有机整体，统筹水陆、城乡、江湖、河海，统筹上中下游，统筹水资源、水生态、水环境，统筹产业布局、资源开发与生态环境保护，对水利水电工程实施科学调度，发挥水资源综合效益，构建区域一体化的生态环境保护格局，系统推进大保护。

空间管控，分区施策。根据长江流域生态环境系统特征，以主体功能区规划为基础，强化水环境、大气环境、生态环境分区管治，系统构建生态安全格局。西部和上游地区以预防保护为主，中部和中游地区以保护恢复为主，东部和下游地区以治理修复为主。根据东中西部、上中下游、干流支流生态环境功能定位与重点地区的突出问题，制定差别化的保护策略与管理措施，实施精准治理。

强化底线，严格约束。确立资源利用上线、生态保护红线、环境质量底线，制定产业准入负面清单，强化生态环境硬约束，确保长江生态环境质量只能更好、不能变坏。设定禁止开发的岸线、河段、区域、产业，实施更严格的管理要求。

改革引领，科技支撑。针对长江经济带整体性保护不足、累积性风险加剧、碎片化管理乏力等突出问题，加快推进重点领域、关键环节体制改革，形成长江生态环境保护共抓、共管、共享的体制机制。大力推进生态环保科技创新体系建设，有效支撑生态环境保护与修复重点工作。

（四）分区保护重点

上游区包括重庆、四川、贵州、云南等省市，应重点加强水源涵养、水土保持、生物多样性维护和高原湖泊湿地保护，强化自然保护区建设和管护，合理开发利用水资源，禁止煤炭、有色金属、磷矿等资源的无序开发，加大湖库、湿地等敏感区的保护力度，加强云贵川喀斯特地区、金沙江中下游、嘉陵江流域、沱江流域、乌江中上游、三峡库区等区域水土流失治理与生态恢复，推进成渝城市群环境质量持续改善。

中游区包括江西、湖北、湖南等省。优化和规范沿江产业发展，管控土壤环境风险，引导湖北磷矿、湖南有色金属、江西稀土等资源合理开发。

下游区包括上海、江苏、浙江、安徽等省市。要重点修复太湖等退化水生态系统，强化饮用水水源保护，严格控制城镇周边生态空间占用，深化河网地区水污染治理及长三角城市群大气污染治理。

五、坚守环境质量底线，推进流域水污染统防统治

（二）优先保护良好水体

强化河流源头保护。以矿产资源开发为主的源头地区，要严控资源开发利用行为，减少生态破坏，加大生态保护和修复力度。

（四）综合控制磷污染源

治理岷江、沱江流域总磷污染。以成都、乐山、眉山、绵阳、德阳等为重点，实施总磷污染综合治理。开展区域内涉磷小企业专项整治，加强磷化工等涉磷企业废水排放监管，执行水污染物特别排放限值。实施总磷超标控制单元新建涉磷项目倍量削减替代。关闭生产能力小于 50 万吨/年的小磷矿，开展磷石膏、磷渣仓储标准化管理，推进磷石膏综合利用。提升成都、泸州、资阳、

绵阳、自贡城镇污水处理设施总磷削减能力。

治理乌江、清水江流域总磷污染。以重庆武隆、酉阳、彭水及贵州贵阳、遵义、铜仁、黔南州、黔东南州为重点，开展总磷污染防治。提升区域内磷矿企业的开采和选矿技术水平，提高磷过滤效率和回收率，规范化建设渣场和尾矿库并严格监管。

治理长江干流宜昌段总磷污染。以宜昌市的磷肥制造、磷矿开采等行业为重点，开展工业集中治理。加强宜昌夷陵区、远安县等地区磷矿的尾矿管理，严防尾矿库不达标废水进入地表水体。大力推进矿业结构调整和转型升级。彻底整治尾矿库危库、险库，严肃查处未按要求治理或未经批准擅自回采尾矿的磷矿企业。

六、全面推进环境污染治理，建设宜居城乡环境

（二）推进重点区域土壤污染防治

加强土壤重金属污染源头控制。实施重要粮食生产区域周边的工矿企业重金属排放总量控制，达不到环保要求的，实施升级改造，或依法关闭、搬迁。

建立土壤污染综合防治先行区。2020 年年底前，在浙江台州、湖北黄石、湖南常德、贵州铜仁开展土壤污染综合防治先行区建设，探索土壤污染源头预防、风险管控、治理与修复、监管能力建设等综合防治模式与技术。浙江省台州市以电子拆解集中区域的多氯联苯、二噁英、镉、铅、等污染治理为重点，采取整治拆解作坊、污染物清理等措施。湖北省黄石市以有色金属冶炼集中区域的镉、铅、砷等污染治理为重点，开展工业企业废渣综合治理与资源化利用，综合防控农产品重金属超标风险。湖南省常德市、贵州省铜仁市以矿产资源开发集中区域的砷、汞、镉等污染治理为重点，排查尾矿库环境风险，开展矿区废渣综合治理与资源化利用，有序开展矿区废弃地修复。各地要结合本地实际，进行治理技术、制度政策等方面的试点示范，推广土壤污染综合防治模式和经验。

五、环境保护政策

工矿用地土壤环境管理办法（试行）

生态环境部令第 3 号　2018 年 8 月 1 日起施行

（2018 年 4 月 12 日由生态环境部部务会议审议通过）

第一章　总　则

第一条　为了加强工矿用地土壤和地下水环境保护监督管理，防治工矿用地土壤和地下水污染，根据《中华人民共和国环境保护法》《中华人民共和国水污染防治法》等法律法规和国务院印发的《土壤污染防治行动计划》，制定本办法。

第二条　本办法适用于从事工业、矿业生产经营活动的土壤环境污染重点监管单位用地土壤和地下水的环境现状调查、环境影响评价、污染防治设施的建设和运行管理、污染隐患排查、环境监测和风险评估、污染应急、风险管控和治理与修复等活动，以及相关环境保护监督管理。

矿产开采作业区域用地，固体废物集中贮存、填埋场所用地，不适用本办法。

第三条　土壤环境污染重点监管单位（以下简称重点单位）包括：

（一）有色金属冶炼、石油加工、化工、焦化、电镀、制革等行业中应当纳入排污许可重点管理的企业；

（二）有色金属矿采选、石油开采行业规模以上企业；

（三）其他根据有关规定纳入土壤环境污染重点监管单位名录的企事业单位。

重点单位以外的企事业单位和其他生产经营者生产经营活动涉及有毒有害物质的，其用地土壤和地下水环境保护相关活动及相关环境保护监督管理，可以参照本办法执行。

第四条　生态环境部对全国工矿用地土壤和地下水环境保护工作实施统一监督管理。

县级以上地方生态环境主管部门负责本行政区域内的工矿用地土壤和地下水环境保护相关活动的监督管理。

第五条　设区的市级以上地方生态环境主管部门应当制定公布本行政区域的土壤环境污染重点监管单位名单，并动态更新。

第六条　工矿企业是工矿用地土壤和地下水环境保护的责任主体，应当按照本办法的规定开展相关活动。

造成工矿用地土壤和地下水污染的企业应当承担治理与修复的主体责任。

第二章 污染防控

第七条 重点单位新、改、扩建项目，应当在开展建设项目环境影响评价时，按照国家有关技术规范开展工矿用地土壤和地下水环境现状调查，编制调查报告，并按规定上报环境影响评价基础数据库。

重点单位应当将前款规定的调查报告主要内容通过其网站等便于公众知晓的方式向社会公开。

第八条 重点单位新、改、扩建项目用地应当符合国家或者地方有关建设用地土壤污染风险管控标准。

重点单位通过新、改、扩建项目的土壤和地下水环境现状调查，发现项目用地污染物含量超过国家或者地方有关建设用地土壤污染风险管控标准的，土地使用权人或者污染责任人应当参照污染地块土壤环境管理有关规定开展详细调查、风险评估、风险管控、治理与修复等活动。

第九条 重点单位建设涉及有毒有害物质的生产装置、储罐和管道，或者建设污水处理池、应急池等存在土壤污染风险的设施，应当按照国家有关标准和规范的要求，设计、建设和安装有关防腐蚀、防泄漏设施和泄漏监测装置，防止有毒有害物质污染土壤和地下水。

第十条 重点单位现有地下储罐储存有毒有害物质的，应当在本办法公布后一年之内，将地下储罐的信息报所在地设区的市级生态环境主管部门备案。

重点单位新、改、扩建项目地下储罐储存有毒有害物质的，应当在项目投入生产或者使用之前，将地下储罐的信息报所在地设区的市级生态环境主管部门备案。

地下储罐的信息包括地下储罐的使用年限、类型、规格、位置和使用情况等。

第十一条 重点单位应当建立土壤和地下水污染隐患排查治理制度，定期对重点区域、重点设施开展隐患排查。发现污染隐患的，应当制定整改方案，及时采取技术、管理措施消除隐患。隐患排查、治理情况应当如实记录并建立档案。

重点区域包括涉及有毒有害物质的生产区，原材料及固体废物的堆存区、储放区和转运区等；重点设施包括涉及有毒有害物质的地下储罐、地下管线，以及污染治理设施等。

第十二条 重点单位应当按照相关技术规范要求，自行或者委托第三方定期开展土壤和地下水监测，重点监测存在污染隐患的区域和设施周边的土壤、地下水，并按照规定公开相关信息。

第十三条 重点单位在隐患排查、监测等活动中发现工矿用地土壤和地下水存在污染迹象的，应当排查污染源，查明污染原因，采取措施防止新增污染，并参照污染地块土壤环境管理有关规定及时开展土壤和地下水环境调查与风险评估，根据调查与风险评估结果采取风险管控或者治理与修复等措施。

第十四条 重点单位拆除涉及有毒有害物质的生产设施设备、构筑物和污染治理设施的，应当按照有关规定，事先制定企业拆除活动污染防治方案，并在拆除活动前十五个工作日报所在地县级生态环境、工业和信息化主管部门备案。

企业拆除活动污染防治方案应当包括被拆除生产设施设备、构筑物和污染治理设施的基本情况、拆除活动全过程土壤污染防治的技术要求、针对周边环境的污染防治要求等内容。

重点单位拆除活动应当严格按照有关规定实施残留物料和污染物、污染设备和设施的安全处理处置，并做好拆除活动相关记录，防范拆除活动污染土壤和地下水。拆除活动相关记录应当长期保存。

第十五条 重点单位突发环境事件应急预案应当包括防止土壤和地下水污染相关内容。

重点单位突发环境事件造成或者可能造成土壤和地下水污染的，应当采取应急措施避免或者减少土壤和地下水污染；应急处置结束后，应当立即组织开展环境影响和损害评估工作，评估认为需要开展治理与修复的，应当制定并落实污染土壤和地下水治理与修复方案。

第十六条 重点单位终止生产经营活动前，应当参照污染地块土壤环境管理有关规定，开展土壤和地下水环境初步调查，编制调查报告，及时上传全国污染地块土壤环境管理信息系统。

重点单位应当将前款规定的调查报告主要内容通过其网站等便于公众知晓的方式向社会公开。

土壤和地下水环境初步调查发现该重点单位用地污染物含量超过国家或者地方有关建设用地土壤污染风险管控标准的，应当参照污染地块土壤环境管理有关规定开展详细调查、风险评估、风险管控、治理与修复等活动。

第三章 监督管理

第十七条 县级以上生态环境主管部门有权对本行政区域内的重点单位进行现场检查。被检查单位应当予以配合，如实反映情况，提供必要的资料。实施现场检查的部门、机构及其工作人员应当为被检查单位保守商业秘密。

第十八条 县级以上生态环境主管部门对重点单位进行监督检查时，有权采取下列措施：

（一）进入被检查单位进行现场核查或者监测；

（二）查阅、复制相关文件、记录以及其他有关资料；

（三）要求被检查单位提交有关情况说明。

第十九条 重点单位未按本办法开展工矿用地土壤和地下水环境保护相关活动或者弄虚作假的，由县级以上生态环境主管部门将该企业失信情况记入其环境信用记录，并通过全国信用信息共享平台、国家企业信用信息公示系统向社会公开。

第四章　附　则

第二十条　本办法所称的下列用语的含义：

（一）矿产开采作业区域用地，指露天采矿区用地、排土场等与矿业开采作业直接相关的用地。

（二）有毒有害物质，是指下列物质：

1. 列入《中华人民共和国水污染防治法》规定的有毒有害水污染物名录的污染物；

2. 列入《中华人民共和国大气污染防治法》规定的有毒有害大气污染物名录的污染物；

3. 《中华人民共和国固体废物污染环境防治法》规定的危险废物；

4. 国家和地方建设用地土壤污染风险管控标准管控的污染物；

5. 列入优先控制化学品名录内的物质；

6. 其他根据国家法律法规有关规定应当纳入有毒有害物质管理的物质。

（三）土壤和地下水环境现状调查，指对重点单位新、改、扩建项目用地的土壤和地下水环境质量进行的调查评估，其主要调查内容包括土壤和地下水中主要污染物的含量等。

（四）土壤和地下水污染隐患，指相关设施设备因设计、建设、运行管理等不完善，而导致相关有毒有害物质泄漏、渗漏、溢出等污染土壤和地下水的隐患。

（五）土壤和地下水污染迹象，指通过现场检查和隐患排查发现有毒有害物质泄漏或者疑似泄漏，或者通过土壤和地下水环境监测发现土壤或者地下水中污染物含量升高的现象。

农用地土壤环境管理办法（试行）（节选）

环境保护部 农业部令第46号 2017年11月1日起施行

第一章 总 则

第一条 为了加强农用地土壤环境保护监督管理，保护农用地土壤环境，管控农用地土壤环境风险，保障农产品质量安全，根据《中华人民共和国环境保护法》《中华人民共和国农产品质量安全法》等法律法规和《土壤污染防治行动计划》，制定本办法。

第二条 农用地土壤污染防治相关活动及其监督管理适用本办法。

前款所指的农用地土壤污染防治相关活动，是指对农用地开展的土壤污染预防、土壤污染状况调查、环境监测、环境质量类别划分、分类管理等活动。

第三条 环境保护部对全国农用地土壤环境保护工作实施统一监督管理；县级以上地方环境保护主管部门对本行政区域内农用地土壤污染防治相关活动实施统一监督管理。

农用地土壤污染预防、土壤污染状况调查、环境监测、环境质量类别划分、农用地土壤优先保护、监督管理等工作，由县级以上环境保护和农业主管部门按照本办法有关规定组织实施。

第四条 环境保护部会同农业部制定农用地土壤污染状况调查、环境监测、环境质量类别划分等技术规范。

第七条 受委托从事农用地土壤污染防治相关活动的专业机构，以及受委托从事治理与修复效果评估的第三方机构，应当遵守有关环境保护标准和技术规范，并对其出具的技术文件的真实性、准确性、完整性负责。

受委托从事治理与修复的专业机构，应当遵守国家有关环境保护标准和技术规范，在合同约定范围内开展工作，对治理与修复活动及其效果负责。

受委托从事治理与修复的专业机构在治理与修复活动中弄虚作假，对造成的环境污染和生态破坏负有责任的，除依照有关法律法规接受处罚外，还应当依法与造成环境污染和生态破坏的其他责任者承担连带责任。

第二章　土壤污染预防

第八条　排放污染物的企业事业单位和其他生产经营者应当采取有效措施，确保废水、废气排放和固体废物处理、处置符合国家有关规定要求，防止对周边农用地土壤造成污染。

从事固体废物和化学品储存、运输、处置的企业，应当采取措施防止固体废物和化学品的泄漏、渗漏、遗撒、扬散污染农用地。

第九条　县级以上地方环境保护主管部门应当加强对企业事业单位和其他生产经营者排污行为的监管，将土壤污染防治作为环境执法的重要内容。

设区的市级以上地方环境保护主管部门应当根据本行政区域内工矿企业分布和污染排放情况，确定土壤环境重点监管企业名单，上传农用地环境信息系统，实行动态更新，并向社会公布。

第十二条　禁止在农用地排放、倾倒、使用污泥、清淤底泥、尾矿（渣）等可能对土壤造成污染的固体废物。

农田灌溉用水应当符合相应的水质标准，防止污染土壤、地下水和农产品。禁止向农田灌溉渠道排放工业废水或者医疗污水。向农田灌溉渠道排放城镇污水以及未综合利用的畜禽养殖废水、农产品加工废水的，应当保证其下游最近的灌溉取水点的水质符合农田灌溉水质标准。

第四章　分类管理

第十八条　严格控制在优先保护类耕地集中区域新建有色金属冶炼、石油加工、化工、焦化、电镀、制革等行业企业，有关环境保护主管部门依法不予审批可能造成耕地土壤污染的建设项目环境影响报告书或者报告表。优先保护类耕地集中区域现有可能造成土壤污染的相关行业企业应当按照有关规定采取措施，防止对耕地造成污染。

第十九条　对安全利用类耕地，应当优先采取农艺调控、替代种植、轮作、间作等措施，阻断或者减少污染物和其他有毒有害物质进入农作物可食部分，降低农产品超标风险。

对需要采取治理与修复工程措施的安全利用类或者严格管控类耕地，应当优先采取不影响农业生产、不降低土壤生产功能的生物修复措施，或辅助采取物理、化学治理与修复措施。

第二十一条　对需要采取治理与修复工程措施的受污染耕地，县级以上地方农业主管部门应当组织制定土壤污染治理与修复方案，报所在地人民政府批准后实施，并上传农用地环境信息系统。

第二十二条　从事农用地土壤污染治理与修复活动的单位和个人应当采取必要措施防止产生二次污染，并防止对被修复土壤和周边环境造成新的污染。治理与修复过程中产生的废水、废气和固体废物，应当按照国家有关规定进行处理或者处置，并达到国家或者地方规定的环境保护标准和要求。

第二十三条 县级以上地方环境保护主管部门应当对农用地土壤污染治理与修复的环境保护措施落实情况进行监督检查。

治理与修复活动结束后，县级以上地方农业主管部门应当委托第三方机构对治理与修复效果进行评估，评估结果上传农用地环境信息系统。

第五章 监督管理

第二十六条 设区的市级以上地方环境保护主管部门应当定期对土壤环境重点监管企业周边农用地开展监测，监测结果作为环境执法和风险预警的重要依据，并上传农用地环境信息系统。

设区的市级以上地方环境保护主管部门应当督促土壤环境重点监管企业自行或者委托专业机构开展土壤环境监测，监测结果向社会公开，并上传农用地环境信息系统。

第二十七条 县级以上环境保护主管部门和县级以上农业主管部门，有权对本行政区域内的农用地土壤污染防治相关活动进行现场检查。被检查单位应当予以配合，如实反映情况，提供必要的资料。实施现场检查的部门、机构及其工作人员应当为被检查单位保守商业秘密。

第二十八条 突发环境事件可能造成农用地土壤污染的，县级以上地方环境保护主管部门应当及时会同农业主管部门对可能受到污染的农用地土壤进行监测，并根据监测结果及时向当地人民政府提出应急处置建议。

第二十九条 违反本办法规定，受委托的专业机构在从事农用地土壤污染防治相关活动中，不负责任或者弄虚作假的，由县级以上地方环境保护主管部门、农业主管部门将该机构失信情况记入其环境信用记录，并通过企业信用信息系统向社会公开。

国家环保总局 国土资源部 卫生部关于发布《矿山生态环境保护与污染防治技术政策》的通知

环发〔2005〕109号 2005年9月7日起施行

各省、自治区、直辖市环境保护局（厅），国土资源厅（局），科技厅：

为贯彻《中华人民共和国固体废物污染环境防治法》和《中华人民共和国矿产资源法》，实现矿产资源开发与生态环境保护协调发展，提高矿产资源开发利用效率，避免和减少矿区生态环境破坏和污染，现发布《矿山生态环境保护与污染防治技术政策》，请参照执行。

矿山生态环境保护与污染防治技术政策

一、总则

（一）目的和依据

为了实现矿产资源开发与生态环境保护协调发展，提高矿产资源开发利用效率，避免和减少矿区生态环境破坏和污染，根据《中华人民共和国固体废物污染环境防治法》《中华人民共和国水污染防治法》《中华人民共和国清洁生产促进法》《中华人民共和国矿产资源法》《全国生态环境保护纲要》等有关的法律、法规和政策文件，制定本技术政策。

（二）适用范围

本技术政策适用于从事固体矿产资源开发的企业，不包括从事放射性矿产、海洋矿产开发的企业。

本技术政策适用于矿产资源开发规划与设计、矿山基建、采矿、选矿和废弃地复垦等阶段的生态环境保护与污染防治。

（三）指导方针和技术原则

1. 矿产资源的开发应贯彻“污染防治与生态环境保护并重，生态环境保护与生态环境建设并举；以及预防为主、防治结合、过程控制、综合治理”的指导方针。

2. 矿产资源的开发应推行循环经济的“污染物减量、资源再利用和循环利用”的技术原则，具体包括：

（1）发展绿色开采技术，实现矿区生态环境无损或受损最小；

（2）发展干法或节水的工艺技术，减少水的使用量；

（3）发展无废或少废的工艺技术，最大限度地减少废弃物的产生；

（4）矿山废物按照先提取有价金属、组分或利用能源，再选择用于建材或其他用途，最后进行无害化处理处置的技术原则。

（四）实现目标

1. 2010 年应达到的阶段性目标

（1）新、扩、改建选煤和黑色冶金选矿的水重复利用率应达到 90%以上；新、扩、改建有色金属系统选矿的水重复利用率应达到 75%以上；

（2）大中型煤矿矿井水重复利用率力求达到 65%以上；

（3）已建立地面永久瓦斯抽放系统的大中型煤矿，其瓦斯利用率应达到当年抽放量的 85%以上；

（4）煤矸石的利用率达到 55%以上，尾矿的利用率达到 10%以上；

（5）历史遗留矿山开采破坏土地复垦率达到 20%以上，新建矿山应做到边开采、边复垦，破坏土地复垦率达到 75%以上。

2. 2015 年应达到的阶段性目标

（1）选煤厂、冶金选矿厂和有色金属选矿厂的选矿水循环利用率在 2010 年基础上分别提高 3%；

（2）大中型煤矿矿井水重复利用率、大中型煤矿瓦斯利用率、煤矸石的利用率、尾矿的利用率在 2010 年基础上分别提高 5%；

（3）历史遗留矿山开采破坏土地复垦率达到 45%以上，新建矿山应做到边开采、边复垦，破坏土地复垦率达到 85%以上。

（五）考核指标体系

政府主管部门应建立和完善矿山生态环境保护与污染防治的考核指标体系，将下述指标纳入考核指标体系：

（1）采矿回采率、贫化率、选矿回收率、综合利用率等矿产资源综合开发利用指标；

（2）固体废物综合利用率、煤矿瓦斯抽放利用率、水重复利用率等废物资源化利用指标；

（3）土地复垦率、矿山次生地质灾害治理率等生态环境修复指标。

（六）清洁生产

鼓励矿山企业开展清洁生产审核，优先选用采、选矿清洁生产工艺，杜绝落后工艺与设备向新开发矿区和落后地区转移。

二、矿产资源开发规划与设计

（一）禁止的矿产资源开发活动

1. 禁止在依法划定的自然保护区（核心区、缓冲区）、风景名胜区、森林公园、饮用水水源保护区、重要湖泊周边、文物古迹所在地、地质遗迹保护区、基本农田保护区等区域内采矿。

2. 禁止在铁路、国道、省道两侧的直观可视范围内进行露天开采。

3. 禁止在地质灾害危险区开采矿产资源。

4. 禁止土法采、选冶金矿和土法冶炼汞、砷、铅、锌、焦、硫、钒等矿产资源开发活动。

5. 禁止新建对生态环境产生不可恢复利用的、产生破坏性影响的矿产资源开发项目。

6. 禁止新建煤层含硫量大于3%的煤矿。

（二）限制的矿产资源开发活动

1. 限制在生态功能保护区和自然保护区（过渡区）内开采矿产资源。

生态功能保护区内的开采活动必须符合当地的环境功能区规划，并按规定进行控制性开采，开采活动不得影响本功能区内的主导生态功能。

2. 限制在地质灾害易发区、水土流失严重区域等生态脆弱区内开采矿产资源。

（三）矿产资源开发规划

1. 矿产资源开发应符合国家产业政策要求，选址、布局应符合所在地的区域发展规划。

2. 矿产资源开发企业应制定矿产资源综合开发规划，并应进行环境影响评价，规划内容包括资源开发利用、生态环境保护、地质灾害防治、水土保持、废弃地复垦等。

3. 在矿产资源的开发规划阶段，应对矿区内的生态环境进行充分调查，建立矿区的水文、地质、土壤和动植物等生态环境和人文环境基础状况数据库。

同时，应对矿床开采可能产生的区域地质环境问题进行预测和评价。

4. 矿产资源开发规划阶段还应注重对矿山所在区域生态环境的保护。

（四）矿产资源开发设计

1. 应优先选择废物产生量少、水重复利用率高，对矿区生态环境影响小的采、选矿生产工艺与技术。

2. 应考虑低污染、高附加值的产业链延伸建设，把资源优势转化为经济优势。

提倡煤—电、煤—化工、煤—焦、煤—建材、铁矿石—铁精矿—球团矿等低污染、高附加值的产业链延伸建设。

3. 矿井水、选矿水和矿山其他外排水应统筹规划、分类管理、综合利用。

4. 选矿厂设计时，应考虑最大限度地提高矿产资源的回收利用率，并同时考虑共、伴生资源的综合利用。

5. 地面运输系统设计时，宜考虑采用封闭运输通道运输矿物和固体废物。

三、矿山基建

1. 对矿山勘探性钻孔应采取封闭等措施进行处理，以确保生产安全。

2. 对矿山基建可能影响的具有保护价值的动、植物资源，应优先采取就地、就近保护措施。

3. 对矿山基建产生的表土、底土和岩石等应分类堆放、分类管理和充分利用。

对表土、底土和适于植物生长的地层物质均应进行保护性堆存和利用，可优先用作废弃地复垦时的土壤重构用土。

4. 矿山基建应尽量少占用农田和耕地，矿山基建临时性占地应及时恢复。

四、采矿

（一）鼓励采用的采矿技术

1. 对于露天开采的矿山，宜推广剥离—排土—造地—复垦一体化技术。

2. 对于水力开采的矿山，宜推广水重复利用率高的开采技术。

3. 推广应用充填采矿工艺技术，提倡废石不出井，利用尾砂、废石充填采空区。

4. 推广减轻地表沉陷的开采技术，如条带开采、分层间隙开采等技术。

5. 对于有色、稀土等矿山，宜研究推广溶浸采矿工艺技术，发展集采、选、冶于一体，直接从矿床中获取金属的工艺技术。

6. 加大煤炭地下气化与开采技术的研究力度，推广煤层气开发技术，提高煤层气的开发利用水平。

7. 在不能对基础设施、道路、河流、湖泊、林木等进行拆迁或异地补偿的情况下，在矿山开采中应保留安全矿柱，确保地面塌陷在允许范围内。

（二）矿坑水的综合利用和废水、废气的处理

1. 鼓励将矿坑水优先利用为生产用水，作为辅助水源加以利用。

在干旱缺水地区，鼓励将外排矿坑水用于农林灌溉，其水质应达到相应标准要求。

2. 宜采取修筑排水沟、引流渠，预先截堵水，防渗漏处理等措施，防止或减少各种水源进入露天采场和地下井巷。

3. 宜采取灌浆等工程措施，避免和减少采矿活动破坏地下水均衡系统。

4. 研究推广酸性矿坑废水、高矿化度矿坑废水和含氰、锰等特殊污染物矿坑水的高效处理工艺与技术。

5. 积极推广煤矿瓦斯抽放回收利用技术，将其用于发电、制造炭黑、民用燃料、制造化工产品等。

6. 宜采用安装除尘装置，湿式作业，个体防护等措施，防治凿岩、铲装、运输等采矿作业中的粉尘污染。

（三）固体废物贮存和综合利用

1. 对采矿活动所产生的固体废物，应使用专用场所堆放，并采取有效措施防止二次环境污染及诱发次生地质灾害。

（1）应根据采矿固体废物的性质、贮存场所的工程地质情况，采用完善的防渗、集排水措施，防止淋溶水污染地表水和地下水；

（2）宜采用水覆盖法、湿地法、碱性物料回填等方法，预防和降低废石场的酸性废水污染；

（3）煤矸石堆存时，宜采取分层压实，黏土覆盖，快速建立植被等措施，防止矸石山氧化自燃。

2. 大力推广采矿固体废物的综合利用技术。

（1）推广表外矿和废石中有价元素和矿物的回收技术，如采用生物浸出—溶剂萃取—电积技术回收废石中的铜等；

（2）推广利用采矿固体废物加工生产建筑材料及制品技术，如生产铺路材料、制砖等；

（3）推广煤矸石的综合利用技术，如利用煤矸石发电、生产水泥和肥料、制砖等。

五、选矿

（一）鼓励采用的选矿技术

1. 开发推广高效无（低）毒的浮选新药剂产品。

2. 在干旱缺水地区，宜推广干选工艺或节水型选矿工艺，如煤炭干选、大块干选抛尾等工艺技术。

3. 推广高效脱硫降灰技术，有效去除和降低煤炭中的硫分和灰分。

4. 采用先进的洗选技术和设备，推广洁净煤技术，逐步降低直接销售、使用原煤的比率。

5. 积极研究推广共、伴生矿产资源中有价元素的分离回收技术，为共、伴生矿产资源的深加工创造条件。

（二）选矿废水、废气的处理

1. 选矿废水（含尾矿库溢流水）应循环利用，力求实现闭路循环。未循环利用的部分应进行收集，处理达标后排放。

2. 研究推广含氰、含重金属选矿废水的高效处理工艺与技术。

3. 宜采用尘源密闭、局部抽风、安装除尘装置等措施，防治破碎、筛分等选矿作业中的粉尘污染。

（三）尾矿的贮存和综合利用

1. 应建造专用的尾矿库，并采取措施防止尾矿库的二次环境污染及诱发次生地质灾害。

（1）采用防渗、集排水措施，防止尾矿库溢流水污染地表水和地下水；

（2）尾矿库坝面、坝坡应采取种植植物和覆盖等措施，防止扬尘、滑坡和水土流失。

2. 推广选矿固体废物的综合利用技术。

（1）尾矿再选和共伴生矿物及有价元素的回收技术；

（2）利用尾矿加工生产建筑材料及制品技术，如作水泥添加剂、尾矿制砖等；

（3）推广利用尾矿、废石作充填料，充填采空区或塌陷地的工艺技术；

（4）利用选煤煤泥开发生物有机肥料技术。

六、废弃地复垦

1. 矿山开采企业应将废弃地复垦纳入矿山日常生产与管理，提倡采用采（选）矿—排土（尾）—造地—复垦一体化技术。

2. 矿山废弃地复垦应做可垦性试验，采取最合理的方式进行废弃地复垦。

对于存在污染的矿山废弃地，不宜复垦作为农牧业生产用地；对于可开发为农牧业用地的矿山废弃地，应对其进行全面的监测与评估。

3. 矿山生产过程中应采取种植植物和覆盖等复垦措施，对露天坑、废石场、尾矿库、矸石山等永久性坡面进行稳定化处理，防止水土流失和滑坡。

废石场、尾矿库、矸石山等固废堆场服务期满后，应及时封场和复垦，防止水土流失及风蚀扬尘等。

4. 鼓励推广采用覆岩离层注浆，利用尾矿、废石充填采空区等技术，减轻采空区上覆岩层塌陷。

5. 采用生物工程进行废弃地复垦时，宜对土壤重构、地形、景观进行优化设计，对物种选择、配置及种植方式进行优化。

防治尾矿污染环境管理规定

环境保护部令第16号　2010年12月22日起施行

（1992年8月17日国家环境保护局令第11号颁布 1992年10月1日实施 1999年7月12日经国家环境保护总局令第6号修订 2010年12月22日依据《关于废止、修改部分环保部门规章和规范性文件的决定》修正）

第一条　为保护环境，防治尾矿污染，根据《中华人民共和国环境保护法》及有关法律、法规制定本规定。

第二条　本规定中所称尾矿是指选矿和湿法冶炼过程中产生的废物。

第三条　本规定适用于中华人民共和国领域内企业所产生尾矿的污染防治及监督管理。氧化铝厂的赤泥和燃煤电厂水力清除的粉煤灰渣的污染防治也适用本规定。放射性尾矿、伴有放射性尾矿的非放射性尾矿的污染防治，依照国家有关放射性废物的防护规定执行。

第四条　县级以上人民政府环境保护行政主管部门对本辖区内的尾矿污染防治实施统一监督管理。

第五条　县级以上人民政府环境保护行政主管部门对在尾矿污染防治工作中有显著成绩的单位和个人给予表彰。对综合利用尾矿的，按国家有关规定给予优惠。

第六条　县级以上人民政府环境保护行政主管部门有权对管辖范围内产生尾矿的企业进行现场检查。被检查的企业应当如实反映情况，提供必要的资料。检查机关应为被检查的单位保守技术秘密和业务秘密。

第七条　产生尾矿的企业必须制定尾矿污染防治计划，建立污染防治责任制度，并采取有效措施，防治尾矿对环境的污染和危害。

第八条　产生尾矿的企业必须按规定向当地环境保护行政主管部门进行排污申报登记。

第九条　产生尾矿的新建、改建或扩建项目，必须遵守国家有关建设项目环境保护管理的规定。

第十条　企业产生的尾矿必须排入尾矿设施，不得随意排放。无尾矿设施，或尾矿设施不完善并严重污染环境的企业，由于环境保护行政主管部门依照法律规定报同级人民政府批准，限期建成或完善。

第十一条　贮存含属于有害废物的尾矿，其尾矿库必须采取防渗漏措施。

第十二条　在国务院、国务院有关主管部门和省、自治区、直辖市人民政府划定的风景名胜区、自然保护区和其他需要特殊保护的区域内不得建设产生尾矿的企业；已建的企业所排放的尾矿水必须符合国家或地方规定的污染排放标准。向上述区域内排放尾矿水超过国家或地方规定的污染物排放标准的，限期治理。

第十三条 尾矿贮存设施必须有防止尾矿流失和尾矿尘土飞扬的措施。

第十四条 产生尾矿的企业应加强尾矿设施的管理和检查，采取预防措施，消除事故隐患。

第十五条 因发生事故或其他突然事件，造成或者可能造成尾矿污染事故的企业，必须立即采取应急措施处理，及时通报可能受到危害的单位和居民，并向当地环境保护行政主管部门和企业主管部门报告，接受调查处理。当地环境保护行政主管部门接到尾矿污染事故报告后，应立即向当地人民政府和上一级环境保护行政主管部门报告。对于特大的尾矿污染事故，由地、市环境保护行政主管部门报告国家环境保护局。任何单位和个人不得干扰对事故的抢救和处理工作。可能发生重大污染事故的企业，应当采取措施，加强防范。

第十六条 禁止任何单位和个人在尾矿设施上任意挖掘、垦殖、放牧、建筑及其他妨碍尾矿设施正常使用和可能造成污染危害的行为。

第十七条 尾矿贮存设施停止使用后必须进行处置，保证坝体安全，不污染环境，消除污染事故隐患。关闭尾矿设施必须经企业主管部门报当地省环境保护行政主管部门验收，批准。经验收移交后的尾矿设施其污染防治由接收单位负责。利用处置过的尾矿或其设施，需经地、市环境保护行政主管部门批准，并报省环境保护行政主管部门备案。

第十八条 对违反本规定，有下列行为之一的，由环境保护行政主管部门依法给予行政处罚：

（一）产生尾矿的企业未向当地人民政府环境保护行政主管部门申报登记的，依照《中华人民共和国固体废物污染环境防治法》第六十八条规定处以五千元以上五万元以下罚款，并限期补办排污申报登记手续；

（二）违反本规定第十条规定，逾期未建成或者完善尾矿设施，或者违反本规定第十二条规定，在风景名胜区、自然保护区和其他需要特殊保护的区域内建设产生尾矿的企业的，依照《中华人民共和国固体废物污染环境防治法》第六十八条规定责令停止违法行为，限期改正，处一万元以上十万元以下的罚款；造成严重污染的，依照《中华人民共和国固体废物污染环境防治法》第八十一条规定决定限期治理；逾期未完成治理任务的，由本级人民政府决定停业或者关闭。

（三）拒绝环境保护行政主管部门现场检查的，依照《中华人民共和国固体废物污染环境防治法》第七十条规定，责令限期改正；拒不改正或者在检查时弄虚作假的，处二千元以上二万元以下的罚款。

第十九条 本规定所称尾矿设施是指尾矿的贮存设施（尾矿库、赤泥库、灰渣库等）、浆体输送系统、澄清水回收系统、渗透水截流及回收系统、排洪工程、尾矿综合利用及其他污染防治设施。

环境保护部办公厅关于印发《尾矿库环境应急管理工作指南（试行）》的通知

环办〔2010〕138号　2010年9月30日起施行

各省、自治区、直辖市环境保护厅（局），新疆生产建设兵团环境保护局，各环境保护督查中心：

为进一步规范尾矿库的环境应急管理工作，有效防范和妥善处置尾矿库引发的突发环境事件，我部组织河北省环境保护厅和张家口市环境保护局编制了《尾矿库环境应急管理工作指南（试行）》。现印发给你们，请结合各地实际，参照执行。

尾矿库环境应急管理工作指南（试行）（节选）

针对我国目前尾矿库种类复杂、数量繁多、分布广泛的现状，以及尾矿库突发环境事件频发的实际情况，为构建尾矿库突发环境事件防范与应急处置体系，实现尾矿库环境应急管理的专业化、科学化和规范化，制定本指南。

1　总论

1.1　适用范围

本指南适用于放射性选矿之外的金属与非金属选矿项目的尾矿库（含干式处理的尾矿库）环境应急管理。其他湿式堆存工业废渣库、电厂灰渣库的环境应急管理可参照本指南执行。

1.2　术语和概念

（1）尾矿库：指筑坝拦截谷口或围地构成的、用以堆存金属非金属矿山进行矿石选别后排出尾矿、湿法冶炼过程中产生的废物或其他工业废渣的场所。

（2）尾矿库企业：指建设和使用尾矿库的企业。

（3）突发环境事件：突然发生、造成或者可能造成重大人员伤亡、重大财产损失和对全国或者某一地区的经济社会稳定、政治安定构成重大威胁和损害，有重大社会影响的涉及公共安全的环境事件。

（4）环境敏感区：指依法设立的各级各类自然、文化保护地，以及对建设项目的某类污染因子或者生态影响因子特别敏感的区域。

（5）环境应急：针对可能或已发生的突发环境事件需要立即采取某些超出正常工作程序的行动，以避免事件发生或减轻事件后果的状态，也称为紧急状态；同时也泛指立即采取超出正常工作程序的行动。

（6）应急监测：环境应急情况下，为发现和查明污染物质的种类、污染物质的浓度、污染的范围、发展变化趋势及其可能的危害等情况而进行的环境监测。包括编写应急监测方案、确定监测范围、布设监测点位、现场采样、确定监测项目、现场与实验室监测方法、监测结果与数据处理、监测过程质量控制、监测过程总结等。

（7）危险化学品：指属于爆炸品、压缩气体和液化气体、易燃液体、易燃固体、自燃物品和遇湿易燃物品、氧化剂和有机过氧化物、有毒品和腐蚀品的化学品。

（8）危险废物：指列入国家危险废物名录或者根据国家规定的危险废物鉴别标准和鉴别方法认定的具有危险特性的废物。

（9）三级防控体系：指在车间、厂区和流域三个层级设防布控，防止尾矿库企业发生污染事件。一级防控是指在有毒有害原料仓储间和生产车间设置防渗围堰以收集车间泄漏的有害物质；二级防控是以厂区整体为单元，按污染物最大泄漏量设置事故应急池；三级防控是在流域的支流设置发挥拦截降解作用的设施，主要包括拦截坝、滞污塘等，并配置防控所需材料的物资储备库。水利设施和城市景观橡胶坝也可作为拦截设施。

1.3 编制依据

1.3.1 法律法规、规章

《突发事件应对法》

《环境保护法》

《水污染防治法》

《大气污染防治法》

《固体废物污染环境防治法》

《环境影响评价法》

《安全生产法》

《矿山安全法》

《矿山安全法实施条例》

《安全生产许可证条例》

《环境保护违法违纪行为处分暂行规定》

《环境保护行政主管部门突发环境事件信息报告办法（试行）》

《国家突发公共事件总体应急预案》

《国家突发环境事件应急预案》

《国家产业政策名录》

《危险化学品安全管理条例》

《国家安全生产事故灾难应急预案》

《尾矿库安全监督管理规定》

《防治尾矿污染环境管理规定》

1.3.2　标准、技术规范

《地表水环境质量标准》　GB 3838—2002

《地下水质量标准》　GB/T 14848—93

《生活饮用水卫生标准》　GB 5749—2006

《污水综合排放标准》　GB 8978—1996

《渔业水质标准》　GB 11607—89

《土壤环境质量标准》　GB 15618—1995

《一般工业固体废物贮存、处置场污染控制标准》　GB 18599—2001

《危险废物贮存污染控制标准》　GB 18597—2001

《危险废物填埋污染控制标准》　GB 18598—2001

《地表水和污水监测技术规范》　HJ/T 91—2002

《饮用水水源保护区划分技术规范》　HJ/T 338—2007

《土壤环境监测技术规范》　HJ/T 166—2004

《地下水监测技术规范》　HJ/T 164—2004

《环境空气质量手工监测技术规范》　HJ/T 194—2005

《环境影响评价技术导则　地面水环境》　HJ/T 2.3—93

《环境影响评价技术导则　大气环境》　HJ 2.2—2008

《建设项目环境风险评价技术导则》　HJ/T 169—2004

《尾矿库安全技术规程》　AQ 2006—2005

1.4　尾矿库企业责任和环境保护行政部门管理职责

本指南依据现行的法律法规，确定尾矿库企业在尾矿库环境管理方面的主体责任和环境保护行政部门管理职责。

1.4.1 尾矿库企业责任

尾矿库企业是防治尾矿库污染、防范和处置突发环境事件的责任主体。尾矿库企业应遵守建设项目环境影响评价和“三同时”制度，按要求进行排污申报登记，确保污染防治设施稳定正常运行；按规定编制突发环境事件应急预案，建立环境风险评估制度，组织开展应急演练，落实各项应急措施；针对各种可能发生的突发环境事件，建立和完善预测预警机制，加强环境风险隐患排查整治；构建防范与应急处置体系，负责突发环境事件的报告和应急处置。

1.4.2 环境保护行政部门管理职责

环境保护行政部门负责对涉及尾矿库建设项目的环境管理，建立和完善尾矿库环境风险评估制度；要求企业编制尾矿库突发环境事件应急预案，负责企业尾矿库污染防治的日常监督检查和处理。针对突发环境事件，按照职责和规定的权限启动相关应急响应，参与应急处置工作。

1.5 尾矿库企业和环境保护行政部门的环境应急管理工作内容

1.5.1 尾矿库企业的环境应急管理工作内容

1.5.1.1 日常环境应急管理

尾矿库企业在尾矿库日常环境应急管理中，要全面排查污染隐患，落实各种应急保障措施，加强应急培训与演练。

开展污染隐患排查。要通过经常性的污染隐患排查，确定排查和防范的重点部位，明确尾矿库下游的环境敏感保护目标，全面分析可能造成的次生灾害和衍生灾害，制定相应的切断污染源、消除和减轻污染的应急处置措施。对查出的污染隐患制定切实可行的整改方案，进行治理整改，并建立相关工作档案。

落实应急保障措施。要落实各种应急保障措施，特别是掌握本企业应急物资与装备的种类、数量、存放位置及使用方法，同时要掌握周边地区应急物资与装备的企事业单位的联系方式、储备等相关情况。

加强应急培训与演练。要通过应急培训与演练，使全体企业职工掌握尾矿中污染物的危害和防护措施，按照应急预案组织进行经常性的演练，并按照国家的要求和本企业应急资源的变化情况及时对预案进行更新和完善。

1.5.1.2 应急处置

尾矿库企业作为应对尾矿库突发环境事件的责任主体，在发生尾矿库坍塌、泄漏等引发的突发环境事件时，要立即启动本单位应急响应，实施先期处置。必须全力切断污染源，努力开展应急监测，采取行之有效的措施消除和减轻污染，尽最大可能防止突发环境事件扩大、升级，最大限度地降低对环境的损害。

尾矿库企业要将事件真实情况第一时间向当地政府和环保等职能部门报告，为政府正确判断形势、科学决策提供依据，为尽快得到政府和社会支援争取时间。

1.5.2 环境保护行政部门的环境应急管理工作内容

1.5.2.1 日常环境应急管理

在尾矿库日常环境应急管理中，环境保护行政部门要认真组织开展环境风险隐患检查工作。要及时了解和掌握本地区正在使用、停止使用或闭库的各类尾矿库环境污染治理设施和措施，以及尾矿库下游取水口、饮用水水源保护区等环境敏感保护目标。加强对环境风险隐患登记、整改、销号的全过程管理。对现有的尾矿库建立环境保护管理台账，实行动态管理。

1.5.2.2 应急处置

发生尾矿库突发环境事件后，当地环境保护行政部门要在政府的统一领导下，查明情况、及时报告、提出建议、督促落实、调查处理，做到第一时间报告、第一时间赶赴现场、第一时间开展监测、向地方政府提出第一时间向社会发布信息的建议、第一时间组织开展调查。

查明情况就是通过现场勘察、调查和应急监测，查明突发环境事件的基本情况等。

及时报告就是严格执行国家的突发环境事件信息报送制度，向当地政府和上级环境保护行政部门及时报告。

提出建议就是及时向政府现场应急指挥部提出切断污染源、控制和消除污染等方面的建议，为政府环境应急工作决策提供支持。

督促落实就是对政府现场应急指挥部制定的环境应急工作决策和措施执行情况进行跟踪检查，督促尾矿库企业予以落实，并将督促落实情况及时报告地方政府、上级环境保护行政部门及政府相关部门。

调查处理就是按照当地政府的统一安排，及时组织或参与后期处置工作，查清事件原因、责任，落实各项环保整改措施，进行环境应急事件后评估，开展环境影响后评价，总结经验教训，提高环境应急管理工作水平。

1.6 尾矿库环境应急管理体系

尾矿库的环境应急管理是一个全过程的管理。具体包括：日常预防和预警、环境应急准备、环境应急响应与处置、突发环境事件应急终止后的环境管理四个方面的内容。

日常预防和预警：包括尾矿库建设项目环境风险隐患管理、建立尾矿库动态数据库、尾矿库环境风险隐患评估、建立预警体系、建立联动机制等内容。

环境应急准备：包括应急预案体系、三级防控体系、应急保障体系等内容。

环境应急响应与处置：包括应急协调指挥、应急监测、应急处理等内容。

突发环境事件应急终止后的环境管理：包括环境恢复、中长期环境影响预测与评价、跟踪监测等内容。

2 尾矿库环境应急预防和预警

2.1 涉及尾矿库建设项目的环境管理

2.1.1 环评审批

（1）涉及尾矿库的建设项目必须符合国家产业政策。

（2）涉及尾矿库的建设项目必须符合国家和地方的矿产资源开发利用规划、水土保持规划和土地利用总体规划等相关规划；必须符合当地环境功能区划及当地环境保护行政部门的环保要求；在尾矿库建设的选址方面应考虑尾矿库周边有利于建设尾矿库环境应急处置设施。

（3）涉及尾矿库建设项目的环境影响评价须在矿产资源开发利用规划环评审查后进行，环境影响评价等级为环境影响报告书。对所有涉及尾矿库的建设项目在报批的环境影响评价报告书中必须设置独立的环境风险评价篇章。

2.1.2 环保竣工验收

存在重大环境风险的尾矿库经安全监管部门验收合格（取得尾矿库安全生产许可证）后，按相关规定进行建设项目竣工环境保护验收。

2.1.3 闭库环境管理

尾矿库企业在尾矿库停止使用后必须进行处置，保证坝体安全，不污染环境，消除污染事故隐患。

尾矿库经安全监管部门闭库验收合格后，方可对尾矿库的环境污染防治设施、生态保护工程进行闭库验收，验收时应对尾矿库中的尾砂进行环境达标监测。

关闭尾矿设施必须经企业主管部门报当地省环境保护行政部门验收、批准。经验收移交后的尾矿设施其污染防治由接收单位负责。利用处置过的尾矿或其设施，需经地、市环境保护行政部门批准，并报省环境保护行政部门备案。

2.2 尾矿库动态管理数据库

各级环境保护行政部门应加强尾矿库动态管理数据库建设，利用地理信息系统及信息管理指挥平台等信息化手段进行管理，加快信息传递速度，提高预警能力。

尾矿库动态管理数据库应包括以下内容：尾矿库概况、周边环境概况、建设（生产）情况、水土保持措施、环境应急管理、管理信息系统建设等。

2.3 尾矿库环境风险分类管理

各级地方环境保护行政部门应在对尾矿库进行普查的基础上，对尾矿库环境风险进行分类。尾矿库的环境风险分类应综合考虑以下要素：尾矿库库容、坝高、尾矿库所含污染因子、尾矿库周边环境敏感点分布情况等。

对于周边存在环境敏感点的有色金属、重金属及稀有金属等尾矿库应作为重点环境风险源进行管理。

对于环境风险较小的铁矿、锰矿等尾矿库作为一般环境风险源进行管理。

对于煤矸石等一般工业废渣且周边无环境敏感点的尾矿库，可不纳入环境风险管理范围之内。

2.4 尾矿库日常环境监测

2.4.1 常规监测

涉及《污水综合排放标准》一类污染物及氰化物等的尾矿库企业要按规定项目和频次进行监测。企业应在车间或处理设施排放口安装特征污染物在线监测设备，无在线监测设备或未安装在线监测设备的，企业应自行或委托有资质的监测机构进行手工监测。环境保护行政部门要按规定定期对企业进行监督性监测。

企业特征污染物在线监测设备应当与环境保护行政部门信息平台联网，属于省控和国控重点污染源的企业，还应与省级和国家环境保护行政部门信息平台联网。企业监测的数据要以日报或周报形式报送当地环境保护行政部门，同时向社会公告。

2.4.2 地下水监测

为监控尾矿库对地下水的影响，企业应在尾矿库周边设置三类地下水水质监控井，定期进行监测。第一类沿地下水流向设在尾矿库上游，作为对照井，反映地下水的本底值；第二类沿地下水流向设在尾矿库下游，作为污染观测井；第三类设在最可能出现扩散影响的周边（可根据实际情况适当增加），作为污染扩散监控井。

按照《地下水环境监测技术规范》要求定期对监控井取样监测。如果尾矿库周边监测范围内存在居民取水井，则可用居民取水井代替观察井。为实现对尾矿库所处区域地下水环境的动态观察，在条件允许的情况下，由具备相关资质的地勘机构出具区域地下水等水位线图、区域地下水水化学图及水文地质勘探孔柱状图。

2.4.3 地表水预防预警监测

环境保护行政部门负责尾矿库周边地表水预防预警监测布点采样。监测断面的布设和数量应符合《地表水和废水监测技术规范》的要求。

（1）在尾矿库环境风险隐患检查预防监测中，要对尾矿库周边、溃坝或泄漏可能影响的河流上游，设置对照断面，尾矿库周边涉及饮用水水源地的要设置河流背景断面。

（2）在尾矿库环境风险隐患检查预防监测中，涉及国家规定的重要江河、湖泊，要在支流与干流汇合处，下游 200 米设控制断面，控制断面有超标情况时，根据实际情况设消解断面。

（3）河流涉及跨省界、国界的，要根据省界、国界河流地形，设置跨界水质监测断面。

2.5　尾矿库环境风险隐患检查

2.5.1　检查准备

收集有关资料和信息，主要包括相关法律法规、规范性文件及各类环保标准，辖区内尾矿库企业的基本信息。根据收集的基础资料和数据，因地制宜，制定检查计划，确定检查重点。统筹安排现场执法需要的调查取证设备、监测仪器、交通工具等。需其他部门配合实施联合检查的，联系有关部门召开联席会议，明确各部门具体工作任务。

2.5.2　现场检查

要求被检查单位提供如下资料：企业生产销售台账及企业生产管理的基本信息资料；建设项目环评报告及审批文件、环保“三同时”验收报告及审批文件、突发环境事件应急预案及应急机构建设和管理制度、排污许可证、排污申报资料、排污费缴纳单据、自动监控数据报表等环境管理基本资料；污染治理设施运行台账、环保设施运行规程等企业内部环境管理基本资料。

根据尾矿库企业厂区布局、尾矿库位置、生产工艺流程、重点产排污节点等实际情况，确定合理的检查路线，检查尾矿库企业的生产车间、尾矿库的使用、污染防治和应急防控设施建设及运行情况等，填写《尾矿库环境风险隐患检查单》，并做好现场检查记录。

《尾矿库环境风险隐患检查单》可以分为两部分：第一部分为尾矿库基本信息表（表 2-1），第二部分为尾矿库环境风险隐患检查表（表 2-2）。建立尾矿库基本信息表后，日常检查时可只检查表 2-2 内容，如表 2-1 基本信息有变更则在备注栏说明。

表 2-1　尾矿库基本信息表

<table>
<tr><td colspan="4">尾矿库企业名称</td></tr>
<tr><td colspan="3">法人代表</td><td>联系电话</td></tr>
<tr><td colspan="4">企业详细地址</td></tr>
<tr><td>尾矿库位置</td><td colspan="3">（行政区位+地理坐标）</td></tr>
<tr><td>尾矿库周边环境敏感点</td><td colspan="3">（山谷型取 80 倍坝高，平地型取 40 倍坝高。可附周边环境敏感点分布图）</td></tr>
<tr><td colspan="3">设计库容</td><td>设计坝高</td></tr>
<tr><td colspan="2">尾矿库等别</td><td>坝体类型</td><td>透水　不透水</td></tr>
<tr><td colspan="3">建厂时间</td><td>主要产品</td></tr>
<tr><td colspan="3">正式生产时间</td><td>主要原料及用量</td></tr>
<tr><td colspan="3">设计年排尾量</td><td>辅助原料</td></tr>
<tr><td colspan="3">实际年排尾量</td><td>总投资及环保投资</td></tr>
<tr><td colspan="3">生产周期</td><td>劳动定员</td></tr>
<tr><td colspan="3">环评及批复文号</td><td>“三同时”验收</td></tr>
</table>

<table>
<tr><td colspan="2" rowspan="2">安全生产许可证</td><td colspan="2">发放单位</td></tr>
<tr><td>颁（换）发时间</td><td>编号</td></tr>
<tr><td colspan="2" rowspan="2">排污许可证</td><td colspan="2">发放单位</td></tr>
<tr><td>颁（换）发时间</td><td>编号</td></tr>
<tr><td colspan="3">环保机构名称及定员</td><td>主要职能</td></tr>
<tr><td>主管领导</td><td colspan="2">主要负责人</td><td>环境监督员</td></tr>
<tr><td>姓名：</td><td colspan="2">姓名：</td><td>姓名：</td></tr>
<tr><td>联系电话：</td><td colspan="2">联系电话：</td><td>联系电话：</td></tr>
<tr><td colspan="4">备注（主要填写变更情况）</td></tr>
</table>

2.5.3 调查取证

现场检查发现有环境违法行为的应当责令改正，并对违法事实、违法情节和危害后果等进行全面、客观、及时的调查，依法收集与案件有关的证据，制作现场检查（勘察）笔录和调查询问笔录，采取录音、拍照、录像或者其他方式如实记录现场情况。

2.5.4 处理

检查中发现环境违法行为，依据相关法律、法规的规定作出相应的处罚决定。属于上级环境保护行政部门管辖的，应形成书面材料报上级环境保护行政部门处理。上级环境保护行政部门可以将管辖的案件交由下级环境保护行政部门实施行政处罚。

对应责令停产整顿、停业、关闭的案件，环境保护行政部门应当提出处理建议并报本级人民政府。涉嫌存在重大安全隐患的，移送安全生产监管部门；涉嫌存在非法占地、采矿手续不完善的，移送国土资源部门；涉嫌违反国家产业政策、需淘汰关停的，移送经济主管部门等。

2.5.5 总结归档

编写总结报告，对查处过程中的相关资料、文字材料及音像资料，及时分类归档。

2.6 建立预警体系

2.6.1 预警发布条件

当发生环境水质数值异常、污染源排放污染物监测指标异常、视频监控系统显示重点污染源设施运行和排放异常、监测因子达到预警和应急响应分级标准时，报请政府启动相应等级的预警与应急预案。

2.6.2 预警分级

按照《国家突发环境事件应急预案》关于突发环境事件分级的规定，尾矿库突发环境事件预警按照下述原则分为四级：

一般（Ⅳ级）：尾矿库发生突发环境事件，尾矿库周边污染范围内的地表水、监测井水质常规因子和特征因子均未出现超标。

较大（III级）：尾矿库发生突发环境事件，尾矿库周边污染范围内的地表水水质常规因子或特征因子至少有一项出现超标，但监测井水质常规因子和特征因子均未出现超标。

重大（II级）：尾矿库发生突发环境事件，尾矿库周边污染范围内的地表水或监测井水质常规因子和特征因子至少有一项出现超标，造成水体污染。

特大（I级）：尾矿库发生突发环境事件，尾矿库周边污染范围内的地表水或监测井水质常规因子和特征因子均出现超标，造成水体严重污染。

与《国家突发环境事件应急预案》预警分级相对应，一般（IV级）对应蓝色预警信号，较大（III级）对应黄色预警信号，重大（II级）对应橙色预警信号，特大（I级）对应红色预警信号。

2.7 建立联动机制

各级环境保护行政部门在当地政府的统一领导下，加强与安全监管、水利、国土、公安等有关部门的沟通，实现信息互通，资源共享，联合执法，联合督办，建立健全应急长效联动机制。对在监督检查中发现不属于本部门职责的问题，环境保护行政部门应当及时通报相关职能部门，并记录备查。

涉及跨流域跨界污染问题，上下游环境保护部门要在政府的统一领导下，建立定期会商、联合预警、联合监测、联合防范，信息互通的机制，共同防范尾矿库引发的突发环境事件。

环境保护部办公厅关于发布《矿产资源开发利用辐射环境监督管理名录（第一批）》的通知

环办〔2013〕12号　2013年2月4日起施行

各省、自治区、直辖市环境保护厅（局）：

为保护环境、保护公众健康、促进铀（钍）矿以外的矿产资源开发利用可持续发展，根据《中华人民共和国放射性污染防治法》《中华人民共和国环境影响评价法》等法律法规，环境保护部制定了《矿产资源开发利用辐射环境监督管理名录（第一批）》（见附件），现予发布，请遵照执行。

已纳入《矿产资源开发利用辐射环境监督管理名录（第一批）》，并且原矿、中间产品、尾矿（渣）或者其他残留物中铀（钍）系单个核素含量超过1贝可/克（1 Bq/g）的矿产资源开发利用项目，建设单位应当委托具有核工业类评价范围的环境影响评价机构编制辐射环境影响评价专篇和辐射环境竣工验收专篇。

辐射环境影响评价专篇应当纳入环境影响评价文件，与该项目的环境影响评价文件同步编制，一并申报，评价类别按环境保护部颁布的《建设项目环境影响评价分类管理名录》执行。环评及验收阶段的辐射监测工作应当委托辖区内具有相应资质的监测单位实施。

环境保护部将根据辐射环境管理的需要，对监督管理名录适时予以调整并公布。

矿产资源开发利用辐射环境监督管理名录（第一批）

序号	行业	工业活动
1	稀土	各类稀土矿（包括独居石、氟碳铈矿、磷钇矿和离子型稀土矿）的开采、选矿和冶炼
2	铌、钽	含铌、钽矿石的开采、选矿和冶炼
3	锆及氧化锆	锆英石（砂）、斜锆石的开采、选矿和冶炼
4	钒	钒矿的开采和冶炼
5	石煤	石煤的开采和使用

环境保护部关于加强稀土矿山生态保护与治理恢复的意见（节选）

环发〔2011〕48号　2011年4月20日起施行

各省、自治区、直辖市环境保护厅（局），新疆生产建设兵团环境保护局：

稀土是不可再生的重要战略资源。近年来，我国稀土开采无序、乱采滥挖现象普遍，已经对生态环境造成严重污染和破坏，影响人民群众的生产和生活，威胁区域生态环境安全和社会稳定。为加强稀土矿山生态保护与治理恢复工作，提出如下意见：

一、稀土矿山生态保护与治理恢复总体要求

各级环境保护行政主管部门要进一步提高对加强稀土矿山生态保护与治理恢复重要性、必要性和紧迫性的认识，坚持保护优先、综合治理、多策并举、标本兼治的方针，强化企业主体责任，落实政府和部门监管职责，切实加强稀土矿山生态保护与治理恢复工作。坚决清理整顿稀土开采中的各种生态破坏等环境违法违规活动，进一步健全和完善稀土开采过程中的生态监管机制。严格实施生态保护和治理恢复措施，全面落实矿山生态环境保护与治理恢复保证金制度，积极探索生态补偿机制，形成稀土开发生态保护与治理恢复的长效机制，努力保障区域生态环境安全。

二、坚决清理整顿稀土开采生态破坏等违法活动

省级环境保护行政主管部门要会同有关部门，认真组织、详细排查辖区内稀土开采活动。排查的主要内容包括：项目基本情况，环境影响评价审批（含辐射环境影响专篇或相关内容）、清洁生产审核实施、矿山生态环境破坏，矿山生态环境保护与治理恢复工程，矿山生态环境治理恢复方案编制及生态恢复保证金征收等情况（具体见附表）。有关稀土开采中的环境污染问题，应根据《稀土企业环境保护核查办法》（环办函〔2011〕362号）规定执行。清理整顿的工作重点：

（一）环境保护行政主管部门会同有关部门提请当地人民政府，依法关闭在自然保护区、文化自然遗产、风景名胜区、森林公园、地质公园、重要水源地以及其他国家和地方政府划定的禁止开发区内的稀土开采活动。

（二）清理整顿禁止开发区之外的各种稀土开采违法活动，对造成严重生态破坏以及存在重

大环境风险隐患的，必须依法进行停产整顿，并给予相应处罚，停产整顿达不到预期目标的，应依法严肃查处，并书面告知国土资源行政主管部门建议予以吊销采矿许可证。加强对限制开发区或其他环境敏感区内稀土开采活动的重点监管。

（三）对环境影响评价文件未经批准的采矿企业，由具有审批权的环保部门依法责令其停止建设；对采矿企业环保设施未报经环保部门验收合格而主体生产设施擅自投入生产的，由环保部门依法责令其停止生产。有关省、自治区、直辖市环保厅要将本辖区的排查和清理整顿结果于2011年9月1日前报送我部。我部将根据各地清理整顿情况，适时公布一批违法稀土开采企业，挂牌督办，并组织开展专项执法行动。

三、严格落实企业责任，实施生态保护与治理恢复工程

为落实《国务院关于切实加强中小河流治理和山洪地质灾害防治的若干意见》（国发〔2010〕31号）关于“进一步明确和落实责任主体，建立矿山环境治理和生态恢复责任制”的要求，各地要抓紧建立矿山环境保护责任制度，由采矿权人与项目所在地县级或县级以上人民政府签订稀土矿山生态保护与治理恢复责任书，明确矿山治理恢复责任、具体目标、任务和要求。

所有稀土开采企业必须根据《财政部 国土资源部 国家环保总局关于逐步建立矿山环境治理和生态恢复责任机制的指导意见》（财建〔2006〕215号）（以下简称《指导意见》）的要求，编制矿山生态保护与治理恢复方案并严格执行。其中正在从事采矿作业的采矿权人，应将编制的矿山生态保护与治理恢复方案作为健全日常生态环境管理制度的主要内容上报省级环境保护行政主管部门审查。采矿权申请人申请办理新建项目、扩大开采规模、变更矿区范围或者开采方式的环评文件审批时，应编制矿山生态保护与治理恢复方案，并根据实施情况适时修编。环境保护行政主管部门应会同有关部门，对矿山生态保护与治理恢复方案进行论证，并将其作为矿山项目环境影响报告书的组成部分和矿山生态保护日常管理的基本要求。

采矿权人应按照矿山生态保护与治理恢复方案，根据“边开采，边治理”的原则，实施生态保护与治理恢复工程，针对含伴生放射性稀土矿山，还要采取相应的辐射防护和放射性污染防治措施。在矿山闭坑、停办和关闭前，矿山企业应完成生态保护与治理恢复任务，并向省级环境保护行政主管部门提交矿山生态保护与治理恢复评估报告，申请验收。环境保护行政主管部门应会同有关部门，对稀土矿山生态保护与治理恢复工作进行阶段性检查和验收。对检查和验收不合格的，要求采矿权人按相关要求进行整改，对于没有实施生态治理恢复任务的，以及整改后仍然达不到要求的，依法追究采矿权人的责任。

所有稀土开采企业要加强环境应急管理，积极构建防范与应急处置体系，强化应急监测能力建设，落实各项应急措施；建立和完善预测预警机制，开展环境风险评估，加强环境风险隐患排

查和整治；按相关规定编制突发环境事件应急预案；一旦发生突发性环境事件要及时报告并采取有效应急处置措施。

四、推进生态环境保护与治理恢复保证金制度，建立稀土矿山生态补偿机制

为落实国务院关于促进稀土行业持续健康发展的有关意见提出的“落实矿山生态环境保护与治理恢复保证金制度，严格企业生态环境保护与治理恢复的经济责任”的要求，各级环境保护行政主管部门要加强同财政、国土等部门的合作，明确分工，落实责任，按照《指导意见》加快推进稀土矿山生态环境治理恢复保证金制度的实施。稀土开采企业必须依据矿山生态保护与治理恢复方案，按照不低于矿山生态保护与治理恢复费用的原则缴纳保证金，将保证金等费用列入矿山企业的生产成本。

为重点解决稀土开发造成的历史遗留和区域性环境污染、生态破坏问题以及环境健康损害赔偿问题，应积极探索建立政府主导、企业和社会参与的稀土矿山生态补偿机制。各地要研究制定稀土开发生态补偿标准，推动建立稀土矿山生态补偿基金。对废弃矿山的生态环境恢复与治理，按照“投资者受益”的原则，鼓励通过市场机制多渠道融资方式，加快治理与恢复的进程。

五、加大稀土开发生态环境监管力度

（一）加强组织领导，强化责任落实

各级环境保护行政主管部门要在当地政府的领导下，把稀土矿山生态保护与治理恢复纳入重要工作日程，加强组织领导。进一步明确和落实政府矿区生态环境保护与治理恢复保证金制度与企业责任，建立稀土矿山生态保护和治理恢复的责任制，依法加强对稀土开采活动的监管，从源头防治生态破坏和环境污染，确保稀土矿山生态保护与治理恢复取得实效。

（二）加强稀土矿山的环境管理与执法检查

各级环境保护行政主管部门要定期对稀土矿山生态保护与治理恢复工作进行监督检查，及时掌握稀土矿山生态保护与治理恢复情况，督促采矿权人在稀土开采活动中履行生态环境保护责任和义务，加强环境风险防范工作。要认真组织开展稀土开采环保专项执法检查，加大查处力度，依法纠正和查处采矿权人在稀土开采活动中的违法行为，情节严重的应移交司法部门，依法追究其刑事责任。

（三）开展稀土企业环保核查和协同监管机制

各级环境保护行政主管部门要定期开展稀土采矿企业的环保核查，会同有关部门实行绿色信贷、绿色贸易等协同机制。采矿企业所在地的市级环保部门应当对采矿企业的建设、开采等生产

经营活动中的环境守法情况进行严格审核。对存在违反环保法律法规建设、超标准排放污染物，造成环境污染事故、严重破坏生态环境等违法情形的采矿企业，除依据环保法律法规处罚外，还应将环保核查和处罚情况及时抄送银行、贸易等主管部门。

（四）建立稀土矿山生态功能评估机制

各级环境保护行政主管部门要加强稀土矿山生态环境监测监管与评估能力建设，建立并完善生态监管和评估队伍，研究制订矿山开发生态环境评估指南，规范评估技术方法，完善监管与评估体系。开展稀土矿山生态破坏和环境污染、矿山周边环境质量监测，对有放射性的稀土矿山开展原矿、尾矿（渣）和排放废水中放射水平监测。定期对稀土矿山生态环境状况和生态功能恢复情况进行评估。

（五）加强稀土矿山环境保护科技支撑能力

各级环境保护行政主管部门要加大科技投入，促进科技创新，选择典型稀土矿山开展清洁生产试点工作。加强稀土矿山生态恢复技术研究，制定矿山生态保护与治理恢复指南，提高稀土矿山生态环境保护与治理恢复科技水平，努力将稀土开采造成的生态破坏降至较低。

（六）深入宣传教育，发挥典型示范作用

各地要大力宣传稀土矿山生态保护的重要意义，提高企业和公众的法制观念和环保意识，营造良好的舆论氛围。充分发挥新闻媒体舆论导向和监督作用，曝光稀土矿山生态环境破坏违法行为，宣传推广先进经验，发挥典型示范引导作用。

国家环保总局
关于加强资源开发生态环境保护监管工作的意见

环发〔2004〕24号　2004年2月12日施行

各省、自治区、直辖市环境保护局（厅）：

为进一步贯彻落实国务院印发的《全国生态环境保护纲要》，加强资源开发的生态环境保护监管工作，防止开发建设不当造成新的重大生态破坏，依据国家有关环境保护法律法规，现提出以下意见：

一、强化资源开发的生态环境管理，遏制新的重大生态破坏

1. 各级环境保护部门要高度重视资源开发的生态环境保护，统一认识，加强领导，完善制度，严格监管，切实扭转当前一些地方在生态环境方面边建设、边破坏，建设赶不上破坏的被动局面。

2. 资源开发活动的生态环境监管必须坚持“预防为主，保护优先”的原则，以控制人为不合理开发活动为重点，坚持事先监管、全过程监管，把资源开发的生态损失降低到最低限度。

3. 各级环境保护部门应将资源开发活动生态环境监管纳入年度工作重点，研究采取有效措施，解决生态环境监管中的难点问题，健全机构，充实执法人员和装备，保证经费投入，分级监察和考核，全面推进资源开发活动的生态环境监管。

二、认真执行环境影响评价制度和“三同时”制度，对资源开发实行全过程管理

1. 依据《环境影响评价法》和《建设项目环境保护管理条例》，对资源开发规划和资源开发项目中有关环境影响评价的内容进行重点监督，防止不符合国家环境保护法律法规，可能对生态环境造成破坏的资源开发规划和项目的立项、实施。

2. 审批资源开发建设项目要严格实行逐级备案制度，做到环境影响报告书（表）无错编，无漏审；凡违反有关分级审批规定，越权审批或降级审批的一律无效；凡未按建设项目环境保护分类管理名录规定编制环境影响评价文件的，有审批权的环境保护部门不予审批。

3. 加强对环境影响评价资格证书持有单位的管理。凡超业务范围、借用或变相借用环评证书、

或者评价结果失实及出现重大失误的，应依法追究评价单位和评价人员的法律责任，降低资质等级或者吊销环评证书，并予以经济处罚；对构成犯罪的，依法追究刑事责任。

4. 采取措施，严把环境影响报告书审批关。有下列情况之一的环境影响报告书（表）要退回编制单位重新编制：未开展生态环境调查；生态环境影响论述不清；未进行生态环境影响综合分析；生态保护措施缺乏针对性和可操作性。有下列情况的资源开发建设项目，环境保护行政主管部门不予审批环境影响报告书（表）：不符合生态功能区划和生态保护规划造成重大生态破坏。

5. 各地要制定资源开发项目生态环境监察管理办法，加强环境监察队伍的生态环境监察能力建设、制度建设和监察人员培训等工作，逐步建立资源开发建设项目生态环境监察体系。实施资源开发建设项目设计、施工、运行等全过程的生态环境监察，切实解决中小型资源开发建设项目环境影响评价执行率低和重审批轻管理的问题。

6. 严格执行建设项目环境保护措施和竣工验收制度。对环境保护和生态恢复措施达不到国家有关环境保护规定和环境影响报告书（表）批复要求的，由负责其项目竣工验收的环境保护部门责令其限期整改，由负责现场生态环境监察的环境监察机构出具整改现场环境监察合格报告后方可验收；超过期限未整改或整改后仍不符合要求的资源开发建设项目，依法责令其停止试运行。

三、预防关口前移，加大对重点资源开发的环境影响评价和监管工作力度

1. 各级环境保护部门要在生态调查基础上会同有关部门编制生态功能区划和生态保护规划，科学划定生态环境敏感区和各类资源开发“禁区”，明确不同生态功能区资源开发利用方式和生产力布局。生态功能区划和生态保护规划经同级人民政府批准后作为指导环境影响评价、环境现场管理和规范各类资源开发活动的依据。

2. 水资源开发规划和项目的环评审查和生态环境监管的重点是：流域水资源开发规划要全面评估工程对流域水文条件和水生生物多样性的影响；干旱、半干旱地区要严格控制新建平原水库，将最低生态需水量纳入水资源分配方案；对造成减水河段的水利工程，必须采取措施保护下游生物多样性；兴建河系大闸，要设立鱼蟹洄游通道；在发生江河断流、湖泊萎缩、地下水超采的流域和区域，坚决禁止新的蓄水、引水和灌溉工程建设。

3. 农业资源开发规划和项目的环评审查和生态环境监管的重点是：禁止毁林毁草（场）开垦和陡坡开垦；在生态环境敏感区域，禁止建设规模化畜禽养殖场，已经建成的要限期搬迁或关闭；畜禽养殖区与生态敏感区域的防护距离最少不得低于 500 米；渔业资源开发要执行捕捞限额和禁渔、休渔制度；水产养殖要合理投饵、施肥、使用药物。禁止向农村公路两侧和河道倾倒建筑垃圾、工业废料、生活垃圾、尾矿渣、废土石渣、农作物秸秆等固体废物；禁止在农村集中饮用水

水源地周围建设有污染物排放的项目或从事有污染的活动；禁止使用污水浇灌生食蔬菜和瓜果；科学合理使用农药、化肥和农膜，防止农业面源污染。

4. 矿产资源开发规划和项目的环评审查和生态环境监管的重点是：在生态环境敏感区进行矿产资源开发必须进行生态环境影响专题分析；资源枯竭后必须复垦或恢复植被。不得在矿产资源开发管理部门规定的区域或生态功能重要的区域开采矿产资源。

5. 城镇道路设施建设、新区建设、旧城区改造项目的环评审查和生态环境监管的重点是：严格保护城市内的天然湿地、草地、林地、河道等生态系统；城市渠系、水体整治中不得随意对自然水体进行人为的“防渗处理”；城市绿化树（草）种应推广本地优良品种，严格控制对野生树木的采挖移植；禁止古树、名木异地移栽，防止“大树进城”造成原产地生态系统和生物多样性的破坏。

6. 林草资源规划和开发项目的环评审查和生态环境监管的重点是：禁止荒坡地全垦整地、严格控制炼山整地；在年降水量不足 400 毫米的地区，严格限制乔木种植和速生丰产林的建设；水资源紧缺地区，不得以灌溉大面积推进和维持人工造林。草原放牧要严格实行以草定畜和禁牧期、禁牧区以及轮牧制度；禁止采集国家重点保护的生物物种资源；在野生生物资源丰富的地区，应划定野生生物资源限采区、准采区和禁采区，对采挖方式进行严格规范。

7. 旅游资源开发项目的环评审查和生态环境监管的重点是：必须有生态环境保护规划和宣传教育专项方案；旅游区内禁止建设破坏景观资源的楼、堂、馆、所；严格限制索道、滑道、旅游列车、娱乐城等建设；科学核定景区旅游容量，做到“区内游，区外住”；禁止在自然保护区核心区、缓冲区内从事旅游开发，不得以开发为目的，擅自把自然保护区核心区、缓冲区调整为实验区。

8. 湿地等重要资源开发项目的环评审查和生态环境监管的重点是：穿越湿地等生态环境敏感区的公路、铁路等基础设施建设，应建设便于动物迁移的通道设施；在湿地内开采油、气资源应采取措施保护生物多样性，资源枯竭后，应及时拆除生产设施，恢复自然生态；禁止围湖、围海造地和占填河道等改变生态功能的开发建设活动；禁止利用自然湿地净化处理污水。

9. 外来物种引进和转基因生物应用的环评审查和生态环境监管的重点是：引进外来物种和转基因生物环境释放前，必须进行环境影响评估；禁止在生态环境敏感区进行外来物种试验和种植放养活动；严格限制在野生生物原产地进行同类转基因生物的环境释放。

四、加强领导，建立和完善生态环境保护统一监管机制

1. 将资源开发生态环境保护工作纳入当地政府环境保护目标责任制，对责任人定期进行考评，考核结果纳入其政绩考核内容。

2. 加强资源开发活动中生态环境保护的统一监管，建立资源开发活动的监察机制和体系。对工作中失察、失职，不报、迟报、漏报、瞒报生态破坏事件者，依法依规追究其责任。

3. 环保部门要会同有关部门，建立资源开发环境保护联合工作机制，加强与计划、财政、监察、国土、农业、水利、林业和旅游等部门在生态环境保护工作上的协调，各司其职，依法依规监管，及时制止、纠正和查处资源开发中的各种违法、违规行为，切实防止资源开发导致的新的重大人为生态破坏。

4. 建立公示、举报制度，完善公众参与机制，制定有关公众参与的管理办法。加强舆论监督，对资源开发违法案件及时曝光；资源开发环境影响评价审批工作要程序公开、办事制度公开、验收前公示和验收结果公开。广泛听取社会各界对资源开发活动中环境影响监管的意见。

环境保护部 中国保险监督管理委员会
关于开展环境污染强制责任保险试点工作的指导意见
（节选）

环发〔2013〕10号 2013年1月21日起施行

各省、自治区、直辖市环境保护厅（局），新疆生产建设兵团环境保护局，辽河保护区管理局，各保监局：

为贯彻落实《国务院关于加强环境保护重点工作的意见》（国发〔2011〕35 号）和《国家环境保护“十二五”规划》（国发〔2011〕42 号）有关精神，进一步健全环境污染责任保险制度，做好环境污染强制责任保险试点工作，现提出以下意见：

一、充分认识环境污染强制责任保险工作的重要意义

环境污染责任保险是以企业发生污染事故对第三者造成的损害依法应承担的赔偿责任为标的的保险。原国家环境保护总局和中国保险监督管理委员会于2007年联合印发《关于环境污染责任保险工作的指导意见》（环发〔2007〕189 号），启动了环境污染责任保险政策试点。各地环保部门和保险监管部门联合推动地方人大和人民政府，制定发布了一系列推进环境污染责任保险的法规、规章和规范性文件，引导保险公司开发相关保险产品，鼓励和督促高环境风险企业投保，取得积极进展。

二、明确环境污染强制责任保险的试点企业范围

（一）涉重金属企业

按照国务院有关规定，重点防控的重金属污染物是：铅、汞、镉、铬和类金属砷等，兼顾镍、铜、锌、银、钒、锰、钴、铊、锑等其他重金属污染物。

重金属污染防控的重点行业是：

1. 重有色金属矿（含伴生矿）采选业：铜矿采选、铅锌矿采选、镍钴矿采选、锡矿采选、锑矿采选和汞矿采选业等。

上述行业内涉及重金属污染物产生和排放的企业，应当按照国务院有关规定，投保环境污染责任保险。

（三）其他高环境风险企业

鼓励下列高环境风险企业投保环境污染责任保险：

1. 石油天然气开采、石化、化工等行业企业。

2. 生产、储存、使用、经营和运输危险化学品的企业。

3. 产生、收集、贮存、运输、利用和处置危险废物的企业，以及存在较大环境风险的二噁英排放企业。

4. 环保部门确定的其他高环境风险企业。

三、合理设计环境污染强制责任保险条款和保险费率

保险监管部门应当引导保险公司把开展环境污染责任保险业务作为履行社会责任的重要举措，合理设计保险条款，科学厘定保险费率。

（一）责任范围

保险条款载明的保险责任赔偿范围应当包括：

1. 第三方因污染损害遭受的人身伤亡或者财产损失。

2. 投保企业（又称被保险人）为了救治第三方的生命，避免或者减少第三方财产损失所发生的必要而且合理的施救费用。

3. 投保企业根据环保法律法规规定，为控制污染物扩散，或者清理污染物而支出的必要而且合理的清污费用。

4. 由投保企业和保险公司约定的其他赔偿责任。

（二）责任限额

投保企业应当根据本企业环境风险水平、发生污染事故可能造成的损害范围等因素，确定足以赔付环境污染损失的责任限额，并据此投保。

国家环境保护总局办公厅
关于加强煤炭矿区总体规划和煤矿建设项目
环境影响评价工作的通知

环办〔2006〕129号　2006年11月6日起施行

各省、自治区、直辖市环境保护局（厅），新疆生产建设兵团环境保护局：

为认真贯彻落实《国务院关于落实科学发展观加强环境保护的决定》（国发〔2005〕39 号）和《国务院关于促进煤炭工业健康发展的若干意见》（国发〔2005〕18 号）的有关要求，合理开发煤炭资源，保护和改善矿区生态环境，现就进一步加强煤炭矿区总体规划和煤矿建设项目环境影响评价工作有关事项通知如下：

一、强化煤炭矿区总体规划环境影响评价

（一）各产煤省（自治区、直辖市）有关部门应根据国家大型煤炭基地建设规划，按照“统一规划、合理布局、有序开发、综合利用、保护环境”的原则，组织编制或修编矿区总体规划。在编制或修编过程中，要充分考虑本地区煤炭资源禀赋、环境容量、生态状况和经济发展需要，合理确定矿区建设规模、生产能力和开发顺序，增强规划的科学性和指导性。

矿区总体规划要依法进行环境影响评价，对规划实施后可能造成的环境影响作出分析、预测和评估，提出预防或减缓不利影响的对策措施。经批准的矿区总体规划环境影响评价文件是煤炭开发建设活动的基本依据。

（二）规划编制机关在报批矿区总体规划时，应将规划环境影响评价文件一并附送规划审批部门，同级环保行政主管部门负责召集有关部门代表和专家组成审查小组，对矿区总体规划环境影响评价文件进行审查。规划环境影响评价文件结论和审查意见是批准矿区总体规划的重要依据。

（三）经批准的矿区总体规划的范围、井田划分、建设规模等主要内容发生重大调整的，应当重新进行环境影响评价。

（四）规划编制机关对涉及公众环境权益的矿区总体规划，应当在报批前举行论证会或听证会，也可以采取其他形式，征求有关单位、专家和公众的意见。

二、规范煤矿建设项目环评审批，严格准入条件

（一）煤矿建设项目必须依照《环境影响评价法》和《建设项目环境保护管理条例》的规定进行环境影响评价。环境影响评价文件未经批准，建设单位不得开工建设。

（二）煤矿建设项目应当符合经批准的矿区总体规划及规划环评要求，未进行环境影响评价的矿区总体规划所包含的煤矿建设项目，环保部门不予受理和审批其环境影响评价文件。

（三）煤矿建设项目环境影响评价文件实行分级审批。国家规划矿区内年产 150 万吨及以上的煤矿建设项目，其环境影响评价文件由国家环保总局审批；国家规划矿区内年产 150 万吨以下和国家规划矿区外的煤矿建设项目，其环境影响评价文件由地方环境保护部门审批。

（四）在国家级自然保护区、国家重点风景名胜区、饮用水水源保护区及其他依法划定需特别保护的环境敏感区内，禁止建设煤矿项目。依法需要征得有关机关同意的，建设单位应当事先征得该机关同意。

（五）新建煤矿项目必须与周边煤矿资源的整合、改造相结合。关闭违法违规建设、布局不合理、生态破坏和环境污染严重的小煤矿，采取有效措施保护矿区生态环境，防止和减缓地表沉陷、水土流失和植被破坏。土地复垦率、植被恢复系数等须达到国家和地方规定的指标要求。

改扩建项目要按照“以新带老”原则，对历史形成的采煤沉陷区和废弃物进行治理。未完成生态恢复治理任务的煤矿项目，环保部门不予受理和审批其环境影响评价文件。

（六）在水资源短缺地区，严格限制取用地表水和地下水，防止矿井疏干造成地下水位下降、地表水干枯、地面植被破坏或严重退化。矿井水复用率应达到 70%以上，晋、陕、蒙、宁等严重干旱缺水地区应达到 90%以上，煤矿、洗煤厂和资源综合利用电厂等生产用水应优先使用矿井水。集中建设配套的煤炭洗选厂，洗煤水全部闭路循环。

（七）煤矸石综合利用率应达到 70%以上。在平原地区严禁设立永久性煤矸石堆场，有条件的矿区应实施矸石井下充填，减少矸石占用土地、减轻地表沉陷和环境污染。高瓦斯矿井应对煤层气进行综合利用。

（八）建设单位在报批煤矿项目环境影响报告书前，应采取便于公众知悉的方式，公开有关环境影响评价的信息，收集公众反馈意见。

三、强化监督管理，落实各项生态保护措施

各级环保部门要加强对煤矿项目设计、建设和运行等各个阶段的环境保护监督管理，严格执行“三同时”制度。要求设计单位在项目设计时，应当依据经批准的环境影响评价文件，认真落实各项生态保护措施，将环境保护投资纳入投资概算。建设单位应当按照环境影响评价审批文件

的要求，制定并实施施工期环境监理计划，定期向所在地环境保护部门报告。施工单位应当严格按照合同中的环境保护条款，做好生态保护措施的实施工作。

要按照“谁开发谁保护，谁污染谁治理，谁损坏谁恢复”的原则，积极推进有利于生态保护的经济政策，扭转矿区生态恢复治理工作滞后的局面，促进煤炭资源开发与生态环境保护协调发展。

环境保护部办公厅关于落实大气污染防治行动计划严格环境影响评价准入的通知

环办〔2014〕30号　2014年3月25日起施行

各省（区、市）环境保护厅（局），新疆生产建设兵团环境保护局：

为贯彻落实《大气污染防治行动计划》，严格环境影响评价准入，促进环境空气质量改善，现将有关工作要求通知如下：

一、发挥规划环境影响评价的调控、引领和约束作用，做好与相关战略环境评价的衔接。以促进大气污染物减排，改善环境空气质量为重点，充分考虑大气环境承载力，进一步优化石化、火电、煤炭、钢铁、有色、水泥等重点产业、产业园区和城市总体规划的规模、布局、结构。依法科学开展规划环境影响评价，全面分析评估规划实施后对重点区域环境空气质量的影响，对环境影响评价结论达不到区域环境质量标准要求的规划，应当对规划内容提出优化调整建议，并采取有效的环境影响减缓控制措施。

严格落实规划与建设项目环境影响评价的联动机制。凡未开展或未完成规划环境影响评价的，各级环境保护行政主管部门不得受理规划所含建设项目的环境影响评价报批申请。规划环境影响评价结论应当作为审批建设项目环境影响评价文件的依据。

二、实行重点区域、重点产业规划环境影响评价会商机制。京津冀及周边地区、长三角地区编制的以石化、化工、有色、钢铁、建材等为主导的国家级产业园区规划，山西省、内蒙古自治区编制的煤电基地规划，其规划环境影响报告书应当进行区域内省际会商；珠三角地区重点产业和产业园区规划的环境影响报告书应当进行省内会商。

规划编制机关在向环境保护行政主管部门报送环境影响报告书前，应当以书面形式征求相关地方政府或有关部门的意见，并根据会商参与各方提出的意见，对规划及规划环境影响报告书内容进行修改完善。环境保护行政主管部门在召集审查规划环境影响报告书时，应当邀请参与会商的地方政府或有关部门代表参加审查小组，会商意见及采纳情况作为审查的重要依据。省级重点产业和产业园区规划的环境影响报告书参照上述方式进行会商。

三、严格把好建设项目环境影响评价审批准入关口

（一）严格控制“两高”行业新增产能，不得受理钢铁、水泥、电解铝、平板玻璃、船舶等产

能严重过剩行业新增产能的项目。产能严重过剩行业建设项目和城市主城区钢铁、石化、化工、有色、水泥、平板玻璃等重污染企业环保搬迁项目须实行产能的等量或减量置换。

（二）不得受理城市建成区、地级及以上城市规划区、京津冀、长三角、珠三角地区除热电联产以外的燃煤发电项目，重点控制区除“上大压小”、热电联产以外的燃煤发电项目和京津冀、长三角、珠三角地区的自备燃煤发电项目；现有多台燃煤机组装机容量合计达到 30 万千瓦以上的，可按照煤炭等量替代的原则建设为大容量燃煤机组。

（三）不得受理地级及以上城市建成区每小时 20 蒸吨以下及其他地区每小时 10 蒸吨以下的燃煤锅炉项目。

（四）实行煤炭总量控制地区的燃煤项目，必须有明确的煤炭减量替代方案。新改扩建煤矿项目，必须配套煤炭洗选设施。

（五）排放二氧化硫、氮氧化物、烟粉尘和挥发性有机污染物的项目，必须落实相关污染物总量减排方案，上一年度环境空气质量相关污染物年平均浓度不达标的城市，应进行倍量削减替代。

四、强化建设项目大气污染源头控制和治理措施

（一）火电、钢铁、水泥、有色、石化、化工和燃煤锅炉项目，必须采用清洁生产工艺，配套建设高效脱硫、脱硝、除尘设施。

（二）重点控制区新建火电、钢铁、石化、水泥、有色、化工以及燃煤锅炉项目，必须执行大气污染物特别排放限值。

（三）石化、有机化工、表面涂装、包装印刷、原油成品油码头、储油库、加油站项目，必须采取严格的挥发性有机物排放控制措施。

（四）改扩建项目应当对现有工程实施清洁生产和污染防治升级改造。加快落后产能、工艺和设备淘汰，集中供热项目必须同步淘汰供热范围内的全部燃煤小锅炉。

（五）对涉及铅、汞、镉、苯并[*a*]芘、二噁英等有毒污染物排放的项目和执行《环境空气质量标准》（GB 3095—2012）的区域排放细颗粒物及其主要前体物的项目，应对相应污染物进行评价，并提出污染减排控制措施。

各级环境保护行政主管部门应当按照《环境影响评价政府信息公开工作指南（试行）》要求公开建设项目环境影响评价信息，加大公众参与力度，切实维护公众环境权益，发挥环境影响评价源头预防和控制作用，推动《大气污染防治行动计划》确定的目标任务得到落实。

环境保护部 国土资源部
关于做好矿产资源规划环境影响评价工作的通知

环发〔2015〕158号 2015年12月7日起施行

各省、自治区、直辖市环境保护厅（局）、国土资源厅（局），新疆生产建设兵团环境保护局、国土资源局：

为深入贯彻党的十八大和十八届二中、三中、四中全会精神，全面落实《环境影响评价法》及《规划环境影响评价条例》，进一步指导和规范矿产资源规划环境影响评价工作，切实统筹好资源开发与环境保护，大力推进生态文明建设，环境保护部、国土资源部现就做好矿产资源规划环境影响评价工作有关要求通知如下：

一、切实加强矿产资源规划环境影响评价工作

（一）认真落实规划环境影响评价制度。国土资源主管部门在组织编制有关矿产资源规划时，应根据法律法规要求，严格执行规划环境影响评价制度，同步组织开展规划环境影响评价工作。规划编制过程中，应坚持资源开发与环境保护协调发展，及时开展规划环境影响评价，充分吸纳规划环评提出的优化调整建议和减缓不利环境影响的对策措施，强化资源开发合理布局、节约集约利用和矿区生态保护。规划实施后，规划编制机关应当将规划环评的落实情况和实际效果等纳入规划评估重要内容；对于有重大环境影响的规划，规划编制机关应及时组织规划环境影响的跟踪评价，将评价结果报告规划审批机关，并通报相应环境保护部门。

（二）分类开展矿产资源规划环评工作。需编写环境影响篇章或说明的矿产资源规划包括：全国矿产资源规划，全国及省级地质勘查规划，设区的市级矿产资源总体规划，重点矿种等专项规划。需编制环境影响报告书的矿产资源规划包括：省级矿产资源总体规划，设区的市级以上矿产资源开发利用专项规划，国家规划矿区、大型规模以上矿产地开发利用规划。县级矿产资源规划原则上不开展规划环境影响评价，各省级人民政府有规定的按照其规定执行。

（三）环境影响篇章或者说明、环境影响报告书，可由规划编制机关编制，或者组织规划环境影响评价技术机构编制。规划编制机关应加强规划环评的财政经费保障和相关信息资料共享，对环境影响评价文件的质量负责。

二、准确把握矿产资源规划环境影响评价的基本要求

（四）总体要求。矿产资源规划环境影响评价，应符合《规划环境影响评价技术导则　总纲》（HJ 130—2014）和有关技术规范，立足于改善区域生态环境质量、促进资源绿色开发，完善规划环境目标和原则要求，分析规划实施的协调性和资源环境制约因素，预测规划实施对区域生态系统、水环境、土壤环境等的影响范围、程度和变化趋势，统筹做好规划和规划环评的信息公开与公众参与，优化规划的总量、布局、结构和时序安排，提出预防和减轻不良环境影响的政策、管理、技术等对策措施。

（五）全国矿产资源规划环境影响评价。应结合相关主体功能区规划、环境功能区划、生态功能区划、土地利用总体规划及其他相关规划，综合评判矿产资源开发布局与经济社会、生态环境功能格局的协调性、一致性；预测规划实施和资源开发对区域生态系统、环境质量等造成的重大影响，提出预防或减轻不良环境影响的对策措施；论证资源差别化管理政策和开发负面清单的合理性与有效性，从源头预防资源开发带来的不利环境影响。

（六）省级矿产资源规划环境影响评价。应以资源环境承载能力为基础，科学评价矿产资源勘查开发总体布局与区域经济社会发展、生态安全格局的协调性、一致性；从经济社会可持续发展、矿产资源可持续利用和维护区域生态安全的角度，评价规划定位、目标、任务的环境合理性；重点识别规划实施可能影响的自然保护区、风景名胜区、饮用水水源保护区、地质公园、历史文化遗迹等重要环境敏感区及其他资源环境制约因素；结合本行政区重要环境保护目标，预测规划实施可能对区域生态系统产生的整体影响、对环境产生的长远影响；提出规划优化调整建议和减轻不良环境影响的对策措施。省级矿产资源总体规划环境影响评价技术要点由环境保护部会同国土资源部联合制定，另行印发。

（七）设区的市级矿产资源规划环境影响评价。主要是围绕沙石黏土及小型非金属矿等资源的开发利用与保护活动，评价规划部署与区域经济发展、民生改善和生态保护的协调性；预测规划实施和资源开发可能对生态环境造成的直接和间接影响；评价矿山地质环境治理恢复与矿区土地复垦重点项目安排的合理性，以及开采规划准入条件的有效性。

三、严格规范矿产资源规划环境影响报告书审查

（八）规划编制机关在报送矿产资源规划草案时，应将环境影响篇章或说明（作为规划草案的

组成部分）、环境影响报告书一并报送规划审批机关。未依法编写环境影响篇章或说明、环境影响报告书的，规划审批机关应当要求其补充；未补充的，规划审批机关不予审批。已经批准的规划在实施范围、适用期限、规模、结构和布局等方面进行重大调整或修订的，应当依法重新或补充进行环境影响评价。

（九）需编制环境影响报告书的矿产资源规划，在审批前由同级环境保护部门会同规划审批机关，在收到报告书30日内召集有关部门代表和专家组成审查小组，对环境影响报告书进行审查；审查小组应提出书面审查意见。

（十）审查意见应当包括以下内容：

1. 基础资料、数据的真实性；

2. 评价方法的恰当性；

3. 环境影响分析、预测和评估的可靠性；

4. 预防或者减轻不良环境影响对策和措施的合理性和有效性；

5. 公众意见采纳与不采纳情况及其理由说明的合理性；

6. 环境影响评价结论的科学性。

（十一）审查小组的专家应当从环境保护部门依法设立的专家库内的相关专业、行业专家名单中随机抽取，应包括地质矿产、区域生态、环境保护、资源规划等方面的专家，专家人数不得少于审查小组总人数的1/2。环境保护部门对专家库进行动态管理，在更新和补充涉及矿产行业专家名单时，应充分征求国土资源主管部门的意见。

（十二）国土资源主管部门在审批规划草案时，应当将环境影响报告书结论以及审查意见作为规划审批决策的重要依据。对环境影响报告书结论以及审查意见不予采纳的，应当逐项对不予采纳的理由作出书面说明，存档备查并告知有关环境保护部门。

六、标准

中华人民共和国国家标准

铁矿采选工业污染物排放标准

GB 28661—2012　2012 年 10 月 1 日起实施

1　适用范围

本标准规定了铁矿采选生产企业或生产设施的水污染物和大气污染物排放限值、监测和监控要求，以及标准的实施与监督等相关规定。

本标准适用于现有铁矿采选生产企业或生产设施的水污染物和大气污染物排放管理，以及铁矿采选工业建设项目的环境影响评价、环境保护设施设计、环境保护工程竣工验收及其投产后的水污染物和大气污染物排放管理。

本标准适用于法律允许的污染物排放行为；新设立污染源的选址和特殊保护区域内现有污染源的管理，按照《中华人民共和国大气污染防治法》《中华人民共和国水污染防治法》《中华人民共和国海洋环境保护法》《中华人民共和国固体废物污染环境防治法》《中华人民共和国环境影响评价法》等法律、法规、规章的相关规定执行。

本标准规定的水污染物排放控制要求适用于企业直接或间接向其法定边界外排放水污染物的行为。

2　规范性引用文件

本标准内容引用了下列文件中的条款。

GB/T 6920—1986　水质　pH 值的测定　玻璃电极法

GB/T 7466—1987　水质　总铬的测定

GB/T 7467—1987　水质　六价铬的测定　二苯碳酰二肼分光光度法

GB/T 7469—1987　水质　总汞的测定　高锰酸钾-过硫酸钾消解　双硫腙分光光度法

GB/T 7475—1987　水质　铜、锌、铅、镉的测定　原子吸收分光光度法

GB/T 7484—1987　水质　氟化物的测定　离子选择电极法

GB/T 7485—1987 水质 总砷的测定 二乙基二硫代氨基钾酸银分光光度法

GB/T 11893—1989 水质 总磷的测定 钼酸铵分光光度法

GB/T 11901—1989 水质 悬浮物的测定 重量法

GB/T 11902—1989 水质 硒的测定 2,3-二氨基萘荧光法

GB/T 11906—1989 水质 锰的测定 高碘酸钾分光光度法

GB/T 11907—1989 水质 银的测定 火焰原子吸收分光光度法

GB/T 11910—1989 水质 镍的测定 丁二酮肟分光光度法

GB/T 11911—1989 水质 铁、锰的测定 火焰原子吸收分光光度法

GB/T 11912—1989 水质 镍的测定 火焰原子吸收分光光度法

GB/T 11914—1989 水质 化学需氧量的测定 重铬酸盐法

GB/T 15505—1995 水质 硒的测定 石墨炉原子吸收分光光度法

GB/T 15432—1995 环境空气 总悬浮颗粒物的测定 重量法

GB/T 16157—1996 固定污染源排气中颗粒物测定与气态污染物采样方法

GB/T 16489—1996 水质 硫化物的测定 亚甲基蓝分光光度法

GB 18871—2002 电离辐射防护与辐射源安全基本标准

HJ/T 55—2000 大气污染物无组织排放监测技术导则

HJ/T 58—2000 水质 铍的测定 铬氰 R 分光光度法

HJ/T 59—2000 水质 铍的测定 石墨炉原子吸收分光光度法

HJ/T 60—2000 水质 硫化物的测定 碘量法

HJ/T 195—2005 水质 氨氮的测定 气相分子吸收光谱法

HJ/T 200—2005 水质 硫化物的测定 气相分子吸收光谱法

HJ 345—2007 水质 铁的测定 邻菲啰啉分光光度法（试行）

HJ/T 397—2007 固定源废气监测技术规范

HJ/T 399—2007 水质 化学需氧量的测定 快速消解分光光度法

HJ 485—2009 水质 铜的测定 二乙基二硫代氨基甲酸钠分光光度法

HJ 486—2009 水质 铜的测定 2,9-二甲基-1,10-菲啰啉分光光度法

HJ 487—2009 水质 氟化物的测定 茜素磺酸锆目视比色法

HJ 488—2009 水质 氟化物的测定 氟试剂分光光度法

HJ 489—2009 水质 银的测定 3,5-Br_2-PADAP 分光光度法

HJ 490—2009 水质 银的测定 镉试剂 2B 分光光度法

HJ 537—2009 水质 氨氮的测定 蒸馏-中和滴定法

HJ 597—2011　水质　总汞的测定　冷原子吸收分光光度法

HJ 636—2012　水质　总氮的测定　碱性过硫酸钾消解紫外分光光度法

HJ 637—2012　水质　石油类和动植物油类的测定　红外分光光度法

《污染源自动监控管理办法》（国家环境保护总局令　第 28 号）

《环境监测管理办法》（国家环境保护总局令　第 39 号）

3　术语和定义

下列术语和定义适用于本标准。

3.1　采矿 mining

在铁矿山及以铁矿石为主要产品的多金属矿山采用露天开采或地下开采工艺开采铁矿石的过程。

3.2　选矿 mineral processing

采用重选、磁选、浮选及其联合工艺选别铁矿石，获取铁精矿。

3.3　现有企业 existing facility

本标准实施之日前，已建成投产或环境影响评价文件已通过审批的铁矿采选生产企业或生产设施。

3.4　新建企业 new facility

自本标准实施之日起，环境影响评价文件通过审批的新建、改建和扩建的铁矿采选工业建设项目。

3.5　采矿废水 mining wastewater

采矿过程中产生并排出的废水，包括地下开采区域或采空区域抽出的排水、露天开采的区域或采后区域排放的疏干水、废石场（包括排土场）排出的废水。

3.6　矿山酸性废水 mine acid wastewater

未经处理，pH 值小于 6 的采矿废水。

3.7　选矿废水 mineral processing wastewater

选矿过程中产生并排出的废水，包括铁矿在重选、磁选、浮选及其联合工艺流程中排放的废水，以及洗矿、碎矿和选矿厂浓缩池、尾矿库等排出的废水。

3.8　直接排放 direct discharge

排污单位直接向环境排放水污染物的行为。

3.9　间接排放 indirect discharge

排污单位向公共污水处理系统排放水污染物的行为。

3.10 公共污水处理系统 public wastewater treatment system

通过纳污管道等方式收集废水，为两家以上排污单位提供废水处理服务并且排水能够达到相关排放标准要求的企业或机构，包括各种规模和类型的城镇污水处理厂、区域（包括各类工业园区、开发区、工业聚集地等）废水处理厂等，其废水处理程度应达到二级或二级以上。

3.11 排水量 effluent volume

生产设施或企业向企业法定边界以外排放的废水的量，包括与生产有直接或间接关系的各种外排废水（如厂区生活污水、冷却废水、厂区锅炉和电站排水等）。

3.12 单位产品基准排水量 benchmark effluent volume per unit product

用于核定水污染物排放浓度而规定的生产单位产品的废水排放量上限值。

3.13 标准状态 standard condition

温度 273.15 K，压力 101 325 Pa 时的状态，本标准规定的大气污染物排放浓度均指标准状态下干空气数值。

3.14 厂（场）区边界 factory（field）boundary

铁矿采选企业采矿场、选矿厂、排土场、废石场、尾矿库等的法定边界。若无法定边界，则指实际边界。

3.15 排气筒高度 stack height

自排气筒（或其主体建筑构造）所在的平面至排气筒出口的高度，单位为 m。

4 污染物排放控制要求

4.1 水污染物排放控制要求

4.1.1 自 2012 年 10 月 1 日至 2014 年 12 月 31 日止，现有企业执行表 1 规定的水污染物排放限值。

4.1.2 自 2015 年 1 月 1 日起，现有企业执行表 2 规定的水污染物排放限值。

4.1.3 自 2012 年 10 月 1 日起，新建企业执行表 2 规定的水污染物排放限值。

表 1 现有企业水污染物排放限值 单位：mg/L（pH 值除外）

序号	污染物项目	排放限值					污染物排放监控位置
		直接排放限值				间接排放限值	
		采矿废水		选矿废水			
		酸性废水	非酸性废水	浮选废水	重选和磁选废水		
1	pH 值	6～9	6～9	6～9	6～9	6～9	企业废水总排放口
2	悬浮物	100	100	150	100	300	

序号	污染物项目	排放限值					污染物排放监控位置
		直接排放限值				间接排放限值	
		采矿废水		选矿废水			
		酸性废水	非酸性废水	浮选废水	重选和磁选废水		
3	化学需氧量（COD_{Cr}）	—	—	100	—	200	企业废水总排放口
4	氨氮	—	—	20	—	30	
5	总氮	15	15	25	15	40	
6	总磷	1.0	1.0	1.0	1.0	2.0	
7	石油类	10	10	10	10	20	
8	总锌	5.0	—	5.0	5.0	5.0	
9	总铜	1.0	—	1.0	1.0	2.0	
10	总锰	3.0	—	3.0	3.0	4.0	
11	总硒	0.2	—	0.2	0.2	0.4	
12	总铁	10	—	—	—	10	
13	硫化物	1.0	1.0	1.0	1.0	1.0	
14	氟化物	10	10	10	10	20	
15	总汞	0.05					车间或生产设施废水排放口
16	总镉	0.1					
17	总铬	1.5					
18	六价铬	0.5					
19	总砷	0.5					
20	总铅	1.0					
21	总镍	1.0					
22	总铍	0.005					
23	总银	0.5					
单位矿石产品基准排水量/（m^3/t）	采矿	—					排水量计量位置与污染物排放监控位置相同
	选矿 浮选	3.0					
	选矿 重选和磁选	4.0					

表 2 新建企业水污染物排放限值 单位：mg/L（pH 值除外）

<table>
<tr><th rowspan="4">序号</th><th rowspan="4" colspan="3">污染物项目</th><th colspan="5">排放限值</th><th rowspan="4">污染物排放监控位置</th></tr>
<tr><th colspan="4">直接排放限值</th><th rowspan="3">间接排放限值</th></tr>
<tr><th colspan="2">采矿废水</th><th colspan="2">选矿废水</th></tr>
<tr><th>酸性废水</th><th>非酸性废水</th><th>浮选废水</th><th>重选和磁选废水</th></tr>
<tr><td>1</td><td colspan="3">pH 值</td><td>6～9</td><td>6～9</td><td>6～9</td><td>6～9</td><td>6～9</td><td rowspan="14">企业废水总排放口</td></tr>
<tr><td>2</td><td colspan="3">悬浮物</td><td>70</td><td>70</td><td>100</td><td>70</td><td>300</td></tr>
<tr><td>3</td><td colspan="3">化学需氧量（COD_{Cr}）</td><td>—</td><td>—</td><td>70</td><td>—</td><td>200</td></tr>
<tr><td>4</td><td colspan="3">氨氮</td><td>—</td><td>—</td><td>15</td><td>—</td><td>30</td></tr>
<tr><td>5</td><td colspan="3">总氮</td><td>15</td><td>15</td><td>25</td><td>15</td><td>40</td></tr>
<tr><td>6</td><td colspan="3">总磷</td><td>0.5</td><td>0.5</td><td>0.5</td><td>0.5</td><td>2.0</td></tr>
<tr><td>7</td><td colspan="3">石油类</td><td>5</td><td>5</td><td>10</td><td>5</td><td>20</td></tr>
<tr><td>8</td><td colspan="3">总锌</td><td>2.0</td><td>—</td><td>2.0</td><td>2.0</td><td>5.0</td></tr>
<tr><td>9</td><td colspan="3">总铜</td><td>0.5</td><td>—</td><td>0.5</td><td>0.5</td><td>2.0</td></tr>
<tr><td>10</td><td colspan="3">总锰</td><td>2.0</td><td>—</td><td>2.0</td><td>2.0</td><td>4.0</td></tr>
<tr><td>11</td><td colspan="3">总硒</td><td>0.1</td><td>—</td><td>0.1</td><td>0.1</td><td>0.4</td></tr>
<tr><td>12</td><td colspan="3">总铁</td><td>5.0</td><td>—</td><td>—</td><td>—</td><td>10</td></tr>
<tr><td>13</td><td colspan="3">硫化物</td><td>0.5</td><td>0.5</td><td>0.5</td><td>0.5</td><td>1.0</td></tr>
<tr><td>14</td><td colspan="3">氟化物</td><td>10</td><td>10</td><td>10</td><td>10</td><td>20</td></tr>
<tr><td>15</td><td colspan="3">总汞</td><td colspan="5">0.05</td><td rowspan="9">车间或生产设施废水排放口</td></tr>
<tr><td>16</td><td colspan="3">总镉</td><td colspan="5">0.1</td></tr>
<tr><td>17</td><td colspan="3">总铬</td><td colspan="5">1.5</td></tr>
<tr><td>18</td><td colspan="3">六价铬</td><td colspan="5">0.5</td></tr>
<tr><td>19</td><td colspan="3">总砷</td><td colspan="5">0.5</td></tr>
<tr><td>20</td><td colspan="3">总铅</td><td colspan="5">1.0</td></tr>
<tr><td>21</td><td colspan="3">总镍</td><td colspan="5">1.0</td></tr>
<tr><td>22</td><td colspan="3">总铍</td><td colspan="5">0.005</td></tr>
<tr><td>23</td><td colspan="3">总银</td><td colspan="5">0.5</td></tr>
<tr><td rowspan="3" colspan="2">单位矿石产品基准排水量/（m^3/t）</td><td colspan="2">采矿</td><td colspan="5">—</td><td rowspan="3">排水量计量位置与污染物排放监控位置相同</td></tr>
<tr><td rowspan="2">选矿</td><td>浮选</td><td colspan="5">2.0</td></tr>
<tr><td>重选和磁选</td><td colspan="5">3.0</td></tr>
</table>

4.1.4 根据环境保护工作的要求，在国土开发密度已经较高、环境承载能力开始减弱，或环境容量较小、生态环境脆弱，容易发生严重环境污染问题而需要采取特别保护措施的地区，应严格控制企业的污染物排放行为，在上述地区的企业执行表 3 规定的水污染物特别排放限值。

表 3 水污染物特别排放限值　　单位：mg/L（pH 值除外）

序号	污染物项目	排放限值					污染物排放监控位置
		直接排放限值				间接排放限值	
		采矿废水		选矿废水			
		酸性废水	非酸性废水	浮选废水	重选和磁选废水		
1	pH 值	6～9	6～9	6～9	6～9	6～9	企业废水总排放口
2	悬浮物	50	50	60	50	100	
3	化学需氧量（COD_{Cr}）	—	—	50	—	70	
4	氨氮	—	—	8	—	15	
5	总氮	15	15	20	15	25	
6	总磷	0.3	0.3	0.3	0.3	0.5	
7	石油类	3	3	5	3	10	
8	总锌	1.0	—	1.0	1.0	2.0	
9	总铜	0.3	—	0.3	0.3	0.5	
10	总锰	1.0	—	1.0	1.0	2.0	
11	总硒	0.05	—	0.05	0.05	0.1	
12	总铁	5.0	—	—	—	5.0	
13	硫化物	0.3	0.3	0.3	0.3	0.5	
14	氟化物	8	8	8	8	10	
15	总汞	0.01					车间或生产设施废水排放口
16	总镉	0.05					
17	总铬	0.5					
18	六价铬	0.1					
19	总砷	0.2					
20	总铅	0.5					
21	总镍	0.5					
22	总铍	0.003					
23	总银	0.2					
单位矿石产品基准排水量/（m^3/t）	采矿	—					排水量计量位置与污染物排放监控位置相同
	选矿	2.0					

执行水污染物特别排放限值的地域范围、时间，由国务院环境保护行政主管部门或省级人民政府规定。

4.1.5 对于排放含有放射性物质的污水，除执行本标准外，还应符合 GB 18871—2002 的规定。

4.1.6 采矿水污染物排放以实测浓度作为判定排放是否达标的依据。选矿水污染物排放浓度限值适用于单位产品实际排水量不高于单位产品基准排水量的情况。若单位产品实际排水量超过单位产品基准排水量，须按式（1）将实测水污染物浓度换算为水污染物基准排水量排放浓度，并以水污染物基准排水量排放浓度作为判定排放是否达标的依据。产品产量和排水量统计周期为一个工作日。

在企业的生产设施同时生产两种以上产品、可适用不同排放控制要求或不同行业国家污染物排放标准，且生产设施产生的污水混合处理排放的情况下，应执行排放标准中规定的最严格的浓度限值，并按式（1）换算水污染物基准排水量排放浓度。

$$\rho_{基}=\frac{Q_{总}}{\sum Y_i Q_{i基}}\times\rho_{实} \quad (1)$$

式中：$\rho_{基}$——水污染物基准排水量排放浓度，mg/L；

$Q_{总}$——实测排水总量，m^3；

Y_i——某种产品产量，t；

$Q_{i基}$——某种产品的单位产品基准排水量，m^3/t；

$\rho_{实}$——实测水污染物浓度，mg/L。

若 $Q_{总}$ 与 $\sum Y_i Q_{i基}$ 的比值小于 1，则以水污染物实测浓度作为判定排放是否达标的依据。

4.2 大气污染物排放控制要求

4.2.1 自 2012 年 10 月 1 日至 2014 年 12 月 31 日止，现有企业执行表 4 规定的大气污染物排放限值。

表 4 现有企业大气污染物排放限值 单位：mg/m^3

污染物项目	生产工序或设施	排放限值	污染物排放监控位置
颗粒物	选矿厂的矿石运输、转载、矿仓、破碎、筛分	50	车间或生产设施排气筒

4.2.2 自 2015 年 1 月 1 日起，现有企业执行表 5 规定的大气污染物排放限值。

4.2.3 自 2012 年 10 月 1 日起，新建企业执行表 5 规定的大气污染物排放限值。

表 5　新建企业大气污染物排放限值　　单位：mg/m^3

污染物项目	生产工序或设施	排放限值	污染物排放监控位置
颗粒物	选矿厂的矿石运输、转载、矿仓、破碎、筛分	20	车间或生产设施排气筒

4.2.4　根据环境保护工作的要求，在国土开发密度已经较高、环境承载能力开始减弱，或环境容量较小、生态环境脆弱，容易发生严重环境污染问题而需要采取特别保护措施的地区，应严格控制企业的污染物排放行为，在上述地区的企业执行表 6 规定的大气污染物特别排放限值。

执行大气污染物特别排放限值的地域范围、时间，由国务院环境保护行政主管部门或省级人民政府规定。

表 6　大气污染物特别排放限值　　单位：mg/m^3

污染物项目	生产工序或设施	排放限值	污染物排放监控位置
颗粒物	选矿厂的矿石运输、转载、矿仓、破碎、筛分	10	车间或生产设施排气筒

4.2.5　自本标准实施之日起，铁矿采选生产企业大气污染物无组织排放限值应符合表 7 的规定。

表 7　大气污染物无组织排放限值　　单位：mg/m^3

污染物项目	生产工序或设施	排放限值
颗粒物	选矿厂、排土场、废石场、尾矿库	1.0

4.2.6　在现有企业生产、建设项目竣工环保验收及其后的生产过程中，负责监管的环境保护行政主管部门，应对周围居住、教学、医疗等用途的敏感区域环境空气质量进行监测。建设项目的具体监控范围为环境影响评价确定的周围敏感区域；未进行过环境影响评价的现有企业，监控范围由负责监管的环境保护行政主管部门，根据企业排污的特点和规律及当地的自然、气象条件等因素，参照相关环境影响评价技术导则确定。地方政府应对本辖区环境质量负责，采取措施确保环境状况符合环境质量标准要求。

4.2.7　产生大气污染物的生产工艺和装置必须设立局部或整体气体收集系统和净化处理装置，达标排放。

4.2.8　所有排气筒高度应不低于 15 m。排气筒周围半径 200 m 范围内有建筑物时，排气筒高度还应高出最高建筑物 3 m 以上。

4.2.9　在国家未规定生产单位产品基准排气量之前，以实测浓度作为判定大气污染物排放是否达标的依据。

5 污染物监测要求

5.1 污染物监测一般要求

5.1.1 对企业排放废水和废气的采样，应根据监测污染物的种类，在规定的污染物排放监控位置进行，有废水和废气处理设施的，应在该设施后监控。在污染物排放监控位置须设置永久性排污口标志。

5.1.2 新建企业和现有企业安装污染物排放自动监控设备的要求，按有关法律和《污染源自动监控管理办法》的规定执行。

5.1.3 对企业污染物排放情况进行监测的频次、采样时间等要求，按国家有关污染源监测技术规范的规定执行。

5.1.4 企业产品产量的核定，以法定报表为依据。

5.1.5 企业应按照有关法律和《环境监测管理办法》的规定，对排污状况进行监测，并保存原始监测记录。

5.2 水污染物监测要求

对企业排放水污染物浓度的测定采用表 8 所列的方法标准。

表 8 水污染物浓度测定方法标准

序号	污染物项目	方法标准名称	标准编号
1	pH 值	水质 pH 值的测定 玻璃电极法	GB/T 6920—1986
2	悬浮物	水质 悬浮物的测定 重量法	GB/T 11901—1989
3	化学需氧量	水质 化学需氧量的测定 重铬酸盐法	GB/T 11914—1989
		水质 化学需氧量的测定 快速消解分光光度法	HJ/T 399—2007
4	氨氮	水质 氨氮的测定 气相分子吸收光谱法	HJ/T 195—2005
		水质 氨氮的测定 蒸馏-中和滴定法	HJ 537—2009
5	总氮	水质 总氮的测定 碱性过硫酸钾消解紫外分光光度法	HJ 636—2012
6	总磷	水质 总磷的测定 钼酸铵分光光度法	GB/T 11893—1989
7	石油类	水质 石油类和动植物油类的测定 红外分光光度法	HJ 637—2012
8	总锌	水质 铜、锌、铅、镉的测定 原子吸收分光光度法	GB/T 7475—1987
9	总铜	水质 铜、锌、铅、镉的测定 原子吸收分光光度法	GB/T 7475—1987
		水质 铜的测定 二乙基二硫代氨基甲酸钠分光光度法	HJ 485—2009
		水质 铜的测定 2,9-二甲基-1,10-菲啰啉分光光度法	HJ 486—2009
10	总锰	水质 铁、锰的测定 火焰原子吸收分光光度法	GB/T 11911—1989
		水质 锰的测定 高碘酸钾分光光度法	GB/T 11906—1989

序号	污染物项目	方法标准名称	标准编号
11	总硒	水质　硒的测定　2,3-二氨基萘荧光法	GB/T 11902—1989
		水质　硒的测定　石墨炉原子吸收分光光度法	GB/T 15505—1995
12	总铁	水质　铁、锰的测定　火焰原子吸收分光光度法	GB/T 11911—1989
		水质　铁的测定　邻菲啰啉分光光度法（试行）	HJ 345—2007
13	硫化物	水质　硫化物的测定　亚甲基蓝分光光度法	GB/T 16489—1996
		水质　硫化物的测定　碘量法	HJ/T 60—2000
		水质　硫化物的测定　气相分子吸收光谱法	HJ/T 200—2005
14	氟化物	水质　氟化物的测定　离子选择电极法	GB/T 7484—1987
		水质　氟化物的测定　茜素磺酸锆目视比色法	HJ 487—2009
		水质　氟化物的测定　氟试剂分光光度法	HJ 488—2009
15	总汞	水质　总汞的测定　高锰酸钾-过硫酸钾消解　双硫腙分光光度法	GB/T 7469—1987
		水质　总汞的测定　冷原子吸收分光光度法	HJ 597—2011
16	总镉	水质　铜、锌、铅、镉的测定　原子吸收分光光度法	GB/T 7475—1987
17	总铬	水质　总铬的测定	GB/T 7466—1987
18	六价铬	水质　六价铬的测定　二苯碳酰二肼分光光度法	GB/T 7467—1987
19	总砷	水质　总砷的测定　二乙基二硫代氨基甲酸银分光光度法	GB/T 7485—1987
20	总铅	水质　铜、锌、铅、镉的测定　原子吸收分光光度法	GB/T 7475—1987
21	总镍	水质　镍的测定　丁二酮肟分光光度法	GB/T 11910—1989
		水质　镍的测定　火焰原子吸收分光光度法	GB/T 11912—1989
22	总铍	水质　铍的测定　铬氰 R 分光光度法	HJ/T 58—2000
		水质　铍的测定　石墨炉原子吸收分光光度法	HJ/T 59—2000
23	总银	水质　银的测定　火焰原子吸收分光光度法	GB/T 11907—1989
		水质　银的测定　3,5-Br_2-PADAP 分光光度法	HJ 489—2009
		水质　银的测定　镉试剂 2B 分光光度法	HJ 490—2009

5.3　大气污染物监测要求

5.3.1　排气筒中大气污染物的监测采样按 GB/T 16157—1996、HJ/T 397—2007 规定执行；大气污染物无组织排放的监测按 HJ/T 55—2000 规定执行。

5.3.2　对企业排放大气污染物浓度的测定采用表 9 所列的方法标准。

表 9　大气污染物浓度测定方法标准

污染物项目	方法标准名称	标准编号
颗粒物	固定污染源排气中颗粒物测定与气态污染物采样方法	GB/T 16157—1996
	环境空气　总悬浮颗粒物的测定　重量法	GB/T 15432—1995

6 实施与监督

6.1 本标准由县级以上人民政府环境保护行政主管部门负责监督实施。

6.2 在任何情况下，铁矿采选生产企业均应遵守本标准的污染物排放控制要求，采取必要措施保证污染防治设施正常运行。各级环保部门在对企业进行监督性检查时，可以现场即时采样或监测的结果，作为判定排污行为是否符合排放标准以及实施相关环境保护管理措施的依据。在发现设施耗水或排水量有异常变化的情况下，应核定设施的实际产品产量和排水量，按本标准的规定，换算为水污染物基准排水量排放浓度。

中华人民共和国国家标准

稀土工业污染物排放标准（节选）

GB 26451—2011　2011 年 10 月 1 日起实施

1　适用范围

本标准规定了稀土工业企业水污染物和大气污染物排放限值、监测和监控要求，以及标准的实施与监督等相关规定。

本标准适用于现有稀土工业企业的水污染物和大气污染物排放管理，以及稀土工业建设项目的环境影响评价、环境保护设施设计、竣工环境保护验收及其投产后的水污染物和大气污染物排放管理。

本标准不适用于稀土材料加工企业（或车间、系统）及附属于稀土工业企业的非特征生产工艺和装置。

本标准适用于法律允许的污染物排放行为。新设立污染源的选址和特殊保护区域内现有污染源的管理，按照《中华人民共和国大气污染防治法》《中华人民共和国水污染防治法》《中华人民共和国海洋环境保护法》《中华人民共和国固体废物污染环境防治法》《中华人民共和国放射性污染防治法》《中华人民共和国环境影响评价法》等法律、法规、规章的相关规定执行。

本标准规定的水污染物排放控制要求适用于企业直接或间接向其法定边界外排放水污染物的行为。

2　规范性引用文件

本标准内容引用了下列文件或其中的条款。

GB/T 6768　水中微量铀分析方法

GB/T 6920—1986　水质　pH 值的测定　玻璃电极法

GB/T 7466—1987　水质　总铬的测定

GB/T 7467—1987　水质　六价铬的测定　二苯碳酰二肼分光光度法

GB/T 7475—1987　水质　铜、锌、铅、镉的测定　原子吸收分光光度法

GB/T 7484—1987　水质　氟化物的测定　离子选择电极法

GB/T 7485—1987　水质　总砷的测定　二乙基二硫代氨基甲酸银分光光度法

GB/T 11224　水中钍的分析方法

GB/T 11743　土壤中放射性核素的γ能谱分析方法

GB/T 11893—1989　水质　总磷的测定　钼酸铵分光光度法

GB/T 11894—1989　水质 总氮的测定　碱性过硫酸钾消解紫外分光光度法

GB/T 11901—1989　水质　悬浮物的测定　重量法

GB/T 15432—1995　环境空气　总悬浮颗粒物的测定　重量法

GB/T 16157—1996　固定污染源排气中颗粒物测定与气态污染物采样方法

GB/T 16488—1996　水质　石油类和动植物油的测定　红外光度法

GB/T 18871　电离辐射防护与辐射源安全基本标准

HJ/T 27—1999　固定污染源排气中氯化氢的测定　硫氰酸汞分光光度法

HJ/T 30—1999　固定污染源排气中氯气的测定　甲基橙分光光度法

HJ/T 42—1999　固定污染源排气中氮氧化物的测定　紫外分光光度法

HJ/T 43—1999　固定污染源排气中氮氧化物的测定　盐酸萘乙二胺分光光度法

HJ/T 55　大气污染物无组织排放监测技术导则

HJ/T 56—2000　固定污染源排气中二氧化硫的测定　碘量法

HJ/T 57—2000　固定污染源排气中二氧化硫的测定　定电位电解法

HJ/T 67—2001　大气固定污染源　氟化物的测定　离子选择电极法

HJ/T 70—2001　高氯废水　化学需氧量的测定　氯气校正法

HJ/T 75　固定污染源烟气排放连续监测技术规范（试行）

HJ/T 132—2003　高氯废水　化学需氧量的测定　碘化钾碱性高锰酸钾法

HJ/T 195—2005　水质　氨氮的测定　气相分子吸收光谱法

HJ/T 199—2005　水质　总氮的测定　气相分子吸收光谱法

HJ 479—2009　环境空气　氮氧化物（一氧化氮和二氧化氮）的测定　盐酸萘乙二胺分光光度法

HJ 480—2009　环境空气　氟化物的测定　滤膜采样氟离子选择电极法

HJ 481—2009　环境空气　氟化物的测定　石灰滤纸采样氟离子选择电极法

HJ 482—2009　环境空气　二氧化硫的测定　甲醛吸收-副玫瑰苯胺分光光度法

HJ 483—2009　环境空气　二氧化硫的测定　四氯汞盐吸收-副玫瑰苯胺分光光度法

HJ 487—2009　水质　氟化物的测定　茜素磺酸锆目视比色法

HJ 488—2009　水质　氟化物的测定　氟试剂分光光度法

HJ 535—2009　水质　氨氮的测定　纳氏试剂分光光度法

HJ 536—2009　水质　氨氮的测定　水杨酸分光光度法

HJ 537—2009　水质　氨氮的测定　蒸馏-中和滴定法

HJ 544—2009　固定污染源废气　硫酸雾的测定　离子色谱法（暂行）

HJ 547—2009　固定污染源废气　氯气的测定　碘量法（暂行）

HJ 548—2009　固定污染源废气　氯化氢的测定　硝酸银容量法（暂行）

HJ 549—2009　空气和废气　氯化氢的测定　离子色谱法（暂行）

《污染源自动监控管理办法》（国家环境保护总局令　第 28 号）

《环境监测管理办法》（国家环境保护总局令　第 39 号）

3　术语和定义

下列术语与定义适用于本标准。

3.1　稀土　rare earths

元素周期表中原子序数从 57 到 71 的镧系元素，即镧（La）、铈（Ce）、镨（Pr）、钕（Nd）、钷（Pm）、钐（Sm）、铕（Eu）、钆（Gd）、铽（Tb）、镝（Dy）、钬（Ho）、铒（Er）、铥（Tm）、镱（Yb）、镥（Lu）和原子序数为 21 的钪（Sc）、39 的钇（Y）共 17 个元素的总称，通常用符号 RE 表示，是化学性质相似的一组元素。

3.2　稀土工业企业　rare earths industry

指生产稀土精矿或稀土富集物、稀土化合物、稀土金属、稀土合金中任一种或数种产品的企业。

3.3　稀土采矿　rare earths mining

指以露天开采或地下开采方式从矿床中采出稀土原矿的过程。本标准不包括采用溶液浸矿方式直接从稀土矿床浸出或堆浸获得离子型稀土浸取液的过程。

3.4　稀土选矿　rare earths mineral processing

指根据稀土原矿中有用矿物和脉石的物理化学性质，对有用矿物与脉石或有害物质进行分离生产稀土精矿的过程，以及从溶液浸矿获得的稀土浸取液中通过化学方法生产稀土富集物的过程。

3.10　稀土硅铁合金　rare earths ferrosilicon alloy

由稀土元素与其他元素，如钙、锰、铝等组成的含硅的铁合金。

3.11 特征生产工艺和装置 typical processing and facility

指稀土的采矿、选矿、冶炼的生产工艺和装置以及与这些工艺相关的污染物治理工艺和装置。

3.12 现有企业 existing facility

指本标准实施之日前已建成投产或环境影响评价文件已通过审批的稀土工业企业及生产设施。

3.13 新建企业 new facility

指本标准实施之日起环境影响评价文件通过审批的新建、改建和扩建的稀土工业建设项目。

3.14 企业边界 enterprise boundary

指稀土工业企业的法定边界。若无法定边界，则指实际边界。

3.15 标准状态 standard condition

指温度为 273.15 K、压力为 101 325 Pa 时的状态。本标准规定的大气污染物排放浓度限值均以标准状态下的干气体为基准。

3.16 排水量 effluent volume

指稀土工业生产设施或企业向企业法定边界以外排放的废水的量，包括与生产有直接或间接关系的各种外排废水（如厂区生活污水、冷却废水、厂区锅炉和电站排水等）。

3.17 排气量 exhaust volume

指稀土工业生产工艺和装置排入环境空气的废气量，包括与生产工艺和装置有直接或间接关系的各种外排废气。

3.18 单位产品基准排水量 benchmark effluent volume per unit product

指用于核定水污染物排放浓度而规定的生产单位产品的废水排放量上限值。

3.19 单位产品基准排气量 benchmark exhaust volume per unit product

指用于核定大气污染物排放浓度而规定的生产单位产品的废气排放量上限值。

3.20 排气筒高度 stack height

指自排气筒（或其主体建筑构造）所在的地平面至排气筒出口计的高度。

3.21 含钍、铀粉尘 uranium and thorium dust

指天然钍、铀含量大于 1‰的粉尘。

3.22 直接排放 direct discharge

指排污单位直接向环境排放水污染物的行为。

3.23 间接排放 indirect discharge

指排污单位向公共污水处理系统排放水污染物的行为。

3.24 公共污水处理系统 public wastewater treatment system

指通过纳污管道等方式收集废水，为两家以上排污单位提供废水处理服务并且排水能够达到相关排放标准要求的企业或机构，包括各种规模和类型的城镇污水处理厂、区域（包括各类工业园区、开发区、工业聚集地等）废水处理厂等，其废水处理程度应达到二级或二级以上。

4 污染物排放控制要求

4.1 水污染物排放控制要求

4.1.1 自2012年1月1日起至2013年12月31日止，现有企业执行表1规定的水污染物排放限值。

表1 现有企业水污染物排放浓度限值及单位产品基准排水量

单位：mg/L（pH值除外）

序号	污染物项目	排放限值		污染物排放监控位置
		直接排放	间接排放	
1	pH值	6～9	6～9	企业废水总排放口
2	悬浮物	70	100	
3	氟化物（以F计）	10	10	
4	石油类	5	5	
5	化学需氧量（COD）	80	100	
6	总磷	3	5	
7	总氮	50	70	
8	氨氮	25	50	
9	总锌	1.5	1.5	
10	钍、铀总量	0.1		车间或生产设施废水排放口
11	总镉	0.08		
12	总铅	0.5		
13	总砷	0.3		
14	总铬	1.0		
15	六价铬	0.3		
单位产品基准排水量	选矿（以原矿计）	m^3/t	1.0	排水量计量位置与污染物排放监控位置相同
	分解提取（以REO计）	m^3/t	30	
	萃取分组、分离（以REO计）	m^3/t	35	
	金属及合金制取	m^3/t	8	

4.1.2 自 2014 年 1 月 1 日起，现有企业执行表 2 规定的水污染物排放限值。

4.1.3 自 2011 年 10 月 1 日起，新建企业执行表 2 规定的水污染物排放限值。

表 2 新建企业水污染物排放浓度限值及单位产品基准排水量

单位：mg/L（pH 值除外）

<table>
<tr><th rowspan="2">序号</th><th rowspan="2">污染物项目</th><th colspan="2">排放限值</th><th rowspan="2">污染物排放监控位置</th></tr>
<tr><th>直接排放</th><th>间接排放</th></tr>
<tr><td>1</td><td>pH 值</td><td>6～9</td><td>6～9</td><td rowspan="9">企业废水总排放口</td></tr>
<tr><td>2</td><td>悬浮物</td><td>50</td><td>100</td></tr>
<tr><td>3</td><td>氟化物（以 F 计）</td><td>8</td><td>10</td></tr>
<tr><td>4</td><td>石油类</td><td>4</td><td>5</td></tr>
<tr><td>5</td><td>化学需氧量（COD）</td><td>70</td><td>100</td></tr>
<tr><td>6</td><td>总磷</td><td>1</td><td>5</td></tr>
<tr><td>7</td><td>总氮</td><td>30</td><td>70</td></tr>
<tr><td>8</td><td>氨氮</td><td>15</td><td>50</td></tr>
<tr><td>9</td><td>总锌</td><td>1.0</td><td>1.5</td></tr>
<tr><td>10</td><td>钍、铀总量</td><td colspan="2">0.1</td><td rowspan="6">车间或生产设施废水排放口</td></tr>
<tr><td>11</td><td>总镉</td><td colspan="2">0.05</td></tr>
<tr><td>12</td><td>总铅</td><td colspan="2">0.2</td></tr>
<tr><td>13</td><td>总砷</td><td colspan="2">0.1</td></tr>
<tr><td>14</td><td>总铬</td><td colspan="2">0.8</td></tr>
<tr><td>15</td><td>六价铬</td><td colspan="2">0.1</td></tr>
<tr><td rowspan="4">单位产品基准排水量</td><td>选矿（以原矿计）</td><td>m^3/t</td><td>0.8</td><td rowspan="4">排水量计量位置与污染物排放监控位置相同</td></tr>
<tr><td>分解提取（以 REO 计）</td><td>m^3/t</td><td>25</td></tr>
<tr><td>萃取分组、分离（以 REO 计）</td><td>m^3/t</td><td>30</td></tr>
<tr><td>金属及合金制取</td><td>m^3/t</td><td>6</td></tr>
</table>

4.1.4 根据环境保护工作的要求，在国土开发密度较高、环境承载能力开始减弱，或水环境容量较小、生态环境脆弱，容易发生严重水环境污染问题而需要采取特别保护措施的地区，应严格控制企业的污染排放行为，在上述地区的企业执行表 3 规定的水污染物特别排放限值。

执行水污染物特别排放限值的地域范围、时间，由国务院环境保护行政主管部门或省级人民政府规定。

表 3　水污染物特别排放限值　　单位：mg/L（pH 值除外）

序号	污染物项目	排放限值		污染物排放监控位置
		直接排放	间接排放	
1	pH 值	6～9	6～9	企业废水总排放口
2	悬浮物	40	50	
3	氟化物（以 F 计）	5	8	
4	石油类	3	4	
5	化学需氧量（COD）	60	70	
6	总磷	0.5	1	
7	总氮	20	30	
8	氨氮	10	25	
9	总锌	0.8	1.0	
10	钍、铀总量	0.1		车间或生产设施废水排放口
11	总镉	0.05		
12	总铅	0.1		
13	总砷	0.05		
14	总铬	0.5		
15	六价铬	0.1		
单位产品基准排水量	选矿（以原矿计）	m^3/t	0.6	排水量计量位置与污染物排放监控位置相同
	分解提取（以 REO 计）	m^3/t	20	
	萃取分组、分离（以 REO 计）	m^3/t	25	
	金属及合金制取	m^3/t	4	

4.1.5　对于排放含有放射性物质的污水，除执行本标准外，还应符合 GB 18871 的规定。

4.1.6　水污染物排放浓度限值适用于单位产品实际排水量不大于单位产品基准排水量的情况。若单位产品实际排水量超过单位产品基准排水量，须按式（1）将实测水污染物浓度换算为水污染物基准水量排放浓度，并以水污染物基准水量排放浓度作为判定排放是否达标的依据。产品产量和排水量统计周期为一个工作日。

在企业的生产设施同时生产两种以上产品、可适用不同排放控制要求或不同行业国家污染物排放标准，且生产设施产生的污水混合处理排放的情况下，应执行排放标准中规定的最严格的浓度限值，并按式（1）换算水污染物基准排水量排放浓度。

$$\rho_{基}=\frac{Q_{总}}{\sum Y_i \cdot Q_{i基}} \cdot \rho_{实} \tag{1}$$

式中：$\rho_{基}$——水污染物基准排水量排放浓度，mg/L；

$Q_{总}$——排水总量，m^3；

Y_i——第 i 种产品产量，t；

$Q_{i基}$——第 i 种产品的单位产品基准排水量，m^3/t；

$\rho_{实}$——实测水污染物排放浓度，mg/L。

若 $Q_{总}$ 与 $\sum Y_i \cdot Q_{i基}$ 的比值小于 1，则以水污染物实测浓度作为判定排放是否达标的依据。

4.2 大气污染物排放控制要求

4.2.1 自 2012 年 1 月 1 日起至 2013 年 12 月 31 日止，现有企业执行表 4 规定的大气污染物排放限值。

表 4 现有企业大气污染物排放浓度限值 单位：mg/m^3

序号	污染物项目	生产工艺及设备	限值	污染物排放监控位置
3	颗粒物	采选	80	车间或生产设施排气筒
		稀土硅铁合金	60	
4	氟化物	稀土硅铁合金	7	
8*	钍、铀总量	全部	0.10	
单位产品基准排气量	选矿（以原矿计）	m^3/t	300	排气量计量位置与污染物排放监控位置相同

* 排放含钍、铀粉尘废气的排气筒执行该项限值。

4.2.2 自 2014 年 1 月 1 日起，现有企业执行表 5 规定的大气污染物排放限值。

4.2.3 自 2011 年 10 月 1 日起，新建企业执行表 5 规定的大气污染物排放限值。

表 5 新建企业大气污染物排放浓度限值 单位：mg/m^3

序号	污染物项目	生产工艺及设备	限值	污染物排放监控位置
3	颗粒物	采选	50	车间或生产设施排气筒
		稀土硅铁合金	50	
4	氟化物	稀土硅铁合金	5	
8*	钍、铀总量	全部	0.10	
单位产品基准排气量	选矿（以原矿计）	m^3/t	300	排气量计量位置与污染物排放监控位置相同

* 排放含钍、铀粉尘废气的排气筒执行该项限值。

4.2.4 企业边界大气污染物任何 1 h 平均浓度执行表 6 规定的浓度限值。

表6 现有企业和新建企业边界大气污染物浓度限值 单位：mg/m^3

序号	污染物项目	限值
3	颗粒物	1.0
4	氟化物	0.02
8*	钍、铀总量	0.002 5

* 排放含钍、铀粉尘废气的企业执行该项限值。

4.2.5 在现有企业生产、建设项目竣工环保验收后的生产过程中，负责监管的环境保护主管部门应对周围居住、教学、医疗等用途的敏感区域环境质量进行监测。建设项目的具体监控范围为环境影响评价确定的周围敏感区域；未进行过环境影响评价的现有企业，监控范围由负责监管的环境保护主管部门，根据企业排污的特点和规律及当地的自然、气象条件等因素，参照相关环境影响评价技术导则确定。地方政府应对本辖区环境质量负责，采取措施确保环境状况符合环境质量标准要求。

4.2.6 大气污染物排放浓度限值适用于单位产品实际排气量不高于单位产品基准排气量的情况。若单位产品实际排气量超过单位产品基准排气量，须将实测大气污染物浓度换算为大气污染物基准气量排放浓度，并以大气污染物基准气量排放浓度作为判定排放是否达标的依据。大气污染物基准气量排放浓度的换算，可参照式（1）。排气量统计周期为一个工作日。

4.2.7 产生大气污染物的生产工艺和装置必须设立局部或整体气体收集系统和净化处理装置，达标排放。所有排气筒高度应不低于 15 m（排放含氯气、氯化氢废气的排气筒高度不得低于 25 m）。排气筒周围半径 200 m 范围内有建筑物时，排气筒高度还应高出最高建筑物 3 m 以上。

5 污染物监测要求

5.1 污染物监测的一般要求

5.1.1 对企业排放废水和废气的采样，应根据监测污染物的种类，在规定的污染物排放监控位置进行，有废水和废气处理设施的，应在处理设施后监控。在污染物排放监控位置须设置永久性排污口标志。

5.1.2 新建企业和现有企业安装污染物排放自动监控设备的要求，按有关法律和《污染源自动监控管理办法》的规定执行。

5.1.3 对企业污染物排放情况进行监测的频次、采样时间等要求，按国家有关污染源监测技术规范的规定执行。排放重金属污染物的企业应建立特征污染物的日监测制度。

5.1.4 企业产品产量的核定，以法定报表为依据。

5.1.5 企业须按照有关法律和《环境监测管理办法》的规定，对排污状况进行监测，并保存原始监测记录。

5.2 水污染物监测要求

对企业排放水污染物浓度的测定采用表 7 所列的方法标准。

表 7 水污染物浓度测定方法标准

序号	污染物项目	方法标准名称	方法标准编号
1	pH 值	水质 pH 值的测定 玻璃电极法	GB/T 6920—1986
2	悬浮物	水质 悬浮物的测定 重量法	GB/T 11901—1989
3	氟化物	水质 氟化物的测定 离子选择电极法	GB/T 7484—1987
		水质 氟化物的测定 茜素磺酸锆目视比色法	HJ 487—2009
		水质 氟化物的测定 氟试剂分光光度法	HJ 488—2009
4	石油类	水质 石油类和动植物油的测定 红外光度法	GB/T 16488—1996
5	化学需氧量	高氯废水 化学需氧量的测定 氯气校正法	HJ/T 70—2001
		高氯废水 化学需氧量的测定 碘化钾碱性高锰酸钾法	HJ/T 132—2003
6	总磷	水质 总磷的测定 钼酸铵分光光度法	GB/T 11893—1989
7	总氮	水质 总氮的测定 气相分子吸收光谱法	HJ/T 199—2005
		水质 总氮的测定 碱性过硫酸钾消解紫外分光光度法	GB/T 11894—1989
8	氨氮	水质 氨氮的测定 气相分子吸收光谱法	HJ/T 195—2005
		水质 氨氮的测定 纳氏试剂分光光度法	HJ 535—2009
		水质 氨氮的测定 水杨酸分光光度法	HJ 536—2009
		水质 氨氮的测定 蒸馏-中和滴定法	HJ 537—2009
9	钍	水中钍的分析方法	GB/T 11224
10	铀	水中微量铀分析方法	GB/T 6768
11	总镉	水质 铜、锌、铅、镉的测定 原子吸收分光光度法	GB/T 7475—1987
12	总铅	水质 铜、锌、铅、镉的测定 原子吸收分光光度法	GB/T 7475—1987
13	总锌	水质 铜、锌、铅、镉的测定 原子吸收分光光度法	GB/T 7475—1987
14	总砷	水质 总砷的测定 二乙基二硫代氨基甲酸银分光光度法	GB/T 7485—1987
15	总铬	水质 总铬的测定	GB/T 7466—1987
16	六价铬	水质 六价铬的测定 二苯碳酰二肼分光光度法	GB/T 7467—1987

5.3 大气污染物监测要求

5.3.1 采样点的设置与采样方法按 GB 16157—1996 和 HJ/T 75 的规定执行。

5.3.2 在有敏感建筑物方位、必要的情况下进行无组织排放监控，具体要求按 HJ/T 55 进行监测。

5.3.3 对企业排放大气污染物浓度的测定采用表 8 所列的方法标准。

表 8　大气污染物浓度测定方法标准

序号	污染物项目	方法标准名称	方法标准编号
3	颗粒物	固定污染源排气中颗粒物测定与气态污染物采样方法	GB/T 16157—1996
		环境空气　总悬浮颗粒物的测定　重量法	GB/T 15432—1995
4	氟化物	大气固定污染源　氟化物的测定　离子选择电极法	HJ/T 67—2001
		环境空气　氟化物的测定　滤膜采样氟离子选择电极法	HJ 480—2009
		环境空气　氟化物的测定　石灰滤纸采样氟离子选择电极法	HJ 481—2009
8	颗粒物中钍、铀	土壤中放射性核素的γ能谱分析方法	GB/T 11743

6　标准实施与监督

6.1　本标准由县级以上人民政府环境保护行政主管部门负责监督实施。

6.2　在任何情况下，企业均应遵守本标准的污染物排放控制要求，采取必要措施保证污染防治设施正常运行。各级环保部门在对设施进行监督性检查时，可以现场即时采样或监测的结果，作为判定排污行为是否符合排放标准以及实施相关环境保护管理措施的依据。在发现设施耗水或排水量、排气量有异常变化的情况下，应核定企业的实际产品产量、排水量和排气量，按本标准的规定，换算水污染物基准水量排放浓度和大气污染物基准气量排放浓度。

中华人民共和国国家标准

镁、钛工业污染物排放标准（节选）

GB 25468—2010　2010 年 10 月 1 日起实施

1　适用范围

本标准规定了镁、钛工业企业水污染物和大气污染物排放限值、监测和监控要求，以及标准的实施与监督等相关规定。

本标准适用于镁、钛工业企业的水污染物和大气污染物排放管理，以及镁、钛工业企业建设项目的环境影响评价、环境保护设施设计、竣工环境保护验收及其投产后的水污染物和大气污染物排放管理。

本标准不适用于镁、钛再生及压延加工等工业，也不适用于附属于镁、钛企业的非特征生产工艺和装置。

本标准适用于法律允许的污染物排放行为；新设立污染源的选址和特殊保护区域内现有污染源的管理，按照《中华人民共和国大气污染防治法》《中华人民共和国水污染防治法》《中华人民共和国海洋环境保护法》《中华人民共和国固体废物污染环境防治法》《中华人民共和国环境影响评价法》等法律、法规、规章的相关规定执行。

本标准规定的水污染物排放控制要求适用于企业直接或间接向其法定边界外排放水污染物的行为。

2　规范性引用文件

本标准内容引用了下列文件或其中的条款。

GB/T 6920—1986　水质　pH 值的测定　玻璃电极法

GB/T 7466—1987　水质　总铬的测定

GB/T 7467—1987　水质　六价铬的测定　二苯碳酰二肼分光光度法

GB/T 7475—1987　水质　铜、锌、铅、镉的测定　原子吸收分光光度法

GB/T 11893—1989　水质　总磷的测定　钼酸铵分光光度法

GB/T 11894—1989　水质　总氮的测定　碱性过硫酸钾消解紫外分光光度法

GB/T 11901—1989　水质　悬浮物的测定　重量法

GB/T 11914—1989　水质　化学需氧量的测定　重铬酸盐法

GB/T 15432—1995　环境空气　总悬浮颗粒物的测定　重量法

GB/T 16157—1996　固定污染源排气中颗粒物测定与气态污染物采样方法

GB/T 16488—1996　水质　石油类和动植物油的测定　红外光度法

HJ/T 27—1999　固定污染源排气中氯化氢的测定　硫氰酸汞分光光度法

HJ/T 30—1999　固定污染源排气中氯气的测定　甲基橙分光光度法

HJ/T 55—2000　大气污染物无组织排放监测技术导则

HJ/T 56—2000　固定污染源排气中二氧化硫的测定　碘量法

HJ/T 57—2000　固定污染源排气中二氧化硫的测定　定电位电解法

HJ/T 195—2005　水质　氨氮的测定　气相分子吸收光谱法

HJ/T 199—2005　水质　总氮的测定　气相分子吸收光谱法

HJ/T 399—2007　水质　化学需氧量的测定　快速消解分光光度法

HJ 482—2009　环境空气　二氧化硫的测定　甲醛吸收-副玫瑰苯胺分光光度

HJ 483—2009　环境空气　二氧化硫的测定　四氯汞盐吸收-副玫瑰苯胺分光光度法

HJ 535—2009　水质　氨氮的测定　纳氏试剂分光光度法

HJ 536—2009　水质　氨氮的测定　水杨酸分光光度法

HJ 537—2009　水质　氨氮的测定　蒸馏-中和滴定法

HJ 547—2009　固定污染源废气　氯气的测定　碘量法（暂行）

HJ 548—2009　固定污染源废气　氯化氢的测定　硝酸银容量法（暂行）

HJ 549—2009　空气和废气　氯化氢的测定　离子色谱法（暂行）

《污染源自动监控管理办法》（国家环境保护总局令　第 28 号）

《环境监测管理办法》（国家环境保护总局令　第 39 号）

3　术语和定义

下列术语和定义适用于本标准。

3.1　镁、钛工业企业 magnesium and titanium industry

镁工业企业是指以白云石为原料生产金属镁的硅热法镁冶炼企业及其白云石矿山；钛工业企业是指以钛精矿或高钛渣或四氯化钛为原料生产海绵钛的企业及其矿山，包括以高钛渣、四氯化钛、海绵钛等为最终产品的生产企业。

3.2 特征生产工艺和装置 typical processing and facility

指镁、钛金属的采矿、选矿、冶炼的生产工艺及与这些工艺相关的装置。

3.3 现有企业 existing facility

指在本标准实施之日前已建成投产或环境影响评价文件通过审批的镁、钛工业企业或生产设施。

3.4 新建企业 new facility

指本标准实施之日起环境影响评价文件通过审批的新建、改建和扩建的镁、钛生产设施建设项目。

3.5 排水量 effluent volume

指生产设施或企业向企业法定边界以外排放的废水的量，包括与生产有直接或间接关系的各种外排废水（如厂区生活污水、冷却废水、厂区锅炉和电站排水等）。

3.6 单位产品基准排水量 benchmark effluent volume per unit product

指用于核定水污染物排放浓度而规定的生产单位镁、钛产品的废水排放量上限值。

3.7 排气筒高度 stack height

指自排气筒（或其主体建筑构造）所在的地平面至排气筒出口计的高度。

3.8 标准状态 standard condition

指温度为 273.15 K、压力为 101 325 Pa 时的状态。本标准规定的大气污染物排放浓度限值均以标准状态下的干气体为基准。

3.10 企业边界 enterprise boundary

指镁、钛工业企业的法定边界。若无法定边界，则指实际边界。

3.11 公共污水处理系统 public wastewater treatment system

指通过纳污管道等方式收集废水，为两家以上排污单位提供废水处理服务并且排水能够达到相关排放标准要求的企业或机构，包括各种规模和类型的城镇污水处理厂、区域（包括各类工业园区、开发区、工业聚集地等）废水处理厂等，其废水处理程度应达到二级或二级以上。

3.12 直接排放 direct discharge

指排污单位直接向环境排放水污染物的行为。

3.13 间接排放 indirect discharge

指排污单位向公共污水处理系统排放水污染物的行为。

4 污染物排放控制要求

4.1 水污染物排放控制要求

4.1.1 自 2011 年 1 月 1 日起至 2011 年 12 月 31 日止，现有企业执行表 1 规定的水污染物排放限值。

表 1 现有企业水污染物排放浓度限值及单位产品基准排水量

单位：mg/L（pH 值除外）

序号	污染物项目	限值		污染物排放监控位置
		直接排放	间接排放	
1	pH 值	6～9	6～9	企业废水总排放口
2	悬浮物	70	70	
3	化学需氧量（COD_{Cr}）	100	180	
4	石油类	8	15	
5	总氮	20	40	
6	总磷	1.5	3.0	
7	氨氮	15	25	
8	总铜	0.5	1.0	
9	总铬	1.5		车间或生产设施废水排放口
10	六价铬	0.5		

4.1.2 自 2012 年 1 月 1 日起，现有企业执行表 2 规定的水污染物排放限值。

4.1.3 自 2010 年 10 月 1 日起，新建企业执行表 2 规定的水污染物排放限值。

4.1.4 根据环境保护工作的要求，在国土开发密度已经较高、环境承载能力开始减弱，或环境容量较小、生态环境脆弱，容易发生严重环境污染等问题而需要采取特别保护措施的地区，应严格控制企业的污染物排放行为，在上述地区的企业执行表 3 规定的水污染物特别排放限值。

表 2 新建企业水污染物排放浓度限值及单位产品基准排水量

单位：mg/L（pH 值除外）

序号	污染物项目	限值		污染物排放监控位置
		直接排放	间接排放	
1	pH 值	6～9	6～9	企业废水总排放口
2	悬浮物	30	70	
3	化学需氧量（COD_{Cr}）	60	180	
4	石油类	3	15	

序号	污染物项目	限值		污染物排放监控位置
		直接排放	间接排放	
5	总氮	15	40	企业废水总排放口
6	总磷	1.0	3.0	
7	氨氮	8	25	
8	总铜	0.5	1.0	
9	总铬	1.5		车间或生产设施废水排放口
10	六价铬	0.5		

表 3 水污染物特别排放限值 单位：mg/L（pH 值除外）

序号	污染物项目	限值		污染物排放监控位置
		直接排放	间接排放	
1	pH 值	6.5～8.5	6～9	企业废水总排放口
2	悬浮物	10	30	
3	化学需氧量（COD_{Cr}）	50	60	
4	石油类	1.0	3.0	
5	总氮	15	15	
6	总磷	0.5	1.0	
7	氨氮	5.0	8.0	
8	总铜	0.2	0.5	
9	总铬	1.0		车间或生产设施废水排放口
10	六价铬	0.2		

执行水污染物特别排放限值的地域范围、时间，由国务院环境保护行政主管部门或省级人民政府规定。

4.1.5 水污染物排放浓度限值适用于单位产品实际排水量不高于单位产品基准排水量的情况。若单位产品实际排水量超过单位产品基准排水量，须按式（1）将实测水污染物浓度换算为水污染物基准排水量排放浓度，并以水污染物基准排水量排放浓度作为判定排放是否达标的依据。产品产量和排水量统计周期为一个工作日。

在企业的生产设施同时生产两种以上产品、可适用不同排放控制要求或不同行业国家污染物排放标准，且生产设施产生的污水混合处理排放的情况下，应执行排放标准中规定的最严格的浓度限值，并按式（1）换算水污染物基准水量排放浓度。

$$\rho_{基}=\frac{Q_{总}}{\sum Y_i \cdot Q_{i基}} \cdot \rho_{实} \tag{1}$$

式中：$\rho_{基}$——水污染物基准水量排放浓度，mg/L；

$Q_{总}$——排水总量，m^3；

Y_i——第 i 种产品产量，t；

$Q_{i基}$——第 i 种产品的单位产品基准排水量，m^3/t；

$\rho_{实}$——实测水污染物排放浓度，mg/L。

若 $Q_{总}$ 与 $\sum Y_i \cdot Q_{i基}$ 的比值小于 1，则以水污染物实测浓度作为判定排放是否达标的依据。

4.2 大气污染物排放控制要求

4.2.1 自 2011 年 1 月 1 日起至 2011 年 12 月 31 日止，现有企业执行表 4 规定的大气污染物排放限值。

表 4 现有企业大气污染物排放浓度限值 单位：mg/m^3

生产系统及设备		限值				污染物排放监控位置
		颗粒物	二氧化硫	氯气	氯化氢	
矿山	破碎、筛分、转运等	100	—	—	—	车间或生产设施排气筒

4.2.2 自 2012 年 1 月 1 日起，现有企业执行表 5 规定的大气污染物排放限值。

4.2.3 自 2010 年 10 月 1 日起，新建企业执行表 5 规定的大气污染物排放限值。

表 5 新建企业大气污染物排放浓度限值 单位：mg/m^3

生产系统及设备		限值				污染物排放监控位置
		颗粒物	二氧化硫	氯气	氯化氢	
矿山	破碎、筛分、转运等	50	—	—	—	车间或生产设施排气筒

4.2.4 企业边界大气污染物任何 1 h 平均浓度执行表 6 规定的限值。

表 6 现有和新建企业边界大气污染物浓度限值 单位：mg/m^3

序号	污染物	限值
1	二氧化硫	0.5
2	颗粒物	1.0
3	氯气	0.02
4	氯化氢	0.15

4.2.5 在现有企业生产、建设项目竣工环保验收后的生产过程中，负责监管的环境保护主管部门应对周围居住、教学、医疗等用途的敏感区域环境质量进行监测。建设项目的具体监控范围为环境影响评价确定的周围敏感区域；未进行过环境影响评价的现有企业，监控范围由负责监管的环境保护主管部门，根据企业排污的特点和规律及当地的自然、气象条件等因素，参照相关环境影响评价技术导则确定。地方政府应对本辖区环境质量负责，采取措施确保环境状况符合环境质量标准要求。

4.2.6 产生大气污染物的生产工艺和装置必须设立局部或整体气体收集系统和集中净化处理装置，并通过符合要求的排气筒排放。所有排气筒高度应不低于 15 m（排放氯气的排气筒高度不得低于 25 m）。排气筒周围半径 200 m 范围内有建筑物时，排气筒高度还应高出最高建筑物 3 m 以上。

5 污染物监测要求

5.1 污染物监测的一般要求

5.1.1 对企业排放废水和废气的采样，应根据监测污染物的种类，在规定的污染物排放监控位置进行，有废水和废气处理设施的，应在处理设施后监控。在污染物排放监控位置须设置永久性排污口标志。

5.1.2 新建企业和现有企业安装污染物排放自动监控设备的要求，按有关法律和《污染源自动监控管理办法》的规定执行。

5.1.3 对企业污染物排放情况进行监测的频次、采样时间等要求，按国家有关污染源监测技术规范的规定执行。

5.1.4 企业产品产量的核定，以法定报表为依据。

5.1.5 企业须按照有关法律和《环境监测管理办法》的规定，对排污状况进行监测，并保存原始监测记录。

5.2 水污染物监测要求

对企业排放水污染物浓度的测定采用表 7 所列的方法标准。

表 7 水污染物浓度测定方法标准

序号	污染物项目	方法标准名称	方法标准编号
1	pH 值	水质 pH 值的测定 玻璃电极法	GB/T 6920—1986
2	悬浮物	水质 悬浮物的测定 重量法	GB/T 11901—1989
3	化学需氧量	水质 化学需氧量的测定 重铬酸盐法	GB/T 11914—1989
		水质 化学需氧量的测定 快速消解分光光度法	HJ/T 399—2007
4	石油类	水质 石油类和动植物油的测定 红外光度法	GB/T 16488—1996

序号	污染物项目	方法标准名称	方法标准编号
5	总氮	水质 总氮的测定 碱性过硫酸钾消解紫外分光光度法	GB/T 11894—1989
		水质 总氮的测定 气相分子吸收光谱法	HJ/T 199—2005
6	总磷	水质 总磷的测定 钼酸铵分光光度法	GB/T 11893—1989
7	氨氮	水质 氨氮的测定 纳氏试剂分光光度法	HJ 535—2009
		水质 氨氮的测定 水杨酸分光光度法	HJ 536—2009
		水质 氨氮的测定 蒸馏-中和滴定法	HJ 537—2009
		水质 氨氮的测定 气相分子吸收光谱法	HJ/T 195—2005
8	总铜	水质 铜、锌、铅、镉的测定 原子吸收分光光度法	GB/T 7475—1987
9	总铬	水质 总铬的测定	GB/T 7466—1987
10	六价铬	水质 六价铬的测定 二苯碳酰二肼分光光度法	GB/T 7467—1987

5.3 大气污染物监测要求

5.3.1 采样点的设置与采样方法按 GB/T 16157—1996 执行。

5.3.2 在有敏感建筑物方位、必要的情况下进行监控，具体要求按 HJ/T 55—2000 进行监测。

5.3.3 对企业排放大气污染物浓度的测定采用表 8 所列的方法标准。

表 8 大气污染物浓度测定方法标准

序号	污染物项目	方法标准名称	方法标准编号
1	二氧化硫	固定污染源排气中二氧化硫的测定 碘量法	HJ/T 56—2000
		固定污染源排气中二氧化硫的测定 定电位电解法	HJ/T 57—2000
		环境空气 二氧化硫的测定 甲醛吸收-副玫瑰苯胺分光光度法	HJ 482—2009
		环境空气 二氧化硫的测定 四氯汞盐吸收-副玫瑰苯胺分光光度法	HJ 483—2009
2	颗粒物	固定污染源排气中颗粒物测定与气态污染物采样方法	GB/T 16157—1996
		环境空气 总悬浮颗粒物的测定 重量法	GB/T 15432—1995
3	氯气	固定污染源排气中氯气的测定 甲基橙分光光度法	HJ/T 30—1999
		固定污染源废气 氯气的测定 碘量法（暂行）	HJ 547—2009
4	氯化氢	固定污染源排气中氯化氢的测定 硫氰酸汞分光光度法	HJ/T 27—1999
		固定污染源废气 氯化氢的测定 硝酸银容量法（暂行）	HJ 548—2009
		空气和废气 氯化氢的测定 离子色谱法（暂行）	HJ 549—2009

6 实施与监督

6.1 本标准由县级以上人民政府环境保护行政主管部门负责监督实施。

6.2 在任何情况下，企业均应遵守本标准规定的污染物排放控制要求，采取必要措施保证污染防治设施正常运行。各级环保部门在对设施进行监督性检查时，可以现场即时采样或监测的结果，作为判定排污行为是否符合排放标准以及实施相关环境保护管理措施的依据。在发现设施耗水或排水量有异常变化的情况下，应核定企业的实际产品产量、排水量，按本标准的规定，换算水污染物基准排水量排放浓度。

中华人民共和国国家标准

铜、镍、钴工业污染物排放标准（节选）

GB 25467—2010　2010年10月1日起实施

1　适用范围

本标准规定了铜、镍、钴工业企业水污染物和大气污染物排放限值、监测和监控要求，以及标准的实施与监督等相关规定。

本标准适用于铜、镍、钴工业企业的水污染物和大气污染物排放管理，以及铜、镍、钴工业企业建设项目的环境影响评价、环境保护设施设计、竣工环境保护验收及其投产后的水污染物和大气污染物排放管理。

本标准不适用于铜、镍、钴再生及压延加工等工业；也不适用于附属于铜、镍、钴工业的非特征生产工艺和装置。

本标准适用于法律允许的污染物排放行为；新设立污染源的选址和特殊保护区域内现有污染源的管理，按照《中华人民共和国大气污染防治法》《中华人民共和国水污染防治法》《中华人民共和国海洋环境保护法》《中华人民共和国固体废物污染环境防治法》《中华人民共和国放射性污染防治法》《中华人民共和国环境影响评价法》等法律、法规、规章的相关规定执行。

本标准规定的水污染物排放控制要求适用于企业直接或间接向其法定边界外排放水污染物的行为。

2　规范性引用文件

本标准内容引用了下列文件或其中的条款。

GB/T 6920—1986　水质　pH值的测定　玻璃电极法

GB/T 7468—1987　水质　总汞的测定　冷原子吸收分光光度法

GB/T 7475—1987　水质　铜、锌、铅、镉的测定　原子吸收分光光度法

GB/T 7484—1987　水质　氟化物的测定　离子选择电极法

GB/T 7485—1987　水质　总砷的测定　二乙基二硫代氨基甲酸银分光光度法

GB/T 11893—1989　水质　总磷的测定　钼酸铵分光光度法

GB/T 11894—1989　水质　总氮的测定　碱性过硫酸钾消解紫外分光光度法

GB/T 11901—1989　水质　悬浮物的测定　重量法

GB/T 11912—1989　水质　镍的测定　火焰原子吸收分光光度法

GB/T 11914—1989　水质　化学需氧量的测定　重铬酸盐法

GB/T 15432—1995　环境空气　总悬浮颗粒物的测定　重量法

GB/T 16157—1996　固定污染源排气中颗粒物测定与气态污染物采样方法

GB/T 16488—1996　水质　石油类和动植物油的测定　红外光度法

GB/T 16489—1996　水质　硫化物的测定　亚甲基蓝分光光度法

HJ/T 27—1999　固定污染源排气中氯化氢的测定　硫氰酸汞分光光度法

HJ/T 30—1999　固定污染源排气中氯气的测定　甲基橙分光光度法

HJ/T 55—2000　大气污染物无组织排放监测技术导则

HJ/T 56—2000　固定污染源排气中二氧化硫的测定　碘量法

HJ/T 57—2000　固定污染源排气中二氧化硫的测定　定电位电解法

HJ/T 60—2000　水质　硫化物的测定　碘量法

HJ/T 63.1—2001　大气固定污染源　镍的测定　火焰原子吸收分光光度法

HJ/T 63.2—2001　大气固定污染源　镍的测定　石墨炉原子吸收分光光度法

HJ/T 67—2001　大气固定污染源　氟化物的测定　离子选择电极法

HJ/T 195—2005　水质　氨氮的测定　气相分子吸收光谱法

HJ/T 199—2005　水质　总氮的测定　气相分子吸收光谱法

HJ/T 399—2007　水质　化学需氧量的测定　快速消解分光光度法

HJ 480—2009　环境空气　氟化物的测定　滤膜采样氟离子选择电极法

HJ 481—2009　环境空气　氟化物的测定　石灰滤纸采样氟离子选择电极法

HJ 482—2009　环境空气　二氧化硫的测定　甲醛吸收-副玫瑰苯胺分光光度法

HJ 483—2009　环境空气　二氧化硫的测定　四氯汞盐吸收-副玫瑰苯胺分光光度法

HJ 487—2009　水质　氟化物的测定　茜素磺酸锆目视比色法

HJ 488—2009　水质　氟化物的测定　氟试剂分光光度法

HJ 535—2009　水质　氨氮的测定　纳氏试剂分光光度法

HJ 536—2009　水质　氨氮的测定　水杨酸分光光度法

HJ 537—2009　水质　氨氮的测定　蒸馏-中和滴定法

HJ 538—2009　固定污染源废气　铅的测定　火焰原子吸收分光光度法（暂行）

HJ 539—2009　环境空气　铅的测定　石墨炉原子吸收分光光度法（暂行）

HJ 540—2009　空气和废气　砷的测定　二乙基二硫代氨基甲酸银分光光度法（暂行）

HJ 542—2009　环境空气　汞的测定　巯基棉富集-冷原子荧光分光光度法（暂行）

HJ 543—2009　固定污染源废气　汞的测定　冷原子吸收分光光度法（暂行）

HJ 544—2009　固定污染源废气　硫酸雾的测定　离子色谱法（暂行）

HJ 547—2009　固定污染源废气　氯气的测定　碘量法（暂行）

HJ 548—2009　固定污染源废气　氯化氢的测定　硝酸银容量法（暂行）

HJ 549—2009　空气和废气　氯化氢的测定　离子色谱法（暂行）

HJ 550—2009　水质　总钴的测定　5-氯-2-（吡啶偶氮）-1,3-二氨基苯分光光度法（暂行）

《污染源自动监控管理办法》（国家环境保护总局令　第 28 号）

《环境监测管理办法》（国家环境保护总局令　第 39 号）

3　术语和定义

下列术语和定义适用于本标准。

3.1　铜、镍、钴工业 copper，nickel and cobalt industry

指生产铜、镍、钴金属的采矿、选矿、冶炼工业企业，不包括以废旧铜、镍、钴物料为原料的再生冶炼工业。

3.2　特征生产工艺和装置 typical processing and facility

指铜、镍、钴金属的采矿、选矿、冶炼的生产工艺及与这些工艺相关的装置。

3.3　现有企业 existing facility

指在本标准实施之日前已建成投产或环境影响评价文件已通过审批的铜、镍、钴工业企业或生产设施。

3.4　新建企业 new facility

指本标准实施之日起环境影响评价文件通过审批的新建、改建和扩建的铜、镍、钴生产设施建设项目。

3.5　排水量 effluent volume

指生产设施或企业向企业法定边界以外排放的废水的量，包括与生产有直接或间接关系的各种外排废水（如厂区生活污水、冷却废水、厂区锅炉和电站排水等）。

3.6　单位产品基准排水量 benchmark effluent volume per unit product

指用于核定水污染物排放浓度而规定的生产单位铜、镍、钴产品的废水排放量上限值。

3.7 排气筒高度 stack height

指自排气筒（或其主体建筑构造）所在的地平面至排气筒出口计的高度。

3.8 标准状态 standard condition

指温度为 273.15 K、压力为 101 325 Pa 时的状态。本标准规定的大气污染物排放浓度限值均以标准状态下的干气体为基准。

3.10 排气量 exhaust volume

指铜、镍、钴工业生产工艺和装置排入环境空气的废气量，包括与生产工艺和装置有直接或间接关系的各种外排废气（如环境集烟等）。

3.11 单位产品基准排气量 benchmark exhaust volume per unit product

指用于核定大气污染物排放浓度而规定的生产单位铜、镍、钴产品的排气量上限值。

3.12 企业边界 enterprise boundary

指铜、镍、钴工业企业的法定边界。若无法定边界，则指实际边界。

3.13 公共污水处理系统 public wastewater treatment system

指通过纳污管道等方式收集废水，为两家以上排污单位提供废水处理服务并且排水能够达到相关排放标准要求的企业或机构，包括各种规模和类型的城镇污水处理厂、区域（包括各类工业园区、开发区、工业聚集地等）废水处理厂等，其废水处理程度应达到二级或二级以上。

3.14 直接排放 direct discharge

指排污单位直接向环境排放水污染物的行为。

3.15 间接排放 indirect discharge

指排污单位向公共污水处理系统排放水污染物的行为。

4 污染物排放控制要求

4.1 水污染物排放控制要求

4.1.1 自 2011 年 1 月 1 日起至 2011 年 12 月 31 日止，现有企业执行表 1 规定的水污染物排放限值。

表 1 现有企业水污染物排放浓度限值及单位产品基准排水量

单位：mg/L（pH 值除外）

序号	污染物项目	限值		污染物排放监控位置
		直接排放	间接排放	
1	pH 值	6～9	6～9	企业废水总排放口
2	悬浮物	100（采选）	200（采选）	
		70（其他）	140（其他）	

序号	污染物项目	限值		污染物排放监控位置
		直接排放	间接排放	
3	化学需氧量（COD_{Cr}）	120（湿法冶炼）	300（湿法冶炼）	企业废水总排放口
		100（其他）	200（其他）	
4	氟化物（以F计）	8	15	
5	总氮	20	40	
6	总磷	1.5	2.0	
7	氨氮	15	20	
8	总锌	2.0	4.0	
9	石油类	8	15	
10	总铜	1.0（矿山及湿法冶炼）	2.0（矿山及湿法冶炼）	
		0.5（其他）	1.0（其他）	
11	硫化物	1.0	1.0	
12	总铅	1.0		车间或生产设施废水排放口
13	总镉	0.1		
14	总镍	1.0		
15	总砷	0.5		
16	总汞	0.05		
17	总钴	1.0		
单位产品基准排水量	选矿（原矿）/（m^3/t）	1.65		排水量计量位置与污染物排放监控位置一致

4.1.2　自2012年1月1日起，现有企业执行表2规定的水污染物排放限值。

4.1.3　自2010年10月1日起，新建企业执行表2规定的水污染物排放限值。

表2　新建企业水污染物排放浓度限值及单位产品基准排水量

单位：mg/L（pH值除外）

序号	污染物项目	限值		污染物排放监控位置
		直接排放	间接排放	
1	pH值	6～9	6～9	企业废水总排放口
2	悬浮物	80（采选）	200（采选）	
		30（其他）	140（其他）	
3	化学需氧量（COD_{Cr}）	100（湿法冶炼）	300（湿法冶炼）	
		60（其他）	200（其他）	

序号	污染物项目	限值		污染物排放监控位置
		直接排放	间接排放	
4	氟化物（以F计）	5	15	企业废水总排放口
5	总氮	15	40	
6	总磷	1.0	2.0	
7	氨氮	8	20	
8	总锌	1.5	4.0	
9	石油类	3.0	15	
10	总铜	0.5	1.0	
11	硫化物	1.0	1.0	
12	总铅	0.5		车间或生产设施废水排放口
13	总镉	0.1		
14	总镍	0.5		
15	总砷	0.5		
16	总汞	0.05		
17	总钴	1.0		
单位产品基准排水量	选矿（原矿）/（m^3/t）	1.0		排水量计量位置与污染物排放监控位置一致

4.1.4 根据环境保护工作的要求，在国土开发密度已经较高、环境承载能力开始减弱，或环境容量较小、生态环境脆弱，容易发生严重环境污染等问题而需要采取特别保护措施的地区，应严格控制企业的污染物排放行为，在上述地区的企业执行表3规定的水污染物特别排放限值。

执行水污染物特别排放限值的地域范围、时间，由国务院环境保护行政主管部门或省级人民政府规定。

表3 水污染物特别排放限值 单位：mg/L（pH值除外）

序号	污染物项目	限值		污染物排放监控位置
		直接排放	间接排放	
1	pH值	6～9	6～9	企业废水总排放口
2	悬浮物	30（采选）	80（采选）	
		10（其他）	30（其他）	
3	化学需氧量（COD_{Cr}）	50	60	
4	氟化物（以F计）	2	5	
5	总氮	10	15	
6	总磷	0.5	1.0	

序号	污染物项目	限值		污染物排放监控位置
		直接排放	间接排放	
7	氨氮	5	8	企业废水总排放口
8	总锌	1.0	1.5	
9	石油类	1.0	3.0	
10	总铜	0.2	0.5	
11	硫化物	0.5	1.0	
12	总铅	0.2		车间或生产设施废水排放口
13	总镉	0.02		
14	总镍	0.5		
15	总砷	0.1		
16	总汞	0.01		
17	总钴	1.0		
单位产品基准排水量	选矿（原矿）/（m^3/t）	0.8		排水量计量位置与污染物排放监控位置相同

4.1.5　水污染物排放浓度限值适用于单位产品实际排水量不高于单位产品基准排水量的情况。若单位产品实际排水量超过单位产品基准排水量，须按式（1）将实测水污染物浓度换算为水污染物基准排水量排放浓度，并以水污染物基准排水量排放浓度作为判定排放是否达标的依据。产品产量和排水量统计周期为一个工作日。

在企业的生产设施同时生产两种以上产品、可适用不同排放控制要求或不同行业国家污染物排放标准，且生产设施产生的污水混合处理排放的情况下，应执行排放标准中规定的最严格的浓度限值，并按式（1）换算水污染物基准排水量排放浓度。

$$\rho_{基}=\frac{Q_{总}}{\sum Y_i \cdot Q_{i基}} \cdot \rho_{实} \qquad (1)$$

式中：$\rho_{基}$——水污染物基准排水量排放浓度，mg/L；

$Q_{总}$——排水总量，m^3；

Y_i——第 i 种产品产量，t；

$Q_{i基}$——第 i 种产品的单位产品基准排水量，m^3/t；

$\rho_{实}$——实测水污染物浓度，mg/L。

若 $Q_{总}$ 与 $\sum Y_i \cdot Q_{i基}$ 的比值小于 1，则以水污染物实测浓度作为判定排放是否达标的依据。

4.2　大气污染物排放控制要求

4.2.1　自 2011 年 1 月 1 日起至 2011 年 12 月 31 日止，现有企业执行表 4 规定的大气污染物排放限值。

表 4　现有企业大气污染物排放浓度限值　　单位：mg/m^3

序号	生产类别	工艺或工序	限值										污染物排放监控位置
			二氧化硫	颗粒物	砷及其化合物	硫酸雾	氯气	氯化氢	镍及其化合物	铅及其化合物	氟化物	汞及其化合物	
1	采选	破碎、筛分	—	150	—	—	—	—	—	—	—	—	车间或生产设施排气筒
		其他	800	100		45	70	120					

4.2.2　自 2012 年 1 月 1 日起，现有企业执行表 5 规定的大气污染物排放限值。

4.2.3　自 2010 年 10 月 1 日起，新建企业执行表 5 规定的大气污染物排放限值。

表 5　新建企业大气污染物排放浓度限值　　单位：mg/m^3

序号	生产类别	工艺或工序	限值										污染物排放监控位置
			二氧化硫	颗粒物	砷及其化合物	硫酸雾	氯气	氯化氢	镍及其化合物	铅及其化合物	氟化物	汞及其化合物	
1	采选	破碎、筛分	—	100	—	—	—	—	—	—	—	—	车间或生产设施排气筒
		其他	400	80		40	60	80					

4.2.4　企业边界大气污染物任何 1 h 平均浓度执行表 6 规定的限值。

表 6　现有和新建企业边界大气污染物浓度限值　　单位：mg/m^3

序号	污染物	限值
1	二氧化硫	0.5
2	颗粒物	1.0
3	硫酸雾	0.3
4	氯气	0.02
5	氯化氢	0.15
6	砷及其化合物	0.01
7	镍及其化合物 1)	0.04

序号	污染物	限值
8	铅及其化合物	0.006
9	氟化物	0.02
10	汞及其化合物	0.001 2

注：1）镍、钴冶炼企业监控。

4.2.5 在现有企业生产、建设项目竣工环保验收后的生产过程中，负责监管的环境保护主管部门应对周围居住、教学、医疗等用途的敏感区域环境质量进行监测。建设项目的具体监控范围为环境影响评价确定的周围敏感区域；未进行过环境影响评价的现有企业，监控范围由负责监管的环境保护主管部门，根据企业排污的特点和规律及当地的自然、气象条件等因素，参照相关环境影响评价技术导则确定。地方政府应对本辖区环境质量负责，采取措施确保环境状况符合环境质量标准要求。

4.2.6 产生大气污染物的生产工艺和装置必须设立局部或整体气体收集系统和集中净化处理装置，净化后的气体由排气筒排放，所有排气筒高度应不低于 15 m（排放氯气的排气筒高度不得低于 25 m）。排气筒周围半径 200 m 范围内有建筑物时，排气筒高度还应高出最高建筑物 3 m 以上。

5 污染物监测要求

5.1 污染物监测的一般要求

5.1.1 对企业排放废水和废气的采样，应根据监测污染物的种类，在规定的污染物排放监控位置进行，有废水和废气处理设施的，应在处理设施后监控。在污染物排放监控位置须设置永久性排污口标志。

5.1.2 新建企业和现有企业安装污染物排放自动监控设备的要求，按有关法律和《污染源自动监控管理办法》的规定执行。

5.1.3 对企业污染物排放情况进行监测的频次、采样时间等要求，按国家有关污染源监测技术规范的规定执行。

5.1.4 企业产品产量的核定，以法定报表为依据。

5.1.5 企业须按照有关法律和《环境监测管理办法》的规定，对排污状况进行监测，并保存原始监测记录。

5.2 水污染物监测要求

对企业排放水污染物浓度的测定采用表 7 所列的方法标准。

表 7 水污染物浓度测定方法标准

序号	污染物项目	方法标准名称	标准编号
1	pH 值	水质 pH 值的测定 玻璃电极法	GB/T 6920—1986
2	悬浮物	水质 悬浮物的测定 重量法	GB/T 11901—1989
3	化学需氧量	水质 化学需氧量的测定 重铬酸盐法	GB/T 11914—1989
		水质 化学需氧量的测定 快速消解分光光度法	HJ/T 399—2007
4	氟化物	水质 氟化物的测定 离子选择电极法	GB/T 7484—1987
		水质 氟化物的测定 茜素磺酸锆目视比色法	HJ 487—2009
		水质 氟化物的测定 氟试剂分光光度法	HJ 488—2009
5	总氮	水质 总氮的测定 气相分子吸收光谱法	HJ/T 199—2005
		水质 总氮的测定 碱性过硫酸钾消解紫外分光光度法	GB/T 11894—1989
6	总磷	水质 总磷的测定 钼酸铵分光光度法	GB/T 11893—1989
7	氨氮	水质 氨氮的测定 气相分子吸收光谱法	HJ/T 195—2005
		水质 氨氮的测定 纳氏试剂分光光度法	HJ 535—2009
		水质 氨氮的测定 水杨酸分光光度法	HJ 536—2009
		水质 氨氮的测定 蒸馏-中和滴定法	HJ 537—2009
8	总锌	水质 铜、锌、铅、镉的测定 原子吸收分光光度法	GB/T 7475—1987
9	石油类	水质 石油类和动植物油的测定 红外光度法	GB/T 16488—1996
10	总铜	水质 铜、锌、铅、镉的测定 原子吸收分光光度法	GB/T 7475—1987
11	硫化物	水质 硫化物的测定 碘量法	HJ/T 60—2000
		水质 硫化物的测定 亚甲基蓝分光光度法	GB/T 16489—1996
12	总铅	水质 铜、锌、铅、镉的测定 原子吸收分光光度法	GB/T 7475—1987
13	总镉	水质 铜、锌、铅、镉的测定 原子吸收分光光度法	GB/T 7475—1987
14	总镍	水质 镍的测定 火焰原子吸收分光光度法	GB/T 11912—1989
15	总砷	水质 总砷的测定 二乙基二硫代氨基甲酸银分光光度法	GB/T 7485—1987
16	总汞	水质 总汞的测定 冷原子吸收分光光度法	GB/T 7468—1987
17	总钴	水质 总钴的测定 5-氯-2-（吡啶偶氮）-1,3-二氨基苯分光光度法（暂行）	HJ 550—2009

5.3 大气污染物监测要求

5.3.1 采样点的设置与采样方法按 GB/T 16157—1996 执行。

5.3.2 在有敏感建筑物方位、必要的情况下进行监控，具体要求按 HJ/T 55—2000 进行监测。

5.3.3 对企业排放大气污染物浓度的测定采用表 8 所列的方法标准。

表 8 大气污染物浓度测定方法标准

序号	污染物项目	方法标准名称	标准编号
1	颗粒物	固定污染源排气中颗粒物测定与气态污染物采样方法	GB/T 16157—1996
		环境空气 总悬浮颗粒物的测定 重量法	GB/T 15432—1995
2	二氧化硫	固定污染源排气中二氧化硫的测定 碘量法	HJ/T 56—2000
		固定污染源排气中二氧化硫的测定 定电位电解法	HJ/T 57—2000
		环境空气 二氧化硫的测定 甲醛吸收-副玫瑰苯胺分光光度法	HJ 482—2009
		环境空气 二氧化硫的测定 四氯汞盐吸收-副玫瑰苯胺分光光度法	HJ 483—2009
3	硫酸雾	固定污染源废气 硫酸雾的测定 离子色谱法（暂行）	HJ 544—2009
4	氯气	固定污染源排气中氯气的测定 甲基橙分光光度法	HJ/T 30—1999
		固定污染源废气 氯气的测定 碘量法（暂行）	HJ 547—2009
5	氯化氢	固定污染源排气中氯化氢的测定 硫氰酸汞分光光度法	HJ/T 27—1999
		固定污染源废气 氯化氢的测定 硝酸银容量法（暂行）	HJ 548—2009
		空气和废气 氯化氢的测定 离子色谱法（暂行）	HJ 549—2009
6	镍及其化合物	大气固定污染源 镍的测定火焰原子吸收分光光度法	HJ/T 63.1—2001
		大气固定污染源 镍的测定石墨炉原子吸收分光光度法	HJ/T 63.2—2001
7	砷及其化合物	空气和废气 砷的测定 二乙基二硫代氨基甲酸银分光光度法（暂行）	HJ 540—2009
8	氟化物	大气固定污染源 氟化物的测定 离子选择电极法	HJ/T 67—2001
		环境空气 氟化物的测定 滤膜采样氟离子选择电极法	HJ 480—2009
		环境空气 氟化物的测定 石灰滤纸采样氟离子选择电极法	HJ 481—2009
9	汞及其化合物	环境空气 汞的测定 巯基棉富集-冷原子荧光分光光度法（暂行）	HJ 542—2009
		固定污染源废气 汞的测定 冷原子吸收分光光度法（暂行）	HJ 543—2009
10	铅及其化合物	固定污染源废气 铅的测定 火焰原子吸收分光光度法（暂行）	HJ 538—2009
		环境空气 铅的测定 石墨炉原子吸收分光光度法（暂行）	HJ 539—2009

6 实施与监督

6.1 本标准由县级以上人民政府环境保护行政主管部门负责监督实施。

6.2 在任何情况下，企业均应遵守本标准规定的污染物排放控制要求，采取必要措施保证污染防治设施正常运行。各级环保部门在对设施进行监督性检查时，可以现场即时采样或监测的结果，作为判定排污行为是否符合排放标准以及实施相关环境保护管理措施的依据。在发现设施耗水或排水量、排气量有异常变化的情况下，应核定企业的实际产品产量、排水量和排气量，按本标准的规定，换算水污染物基准排水量排放浓度和大气污染物基准排气量排放浓度。

中华人民共和国国家标准

铅、锌工业污染物排放标准（节选）

GB 25466—2010 2010年10月1日起实施

1 适用范围

本标准规定了铅、锌工业企业水污染物和大气污染物排放限值、监测和监控要求，以及标准的实施与监督等相关规定。

本标准适用于铅、锌工业企业的水污染物和大气污染物排放管理，以及铅、锌工业企业建设项目的环境影响评价、环境保护设施设计、竣工环境保护验收及其投产后的水污染物和大气污染物排放管理。

本标准不适用于再生铅、锌及铅、锌材压延加工等工业，也不适用于附属于铅、锌工业企业的非特征生产工艺和装置。

本标准适用于法律允许的污染物排放行为；新设立存在的污染源的选址和特殊保护区域内现有污染源的管理，除执行本标准外，还应符合《中华人民共和国大气污染防治法》《中华人民共和国水污染防治法》《中华人民共和国海洋环境保护法》《中华人民共和国固体废物污染环境防治法》《中华人民共和国环境影响评价法》等法律、法规、规章的相关规定。

本标准规定的水污染物排放控制要求适用于企业直接或间接向其法定边界外排放水污染物的行为。

2 规范性引用文件

本标准内容引用了下列文件或其中的条款。

GB/T 6920—1986 水质 pH值的测定 玻璃电极法

GB/T 7466—1987 水质 总铬的测定

GB/T 7468—1987 水质 汞的测定 冷原子吸收分光光度法

GB/T 7475—1987 水质 铜、锌、铅、镉的测定 原子吸收分光光度法

GB/T 7484—1987　水质　氟化物的测定　离子选择电极法

GB/T 7485—1987　水质　总砷的测定　二乙基二硫代氨基甲酸银分光光度法

GB/T 11893—1989　水质　总磷的测定　钼酸铵分光光度法

GB/T 11894—1989　水质　总氮的测定　碱性过硫酸钾消解紫外分光光度法

GB/T 11901—1989　水质　悬浮物的测定　重量法

GB/T 11912—1989　水质　镍的测定　火焰原子吸收分光光度法

GB/T 11914—1989　水质　化学需氧量的测定　重铬酸盐法

GB/T 15432—1995　环境空气　总悬浮颗粒物的测定　重量法

GB/T 16157—1996　固定污染源排气中颗粒物的测定与气态污染物采样方法

GB/T 16489—1996　水质　硫化物的测定　亚甲基蓝分光光度法

HJ/T 55—2000　大气污染物无组织排放监测技术导则

HJ/T 56—2000　固定污染源排气中二氧化硫的测定　碘量法

HJ/T 57—2000　固定污染源排气中二氧化硫的测定　定电位电解法

HJ/T 195—2005　水质　氨氮的测定　气相分子吸收光谱法

HJ/T 199—2005　水质　总氮的测定　气相分子吸收光谱法

HJ/T 399—2007　水质　化学需氧量的测定　快速消解分光光度法

HJ 482—2009　环境空气　二氧化硫的测定　甲醛吸收-副玫瑰苯胺分光光度法

HJ 483—2009　环境空气　二氧化硫的测定　四氯汞盐吸收-副玫瑰苯胺分光光度法

HJ 487—2009　水质　氟化物的测定　茜素磺酸锆目视比色法

HJ 488—2009　水质　氟化物的测定　氟试剂分光光度法

HJ 535—2009　水质　氨氮的测定　纳氏试剂分光光度法

HJ 536—2009　水质　氨氮的测定　水杨酸分光光度法

HJ 537—2009　水质　氨氮的测定　蒸馏-中和滴定法

HJ 538—2009　固定污染源废气　铅的测定　火焰原子吸收分光光度法（暂行）

HJ 539—2009　环境空气　铅的测定　石墨炉原子吸收分光光度法（暂行）

HJ 542—2009　环境空气　汞的测定　巯基棉富集-冷原子荧光分光光度法（暂行）

HJ 543—2009　固定污染源废气　汞的测定　冷原子吸收分光光度法（暂行）

HJ 544—2009　固定污染源废气　硫酸雾的测定　离子色谱法（暂行）

《污染源自动监控管理办法》（国家环境保护总局令　第 28 号）

《环境监测管理办法》（国家环境保护总局令　第 39 号）

3 术语和定义

下列术语和定义适用于本标准。

3.1 铅、锌工业 lead and zinc industry

指生产铅、锌金属矿产品和生产铅、锌金属产品（不包括生产再生铅、再生锌及铅、锌材压延加工产品）的工业。

3.2 特征生产工艺和装置 typical processing and facility

指为生产原铅、原锌金属而进行的采矿、选矿、冶炼的生产工艺及与这些工艺相关的装置。

3.3 现有企业 existing facility

指在本标准实施之日前已建成投产或环境影响评价文件通过审批的铅、锌工业企业或生产设施。

3.4 新建企业 new facility

指本标准实施之日起环境影响评价文件通过审批的新建、改建和扩建的铅、锌生产设施建设项目。

3.5 排水量 effluent volume

指生产设施或企业向企业法定边界以外排放的废水的量，包括与生产有直接或间接关系的各种外排废水（如厂区生活污水、冷却废水、厂区锅炉和电站排水等）。

3.6 单位产品基准排水量 benchmark effluent volume per unit product

指用于核定水污染物排放浓度而规定的生产单位铅、锌产品的废水排放量上限值。

3.7 排气筒高度 stack height

指自排气筒（或其主体建筑构造）所在的地平面至排气筒出口计的高度。

3.8 标准状态 standard condition

指温度为 273.15 K、压力为 101 325 Pa 时的状态。本标准规定的大气污染物排放浓度限值均以标准状态下的干气体为基准。

3.10 企业边界 enterprise boundary

指铅、锌工业企业的法定边界。若无法定边界，则指实际边界。

3.11 公共污水处理系统 public wastewater treatment system

指通过纳污管道等方式收集废水，为两家以上排污单位提供废水处理服务并且排水能够达到相关排放标准要求的企业或机构，包括各种规模和类型的城镇污水处理厂、区域（包括各类工业园区、开发区、工业聚集地等）废水处理厂等，其废水处理程度应达到二级或二级以上。

3.12 直接排放 direct discharge

指排污单位直接向环境排放水污染物的行为。

3.13 间接排放 indirect discharge

指排污单位向公共污水处理系统排放水污染物的行为。

4 污染物排放控制要求

4.1 水污染物排放控制要求

4.1.1 自 2011 年 1 月 1 日起至 2011 年 12 月 31 日止，现有企业执行表 1 规定的水污染物排放限值。

表 1 现有企业水污染物排放浓度限值及单位产品基准排水量

单位：mg/L（pH 值除外）

序号	污染物项目	限值		污染物排放监控位置
		直接排放	间接排放	
1	pH 值	6～9	6～9	企业废水总排放口
2	化学需氧量（COD_{Cr}）	100	200	
3	悬浮物（SS）	70	70	
4	氨氮（以 N 计）	15	25	
5	总磷（以 P 计）	1.5	2.0	
6	总氮（以 N 计）	20	30	
7	总锌	2.0	2.0	
8	总铜	0.5	0.5	
9	硫化物	1.0	1.0	
10	氟化物	10	10	
11	总铅	1.0		车间或生产设施废水排放口
12	总镉	0.1		
13	总汞	0.05		
14	总砷	0.5		
15	总镍	1.0		
16	总铬	1.5		
单位产品基准排水量	选矿（原矿）/（m^3/t）	3.5		排水量计量位置与污染物排放监控位置一致

4.1.2 自 2012 年 1 月 1 日起，现有企业执行表 2 规定的水污染物排放限值。

4.1.3 自 2010 年 10 月 1 日起，新建企业执行表 2 规定的水污染物排放限值。

表 2　新建企业水污染物排放浓度限值及单位产品基准排水量

单位：mg/L（pH 值除外）

序号	污染物项目	限值		污染物排放监控位置
		直接排放	间接排放	
1	pH 值	6～9	6～9	企业废水总排放口
2	化学需氧量（COD_{Cr}）	60	200	
3	悬浮物（SS）	50	70	
4	氨氮（以 N 计）	8	25	
5	总磷（以 P 计）	1.0	2.0	
6	总氮（以 N 计）	15	30	
7	总锌	1.5	1.5	
8	总铜	0.5	0.5	
9	硫化物	1.0	1.0	
10	氟化物	8	8	
11	总铅	0.5		车间或生产设施废水排放口
12	总镉	0.05		
13	总汞	0.03		
14	总砷	0.3		
15	总镍	0.5		
16	总铬	1.5		
单位产品基准排水量	选矿（原矿）/（m^3/t）	2.5		排水量计量位置与污染物排放监控位置一致

4.1.4　根据环境保护工作的要求，在国土开发密度已经较高、环境承载能力开始减弱，或环境容量较小、生态环境脆弱，容易发生严重环境污染等问题而需要采取特别保护措施的地区，应严格控制企业的污染物排放行为，在上述地区的企业执行表 3 规定的水污染物特别排放限值。

表 3　水污染物特别排放限值

单位：mg/L（pH 值除外）

序号	污染物项目	限值		污染物排放监控位置
		直接排放	间接排放	
1	pH 值	6～9	6～9	企业废水总排放口
2	化学需氧量（COD_{Cr}）	50	60	
3	悬浮物（SS）	10	50	
4	氨氮（以 N 计）	5	8	
5	总磷（以 P 计）	0.5	1.0	

序号	污染物项目	限值		污染物排放监控位置
		直接排放	间接排放	
6	总氮（以N计）	10	15	企业废水总排放口
7	总锌	1.0	1.0	
8	总铜	0.2	0.2	
9	硫化物	1.0	1.0	
10	氟化物	5	5	
11	总铅	0.2		车间或生产设施废水排放口
12	总镉	0.02		
13	总汞	0.01		
14	总砷	0.1		
15	总镍	0.5		
16	总铬	1.5		
单位产品基准排水量	选矿（原矿）/（m^3/t）	1.5		排水量计量位置与污染物排放监控位置一致

执行水污染物特别排放限值的地域范围、时间，由国务院环境保护行政主管部门或省级人民政府规定。

4.1.5　水污染物排放浓度限值适用于单位产品实际排水量不高于单位产品基准排水量的情况。若单位产品实际排水量超过单位产品基准排水量，须按式（1）将实测水污染物浓度换算为水污染物基准排水量排放浓度，并以水污染物基准排水量排放浓度作为判定排放是否达标的依据。产品产量和排水量统计周期为一个工作日。

在企业的生产设施同时生产两种以上产品、可适用不同排放控制要求或不同行业国家污染物排放标准，且生产设施产生的污水混合处理排放的情况下，应执行排放标准中规定的最严格的浓度限值，并按式（1）换算水污染物基准排水量排放浓度。

$$\rho_{基}=\frac{Q_{总}}{\sum Y_i \cdot Q_{i基}} \cdot \rho_{实} \tag{1}$$

式中：$\rho_{基}$——水污染物基准排水量排放浓度，mg/L；

$Q_{总}$——排水总量，m^3；

Y_i——第 i 种产品产量，t；

$Q_{i基}$——第 i 种产品的单位产品基准排水量，m^3/t；

$\rho_{实}$——实测水污染物浓度，mg/L。

若 $Q_{总}$ 与 $\sum Y_i \cdot Q_{i基}$ 的比值小于 1，则以水污染物实测浓度作为判定排放是否达标的依据。

4.2 大气污染物排放控制要求

4.2.1 自 2011 年 1 月 1 日起至 2011 年 12 月 31 日止，现有企业执行表 4 规定的大气污染物排放限值。

表 4 现有企业大气污染物排放浓度限值 单位：mg/m^3

序号	污染物	适用范围	排放浓度限值	污染物排放监控位置
1	颗粒物	干燥	200	车间或生产设施排气筒
		其他	100	
2	二氧化硫	所有	960	
3	硫酸雾	制酸	35	

4.2.2 自 2012 年 1 月 1 日起，现有企业执行表 5 规定的大气污染物排放限值。

4.2.3 自 2010 年 10 月 1 日起，新建企业执行表 5 规定的大气污染物排放限值。

表 5 新建企业大气污染物排放浓度限值 单位：mg/m^3

序号	污染物	适用范围	排放浓度限值	污染物排放监控位置
1	颗粒物	所有	80	车间或生产设施排气筒
2	二氧化硫	所有	400	
3	硫酸雾	制酸	20	

4.2.4 企业边界大气污染物任何 1 h 平均浓度执行表 6 规定的限值。

表 6 现有和新建企业边界大气污染物浓度限值 单位：mg/m^3

序号	污染物项目	最高浓度限值
1	二氧化硫	0.5
2	颗粒物	1.0
3	硫酸雾	0.3
4	铅及其化合物	0.006
5	汞及其化合物	0.000 3

4.2.5 在现有企业生产、建设项目竣工环保验收后的生产过程中，负责监管的环境保护主管部门应对周围居住、教学、医疗等用途的敏感区域环境质量进行监测。建设项目的具体监控范围为环境影响评价确定的周围敏感区域；未进行过环境影响评价的现有企业，监控范围由负责监管的环境保护主管部门，根据企业排污的特点和规律及当地的自然、气象条件等因素，参照相关环境影

响评价技术导则确定。地方政府应对本辖区环境质量负责，采取措施确保环境状况符合环境质量标准要求。

4.2.6 产生大气污染物的生产工艺和装置必须设立局部或整体气体收集系统和集中净化处理装置。所有排气筒高度应不低于 15 m。排气筒周围半径 200 m 范围内有建筑物时，排气筒高度还应高出最高建筑物 3 m 以上。

5 污染物监测要求

5.1 污染物监测的一般要求

5.1.1 对企业排放废水和废气的采样，应根据监测污染物的种类，在规定的污染物排放监控位置进行，有废水和废气处理设施的，应在处理设施后监控。在污染物排放监控位置须设置永久性排污口标志。

5.1.2 新建企业和现有企业安装污染物排放自动监控设备的要求，按有关法律和《污染源自动监控管理办法》的规定执行。

5.1.3 对企业污染物排放情况进行监测的频次、采样时间等要求，按国家有关污染源监测技术规范的规定执行。

5.1.4 企业产品产量的核定，以法定报表为依据。

5.1.5 企业须按照有关法律和《环境监测管理办法》的规定，对排污状况进行监测，并保存原始监测记录。

5.2 水污染物监测要求

对企业排放水污染物浓度的测定采用表 7 所列的方法标准。

表 7 水污染物浓度测定方法标准

序号	污染物项目	方法标准名称	标准编号
1	pH 值	水质 pH 值的测定 玻璃电极法	GB/T 6920—1986
2	化学需氧量	水质 化学需氧量的测定 重铬酸盐法	GB/T 11914—1989
		水质 化学需氧量的测定 快速消解分光光度法	HJ/T 399—2007
3	悬浮物	水质 悬浮物的测定 重量法	GB/T 11901—1989
4	氨氮	水质 氨氮的测定 气相分子吸收光谱法	HJ/T 195—2005
		水质 氨氮的测定 纳氏试剂分光光度法	HJ 535—2009
		水质 氨氮的测定 水杨酸分光光度法	HJ 536—2009
		水质 氨氮的测定 蒸馏-中和滴定法	HJ 537—2009
5	总磷	水质 总磷的测定 钼酸铵分光光度法	GB/T 11893—1989

序号	污染物项目	方法标准名称	标准编号
6	总氮	水质　总氮的测定　气相分子吸收光谱法	HJ/T 199—2005
		水质　总氮的测定　碱性过硫酸钾消解紫外分光光度法	GB/T 11894—1989
7	总锌	水质　铜、锌、铅、镉的测定　原子吸收分光光度法	GB/T 7475—1987
8	总铜	水质　铜、锌、铅、镉的测定　原子吸收分光光度法	GB/T 7475—1987
9	硫化物	水质　硫化物的测定　亚甲基蓝分光光度法	GB/T 16489—1996
		水质　硫化物的测定　碘量法	HJ/T 60—2000
10	氟化物	水质　氟化物的测定　离子选择电极法	GB/T 7484—1987
		水质　氟化物的测定　茜素磺酸锆目视比色法	HJ 487—2009
		水质　氟化物的测定　氟试剂分光光度法	HJ 488—2009
11	总铅	水质　铜、锌、铅、镉的测定　原子吸收分光光度法	GB/T 7475—1987
12	总镉	水质　铜、锌、铅、镉的测定　原子吸收分光光度法	GB/T 7475—1987
13	总汞	水质　汞的测定　冷原子吸收分光光度法	GB/T 7468—1987
14	总砷	水质　总砷的测定　二乙基二硫代氨基甲酸银分光光度法	GB/T 7485—1987
15	总镍	水质　镍的测定　火焰原子吸收分光光度法	GB/T 11912—1989
16	总铬	水质　总铬的测定	GB/T 7466—1987

5.3　大气污染物监测要求

5.3.1　采样点的设置与采样方法按 GB/T 16157—1996 执行。

5.3.2　在有敏感建筑物方位、必要的情况下进行无组织排放监控，具体要求按 HJ/T 55—2000 进行监测。

5.3.3　对企业排放大气污染物浓度的测定采用表 8 所列的方法标准。

表 8　大气污染物浓度测定方法标准

序号	污染物项目	方法标准名称	标准编号
1	颗粒物	固定污染源排气中颗粒物的测定与气态污染物采样方法	GB/T 16157—1996
		环境空气　总悬浮颗粒物的测定　重量法	GB/T 15432—1995
2	二氧化硫	固定污染源排气中二氧化硫的测定　碘量法	HJ/T 56—2000
		固定污染源排气中二氧化硫的测定　定电位电解法	HJ/T 57—2000
		环境空气　二氧化硫的测定　甲醛吸收-副玫瑰苯胺分光光度法	HJ 482—2009
		环境空气　二氧化硫的测定　四氯汞盐吸收-副玫瑰苯胺分光光度法	HJ 483—2009
3	硫酸雾	固定污染源废气　硫酸雾的测定　离子色谱法（暂行）	HJ 544—2009
		硫酸浓缩尾气　硫酸雾的测定　铬酸钡比色法	GB/T 4920—1985

序号	污染物项目	方法标准名称	标准编号
4	铅及其化合物	固定污染源废气　铅的测定　火焰原子吸收分光光度法（暂行）	HJ 538—2009
		环境空气　铅的测定　石墨炉原子吸收分光光度法（暂行）	HJ 539—2009
5	汞及其化合物	环境空气　汞的测定　巯基棉富集-冷原子荧光分光光度法（暂行）	HJ 542—2009
		固定污染源废气　汞的测定　冷原子吸收分光光度法（暂行）	HJ 543—2009

6　实施与监督

6.1　本标准由县级以上人民政府环境保护行政主管部门负责监督实施。

6.2　在任何情况下，企业均应遵守本标准规定的污染物排放控制要求，采取必要措施保证污染防治设施正常运行。各级环保部门在对设施进行监督性检查时，可以现场即时采样或监测的结果，作为判定排污行为是否符合排放标准以及实施相关环境保护管理措施的依据。在发现设施耗水或排水量有异常变化的情况下，应核定企业的实际产品产量和排水量，按本标准的规定，换算水污染物基准水量排放浓度。

中华人民共和国国家标准

铝工业污染物排放标准（节选）

GB 25465—2010　2010年10月1日起实施

1　适用范围

本标准规定了铝工业企业水污染物和大气污染物排放限值、监测和监控要求，以及标准的实施与监督等相关规定。

本标准适用于铝工业企业的水污染物和大气污染物排放管理，以及铝工业企业建设项目的环境影响评价、环境保护设施设计、竣工环境保护验收及其投产后的水污染物和大气污染物排放管理。

本标准不适用于再生铝和铝材压延加工企业（或生产系统）；也不适用于附属于铝工业企业的非特征生产工艺和装置。

本标准适用于法律允许的污染物排放行为；新设立污染源的选址和特殊保护区域内现有污染源的管理，按照《中华人民共和国大气污染防治法》《中华人民共和国水污染防治法》《中华人民共和国海洋环境保护法》《中华人民共和国固体废物污染环境防治法》《中华人民共和国环境影响评价法》等法律、法规、规章的相关规定执行。

本标准规定的水污染物排放控制要求适用于企业直接或间接向其法定边界外排放水污染物的行为。

2　规范性引用文件

本标准内容引用了下列文件或其中的条款。

GB/T 6920—1986　水质　pH 值的测定　玻璃电极法

GB/T 7484—1987　水质　氟化物的测定　离子选择电极法

GB/T 11893—1989　水质　总磷的测定　钼酸铵分光光度法

GB/T 11894—1989　水质　总氮的测定　碱性过硫酸钾消解紫外分光光度法

GB/T 11901—1989　水质　悬浮物的测定　重量法

GB/T 11914—1989　水质　化学需氧量的测定　重铬酸盐法

GB/T 15432—1995　环境空气　总悬浮颗粒物的测定　重量法

GB/T 15439—1995　环境空气 苯并[*a*]芘测定　高效液相色谱法

GB/T 16157—1996　固定污染源排气中颗粒物测定与气态污染物采样方法

GB/T 16488—1996　水质　石油类和动植物油的测定　红外光度法

GB/T 16489—1996　水质　硫化物的测定　亚甲基蓝分光光度法

GB/T 17133—1997　水质　硫化物的测定　直接显色分光光度法

HJ/T 45—1999　固定污染源排气中沥青烟的测定　重量法

HJ/T 55—2000　大气污染物无组织排放监测技术导则

HJ/T 56—2000　固定污染源排气中二氧化硫的测定　碘量法

HJ/T 57—2000　固定污染源排气中二氧化硫的测定　定电位电解法

HJ/T 60—2000　水质　硫化物的测定　碘量法

HJ/T 67—2001　固定污染源排气　氟化物的测定　离子选择电极法

HJ/T 195—2005　水质　氨氮的测定　气相分子吸收光谱法

HJ/T 199—2005　水质　总氮的测定　气相分子吸收光谱法

HJ/T 399—2007　水质　化学需氧量的测定　快速消解分光光度法

HJ 480—2009　环境空气　氟化物的测定　滤膜采样氟离子选择电极法

HJ 481—2009　环境空气　氟化物的测定　石灰滤纸采样氟离子选择电极法

HJ 482—2009　环境空气　二氧化硫的测定　甲醛吸收-副玫瑰苯胺分光光度法

HJ 483—2009　环境空气　二氧化硫的测定　四氯汞盐吸收-副玫瑰苯胺分光光度法

HJ 484—2009　水质　氰化物的测定　容量法和分光光度法

HJ 487—2009　水质　氟化物的测定　茜素磺酸锆目视比色法

HJ 488—2009　水质　氟化物的测定　氟试剂分光光度法

HJ 502—2009　水质　挥发酚的测定　溴化容量法

HJ 503—2009　水质　挥发酚的测定　4-氨基安替比林分光光度法

HJ 535—2009　水质　氨氮的测定　纳氏试剂分光光度法

HJ 536—2009　水质　氨氮的测定　水杨酸分光光度法

HJ 537—2009　水质　氨氮的测定　蒸馏-中和滴定法

《污染源自动监控管理办法》（国家环境保护总局令　第 28 号）

《环境监测管理办法》（国家环境保护总局令　第 39 号）

3 术语和定义

下列术语和定义适用于本标准。

3.1 铝工业企业 aluminum industry

指铝土矿山、氧化铝厂、电解铝厂和铝用炭素生产企业或生产设施。

3.2 现有企业 existing facility

指本标准实施之日前已建成投产或环境影响评价文件已通过审批的铝生产企业或生产设施。

3.3 新建企业 new facility

指本标准实施之日起环境影响评价文件通过审批的新建、改建和扩建的铝生产设施建设项目。

3.4 排水量 effluent volume

指生产设施或企业向企业法定边界以外排放的废水的量，包括与生产有直接或间接关系的各种外排废水（如厂区生活污水、冷却废水、厂区锅炉和电站排水等）。

3.5 单位产品基准排水量 benchmark effluent volume per unit product

指用于核定水污染物排放浓度而规定的生产单位铝产品的废水排放量上限值。

3.6 排气筒高度 stack height

指自排气筒（或其主体建筑构造）所在的地平面至排气筒出口计的高度。

3.7 标准状态 standard condition

指温度为 273.15 K、压力为 101 325 Pa 时的状态。本标准规定的大气污染物排放浓度限值均以标准状态下的干气体为基准。

3.8 企业边界 enterprise boundary

指铝工业企业的法定边界。若无法定边界，则指实际边界。

3.9 公共污水处理系统 public wastewater treatment system

指通过纳污管道等方式收集废水，为两家以上排污单位提供废水处理服务并且排水能够达到相关排放标准要求的企业或机构，包括各种规模和类型的城镇污水处理厂、区域（包括各类工业园区、开发区、工业聚集地等）废水处理厂等，其废水处理程度应达到二级或二级以上。

3.10 直接排放 direct discharge

指排污单位直接向环境排放水污染物的行为。

3.11 间接排放 indirect discharge

指排污单位向公共污水处理系统排放水污染物的行为。

4 污染物排放控制要求

4.1 水污染物排放控制要求

4.1.1 自2011年1月1日起至2011年12月31日止，现有企业执行表1规定的水污染物排放限值。

表1 现有企业水污染物排放浓度限值及单位产品基准排水量

单位：mg/L（pH值除外）

序号	污染物项目	限值		污染物排放监控位置
		直接排放	间接排放	
1	pH值	6～9	6～9	企业废水总排放口
2	悬浮物	70	70	
3	化学需氧量（COD_{Cr}）	100	200	
4	氟化物（以F计）	8	8	
5	氨氮	15	25	
6	总氮	20	30	
7	总磷	1.5	2.0	
8	石油类	8	8	
9	总氰化物[1)]	0.5	0.5	
10	硫化物[1)]	1.0	1.0	
11	挥发酚[1)]	0.5	0.5	
单位产品基准排水量	选（洗）矿（合格矿）/（m^3/t）	0.2		排水量计量位置与污染物排放监控位置一致

注：1）设有煤气生产系统企业增加的控制项目。

4.1.2 自2012年1月1日起，现有企业执行表2规定的水污染物排放限值。

4.1.3 自2010年10月1日起，新建企业执行表2规定的水污染物排放限值。

4.1.4 根据环境保护工作的要求，在国土开发密度已经较高、环境承载能力开始减弱，或环境容量较小、生态环境脆弱，容易发生严重环境污染问题而需要采取特别保护措施的地区，应严格控制企业的污染物排放行为，在上述地区的企业执行表3规定的水污染物特别排放限值。

表 2　新建企业水污染物排放浓度限值及单位产品基准排水量

单位：mg/L（pH 值除外）

序号	污染物项目	限值		污染物排放监控位置
		直接排放	间接排放	
1	pH 值	6～9	6～9	企业废水总排放口
2	悬浮物	30	70	
3	化学需氧量（COD_{Cr}）	60	200	
4	氟化物（以 F 计）	5.0	5.0	
5	氨氮	8.0	25	
6	总氮	15	30	
7	总磷	1.0	2.0	
8	石油类	3.0	3.0	
9	总氰化物[1)]	0.5	0.5	
10	硫化物[1)]	1.0	1.0	
11	挥发酚[1)]	0.5	0.5	
单位产品基准排水量	选（洗）矿（合格矿）/（m^3/t）	0.2		排水量计量位置与污染物排放监控位置一致

注：1）设有煤气生产系统企业增加的控制项目。

表 3　水污染物特别排放限值　　单位：mg/L（pH 值除外）

序号	污染物项目	限值		污染物排放监控位置
		直接排放	间接排放	
1	pH 值	6.5～8.5	6～9	企业废水总排放口
2	悬浮物	10	30	
3	化学需氧量（COD_{Cr}）	50	60	
4	氟化物（以 F 计）	2.0	2.0	
5	氨氮	5.0	8.0	
6	总氮	10	15	
7	总磷	0.5	1.0	
8	石油类	1.0	1.0	
9	总氰化物[1)]	0.2	0.2	
10	硫化物[1)]	0.5	0.5	
11	挥发酚[1)]	0.3	0.3	
单位产品基准排水量	选（洗）矿（合格矿）/（m^3/t）	0.1		排水量计量位置与污染物排放监控位置一致

注：1）设有煤气生产系统企业增加的控制项目。

执行水污染物特别排放限值的地域范围、时间，由国务院环境保护行政主管部门或省级人民政府规定。

4.1.5　水污染物排放浓度限值适用于单位产品实际排水量不高于单位产品基准排水量的情况。若单位产品实际排水量超过单位产品基准排水量，须按式（1）将实测水污染物浓度换算为水污染物基准排水量排放浓度，并以水污染物基准排水量排放浓度作为判定排放是否达标的依据。产品产量和排水量统计周期为一个工作日。

在企业的生产设施同时生产两种以上产品、可适用不同排放控制要求或不同行业国家污染物排放标准，且生产设施产生的污水混合处理排放的情况下，应执行排放标准中规定的最严格的浓度限值，并按式（1）换算水污染物基准排水量排放浓度。

$$\rho_{基}=\frac{Q_{总}}{\sum Y_i \cdot Q_{i基}} \cdot \rho_{实} \tag{1}$$

式中：$\rho_{基}$——水污染物基准排水量排放浓度，mg/L；

$Q_{总}$——排水总量，m^3；

Y_i——第 i 种产品产量，t；

$Q_{i基}$——第 i 种产品的单位产品基准排水量，m^3/t；

$\rho_{实}$——实测水污染物排放浓度，mg/L。

若 $Q_{总}$ 与 $\sum Y_i \cdot Q_{i基}$ 的比值小于 1，则以水污染物实测浓度作为判定排放是否达标的依据。

4.2　大气污染物排放控制要求

4.2.1　自 2011 年 1 月 1 日起至 2011 年 12 月 31 日止，现有企业执行表 4 规定的大气污染物排放限值。

表 4　现有企业大气污染物排放浓度限值　　单位：mg/m^3

生产系统及设备		限值				污染物排放监控位置
		颗粒物	二氧化硫	氟化物（以 F 计）	沥青烟	
矿山	破碎、筛分、转运	120	—	—	—	车间或生产设施排气筒

4.2.2　自 2012 年 1 月 1 日起，现有企业执行表 5 规定的大气污染物排放浓度限值。

4.2.3　自 2010 年 10 月 1 日起，新建企业执行表 5 规定的大气污染物排放浓度限值。

表 5 新建企业大气污染物排放浓度限值 单位：mg/m^3

生产系统及设备		限值				污染物排放监控位置
		颗粒物	二氧化硫	氟化物（以 F 计）	沥青烟	
矿山	破碎、筛分、转运	50	—	—	—	车间或生产设施排气筒

4.2.4 企业边界大气污染物任何 1 h 平均浓度执行表 6 规定的限值。

表 6 现有和新建企业边界大气污染物浓度限值 单位：mg/m^3

序号	污染物项目	限值
1	二氧化硫	0.5
2	颗粒物	1.0
3	氟化物	0.02
4	苯并[*a*]芘	0.000 01

4.2.5 在现有企业生产、建设项目竣工环保验收后的生产过程中，负责监管的环境保护主管部门应对周围居住、教学、医疗等用途的敏感区域环境质量进行监测。建设项目的具体监控范围为环境影响评价确定的周围敏感区域；未进行过环境影响评价的现有企业，监控范围由负责监管的环境保护主管部门，根据企业排污的特点和规律及当地的自然、气象条件等因素，参照相关环境影响评价技术导则确定。地方政府应对本辖区环境质量负责，采取措施确保环境状况符合环境质量标准要求。

4.2.6 所有排气筒高度应不低于 15 m。排气筒周围半径 200 m 范围内有建筑物时，排气筒高度还应高出最高建筑物 3 m 以上。

4.2.7 在国家未规定生产设施单位产品基准排气量之前，以实测浓度作为判定大气污染物排放是否达标的依据。

5 污染物监测要求

5.1 污染物监测的一般要求

5.1.1 对企业排放废水和废气的采样，应根据监测污染物的种类，在规定的污染物排放监控位置进行，有废水和废气处理设施的，应在处理设施后监控。在污染物排放监控位置须设置永久性排污口标志。

5.1.2 新建企业和现有企业安装污染物排放自动监控设备的要求，按有关法律和《污染源自动监控管理办法》的规定执行。

5.1.3 对企业污染物排放情况进行监测的频次、采样时间等要求，按国家有关污染源监测技术规范的规定执行。

5.1.4 企业产品产量的核定，以法定报表为依据。

5.1.5 企业须按照有关法律和《环境监测管理办法》的规定，对排污状况进行监测，并保存原始监测记录。

5.2 水污染物监测要求

对企业排放水污染物浓度的测定采用表7所列的方法标准。

表7 水污染物浓度测定方法标准

序号	污染物项目	方法标准名称	方法标准编号
1	pH值	水质 pH值的测定 玻璃电极法	GB/T 6920—1986
2	悬浮物	水质 悬浮物的测定 重量法	GB/T 11901—1989
3	化学需氧量	水质 化学需氧量的测定 重铬酸盐法	GB/T 11914—1989
		水质 化学需氧量的测定 快速消解分光光度法	HJ/T 399—2007
4	氟化物	水质 氟化物的测定 离子选择电极法	GB/T 7484—1987
		水质 氟化物的测定 茜素磺酸锆目视比色法	HJ 487—2009
		水质 氟化物的测定 氟试剂分光光度法	HJ 488—2009
5	氨氮	水质 氨氮的测定 纳氏试剂分光光度法	HJ 535—2009
		水质 氨氮的测定 水杨酸分光光度法	HJ 536—2009
		水质 氨氮的测定 蒸馏-中和滴定法	HJ 537—2009
		水质 氨氮的测定 气相分子吸收光谱法	HJ/T 195—2005
6	总氮	水质 总氮的测定 碱性过硫酸钾消解紫外分光光度法	GB/T 11894—1989
		水质 总氮的测定 气相分子吸收光谱法	HJ/T 199—2005
7	总磷	水质 总磷的测定 钼酸铵分光光度法	GB/T 11893—1989
8	石油类	水质 石油类和动植物油的测定 红外光度法	GB/T 16488—1996
9	总氰化物	水质 氰化物的测定 容量法和分光光度法	HJ 484—2009
10	硫化物	水质 硫化物的测定 亚甲基蓝分光光度法	GB/T 16489—1996
		水质 硫化物的测定 直接显色分光光度法	GB/T 17133—1997
		水质 硫化物的测定 碘量法	HJ/T 60—2000
11	挥发酚	水质 挥发酚的测定 4-氨基安替比林分光光度法	HJ 503—2009
		水质 挥发酚的测定 溴化容量法	HJ 502—2009

5.3 大气污染物监测要求

5.3.1 采样点的设置与采样方法按 GB/T 16157—1996 执行。

5.3.2 在有敏感建筑物方位、必要的情况下进行监控，具体要求按 HJ/T 55—2000 进行监测。

5.3.3 对企业排放大气污染物浓度的测定采用表 8 所列的方法标准。

表 8 大气污染物浓度测定方法标准

序号	污染物项目	方法标准名称	方法标准编号
1	颗粒物	固定污染源排气中颗粒物测定与气态污染物采样方法	GB/T 16157—1996
		环境空气 总悬浮颗粒物的测定 重量法	GB/T 15432—1995
2	沥青烟	固定污染源排气中沥青烟的测定 重量法	HJ/T 45—1999
3	二氧化硫	固定污染源排气中二氧化硫的测定 碘量法	HJ/T 56—2000
		固定污染源排气中二氧化硫的测定 定电位电解法	HJ/T 57—2000
		环境空气 二氧化硫的测定 甲醛吸收-副玫瑰苯胺分光光度法	HJ 482—2009
		环境空气 二氧化硫的测定 四氯汞盐吸收-副玫瑰苯胺分光光度法	HJ 483—2009
4	氟化物	固定污染源排气 氟化物的测定 离子选择电极法	HJ/T 67—2001
		环境空气 氟化物的测定 滤膜采样氟离子选择电极法	HJ 480—2009
		环境空气 氟化物的测定 石灰滤纸采样氟离子选择电极法	HJ 481—2009
5	苯并[*a*]芘	环境空气 苯并[*a*]芘的测定 高效液相色谱法	GB/T 15439—1995

6 实施与监督

6.1 本标准由县级以上人民政府环境保护行政主管部门负责监督实施。

6.2 在任何情况下，企业均应遵守本标准规定的污染物排放控制要求，采取必要措施保证污染防治设施正常运行。各级环保部门在对设施进行监督性检查时，可以现场即时采样或监测的结果，作为判定排污行为是否符合排放标准以及实施相关环境保护管理措施的依据。在发现设施耗水或排水量有异常变化的情况下，应核定企业的实际产品产量和排水量，按本标准的规定，换算水污染物基准水量排放浓度。

中华人民共和国国家标准

水泥工业大气污染物排放标准（节选）

GB 4915—2013　2014 年 3 月 1 日起实施

1　适用范围

本标准规定了水泥制造企业（含独立粉磨站）、水泥原料矿山、散装水泥中转站、水泥制品企业及其生产设施的大气污染物排放限值、监测和监督管理要求。

本标准适用于现有水泥工业企业或生产设施的大气污染物排放管理，以及水泥工业建设项目的环境影响评价、环境保护设施设计、竣工环境保护验收及其投产后的大气污染物排放管理。

利用水泥窑协同处置固体废物，除执行本标准外，还应执行国家相应的污染控制标准的规定。

本标准适用于法律允许的污染物排放行为。新设立污染源的选址和特殊保护区域内现有污染源的管理，按照《中华人民共和国大气污染防治法》《中华人民共和国水污染防治法》《中华人民共和国海洋环境保护法》《中华人民共和国固体废物污染环境防治法》《中华人民共和国环境影响评价法》等法律、法规和规章的相关规定执行。

2　规范性引用文件

本标准引用了下列文件或其中的条款。凡是未注明日期的引用文件，其最新版本适用于本标准。

GB/T 15432　环境空气　总悬浮颗粒物的测定　重量法

GB/T 16157　固定污染源排气中颗粒物测定与气态污染物采样方法

HJ/T 42　固定污染源排气中氮氧化物的测定　紫外分光光度法

HJ/T 43　固定污染源排气中氮氧化物的测定　盐酸萘乙二胺分光光度法

HJ/T 55　大气污染物无组织排放监测技术导则

HJ/T 56　固定污染源排气中二氧化硫的测定　碘量法

HJ/T 57　固定污染源排气中二氧化硫的测定　定电位电解法

HJ/T 67　大气固定污染源　氟化物的测定　离子选择电极法

HJ/T 75　固定污染源烟气排放连续监测技术规范（试行）

HJ/T 397　固定源废气监测技术规范

HJ 533　环境空气和废气　氨的测定　纳氏试剂分光光度法

HJ 534　环境空气　氨的测定　次氯酸钠-水杨酸分光光度法

HJ 543　固定污染源废气　汞的测定　冷原子吸收分光光度法（暂行）

HJ 629　固定污染源废气　二氧化硫的测定　非分散红外吸收法

《污染源自动监控管理办法》（国家环境保护总局令　第 28 号）

《环境监测管理办法》（国家环境保护总局令　第 39 号）

3　术语和定义

下列术语和定义适用于本标准。

3.1　水泥工业　cement industry

本标准指从事水泥原料矿山开采、水泥制造、散装水泥转运以及水泥制品生产的工业部门。

3.9　标准状态　standard condition

温度为 273.15 K，压力为 101 325 Pa 时的状态。本标准规定的大气污染物浓度均为标准状态下的质量浓度。

3.10　排气筒高度　stack height

自排气筒（或其主体建筑构造）所在的地平面至排气筒出口计的高度，单位为 m。

3.11　无组织排放　fugitive emission

大气污染物不经过排气筒的无规则排放，主要包括作业场所物料堆存、开放式输送扬尘，以及设备、管线等大气污染物泄漏。

3.12　现有企业　existing facility

本标准实施之日前已建成投产或环境影响评价文件已通过审批的水泥工业企业或生产设施。

3.13　新建企业　new facility

自本标准实施之日起环境影响评价文件通过审批的新建、改建、扩建水泥工业建设项目。

3.14　重点地区　key region

根据环境保护工作的要求，在国土开发密度较高，环境承载能力开始减弱，或大气环境容量较小、生态环境脆弱，容易发生严重大气环境污染问题而需要严格控制大气污染物排放的地区。

4 大气污染物排放控制要求

4.1 排气筒大气污染物排放限值

4.1.1 现有企业 2015 年 6 月 30 日前仍执行 GB 4915—2004，自 2015 年 7 月 1 日起执行表 1 规定的大气污染物排放限值。

4.1.2 自 2014 年 3 月 1 日起，新建企业执行表 1 规定的大气污染物排放限值。

表 1 现有企业与新建企业大气污染物排放限值 单位：mg/m^3

生产过程	生产设备	颗粒物	二氧化硫	氮氧化物（以 NO_2 计）	氟化物（以总 F 计）	汞及其化合物	氨
矿山开采	破碎机及其他通风生产设备	20	—	—	—	—	—

4.1.3 重点地区企业执行表 2 规定的大气污染物特别排放限值。执行特别排放限值的时间和地域范围由国务院环境保护行政主管部门或省级人民政府规定。

表 2 大气污染物特别排放限值 单位：mg/m^3

生产过程	生产设备	颗粒物	二氧化硫	氮氧化物（以 NO_2 计）	氟化物（以总 F 计）	汞及其化合物	氨
矿山开采	破碎机及其他通风生产设备	10	—	—	—	—	—

[a] 适用于使用氨水、尿素等含氨物质作为还原剂，去除烟气中氮氧化物。

[b] 适用于采用独立热源的烘干设备。

4.1.4 对于水泥窑及窑尾余热利用系统排气、采用独立热源的烘干设备排气，应同时对排气中氧含量进行监测，实测大气污染物排放浓度应按式（1）换算为基准含氧量状态下的基准排放浓度，并以此作为判定排放是否达标的依据。其他车间或生产设施排气按实测浓度计算，但不得人为稀释排放。

$$\rho_{基}=\frac{21-\varphi(O_2)_{基}}{21-\varphi(O_2)_{实}}\cdot\rho_{实} \quad (1)$$

式中：$\rho_{基}$——大气污染物基准排放浓度，mg/m^3；

$\rho_{实}$——实测大气污染物排放浓度，mg/m^3；

$\varphi(O_2)_{基}$——基准含氧量百分率，水泥窑及窑尾余热利用系统排气为10，采用独立热源的烘干设备排气为8；

φ（O_2）$_{实}$——实测含氧量百分率；

21——空气含氧量百分率。

4.2 无组织排放控制要求

4.2.1 水泥工业企业的物料处理、输送、装卸、储存过程应当封闭，对块石、黏湿物料、浆料以及车船装卸料过程也可采取其他有效抑尘措施，控制颗粒物无组织排放。

4.2.2 自2014年3月1日起，水泥工业企业大气污染物无组织排放监控点浓度限值应符合表3规定。

表3 大气污染物无组织排放限值 单位：mg/m^3

序号	污染物项目	限值	限值含义	无组织排放监控位置
1	颗粒物	0.5	监控点与参照点总悬浮颗粒物（TSP）1 h浓度值的差值	厂界外20 m处上风向设参照点，下风向设监控点

4.3 废气收集、处理与排放

4.3.1 产生大气污染物的生产工艺和装置必须设立局部或整体气体收集系统和净化处理装置，达标排放。

4.3.2 净化处理装置应与其对应的生产工艺设备同步运转。应保证在生产工艺设备运行波动情况下净化处理装置仍能正常运转，实现达标排放。因净化处理装置故障造成非正常排放，应停止运转对应的生产工艺设备，待检修完毕后共同投入使用。

4.3.3 除储库底、地坑及物料转运点单机除尘设施外，其他排气筒高度应不低于15 m。排气筒高度应高出本体建（构）筑物3 m以上。水泥窑及窑尾余热利用系统排气筒周围半径200 m范围内有建筑物时，排气筒高度还应高出最高建筑物3 m以上。

4.4 周边环境质量监控

在现有企业生产、建设项目竣工环保验收后的生产过程中，负责监管的环境保护主管部门应对周围居住、教学、医疗等用途的敏感区域环境质量进行监控。建设项目的具体监控范围为环境影响评价确定的周围敏感区域；未进行过环境影响评价的现有企业，监控范围由负责监管的环境保护主管部门，根据企业排污的特点和规律及当地的自然、气象条件等因素，参照相关环境影响评价技术导则确定。地方政府应对本辖区环境质量负责，采取措施确保环境状况符合环境质量标准要求。

5 污染物监测要求

5.1 企业应按照有关法律和《环境监测管理办法》等规定，建立企业监测制度，制订监测方案，对污染物排放状况及其对周边环境质量的影响开展自行监测，保存原始监测记录，并公布监测结果。

5.2　新建企业和现有企业安装污染物排放自动监控设备的要求，按有关法律和《污染源自动监控管理办法》的规定执行。

5.3　企业应按照环境监测管理规定和技术规范的要求，设计、建设、维护永久性采样口、采样测试平台和排污口标志。

5.4　对企业排放废气的采样，应根据监测污染物的种类，在规定的污染物排放监控位置进行，有废气处理设施的，应在该设施后监测。排气筒中大气污染物的监测采样按 GB/T 16157、HJ/T 397 或 HJ/T 75 规定执行；大气污染物无组织排放的监测按 HJ/T 55 规定执行。

5.5　对大气污染物排放浓度的测定采用表 4 所列的方法标准。

表 4　大气污染物浓度测定方法标准

序号	污染物项目	方法标准名称	方法标准编号
1	颗粒物	固定污染源排气中颗粒物测定与气态污染物采样方法	GB/T 16157
		环境空气　总悬浮颗粒物的测定　重量法	GB/T 15432
2	二氧化硫	固定污染源排气中二氧化硫的测定　碘量法	HJ/T 56
		固定污染源排气中二氧化硫的测定　定电位电解法	HJ/T 57
		固定污染源废气　二氧化硫的测定　非分散红外吸收法	HJ 629
3	氮氧化物	固定污染源排气中氮氧化物的测定　紫外分光光度法	HJ/T 42
		固定污染源排气中氮氧化物的测定　盐酸萘乙二胺分光光度法	HJ/T 43
4	氟化物	大气固定污染源　氟化物的测定　离子选择电极法	HJ/T 67
5	汞及其化合物	固定污染源废气　汞的测定　冷原子吸收分光光度法（暂行）	HJ 543
6	氨	环境空气和废气　氨的测定　纳氏试剂分光光度法	HJ 533
		环境空气　氨的测定　次氯酸钠-水杨酸分光光度法	HJ 534

6　实施与监督

6.1　本标准由县级以上人民政府环境保护行政主管部门负责监督实施。

6.2　在任何情况下，水泥工业企业均应遵守本标准规定的大气污染物排放控制要求，采取必要措施保证污染防治设施正常运行。各级环保部门在对企业进行监督性检查时，可以现场即时采样或监测的结果，作为判定排污行为是否符合排放标准以及实施相关环境保护管理措施的依据。

中华人民共和国国家标准

煤层气（煤矿瓦斯）排放标准（暂行）

GB 21522—2008　2008 年 7 月 1 日起实施

1　适用范围

本标准规定了煤矿瓦斯排放限值以及煤层气地面开发系统煤层气排放限值。

本标准适用现有矿井、煤层气地面开发系统瓦斯排放控制管理以及新建、改建、扩建矿井以及煤层气地面开发系统项目的环境影响评价、设计、竣工验收及其建成后的瓦斯排放控制管理。

本标准适用于法律允许的污染物排放行为，新建矿井或煤层气地面开发系统的选址和特殊保护区域内现有矿井或煤层气地面开发系统的管理，按《中华人民共和国大气污染防治法》第十六条的相关规定执行。

2　规范性引用文件

本标准内容引用了下列文件中的条款。凡不注明日期的引用文件，其有效版本适用于本标准。

AQ 1026　煤矿瓦斯抽采基本指标

AQ 1027　煤矿瓦斯抽放规范

AQ 6201　煤矿安全监控系统通用技术要求

AQ 6204　瓦斯抽放用热导式高浓度甲烷传感器

《污染源自动监控管理办法》（国家环境保护总局令　第 28 号）

《环境监测管理办法》（国家环境保护总局令　第 39 号）

3　术语和定义

下列术语与定义适用于本标准。

3.1　煤层气　coalbed methane

煤层气指赋存在煤层中以甲烷为主要成分，以吸附在煤基质颗粒表面为主、部分游离于煤孔隙中或溶解于煤层水中的烃类气体的总称。

3.2 煤矿瓦斯 mine gas

煤矿瓦斯简称瓦斯，指煤炭矿井开采过程中从煤层及其围岩涌入矿井巷道和工作面的天然气体，主要由甲烷构成。有时单独指甲烷。

3.3 瓦斯抽放 gas drainage

采用专用设备和管路把煤层、岩层或采空区瓦斯抽出的措施。

3.4 瓦斯抽放系统 gas drainage works

采用专用设备和管路把煤层、岩层和采空区中的瓦斯抽出或排出的系统工程。

3.5 高浓度瓦斯 high concentration mine gas

指甲烷体积浓度大于或等于 30%经煤矿瓦斯抽放系统抽出或排出的瓦斯。

3.6 低浓度瓦斯 low concentration mine gas

指甲烷体积浓度小于 30%经煤矿瓦斯抽放系统抽出或排出的瓦斯。

3.7 风排瓦斯 windblown mine gas

指煤矿采用通风方法并由风井排出的瓦斯。

3.8 标准状态 normal state

指温度 273 K，压力 101 325 Pa 时的状态，本标准规定的煤层气、煤矿瓦斯排放浓度均指标准状态下干空气数值。

3.9 绝对瓦斯涌出量 absolute gas emission rate

单位时间内从煤层和岩层以及采落的煤（岩）体所涌出的瓦斯量，单位采用 m^3/min。

3.10 煤（岩）与瓦斯突出 coal/rock and gas outburst

在地应力和瓦斯的共同作用下，破碎的煤、岩和瓦斯由煤体或岩体内突然向采掘空间抛出的异常的动力现象。

3.11 煤（岩）与瓦斯突出矿井 coal/rock and gas outburst mine

在采掘过程中，发生过煤（岩）与瓦斯突出并经鉴定的矿井。

3.12 排放 emission

指抽出的煤层气或煤矿瓦斯向大气排空。

3.13 现有矿井及煤层气地面开发系统、新建矿井及煤层气地面开发系统 existing source, new source

现有矿井及煤层气地面开发系统指本标准实施之日前已建成投产或环境影响评价文件已通过批准的井工煤矿和煤层气地面开发系统。

新（扩、改）建矿井及煤层气地面开发系统是指本标准实施之日起环境影响评价文件通过批准的新、改、扩建井工煤矿和煤层气地面开发系统。

4 技术要求

4.1 煤矿瓦斯抽放要求

4.1.1 有下列情况之一的矿井，必须建立地面永久抽放瓦斯系统或井下移动泵站抽放系统：

a）一个采煤工作面的瓦斯涌出量大于 5 m^3/min 或一个掘进工作面瓦斯涌出量大于 3 m^3/min，用通风方法解决瓦斯问题不合理时；

b）矿井绝对涌出量达到以下条件的：

——大于或等于 40 m^3/min；

——年产量 1.0～1.5 Mt 的矿井，大于 30 m^3/min；

——年产量 0.6～1.0 Mt 的矿井，大于 25 m^3/min；

——年产量 0.4～0.6 Mt 的矿井，大于 20 m^3/min；

——年产量等于或小于 0.4 Mt，大于 15 m^3/min。

c）开采有煤与瓦斯突出危险煤层。

4.1.2 凡符合 4.1.1 条件，并同时具备以下两个条件的矿井，应建立地面永久瓦斯抽放系统：

a）瓦斯抽放系统的抽放量可稳定在 2 m^3/min 以上；

b）瓦斯资源可靠、储量丰富，预计瓦斯抽放服务年限在五年以上。

4.1.3 煤矿瓦斯抽放基本指标按 AQ 1026 执行。

4.1.4 矿井瓦斯抽放系统工程设计要求、瓦斯抽放方法以及瓦斯抽放管理按 AQ 1027 执行。

4.1.5 具备地面煤层气开发条件的矿井，应利用地面煤层气开发技术，实现“先采气、后采煤”。

4.2 煤层气（煤矿瓦斯）排放控制要求

4.2.1 煤层气（煤矿瓦斯）排放限值

自 2008 年 7 月 1 日起，新建矿井及煤层气地面开发系统的煤层气（煤矿瓦斯）排放执行表 1 规定的排放限值。

自 2010 年 1 月 1 日起，现有矿井及煤层气地面开发系统的煤层气（煤矿瓦斯）排放执行表 1 规定的排放限值。

表 1 煤层气（煤矿瓦斯）排放限值

受控设施	控制项目	排放限值
煤层气地面开发系统	煤层气	禁止排放
煤矿瓦斯抽放系统	高浓度瓦斯（甲烷浓度≥30%）	禁止排放
	低浓度瓦斯（甲烷浓度＜30%）	—
煤矿回风井	风排瓦斯	—

4.2.2 对可直接利用的高浓度瓦斯，应建立瓦斯储气罐，配套建设瓦斯利用设施，可采取民用、发电、化工等方式加以利用。

4.2.3 对目前无法直接利用的高浓度瓦斯，可采取压缩、液化等方式进行异地利用。

4.2.4 对目前无法利用的高浓度瓦斯，可采取焚烧等方式处理。

5 监测要求

5.1 矿井瓦斯抽放泵站输入管路、瓦斯储气罐输出管路应设置甲烷传感器、流量传感器、压力传感器及温度传感器，对管道内的甲烷浓度、流量、压力、温度等参数进行监测。抽放泵站应设甲烷传感器防止瓦斯泄漏。

5.2 新（扩、改）建矿井瓦斯抽放系统和煤层气地面开发系统应按照《污染源自动监控管理办法》的规定，安装污染物排放自动监控设备，并与保部门的监控中心联网，并保证设备正常运行。

5.3 甲烷传感器应达到 AQ 6204 规定的技术指标，并符合 AQ 6201 煤矿安全监控系统通用技术要求。

5.4 企业应按照有关法律和《环境监测管理办法》的规定，对排污状况进行监测，并保存原始监测记录。

6 实施与监督

本标准由县级以上人民政府环境保护行政主管部门负责监督实施。

中华人民共和国国家标准

煤炭工业污染物排放标准

GB 20426—2006　2006年10月1日起实施

1　适用范围

本标准规定了原煤开采、选煤水污染物排放限值，煤炭地面生产系统大气污染物排放限值，以及煤炭采选企业所属煤矸石堆置场、煤炭贮存、装卸场所污染物控制技术要求。

本标准适用于现有煤矿（含露天煤矿）、选煤厂及其所属煤矸石堆置场、煤炭贮存、装卸场所污染防治与管理，以及煤炭工业建设项目环境影响评价、环境保护设施设计、竣工环境保护验收及其投产后的污染防治与管理。

本标准适用于法律允许的污染物排放行为，新设立生产线的选址和特殊保护区域内现有生产线的管理，按《中华人民共和国大气污染防治法》第十六条、《中华人民共和国水污染防治法》第二十条和第二十七条、《中华人民共和国海洋环境保护法》第三十条、《饮用水水源保护区污染防治管理规定》的相关规定执行。

2　规范性引用文件

下列标准的条款通过本标准的引用而成为本标准的条文，与本标准同效。凡不注明日期的引用文件，其最新版本适用于本标准。

GB 3097　海水水质标准

GB 3838　地表水环境质量标准

GB 5084　农田灌溉水质标准

GB 5086.1～2　固体废物　浸出毒性浸出方法

GB/T 6920　水质　pH值的测定　玻璃电极法

GB/T 7466　水质　总铬的测定

GB/T 7467　水质　六价铬的测定　二苯碳酰二肼分光光度法

GB/T 7468 水质 总汞的测定 冷原子吸收分光光度法

GB/T 7470 水质 铅的测定 双硫腙分光光度法

GB/T 7471 水质 镉的测定 双硫腙分光光度法

GB/T 7472 水质 锌的测定 双硫腙分光光度法

GB/T 7475 水质 铜、锌、铅、镉的测定 原子吸收分光光度法

GB/T 7484 水质 氟化物的测定 离子选择电极法

GB/T 7485 水质 总砷的测定 二乙基二硫代氨基甲酸银分光光度法

GB/T 8970 空气质量 二氧化硫的测定 四氯汞盐-盐酸副玫瑰苯胺比色法

GB/T 11901 水质 悬浮物的测定 重量法

GB/T 11911 水质 铁、锰的测定 火焰原子吸收分光光度法

GB/T 11914 水质 化学需氧量的测定 重铬酸盐法

GB/T 15432 环境空气 总悬浮颗粒物的测定 重量法

GB/T 16157 固定污染源排气中颗粒物测定与气态污染物采样方法

GB/T 16488 水质 石油类和动植物油的测定 红外光度法

GB 18599 一般工业固体废物贮存、处置场污染控制标准

HJ/T 55 大气污染物无组织排放监测技术导则

HJ/T 91 地表水和污水监测技术规范

3 术语和定义

下列术语与定义适用于本标准。

3.1 煤炭工业 coal industry

指原煤开采和选煤行业。

3.2 煤炭工业废水 coal industry waste water

煤炭开采和选煤过程中产生的废水，包括采煤废水和选煤废水。

3.3 采煤废水 mine drainage

煤炭开采过程中，排放到环境水体的煤矿矿井水或露天煤矿疏干水。

3.4 酸性采煤废水 acid mine drainage

在未经处理之前，pH 值小于 6.0 或者总铁浓度大于或等于 10.0 mg/L 的采煤废水。

3.5 高矿化度采煤废水 mine drainage of high mineralization

矿化度（无机盐总含量）大于 1 000 mg/L 的采煤废水。

3.6 选煤 coal preparation

利用物理、化学等方法，除掉煤中杂质，将煤按需要分成不同质量、规格产品的加工过程。

3.7 选煤厂 coal preparation plant

对煤炭进行分选，生产不同质量、规格产品的加工厂。

3.8 选煤废水 coal preparation waste water

在选煤厂煤泥水处理工艺中，洗水不能形成闭路循环，需向环境排放的那部分废水。

3.9 大气污染物排放浓度 air pollutants emission concentration

指在温度 273 K，压力为 101 325 Pa 时状态下，排气筒中污染物任何 1 小时的平均浓度，单位为 mg/m^3（标）或 mg/Nm^3。

3.10 煤矸石 coal slack

采掘煤炭生产过程中从顶、底板或煤夹矸混入煤中的岩石和选煤厂生产过程中排出的洗矸石。

3.11 煤矸石堆置场 waste heap

堆放煤矸石的场地和设施。

3.12 现有生产线 existing facility

本标准实施之日前已建成投产或环境影响报告书已通过审批的煤矿矿井、露天煤矿、选煤厂以及所属贮存、装卸场所。

3.13 新（扩、改）建生产线 new facility

本标准实施之日起环境影响报告书通过审批的新、扩、改煤矿矿井、露天煤矿、选煤厂以及所属贮存、装卸场所。

4 煤炭工业水污染物排放限值和控制要求

4.1 煤炭工业废水有毒污染物排放限值

煤炭工业［包括现有及新（扩、改）建煤矿、选煤厂］废水有毒污染物排放浓度不得超过表 1 规定的限值。

表 1 煤炭工业废水有毒污染物排放限值

序号	污染物	日最高允许排放浓度/（mg/L）
1	总汞	0.05
2	总镉	0.1
3	总铬	1.5
4	六价铬	0.5
5	总铅	0.5

序号	污染物	日最高允许排放浓度/（mg/L）
6	总砷	0.5
7	总锌	2.0
8	氟化物	10
9	总α放射性	1 Bq/L
10	总β放射性	10 Bq/L

4.2 采煤废水排放限值

现有采煤生产线自 2007 年 10 月 1 日起，执行表 2 规定的现有生产线排放限值；在此之前过渡期内仍执行 GB 8978—1996《污水综合排放标准》。自 2009 年 1 月 1 日起执行表 2 规定的新（扩、改）建生产线排放限值。

表 2 采煤废水污染物排放限值

序号	污 染 物	日最高允许排放浓度/（mg/L）（pH 值除外）	
		现有生产线	新建（扩、改）生产线
1	pH 值	6～9	6～9
2	总悬浮物	70	50
3	化学需氧量（COD_{Cr}）	70	50
4	石油类	10	5
5	总铁	7	6
6	总锰[(1)]	4	4

注（1）：总锰限值仅适用于酸性采煤废水。

新（扩、改）建采煤生产线自本标准实施之日 2006 年 10 月 1 日起，执行表 2 规定的新（扩、改）建生产线排放限值。

4.3 选煤废水排放限值

现有选煤厂自 2007 年 10 月 1 日起，执行表 3 规定的现有生产线排放限值；在此之前过渡期内仍执行 GB 8978—1996《污水综合排放标准》。自 2009 年 1 月 1 日起，应实现水路闭路循环，偶发排放应执行表 3 规定新（扩、改）建生产线排放限值。

新（扩、改）建选煤厂，自本标准实施之日起，应实现水路闭路循环，偶发排放应执行表 3 规定新（扩、改）建生产线排放限值。

表 3 选煤废水污染物排放限值

序号	污染物	日最高允许排放浓度/（mg/L）（pH 值除外）	
		现有生产线	新（扩、改）建生产线
1	pH 值	6～9	6～9
2	悬浮物	100	70
3	化学需氧量（COD_{Cr}）	100	70
4	石油类	10	5
5	总铁	7	6
6	总锰	4	4

4.4 煤炭开采（含露天开采）水资源化利用技术规定

4.4.1 对于高矿化度采煤废水，除执行表 2 限值外，还应根据实际情况深度处理和综合利用。高矿化度采煤废水用作农田灌溉时，应达到 GB 5084 规定的限值要求。

4.4.2 在新建煤矿设计中应优先选择矿井水作为生产水源，用于煤炭洗选、井下生产用水、消防用水和绿化用水等。

4.4.3 建设坑口燃煤电厂、低热值燃料综合利用电厂，应优先选择矿井水作为供水水源优选方案。

4.4.4 建设和发展其他工业用水项目，应优先选用矿井水作为工业用水水源；可以利用的矿井水未得到合理、充分利用的，不得开采和使用其他地表水和地下水水源。

5 煤炭工业地面生产系统大气污染物排放限值和控制要求

5.1 现有生产线自 2007 年 10 月 1 日起，排气筒中大气污染物不得超过表 4 规定的限值；在此之前过渡期内仍执行 GB 16297—1996《大气污染物综合排放标准》。新（扩、改）建生产线，自本标准实施之日起，排气筒中大气污染物不得超过表 4 规定的限值。

表 4 煤炭工业大气污染物排放限值

污染物	生产设备	
	原煤筛分、破碎、转载点等除尘设备	煤炭风选设备通风管道、筛面、转载点等除尘设备
颗粒物	80 mg/Nm^{3}或设备去除效率＞98%	80 mg/Nm^{3}或设备去除效率＞98%

5.2 煤炭工业除尘设备排气筒高度应不低于 15 m。

5.3 煤炭工业作业场所无组织排放限值

现有生产线在 2007 年 10 月 1 日起，煤炭工业作业场所污染物无组织排放监控点浓度不得超过表 4 规定的限值。在此之前过渡期内仍执行 GB 16297—1996《大气污染物综合排放标准》。新（扩、改）建生产线，自本标准实施之日起，作业场所颗粒物无组织排放监控点浓度不得超过表 5 规定的限值。

表 5　煤炭工业无组织排放限值

污染物	监控点	作业场所	
		煤炭工业所属装卸场所	煤炭贮存场所、煤矸石堆置场
		无组织排放限值/（mg/Nm^3）（监控点与参考点浓度差值）	无组织排放限值/（mg/Nm^3）（监控点与参考点浓度差值）
颗粒物	周界外浓度最高点(1)	1.0	1.0
二氧化硫		—	0.4

注（1）：周界外浓度最高点一般应设置于无组织排放源下风向的单位周界外 10 m 范围内，若预计无组织排放的最大落地浓度点越出 10 m 范围，可将监控点移至该预计浓度最高点。

6 煤矸石堆置场污染控制和其他管理规定

6.1 煤矿煤矸石应集中堆置，每个矿井宜设立一个煤矸石堆置场。煤矸石堆置场选址应符合 GB 18599 的有关要求。

6.2 煤矸石应因地制宜，综合利用，如可用于修筑路基、平整工业场地、烧结煤矸石砖、充填塌陷区、采空区等。不宜利用的煤矸石堆置场应在停用后三年内完成覆土、压实稳定化和绿化等封场处理。

6.3 建井期间排放的煤矸石临时堆置场，自投产之日起不得继续使用。临时堆置场停用后一年内完成封场处理。临时堆置场关闭与封场处理应符合 GB 18599 的有关要求。

6.4 煤矸石堆置场应采取有效措施，防止自燃。已经发生自燃的煤矸石堆场应及时灭火。

6.5 煤矸石堆置场应构筑堤、坝、挡土墙等设施，堆置场周边应设置排洪沟、导流渠等，防止降水径流进入煤矸石堆置场，避免流失、坍塌的发生。

6.6 按照 GB 5086 规定的方法进行浸出试验，煤矸石属于 GB 18599 所定义 II 类一般工业固体废物的煤矸石堆置场，应采取防渗透的技术措施。

6.7 露天煤矿采场、排土场使用期间，应通过定期喷洒水或化学剂等措施，抑制粉尘的产生。

7 监测

7.1 水污染物监测

7.1.1 煤炭工业废水采样点应设置在排污单位废水处理设施排放口（有毒污染物在车间或车间处理设施排放口采样），按规定设置标志。采样口应设置废水计量装置，宜设置废水在线监测设备。

7.1.2 采样频率

采煤废水和选煤废水，采样应在正常生产条件下进行，每 3 h 采样一次；每次监测至少采样 3 次。任何一次 pH 值测定值不得超过标准规定的限值范围，其他污染物浓度排放限值以测定均值计。

7.1.3 监测频率

采煤废水和选煤废水应每月监测一次。

如发现煤炭工业废水超过表 1 中所列的任何一项有毒污染物限值指标，应报告县级以上人民政府环境保护行政主管部门，并持续进行监测，监测频率每月至少 1 次。

7.1.4 监督性监测参照 HJ/T 91 执行。

7.1.5 水样在采用重铬酸钾法测定 COD_{Cr} 值之前，采用中速定量滤纸去除水样中煤粉的干扰。

7.1.6 本标准采用的污染物测定方法按表 6 执行。

表 6 污染物项目测定方法

序号	项目	测定方法	最低检出浓度（量）	方法来源
1	pH 值	玻璃电极法	0.1（pH 值）	GB/T 6920
2	悬浮物	重量法	4 mg/L	GB/T 11901
3	化学需氧量（COD_{Cr}）	重铬酸盐法（过滤后）	5 mg/L	GB/T 11914
4	石油类	红外光度法	0.1 mg/L	GB/T 16488
5	总铁、总锰	火焰原子吸收分光光度法	0.03 mg/L、0.01 mg/L	GB/T 11911
6	总α放射性、总β放射性	物理法	0.05 Bq/L	《环境监测技术规范（放射性部分）》，国家环境保护总局
7	总汞	冷原子吸收分光光度法	0.1 μg/L	GB/T 7468
8	镉	双硫腙分光光度法	1 μg/L	GB/T 7471
9	总铬	高锰酸钾氧化—二苯碳酰二肼分光光度法	0.004 mg/L	GB/T 7466
10	六价铬	二苯碳酰二肼分光光度法	0.004 mg/L	GB/T 7467
11	总铅	原子吸收分光光度法 双硫腙分光光度法	10 μg/L 0.01 mg/L	GB/T 7475 GB/T 7470

序号	项目	测定方法	最低检出浓度（量）	方法来源
12	总砷	二乙基二硫代氮基甲酸银分光光度法	0.007 mg/L	GB/T 7485
13	总锌	原子吸收分光光度法 双硫腙分光光度法	0.02 mg/L 0.005 mg/L	GB/T 7475 GB/T 7472
14	氟化物	离子选择电极法	0.05 mg/L	GB/T 7484

7.2 大气污染物监测

7.2.1 排气筒中大气污染物的采样点数目及采样点位置的设置，按 GB/T 16157 规定执行。

7.2.2 对于大气污染物日常监督性监测，采样期间的工况应为正常工况。排污单位和实施监测人员不得随意改变当时的运行工况。以连续 1 h 的采样获得平均值，或在 1 h 内，以等时间间隔采集 4 个或以上样品，计算平均值。

建设项目环境保护竣工验收监测的工况要求和采样时间频次按国家环境保护主管部门制定的建设项目环境保护设施竣工验收监测办法和规范执行。

7.2.3 无组织排放监测按 HJ/T 55 的规定执行。

7.2.4 颗粒物测定方法采用 GB/T 15432；二氧化硫测定方法采用 GB/T 8970。

8 标准实施监督

8.1 本标准 2006 年 10 月 1 日起实施。

8.2 本标准由县级以上人民政府环境保护行政主管部门负责监督实施。

中华人民共和国国家环境保护标准

清洁生产标准 煤炭采选业（节选）

HJ 446—2008 2009 年 2 月 1 日起实施

1 适用范围

本标准规定了煤炭采选业清洁生产的一般要求。本标准将清洁生产标准指标分为七类，即生产工艺与装备要求、资源能源利用指标、产品指标、污染物产生指标（末端处理前）、废物回收利用指标、矿山生态保护、环境管理要求。

本标准适用于煤炭采选业的清洁生产审核、清洁生产潜力与机会的判断，以及清洁生产绩效评定和清洁生产绩效公告制度，也适用于环境影响评价和排污许可证等环境管理制度。

3 术语和定义

下列术语和定义适用于本标准。

3.1 清洁生产

指不断采取改进设计、使用清洁的能源和原料、采用先进的工艺技术与设备、改善管理、综合利用等措施，从源头削减污染，提高资源利用效率，减少或者避免生产、服务和产品使用过程中污染物的产生和排放，以减轻或者消除对人类健康和环境的危害。

3.2 煤炭采选业

指开采地下煤炭资源并进行物理加工的行业，可以划分为煤炭开采和煤炭洗选加工两个子行业。煤炭开采业的产品是原煤（露天煤矿称为毛煤），煤炭洗选业的产品是不同粒径和灰分等级的商品煤。

3.3 综合机械化采煤工艺

指落煤、装煤、运输、支护、采空区处理等工序全部实现机械化。

3.4 选煤水闭路循环

指选煤水中的煤泥全部厂内机械回收，洗水全部复用。

3.5 煤炭工业废水

指煤炭开采和选煤过程中产生的废水，包括采煤废水和选煤废水。其中，采煤废水指煤炭开采过程中，排放到环境水体的煤矿矿井水或露天煤矿疏干水。选煤废水指在选煤厂煤泥水处理工艺中，洗水不能形成闭路循环，需向环境排放的那部分废水。

3.6 煤矸石

是煤炭生产过程中产生的岩石的统称，包括混入煤中的岩石，巷道掘进排出的岩石，采空区垮落的岩石，工作面冒落的岩石，以及选煤过程中排出的碳质岩石。

3.7 煤层

煤层：含煤岩系中赋存的层状煤体，它是泥炭沼泽中植物遗体经泥碳化作用转变成的泥炭层，被埋藏后又经煤化作用而形成。

厚煤层：地下开采时厚度 3.5 m 以上的煤层，露天开采时厚度 10 m 以上的煤层；

中厚煤层：地下开采时厚度 1.3～3.5 m 的煤层，露天开采时厚度 3.5～10 m 的煤层；

薄煤层：地下开采时厚度 1.3 m 以下的煤层，露天开采时厚度 3.5 m 以下的煤层。

4 规范性技术要求

4.1 指标分级

本标准给出了煤炭采选业生产过程清洁生产水平的三级技术指标：

一级：国际清洁生产先进水平；

二级：国内清洁生产先进水平；

三级：国内清洁生产基本水平。

4.2 指标要求

煤炭采选业清洁生产的指标要求见表 1。

表 1 煤炭采选业清洁生产指标要求

清洁生产指标等级	一级	二级	三级
一、生产工艺与装备要求			
（一）采煤生产工艺与装备要求			
1. 总体要求	符合国家环保、产业政策要求，采用国内外先进的煤炭采掘、煤矿安全、煤炭储运生产工艺和技术设备。有降低开采沉陷和矿山生态恢复措施及提高煤炭回采率的技术措施		

<table>
<tr><th colspan="2">清洁生产指标等级</th><th>一级</th><th>二级</th><th>三级</th></tr>
<tr><td rowspan="4">2. 井工煤矿工艺与装备</td><td>煤矿机械化掘进比例/%</td><td>≥95</td><td>≥90</td><td>≥70</td></tr>
<tr><td>煤矿综合机械化采煤比例/%</td><td>≥95</td><td>≥90</td><td>≥70</td></tr>
<tr><td>井下煤炭输送工艺及装备</td><td>长距离井下至井口带式输送机连续运输（实现集控）
立井采用机车牵引矿车运输</td><td>采区采用带式输送机，井下大巷采用机车牵引矿车运输</td><td>采用以矿车为主的运输方式</td></tr>
<tr><td>井巷支护工艺及装备</td><td>井筒岩巷采用光爆锚喷、锚杆、锚索等支护技术，煤巷采用锚网喷或锚网、锚索支护；
斜井明槽开挖段及立井井筒采用砌壁支护</td><td>大部分井筒岩巷采用光爆锚喷、锚杆、锚索等支护技术，煤巷采用锚网喷或锚网支护，部分井筒及大巷采用砌壁支护，采区巷道金属棚支护</td><td>部分井筒岩巷采用光爆锚喷、锚杆、锚索等支护技术，煤巷采用锚网喷或锚网支护，大部分井筒及大巷采用砌壁支护，采区巷道金属棚支护</td></tr>
<tr><td>3. 露天煤矿工艺与装备</td><td>开采工艺要求</td><td colspan="3">按照GB 50197的要求，露天开采工艺的选择应结合地质条件、气候条件、开采规模等因素，本着因矿制宜的原则，通过多方案比较确定选择间断开采工艺、连续开采工艺、半连续开采工艺、拉斗铲倒堆开采工艺、综合开采工艺。并应遵循下列原则：保证剥、采系统的稳定性，力求生产过程简单化，具有先进性、适应性和经济性；设备选型规格尽量大型化、通用化、系列化</td></tr>
<tr><td rowspan="2">4. 储煤装运系统</td><td>储煤设施工艺及装备</td><td colspan="2">筒仓或全封闭的储煤场</td><td>筒仓或全封闭的储煤场及挡风抑尘措施和洒水喷淋装置的储煤场</td></tr>
<tr><td>煤炭装运</td><td>有铁路专用线，铁路快速装车系统、汽车公路外运采用全封闭车厢，矿山到公路运输线必须硬化</td><td>有铁路专用线，铁路一般装车系统、汽车公路外运采用全封闭车厢，矿山到公路运输线必须硬化</td><td>公路外运采用全封闭车厢或加遮苫汽车运输，矿山到公路运输线必须硬化</td></tr>
<tr><td colspan="2">5. 原煤入选率/%</td><td colspan="2">100</td><td>≥80</td></tr>
<tr><td colspan="5">（二）选煤生产工艺与装备要求</td></tr>
<tr><td colspan="2">1. 总体要求</td><td colspan="3">符合国家环保、产业政策要求，采用国内外先进的煤炭洗选、选煤水闭路循环、煤炭储运生产工艺和技术设备</td></tr>
</table>

<table>
<tr><td colspan="3">清洁生产指标等级</td><td>一级</td><td>二级</td><td>三级</td></tr>
<tr><td rowspan="5">2. 备煤工艺及装备</td><td rowspan="2">原煤运输</td><td>矿井选煤厂</td><td colspan="2">由封闭皮带运输机将原煤直接运进矿井选煤厂的储煤设施</td><td>由厢车或矿车将原煤运进矿井选煤厂的储煤设施</td></tr>
<tr><td>群矿选煤厂</td><td>由铁路专用线将原煤运进群矿选煤厂的储煤设施，选煤厂到公路间道路必须硬化</td><td>由厢式货运汽车将原煤运进群矿选煤厂的储煤设施，选煤厂到公路间道路必须硬化</td><td>由汽车加遮苫将原煤运进群矿选煤厂的储煤设施。选煤厂到公路间道路必须硬化</td></tr>
<tr><td colspan="2">原煤储存</td><td>筒仓或全封闭的储煤场</td><td>筒仓或全封闭的储煤场及挡风抑尘措施和洒水喷淋装置的储煤场</td><td>挡风抑尘措施和洒水喷淋装置的储煤场</td></tr>
<tr><td rowspan="2">原煤破碎筛分分级</td><td>防噪声措施</td><td colspan="3">破碎机、筛分机采用先进的减振技术，橡胶筛板溜槽转载部位采用橡胶铺垫，设立隔音操作间</td></tr>
<tr><td>除尘措施</td><td>破碎机、筛分机、皮带运输机、转载点全部封闭作业，并设有除尘机组，车间设机械通风措施</td><td>破碎机、筛分机加集尘罩并设有除尘机组，带式运输机、转载点设喷雾降尘系统</td><td>破碎机、筛分机、带式运输机、转载点设喷雾降尘系统</td></tr>
<tr><td colspan="3">3. 精煤、中煤、矸石、煤泥贮存</td><td colspan="2">精煤、中煤、矸石分别进入封闭的精煤仓、中煤仓、矸石仓或封闭的储场，多余矸石进入排矸场处置，煤泥经压滤处理后进入封闭的煤泥储存场</td><td>精煤、中煤、矸石和经压滤处理后的煤泥分别进入设有挡风抑尘措施的储存场。多余矸石进入排矸场处置</td></tr>
<tr><td colspan="3">4. 选煤工艺装备</td><td colspan="2">全过程均实现数量、质量自动监测控制，并设有自动机械采样系统，洗炼焦煤配备浮选系统</td><td>由原煤的可选性确定采用成熟的选煤工艺设备，实现单元作业操作程序自动化，设有全过程自动控制手段</td></tr>
<tr><td colspan="3">5. 选煤水处理</td><td colspan="2">选煤水处理系统采用高效浓缩机，并添加絮凝剂，尾煤采用压滤机回收，并设有相同型号的事故浓缩池，吨入洗原煤补充水量＜0.10 m^3，煤泥水达到闭路循环，不外排</td><td>选煤水处理系统采用普通浓缩机，并添加絮凝剂，尾煤采用压滤机回收，并设有相同型号的事故浓缩池，吨入洗原煤补充水量＜0.15 m^3，煤泥水达到闭路循环，不外排</td></tr>
</table>

清洁生产指标等级		一级	二级	三级
二、资源能源利用指标				
1. 原煤生产电耗/（kW·h/t）		≤15	≤20	≤25
2. 露天煤矿采煤油耗/（kg/t）		≤0.5	≤0.8	≤1.0
3. 原煤生产水耗/（m^3/t）	井工煤矿（不含选煤厂）	≤0.1	≤0.2	≤0.3
	露天煤矿（不含选煤厂）	≤0.2	≤0.3	≤0.4
4. 原煤生产坑木消耗/（m^3/万 t）	大型煤矿	≤5	≤10	≤15
	中小型煤矿	≤10	≤25	≤30
5. 选煤补水量/（m^3/t）		≤0.1		≤0.15
6. 选煤电耗/（kW·h/t）	洗动力煤	≤5	≤6	≤8
	洗炼焦煤	≤7	≤8	≤10
7. 选煤浮选药剂消耗/（kg/t）		≤1	≤1.5	≤1.8
8. 选煤重介质消耗/（kg/t）		≤1.5	≤2.0	≤3
9. 采区回采率/%	厚煤层	≥77		≥75
	中厚煤层	≥82		≥80
	薄煤层	≥87		≥85
10. 工作面回采率/%	厚煤层	≥95		≥93
	中厚煤层	≥97		≥95
	薄煤层	≥99		≥97
11. 露天煤矿煤层综合资源回采率/%		厚煤层综合机械化采煤 ≥97 中厚煤层综合机械化采煤 ≥95 薄煤层综合机械化采煤 ≥93		
12. 土地资源占用/（hm^2/万 t）	井工煤矿	无选煤厂 0.1，有选煤厂 0.12		
	露天煤矿	无选煤厂 0.3，有选煤厂 0.5		
三、产品指标				
1. 选炼焦精煤	硫分/%	≤0.5	≤0.8	≤1
	灰分/%	≤8	≤10	≤12
2. 选动力煤	硫分/%	≤0.5	≤1.5	≤2.0
	灰分/%	≤12	≤15	≤22
四、污染物产生指标（末端处理前）				
1. 矿井废水化学需氧量产生量/（g/t）		≤100	≤200	≤300
2. 矿井废水石油类产生量/（g/t）		≤6	≤8	≤10
3. 选煤废水化学需氧量产生量/（g/t）		≤25	≤30	≤40
4. 选煤废水石油类产生量/（g/t）		≤1.5	≤2.0	≤3.0
5. 采煤煤矸石产生量/（t/t）		≤0.03	≤0.05	≤0.1

清洁生产指标等级		一级	二级	三级
6. 原煤筛分、破碎、转载点前含尘质量浓度/（mg/m³）		≤4 000		
7. 煤炭风选设备通风管道、筛面、转载点等除尘设备前的含尘质量浓度/（mg/m³）		≤4 000		
五、废物回收利用指标				
1. 当年抽采瓦斯利用率/%		≥85	≥70	≥60
2. 当年产生的煤矸石综合利用率/%		≥80	≥75	≥70
3. 矿井水利用率/%①	水资源短缺矿区	100	≥95	≥90
	一般水资源矿区	≥90	≥80	≥70
	水资源丰富矿区（其中工业用水）	≥80（100）	≥75（≥80）	≥70（≥80）
	水质复杂矿区	≥70		
4. 露天煤矿疏干水利用率/%		100	≥80	≥70
六、矿山生态保护指标				
1. 塌陷土地治理率/%		≥90	≥80	≥60
2. 露天煤矿排土场复垦率/%		≥90	≥80	≥60
3. 排矸场覆土绿化率/%		100	≥90	≥80
4. 矿区工业广场绿化率/%		≥15		
七、环境管理要求				
1. 环境法律法规标准		符合国家、地方和行业有关法律、法规、规范、产业政策、技术标准要求，污染物排放达到国家、地方和行业排放标准，满足污染物总量控制和排污许可证管理要求		
2. 环境管理审核		通过 GB/T 24001 环境管理体系认证	按照 GB/T 24001 建立并运行环境管理体系，环境管理手册、程序文件及作业文件齐全	环境管理制度健全，原始记录及统计数据齐全、真实
3. 生产过程环境管理	岗位培训	所有岗位人员进行过岗前培训，取得本岗位资质证书，有岗位培训记录	主要岗位人员进行过岗前培训，取得本岗位资质证书，有岗位培训记录	
	原辅材料、产品、能源、资源消耗管理	采用清洁原料和能源，有原材料质检制度和原材料消耗定额管理制度，对能耗、物耗有严格定量考核，对产品质量有考核		
	资料管理	生产管理资料完整、记录齐全		

<table>
<tr><th colspan="2">清洁生产指标等级</th><th>一级</th><th>二级</th><th>三级</th></tr>
<tr><td rowspan="4">3. 生产过程环境管理</td><td>生产管理</td><td colspan="3">有完善的岗位操作规程和考核制度，实行全过程管理，有量化指标的项目实施定量管理</td></tr>
<tr><td>设备管理</td><td>有完善的管理制度，并严格执行，由技术检测部门定期对主要设备进行检测，并限期改造，对国家明令淘汰的高耗能、低效率的设备进行淘汰，采用节能设备和技术设备无故障率达 100%</td><td>主要设备有具体的管理制度，并严格执行，由技术检测部门定期对主要设备进行检测，并限期改造，对国家明令淘汰的高耗能、低效率的设备进行淘汰，采用节能设备和技术设备无故障率达 98%</td><td>主要设备有基本的管理制度，并严格执行，由技术检测部门定期对主要设备进行检测，并限期改造，对国家明令淘汰的高耗能、低效率的设备进行淘汰，采用节能设备和技术设备无故障率达 95%</td></tr>
<tr><td>生产工艺用水、用电管理</td><td>所有用水、用电环节安装计量仪表，并制定严格定量考核制度</td><td colspan="2">对主要用水、用电环节进行计量，并制定定量考核制度</td></tr>
<tr><td>煤矿事故应急处理</td><td colspan="3">有具体的矿井冒顶、塌方、通风不畅、透水、煤尘爆炸、瓦斯气中毒等事故状况下的应急预案并通过环境风险评价，建立健全应急体制、机制、法制（三制一案），并定期进行演练。有安全设施“三同时”审查、验收、审查合格文件</td></tr>
<tr><td colspan="2">4. 废物处理处置</td><td colspan="3">设有矿井水、疏干水处理设施，并达到回用要求。对不能综合利用的煤矸石设专门的煤矸石处置场所，并按 GB 20426、GB 18599 的要求进行处置</td></tr>
<tr><td rowspan="6">5. 环境管理</td><td>环境保护管理机构</td><td colspan="3">有专门环保管理机构，配备专职管理人员</td></tr>
<tr><td>环境管理制度</td><td colspan="3">环境管理制度健全、完善，并纳入日常管理</td></tr>
<tr><td>环境管理计划</td><td colspan="3">制定近、远期计划，包括煤矸石、煤泥、矿井水、瓦斯气处置及综合利用，矿山生态恢复及闭矿后的恢复措施计划，具备环境影响评价文件的批复和环境保护设施“三同时”验收合格文件</td></tr>
<tr><td>环保设施的运行管理</td><td colspan="3">记录运行数据并建立环保档案和运行监管机制</td></tr>
<tr><td>环境监测机构</td><td>有专门环境监测机构，对废水、废气、噪声主要污染源、污染物均具备监测手段</td><td>有专门环境监测机构，对废水、废气、噪声主要污染源、污染物具备部分监测手段，其余委托有资质的监测部门进行监测</td><td>对废水、废气、噪声主要污染源、污染物的监测，委托有资质的监测部门进行监测</td></tr>
<tr><td>相关方环境管理</td><td colspan="3">服务协议中应明确原辅材料的供应方、协作方、服务方的环境管理要求</td></tr>
<tr><td colspan="2">6. 矿山生态恢复管理措施</td><td colspan="2">具有完整的矿区生产期和服务期满时的矿山生态恢复计划，并纳入日常生产管理，且付诸实施</td><td>具有较完整的矿区生产期和服务期满时的矿山生态恢复计划，并纳入日常生产管理</td></tr>
</table>

注：①根据 MT/T 5014，水资源短缺矿区是指现有水源供水能力（不含可利用矿井水量）小于最高日用水量 60%的矿区；水资源丰富矿区是指现有水源供水能力（含可利用矿井水量）大于最高日用水量 2.0 倍的矿区；一般水资源矿区是指现有水源供水能力（含可利用矿井水量）为最高日用水量 0.6～2.0 倍的矿区。

中华人民共和国环境保护行业标准

清洁生产标准　镍选矿行业（节选）

HJ/T 358—2007　2007年10月1日起实施

1　适用范围

本标准规定了清洁生产的一般要求。本标准将清洁生产指标分为五类，即生产工艺与装备要求、资源能源利用指标、污染物产生指标（末端处理前）、废物回收利用指标和环境管理要求。

本标准适用于镍选矿（本标准所称镍选矿是指镍矿石从碎矿作业—磨浮作业—精选作业—尾矿处置的全过程）企业清洁生产审核和清洁生产潜力与机会的判断，以及清洁生产绩效评定和清洁生产绩效公告制度。

3　术语和定义

3.1　清洁生产

指不断采取改进设计、使用清洁的能源和原料、采用先进的工艺技术和设备、改善管理、综合利用等措施，从源头削减污染物，提高资源利用效率，减少或者避免生产、服务和产品使用过程中污染物的产生和排放，以减轻或者消除对人类健康和环境的危害。

3.2　原矿品位

指进入选矿厂处理的原矿中所含金属量占原矿数量的百分比。它是反映原矿质量的指标之一，也是选矿厂金属平衡的基本数据之一。

4　规范性技术要求

4.1　指标分级

镍选矿行业生产过程清洁生产水平分三级技术指标：

一级：国际清洁生产先进水平；

二级：国内清洁生产先进水平；

三级：国内清洁生产基本水平。

4.2 指标要求

镍选矿行业清洁生产标准各级指标要求见表1。

表1 镍选矿企业清洁生产标准指标要求

清洁生产指标等级	一级	二级	三级
一、生产工艺与装备要求			
1. 选矿工艺	采用国际先进的自动化程度高，机械性能好，设备台数少的清洁生产选矿工艺、技术	采用国内先进的自动化程度较高，机械性能良好，设备台数较少的清洁生产选矿工艺、技术	无应淘汰的落后选矿工艺、技术
2. 设备节能	采用国际先进的效率高、能耗低的设备	采用国内先进的效率高、能耗较低的设备	无应淘汰的高能耗设备
3. 生产作业地面防渗措施	具备		
4. 事故性渗漏防范措施	具备		
5. 选矿设备设施的完整性	具有完整的选矿设备及配套设施		
二、资源能源利用指标			
1. 选矿回收率/%	≥87.0	≥85.5	≥80.0
2. 新鲜水用量/（m^3/t）	≤2.0	≤2.5	≤3.0
3. 单位电耗/（kW·h/t）	≤45	≤50	≤60
4. 精矿品位/%	Ni≥8.0 MgO≤6.0	Ni≥7.0 MgO≤6.8	Ni≥6.5 MgO≤7.5
三、污染物产生指标			
1. 废水产生量/（m^3/t）	≤0.20	≤0.75	≤1.20
2. 固废浸出液中Ni的最高允许浓度/（mg/L）	≤0.50	≤0.80	≤1.00
3. 作业环境噪声/dB（A）	≤75	≤80	≤85
4. 作业环境空气中粉尘最高允许质量浓度/（mg/m^3）	≤8	≤9	≤10
四、废物回收利用指标			
1. 工业水重复利用率/%	≥90	≥80	≥75
2. 尾矿砂综合利用率/%	≥20	≥15	≥8
五、环境管理要求			
1. 环境法律法规标准	符合国家和地方有关环境法律、法规，污染物排放达到国家和地方排放标准、总量控制和排污许可证管理要求		
2. 组织机构	设专门管理机构和专职管理人员，开展环保和清洁生产有关工作		

<table>
<tr><th>清洁生产指标等级</th><th>一级</th><th>二级</th><th>三级</th></tr>
<tr><td>3. 环境审核</td><td>进行了清洁生产审核，实施了全部无、低费方案和部分中、高费方案；按照GB/T 24001建立并运行环境管理体系，环境管理制度健全，环境管理手册、程序文件及作业文件齐备</td><td colspan="2">进行了清洁生产审核，实施了全部无、低费方案；建立环境管理与监控制度，有污染事故的应急程序，原始记录及统计数据齐全有效</td></tr>
<tr><td rowspan="6">4. 生产过程环境管理</td><td>所有岗位进行过严格培训，有完善的岗位操作规程和作业指导书</td><td>所有岗位进行过严格培训，每个作业区有操作规程，重点岗位有作业指导书</td><td>主要岗位进行过严格培训，有较完善的岗位操作规程</td></tr>
<tr><td>设备运行无故障、完好率达100%；各种计量装置齐全，并制定严格计量考核制度</td><td>设备运行无故障、完好率达98%；各种计量装置基本齐全，并制定严格考核制度</td><td>设备运行无故障、完好率达95%；主要环节进行计量</td></tr>
<tr><td>记录运行数据并建立环保档案；制定了企业环境风险预案</td><td>记录运行数据并建立环保档案；制定了企业环境风险预案</td><td>记录并统计运行数据；制定了企业环境风险预案</td></tr>
<tr><td>环保设施正常运行，无跑、冒、滴、漏现象，主要生产部位有明显标识，生产环境整洁</td><td>环保设施正常运行，无跑、冒、滴、漏现象，重点生产部位标识明显，生产环境整洁</td><td>环保设施正常运行，无跑、冒、滴、漏现象，生产环境整洁</td></tr>
<tr><td colspan="3">具备药剂制配室和严格的药剂制度，添加的药剂种类、药剂用量、添加方式、加药地点以及加药顺序等均经过充分试验确定</td></tr>
<tr><td colspan="3">作业环境满足GBZ 1、GB 18152、GBZ 2标准要求</td></tr>
<tr><td>5. 尾矿处理与处置</td><td colspan="3">采取专用尾矿库，具有防渗、集排水措施、尾矿库坝面、坝坡采取覆盖等措施并有专人维护管理，符合危险废物鉴别标准要求的固体废弃物严格按照危废处理处置（GB 18597，GB 18598）</td></tr>
<tr><td>6. 相关方环境管理</td><td colspan="3">服务协议中明确原辅料的包装、运输、装卸等过程中的安全及环保要求</td></tr>
</table>

中华人民共和国环境保护行业标准

清洁生产标准　铁矿采选业（节选）

HJ/T 294—2006　2006 年 12 月 1 日起实施

1　适用范围

本标准适用于铁矿采矿（包括地下采矿和露天采矿）和选矿（包括重选、磁选和浮选）企业的清洁生产审核、清洁生产潜力与机会的判断、清洁生产绩效评定和清洁生产绩效公告制度。

3　术语和定义

3.1　清洁生产

清洁生产是指不断采取改进设计、使用清洁的能源和原料、采用先进的工艺技术与设备、改善管理、综合利用等措施，从源头削减污染，提高资源利用效率，减少或者避免生产、服务和产品使用过程中污染物的产生和排放，以减轻或者消除对人类健康和环境的危害。

3.2　土地复垦

指对在生产建设过程中，因挖损、塌陷、压占等造成破坏的土地，采取整治措施，使其恢复到可利用状态的活动。

4　技术要求

4.1　指标分级

本标准将铁矿采选行业生产过程清洁生产水平划分为三级技术指标：

一级：国际清洁生产先进水平；

二级：国内清洁生产先进水平；

三级：国内清洁生产基本水平。

4.2　指标要求

铁矿采选行业清洁生产标准（露天开采类）的指标要求见表 1。

表 1　铁矿采选行业清洁生产标准（露天开采类）

指标	一级	二级	三级
一、工艺装备要求			
穿孔	采用国际先进的高效、信息化程度高、大孔径、配有除尘净化装置的牙轮钻、潜孔钻等凿岩设备	采用国内先进的高效、较大孔径、配有除尘净化装置的牙轮钻、潜孔钻等凿岩设备	采用国产较先进的配有除尘净化装置的牙轮钻、潜孔钻等凿岩设备
爆破	采用国际先进的机械化程度高的装药车和炮孔填塞机，采用仿真模拟的控制爆破技术	采用国内先进的机械化程度较高的装药车和炮孔填塞机，采用优化的控制爆破技术	采用国内较先进的机械化装药设备，采用控制爆破技术
铲装	采用国际先进的效率高、信息化程度高、大型化电铲，配有除尘净化设施	采用国内先进的效率较高、大型化的电铲，配有除尘净化设施	采用国内较先进的机械化装岩设备，配有除尘净化设施
运输	采用国际先进的高效铁路运输、胶带运输，或汽车—铁路、汽车—破碎—胶带联合运输系统；配有除尘净化设施	采用国内先进的高效铁路运输、胶带运输，或汽车—铁路、汽车—破碎—胶带联合运输系统；配有除尘净化设施	采用国内较先进的机械化运输系统，配有除尘净化设施
排水	满足 30 年一遇的矿坑涌水量排水要求	满足20年一遇的矿坑涌水量排水要求	满足最大的矿坑涌水量排水要求
二、资源能源利用指标			
回采率/%	≥98	≥95	≥90
贫化率/%	≤3	≤7	≤12
采矿强度/[t/（m·a）]	≥6 000	≥2 000	≥1 000
电耗/（kW·h/t）	≤0.7	≤1.2	≤2.5
三、废物回收利用指标			
废石综合利用率/%	≥25	≥15	≥10
四、环境管理要求			
环境法律法规标准	符合国家和地方有关环境法律、法规，污染物排放达到国家和地方排放标准、总量控制和排污许可证管理要求		
环境审核	按照企业清洁生产审核指南的要求进行了审核；按照 ISO 14001 建立并运行环境管理体系，环境管理手册、程序文件及作业文件齐备	按照企业清洁生产审核指南的要求进行了审核；环境管理制度健全，原始记录及统计数据齐全有效	按照企业清洁生产审核指南的要求进行了审核；环境管理制度、原始记录及统计数据基本齐全

指标		一级	二级	三级
生产过程环境管理	岗位培训	所有岗位进行过严格培训		主要岗位进行过严格培训
	穿孔、爆破、铲装、运输等主要工序的操作管理	有完善的岗位操作规程；运行无故障、设备完好率达 100%	有完善的岗位操作规程；运行无故障、设备完好率达 98%	有较完善的岗位操作规程；运行无故障、设备完好率达 95%
	生产设备的使用、维护、检修管理制度	有完善的管理制度，并严格执行	主要设备有具体的管理制度，并严格执行	主要设备有基本的管理制度，并严格执行
	生产工艺用水、用电管理	各种计量装置齐全，并制定严格计量考核制度	主要环节进行计量，并制定定量考核制度	主要环节进行计量
	各种标识	生产区内各种标识明显，严格进行定期检查		
环境管理	环境管理机构	建立并有专人负责		
	环境管理制度	健全、完善的环境管理制度，并纳入日常管理		较完善的环境管理制度
	环境管理计划	制定近、远期计划并监督实施	制定近期计划并监督实施	制定日常计划并监督实施
	环保设施运行管理	记录运行数据并建立环保档案		记录并统计运行数据
	污染源监测系统	对穿孔、爆破、铲装、运输等生产过程产生的粉尘进行定期监测		
	信息交流	具备计算机网络化管理系统		定期交流
土地复垦		1)具有完整的复垦计划，复垦管理纳入日常生产管理； 2）土地复垦率达到 80%以上	1）具有完整的复垦计划，复垦管理纳入日常生产管理； 2）土地复垦率达到 50%以上	1）具有完整的复垦计划； 2）土地复垦率达到 20%以上
废物处理与处置		应建有废石贮存、处置场，并有防止扬尘、淋滤水污染、水土流失的措施		
相关方环境管理		服务协议中应明确原辅材料的供应方、协作方、服务方的环境要求		

铁矿采选行业清洁生产标准（地下开采类）的指标要求见表 2。

表 2　铁矿采选行业清洁生产标准（地下开采类）

指标	一级	二级	三级
一、工艺装备要求			
凿岩	采用国际先进的信息化程度高、凿岩效率高、配有除尘净化装置的凿岩台车	采用国内先进的凿岩效率较高、配有除尘净化装置的凿岩台车	采用国产较先进的配有除尘净化装置的凿岩设备
爆破	采用国际先进的机械化程度高的装药车，采用控制爆破技术	采用国内先进的机械化程度较高的装药车，采用控制爆破技术	厚矿体采用机械化装药，薄矿体采用人工装药
铲装	采用国际先进的高效、能耗低的铲运机、装岩机等装岩设备，配有除尘净化设施	采用国内先进的高效、能耗较低的铲运机、装岩机等装岩设备，配有除尘净化设施	采用国内较先进的机械化装岩设备，配有除尘净化设施
运输	采用高效、规模化、配套的机械运输体系，如电机车运输，胶带运输，配有除尘净化设施		采用国内较先进的机械化运输体系，配有除尘净化设施
提升	采用国际先进的自动化程度高的提升系统	采用国内先进的自动化程度较高的提升系统	采用国内较先进的提升机系统
通风	采用配有自动控制、监测系统的通风系统，采用低压、大风量、高效、节能的矿用通风机	采用大风量、低压、高效、节能的矿用通风机	
排水	满足 30 年一遇的矿井涌水量排水要求	满足 20 年一遇的矿井涌水量排水要求	满足矿井最大涌水量排水要求
二、资源能源利用指标			
回采率/%	≥90	≥80	≥70
贫化率/%	≤8	≤12	≤15
采矿强度/[t/（m^2·a）]	≥50	≥30	≥20
电耗/（kW·h/t）	≤10	≤18	≤25
三、废物回收利用指标			
废石综合利用率/%	≥30	≥20	≥10

<table>
<tr><th colspan="2">指标</th><th>一级</th><th>二级</th><th>三级</th></tr>
<tr><td colspan="5">四、环境管理要求</td></tr>
<tr><td colspan="2">环境法律法规标准</td><td colspan="3">符合国家和地方有关环境法律、法规，污染物排放达到国家和地方排放标准、总量控制和排污许可证管理要求</td></tr>
<tr><td colspan="2">环境审核</td><td>按照企业清洁生产审核指南的要求进行了审核；按照ISO 14001建立并运行环境管理体系，环境管理手册、程序文件及作业文件齐备</td><td>按照企业清洁生产审核指南的要求进行了审核；环境管理制度健全，原始记录及统计数据齐全有效</td><td>按照企业清洁生产审核指南的要求进行了审核；环境管理制度、原始记录及统计数据基本齐全</td></tr>
<tr><td rowspan="5">生产过程环境管理</td><td>岗位培训</td><td colspan="2">所有岗位进行过严格培训</td><td>主要岗位进行过严格培训</td></tr>
<tr><td>凿岩、爆破、铲装、运输等主要工序的操作管理</td><td>有完善的岗位操作规程；运行无故障、设备完好率达100%</td><td>有完善的岗位操作规程；运行无故障、设备完好率达98%</td><td>有较完善的岗位操作规程；运行无故障、设备完好率达95%</td></tr>
<tr><td>生产设备的使用、维护、检修管理制度</td><td>有完善的管理制度，并严格执行</td><td>主要设备有具体的管理制度，并严格执行</td><td>主要设备有基本的管理制度，并严格执行</td></tr>
<tr><td>生产工艺用水、用电管理</td><td>各种计量装置齐全，并制定严格计量考核制度</td><td>主要环节进行计量，并制定定量考核制度</td><td>主要环节进行计量</td></tr>
<tr><td>各种标识</td><td colspan="3">生产区内各种标识明显，严格进行定期检查</td></tr>
<tr><td rowspan="6">环境管理</td><td>环境管理机构</td><td colspan="3">建立并有专人负责</td></tr>
<tr><td>环境管理制度</td><td colspan="2">健全、完善的环境管理制度，并纳入日常管理</td><td>较完善的环境管理制度</td></tr>
<tr><td>环境管理计划</td><td>制定近、远期计划并监督实施</td><td>制定近期计划并监督实施</td><td>制定日常计划并监督实施</td></tr>
<tr><td>环保设施运行管理</td><td colspan="2">记录运行数据并建立环保档案</td><td>记录并统计运行数据</td></tr>
<tr><td>污染源监测系统</td><td colspan="3">对凿岩、爆破、铲装、运输等生产过程产生的粉尘进行定期监测</td></tr>
<tr><td>信息交流</td><td colspan="2">具备计算机网络化管理系统</td><td>定期交流</td></tr>
<tr><td colspan="2">土地复垦</td><td>1）具有完整的复垦计划，复垦管理纳入日常生产管理；
2）土地复垦率达到80%以上</td><td>1）具有完整的复垦计划，复垦管理纳入日常生产管理；
2）土地复垦率达到50%以上</td><td>1）具有完整的复垦计划；
2）土地复垦率达到20%以上</td></tr>
<tr><td colspan="2">废物处理与处置</td><td colspan="3">应建有废石贮存、处置场，并有防止扬尘、淋滤水污染、水土流失的措施</td></tr>
<tr><td colspan="2">相关方环境管理</td><td colspan="3">服务协议中应明确原辅材料的供应方、协作方、服务方的环境要求</td></tr>
</table>

中华人民共和国国家标准

生产建设项目水土保持技术标准（节选）

GB 50433—2018　2019 年 4 月 1 日起实施

3.1　一般规定

3.1.2　生产建设项目水土流失防治应符合下列规定：

1　项目全过程应控制和减少对原地貌、地表植被、水系的扰动和损毁，保护原地表植被、表土及结皮层、沙壳与地衣等，减少占用水、土资源，提高利用效率；

2　开挖、填筑、排弃的场地应采取拦挡、护坡、截（排）水等防治措施；

3　弃土（石、渣）应综合利用，不能利用的应集中堆放在专门的存放地；

4　土建施工过程应有临时防护措施；

5　施工迹地应及时进行土地整治，恢复其利用功能。

3.1.3　生产建设项目水土流失防治应达到下列基本目标：

1　项目建设范围内的新增水土流失应得到有效控制，原有水土流失得到治理；

2　水土保持设施应安全有效；

3　水土资源、林草植被应得到最大限度的保护与恢复；

4　水土流失治理度、土壤流失控制比、渣土防护率、表土保护率、林草植被恢复率、林草覆盖率六项指标应符合现行国家标准《生产建设项目水土流失防治标准》GB 50434 的规定。

3.2　项目约束性规定

3.2.1　主体工程选址（线）应避让下列区域：

1　水土流失重点预防区和重点治理区；

2　河流两岸、湖泊和水库周边的植物保护带；

3　全国水土保持监测网络中的水土保持监测站点、重点试验区及国家确定的水土保持长期定位观测站。

3.2.2　建设方案应符合下列规定：

1　公路、铁路工程在高填深挖路段，应采用加大桥隧比例的方案，减少大填大挖；填高大于

20 m，挖深大于 30 m 的，应进行桥隧替代方案论证；路堤、路堑在保证边坡稳定的基础上，应采用植物防护或工程与植物防护相结合的设计方案；

2 城镇区的建设项目应提高植被建设标准，注重景观效果，配套建设灌溉、排水和雨水利用设施；

3 山丘区输电工程塔基应采用不等高基础，经过林区的应采用加高杆塔跨越方式；

4 对无法避让水土流失重点预防区和重点治理区的生产建设项目，建设方案应符合下列规定：

1）应优化方案，减少工程占地和土石方量；公路、铁路等项目填高大于 8 m 宜采用桥梁方案；管道工程穿越宜采用隧道、定向钻、顶管等方式；山丘区工业场地宜优先采取阶梯式布置。

2）截排水工程、拦挡工程的工程等级和防洪标准应提高一级。

3）宜布设雨洪集蓄、沉沙设施。

4）提高植物措施标准，林草覆盖率应提高 1～2 个百分点。

3.2.3 严禁在崩塌和滑坡危险区、泥石流易发区内设置取土（石、砂）场。

3.2.4 取土（石、砂）场设置尚应符合下列规定：

1 应符合城镇、景区等规划要求，并与周边景观相互协调；

2 在河道取土（石、砂）的应符合河道管理的有关规定；

3 应综合考虑取土（石、砂）结束后的土地利用。

3.2.5 严禁在对公共设施、基础设施、工业企业、居民点等有重大影响的区域设置弃土（石、渣、灰、矸石、尾矿）场。

3.2.6 弃土（石、渣、灰、矸石、尾矿）场设置尚应符合下列规定：

1 涉及河道的应符合河流防洪规划和治导线的规定，不得设置在河道、湖泊和建成水库管理范围内；

2 在山丘区宜选择荒沟、凹地、支毛沟，平原区宜选择凹地、荒地，风沙区宜避开风口；

3 应充分利用取土（石、砂）场、废弃采坑、沉陷区等场地；

4 应综合考虑弃土（石、渣、灰、矸石、尾矿）结束后的土地利用。

3.2.7 施工组织设计应符合下列规定：

1 应控制施工场地占地，避开植被相对良好的区域和基本农田区。

2 应合理安排施工，防止重复开挖和多次倒运，减少裸露时间和范围。

3 在河岸陡坡开挖土石方，以及开挖边坡下方有河渠、公路、铁路、居民点和其他重要基础设施时，宜设计渣石渡槽、溜渣洞等专门设施，将开挖的土石导出。

4 弃土、弃石、弃渣应分类堆放。

5 外借土石方应优先考虑利用其他工程废弃的土（石、渣），外购土（石、料）应选择合规的料场。

6 大型料场宜分台阶开采，控制开挖深度。爆破开挖应控制装药量和爆破范围。

7 工程标段划分应考虑合理调配土石方，减少取土（石）方、弃土（石、渣）方和临时占地数量。

3.2.8 工程施工应符合下列规定：

1 施工活动应控制在设计的施工道路施工场地内。

2 施工开始时应首先对表土进行剥离或保护，剥离的表土应集中堆放，并采取防护措施。

3 裸露地表应及时防护，减少裸露时间；填筑土方时应随挖、随运、随填、随压。

4 临时堆土（石、渣）应集中堆放，并采取临时拦挡、苫盖、排水、沉沙等措施。

5 施工产生的泥浆应先通过泥浆沉淀池沉淀，再采取其他处置措施。

6 围堰填筑、拆除应采取减少流失的有效措施。

7 弃土（石、渣）场地应事先设置拦挡措施，弃土（石、渣）应有序堆放。

8 取土（石、砂）场开挖前应设置截（排）水、沉沙等措施。

9 土（石、料、渣、矸石）方在运输过程中应采取保护措施，防止沿途散溢。

3.3 不同水土流失类型区的特殊规定

3.3.1 东北黑土区应符合下列规定：

1 应合理利用和保护黑土资源；

2 在丘陵漫岗区宜布设坡面径流排导工程；

3 防护措施应考虑冻害影响。

3.3.2 北方风沙区应符合下列规定：

1 应控制施工扰动范围，保护地表结皮层、沙壳、砾幕；

2 可采取砾（片、碎）石覆盖、沙障、植物固沙、化学固化等措施防治风蚀；

3 植物措施宜配套灌溉设施。

3.3.3 北方土石山区应符合下列规定：

1 应保存和综合利用土壤资源；

2 江河上游水源涵养区应采取水源涵养措施。

3.3.4 西北黄土高原区应符合下列规定：

1 坡面应采取截（排）水和排水顺接、消能措施；

2 宜设置雨水集蓄利用设施。

3.3.5 南方红壤区应符合下列规定：

1 坡面应布设径流排导工程，防止引发崩岗、滑坡等灾害；

2 针对暴雨、台风特点，应采取应急防护措施。

3.3.6 西南紫色土区应符合下列规定：

1 弃土（石、渣）场应注重防洪排水、拦挡措施；

2 江河上游水源涵养区应采取水源涵养措施。

3.3.7 西南岩溶区应符合下列规定：

1 应保存和综合利用土壤资源；

2 应避免破坏地下暗河和溶洞等地下水系。

3.3.8 青藏高原区应符合下列规定：

1 应严格控制施工扰动范围，保护地表、植被；

2 高原草甸区应注重草皮的剥离、保护和利用；

3 防护措施应考虑冻害影响。

3.3.9 平原地区应符合下列规定：

1 应保存和利用耕作层土壤；

2 应采取沉沙措施，防止河渠淤积；

3 取土（石、砂）场宜以宽浅式为主，注重取土后的恢复利用措施；

4 应优化场地、路面设计标高，或采取其他措施，减少外借土石方量。

3.3.10 城市区域项目应符合下列规定：

1 应采用下凹式绿地和透水材料铺装地面等措施，增加降水入渗；

2 应综合利用地表径流，设置蓄水池等雨洪利用和调蓄设施；

3 临时堆土（料）应采取拦挡、苫盖、排水、沉沙等措施，运输渣、土的车辆车厢应遮盖，车轮应冲洗，防止产生扬尘和泥沙进入市政管网；

4 取土（石、砂）、弃土（石、渣）处置，宜与其他建设项目统筹考虑。

中华人民共和国土地管理行业标准

土地复垦质量控制标准

TD/T 1036—2013　2013 年 2 月 1 日起实施

1　范围

本标准规定了以下损毁土地复垦应遵循的技术要求和应达到的质量要求：

——露天采矿、烧制砖瓦、挖沙取土等地表挖掘所损毁的土地；

——地下采矿等造成地表塌陷的土地；

——堆放采矿剥离物、废石、矿渣、粉煤灰、冶炼渣等固体废弃物压占的土地；

——能源、交通、水利等基础设施建设和其他生产建设活动临时占用所损毁的土地；

——洪水、地质灾害等自然灾害损毁的土地；

——法律规定的其他生产建设活动造成损毁的土地。

本标准适用于土地复垦专项规划编制、土地复垦方案编制、土地复垦工程规划设计以及验收等活动。

2　规范性引用文件

下列文件对于本文件的应用是必不可少的。凡是注日期的引用文件，仅注日期的版本适用于本文件。凡是不注日期的引用文件，其最新版本（包括所有的修改单）适用于本文件。

GB 2715　粮食卫生标准

GB 3838—2002　地表水环境质量标准

GB 8703　辐射防护规定

GB 11607　渔业水质标准

GB 14500　放射性废弃物管理规定

GB 15618—1995　土壤环境质量标准

GB 18598　危险废弃物填埋污染控制标准

GB 50007 建筑地基基础设计规范

GB 50011 建筑抗震设计规范

GB 50286 堤防工程设计规范

GB 50288 灌溉与排水工程设计规范

GB/T 16453 水土保持综合治理 技术规范

GB/T 18337.2 生态公益林建设 规划设计通则

GB/T 18337.4 生态公益林建设 检查验收规程

GB/T 21010 土地利用现状分类

GBZ 167 放射性污染的物料解控和场址开放的基本要求

LY/T 1607 造林作业设计规程

NY/T 1342 人工草地建设技术规程

TD/T 1031—2011 土地复垦方案编制规程

TD/T 1033 高标准基本农田建设标准

3 术语与定义

下列术语和定义适用于本文件。

3.1 土地复垦 land reclamation

对生产建设活动和自然灾害损毁的土地，采取整治措施，使其达到可供利用状态的活动。（TD/T 1031—2011，定义 3.1）

3.2 土地复垦质量 land reclamation quality

生产建设活动和自然灾害损毁的土地经整治措施后，在地表形态、土壤质量、配套设施和生产力水平方面达到可供持续利用状态的程度。

3.3 土地复垦质量控制 land reclamation quality control

对不同区域损毁土地复垦质量所需达到的基本完成要求进行限定。

3.4 土地复垦类型区 land reclamation types area

具有土地损毁类型、土壤类型、气候条件、土地利用特征共性的特定区域和范围。

3.5 土地损毁 land destruction

人类生产建设活动或自然灾害造成土地原有功能部分或完全丧失的过程。

3.6 土地挖损 land excavation

因采矿、挖沙、取土等生产建设活动致使原地表形态、土壤结构、地表生物等直接损毁，土地原有功能丧失的过程。（TD/T 1031—2011，定义 3.8）

3.7 土地塌陷 land subsidence

因地下开采导致地表沉降、变形，造成土地原有功能部分或全部丧失的过程。（TD/T 1031—2011，定义 3.9）

3.8 土地压占 land occupancy

因堆放剥离物、废石、矿渣、粉煤灰、表土、施工材料等，造成土地原有功能丧失的过程。（TD/T 1031—2011，定义 3.10）

3.9 土地污染 land pollution

因生产建设过程中排放的污染物，造成土壤原有理化性状恶化、土地原有功能部分或全部丧失的过程。（TD/T 1031—2011，定义 3.11）

3.10 排土场 dump

堆放剥离物的场所。建在露天采场以内的称内排土场，建在露天采场以外的称外排土场。

3.11 塌陷地 subsided land

地下开采引起围岩的位移和变形，造成地表下沉、变形和塌陷的场地。

3.12 废石场 waste dump

矿山采矿剥离、排弃物的集中堆放的场地。

3.13 尾矿库 tailings reservoir

筑坝拦截谷口或围地构成的用以贮存金属或非金属矿山进行矿石选别后排出尾矿的场所。

3.14 赤泥堆场 red mud disposal site

铝土矿提取氧化铝后排出赤泥的堆放场地。

4 总则

4.1 土地复垦质量控制标准确定应体现综合控制的原则，规定损毁土地通过工程措施、生物措施和管护措施后，在地形、土壤质量、配套设施和生产力水平方面所应达到的基本完成要求。

4.2 土地复垦质量控制标准确定应依据技术经济合理的原则，兼顾自然条件与土地类型，选择复垦土地的用途，因地制宜，综合治理。宜农则农，宜林则林，宜牧则牧，宜渔则渔，宜建则建。条件允许的地方，应优先复垦为耕地。

4.3 土地复垦质量控制标准确定应遵循保护土壤、水资源和环境质量，保护文化古迹，保护生态，防止水土流失，防止次生污染的原则。

4.4 土地复垦质量控制标准确定应遵循实事求是的原则，若损毁土地复垦遇到特殊条件不能达到本标准规定要求时，可结合当地实际情况科学合理确定土地复垦质量控制标准。

4.5 依据土地复垦质量控制标准完成损毁土地复垦工作后，需重新确权登记的复垦土地应严格按照《土地利用现状分类》(GB/T 21010)进行划分。

5 土地损毁类型与复垦类型区划分

5.1 土地损毁类型

5.1.1 依据土地损毁主体、土地损毁方式和生产建设工艺等，将土地损毁类型设置为三级分类。

5.1.2 土地损毁的一级类型包括生产建设活动损毁和自然灾害损毁。生产建设活动损毁土地的二级类型有挖损土地、塌陷土地、压占土地等；自然灾害损毁土地的二级分类包括水毁等。在二级分类的基础上继续进行三级类型划分，土地损毁类型划分参见附录 A。

5.2 土地复垦类型区划分

5.2.1 依据地貌单元的一致性和土地复垦方向与工程技术的类似性、气候-土壤-植被地带性规律以及不同性质矿山，尤其是大中型煤矿和金属矿的分布进行土地复垦类型区划分。

5.2.2 土地复垦类型区名采用“大尺度区位或自然地理单元+地貌类型组合（大尺度区位或自然地理单元和优势地面组成物质或岩性）”的方式进行命名。

5.2.3 依据土地复垦类型区划分和命名原则将全国划分为东北山丘平原区、黄淮海平原区、长江中下游平原区、东南沿海山地丘陵区、黄土高原区、北方草原区、西南山地丘陵区、中部山地丘陵区、西北干旱区、青藏高原区 10 个土地复垦类型区。土地复垦类型区划分参见附录 B。

6 损毁土地复垦质量要求

6.1 生产建设活动损毁土地

6.1.1 挖损土地

6.1.1.1 露天采场（坑）

依据当地自然环境、采掘坑面积和深度、坑底岩性和地形、表层风化程度、表土资源及灌溉条件，合理确定耕地、林地、草地、建设用地等土地复垦方向。

深度小于 1.0 m 的不积水浅采场，在天然状态下或人工修复后可满足地表水、地下水径流条件时，经过削高垫洼，可复垦成耕地。覆土厚度视坑底岩体土风化程度而定，岩体风化程度较高时，自然沉实土壤覆土厚度为 30 cm 以上；岩体较完整，风化程度较低时，自然沉实土壤覆土厚度为 50 cm 以上。覆土层的土壤质地以壤土最佳，确保土壤涵养水分的供给能力。土壤环境质量应达到《土壤环境质量标准》(GB 15618—1995）中的二级标准。

不积水露矿深挖损地，含薄覆盖层的深采场、厚覆盖层的浅采场和厚覆盖层的深采场三种，适宜于复垦为林地。根据坑底地形、岩体风化程度、种植树木类型、根系发育状况，确定覆土厚度和配置模式及种植方式。当坑底地势较平坦、岩体风化严重时，易采用整体覆土，自然沉实土壤覆土厚度为 30 cm 以上；当坑底地势起伏较大，岩体较完整，应采用客土穴植方式，减少上覆土方量，降低治理成本。土壤环境质量应达到《土壤环境质量标准》(GB 15618—1995) 中的三级标准。

浅积水露天采场也可进一步深挖、筑塘坝复垦为渔业（养殖业）用地；浅积水露天采场若位于城镇附近，可复垦为人工水域和公园；积水在 3 m 以上，复垦为渔业（含水产养殖）或人工水域和公园。渔业（含水产养殖）水质符合《渔业水质标准》(GB 11607)。

露天采场用于建设用地时，应进行场地地质环境调查，查明场地内崩塌、滑坡、断层、岩溶等不良地质条件的发育程度，确定地基承载力、变形及稳定性指标。

6.1.1.2　取土场

依据当地自然环境、取土场面积、深度和地形、表层风化程度及表土资源，合理确定耕地、园地、林地、草地、建设用地等土地复垦方向。

大型取土场土地复垦质量要求可参照 6.1.1.1 露天采场（坑）执行。

对于小型取土场，能够回填恢复的，应参照国家有关环境标准尽量利用废石、垃圾、粉煤灰等废料回填。取土场复垦为耕地，表土厚度不低于 50 cm，土壤环境质量应达到《土壤环境质量标准》(GB 15618—1995) 中的二级标准；复垦为园地，表土厚度不低于 30 cm，土壤环境质量应达到《土壤环境质量标准》(GB 15618—1995) 中的二级标准；复垦为林地、草地，表土厚度不低于 30 cm，土壤环境质量应达到《土壤环境质量标准》(GB 15618—1995) 中的三级标准。

6.1.1.3　其他

参照 6.1.1.1 和 6.1.1.2 规定执行。

6.1.2　塌陷土地

6.1.2.1　积水性塌陷地

依据当地条件，因地制宜，保留水面，集中开挖水库、蓄水池、鱼塘或人工湖等，采用挖深垫浅和充填等工艺综合实施塌陷土地复垦与生态环境治理。复垦水域水质应符合《地表水环境质量标准》(GB 3838—2002) 中Ⅳ、Ⅴ类水域标准。

6.1.2.2　季节性积水塌陷地

局部积水或季节性积水地带，应依据当地条件，因地制宜，适当整形后复垦为耕地、林地、草地等。

6.1.2.3　非积水性塌陷地

基本不积水或干旱地带形成丘陵地貌，可对局部沉陷地填平补齐，进行土地平整。沉陷后形成坡地时，根据坡度情况小于 25°的可修整为水平梯田，局部小面积积水可改造为水田等。

用矿山废弃物充填时，应参照国家有关环境标准，进行卫生安全土地填筑处置，充填后场地稳定。有防止填充物中有害成分污染地下水和土壤的防治措施。视其填充物性质、种类，除采取压实等加固措施外，应作不同程度防渗、防污染处置，必要时，设衬垫隔离层。

6.1.3 压占土地

6.1.3.1 排土场

依据当地自然环境、排土场地形、水资源及表土资源，合理确定耕地、林地、草地、建设用地等土地复垦方向。

排土场最终坡度应与土地利用方式相适应，应为 26°～28°，机械作业区坡度小于 20°，对生态利用的坡度小于岩土的自然安息角 36°左右。

合理安排岩土排弃次序，尽量将含不良成分的岩土堆放在深部，品质适宜的土层包括易风化性岩层可安排在上部，富含养分的土层宜安排在排土场顶部或表层。充分利用工程前收集的表土覆盖于表层。在无适宜表土覆盖时，可采用经过试验确证，不致造成污染的其他物料覆盖。覆盖土层厚度应根据场地用途确定。煤矸石须填埋在排土场的 20 m 以下，以防止自燃。

在采矿剥离物含有毒有害成分时，必须用碎石深度覆盖，不得出露，并应有防渗措施。然后再覆盖土层后，方可复垦为农用地。

排土场的配套设施应有合理的道路布置，排水设施应满足场地要求，设计和施工中有控制水土流失措施，特别是控制边坡水土流失措施。

6.1.3.2 废石场

依据当地自然环境、废石场地形、水资源及表土资源，合理确定耕地、林地、草地、建设用地等土地复垦方向。

新排弃废石应立即进行压实整治，形成面积大、边坡稳定的复垦场地。

已有风化层，层厚在 10 cm 以上，颗粒细，pH 值适中，可进行无覆土复垦，直接种植植被。风化层薄，含盐量高或具有酸性污染时，应经调节 pH 值至适中后，覆土 30 cm 以上。不易风化废石覆土厚度应在 50 cm 以上。

具有重金属等污染时，如果复垦为农用地，应铺设隔离层，再覆土 50 cm 以上。

废石场的配套设施应有合理的道路布置。排水设施满足场地要求。设计和施工中有控制水土流失措施，特别是控制边坡水土流失措施。

6.1.3.3 矸石山

依据当地自然环境、矸石山地形、水资源及表土资源，合理确定耕地、林地、草地等土地复垦方向。

矸石山原则上复垦为林草地，对立地条件较好、覆土较厚且无污染的，可复垦为耕地。

对新排的矸石山，应尽量减少硫铁矿混入，层层压实，每排 10 m 再铺覆一层 50 cm 的黏土层，阻隔空气进入，预防自燃。山区、丘陵区应选择填沟造地。

矸石山整地需要保障边坡的稳定，一般斜坡的坡度小于岩土自然安息角 36°。修建水土保持和排水工程，有合理的道路布置，宜在坡脚修建挡土墙。

土源缺乏的非酸性矸石山，可考虑不覆土种植，保留地表风化物。常绿乔木需带土球移植，其他乔灌木应穴植、并在穴中添加土壤。对景观和环境要求较高的地区需要覆盖 10～30 cm 以上的表土。

酸性矸石山须采取控酸和防灭火措施，可覆盖由碱性材料和土壤构成的惰性材料，并辅以碾压，其厚度依据覆盖材料不同而形成 20 cm 以上的隔离层，阻隔空气进入矸石山。在隔离层之上再覆盖植物生长的土壤材料，厚度宜在 30 cm 以上，具体覆土厚度根据土壤特性和复垦方向要求确定。对有自燃的矸石山应先进行灭火。酸性自燃的矸石山宜采用草灌为主，尽量少用乔木。有挡土墙的坡脚需要加强密闭措施，阻隔空气进入矸石山。

6.1.3.4 尾矿库、赤泥堆

依据当地自然环境、尾矿库或赤泥堆地形、水资源及表土资源，合理确定耕地、林地、草地、建设用地等土地复垦方向。

无相应工程设施或工程设施不能满足防渗、防洪等要求的，应采取适当的工程技术措施，使其满足当地要求。

依据各类废弃物性状，确定覆土的必要性、覆土层厚度等。一般覆土厚度应在 50 cm 以上。覆土区有控制水土流失的措施。

具有酸性、碱性或有毒有害物质污染时，应视其含量水平，确定隔离层设置的必要性、层厚、材质等，尽可能深度覆盖。

具有放射性物质污染时，工程措施及标准应符合《放射性废弃物管理规定》（GB 14500）。

赤泥堆边坡复垦应充分考虑边坡的坡度大、碱性高、植被困难等特点，选择适宜的植被基质、施工工艺及植物品种等。

6.1.4 其他

6.1.4.1 污染土地

可根据污染物性质及污染程度，采取物理、化学或生物措施去除或钝化土壤污染物。对于通过上述措施仍无法将污染物消除或抑制其活性至目标水平的污染严重的土壤，可通过采取工程措施铺设隔离层，再行覆土，覆土厚度一般 50 cm 以上。铺设隔离层时应对隔离材料有毒有害成分进行分析，避免隔离材料引进污染。

对于污染严重的土壤也可采取深埋措施。埋深依据污染程度确定。填埋场地需采取防渗措施，防止对地下水、相邻土层及其上部土层的二次污染，必须实行安全土地填筑处理或其他适宜方法处理。应符合《危险废弃物填埋污染控制标准》（GB 18598）。

放射性污染物污染土地处理后的场地放射性水平应符合《放射性污染的物料解控和场址开放

的基本要求》（GBZ 167）和《辐射防护规定》（GB 8703）后方可用于农业种植、建筑用地等。

污染土地复垦后土壤环境质量应符合《土壤环境质量标准》（GB 15618—1995）规定的Ⅱ类土壤环境质量标准。

用于园地、林地坡度在10°～25°时，应沿等高线修筑梯地、水平沟或鱼鳞坑。有水土保持措施，防洪标准满足当地要求。有机械化作业通道。果树种植区有排灌设施。

复垦为水域时，应有防污染隔离层或防渗漏工程设施。水域面积、水深、水质、清污、供排水、防洪等场地条件应符合相关行业的执行标准。

复垦为建设用地时，应有相应的防污染隔离层或防渗工程措施。处置复垦区内对人体有害的污染源。

6.1.4.2 其他

参照6.1.1～6.1.3规定执行。

6.2 自然灾害损毁土地

6.2.1 水毁土地

依据过水类型、水毁程度，选择相应的复垦技术和利用类型。

清除水毁地场地杂物及淤积泥沙等。清理场地时，地面能够承载机械作业。场地平整至无大块石、砾石，适合于利用类型要求。

复垦为农用地的水毁地，排水防洪执行《堤防工程设计规范》（GB 50286）中“乡村防洪标准”，特殊情况下，可适当提高防洪标准。

低洼地水毁土地实行小区综合治理，因地制宜选择利用方向。立体利用小区水、土、光等自然条件，建立多层次种植体系。防洪排涝设施满足要求。

6.2.2 其他

其他自然灾害损毁土地类型的复垦质量要求参照6.1和6.2.1规定执行。

7 土地复垦质量指标体系

7.1 土地复垦质量指标体系包括耕地、园地、林地、草地、渔业（含养殖业）、人工水域和公园、建设用地等不同复垦方向的指标类型和基本指标。

7.2 不同复垦方向的土地复垦质量指标类型包括地形、土壤质量、生产力水平和配套设施四个方面。

7.3 不同复垦方向在地形、土壤质量、生产力水平和配套设施方面的质量指标参见附录C。

8 耕地复垦质量控制标准

8.1 旱地田面坡度不宜超过25°。复垦为水浇地、水田时，地面坡度不宜超过15°。

8.2　有效土层厚度大于 40 cm，土壤具有较好的肥力，土壤环境质量符合《土壤环境质量标准》（GB 15618—1995）规定的Ⅱ类土壤环境质量标准。

8.3　配套设施（包括灌溉、排水、道路、林网等）应满足《灌溉与排水工程设计规范》（GB 50288）、《高标准基本农田建设标准》（TD/T 1033）等标准，以及当地同行业工程建设标准要求。

8.4　3～5 年后复垦区单位面积产量，达到周边地区同土地利用类型中等产量水平，粮食及作物中有害成分含量符合《粮食卫生标准》（GB 2715）。

8.5　不同区域耕地复垦质量控制标准参见附录 D.1～D.10。

9　园地复垦质量控制标准

9.1　地面坡度宜小于 25°。

9.2　有效土层厚度大于40 cm，土壤具有较好的肥力，土壤环境质量符合《土壤环境质量标准》（GB 15618—1995）规定的Ⅱ类土壤环境质量标准。

9.3　配套设施（包括灌溉、排水、道路等）应满足《灌溉与排水工程设计规范》（GB 50288）等标准以及当地同行业工程建设标准要求。有控制水土流失措施，边坡宜植被保护，满足《水土保持综合治理技术规范》（GB/T 16453）要求。

9.4　3～5 年后复垦区单位面积产量，达到周边地区同土地利用类型中等产量水平，果实中有害成分含量符合《粮食卫生标准》（GB 2715）。

9.5　不同区域园地复垦质量标准标准参见附录 D.1～D.10。

10　林地复垦质量控制标准

10.1　有效土层厚度大于 20 cm，西部干旱区等生态脆弱区可适当降低标准；确无表土时，可采用无土复垦、岩土风化物复垦和加速风化等措施。

10.2　道路等配套设施应满足当地同行业工程建设标准的要求，林地建设满足《生态公益林建设　规划设计通则》（GB/T 18337.2）和《生态公益林建设　检查验收规程》（GB/T 18337.4）的要求。

10.3　3～5 年后，有林地、灌木林地和其他林地郁闭度应分别高于 0.3、0.3 和 0.2，西部干旱区等生态脆弱区可适当降低标准；定植密度满足《造林作业设计规程》（LY/T 1607）要求。

10.4　不同区域林地复垦质量控制标准参见附录 D.1～D.10。

11　草地复垦质量控制标准

11.1　复垦为人工牧草地时地面坡度应小于 25°。

11.2　有效土层厚度大于 20 cm，土壤具有较好的肥力，土壤环境质量符合《土壤环境质量标准》

（GB 15618—1995）规定的Ⅱ类土壤环境质量标准。

11.3 配套设施（灌溉、道路）应满足《灌溉与排水工程设计规范》（GB 50288）、《人工草地建设技术规程》（NY/T 1342）等标准以及当地同行业工程建设标准要求。

11.4 3～5 年后复垦区单位面积产量，达到周边地区同土地利用类型中等产量水平，牧草有害成分含量符合《粮食卫生标准》（GB 2715）。

11.5 不同区域草地复垦质量控制标准参见附录 D.1～D.10。

12 其他复垦用途的土地复垦质量控制标准

12.1 损毁土地除复垦为耕地、林地、园地和草地外，其他复垦用途主要包括渔业（含养殖业）、人工水域与公园、建设用地等。

12.2 用于渔业（含养殖业）时的复垦质量应达到如下标准：

——露采场、沉陷土地等用于渔业时水源应充足，塘（池）面积以 0.5～1.0 hm^2 为宜，深度以 2.5～3 m 为宜，食用鱼放养面积占总养殖水面 85%以上。有排水设施，防洪标准满足当地要求。

——保持塘（池）清洁，定期清塘消毒，淤泥厚度不超过 20 cm；有防止含病源体和病毒等污染塘水的措施；有防止农药、盐渍污染措施。水质符合《渔业水质标准》（GB 11607）要求。

——第三年塘养鱼单位面积产量不低于当地平均水平，水产品质量满足食品卫生要求。

渔业（含养殖业）复垦质量控制标准参见附录 D.11。

12.3 用于人工水域与公园时的复垦质量应达到如下标准：

——露采场、沉陷地等损毁土地用作人工湖、公园、水域观赏区时应与区域自然环境协调，有景观效果。

——水质符合《地表水环境质量标准》（GB 3838—2002）中Ⅳ、Ⅴ类水域标准。

——排水、防洪等设施满足当地标准。沿水域布置树草种植区，控制水土流失。

——人工水域与公园复垦质量控制标准参见附录 D.11。

12.4 用于建设用地时的复垦质量应达到如下标准：

——场地地基承载力、变性指标和稳性指标应满足《建筑地基基础设计规范》（GB 50007）的要求；地基抗震性能应满足《建筑抗震设计规范》（GB 50011）要求。

——场地基本平整，建筑地基标高满足防洪要求。

——场地污染物水平降低至人体可接受的污染风险范围内。

——建设用地复垦质量控制标准参见附录 D.11。

12.5 除以上复垦用途外的其他复垦用途的质量控制标准参照第 8 章、第 9 章、第 10 章、第 11 章、12.2～12.4 规定执行。

七、导则、规范

中华人民共和国国家环境保护标准

尾矿库环境风险评估技术导则（试行）

HJ 740—2015　2015 年 4 月 1 日起实施

1　适用范围

本标准规定了尾矿库环境风险评估的一般原则、内容、程序、方法和技术要求。

本标准适用于运行期间的尾矿库环境风险评估，不适用于贮存放射性尾矿、伴有放射性尾矿的尾矿库环境风险评估。

湿式堆存工业废渣库、电厂灰渣库的环境风险评估可参照本标准执行。

2　规范性引用文件

本标准引用了下列文件的条款。凡是未注明日期的引用文件，其最新版本适用于本标准。

《地质灾害危险性评估技术要求（试行）》（国土资发〔2004〕69 号）

3　术语和定义

下列术语和定义适用于本标准。

3.1　尾矿库

指筑坝拦截谷口或围地构成的，用以堆存金属非金属矿山进行矿石选别后排出尾矿、湿法冶炼过程中产生的废物或其他工业废渣的场所。

3.2　突发环境事件

指由于污染排放或者自然灾害、生产安全事故等因素，导致污染物或放射性物质等有毒有害物质进入大气、水体、土壤等环境介质，突然造成或者可能造成环境质量下降，危及公众身体健康和财产安全，或造成生态环境破坏，或造成重大社会影响，需要采取紧急措施予以应对的事件，主要包括大气污染、水体污染、土壤污染等突发环境污染事件和辐射污染事件。

3.3　环境风险

指尾矿库在运行期间发生突发环境事件的可能性及突发环境事件可能造成的危害程度。

3.4 环境风险受体

指在突发环境事件中可能受到危害的企业外部人群、具有一定社会价值或生态环境功能的单位或区域等。

3.5 环境风险评估

指根据尾矿库的环境风险特点，划分尾矿库环境风险等级，识别尾矿库可能引发突发环境事件的危险因素，并对其进行系统的环境风险分析，预测可能产生的后果，提出环境风险防控和环境安全隐患排查治理对策建议的过程。

3.6 环境安全隐患

指在尾矿库运行期间，因不符合相关法律、法规、规章、标准、规程和管理制度等的规定，或者可发展为不符合相关规定，而可能导致突发环境事件的不安全状态或缺陷。

3.7 重点环境监管尾矿库

指通过尾矿库环境风险预判环节，识别出的环境风险大、需要环境保护主管部门重点监管、督促尾矿库企业深入开展环境风险评估、环境安全隐患排查治理、环境应急预案编制等环境应急管理工作的尾矿库。

3.8 特征污染物

指尾矿成分和尾矿水成分中，能反映对周边环境影响特征的典型污染物。

3.9 环境危害性

指尾矿库中所含的特征污染物、势能等环境危害因子对周边环境的危害性。

3.10 周边环境敏感性

指尾矿库周边各类环境风险受体、环境要素等的敏感性。

3.11 控制机制可靠性

指尾矿库在降低突发环境事件发生的可能性，减小突发环境事件发生后的危害程度等方面控制机制的有效性和可靠性。

4 总则

4.1 特征污染物控制要求

特征污染物控制执行环评批复相关要求，环评批复后国家或地方制定更加严格的污染物排放标准的，执行新排放标准，排放标准和环评均未规定的污染物项目，可参照其他相关标准执行。

4.2 环境风险受体调查评估范围

4.2.1 涉及水环境风险受体的调查评估范围：尾矿库下游不小于 10 km。

4.2.2 其他类型环境风险受体调查评估范围：

a）山谷型、傍山型、截河型尾矿库：尾矿库下游不小于 80 倍坝高。

b）其他类型尾矿库：尾矿库下游不小于 40 倍坝高。

4.2.3 实际操作时可根据实际情况适当扩大评估范围。

4.3 工作程序

4.3.1 总体流程

尾矿库环境风险评估工作程序（详见图 1），由尾矿库环境风险评估准备、尾矿库环境风险预判、尾矿库环境风险等级划分、尾矿库环境风险分析与报告编制四个阶段组成。

4.3.2 尾矿库环境风险评估准备

前期准备工作主要内容包括相关资料和信息的收集等。

4.3.3 尾矿库环境风险预判

从类型、规模、周边环境敏感性、安全性、历史事件与环境违法情况五个方面，对尾矿库环境风险进行预判，判断是否属于重点环境监管尾矿库、是否需要进一步开展环境风险评估。

4.3.4 尾矿库环境风险等级划分

利用层次分析法，从尾矿库的环境危害性（H）、周边环境敏感性（S）、控制机制可靠性（R）三方面进行评分，采用环境风险等级划分模型，将重点环境监管尾矿库环境风险划分为重大、较大、一般三个等级，并按规则进行环境风险等级表征。

4.3.5 尾矿库环境风险分析与报告编制

对于重点环境监管尾矿库，在尾矿库环境风险评估准备、风险预判、风险等级划分的基础上，开展尾矿库环境风险分析及尾矿库环境安全隐患排查治理相关文件编制；并记录尾矿库环境风险评估的开展过程，总结尾矿库环境风险评估的相关工作内容，编制尾矿库环境风险评估报告。对于非重点环境监管尾矿库，只需记录环境风险预判开展过程。

5 尾矿库环境风险评估准备

根据尾矿库环境风险评估的各项工作需要，收集相关资料与信息，主要包括：环境影响评价文件及相关批复文件、设计文件、竣工验收文件、安全生产评价文件、环境监理报告、环境监测报告、特征污染物分析报告、应急预案、管理制度文件、日常运行台账等。

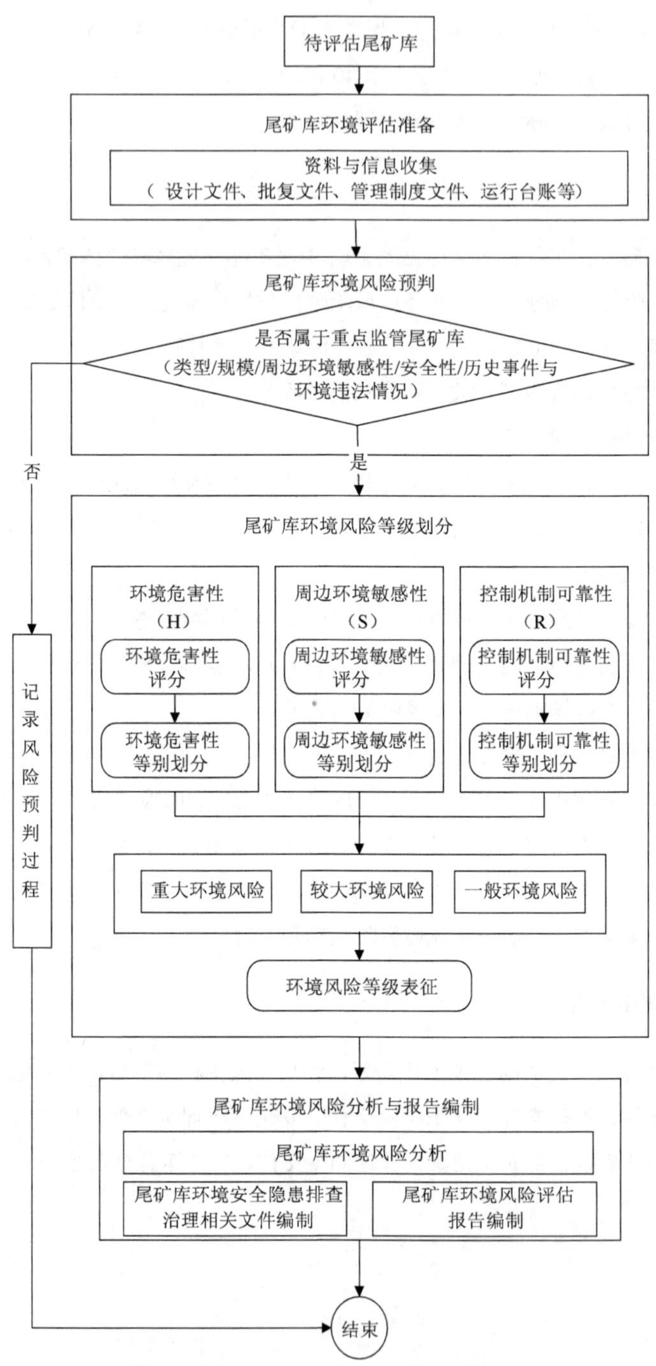

图 1 尾矿库环境风险评估工作程序

6 尾矿库环境风险预判

从尾矿库的类型、规模、周边环境敏感性、安全性、历史事件与环境违法情况五个方面，利用尾矿库环境风险预判表（附录 A）对尾矿库环境风险进行初步分析，对于满足预判表中任何条件之一的尾矿库即认定为重点环境监管尾矿库，需要进一步开展后续的环境风险评估工作。非重点环境监管尾矿库只需开展风险预判工作，并记录风险预判过程和预判结果。

7 尾矿库环境风险等级划分

7.1 尾矿库环境风险等级划分指标体系

利用层次分析法，从尾矿库的环境危害性（H）、周边环境敏感性（S）、控制机制可靠性（R）三方面（图 2）进行尾矿库环境风险等级划分。

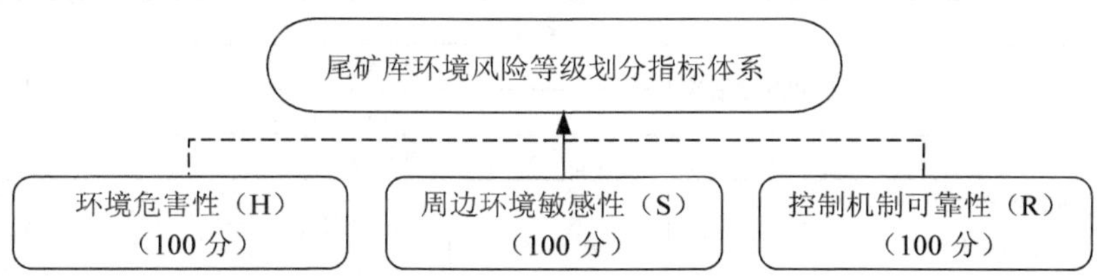

图 2 尾矿库环境风险等级划分指标体系

7.2 环境危害性（H）

采用评分方法，对类型、性质和规模三方面（表1）指标进行评分（各指标评分方法详见附录 B）与累加求和，评估尾矿库环境危害性（H）。

表 1 尾矿库环境危害性（H）等别划分指标体系

<table>
<tr><th>序号</th><th colspan="5">指标项目</th><th>指标分值</th></tr>
<tr><td>1</td><td rowspan="5">尾矿库环境危害性</td><td>类型</td><td colspan="3">矿种类型/固体废物类型/尾矿（或尾矿水）成分类型</td><td>48</td></tr>
<tr><td>2</td><td rowspan="3">性质</td><td rowspan="3">特征污染物指标浓度情况</td><td rowspan="2">浓度倍数情况</td><td>pH 值</td><td>8</td></tr>
<tr><td>3</td><td>指标最高浓度倍数</td><td>14</td></tr>
<tr><td>4</td><td colspan="2">浓度倍数 3 倍及以上指标项数</td><td>6</td></tr>
<tr><td>5</td><td>规模</td><td colspan="3">现状库容</td><td>24</td></tr>
</table>

依据尾矿库环境危害性等别划分表（表 2），将环境危害性（H）划分为 H1、H2、H3 三个等别。

表 2 尾矿库环境危害性（H）等别划分表

尾矿库环境危害性得分（D_H）	尾矿库环境危害性等别代码
D_H＞60	H1
30＜D_H≤60	H2
D_H≤30	H3

7.3 周边环境敏感性（S）

采用评分方法，对尾矿库下游涉及的跨界情况、周边环境风险受体情况、周边环境功能类别情况三方面（表 3）指标进行评分（各指标评分方法详见附录 C）与累加求和，评估尾矿库周边环境敏感性（S）。

表 3 尾矿库周边环境敏感性（S）等别划分指标体系

<table>
<tr><th>序号</th><th colspan="5">指标项目</th><th>指标分值</th></tr>
<tr><td>1</td><td rowspan="8">尾矿库周边环境敏感性</td><td rowspan="2">下游涉及的跨界情况</td><td colspan="3">涉及跨界类型</td><td>18</td></tr>
<tr><td>2</td><td colspan="3">涉及跨界距离</td><td>6</td></tr>
<tr><td>3</td><td colspan="4">周边环境风险受体情况</td><td>54</td></tr>
<tr><td>4</td><td rowspan="5">周边环境功能类别情况</td><td rowspan="3">水环境</td><td rowspan="2">下游水体</td><td>○地表水</td><td rowspan="2">9</td></tr>
<tr><td>5</td><td>○海水</td></tr>
<tr><td>6</td><td colspan="2">地下水</td><td>6</td></tr>
<tr><td>7</td><td colspan="3">土壤环境</td><td>4</td></tr>
<tr><td>8</td><td colspan="3">大气环境</td><td>3</td></tr>
</table>

依据尾矿库周边环境敏感性等别划分表（表 4），将周边环境敏感性（S）划分为 S1、S2、S3 三个等别。

表 4 尾矿库周边环境敏感性（S）等别划分表

尾矿库周边环境敏感性得分（D_S）	尾矿库周边环境敏感性（S）等别代码
D_S＞60	S1
30＜D_S≤60	S2
D_S≤30	S3

7.4 控制机制可靠性（R）

采用评分方法，对尾矿库的基本情况、自然条件情况、生产安全情况、环境保护情况和历史事件情况五方面（表 5）指标进行评分（各指标评分方法详见附录 D）与累加求和，评估尾矿库控制机制可靠性（R）。

表 5　尾矿库控制机制可靠性（R）等别划分指标体系

序号	指标项目					指标分值
1	尾矿库控制机制可靠性	基本情况	堆存	堆存种类		1.5
2				堆存方式		1
3				坝体透水情况		2
4			输送	输送方式		1.5
5				输送量		1
6				输送距离		1.5
7			回水	回水方式		1
8				回水量		0.5
9				回水距离		1
10			防洪	库外截洪设施		2
11				库内排洪设施		2
12		自然条件情况	是否处于按《地质灾害危险性评估技术要求（试行）》评定为“危害性中等”或“危害性大”的区域，或者处于地质灾害易灾区、岩溶（喀斯特）地貌区			9
13		生产安全情况	尾矿库安全度等别			15
14		环境保护情况	环保审批污染防治	是否通过“三同时”验收		8
15				水排放情况		3
16				防流失情况		1.5
17				防渗漏情况		2.5
18				防扬散情况		1.5
19	尾矿库控制机制可靠性	环境保护情况	环境应急	环境应急设施	事故应急池建设情况	5
20					输送系统环境应急设施建设情况	2
21					回水系统环境应急设施建设情况	1.5
22				环境应急预案		6.5
23				环境应急资源		2
24				环境监测预警与日常检查	监测预警	2
25					日常检查	2
26				环境安全隐患排查与治理	环境安全隐患排查	3
27					环境安全隐患治理	2.5
28			环境违法与环境纠纷情况	近三年来是否存在环境违法行为或与周边存在环境纠纷		7
29		历史事件情况	近三年来发生事故或事件情况（包括安全和环境方面）	事件等级		8
30				事件次数		3

依据尾矿库控制机制可靠性等别划分表（表 6），将控制机制可靠性（R）划分为 R1、R2、R3 三个等别。

表 6　尾矿库控制机制可靠性（R）等别划分表

尾矿库控制机制可靠性（D_R）	尾矿库环境危害性（R）等别代码
$D_R>60$	R1
$30<D_R\leqslant 60$	R2
$D_R\leqslant 30$	R3

7.5　环境风险等级划分

综合尾矿库环境危害性（H）、周边环境敏感性（S）、控制机制可靠性（R）三方面的等别，对照尾矿库环境风险等级划分矩阵（表 7），将尾矿库环境风险划分为重大、较大、一般三个等级。

表 7　尾矿库环境风险等级划分矩阵

序号	情形			环境风险等级
	环境危害性（H）	周边环境敏感性（S）	控制机制可靠性（R）	
1	H1	S1	R1	重大
2			R2	重大
3			R3	较大
4		S2	R1	重大
5			R2	较大
6			R3	较大
7		S3	R1	重大
8			R2	较大
9			R3	一般
10	H2	S1	R1	重大
11			R2	较大
12			R3	较大
13		S2	R1	较大
14			R2	一般
15			R3	一般
16		S3	R1	一般
17			R2	一般
18			R3	一般

序号	情形			环境风险等级
	环境危害性（H）	周边环境敏感性（S）	控制机制可靠性（R）	
19	H3	S1	R1	较大
20			R2	较大
21			R3	一般
22		S2	R1	一般
23			R2	一般
24			R3	一般
25		S3	R1	一般
26			R2	一般
27			R3	一般

7.6 环境风险等级表征

尾矿库环境风险等级可表征为“环境风险等级（环境危害性等别代码+周边环境敏感性等别代码+控制机制可靠性等别代码）”。例如：环境危害性为 H1 类，周边环境敏感性为 S2 类，控制机制可靠性为 R3 类的尾矿库环境风险等级可表征为“较大（H1S2R3）”。

8 尾矿库环境风险分析与报告编制

8.1 尾矿库环境风险分析

分析尾矿库环境风险预判、尾矿库环境风险等级划分结果及其风险特征，并对尾矿库环境危害性和控制机制可靠性的各项指标（附录 B 和附录 D）的得分进行分析，将得分大于等于 1 的指标，作为尾矿库突发环境事件危险因素，并标记在尾矿库平面示意图中。根据实际需要，也可以将其他指标或内容作为尾矿库突发环境事件危险因素。

根据对尾矿库现状调查与分析，结合现有环境风险防控措施的有效性，对可能发生的突发环境事件进行情景分析，并提出相应的对策建议。

8.2 环境安全隐患排查治理相关文件编制

在尾矿库环境风险分析的基础上，汇总附录 D 尾矿库控制机制可靠性指标中的尾矿库突发环境事件危险因素，形成尾矿库环境安全隐患排查表；按照分类实施的原则，编制环境安全隐患治理计划表；结合隐患排查与日常管理工作，编制尾矿库环境安全隐患排查治理工作方案。对于一般环境风险尾矿库，可以只编制排查表和计划表。

8.3 尾矿库环境风险评估报告编制

记录尾矿库环境风险评估的开展过程，总结尾矿库环境风险预判、风险等级划分、风险分析等尾矿库环境风险评估的相关工作内容，编制尾矿库环境风险评估报告，报告大纲详见附录 E。

9 标准实施与监督

本标准由县级以上人民政府环境保护行政主管部门负责监督实施。

中华人民共和国国家环境保护标准

规划环境影响评价技术导则　煤炭工业矿区总体规划

HJ 463—2009　2009 年 7 月 1 日起实施

1　适用范围

本标准规定了煤炭工业矿区总体规划环境影响评价的一般原则、内容、方法和要求。

本标准适用于国务院有关部门、设区的市级以上人民政府及其有关部门组织编制的煤炭工业矿区总体规划环境影响评价。

煤、电一体化，煤、电、化工一体化等专项规划环境影响评价中的煤炭开发规划环境影响评价可参照本标准执行。

2　规范性引用文件

本标准内容引用了下列文件或其中的条款。凡是不注日期的引用文件，其有效版本适用于本标准。

HJ 130　规划环境影响评价技术导则（试行）

HJ 131　开发区区域环境影响评价技术导则

3　术语与定义

下列术语和定义适用于本标准。

3.1　煤炭工业

指煤炭开采和选煤行业。

3.2　煤炭矿区

统一规划和开发的煤田或其一部分，简称“矿区”。

3.3　井田（矿田）

煤田内划归一个矿井（露天矿）开采的部分。

3.4 地下开采

通过开掘井巷采出煤炭或其他矿产的作业，又称井工开采。

3.5 露天开采

直接从地表揭露出煤炭或其他矿产并将其采出的作业。

3.6 选煤

利用物理、化学等方法，去掉煤中杂质，将煤按需要分成不同质量、规格产品的加工过程。

3.7 煤矸石

采掘过程中顶、底板和夹层混入煤中的岩石和选煤厂生产过程中排出的洗矸石。

3.8 开采沉陷

因地下采矿引起的上覆岩层和地表移动、变形的现象和过程。

4 总则

4.1 评价目的与原则

4.1.1 评价目的

在煤炭工业矿区总体规划的编制和决策过程中，充分考虑所拟议的规划可能涉及的资源、环境问题，预防和减轻规划实施后可能造成的不良环境影响，从源头控制环境污染和生态破坏，协调经济增长、社会进步和环境保护的关系。

4.1.2 评价原则

a）科学性原则

评价采用的技术方法应注重科学性、先进性，提出的预防和减轻不良环境影响的对策措施应具有实用性、可操作性，并具有一定的前瞻性，评价结论明确，为决策提供科学依据。

b）整体性原则

从整体上考虑矿区总体规划与其他相关规划、计划的协调性。

c）突出重点原则

重点关注矿区总体规划实施可能产生的突出环境问题和制约因素，对规划的重点区块、重点环境要素、重要环境敏感目标实施有针对性的影响分析与评价。

d）动态性原则

矿区开发是一个动态系统，环境影响评价应突出滚动开发与长效保护相适应的原则，制定合理的矿区环境保护规划，注重困难与不确定性的分析，加强监测与跟踪评价。

e）一致性原则

环境影响评价的工作内容深度、详尽程度与矿区总体规划内容保持一致。

f）公众参与原则

开展公众参与工作，充分考虑社会各方面的利益和主张。

4.2 评价基本内容

a）概述和分析矿区总体规划主要内容。

b）分析、评价矿区总体规划方案与相关政策、法规的符合性，与国家、地方、行业相关规划、计划的协调性。

c）调查、评价矿区总体规划实施所依托的环境条件（包括自然、社会和经济环境），识别区域主要环境问题以及制约矿区规划实施的敏感环境因素。对已经开发的矿区应进行矿区环境影响回顾评价。

d）预测矿区总体规划实施后，可能对环境造成的影响，包括直接影响、间接影响和累积影响。

e）分析、评价矿区资源、环境对总体规划实施和区域可持续发展的承载能力。

f）提出预防和减轻不良环境影响的对策措施。

g）对矿区总体规划方案的环境合理性进行综合论证，提出环境合理的规划方案调整建议。

h）开展公众参与工作。

i）制订矿区总体规划实施后环境影响的监测与跟踪评价计划。

4.3 评价范围

评价范围的确定原则上以矿区规划范围（包括规划开采区、勘探区和后备区）为基础，在综合考虑规划实施可能影响的范围、周边重要环境敏感保护目标分布，以及地理单元或生态系统完整性的基础上，合理确定外扩范围。

4.4 评价时段

评价时段应根据矿区总体规划方案确定的矿井（露天矿）建设顺序合理安排，分时段进行环境影响评价。

4.5 评价工作程序

矿区总体规划环境影响评价工作程序见图 1。

5 规划分析

5.1 规划方案概述

5.1.1 阐述矿区总体规划的编制背景、矿区位置及范围、矿区开发总目标及阶段性目标、矿区开发方案等。主要包括：

a）矿区位置及范围；

b）矿区煤炭资源禀赋、开采条件以及所在区域煤炭开发利用现状；

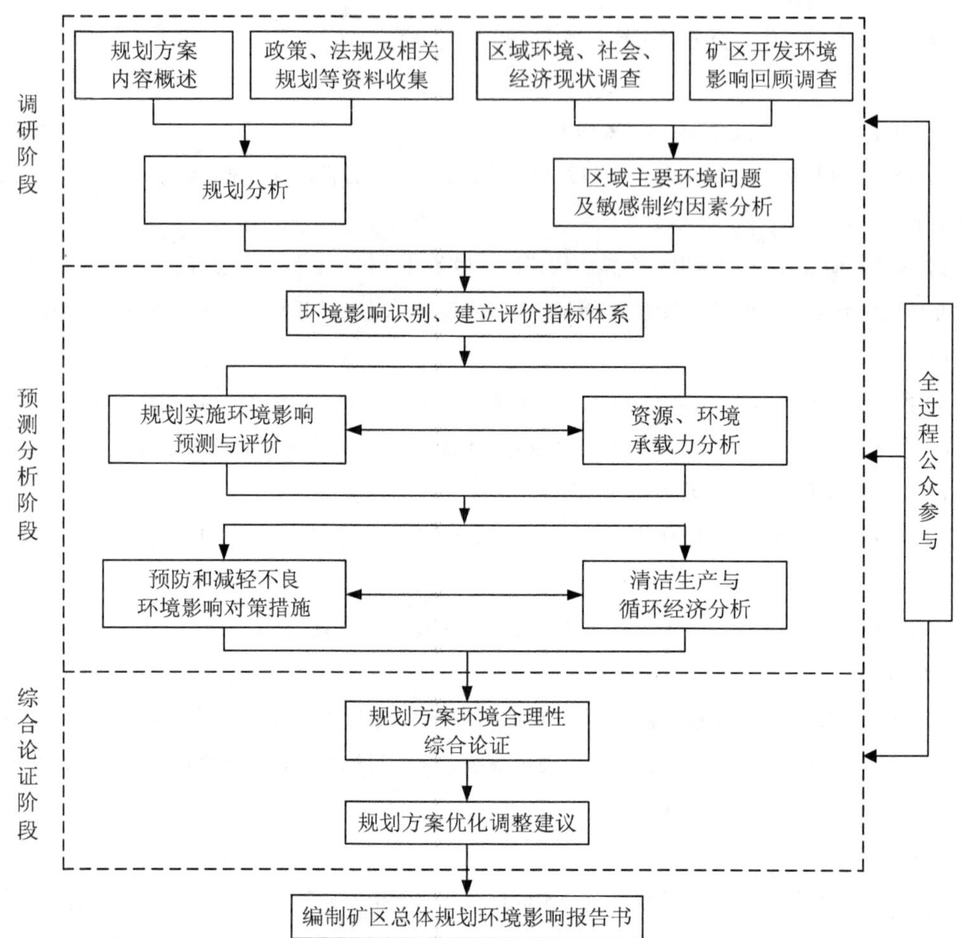

图 1　矿区总体规划环境影响评价工作程序

c）矿区井田（矿田）划分方案，矿井（露天矿）建设规模和建设顺序；

d）矿区煤炭洗选、加工规划；

e）坑口发电厂及其他煤炭转化项目建设规划；

f）矿区煤矸石、瓦斯、矿井水（疏干水）及其他共伴生资源综合利用规划；

g）矿区地面总布置、地面运输、供水、供电、供热规划；

h）矿区环境保护、水土保持规划；

i）矿区总体规划投资估算及主要技术经济指标。

5.1.2 分析矿区总体规划方案的内部协调性及存在的主要问题，包括规划方案是否坚持可持续发展原则，是否在合理开发煤炭资源的同时，注重对污染的预防、生态环境的保护和其他资源的综合利用。

5.2 规划的协调性分析

矿区总体规划与相关政策、法规的符合性分析；与相关行业发展规划、地区经济发展规划、城镇总体规划、自然保护区规划、风景名胜区规划、环境保护规划、生态建设规划、区域水资源利用与水源保护区规划等相关规划的协调性分析等。

5.3 规划方案初步筛选

在矿区总体规划所包含的主要经济活动可能对规划区域各环境要素的初步影响识别基础上，根据规划的协调性分析和环境制约因素分析，初步筛选环境合理的规划方案。

筛选方法可采用专业判断法、核查表法、矩阵法等。

6 环境现状调查、分析与评价

6.1 调查原则

现状调查应针对规划矿区的自然、社会、经济环境特征及矿区煤炭开采、产业结构配置等特点，按照全面性、针对性、可行性和效用性原则，有重点地进行调查。

6.2 调查内容与方法

6.2.1 调查内容

调查内容应包括自然、社会和经济环境三方面的历史资料及评价基准年资料。对已经开发的矿区，应进行矿区不同开发时期环境状况的详细调查。

6.2.2 调查方法

调查方法可采用资料收集法、现场调查与监测法、遥感影像解译法、专业判断法等。

6.3 现状分析与评价

6.3.1 规划矿区自然、社会、经济背景分析。

6.3.2 规划矿区环境质量现状分析，当前区域主要环境问题及其产生原因分析。

6.3.3 区域环境发展趋势分析。通过以往历史资料及现状调查结果，进行区域环境发展趋势分析。

6.3.4 重要环境保护目标和环境敏感区分析。调查规划矿区范围内及其周边是否分布有自然保护区、风景名胜区、重要水源保护区、特殊人文和自然景观等环境敏感区，识别评价范围内可能受规划实施影响、反应敏感的地域或环境脆弱地带。

6.3.5 规划实施的主要资源、环境限制因素分析与评价。

6.3.6 对已经开发的矿区，应开展环境影响回顾分析与评价，主要内容包括：

a）矿区现有煤炭开发项目已造成的主要环境影响、存在的主要环境问题分析；

b）矿区不同开发时期环境质量变化趋势分析；

c）矿区现有煤炭开发项目采取的预防和减轻不良环境影响对策、措施及其有效性分析。

7 环境影响识别、确定环境目标和评价指标

7.1 环境影响识别

7.1.1 识别内容

识别矿区开发主要的资源、环境制约因素和矿区规划实施可能造成的资源、环境问题，列出矿区总体规划环境影响识别清单。环境影响识别应贯穿矿区总体规划的整个生命周期，并适当关注矿区煤炭资源枯竭闭矿过程的环境影响。

7.1.2 识别方法

环境影响识别方法一般可采用：核查表法、矩阵法、网络法、专业判断法、系统流图法、层次分析法、灰色关联分析法等。

7.2 环境目标与评价指标

7.2.1 环境目标

针对矿区总体规划实施可能涉及的环境主题、环境要素、区域敏感环境制约因素，根据环境保护政策、法规、标准和相关规划，以及环境功能区划等，确定符合区域社会、经济可持续发展的矿区总体规划环境目标。

7.2.2 评价指标

7.2.2.1 评价指标的选取原则

a）科学性：评价指标的选取应建立在科学、合理的基础上，符合客观实际与自然规律，符合相关政策、法规、标准的要求，评价指标所包含的内容能客观反映和评判矿区总体规划的环境影响和发展特点；

b）系统性：评价指标的选取要充分考虑矿区开发对自然、社会和经济环境的影响，反映各系统之间相互联系和相互依赖的关系；

c）可操作性：选取的评价指标简洁实用，可获取、可测量、可调控，定性指标与定量指标相结合，便于进行客观判断；

d）前瞻性：评价指标的确定除反映行业一般水平外，还应提出矿区可持续发展的更高要求。

7.2.2.2 评价指标的选取和指标值的确定应能够确保实现拟定的环境目标。

7.2.2.3 评价指标的确定一般采用层次分析法、专业判断法、专家咨询法。

7.2.2.4 供参考的矿区总体规划环境目标与评价指标见附录 B。

8 环境影响预测、分析与评价

8.1 环境影响预测、分析与评价内容

8.1.1 分不同的评价时段对矿区总体规划实施可能产生的环境影响进行预测与评价，包括规划实施直接的、间接的环境影响，累积环境影响以及可预见的诱发环境影响。主要预测与评价内容包括：

a）矿区煤炭井工开采地表沉陷变形、露天开采地表挖损以及外排土场占压对地形地貌、土地利用、农牧业生产及自然生态资源的影响，矿区生态系统变化趋势；

b）矿区煤炭开采含水层破坏或露天矿疏干排水可能造成的对区域水资源的影响，以及由此引发的对生态环境的影响；

c）矿区规划实施各类污染物排放可能造成的对区域环境质量的影响，分析规划实施后矿区环境质量能否满足环境功能区划的要求；

d）矿区规划实施可能对矿区内及其周围重要环境保护目标的影响；

e）矿区煤炭资源开发带动的下游产业延伸可能产生的在时间、空间上的累积环境影响；

f）矿区整体开发可能带来的主要环境风险问题分析；

g）矿区开发造成的移民搬迁、安置问题分析；

h）矿区规划实施对区域社会、经济的影响及发展趋势分析。

8.1.2 应重点关注和分析不同阶段规划实施对矿区及其周围自然保护区，重要水源保护区，特殊人文、自然景观和生物多样性等敏感保护目标的影响分析。

8.2 预测与评价方法

预测与评价方法一般可采用：对比/类比分析法、地理信息系统（GIS）支持下的叠图法、趋势外推法、典型案例分析法、数学模型法、情景分析法、专业判断法、费用效益分析法、可持续发展能力分析法等。

9 资源、环境承载力分析

9.1 基本原则

a）根据煤炭开发行业的资源、环境影响特征，针对制约矿区规划实施和规划实施后影响较大的资源、环境因素进行承载力分析；

b）应结合矿区不同开发阶段的开发强度分阶段进行资源、环境承载力分析；

c）通过资源、环境承载力的分析，客观反映矿区经济、社会发展与资源、环境的协调程度，为合理确定矿区煤炭开发强度、产业配置与布局，确定环境合理的矿区总体发展目标提供科学依据。

9.2 主要分析内容

a）矿区土地资源承载力分析；

b）矿区生态承载力分析；

c）矿区水资源承载力分析；

d）矿区大气环境容量分析；

e）矿区地表水环境容量分析；

f）矿区规划实施污染物排放总量分析。

9.3 分析与评价方法

分析与评价方法一般可采用：容量分析法、指数评价法、数学模型法、承载力指标体系分析法、土地适宜性分析法、水资源供需平衡分析法、生态足迹法、情景分析法、专业判断法等。

10 预防和减轻不良环境影响的对策和措施

10.1 矿区污染防治与生态保护目标

根据矿区规划实施环境影响预测分析结果，结合区域环境现状、环境保护规划、生态功能区划等相关规划、标准，制订矿区污染防治与生态保护目标。

10.2 对策和措施

10.2.1 基本原则

根据制订的矿区污染防治与生态保护目标，提出预防和减轻规划实施不良环境影响的对策和措施。提出的对策和措施要具有针对性、可操作性和前瞻性，应包括技术措施、管理措施和政策建议措施等。

10.2.2 对策和措施应包括以下几方面内容

a）对规划实施后井工矿开采地表沉陷变形、露天矿挖损及排土场占压等可能造成的土地破坏以及生态影响提出预防、减缓、修复、重建、补偿基本原则和目标指标，重点提出对矿区及其周围重要环境保护目标和生态敏感区的保护措施；

b）提出建立矿区生态补偿运行保障机制的基本原则和要求；

c）对规划实施后煤炭开采可能造成的地下水、地表水资源的影响提出预防和补救对策，重点提出对矿区及其周围重要水源地、居民生产生活用水的保护要求；

d）分析矿井水（露天矿疏干水）、煤矸石、瓦斯以及其他共伴生资源的综合利用可行性，提出科学合理的矿区资源综合利用途径和利用措施的建议方案；

e）提出矿区规划实施受影响居民的移民搬迁安置建议方案；

f）提出矿区污染防治主要原则和污染物削减替代建议方案；

g）提出矿区开发环境风险防范的原则要求。

11 清洁生产与循环经济分析

11.1 清洁生产分析

从生产工艺与产品指标、资源与能源消耗指标、生态破坏与污染控制指标、资源综合利用指标以及矿区环境管理五个方面，分析矿区实现清洁生产的途径，提出矿区实现清洁生产的指标要求和管理措施。

11.2 循环经济分析

根据“减量化、再利用、资源化”原则，以建立资源—产品—再生资源的物质闭环流动型煤炭矿区经济模式为目的，结合区域资源、环境承载力分析，提出促进矿区可持续发展的循环经济基本模式。

12 矿区规划的环境合理性分析

在区域资源、环境承载力分析基础上，根据矿区规划实施环境影响预测结果，对矿区规划方案的环境合理性进行分析。主要内容包括：

a）矿区煤炭资源开发总规模、阶段性开发规模、产业结构配置等与区域资源、环境承载力的协调性分析；

b）矿区总体规划布局与功能分区的环境合理性分析，重点关注和分析矿区规划范围内以及周边重要环境保护目标和生态敏感区之间存在的冲突与潜在的环境风险；

c）矿区总体规划环境目标的可达性分析；

d）矿区总体规划实施的环境成本或环境代价分析；

e）提出供有关部门决策的环境合理的规划方案优化调整建议。

13 环境监测与跟踪评价

13.1 制订矿区规划实施环境监测与跟踪评价计划，对规划实施后的实际环境影响、环境质量变化趋势、环境保护措施的落实情况和有效性进行监测和跟踪评价。

13.2 按确定的矿区污染防治与生态保护目标，列出需要进行监测的环境因子或指标清单。

13.3 明确监测与跟踪评价责任部门。

13.4 结合矿区规划项目的建设进度，提出阶段性跟踪评价的主要内容。

13.5 环境监测与跟踪评价主要内容：

a）规划实施主要不良环境影响因素的监测，重点对矿区规划实施后地下水、地表沉陷变形以及生态变化趋势等进行重点跟踪监测；

b）通过监测系统、专家咨询和公众参与等手段，了解并跟踪评价矿区总体规划实施后的环境影响；

c）对矿区总体规划环境影响评价提出的预防或者减轻不良环境影响的对策和措施的实施情况及实施效果进行跟踪监督监测与评价；

d）提出下阶段矿区规划的建设项目在开展环境影响评价工作时应重点关注和解决的环境问题。

14 公众参与

14.1 公众参与时机、方式与对象

a）公众参与贯穿矿区总体规划环境影响评价工作全过程；

b）公众参与的方式包括：问询、问卷调查，发布公告，专家咨询，召开座谈会、论证会、听证会等；

c）公众参与的对象应包括：有关单位、专家和普通居民，参与者的确定应综合考虑代表性、专业性和广泛性。

14.2 公众参与主要内容

14.2.1 现状调查、分析阶段

a）调查矿区范围内公众对环境质量现状的满意度；

b）公开征求公众对开展矿区总体规划环境影响评价工作的意见和建议；

c）对已开发矿区，应重点征询公众对矿区煤炭开采已造成的耕地破坏、水资源影响，生态补偿、移民搬迁安置等问题的意见，以及对目前采取的解决方案和补偿标准的意见和建议。

14.2.2 环境影响报告书编制阶段

根据矿区总体规划实施环境影响预测结果，以及矿区总体规划可能与其他相关规划存在的潜在冲突征求公众和相关部门的意见和建议（包括行政主管部门和相关规划编制部门等）。

14.2.3 环境影响报告书初稿完成阶段

向社会公开矿区总体规划环境影响报告书草案，广泛征求公众对矿区总体规划环境影响报告书草案的意见和建议，并对公众意见进行整理分析，对合理的公众意见予以采纳，进一步完善矿区总体规划环境影响报告书的内容。

15 困难和不确定性分析

分析在开展矿区总体规划环境影响评价工作中遇到的困难和不确定性，及其可能对环境影响评价结论的准确性、完整性的影响，并提出相应的意见和建议。

16 环境影响评价结论

矿区总体规划环境影响评价结论应包括以下内容：

a）矿区总体规划概述及分析；

b）矿区环境现状及主要环境制约因素；

c）矿区总体规划实施可能产生的环境影响；

d）矿区总体规划方案的环境合理性论证及规划方案的调整建议；

e）预防和减轻不良环境影响的对策措施；

f）公众意见的处理结果。

17 环境影响评价文件编制要求

17.1 煤炭工业矿区总体规划为煤炭资源开发专项规划，属编制环境影响报告书的规划范畴。

17.2 矿区总体规划环境影响报告书应文字简洁、图表清晰、数据翔实、论据充分、结论明确。

17.3 矿区总体规划环境影响报告书至少应包括以下12个方面的内容：

a）总则；

b）矿区总体规划概述及分析；

c）现状调查、分析与评价（包括已开发矿区环境影响回顾评价）；

d）环境影响识别与评价指标体系；

e）规划实施可能造成的环境影响预测、分析与评价；

f）矿区资源、环境承载力分析；

g）预防和减轻不良环境影响的对策措施；

h）矿区清洁生产与循环经济分析；

i）规划方案环境合理性综合论证及规划方案的调整建议；

j）环境监测与跟踪评价计划；

k）公众参与；

l）环境影响评价结论。

中华人民共和国国家环境保护标准

环境影响评价技术导则　煤炭采选工程

HJ 619—2011　2012 年 1 月 1 日起实施

1　适用范围

本标准规定了煤炭开采工程、选煤工程环境影响评价的基本原则、内容、方法和技术要求。

本标准适用于在中华人民共和国境内进行煤炭采选工程的建设项目环境影响评价工作。

煤炭采选工程环境影响后评价与煤炭资源勘探活动环境影响评价可参照本标准执行。

2　规范性引用文件

本标准引用了下列文件中的条款。凡是未注明日期的引用文件，其最新版本适用于本标准。

GB 18599　一般工业固体废物贮存、处置场污染控制标准

HJ 2.1　环境影响评价技术导则　总纲

HJ 2.2　环境影响评价技术导则　大气环境

HJ/T 2.3　环境影响评价技术导则　地面水环境

HJ 610　环境影响评价技术导则　地下水环境

HJ 2.4　环境影响评价技术导则　声环境

HJ 19　环境影响评价技术导则　生态影响

HJ/T 169　建设项目环境风险评价技术导则

HJ 446　清洁生产标准　煤炭采选业

《建设项目环境影响评价分类管理名录》（环境保护部令　第 2 号）

《环境影响评价公众参与暂行办法》（环发〔2006〕28 号）

3　术语和定义

下列术语和定义适用于本标准。

3.1 煤炭地下开采 underground coal mining

通过开掘井巷抵达煤层，开采煤炭资源的作业（又称井工开采）。

3.2 煤炭露天开采 coal open-pit mining

剥离上覆岩土层揭露出煤层后，进行煤炭资源开采的作业。

3.3 井（矿）田 diggings

煤田中由国家和省（市、自治区）矿产资源管理部门划定给一个煤矿企业开采的三维范围。

3.4 选煤 coal preparation

利用物理或化学等方法除掉煤炭中杂质，将煤按需要分成不同质量、规格产品的加工过程。

3.5 选煤厂 coal preparation plant

对煤炭进行分选，生产不同质量、规格的产品的加工厂。

3.6 矿井水 coal mine water

在煤矿建设和煤炭开采过程中产生并从井下抽排到地面的水，包括井下涌水、井下生产过程中产生的废水。

3.7 露天煤矿疏干水 opencast coal mine draining water

在露天煤矿剥离和开采过程中（或提前）产生的煤矿排水。

3.8 露天煤矿矿坑水 opencast coal mine pit water

在露天煤矿剥离和开采过程中，由地下涌入或地表汇入采坑内的积水。

3.9 剥离物 overburden

在露天矿开采过程中，剥离的煤层以上地表土层和岩石统称为剥离物。

3.10 开采沉陷 mining subsidence

煤炭地下开采时，因煤炭资源采出引起上覆岩土层和地表发生垂直和水平移动变形的过程和现象。

3.11 导水裂隙带 water flowing fractured zone

垮落带上方一定范围内的岩层发生断裂，且具有导水性，能使其上覆岩层中的地下水流向采空区，这部分导水断裂岩层的范围称导水裂隙带。

3.12 煤矸石 gangue

采掘煤炭生产过程中从顶、底板或煤夹矸混入煤中的岩石（掘进矸石）和选煤厂加工过程中排出的洗矸石。

3.13 煤矸石堆置场 gangue yards

堆放煤矸石的场地和设施。

3.14 煤层气 coal bed methane

煤层气俗称“瓦斯”，其主要成分是甲烷（CH_4），它是主要存在于煤矿的伴生气体，是成煤过程中经过生物化学热解作用以吸附或游离状态赋存于煤层及固岩的自储式天然气体，属于非常规天然气，它是优质的化工和能源原料。

3.15 建设期 construction period

建设项目的井筒与巷道开凿等井下作业、地面工业场地各厂房、站场、储运排等生产系统建设时段，或者露天矿开采时的地表土层、岩石的剥离及转运、堆存时段，均称为建设期。

3.16 运行期 runtime

建设项目的煤炭开采、煤炭运输及煤炭处理时段为运行期。

3.17 闭矿期 mine closure period

煤炭开采建设项目服务期满后，停运、关闭、恢复土地使用功能时段为闭矿期。

4 工作分类及程序

4.1 煤炭采选工程环境影响评价工作分类，应按照《建设项目环境影响评价分类管理名录》有关煤炭采选部分的规定确定。

4.2 煤炭采选工程环境影响评价工作程序应按照 HJ 2.1、HJ 2.2、HJ/T 2.3、HJ 2.4、HJ 19、HJ/T 169、HJ 610 的规定执行。

5 规范性技术要求

5.1 环境影响因素及评价因子

环境影响评价工作可根据项目特点及周围环境敏感性选取环境影响因素和评价因子。

5.2 评价标准的确定

5.2.1 评价执行的标准应根据建设项目所在地区的环境功能要求执行相应环境要素的国家或地方环境质量标准及污染物排放标准。

5.2.2 当建设项目评价因子无国家或地方环境质量标准及污染物排放标准，经国家或地方环境保护行政主管部门书面同意后，可参照执行国外的相关标准。

5.3 评价工作等级

5.3.1 大气环境、地表水环境、声环境、生态影响和环境风险评价等级

分别按照 HJ 2.2、HJ/T 2.3、HJ 2.4、HJ 19、HJ/T 169 中的规定，确定大气环境、地表水环境、声环境、生态影响、环境风险的评价工作等级。

5.3.2 地下水环境评价等级

按照 HJ 610 的要求初步确定地下水评价工作等级，基于煤炭采选业对地下水环境的影响特征，根据评价区地下水环境敏感程度与水文地质问题，煤炭开采在不直接影响具有城镇及工业供水或潜在供水意义的含水层时，或评价区内不涉及集中供水水源地等地下水敏感保护目标时，适当降一级确定煤炭采选工程地下水评价工作等级。

5.4 评价范围及环境敏感目标

5.4.1 大气环境、地表水环境、地下水环境、声环境和环境风险评价范围

分别按照 HJ 2.2、HJ/T 2.3、HJ 610、HJ 2.4、HJ/T 169 中规定的大气环境、地表水环境、地下水环境、声环境、环境风险的影响评价的评价工作等级确定评价范围。

工业场地、风井场地与运输道路声环境评价范围一般为厂（场）界外 200 m。

5.4.2 生态影响评价范围

按照 HJ 19 的要求初步确定生态影响评价范围，井工开采项目根据地面沉陷影响范围进一步合理确定生态评价范围；露天开采项目一般以采掘场、外排土场边界外扩 1 000～2 000 m 作为煤炭采选工程生态评价范围。

5.4.3 环境敏感及保护目标

按环境要素或产生环境影响的生产生活设施，分别说明受煤炭开发影响的环境敏感及保护目标；对所确定的环境敏感及保护目标，用图、表标示其与建设项目的相对位置、距离、特征及保护要求。

5.4.4 附图

附环境敏感保护目标（含各场地周边与线性工程沿线）及相关要素评价范围图。

5.5 评价时段

根据煤炭采选工程的时序特点，一般将煤炭采选工程划分为建设期和运行期；当剩余服务年限低于 5 年的，应该开展闭矿期环境影响评价。

根据我国煤炭采选工程运行服务期长的特点，应分阶段适时开展环境影响后评价。

6 编制内容及要求

6.1 工程分析的内容和方法

6.1.1 工程分析的方法

a）工程分析以设计文件为依据；

b）污染源强的确定可采用类比法、物料衡算法以及排污系数法；改扩建（或资源整合）、技术改造项目可采用实测法。

6.1.2 工程分析的内容

工程分析的内容主要包括项目概况、生产工艺分析、环境影响因素分析、拟采取环境保护措施分析等基本内容，改扩建（或资源整合）、技术改造项目含现有工程存在的环境保护问题与“以新带老”要求。

6.1.2.1 项目概况：包括项目名称、建设规模、建设性质、建设地点、项目组成、产品方案及流向、总平面布置（含工业场地竖向设计与防洪）及占地面积、占用土地类型、地面运输、劳动定员、建设周期、主要技术经济指标等。

工程项目概况介绍应提供以下图表：

a）项目的地理位置和交通图。

b）地面总布置图。

c）工业场地平面布置图。

d）项目组成一览表，按照主体工程（含选煤厂）、辅助工程、公用工程、储运工程分列工程内容和主要技术指标；改扩建和技术改造项目应提供项目组成对比一览表，并说明项目实施前后各分项工程之间的依托关系。

e）项目主要技术经济指标表。

6.1.2.2 煤炭资源和生产工艺分析的主要内容有：

a）煤炭资源赋存情况。包括井（矿）田境界、储量、煤种与煤质、煤层气、煤尘、煤的自燃特性、有害元素含量等。

b）开拓方案与生产工艺。井工开采包括井田开拓方案、开采工艺、水平划分、采区划分及接续计划、采煤方法、首采区工作面个数和工作面参数、井下运输、通风方式、排水系统、瓦斯抽放系统等。

露天开采包括采区划分及开采顺序、开采工艺及开采方法、剥采比及开采进度计划、剥离物排弃计划、露天矿防排水方案。

c）地面生产系统。井工开采矿井包括主、副、风井生产系统，排矸系统，选煤厂生产系统和工艺流程，煤炭储装运系统，煤矸石堆置场选址等。

露天开采包括煤炭破碎系统、选煤厂生产系统和工艺流程、煤炭储运系统、总平面布置、外排土场及工业场地选址等。

d）给排水系统。包括项目分类分项用水量、排水量，设计文件提出的取水和排水方案、污废水处理方案。

e）供电与供热。包括项目用电负荷、供电来源；锅炉型号及数量、热负荷、燃料种类及消耗量。

f）设计文件提出的煤炭共伴生资源综合利用项目的技术特征（产品、规模、技术指标等）、选址和建设时序。

g）煤炭资源和生产工艺分析应提供以下图表：井（矿）田境界图；地层综合柱状图（表）；开采煤层特征表；开采煤层煤质特征表；井田开拓平面与剖面图；采区（盘区）开采接替顺序表；露天煤矿采区划分及开采顺序图；露天煤矿各采区主要技术指标表；露天煤矿开采进度计划及剥离物排弃计划表；项目主要设备技术特征一览表；地面生产工艺流程图；选煤厂生产工艺流程图和产品平衡表；配套公路、铁路路线主要技术特征一览表；项目生产、生活用水及排水水量表；项目水量平衡图（表）。

6.1.2.3 环境影响因素分析的主要内容

（1）生态影响因素分析

简述建设期、运行期主要生态影响因素，主要包括土地占压、开采沉陷与地表挖损。

（2）环境污染影响因素分析

按建设期、运行期分别说明环境影响因素。

污染源和污染物分析应主要包括废水、废气、固体废物、噪声的产生源、排放方式、废气排放口参数、废水排放量与排放去向等，主要污染物的数量、浓度（强度）。

改扩建、技术改造项目还应明确原有污染源和污染物排放情况，目前存在的环境问题，工程实施后的污染源及污染物变化情况等。

6.1.2.4 拟采取环境保护措施

简要说明拟采取的污染控制、生态恢复及沉陷治理措施。

环境影响因素及拟采取的环境保护措施部分应提供的图表包括：

产污环节示意图（可与地面生产工艺流程图合并）；改扩建、技术改造项目“以新带老”措施一览表；污染源及污染物排放汇总表；改扩建、技术改造项目污染物排放情况对比一览表。

6.2 区域自然、社会经济概况及环境质量现状调查与评价

6.2.1 环境现状调查的原则和方法

6.2.1.1 环境现状调查应遵循实事求是、全面系统、重点突出、时域特征显著的原则。

6.2.1.2 环境现状调查范围应与各个环境要素的评价范围一致。

6.2.1.3 环境现状调查一般采用收集资料法、现场调查和现状环境监测法、遥感影像解译法，几种方法可以结合使用。

采用遥感影像解译方法，遥感卫片获取时段应为近 3 年以内的有代表性意义的季节，图件的空间分辨率一般不得低于 15 m。

6.2.2 区域自然与社会经济概况调查

6.2.2.1 交通地理位置调查：建设项目的位置、隶属行政区划、地理坐标等。

6.2.2.2 自然环境调查包括：

a）地形地貌。建设项目所在区域的地形特征。

b）地质与矿产资源。地层概况、地质构造、已探明或已开采的矿产资源。可能对建设项目产生影响的地质灾害和潜在因素，如采空区、崩塌、滑坡、泥石流等。

c）气候与气象。建设项目所在区域的主要气候特征，常规气象参数。

d）地表水水文特征。项目所在区域主要地表水体的水文特征、所属水系划分、水环境功能区划、水质和水资源利用，本项目取水、排水口位置与区域水系的关系。应附地表水水系图。

e）地下水水文地质特征。依据煤田地质勘探报告，阐述评价范围内含、隔水层的主要特征以及地下水补、径、排条件等，明确评价范围内集中供水水源地的位置，有供水意义的含水层及潜在供水意义的含水层。水文地质条件调查应利用评价区内已进行的水源水文地质勘查成果，一级评价必要时应补充水文地质勘查。

f）土地利用及水土流失概况。建设项目所在区域的主要土壤类型、土地利用情况；水土流失现状。

g）生态功能区。说明项目所在地区生态功能区划及所在分区特征、保护与建设要求等内容。生态脆弱区应说明植被变化、荒漠化、沙漠化、土地生产力变化、采矿可能导致的生态环境变化情况。

h）动植物资源。项目所在区域的主要动植物资源、濒危珍稀野生动植物物种基本情况。

6.2.2.3 社会经济调查

a）社会经济调查范围为建设项目所在县（市）、乡（镇）两级。

b）调查建设项目所在地区的行政区划、人口数量和收入情况。列表给出评价范围内的村庄数、住户数和人口数、村民收入来源、饮用水水源情况。

c）调查区内教育、文化、医疗、通信、市政环卫等基础设施情况。

d）调查区内工业的类型、产业结构、工业总产值等。

e）调查区内农业的类型、产品结构、农业总产值、灌溉条件等。

6.2.3 环境质量现状评价

6.2.3.1 调查对象

包括环境空气、地表水环境、地下水环境、声环境和生态。

6.2.3.2 环境现状评价

利用环境质量现状监测或近期例行环境监测数据进行环境质量现状评价。

环境质量现状监测应符合相关环境质量监测标准、环境保护标准、环境影响评价技术导则等相关规定。

利用近期例行环境监测资料、数据时应说明资料来源、监测时间、监测点位，论证资料引用的可靠性和可利用性。

6.2.3.3　环境空气质量现状调查

按 HJ 2.2 中的规定，在充分收集、利用已有的有效数据的前提下，进行环境空气质量现状监测与评价。

6.2.3.4　地表水环境质量现状调查

根据建设项目排污口设置、污水性质及纳污水体功能区划，按 HJ/T 2.3 中的规定，在充分收集、利用已有的有效数据前提下，对纳污水体进行水质监测与评价。根据项目的具体特点和已有监测数据情况，可适当减少监测断面的布设。

6.2.3.5　地下水环境质量现状调查

按确定的评价等级与评价范围，按 HJ 610 的规定确定监测点位与监测点个数，改扩建煤矿可增加 1～2 个监测点，重点调查评价范围内村庄和集中供水水源含水层，已有采区开采对地下水水位和水质影响情况。民用井水监测应考虑地方性地下水特征污染物并说明井深、水位、含水层。

6.2.3.6　声环境质量现状调查

按照 HJ 2.4 中的规定，在充分收集、利用已有的有效数据前提下，对声环境进行布点、监测与评价。监测点位布设应包括工业场地、风井场地、运输道路、声环境敏感点等，新建项目场地周围无工业及交通噪声源时可适当减少监测点位。

现状监测应附监测布点图。

6.2.3.7　生态现状调查

a）煤炭采选工程生态现状调查方法，原则上执行 HJ 19 中的相关规定。从行业特点出发，生态调查应突出下列重点内容：

评价范围内土地利用现状、植被类型分布现状、植被覆盖度、植被生物量、水土流失现状、土壤类型等；明确评价范围内有无国家级和地方重点保护野生动植物集中分布区或栖息地、国家级和地方级自然保护区、生态功能保护区以及其他类型的保护区域。

技改及改扩建项目应进行移民安置情况调查及开采沉陷影响调查。移民安置情况调查内容应以涉及环境的相关内容为主，包括污水和垃圾处置情况、水土保持情况、移民搬迁前后变化情况等；开采沉陷调查内容包括原有煤矿开采（建设）造成的地表沉陷变形基本情况，如沉陷及裂缝深度、范围；受影响的建构筑物损害、耕地破坏、地表植被破坏、农业生产损失和其他损害情况等。

b）收集资料和成果应尽可能采用图表方式表达，图件要求参照 HJ 19 执行。

c）生态现状评价应明确：

生态现状质量，区域生态系统的特征、类型、结构、初级生产力以及区域生态系统的完整性、稳定性，评价范围内主要生态制约因素。

d）根据煤炭开采环境影响特点和可能获得的技术数据，煤炭采选工程环境影响评价中的生态现状评价主要采取定性评价与半定量评价相结合的方法。

6.3 地表水环境影响预测与评价

6.3.1 地表水污染源调查

调查评价范围内矿井水、露天矿矿坑水、一般生产生活污废水等水污染源排放情况。

6.3.2 地表水环境影响预测

6.3.2.1 地表水环境影响预测方法，原则按照 HJ/T 2.3 规定的方法执行。预测一般采用完全混合模式。

6.3.2.2 地表水环境影响预测因子，根据项目排水特点，一般选择化学需氧量（COD）作为预测因子，pH、悬浮物、生化需氧量（BOD_5）、石油类、氨氮等因子作达标分析即可；特殊地区可增加铁、锰、氟化物、砷等特征污染因子。

6.3.3 地表水环境污染控制措施

分析设计拟采用的水污染控制措施的技术经济与环境合理性、可行性，分析选煤废水闭路循环的可靠性；提出优化的水污染控制与废水资源化建议。

对于改扩建、技术改造项目应针对存在的环境问题，提出“以新带老”治理措施。

6.3.4 应提供的图表

a）矿井水、露天矿矿坑水处理工艺流程图，生活污水处理工艺流程图；

b）选煤厂煤泥水闭路循环系统示意图。

6.4 大气环境影响预测与评价

6.4.1 大气污染源调查

调查评价范围内锅炉烟气、筛分破碎系统及转载粉尘、煤堆扬尘、运输扬尘、煤矸石堆场的自燃和扬尘、露天矿排土场扬尘等工业大气污染源排放情况。

6.4.2 大气环境影响评价要点

6.4.2.1 锅炉烟气根据 HJ 2.2 中的规定进行预测或分析，预测因子为二氧化硫、氮氧化物、颗粒物（PM_{10}）。

6.4.2.2 筛分破碎系统及转载粉尘、煤堆扬尘、运输扬尘、煤矸石堆场的自燃和扬尘、露天矿排土场扬尘等在采取相应的环保措施后对大气环境的影响作定性分析。

6.4.3 大气污染控制措施

分析设计拟采用的大气污染控制措施的技术经济与环境合理性、可行性。提出优化的环境空气污染控制建议。

对于改扩建、技术改造项目应针对存在的环境问题，提出“以新带老”的治理措施。

6.5 地下水环境影响预测与评价

6.5.1 地下水环境影响评价主要内容

a）煤炭开采对地下水水资源量的影响；导水裂隙带、底板突水对地下水资源的影响；露天煤矿开采疏干水对地下水动力场和地下水资源的扰动、破坏。

b）煤炭开采对评价范围内村庄和城镇等地下供水水源取水层的影响。

c）煤炭开采对地表水和地下水的补排关系影响。

d）煤矸石淋溶水对地下水水质的可能影响。

e）煤炭开采对泉域、水源地等重要地下水环境保护目标的影响。

6.5.2 区域及井田水文地质条件分析

6.5.2.1 地质和构造：建设项目在区域构造中的位置；对一级评价应附矿井（或区域）水文地质图。

6.5.2.2 地层分布及岩性：煤系上覆地层、煤系地层，主要含水层及隔水层情况。

6.5.2.3 矿井水文地质条件，包括煤系地层上覆含水层和下伏含水层（不涉及底板突水可能性时下伏含水层介绍可从简）；地下水的补、径、排条件；主要断层的导水性；生态脆弱区的富水区（存在时）分布特征；涉及重要的地下水水源地时应调查区域降水入渗系数。

6.5.2.4 含水层现状及潜在功能，说明具有供水意义的含水层及其下伏隔水层情况；评价区内生产和生活开采地下水的情况。

6.5.2.5 矿井涌水条件，说明最大涌水量、正常涌水量。

6.5.2.6 II类排矸场需进行水文地质条件调查。

6.5.2.7 地下水评价范围内重要泉域、与地表水关系密切的地下水体、水源地以及其他国家或地方划定的需特殊保护对象，需对其水文地质条件进行调查与分析，并附图说明。

6.5.3 地下水环境影响预测

6.5.3.1 采煤对地下水量的影响

a）说明矿井涌水的来源；计算导水裂隙带高度，计算方法可参考《建筑物、水体、铁路及主要井巷煤柱留设与压煤开采规程》中的推荐模式（老矿区有实际观测资料时应对参数进行必要修正），据此分析采煤所导通的主要含水层和地表水体，其中重点分析对有供水意义或潜在供水意义的含水层和地表水体的影响；定量分析或半定量分析对受影响含水层和地表水体水资源量的影响。

b）预测露天矿疏排水对评价区内具有供水意义的水资源量的影响程度。

c）一、二级评价应计算疏干降落漏斗面积和降深，以平面、剖面图标出影响范围及程度。

6.5.3.2 地下水环境变化对其他环境要素的影响

a）分析潜水水位变化对地表植被的影响。

b）结合相关专项规划，分析地下水储量变化对地区生态系统功能及工农业生产能力的潜在影响。

c）分析煤系地层因开采而造成的水位变化及其影响。

d）矿井水及疏干水排放去向与其用途的适宜性和可靠性分析。

6.5.3.3 采煤对地下水水质的影响

a）应根据涌水来源分析矿井水水质变化趋势。

b）回灌井下采空区的矿井水，应说明对具供水意义含水层水质的影响，并对邻近煤层开采安全性进行分析。

c）煤矸石属于Ⅱ类固体废物时应分析淋溶水对潜水含水层的水质影响。

6.5.4 地下水污染防治措施及矿井水资源化分析

6.5.4.1 建设期井筒揭穿含水层时应提出完善的保护措施。

6.5.4.2 煤炭开采影响到评价范围内村庄和城镇等地下供水水源时，提出具体解决措施及预案，并列预算经费，以保证供水安全。

6.5.4.3 对有敏感地下水环境保护目标的区域，如预测明确受到开采影响，应提出禁止或限制开采等保护措施，并明确禁止或限制煤炭开采的范围、开采时间。

6.5.4.4 改扩建、技术改造项目应分析现有工程对地下水环境影响的回顾评价，并分析已采取的有效的“以新带老”污染防治措施。

6.6 固体废物环境影响评价

6.6.1 煤矸石（剥离物）性质界定

a）煤矸石（剥离物）可按一般工业固体废物考虑，但对高砷、高氟煤地区的煤矸石应进行危险废物鉴定。

b）按 GB 18599 中的规定判定煤矸石（剥离物）属Ⅰ类或Ⅱ类固体废物。

c）对同一矿区或相邻矿区开采同一煤层的煤矿，已有煤矸石（剥离物）性质界定结果的，可不再进行浸出试验，但须利用已有资料进行分析。

6.6.2 煤矸石（剥离物）环境影响分析

6.6.2.1 煤矸石自燃倾向分析。根据矸石成分并结合区域自然环境因素、堆放方式和类比煤矿资料，分析其自燃倾向及其对大气环境影响。

6.6.2.2 煤矸石（剥离物）堆存对土壤的影响应用浸出试验结果作定性分析。

6.6.2.3 煤矸石堆置场（排土场）对景观的影响主要考虑形成劣质景观，周边为非敏感区时可不作评价。

6.6.3 固体废物污染防治措施

6.6.3.1 煤矸石（剥离物）

a）煤矸石堆置场（排土场）周边 500 m 范围内不应有集中居民点；对填沟造地、实施复垦的煤矸石综合利用场所与周边集中居民点的距离不宜小于 100 m。

b）设计采用采掘矸石不出井时论述其技术经济可行性。

c）煤矸石综合利用可设单节进行论述；说明适合本区的综合利用途径，分析利用的可靠性，并进行简要的经济、环境、社会效益分析。

d）根据煤矸石的自燃特性及有害元素成分含量等，提出相应的处置措施。

6.6.3.2 其他固体废物

应优先考虑综合利用，不具备利用条件的应提出妥善处置方式，并对处置方式进行环境可行性、合理性分析。

对于改扩建、技术改造项目应针对存在的环境问题，提出“以新带老”的治理措施。

6.7 地表沉陷预测及生态影响评价

6.7.1 时段划分

根据“远粗近细”的原则，生态影响评价宜按首采区、全井田分阶段进行预测，必要时应增加评价时段。

6.7.2 采煤地表沉陷影响预测与评价

6.7.2.1 预测模式

地表沉陷变形预测模式推荐采用《建筑物、水体、铁路及主要井巷煤柱留设及压煤开采规程》中提供的概率积分法。

6.7.2.2 预测参数选取

优先利用本矿区或邻近矿区已有的岩移观测数据确定预测参数；对于没有可利用资料的煤矿，应根据《建筑物、水体、铁路及主要井巷煤柱留设及压煤开采规程》确定预测参数。分析参数选取的合理性。

6.7.2.3 地表变形预测

a）分阶段预测评价范围内地表下沉分布情况，预测最大下沉深度，确定沉陷影响面积和程度。

b）分阶段预测评价范围内地表下沉值、水平移动、水平变形、曲率和倾斜变形最大值。

6.7.2.4 地表变形影响评价

a）定性说明沉陷后最终的地貌变化和总体趋势。

b）评价地表移动变形对建（构）筑物、公路、铁路、管线、堤坝等敏感目标的影响。

c）当煤田上部地表为不稳定山地地貌时，评价因沉陷变形可能发生的次生地质灾害风险和危害程度。

6.7.3 生态影响评价

6.7.3.1 评价方法

推荐的评价方法有系统分析法、质量指标法、景观生态学方法、类比法等。

6.7.3.2 评价内容

a）煤炭采选工程对主要土地利用类型、植被覆盖度与植被类型的影响，分析其影响范围及程度与生产力变化；重点关注耕地、基本农田、林地与草地，分析对农（牧）业经济及生态系统功能的影响。

b）煤炭采选工程对生态系统组成和功能的影响；有重要的生态敏感目标时，应对生物多样性和生态系统的稳定性进行分析。

c）分析煤炭采选工程导致的生态系统变化趋势，生态脆弱区应着重分析荒漠化、沙漠化与盐渍化发展趋势。

d）分析煤矿开采导致的居民搬迁等社会经济影响。

e）煤炭采选工程对地形地貌、生态景观的影响分析。

6.7.4 沉陷治理及生态综合整治

6.7.4.1 对受影响的建（构）筑物、公路、铁路、管线提出合理的保护措施。

6.7.4.2 提出居民搬迁安置计划与建议，简要分析安置点选址环境合理性；受首采工作面开采影响的居民，需搬迁的应在开采之前一次性搬迁，其他需要搬迁的居民应按开采时序合理安排搬迁时间。

6.7.4.3 对受采煤影响的重要地表水体，提出合理的保护措施。

6.7.4.4 对自然保护区、风景名胜区、文物保护单位、水源地等重要的保护目标，根据影响程度，应提出禁采、限采或其他保护措施。

6.7.4.5 对有可能出现的大型裂缝、滑坡、崩塌、泥石流等地质灾害提出防治措施。

6.7.4.6 根据现状调查、预测及评价结果，结合区域生态功能区划及环境保护规划要求，提出评价区的沉陷治理及生态恢复或重建措施和计划，并对措施计划的实施进度、投资估算和资金来源、保障机制进行说明。

6.7.4.7 对煤炭开采造成的生态损失提出补偿方案，估算补偿费用。

6.7.4.8 对于改扩建、技术改造项目应针对存在的环境问题，提出“以新带老”的治理及恢复措施。

6.7.5 附图

附分时段地表下沉等值线图、搬迁安置点示意图、生态综合整治规划示意图；涉及主要保护目标时，应附煤柱留设图。

6.8 声环境影响预测与评价

6.8.1 预测内容

预测场地厂界环境噪声、铁路专用线边界噪声、声环境敏感点噪声。

6.8.2 预测模式

按 HJ 2.4 及其他相关规范中的规定合理选取预测模式。

6.8.3 影响评价及措施

对厂界环境噪声及环境敏感点噪声进行影响预测及评价。制定合理可行的声环境治理措施，确保声环境敏感点环境噪声达标。

声环境评价范围内没有现状声环境敏感点而预测厂界环境噪声超标的，根据厂界环境噪声超标情况提出防护距离的要求。

6.9 清洁生产与循环经济分析

6.9.1 循环经济分析

应提出矿井水、疏干水、矿坑水、煤矸石、瓦斯、粉煤灰等的综合利用方案。

6.9.2 清洁生产分析

清洁生产评价参照 HJ 446 执行，分析清洁生产存在的问题，提出改进建议。

6.10 环境风险影响评价

6.10.1 风险源识别

根据煤炭采选工程的特点，环境风险类型主要包括煤矸石堆置场溃坝、露天矿排土场滑坡、瓦斯储罐泄漏引起的爆炸。

煤尘爆炸、井下瓦斯爆炸、井下突水、井下透水、地面崩塌、陷落、泥石流、地面爆破器材库爆炸等均属于生产安全风险和矿山地质灾害，煤炭建设项目均按照有关要求进行了专项评价，一般不再进行环境风险评价，必要时可以引用有关评价结论。

6.10.2 源项分析

源项分析可采用事故树分析和类比法确定最大可信事故及概率，可参照和利用经审批通过的矿山建设项目安全评价的有关成果。

6.10.3 风险影响分析

对最大可信事故造成的影响，分析影响范围、影响程度以及带来的环境损失、人员伤亡及经济损失。

6.10.4 风险管理

从预防和有效控制的角度，提出为减轻和消除事故对环境的危害，应当采取的减缓措施和应急预案。

6.11 公众参与

公众参与评价专题按《环境影响评价公众参与暂行办法》执行。考虑到煤炭行业的特点，调查范围应包括项目所在地相关部门并涵盖整个评价区域的居民代表，重点关注工业场地、首采区周边居民，调查样本应兼顾生态影响及污染影响。

6.12 环境经济损益分析

6.12.1 环保费用的确定

环保费用包括建设期用于环境保护的基本建设投入和运行期用于环境保护管理、治理、生态恢复、环境修复和环保设施运行的费用。

6.12.2 环境经济损益分析

估算煤炭开采造成的环境损失，计算年环境代价、环境成本和环境系数，采用费用效益法进行环境经济损益分析，说明所评价的建设项目在环境经济方面是否合理。

6.13 污染物总量控制分析

根据国家总量控制要求和行业特点，污染物排放总量控制因子为二氧化硫、COD；总量控制因子可根据国家环境保护规划及地方环境管理部门的要求及建设项目特点做适当调整。

总量指标应分析其可达性，明确总量指标来源，必要时提出削减或替代方案。

6.14 水土保持

涉及水土保持的建设项目，本节应明确项目所区在区域水土保持“三区”划分中的情况，预测项目水土流失量与危害，明确项目水土保持防治责任范围与防治目标，提出防治分区与各分区水土保持措施与监测方案，估算水土保持投资。附水土保持措施体系框图、措施布局图与监测布点图。

6.15 建设期环境影响分析

6.15.1 施工组织概况介绍。

6.15.2 建设期环境影响及防治措施。内容包括：建设期废水影响分析、施工废气及扬尘影响分析、施工噪声影响分析、固体废物影响分析、建设期生态影响分析，提出污染控制及生态恢复与治理措施。

6.16 环境管理与环境监测计划

6.16.1 环境管理

应提出建设期、运行期、闭矿期（必要时）的环境管理要求。

6.16.1.1 建设期环境管理

a）针对项目特点和建设计划，提出项目建设期在生态保护、施工占地、弃土排土等方面的环境管理要求。

b）针对项目特点与项目所在行政区域环境管理要求，可提出建设期环境监理具体要求。

6.16.1.2 运行期环境管理

根据项目具体特点，制定环境管理制度，提出运行期环境管理要求。

6.16.1.3 闭矿期环境管理

对开展闭矿期环境影响评价工作的项目，提出闭矿期环境管理要求。

6.16.2 环境监测计划

根据项目具体特点及周边环境条件，提出项目环境监测计划，包括监测机构与基本设备配置、环境监测计划内容。

6.16.3 竣工环境保护措施验收一览表

应明确给出项目环境保护措施一览表，明确竣工环境保护验收的内容和要求。

6.17 选址及规划符合性分析

6.17.1 产业政策符合性分析

以现行国家产业政策和环境保护政策为依据，进行符合性分析。

6.17.2 规划符合性分析

应分析拟建项目与矿区总体规划及规划环评、矿产资源规划、环境保护规划、土地利用规划、敏感环境保护目标的保护规划、城镇规划等相关规划的符合性。

6.17.3 选址选线合理性分析

结合建设项目实际情况，按照“地下决定地上，地下顾及地上”的原则，从矿区与城镇发展规划、环境敏感程度、环境影响、资源利用、公众参与等方面进行选址选线合理性分析并给出结论。包括工业场地、固体废弃物堆置场、排（取）土（渣）场选址，线性工程选线等。

6.18 评价结论

评价结论应包括以下基本内容：

a）建设项目概况。

b）建设项目所在区域的自然、社会及环境现状，说明存在的环境问题与主要生态制约因素，明确主要环境保护目标。

c）分建设期、运行期（某些项目还包括闭矿期）分别说明项目主要污染源及各环境要素的影响预测结果。

d）明确拟采取的主要污染控制措施及效果、沉陷治理及生态综合整治方案。项目污染物总量控制目标的可达性。

e）公众参与、清洁生产的主要结论。

f）建设项目环境可行性结论，说明与国家法规、环境保护政策、煤炭行业政策、建设项目所在地社会、经济与环境保护规划的一致性与协调性。

中华人民共和国环境保护行业标准

环境影响评价技术导则
陆地石油天然气开发建设项目

HJ/T 349—2007　2007 年 8 月 1 日起实施

1　适用范围

本标准规定了我国境内陆地石油天然气开发建设项目（以下简称建设项目）环境影响评价工作一般性原则、内容和方法。

本标准适用于我国境内陆地石油天然气田勘探、开发、地面工业基础设施建设及相关集输、储运、道路以及油气处理加工过程的建设项目。包括自油气井经各类站场，最终至处理厂的集输管线和油区道路。如果集输管网规模大、线路长，其环评工作技术内容还应符合管道运输建设项目环境影响评价的有关要求。如果油区路网规模大、线路长，其环评工作技术内容还应符合国家环保总局的相关技术要求。

2　规范性引用文件

本标准的内容引用了下列文件中的条款。凡是不注日期的引用文件，其有效本适用于本标准。

GB 3838—2002　地表水环境质量标准

GB 50027—2001　供水水文地质勘察规范

GB/T 3840—91　制定地方大气污染物排放标准的技术方法

GB/T 14158—93　区域水文地质、工程地质、环境地质综合勘查规范（比例尺：1∶50 000）

GB/T 14848—93　地下水质量标准

HJ/T 2.1—93　环境影响评价技术导则　总纲

HJ/T 2.2—93　环境影响评价技术导则　大气环境

HJ/T 2.3—93　环境影响评价技术导则　地面水环境

HJ/T 2.4—1995　环境影响评价技术导则　声环境

HJ/T 19—1997　环境影响评价技术导则　非污染生态影响

HJ/T 91—2002　地表水和污水监测技术规范

HJ/T 166—2004　土壤环境监测技术规范

HJ/T 169—2004　建设项目环境风险评价技术导则

DZ 55—87　城市环境水文地质工作规范

DZ/T 0133—1994　地下水动态监测规程

GJ 13—87　供水水文地质钻探与凿井操作规程

SH 3024—95　石油化工企业环境保护设计规范

SY/T 6276—1997　石油天然气工业健康、安全与环境管理体系

《建设项目环境保护分类管理名录》

《国家危险废物名录》（国环发〔1998〕89 号）

《关于规范环境影响咨询收费有关问题的通知》（计价格〔2002〕125 号）

《关于简化建设项目环境影响评价报批程序的通知》（环办〔2004〕65 号）

《关于加强环境影响评价管理防范环境风险的通知》（环发〔2005〕152 号）

《关于检查化工石化等新建项目环境风险的通知》（环办〔2006〕4 号）

《环境影响评价公众参与暂行办法》（环发〔2006〕28 号）

3　术语和定义

下列术语和定义适用于本标准。

3.1　石油天然气开发建设项目

包括石油天然气田勘探、开发、地面工业基础设施建设及相关集输、储运、道路以及油气处理加工过程的建设项目。

3.2　环境因素

各种天然的和经过人工改造的自然因素，主要包括：大气、水、土地、矿藏、森林、草原、野生动物、自然古迹、人文遗迹、自然保护区、风景名胜区、城市和乡村等。

3.3　环境敏感区域

主要指《建设项目环境保护分类管理名录》中所规定的特殊保护区，如自然保护区、风景名胜区、饮用水水源保护区、文物保护单位等；社会关注区，如居民住宅、医疗卫生、文化教育、科研设计、行政办公为主要功能的区域，具有特殊历史、文化、科学、民族意义的保护地等；以及石油天然气开发需关注的特征敏感区，如自然湿地、珍稀动植物栖息地等。

3.4 环境影响因素

石油天然气开采过程中影响环境的因素，主要包括：废水、废气、噪声、固体废物、占地以及各种临时、永久改变环境因素功能的施工活动。

3.5 勘探期

石油天然气开采过程中的物探、试采时期，布设少量探井的试验性开发工程，其工程内容包含建设项目全过程，特点是井数少，分布范围小，影响范围较小。

3.6 施工期

建设项目的钻井、井下作业、地面井场、站场、集输设施、道路、油气处理厂等建设时段为施工期。

3.7 运行期

建设项目的油气采集、油气集输、油气处理时段为其运行期。该时期包括修井过程。

3.8 闭井期

建设项目油气井服务期满后，停运、关闭、恢复土地使用功能时段为闭井期。

3.9 重复水

使用两次以上的水为重复水。

3.10 落地油

指石油天然气开采过程中由于非正常原因散落于地面的原油。

3.11 替代方案

为保护环境敏感区域、规避环境风险，相对于建设项目原井场设置、管线走向设计方案，提出的环境损失最小、抗风险能力强、费用合理的选址、选线方案。

3.12 HSE

健康、安全、环境的英文缩写。

4 一般规定

4.1 环境影响评价工作分类

4.1.1 建设项目环境影响评价工作分类，原则上执行《建设项目环境保护分类管理名录》中有关石油开采、天然气开采部分的规定。

4.1.2 对于未开展开发规划环境影响评价的建设项目应在勘探前编制勘探工程环境影响报告表，在初步环境现状调查和工程分析的基础上，回答建设项目与国家法律、法规和政策的相符性，明确建设项目选址的环境可行性，提出勘探期环境保护的基本要求。

4.1.3 对于已完成开发规划环境影响评价且该规划已获有关部门批准的石油天然气开发区块，在勘探期前可填写环境影响登记表并报环境保护行政主管部门批准。

4.1.4　开发方案确定后，根据《建设项目环境保护分类管理名录》中的规定，对建设项目施工期、运行期、闭井期的环境影响进行全面评价，编制石油天然气开发建设项目环境影响报告书（表）。

4.1.5　已开展过规划环评的建设项目，在编制报告书过程中，可直接引用规划环评中已完成的技术工作结论。

4.2　环境影响评价的工作程序及管理

4.2.1　建设项目环境影响评价的工作程序应按 HJ/T 2.1—93、HJ/T 2.2—93、HJ/T 2.3 —93、HJ/T 2.4—1995 的规定执行。按规定应编制环境影响报告书的，应先编制环境影响评价工作大纲或工作方案。对于符合《关于简化建设项目环境影响评价报批程序的通知》要求的建设项目，可直接编制环境影响报告书。

4.2.2　环境影响评价工作由项目总负责单位组织实施。总负责单位负责组织、协调各协作单位承担的各项专题和分工，保证环境影响评价的进度和文件质量；负责审核各协作单位的各项工作成果，对建设项目环境影响评价文件的综合评价结论负全面责任。协作单位分别对其承担的专题内容和结论负责。

4.3　环境影响因素及评价因子

建设项目的主要环境影响因素见表 1，主要评价因子见表 2。建设项目环评工作可根据自身特点及周围环境敏感性，从表 1、表 2 中筛选环境影响因素和评价因子，并根据油气组分特点适当补充其他特征评价因子。

表 1　建设项目环境影响因素一览表

影响因素 / 环境因素	施工期						运行期				
		废气	废水	固体废物	噪声	风险	废气	废水	固体废物	噪声	风险
	占地	钻机、车辆废气单井罐挥发的烃类等	钻井废水生活污水	落地油、钻井岩屑及泥浆等	施工车辆、钻机等噪声	井喷套外返水井漏	加热炉等烟气无组织挥发的烃类	生产废水及生活污水	油气集输、处理生产的废干燥剂、催化剂、油泥等	加热炉及机泵噪声	高 H_2S 气田井喷、管线泄漏、储罐泄漏装置爆炸等
环境空气											
地表水											
地下水											
声环境											
土壤											
植被											
动物											
其他											

表 2 建设项目环境影响评价因子一览表

环境空气	评价因子	SO_2	烟尘	NO_x	H_2S	总烃	非甲烷总烃
	现状调查						
	污染源调查						
	影响预测						
地表水	评价因子	COD	石油类	氨氮	硫化物		
	现状调查						
	污染源调查						
	影响预测						
地下水	评价因子	COD	总硬度	石油类	氨氮	硝酸盐氮	
	现状调查						
	污染源调查						
	影响预测						
声环境	评价因子	等效声级					
	现状调查						
	污染源调查						
	影响预测						
生态	评价因子	植被	动物	土壤	土地利用结构		
	现状调查						
	影响预测（分析）						

4.4 评价标准的确定

4.4.1 环境质量评价的标准应根据建设项目所在地区的要求执行相应环境要素的国家环境质量标准或地方环境质量标准。

4.4.2 污染物排放标准应执行地方污染物排放标准或国家污染物排放标准，应优先执行地方污染物排放标准，其执行标准应符合地方环境保护行政主管部门的要求。

4.4.3 当建设项目采用的环境保护标准国内尚未制定，在经地方环境保护行政主管部门书面同意后可参照执行国外的相关标准。

4.5 评价工作等级

4.5.1 环境空气、地表水、声环境、环境风险

按照 HJ/T 2.1—93、HJ/T 2.2—93、HJ/T 2.3—93、HJ/T 2.4—1995、HJ/T 169—2004 中的评价工作等级确定原则，确定环境空气、地表水、声环境、环境风险的评价工作等级。

4.5.2 地下水

4.5.2.1 划分原则

由于建设项目具有区块滚动开发的特点，因此，依据建设项目产生的生态影响范围、影响范围内的环境水文地质条件复杂程度、地下水环境敏感程度，将地下水影响评价工作级别划分为一、二、三级。

4.5.2.2 划分方法

建设项目地下水环境影响评价工作等级划分判据详见表 3。

表 3 建设项目地下水环境影响评价工作等级划分判据表

评价级别	建设项目生态影响范围	环境水文地质条件复杂程度	地下水环境敏感程度
一级	大	复杂	敏感
	中等	复杂	敏感
	大	较复杂	敏感
二级	大	较复杂	较敏感
	中等	较复杂	敏感
	小	复杂	敏感
三级	大	简单	不敏感
	中等	较复杂	不敏感
	小	简单	敏感

注：对于天然气田开发建设项目，可根据其与地下水环境关系的紧密程度的差异性，在确定地下水评价级别时可适度放宽要求。

4.5.2.3 影响范围、水文地质的复杂程度及地下水环境的敏感程度判别方法

4.5.2.3.1 建设项目生态影响范围划分方法

影响范围大≥100 km^2

影响范围中等 50～100 km^2

影响范围小≤50 km^2

4.5.2.3.2 环境水文地质条件复杂程度划分方法

环境水文地质条件的复杂程度分三类，划分判据见表 4。对以上分类中未予包括的水文地质类型，可按复杂程度相似性原则进行确定。

表 4　环境水文地质复杂程度划分判据表

分类	环境水文地质特征
复杂	处于区域地下水补给区，具有多层含水层结构，地下水含水层与地表水联系密切，不利于污染物的稀释、自净；区块内存在各种环境水文地质问题较多，且较突出
较复杂	处于区域地下水排泄区，含水层结构较稳定，层数不超过 3 层，含水层与地表水联系密切，与油田开发区块相关环境水文地质问题较多
简单	处于区域地下水排泄区或主要为承压水含水层区，现存环境水文地质问题较少、不突出，地下水与地表水力联系不密切

4.5.2.3.3　地下水环境敏感程度划分方法

地下水环境的敏感程度分三类，划分判据见表 5。

表 5　地下水环境敏感程度划分判据表

分类	地下水环境敏感特征
敏感	处于城镇生活集中供水水源地补给区和水源保护区，天然矿泉水带，优于Ⅲ类地下水水质的地区
较敏感	处于Ⅲ类地下水或Ⅳ类地下水水质区，使用功能主要是生产和零星生活供水
不敏感	处于Ⅴ类地下水水质的地区

4.5.3　生态

4.5.3.1　划分原则

根据建设项目的生态影响范围、主要生态现状及可能受影响程度，将生态影响评价工作级别划分为一、二、三级。

4.5.3.2　划分方法

4.5.3.2.1　区域性建设项目，按表 6 中所列的生态现状及可能受影响程度，选择 1～3 个方面，对应生态影响范围进行工作级别划分，如果项目生态影响多于 1 项，则选择其中评价级别最高的一项确定评价工作等级。

4.5.3.2.2　线状建设项目，根据沿线生态环境的不同，可参照表 6 中影响范围为 50～100 km^2 对应的评价级别进行评价。

表 6 生态影响评价工作级别划分判据表

主要生态现状及可能受影响程度 \ 评价工作等级 \ 生态影响范围		≥100 km²	50～100 km²	≤50 km²
生态系统	系统类型多样、地形地貌多样、稳定性强、结构复杂、环境异质性高	一	二	三
	系统类型单一、稳定性差、结构简单、环境异质性较低	二	三	/
重要生境	以原始、次生为主，不易恢复，完整性生境	一	二	三
	以人工生境为主，易于恢复，破碎性生境	二	二	三
区域环境	绿地数量减少，分布不均，连通程度差	二	三	/
	绿地减少 1/2 以上，分布不均，连通程度极差	二	二	三
水和土地	理化性质改变，土壤盐渍化	二	二	三
	理化性质恶化、土壤荒漠化	一	一	二
景观	影响持久性长，基本不可逆，影响难以控制	二	二	三
	影响持久性短，易控制和恢复	三	三	/
环境敏感区域		一	一	一

4.5.3.3 主要生态现状及可能受影响程度判别方法

4.5.3.3.1 主要生态现状及可能受影响程度宜采用定量方式表述。难以定量的生态影响变化程度可采取专家评估、历史图件综合比较、背景比较分析等方法确定。判定的依据是原始生态系统或次生生态系统的生产力是否降低、降低的范围和程度。

4.5.3.3.2 荒漠化的量化指标如下：潜在荒漠化的生物生产量为 3～4.5 t/（hm^2·a），正在发展的荒漠化为 2.9～1.5 t/（hm^2·a），强烈发展的荒漠化为 1.4～1.0 t/（hm^2·a），严重荒漠化为 0.9～0.0 t/（hm^2·a）。

4.5.3.3.3 水的理化性质变化依据 GB 3838—2002、GB/T 14848—93 和 HJ/T 19—1997 的相应规定进行判定。

4.5.3.3.4 土壤的理化性质变化要对照本类型土壤的背景值进行度量。

4.5.3.4 评价工作等级调整原则

可根据开发项目的性质、总投资和产值，区域环境的敏感程度，环境影响的程度、时空分布情况等，对评价的级别作适当调整，但调整幅度上下不应超过一级，调整结果应征得负责审批环境影响评价技术文件的环境保护行政主管部门同意。

4.6 评价范围及环境敏感目标

4.6.1 环境空气、地表水、声环境、环境风险

按照 HJ/T 2.1—93、HJ/T 2.2—93、HJ/T 2.3—93、HJ/T 2.4—1995、HJ/T 169 —2004 中规定的环境空气、地表水、声环境、环境风险的影响评价的工作等级确定评价范围。

4.6.2 地下水

以废水渗入地下与地下水发生水力、水质联系，经稀释扩散后，地下水水质可能达标的范围为地下水评价范围。

4.6.3 生态

4.6.3.1 确定原则

生态因子之间互相影响和相互依存的关系是划定评价范围的原则和依据。因此确定的生态影响评价的范围应保证评价区域与周边环境的生态完整性。

4.6.3.2 区域性建设项目

以影响区范围向四周外扩原则确定评价范围：

a）一级评价范围为建设项目影响范围并外扩 2～3 km（影响区边界涉及敏感区部分外扩 3 km）；

b）二级评价范围为建设项目影响范围并外扩 2 km；

c）三级评价范围为建设项目影响范围并外扩 1 km。

4.6.3.3 线状建设项目

以向线状两侧外扩原则确定评价范围：

a）一级评价范围为油气集输管线（油区道路）两侧各 0.5 km 带状区域为评价范围；

b）二、三级评价范围为油气集输管线（油区道路）两侧各 0.2 km 带状区域为评价范围。

4.6.4 附图要求

给出附有风向玫瑰图、环境敏感点的评价范围彩图，并标明比例尺。环境空气评价范围图中应标出环境空气监测点；地表水评价范围图应标出监测断面、水流方向、地表径流汇入口和污水排放口；地下水评价范围图应标出监测点位、地下水流向；生态评价范围图应以土地利用现状图为底图。

4.6.5 环境敏感目标

附图表说明评价范围内各环境因素的环境功能类别或级别，各环境因素敏感保护目标和功能，及其与建设项目的相对位置及距离。

4.7 环境影响评价专题设置

按本标准 1.4.2 节中规定编制环境影响报告书的建设项目，其环境影响评价工作一般应设置如

表 7 中所列评价专题；编制环境影响报告表的，应按负责审批的环境保护行政主管部门的要求设置评价专题。

表 7 建设项目环境影响评价专题设置一览表

序号	专题名称	专题设置要求
1	区域自然与社会环境概况调查	**
2	工程分析	**
3	清洁生产与循环经济分析	**
4	环境质量现状调查与评价	**
4.1	环境空气质量现状调查与评价	**
4.2	地表水环境质量现状调查与评价	*
4.3	地下水环境质量现状调查与评价	*
4.4	声环境质量现状调查与评价	*
4.5	生态现状调查	**
5	环境影响预测与评价	**
5.1	环境空气影响预测与评价	**
5.2	地表水环境影响预测与评价	*
5.3	地下水影响预测与评价	*
5.4	声环境影响预测与评价	*
5.5	固体废物环境影响分析	*
5.6	生态影响预测与分析	**
6	环境风险评价	**
7	公众参与评价	**
8	环境保护措施论证分析	**
9	污染物排放总量控制分析	**
10	替代方案及减缓措施	*
11	环境影响经济损益分析	**
12	HSE 管理体系及环境监控	**
13	环境可行性论证分析	**

注：** 必须设置；

* 根据建设项目内容和开发区域环境特征按本节的规定选择设置。

——如果建设项目不向地表水体排放污水，可不设地表水环境现状调查与评价及影响预测与评价专题；或视其具体情况，只设置地表水环境现状调查与评价专题。

——按本标准 4.4 节判别方法规定，建设项目对地下水影响范围中等以下（含中等）、影响范围内水文地质的复杂程度简单且不敏感，可不设地下水环境现状调查与评价及影响预测与评价专题；或视其具体情况，只设置地下水环境现状调查与评价专题。

——如果建设项目评价区域内无声环境保护敏感点，可不设置声环境影响现状评价及预测与评价专题，只进行厂界达标分析。

——未建集中工业固体废物填埋场（不含钻井泥浆储池）的建设项目，可不设置固体废物环境影响分析专题。

——对于选址、选线合理可行、存在零替代方案的建设项目，可不设置替代方案及减缓措施专题。减缓措施可并入环境保护措施论证分析专题。

5　区域自然与社会环境概况调查

5.1　内容和重点

应重点调查了解以下内容：

——自然环境概况：

a）地质、地貌；

b）气象、气候；

c）水文；

d）水文地质；

e）土壤类型与植被分布；

f）野生动物分布；

g）周围自然遗迹、自然保护区的分布情况等。

——社会环境概况：

a）地区经济发展状况；

b）居住区、企事业单位及人口分布；

c）土地利用状况；

d）相关的文物保护遗址分布等。

——相关产业政策及地方区域发展规划；

——环境功能区划及生态功能区划等。

5.2　调查方法

现场踏查、相关部门走访、收集已有资料及图件（如水系图、植被分布图、土地利用图、环境功能区划图等）。

6 工程分析

6.1 内容和重点

a）调查了解建设项目概况，包括项目名称、建设地点、建设性质、生产规模、工程组成内容、占地面积、油气田储藏特征、地质构造、开发方案、地面基础设施建设方案，并给出区域位置图。

b）调查了解建设项目依托的现有工程概况，并对建设项目进行工程分析。建设项目一般包括施工期、运行期、闭井期三个时期。

1）施工期、运行期主要包括钻采、集输、处理三个过程，是对环境造成影响的主要时期。

2）闭井期主要是环境功能恢复时期。由于建设项目在实施时，勘探过程已经发生，因此，工程分析应对勘探期进行回顾调查分析，并以施工期、运行期为重点，进行环境影响因素及产污环节分析，量化环境影响因素和评价因子。闭井期侧重于环境保护措施分析。

6.1.1 现有工程分析

对于涉及（依托）现有工程的建设项目，应调查了解并说明现有（依托）工程的情况，主要包括以下内容：

——井网布设及产能情况；

——油气集输设施的规模、实际集输量及工艺方法；

——油气处理设施的规模、实际处理量及工艺方法；

——现有工程的“三废”排放情况（列表给出，表中列出评价标准规定指标；固体废物给出主要成分、按《国家危险废物名录》要求的分类及编号）；

——污染防治设施的规模、实际处理量及工艺方法、实际运行效果（进出口指标、去除效率）；

——采用标准指数法对污染源进行达标排放分析；

——现存的环境保护问题（说明已运行井场是否存在套外返水、漏油问题，油气集输站场及管线是否存在集输管线腐蚀泄漏问题、油气处理厂及其环保设施处理能力是否满足要求等）；

——按表 8 形式核定出现有工程的污染物产生总量、削减总量、排放总量。

表 8 现有工程污染物排放总量表

类别	名称	生产量（t/a）	消减量（t/a）	排放量（t/a）	备注
废气	废气量				单位：万 m^3/a
	SO_2				
	烟尘				
	NO_x				
	H_2S				

类别	名称	生产量（t/a）	消减量（t/a）	排放量（t/a）	备注
废气	总烃				
	非甲烷总烃				
	其他				
废水	废水量				单位：万 m^3/a
	COD				
	石油类				
	氨氮				
	硫化物				
	其他				
固体废物	落地油				
	其他				

6.1.2 勘探期回顾

调查勘探期的探井布设、原辅材料及公用工程消耗、勘探过程、土地利用及“三废”排放量，以及已经对环境造成的影响，查找遗留的环境保护问题。

6.1.3 建设项目工程分析

6.1.3.1 施工期

6.1.3.1.1 钻井部分

a）调查并描述钻井、井下作业采用的工艺方法，重点调查钻井工艺过程中保护地下水含水层的措施；

b）调查并列表给出原辅材料及公用工程消耗量及来源、原辅材料的主要成分及物理化学性质。

6.1.3.1.2 集输部分（主要包括集输站场、管线、阀室）

a）调查管线布设走向及站场（阀室）布设位置，给出管线走向及站场（阀室）位置图；

b）调查并列表说明管线穿越或跨越交通路线、河流、隧道的次数，穿越交通道路的等级、河流的大小等；

c）调查并列表说明不同地段管线的敷设方式及工艺，包括开挖方式、选材、抗震、防腐等工艺措施等。

6.1.3.1.3 道路部分

a）调查并说明道路、路网布设情况，附道路、路网布设图；

b）调查并列表给出道路穿越的环境敏感点或区域；

c）调查并说明道路的修建方式。

6.1.3.1.4　场地布置及土地利用

a）调查并说明井场、站场、处理厂分布及站场、处理厂平面布置情况，给出站场、处理厂平面布置图（标注方向和比例尺）；

b）调查并列表给出建设项目永久、临时占用土地的数量、类型、土石方量以及拆迁数量。

6.1.3.1.5　环境影响因素及产污环节分析

分析施工期环境影响因素及废水、废气、固体废物、噪声的产生环节，给出生产过程的示意图，图中标出环境影响因素及产污环节。列表给出“三废”排放情况，表中须列出评价标准规定指标及预测所需的相关参数。

a）废气污染源表中列出：每个污染源的废气排放量（m^3/h），其中各种污染物的排放浓度（mg/m^3）、速率（kg/h）、排气筒（烟囱）高度（m）、内径（m）、排气温度（℃）、排放规律（连续、间断；间断排放的，要给出单位时间内排放次数，每次持续时间）、排放去向；对于无组织废气排放源只需给出污染物的全年排放总量（t/a）；

b）废水污染源表中列出：每个污染源的废水排放量（m^3/h），其中各种污染物的排放浓度（mg/L）、排放规律（连续、间断；间断排放的，要给出单位时间内排放次数，每次持续时间）、排放去向；

c）固体废物污染源表中列出：固体废物的名称、主要成分、按《国家危险废物名录》要求的分类及编号、处理处置方式；

d）噪声污染源表中列出：噪声设备名称、型号及参数、数量、声功率级（或 1 m 处噪声级），安装地点、噪声控制措施。

6.1.3.2　运行期

6.1.3.2.1　原辅材料、公用工程消耗及来源

调查并列表给出集输部分（含单井罐）、处理、修井作业部分等原辅材料、公用工程消耗量及来源，调查并列表给出原辅材料的主要成分及物理化学性质。

6.1.3.2.2　工艺过程

a）调查并描述油气的集输工艺过程及各类型阀室、站场的工艺过程，给出集输工艺流程图及各类型阀室、站场工艺流程图，图中标出“三废”排放点；

b）调查并描述油、气处理工艺过程，给出工艺流程图，图中标出“三废”排放点。

c）调查并描述修井工艺过程。

6.1.3.2.3　给排水平衡及硫平衡

对于原油处理工程，调查用水、采出水、排水、回注水平衡情况，给出水平衡图或表；对于天然气脱硫处理工程，调查天然气中硫元素的流向分布情况，并分析硫元素在天然气处理过程流

入、流出的平衡情况，给出硫平衡图或表。

6.1.3.2.4 产污环节分析

分析油气集输、处理、修井等过程的废水、废气、固体废物、噪声的产生环节，列表给出“三废”排放情况。表中列出评价标准规定指标、预测所需的相关参数、排放去向；固体废物给出主要成分、按《国家危险废物名录》要求的分类及编号。

6.1.3.3 拟采取的环境保护措施

调查并简要介绍建设项目拟采取的，包括闭井期的以及解决勘探期遗留问题的环境保护措施，主要包括以下内容：措施名称、方法、工程量、效果。

6.1.3.4 达标排放分析

采用标准指数法对废气、废水污染源进行达标排放分析，对于未做到达标排放的污染源，提出进一步的技术经济可行的治理措施。

6.1.3.5 污染物排放总量核定

按表 8 形式核定出建设项目施工期、运行期在满足清洁生产、达标排放的前提下污染物产生总量、削减总量、排放总量。

6.2 方法及要求

6.2.1 方法

6.2.1.1 通过收集资料及现场监测对现有工程进行调查；

6.2.1.2 通过现场调查、资料收集、监测进行勘探期的回顾分析；

6.2.1.3 建设项目本身的工程分析方法主要采用收集工程设计资料、物料衡算、燃料衡算、经验公式计算、同时类比同类工程已有污染源监测数据的方法量化污染因子排放量。对于建设项目对生态影响，主要通过了解建设项目建设方案、施工方案、现场实地调查受影响的环境因素的方法，量化其对环境的影响，主要包括占地类型及数量、土石方量、拆迁量等。

6.2.2 要求

本标准工程分析内容是基于建设项目可能涉及的全部工程内容。但在油气田不同的开发阶段，开发方案可能不一定完全包括勘探、钻井、道路修建、采油、集输、处理、修井全部过程，因此，具体的建设项目的工程分析应做到结合其工程内容突出重点、分清层次。

修井过程为运行期的井下作业过程，其作业性质、施工方法、管理方法、“三废”产生过程及治理方法均与施工期的钻井及井下作业相近。因此，为便于管理，使报告书更具有实用性，可将修井过程与施工期的井下作业一起进行工程分析。

7 清洁生产与循环经济分析

7.1 工艺技术选择合理性分析

从采用工艺技术与设备的先进性与合理性、使用原辅材料的清洁性等方面分析钻井、井下作业、油气集输、处理工艺技术选择的合理性及技术先进水平。

7.2 清洁生产措施

调查并详细说明建设项目从钻井至油气采出、处理加工全过程采取的清洁生产措施，分析其效果。

7.3 清洁生产技术指标

给出钻井及井下作业过程、油气处理过程的以下量化指标：

——钻井及井下作业过程。

a）钻井井场占地面积（m^2/井）；

b）钻井废弃泥浆（t/100 m 标准进尺）；

c）钻井泥浆循环率（%）；

d）落地油产生量（t/井）；

e）落地油回收率（%）。

——油气处理过程。

a）油气处理耗新鲜水（m^3/t 标准油气）；

b）水的重复利用率（%）；

c）油气处理综合能耗（kg 标煤/t 采出液或采出气）。

根据油、气田自身特点，选择上述可对比的指标与同类项目（钻井及井下作业过程主要考虑同类地区，油气处理过程主要考虑同水平规模、油气组分类似）进行对比，分析其先进生产水平。

7.4 循环经济分析

从企业或区域内的清洁生产技术、资源重复利用、“三废”治理及综合利用方面，分析建设项目实施循环经济的途径和效果。

7.5 标准油气当量、标准钻井进尺污染物产生量折算系数及水的重复利用率计算方法

7.5.1 标准油气当量

根据原油和天然气的热值折算而成的油气产量，本标准规定：1 255 m^3 天然气＝1 t 原油。

7.5.2 标准钻井进尺污染物产生量折算系数

根据不同井深和钻井产生的污染物量折算系数，折算出标准钻井进尺污染物产生量，本标准规定的折算系数见表 9。

表 9　钻井污染物产生量折算系数

钻井进尺（m）	系数
≤2 000	0.8
2 000～3 000	1
3 000～4 000	1.2
≥4 000	1.5

7.5.3　水的重复利用率

水的重复利用率（%）＝重复水用量/（新鲜水用量＋重复水用量）×100

8　环境质量现状调查与评价

建设项目具有分布范围较广、环境影响由点集面的特点，因此，在环境质量现状调查与评价中，应做到点上调查，面上综合分析，点面结合。

8.1　环境空气

按 HJ/T 2.2—93 中规定，在充分收集、利用已有的有效数据前提下，进行环境空气质量现状监测、评价。对存在的超标问题，分析原因。

8.2　地表水

结合建设项目排水特点及建设项目区域地表径流的特点，按 HJ/T 2.3—93 中的规定，在充分收集、利用已有的有效数据前提下，对受纳水体进行布点、监测、评价。对存在的超标问题，分析原因。

8.3　地下水

8.3.1　环境水文地质调查

8.3.1.1　调查内容

——地貌特征、地质构造、地层岩性及主要外动力地质现象；

——包气带岩性、结构、厚度；

——含水层的岩性组成、厚度、渗透性和富水性；隔水层的岩性、结构、厚度、渗透性；

——地下水类型、水动力特征、地下水水位、水质、水量、水温及地下水补给、径流和排泄条件。

8.3.1.2　原则与方法

——遵循重点关注有供水意义的含水层的原则。

——资料搜集与现场调查、试验相结合、本区调查与类比考察相结合。以搜集利用现有资料为主，当现有资料不能满足环境影响评价要求时，进行现场调查或勘探试验。

——环境水文地质调查精度一般应满足 1∶50 000。其调查点总数，应根据当地水文地质条件复杂程度确定。在调查区内允许存在不同的工作精度，但总体上应能满足评价和预测拟采用的方法或模型所需资料或参数确定的精度要求。

——调查点以现有生产井、地下水天然露头、地表水体、主要现状环境水文地质问题以及对于确定边界条件有控制意义的地点为主。

——对环境水文地质条件复杂而又缺少资料、地下水评价等级确定为一级的地区，应根据环境水文地质条件复杂程度和环境水文地质问题的性质，分别采用钻探、物探以及水土化学分析和室内外测试、试验等手段开展调查工作，具体工作方法参见有关规范。

——环境水文地质试验项目通常有抽水试验、注水试验、渗水试验、浸溶试验、土柱淋滤试验、弥散试验、潜水水量垂直均衡试验、流速试验（连通试验）、地下水含水层储能试验等，有关试验原则与方法见附录 C。在地下水环境影响评价工作中可根据评价等级及资料占有程度等实际情况选用。

8.3.2 地下水环境质量调查

8.3.2.1 监测点布设

8.3.2.1.1 建设项目对地下水环境产生污染影响主要表现在以下几方面：

a）油气采集、加工处理过程中产生的生产、生活废水，排入沟渠、湖库，经渗漏污染地下水；采用土地处理系统处理废水对地下水产生污染。

b）石油勘探、采油和运输储存过程中的跑、冒、滴、漏油对土壤、地下水的污染。

c）采油井、注水井、废弃油井、气井套管腐蚀破坏和固井质量问题产生的套外返水、返油对地下水环境的污染。因此监测布点重点选择上述所提及的、受建设项目影响处及周围进行布点。

8.3.2.1.2 根据陆相油田沉积盆地特点，一般都具有多层叠置的含水层，因此地下水监测点布设：

a）一级评价地下水水质监测点不得少于 9 个，并控制评价区各个含水层；

b）二级评价地下水水质监测点不得少于 7 个，并控制有供水意义和已开采的含水层；

c）三级评价地下水监测点不得小于 5 个点，主要控制上部和已开采含水层。一般要求上游不得少于 1 个点，下游影响区的地下水监测不得少于 2 个点。

8.3.2.2 监测因子根据建设项目的排水特点及 GB/T 14848—93 的要求，监测因子一般可选为：

—— pH、总硬度、溶解性总固体、COD、高锰酸盐指数、石油类、氨氮、硝酸盐氮、亚硝酸盐氮、挥发酚。

——根据油藏特征，可适当补充铁离子、锰离子、Cl^-、S^{2-}等。

8.3.2.3 监测时间和频率

a）一级评价应在枯、丰水期分别进行采样监测；

b）二级评价应至少采样监测一个地下水水期；

c）三级评价可根据评价工作进度适时安排监测，不受地下水水期限制。

8.3.2.4 监测结果统计与评价按 GB/T 14848—93 要求进行。

8.4 声环境

按 HJ/T 2.4—95 中的规定，在充分收集、利用已有的有效数据前提下，对声环境进行布点、测量、评价。对存在的超标问题，分析原因。

8.5 生态

8.5.1 生态系统调查

调查并介绍评价范围内生态系统类型、结构、分布等。说明各类型生态系统的分布情况，包括分布面积、占评价区总面积的比例等，附土地利用现状图。调查介绍评价范围内的生态功能区划，有否自然保护区、风景名胜区，如有应说明其类型、级别、范围及主要保护对象等。

对于一级评价要调查并说明重大资源环境问题及其产生历史。

建设项目一般涉及的生态系统包括：森林、草原、荒漠等生态系统和农田生态系统、水域生态系统、湿地生态系统。

8.5.2 生态因子调查

8.5.2.1 森林、草原、荒漠等生态系统

调查介绍植被类型、数量及分布，附植被分布图。野生动物种类及分布。珍稀动植物种类、种群规模、生态习性、种群结构、生境条件及分布、保护级别与保护状况等。

进行一级评价时，应进行评价区域内敏感区的生物量调查或实测，调查敏感区内的自然系统生产能力和稳定状况，附资源分布图（以下均同）。

8.5.2.2 农田生态系统

——调查并介绍土地资源的自然历史及利用现状（包括基本农田分布情况）；主要生态环境问题（包括自然灾害）；农作物类型及分布、生长情况；土壤肥力及作物的单产量。

8.5.2.3 水域生态系统

——调查并介绍水域浮游动植物、底栖生物、水生高等植物的种类、数量、分布；鱼类区系组成、种类、产卵场；珍稀水生生物种类、种群规模、生态习性、种群结构、生境条件与分布、保护级别与保护状况等。

8.5.2.4 湿地生态系统

——调查并介绍湿地生态系统的类型、特点、基本结构和功能、湿地的面积、水文、气候等自然地理特征，湿地动植物的种类、种群数量、生境基本状况、生物多样性、湿地资源利用和开发现状及保护对策等。

8.5.2.5 土壤

调查评价区域内土壤类型及其分布、理化性质，一级评价附土壤类型分布图。

8.5.2.6 水土保持状况

调查评价区域水土流失现状，包括水土流失面积、强度、成因、水土流失治理措施及治理效果等。

8.5.3 生态评价

在上述调查基础上，对生态系统及生态因子进行定性评述或定量评价。如植被覆盖率、生物量、物种多样性、土壤理化指标进行定量评价。

一级评价应对评价范围内敏感区生态系统重大资源环境问题及产生历史、生态系统的完整性、稳定性、抗干扰能力及其发展趋势做出评价。

8.5.4 调查、评价方法与评价要求

8.5.4.1 调查方法

——收集现有资料及历史资料。收集农、林、牧、渔业资源管理部门的政策文件、资源管理档案资料、专业研究机构研究成果，以及该区域近期完成的《环境影响报告书》。

——野外调查、室内测定。植被的类型和分布情况需要进行现场实地样方调查；对于生态系统的生产力的调查，必要时需要现场采样、实验室测定。

——对于需编制《水土保持方案报告书》的建设项目，可引用建设项目《水土保持方案报告书》资料。

——一级评价应采用“3S”技术。收集遥感资料，建立地理信息系统，并进行野外定位验证。

8.5.4.2 评价方法

生态现状评价可以应用定性与定量相结合的方法进行。常用的方法有：图形叠置法、系统分析法、生态机理分析法、景观生态学法等（具体方法参见 HJ/T 19 附录 C）。

8.5.4.3 评价要求

本标准规定的生态调查与评价内容是基于建设项目可能涉及的生态系统，但建设项目不一定涉及本标准所列的所有生态系统，因此生态现状调查与评价时应结合区域环境特点，做到突出重点、分清层次。

9 环境影响预测与评价

建设项目的环境影响具有由点集面、范围较广的特点，因此在以下专题的预测评价及影响分析中，应做到点上解剖分析，面上综合分析，点面结合，充分全面地进行预测与影响分析。

9.1 环境空气

9.1.1 污染气象

按 HJ/T 2.2—93 中规定，收集评价区域内的地面气象资料。

9.1.2 环境影响预测与评价

9.1.2.1 预测因子

根据工程分析结果，选择建设项目排放的、等标排放量较大的、当地污染较严重的废气污染物进行影响预测。

9.1.2.2 预测内容

按 HJ/T 2.2—93 中规定确定环境空气影响预测内容。

9.1.2.3 预测方法

采用 HJ/T 2.2—93 中规定的方法。

9.1.2.4 预测评价

采用选择的预测方法，对建设项目废气污染物进行影响预测，采用标准指数法对预测结果进行评价，并进行影响分析。

9.1.2.5 按 GB/T 3840—91 要求，计算并规定各（井）站场、处理厂、联合站、天然气净化厂的卫生防护距离。

9.1.2.6 制定环境空气保护对策，反馈给环境保护措施。

9.2 地表水

9.2.1 预测因子

根据建设项目特点，可主要选择 COD、石油类进行影响预测，同时可结合当地地表水环境特点进行适当筛选预测因子。

9.2.2 预测内容

按 HJ/T 2.3—93 中规定确定地表水环境影响预测内容。

9.2.3 预测方法

采用 HJ/T 2.3—93 中规定的方法。

9.2.4 预测评价

采用选择的预测方法，对建设项目废水污染物进行影响预测，采用标准指数法对预测结果进行评价，并进行影响分析。制定地表水环境保护对策，反馈给环境保护措施。

9.3 地下水

9.3.1 预测点布设

9.3.1.1 已有或拟建的地下水供水水源区；

9.3.1.2 有代表性的地下水长期监测井点；

9.3.1.3 受影响的地下水下游地段；

9.3.1.4 地下水环境影响的敏感地段（如湿地、居民集中生活水源地等）；

9.3.1.5 可能造成不良环境水文地质问题的主要地段；

9.3.1.6 其他需要重点保护的地段。

9.3.2 预测模式选择

9.3.2.1 定解条件简单、明确，而且在已取得足够的水文地质资料和弥散参数资料时，可采用解析模型或数值模型进行水质预测。

9.3.2.2 含水层的边界条件、结构和水文地球化学条件比较复杂，难以确定源汇项和求得弥散参数时，可采用径流函数法、水动力渗流网法等近似的水质模型加修正的方法进行预测。

9.3.2.3 当影响水质的随机因素较多而又有较长时间的实测数据系列时，可采用回归分析、趋势外推、时序分析等随机模型进行水质预测。

9.3.3 地下水污染模型概化

地下水污染渗流场条件概化应根据当地水文地质条件和拟选用的水质预测模式确定。采用地下水动力学模式预测污染物在含水层中的扩散时，通常对下列条件进行假定或概化：

——污染物进入地下水对渗流场没有明显的影响；

——污染物在地下水中的运移按“活塞推挤”方式进行，且污水与洁净水之间的分界线接近于垂直；

——预测区内含水层的基本参数（如渗透系数、有效孔隙度等）不变或变化很小。常用地下水水质模型可参见附录D。

9.3.4 预测评价

采用选择的预测模式，对建设项目废水污染物进行地下水影响预测，预测值与背景值叠加后与标准对比，评价其是否满足标准，并进行影响分析。

——一级评价须采用数值法；二级评价中水文地质条件复杂时应采用数值法，水文地质条件简单时可采用解析法；三级评价可采用回归分析、趋势外推、时序分析和类比预测分析法。

——采用数值法或解析法模型时，数值法或解析法模型结构形式和参数数值确定之后，还必须通过利用独立于识别模型的评价区地下水水位水质长期监测数据验证后，模型才能用于预测。

——采用类比预测分析法时，类比预测分析的对象与拟建预测对象之间，应满足如下要求并给出具体的类比条件：

a）二者环境水文地质条件、水动力场条件相似；

b）二者工程特征及对地下水环境的影响具有相似性。

c）在一级评价中对地下水有重大影响的建设项目，水质模型中的弥散参数须通过现场试验获取。

9.3.5 含水层参数值的确定

9.3.5.1 地下水水量（水位）预测所需用的含水层渗透系数、导水系数、释水系数、给水度等参数值，应从评价区以往水文地质勘查成果资料中选定，或根据相邻地区和类比区最新勘查成果资料确定。

9.3.5.2 评价区内缺少可直接利用的参数值时，选择有代表性的机、民井，开展抽水、注水等试验，求取所需参数值，评价等级较低时，可选用经验值。

9.4 声环境

按 HJ/T 2.4—1995 中的规定，对声环境进行影响预测与评价，并进行影响分析。制定声环境保护对策，反馈环境保护措施。对于声环境较简单的建设项目，该项工作可适当简化。

9.5 固体废物环境影响分析

按“减量化、资源化、无害化”的原则，对建设项目产生的固体废物进行环境影响分析。

对建设项目产生的固体废物按《国家危险废物名录》进行分类，分析其处置方式的可行性和合理性，尤其要注重对土壤、植被和水体可能产生的影响进行分析。其处置方式最终必须符合《中华人民共和国固体废物污染环境防治法》规定。

未建集中工业固体废物填埋场（不含钻井泥浆储池）的建设项目，可不列该专题。应将对土壤、植被和水体可能产生的影响分析列入相应的评价专题。

9.6 生态

9.6.1 预测内容

9.6.1.1 森林、草原、荒漠等生态系统

——预测永久及临时占用土地造成生态系统中各类型植被分布及数量的变化，包括植被覆盖率、种群数量、生物量等；

——预测野生动物生境变化及建设项目生产活动对各类野生动物生存及活动造成的影响。当所占用的土地与某珍稀濒危物种的栖息地有重合，应分析论证对该物种的生存所造成的影响及未来生存趋势；

——对于沿集输管线敷设、油区道路建设施工区，应分析引发的生境切割影响。

9.6.1.2 农田生态系统

预测永久及临时占用耕地造成生态系统中农业用地结构的变化，预测农作物产量及农业产业结构的变化。

9.6.1.3 水域生态系统

预测并分析建设项目废水对水域生态环境带来的理化性质及水域生态系统的可能改变。

9.6.1.4 湿地生态系统

——预测并分析永久及临时占用土地造成湿地生态系统各类型植被分布及数量的变化，包括植被覆盖率、种群数量、生物量等；

——预测并分析建设项目废水对湿地生态系统水体带来的理化性质改变；

——预测野生动物生境变化，分析建设项目生产活动对各类野生动物的生存及活动造成的影响。重点分析对濒危珍稀的物种的种群数量及生存所带来的影响。

——对于工程扰动土地面积较大的集输管线敷设工程、油区道路建设工程，应作水土流失影响预测；

——一级评价以“3S”技术为依托，对土地利用状况、土地荒漠化、植被覆盖状况、生物量、生物多样性以及生态系统稳定性进行综合分析预测，分析建设项目实施后，评价区域生态环境功能是否符合当地生态功能区划要求。

9.6.2 预测方法

生态影响预测一般采用类比分析、生态机理分析、景观生态学方法进行分析与描述，也可以辅之以数学模拟进行预测（具体方法见 HJ/T 19 附录 C)。

9.6.3 预测与评价要求

本标准规定的生态影响预测与生态现状调查结果相对应，并结合区域环境特点，做到突出重点、分清层次。

10 环境风险评价

建设项目的风险识别、源项分析、后果计算、风险计算和评价、风险管理等除按 HJ/T 169—2004 中规定执行外，还应满足国家环保总局《关于加强环境影响评价管理防范环境风险的通知》和《关于检查化工石化等新建项目环境风险的通知》中与本行业有关的具体技术要求。根据建设项目的特点，按钻井、集输、处理等工艺过程进行环境风险评价，加强对井喷、套外返水、井管破损及集输管线泄漏、储罐及处理装置发生火灾及爆炸的风险计算、评价和管理，重点提出具体环境风险应急防范措施和制定应急预案，防止风险事故对周围环境敏感点造成次生污染。

11 公众参与评价

建设项目公众参与评价在满足本标准所规定要求外，必须执行《环境影响评价公众参与暂行办法》中的规定和要求。

11.1 公众参与的对象

公众参与的对象包括：有关单位，即位于建设项目环境影响（含风险事故）范围内的单位和社区组织及其他组织，特别是与建设项目存在相关利益或承担环境风险的单位和社区组织及其他关心项目建设的有关组织；专家，即熟悉建设项目所属行业专家、熟悉相关环境问题及所需要的其他特定专业的专家和关心项目建设的有关专家；公众，具有完全行为能力的有关自然人，包括直接受影响的人、预期要获得收益的人和其他关注项目建设的人。

根据建设项目周围单位、人口分布特点，充分注意公众意见调查的广泛性与代表性。建设项目周围单位、人口分布较多，应以直接受影响的单位和公众为主。直接受影响的调查人数不应低于调查总人数的 70%，应列出公众意见调查主体对象的名单及其基本情况。如果建设项目周围无直接受影响的单位和个人，则公众参与对象主要是行业专家和关注项目建设的公众及有关部门。

11.2 公众参与的形式

公众意见调查可根据实际需要和具体条件，采取举行论证会、听证会或者其他形式，如会议讨论、座谈，建立信息中心如设立网站、热线电话和公众信箱，新闻媒体发布，以及开展社会调查如问卷、通信、访谈等。通过上述方式征求有关单位、专家和公众的意见。

11.3 公众意见调查的实施

11.3.1 告知公众建设项目的有关信息：包括建设项目概况、清洁生产水平、可能产生的主要环境影响、拟采取的环境保护措施及预期效果、对公众的环保承诺等，可针对征求意见对象的不同对上述告知信息的深度和内容进行调整。

11.3.2 发布征求意见的内容：包括对建设项目实施的态度、对项目选址的态度、对项目主要环境影响的认识及态度、对项目采取环境保护措施的建议、对项目拆迁和扰民问题的态度与要求等。

11.3.3 发放公众意见调查表的份数应以建设项目所在区域或沿线区域居民点的数量而定，一般以 50～100 份为适宜。

11.3.4 公众代表参加听证会或论证会的人数以 20 人左右为适宜，特殊情况可增加人数。组织召开公众代表听证会不限次数，以达到满足大多数公众合理要求为止。

11.4 调查结果的分析和处理

对所征求意见，按征求意见的条款分别按“有关单位、专家、公众”进行归类与统计分析，并在归类分析的基础上进行综合评述。对每一类意见，均应进行认真分析、明确采纳或不采纳并说明理由。

12 环境保护措施论证分析

按《建设项目开发方案》中拟采取的环境保护措施和报告书所提的环境保护措施两个层次在

经济合理、技术可行两方面进行分析，环境保护措施论证目的是：解决《建设项目开发方案》提出的环境保护措施存在的问题，完善建设项目的环境保护措施，进一步预防或减缓不良环境影响。上述每个层次包括以下内容。

12.1 污染防治措施

（1）废气污染防治措施

建设项目的废气污染防治措施主要有：

——减少烃类损失的油气集输的密闭流程及储存原油的浮顶罐；

——使用减少烟尘、二氧化硫排放的清洁燃料（脱硫天然气）；

——减少恶臭硫化氢的天然气脱硫净化设施；

——无组织排放的烃类气体收集焚烧设施；

——气田伴生 CO_2 的综合利用及回注；

——其他管理措施。

对建设项目采取的废气污染防治措施给出投资、运行费用，计算出减少物料损失产生的收益。同时介绍工艺方法，对可作为独立单元的环保措施给出工艺流程示意图及设计指标（进出口指标、效率等），分析其技术经济可行性。

对依托原有设施，从原设施运行效果及可承受的负荷可行性进行技术分析。

（2）废水污染防治措施

建设项目的废水污染防治措施主要有：

——钻井废水处理设施；

——含硫等废水（气田采出水）处理设施；

——含油废水（油田采出水，包括高含盐废水）处理设施；

——生活污水处理设施；

——废水回注措施（包括高含盐废水回注措施）；

——其他处理设施。

对建设项目采取的废水污染防治措施给出投资、运行费用，计算出回收物料产生的收益。同时介绍工艺方法、对可作为独立单元的环保措施给出工艺流程示意图及设计指标（进出口指标、效率等），分析其技术经济可行性。对依托原有废水治理设施，从原设施运行效果及可承受的负荷可行性进行技术分析。

（3）固体废物处置措施

对建设项目产生的固体废物如钻井过程产生的钻井泥浆、废岩屑、落地油、生活垃圾等，集输管线敷设时产生的弃渣，天然气脱水时产生的废分子筛、天然气净化硫回收时产生的废催化剂、污水处理产生的油泥（或污泥）等，须按《中华人民共和国固体废物污染环境防治法》及相关标准的有关规定，对照《国家危险废物名录》要求进行分类，根据减量化、资源化、无害化原则，分别提出处理或处置措施，重点提出控制产生落地油的严格措施。

给出固体废物处置设施的一次性投资，对生产运行时产生的固体废物，给出处置费用；对于外委处理处置的危险废物，报告书后应附与有运营资质单位的接收协议。

（4）噪声控制措施

对钻井过程、采油、采气过程及油气处理加工过程采取的控制噪声措施列一览表，注明投资估算，分析其预期控制效果及达标可行性。

12.2 生态保护措施

建设项目对生态的影响主要表现在：施工期占地减少植被覆盖、施工期和生产运行期的生产活动改变生物的生境，上述改变可能造成生态系统结构及功能的改变。针对上述影响应提出以下措施，减缓不良环境影响，恢复生态功能，确保评价区域符合生态功能区划要求。

——建设项目占用土地，减少林地、草原、荒漠植被及农田生态系统的农田数量，应严格按《中华人民共和国森林法》、《中华人民共和国草原法》、《中华人民共和国土地管理法》、国务院《基本农田保护条例》及地方相关的环境保护法规要求提出恢复和补偿等措施，同时提出合理的减少占用土地的方案。

——建设项目对湿地生态系统的影响，必须提出切实可行减缓影响的措施和方案。对于影响程度高、范围大的建设项目，应以生态学理论为指导，遵循自然与社会协调发展、人与自然共存和谐持续发展的原则，选择典型的湿地类型建立生物多样性保护与持续利用示范基地。对已经建立的自然保护区，在按《自然保护区条例》要求提出具体的生态保护措施、加强管理、发挥作用的同时，加大经费投入，提出加强湿地监测方案，特别是对湿地资源利用后的动态变化、生物多样性变化、湿地水文、水质等情况的监测建议。

——建设项目对珍稀濒危生物自然分布区、水源涵养区域、具有科学文化价值的自然遗迹、人文古迹、古树名木、风景名胜区、自然保护区等法定保护对象造成的影响，应依据相关的法律法规提出保护和减缓不良影响和恢复、补偿措施。防止破坏和干扰，保持其真实性、完整性，达到原有生态系统的功能和要求。

——建设项目对生态脆弱区或自然灾害多发区可能造成的影响，应根据相关的法律、法规提出切实可行的生态重建和区域改善措施。

——建设项目由于敷设集输管线，修建油区道路，扰动土地面积较大，应将水行政主管部门已审批的建设项目《水土保持方案报告书》中的水土保持方案作为本项目的环境保护要求纳入本项目环境影响报告书中。

——建设项目应制定油气采区的绿化规划和景观设计方案，并提出油气开采过程中的生态环境管理措施，包括工程施工期、运行期以及生态监测和长期观察等方案。

——建设项目造成居民拆迁，应按相应规定提出拆迁、安置的补偿措施。

——应提出建设项目闭井期的生态保护、恢复方案，包括及时做好场地清理，污染物清除、填埋，废弃井固井、封井等善后处理工作，恢复原有地表景观的措施。

——建设项目对已知的、潜在的和不可恢复等敏感区域或重要生境的影响，应提出影响最小的选址、选线方案。对于一级评价应提出替代方案。

——依据 HJ/T 19—1997 的要求，对其他生态环境影响提出相应的防护、恢复措施。

对于提出的上述生态保护措施给出以下内容：措施名称、工程量、减缓效果、措施投资。

12.3 “以新带老”措施

1）对于涉及（依托）现有工程的建设项目，若现有工程存在环境保护问题，应对其实施技术合理、经济可行的“以新带老”措施。

2）给出“以新带老”措施的名称、工艺或方法、投资、运行费用、效果。

3）核定“以新带老”措施对污染物的削减量。

12.4 “三同时”项目一览表

根据以上环境保护措施分析结果，列表给出环境保护“三同时”项目一览表。表中包括：“三同时”项目名称、投资、工程量、效果。

13 污染物排放总量控制分析

13.1 控制原则

建设项目实施污染物排放总量控制必须满足清洁生产、达标排放、“以新带老”的要求。

13.2 控制因子

根据本行业特点，污染物排放总量控制因子选择如下：

——废气污染物：二氧化硫、烟尘；

——废水污染物：COD、石油类、氨氮；

——固体废物：工业固体废物。

——总量控制因子亦可根据国家环境保护规划及地方环境管理部门的要求及建设项目特点做适当调整。

13.3 控制分析

根据工程分析中建设项目及现有工程污染物排放总量核定结果、“以新带老”措施削减污染物排放总量核定结果，核定出的污染物最终排放总量，按项目所在地环境保护行政主管部门下达给建设单位的污染物排放总量控制指标，分析是否符合污染物排放总量控制要求。

在未下达污染物总量控制指标或超过项目所在地环境保护行政主管部门下达总量控制指标要求的情况下，首先由建设单位在企业内部采取削减措施，在企业内部削减后仍无法满足要求的前提下，按最终核定结果提出总量控制建议值，采取由政府对污染物排放总量进行调配或采用污染物排放总量交易等手段，使建设项目满足污染物排放总量控制要求。

14 替代方案及减缓措施

14.1 根据环境影响评价结果、环境风险评价结果、公众参与评价结果及环境可行性及选址合理性的评价结果，对于建设项目提出保护环境敏感区域、规避风险、满足公众合理要求的、技术经济合理的井场、站场位置设置、集输管线走向的替代选址方案。

14.2 替代方案的确定原则是所选择的方案具有环境损失最小、费用合理、抗风险能力强、生态环境功能赋性最大，应达到与建设项目原方案同样的目的，并取得可接受的效益。

14.3 对于生态评价为一级以上项目，要结合工程特点提出至少一种生态环境保护措施替代方案，并对各方案优缺点进行比较，同时要对关键的单项问题进行替代方案比较，并选择出最优方案。

14.4 对于选址合理可行存在零替代方案的建设项目，应提出环境影响减缓措施。

15 HSE 管理体系及环境监控

15.1 HSE 管理体系及环境监控现状

调查了解并介绍建设单位现有环境管理体系、监测计划。

15.2 建设项目 HSE 管理体系及环境监控

在现有的 HSE 管理体系及环境监控制度下对建设项目进行 HSE 全面管理。可参照 SY/T 6276—1997 规定，提出对建设项目全过程的 HSE 管理要求。同时将闭井后的环境管理、监测全面纳入现有 HSE 管理体系、监测计划中，同时对现有措施进行完善。

15.3 施工期开展环境工程现场监理建议

针对建设项目环境影响时间长、空间分布广且其生态影响主要在施工期的特点，提出开展施工期环境工程现场监理工作的方案与建议。其中包括：

——分别说明业主、施工单位、监理单位施工期环境工程现场监理职责；对于外委施工应提出严格的管理要求。

——施工期环境工程现场主要监理内容。

——施工期环境工程现场监理方法和手段。

——施工期环境工程现场监理费用估算。

16 环境影响经济损益分析

16.1 项目的社会效益和经济效益

参照建设项目开发方案，介绍其社会效益和经济效益。

16.2 项目内部环境保护措施效费分析

参照《石油化工企业环境保护设计规范》《建设项目水土保持方案技术规范》规定，列表给出建设项目各项环境保护措施（包括“以新带老”措施）的内容及投资、每年的成本费用（包括运行费、设备折旧、维修费及排污费等）以及取得的收益（钻井液重复利用、回收落地油等）。计算出环境保护投资占建设项目总投资的百分比。

16.3 项目外部环境损失

按市场价值法或防护费用法等方法，计算出可定量化的建设项目造成的外部环境损失。

16.4 项目环境系统效费分析

根据建设项目开发方案的技术经济评价规定的有关参数及全部现金流量表，编制出项目环境系统效费流量表（见表 10），同时将未计入建设项目效益、费用中的“以新带老”项目的效益、费用及项目可定量计算的外部环境损失计入该表中的项目间接效益、间接费用栏中，计算出项目环境系统净效益现值。

表 10 建设项目环境系统效费流量表

序号	年份 项目									
1	现金流入									
1.1	销售收入									
1.2	固定资产回收									
1.3	流动资金回收									
1.4	项目间接回收									
2	现金流入									
2.1	建设投资									
2.2	经营成本									
2.3	项目间接费用									
3	现金流量净增量									
4	现金流量净增量现值									
5	现金流量净增量累积现值									

17 环境可行性论证分析

17.1 建设项目环境可行性论证分析

根据建设项目实际情况，结合国家和地方产业政策、清洁生产水平、环境保护措施、污染物达标排放、总量控制、综合效益等方面对建设项目的环境可行性进行综合评价。主要包括以下内容：

——产业政策的符合性分析

——清洁生产的先进性分析

——环保措施的有效性分析

——污染物排放的达标性分析

——总量控制指标的可达性分析

——综合效益的显著性分析

17.2 建设项目选址合理性分析

结合建设项目实际情况，按照“地下决定地上，地下顾及地上”的原则，从当地总体规划、环境敏感程度、环境影响、产业布局、资源利用、公众参与等方面进行选址合理性论述并给出结论。主要包括以下内容：

——总体规划的相容性分析

——选址的环境敏感性分析

——产业布局的合理性分析

——环境影响的可接受性分析

——环境风险的防范和应急措施有效性分析

——公众参与的认同性分析

18 环境影响评价大纲的编制要求

18.1 环境影响评价大纲是环境影响评价工作的总体设计和工作方案，是环境影响评价工作的指导性文件，也是审查和评估环境影响报告书内容和质量的主要依据。

18.2 环境影响评价大纲的编制应按环境影响评价工作程序，在充分调查了解建设项目开发方案，研究国家、行业的法律、法规、政策、标准，并通过现场踏查，向当地环境保护管理行政部门了解地方法律、法规、政策、标准，调查了解环境功能区划、环境敏感因素基础上，识别环境影响因素、筛选评价因子，明确污染控制和环境保护目标，正确确定出评价工作等级、评价范围、评价重点、各评价专题及其工作内容和技术要求，最终编制环境影响评价大纲。

18.3 环境影响评价大纲经技术评估后，如建设项目性质、规模、地点或者采用的生产工艺发生重大变化的，则评价大纲须进行相应的调整，并获得审查部门的批准。

18.4 环境影响评价大纲的格式与内容见本标准附录 A。

19 环境影响报告书的编制要求

19.1 编制环境影响报告书的一般规定

19.1.1 环境影响报告书编制应依据环境影响评价大纲及其技术评估意见和批复要求，对各项评价专题工作成果进行概括、分析和提炼，提出科学、客观、公正的环境影响评价结论。

19.1.2 环境影响报告书应全面概括反映环境影响评价的工作，并突出建设项目特点，报告书要做到文字简洁、精练；数据翔实、准确，评价结论客观、明确。

19.2 环境影响报告书的格式与内容见本标准附录 B。

中华人民共和国国家环境保护标准

矿山生态环境保护与恢复治理技术规范（试行）

HJ 651—2013　2013 年 7 月 23 日起实施

1　适用范围

本标准规定了矿产资源勘查与采选过程中的矿区生态环境保护要求，包括排土场、露天采场、尾矿库、矿区专用道路、矿山工业场地、沉陷区、矸石场、矿山污染场地等生态环境保护与恢复治理的指导性技术要求。

本标准适用于煤矿、金属矿、非金属矿、油气矿、煤层气、砂石矿等陆地矿产资源勘查、采选过程和闭矿后生态环境保护与恢复治理。

铀、钍等放射性矿产资源开发的生态环境保护与恢复治理可参照执行。

2　规范性引用文件

本标准引用了下列文件或其中的条款。凡是未注明日期的引用文件，其最新版本适用于本标准。

GB 3095　环境空气质量标准

GB 3838　地表水环境质量标准

GB 5084　农田灌溉水质标准

GB 8978　污水综合排放标准

GB 9078　工业炉窑大气污染物排放标准

GB 11607　渔业水质标准

GB/T 14848　地下水质量标准

GB 14500　放射性废物管理规定

GB 16297　大气污染物综合排放标准

GB 18484　危险废物焚烧污染控制标准

GB 18597 危险废物贮存污染控制标准

GB 18598 危险废物填埋污染控制标准

GB 18599 一般工业固体废物贮存、处置场污染控制标准

GB 20426 煤炭工业污染物排放标准

GB 21522 煤层气（煤矿瓦斯）排放标准（暂行）

GB 25465 铝工业污染物排放标准

GB 25466 铅、锌工业污染物排放标准

GB 25467 铜、镍、钴工业污染物排放标准

GB 25468 镁、钛工业污染物排放标准

GB 26451 稀土工业污染物排放标准

GB 28661 铁矿采选工业污染物排放标准

GB 50433 开发建设项目水土保持技术规范

HJ/T 294 清洁生产标准 铁矿采选业

HJ/T 358 清洁生产标准 镍选矿行业

HJ 446 清洁生产标准 煤炭采选业

HJ 607 废矿物油回收利用污染控制技术规范

HJ 652 矿山生态环境保护与恢复治理方案（规划）编制规范（试行）

AQ 2006 尾矿库安全技术规程

UDC-TD 土地复垦技术标准（试行）

3 术语和定义

下列术语和定义适用于本标准。

3.1 矿山生态环境保护

指采取必要的预防和保护措施，避免或减轻矿产资源勘探和采选造成的生态破坏和环境污染。

3.2 矿山生态环境恢复

指对矿产资源勘探和采选过程中造成的各类生态破坏和环境污染采取人工促进措施，依靠生态系统的自我调节能力与自组织能力，逐步恢复与重建其生态功能。

3.3 探矿

指在勘查许可证规定的范围内勘查矿产资源的活动。

3.4 露天开采

指从敞露地表的采矿场采出有用矿物，或将矿藏上的覆盖物（包括岩石、土壤等）剥离后开

采显露矿层的过程，又称露天采矿。

3.5 地下开采

指采用立井、斜井和平硐形式从地下矿床采出有用矿物的过程。

3.6 充填采矿

指随着回采工作面的推进，向地下采空区送入充填材料，控制围岩垮落和地表移动变形。

3.7 表土

指土壤剖面中最靠近地表的一个层次（A 层），一般厚度 20～30 cm，黑土和黑钙土的 A 层厚度可达 50～100 cm。

3.8 排土场

指矿山剥离和掘进排弃物集中排放的场所，包括外排土场和内排土场，又称为废石场、排岩场或弃渣场。

3.9 露天采场

指由采矿活动在地表形成的“空场”或“空洞”，也称露天采空区。

3.10 尾矿库

指由筑坝拦截谷口或围地构成的、用于贮存经选矿场选别后排出尾矿的场所。

3.11 矿山沉陷区

指矿山开采导致采空区之上覆岩层的原始应力平衡状态受到破坏，发生冒落、断裂、弯曲等移动变形，最终导致地表，形成下沉盆地和裂隙等沉陷区域。

3.12 矿山工业场地

指为矿山生产系统和辅助生产系统服务的地面建筑物、构造物以及有关设施的场地。

3.13 矸石场

指煤矿采选过程中产生的含炭岩石及其他岩石等固体废弃物的集中排放和处置场所。

3.14 矿山污染场地

指因堆积、储存、处理、处置或其他方式（如迁移）承载了有害物质，对人体健康或生态环境产生危害或具有潜在风险的矿山空间区域。

4 矿山生态环境保护与恢复治理的一般要求

4.1 禁止在依法划定的自然保护区、风景名胜区、森林公园、饮用水水源保护区、文物古迹所在地、地质遗迹保护区、基本农田保护区等重要生态保护地以及其他法律法规规定的禁采区域内采矿。禁止在重要道路、航道两侧及重要生态环境敏感目标可视范围内进行对景观破坏明显的露天开采。

4.2 矿产资源开发活动应符合国家和区域主体功能区规划、生态功能区划、生态环境保护规划的要求，采取有效预防和保护措施，避免或减轻矿产资源开发活动造成的生态破坏和环境污染。

4.3 坚持“预防为主、防治结合、过程控制”的原则，将矿山生态环境保护与恢复治理贯穿矿产资源开采的全过程。根据矿山生态环境保护与恢复治理的重点任务，合理确定矿山生态保护与恢复治理分区，优化矿区生产与生活空间格局。采用新技术、新方法、新工艺提高矿山生态环境保护和恢复治理水平。

4.4 所有矿山企业均应对照本标准各项要求，编制实施矿山生态环境保护与恢复治理方案。

4.5 恢复治理后的各类场地应实现：安全稳定，对人类和动植物不造成威胁；对周边环境不产生污染；与周边自然环境和景观相协调；恢复土地基本功能，因地制宜实现土地可持续利用；区域整体生态功能得到保护和恢复。

5 矿山生态保护

5.1 在国家和地方各级人民政府确定的重点（重要）生态功能区内建设矿产资源基地，应进行生态环境影响和经济损益评估，按评估结果及相关规定进行控制性开采，减少对生态空间的占用，不影响区域主导生态功能。在水资源短缺、环境容量小、生态系统脆弱、地震和地质灾害易发地区，要严格控制矿产资源开发。

5.2 矿山开采前应在矿区范围及各种采矿活动的可能影响区进行生物多样性现状调查，对于国家或地方保护动植物或生态系统，须采取就地保护或迁地保护等措施保护矿山生物多样性。

5.3 高寒区露天采矿、设置排土场和尾矿库时，应将剥离的草皮层集中养护，满足恢复条件后及时移植，恢复植被；严格控制临时施工场地与施工道路面积和范围，减少对地表植被的破坏。

5.4 荒漠和风沙区矿产资源开发应避开易发生风蚀和生态退化地带，减少开采、排土和运输等活动对土壤结皮、砾幕及沙区植被的破坏和扰动；排土场、料场及尾矿库等场地应采取围挡和覆盖等防风蚀措施。

5.5 水蚀敏感区矿产资源开发应科学设置露天采场、排土场、尾矿库及料场，并采取防洪、排水、边坡防护、工程拦挡等水土保持措施，减少对天然林草植被的破坏。

5.6 在基本农田保护区下采矿，应结合矿山沉陷区治理方案确定优先充填开采区域，防止地表二次治理；在需要保水开采的区块，应采取有效措施避免破坏地下水系。

5.7 采矿产生的固体废物，应在专用场所堆放，并采取措施防止二次污染；禁止向河流、湖泊、水库等水体及行洪渠道排放岩土、含油垃圾、泥浆、煤渣、煤矸石和其他固体废物。

5.8 评估采矿活动对地表水和地下水的影响，避免破坏流域水平衡和污染水环境；采矿区与河道之间应保留环境安全距离，防止采矿对河流生物、河岸植被、河流水环境功能和防洪安全造成破坏性影响。

5.9 矿区专用道路选线应绕避环境敏感区和环境敏感点，防止对环境保护目标造成不利影响。

5.10 排土场、采场、尾矿库、矿区专用道路等各类场地建设前，应视土壤类型对表土进行剥离。对矿区耕作土壤的剥离，应对耕作层和心土层单独剥离与回填，表土剥离厚度一般情况下不少于30 cm；对矿区非耕作土壤的采集，应对表土层进行单独剥离，如果表土层厚度小于20 cm，则将表土层及其下面贴近的心土层一起构成的至少20 cm厚的土层进行单独剥离；高寒区表土剥离应保留好草皮层，剥离厚度不少于20 cm。剥离的表层土壤不能及时铺覆到已整治场地的，应选择适宜的场地进行堆存，并采取围挡等措施防止水土流失。

6 探矿生态恢复

6.1 探矿活动结束后，应根据景观相似原则，对探矿活动造成的土壤、植被和地表景观破坏进行恢复。

6.2 对水文地质条件、土地耕作及道路安全有影响或位于江、河、湖、海防护堤或重要建筑物附近的钻孔或坑井应予以回填封闭，并恢复其原有生态功能。

7 排土场生态恢复

7.1 岩土排弃要求

7.1.1 合理安排岩土排弃次序，将有利于植被恢复的岩土排放在上部。

7.1.2 采矿剥离物在排弃前应进行放射性和危险性物质鉴别，含放射性成分渣土的排弃应符合GB 14500的相关要求，经鉴别属于危险废物的应按照GB 18597、GB 18598等标准要求进行处置，其他类型的剥离物排弃应符合GB 18599的相关要求。

7.2 排土场水土保持与稳定性要求

7.2.1 排土场基底坡度大于1∶5时，应将地基削成阶梯状。排土场原地面范围内有出水点的，排土之前应在沟底修筑疏水暗沟、疏水涵洞。

7.2.2 排土场应设置完整的排水系统，位于沟谷的排土场应设置防洪和排水设施，避免阻碍泄洪，防止淤塞农田、加剧水土流失和诱发地质灾害。

7.2.3 具有丰富水源的排土场或有大量松散物质排放的陡坡场地，以及其他有可能出现滑坡、坍塌的排土场，应采取坡脚防护或拦渣工程。

7.3 排土场植被恢复

7.3.1 排土场总高度大于10 m时应进行削坡开级，每一台阶高度不超过5～8 m，台阶宽度应在2 m以上，台阶边坡坡度小于35°，形成有利于林木植被恢复的地表条件。

7.3.2 充分利用工程前收集的表土覆盖于排土场表层，覆盖土层厚度根据植被恢复类型和场地用途确定。恢复为农业植被的，覆土厚度应在 50 cm 以上；恢复为林灌草等生态或景观用地的，根据土源情况进行适当覆土。

7.3.3 干旱风沙区排土场不具备植被恢复条件的，应采用砂石等材料覆盖，防止风蚀。

7.3.4 排土场植被恢复宜林则林、宜草则草、草灌优先，恢复后的植被覆盖率不应低于当地同类土地植被覆盖率，植被类型要与原有类型相似、与周边自然景观协调。不得使用外来有害植物种进行排土场植被恢复。已采用外来物种进行植被恢复造成危害的，应采取人工铲除、生物防治、化学防治等措施及时清理。

7.4 排土场恢复再利用

生态恢复后的排土场应因地制宜地转为农业、林业、牧业、建筑等类型用地，具体恢复工程实施参照 UDC-TD 等相应标准执行。

8 露天采场生态恢复

8.1 场地整治与覆土

露天采场的场地整治和覆土方法根据场地坡度来确定。水平地和 15°以下缓坡地可采用物料充填、底板耕松、挖高垫低等方法；15°以上陡坡地可采用挖穴填土、砌筑植生盆（槽）填土、喷混、阶梯整形覆土、安放植物袋、石壁挂笼填土等方法。

8.2 露天采场植被恢复

8.2.1 边坡治理后应保持稳定。非干旱地区露天采场边坡应恢复植被。边坡恢复措施及设计要求应符合 GB 50433 的相关要求。

8.2.2 位于交通干线两侧、城镇居民区周边、景区景点等可视范围的采石宕口及裸露岩石，应采取挂网喷播、种植藤本植物等工程与生物措施进行恢复，并使恢复后的宕口与周围景观相协调。

8.3 露天采场恢复与利用

露天采场作为内排土场时，场地水土保持与稳定性、植被恢复要求按 7.2～7.3 执行。露天采场不作为内排土场时，按满足以下要求：

8.3.1 采矿剥离物含有毒有害或放射性物质时，按照 7.1.2 的要求执行。

8.3.2 平原地区的露天采场应平整、回填后进行生态恢复，并与周边地表景观相协调，位于山区的露天采场可保持平台和边坡。

8.3.3 露天采场回填应做到地面平整，充分利用工程前收集的表土和露天采场风化物覆盖于表层（覆土要求按 7.3.2 执行），并做好水土保持与防风固沙措施。

8.3.4 恢复后的露天采场进行土地资源再利用时，在坡度、土层厚度、稳定性、土壤环境安全性等方面应满足相关用地要求。

9 尾矿库生态恢复

9.1 尾矿库安全稳定性要求

尾矿库的排水、围挡、防渗、稳定等措施参照 AQ 2006 执行。

9.2 尾矿库覆土及植被恢复

9.2.1 尾矿库闭库后，坝体和坝内应视尾矿库所处地区气象条件、尾矿污染物毒性、植被恢复方式、土源情况进行不同厚度覆土，因地制宜进行植被恢复和综合利用。恢复植被的覆土厚度不低于 10 cm。

9.2.2 位于干旱风沙区、不具备植被恢复条件的尾矿库，应覆盖砂石等材料。

9.2.3 尾矿库恢复后用于农业生产的，应对尾矿库覆盖土壤（包括植物根系延伸区的尾砂）进行污染物检测与农产品安全评估，根据评估结果确定农业利用方式。

9.3 尾矿再利用的生态恢复

尾矿库进行回采再利用或经批准闭库的尾矿库重新启用时，应通过环境影响评价，制定实施尾矿利用规划和恢复治理方案。再利用结束的尾矿库根据本标准要求进行生态恢复。

10 矿区专用道路生态恢复

10.1 矿区专用道路用地应严格控制占地面积和范围。开挖路基及取弃土工程，均应根据道路施工进度有计划地进行表土剥离并保存，必要时应设置截排水沟、挡土墙等相应保护措施。

10.2 矿区专用道路取弃土工程结束后，取弃土场应及时回填、整平、压实，并利用堆存的表土进行植被和景观恢复。

10.3 矿区专用道路使用期间，有条件的地区应对道路两侧进行绿化。道路绿化应以乡土树（草）种为主，选择适应性强、防尘效果好、护坡功能强的植物种。

10.4 道路建设施工结束后，临时占地应及时恢复，与原有地貌和景观协调。

11 矿山工业场地生态恢复

11.1 矿山工业场地不再使用的厂房、堆料场、沉沙设施、垃圾池、管线等各项建（构）筑物和基础设施应全部拆除，并进行景观和植被恢复。转为商住等其他用途的，应开展污染场地调查、风险评估与修复治理。

11.2 地下开采的矿山闭矿后应将井口封堵完整，采取遮挡和防护措施，并设立警示牌。

12 矿山大气污染防治

12.1 矿山采选过程中产生的大气污染物排放应符合 GB 9078、GB 16297、GB 20426、GB 25465、GB 25466、GB 25467、GB 25468、GB 26451、GB 28661 等国家大气污染物排放标准以及所在省（自治区、直辖市）人民政府发布实施的地方污染物排放标准。矿区环境空气质量应符合 GB 3095 标准要求。

12.2 矿山企业应采取如下措施避免或减轻大气污染：

（1）采矿清理地面植被时，禁止燃烧植被。运输剥离土的道路应洒水或采取其他措施减少粉尘。

（2）勘探、采矿及选矿作业中所用设备应配备粉尘收集或降尘设施。

（3）矿物和矿渣运输道路应硬化并洒水防尘，运输车辆应采取围挡、遮盖等措施。

（4）矿物堆场和临时料场应采取防止风蚀和扬尘措施。

（5）天然气井选点测试放喷，应远离居民区和建筑物，排出的气体要点燃焚烧。

（6）煤炭、石油、天然气开发中产生的伴生气或者其他有毒有害气体，应进行综合利用或无害化处置，确需排放的，须达到 GB 21522 等国家或地方排放标准。

13 矿山水污染防治

13.1 充分利用矿井水、选矿废水和尾矿库废水，避免或减少废水外排。矿山采选的各类废水排放应达到 GB 8978、GB 20426、GB 25465、GB 25466、GB 25467、GB 25468、GB 26451、GB 28661 等标准要求，矿区水环境质量应符合 GB 3838、GB/T 14848 标准要求；污废水处理后作为农业和渔业用水的，应符合 GB 5084、GB 11607 标准要求；实施清洁生产认证的企业废水污染物排放与废水利用率还应满足 HJ/T 294、HJ/T 358、HJ 446 等清洁生产标准的相关要求。

13.2 可能产生酸性废水的采矿废石堆场、临时料场等场地的矿山，应采取有效隔离和覆盖措施，减少降水入渗，并采用沉淀法、石灰中和法、微生物法、膜分离法等方法处理矿区酸性废水。

13.3 矿井水和露天采场内的季节性和临时性积水应在采取沉淀、过滤等措施去除污染物后重复利用。

14 沉陷区恢复治理

14.1 矿山企业应采取有效措施，避免或减少地面沉陷和地表扰动。

14.2 因地制宜采用固体材料、膏体材料、高水材料等安全无害充填材料和充填工艺技术，有效控制地表沉陷，固体、膏体（似膏体）、高水（超高水）材料的充填率应分别达到 70%、85%和 90%

以上。

14.3　沉陷区恢复治理应综合考虑景观恢复、生态功能恢复及水土流失控制，根据沉陷区稳定性采用生态环境恢复治理措施，可按照 UDC-TD 相关要求恢复沉陷区的土地用途和生态功能。沉陷区稳定后两年内恢复治理率应达到 60%以上；尚未稳定的沉陷区应采取有效防护措施，防止造成进一步生态破坏和环境污染。

15　矸石场恢复治理

15.1　煤矸石综合利用

在煤矸石不对土壤、地下水造成污染的前提下，通过生产建筑材料、筑路、充填（包括建筑充填、低洼地和荒地充填、矿井采空区充填）等方式充分利用煤矸石，减少露天堆放量。在平原区，煤矸石应进行综合利用或井下充填，禁止露天占地堆放。在满足相关规定条件下，可开展煤矸石发电。

15.2　煤矸石堆放

煤矸石堆放与处置应安全稳定，符合 GB 18599 标准要求。禁止矸石堆的有毒有害液体和废物进入河流和地下水体。堆存煤矸石时，应设计稳定的边坡角度，并分层覆土压实，防止出现自燃和爆炸。一般每层矸石堆存厚度不超过 2 m，覆土厚度不低于 0.5 m。

15.3　矸石场生态恢复

矸石场闭场后，应进行平整和覆土处理，依据景观相似性原则选择植物种进行绿化或景观恢复。矸石场生态恢复与利用可参照第 7 章相关要求执行。

16　污染场地恢复治理

16.1　污染场地的恢复应切断污染源，防止渗漏和扩散，去除污染物，恢复场地生态功能，保证安全再利用。

16.2　污染场地应采取设置屏障等措施控制污染土壤、污泥、沉积物、非水相液体和固体废物等污染物进一步迁移。

16.3　易于积水的污染场地应采用防渗膜、土工膜、土工布、GCL 膨润土垫等做好防渗漏措施，根据污染场地天然基础层的地质情况分别采用天然材料衬层、复合衬层或双人工衬层作为其防渗层，必要时设置集排水系统，防止污水渗漏和扩散。

16.4　污染场地应因地制宜采用物理、化学、生物、热处理等技术进行场地修复。对于有毒有害污染物和放射性污染物处置，应符合 GB 18484、GB 18597、GB 18598 和 GB 14500 等标准要求。酸碱污染场地应采用水覆盖法、湿地法、碱性物料回填等方法进行场地修复，使修复后的土壤 pH

值达到 5.5～8.5。场地内废矿物油的利用与处置应符合 HJ 607 标准要求。

16.5 污染场地恢复治理达到相关标准要求并经环保部门组织验收后，可转为农业、林业、牧业、渔业、建设等用地。

17 评估与管理

17.1 县级以上环境保护主管部门应定期组织对矿山生态环境质量状况进行监测与监督检查，并对矿山大气环境、水环境、污染物排放、植被覆盖度、生物多样性、水土流失情况、土地毁损与景观破坏等方面进行评估；根据矿山生态环境保护与恢复治理方案分阶段目标，对矿山生态环境保护与恢复治理成效进行评估。矿山生态环境保护与恢复治理方案应符合相应编制导则要求，参照 HJ 652。

17.2 恢复治理后的排土场、尾矿库、污染场地、矸石场、沉陷区、采空区等用于农业种植或养殖时，需连续进行 3 年以上农产品安全性检测与评估，达不到要求的，禁止种养殖食用农产品或能够进入食物链的农产品。

18 标准实施与监督

本标准由县级以上人民政府环境保护主管部门监督实施。

环境保护技术文件

钢铁行业采选矿工艺
污染防治最佳可行技术指南（试行）

HJ-BAT-003　2010 年 3 月 23 日起实施

前　言

为贯彻执行《中华人民共和国环境保护法》，加快建设环境技术管理体系，确保环境管理目标的技术可达性，增强环境管理决策的科学性，提供环境管理政策制定和实施的技术依据，引导污染防治技术进步和环保产业发展，根据《国家环境技术管理体系建设规划》，环境保护部组织制定污染防治技术政策、污染防治最佳可行技术指南、环境工程技术规范等技术指导文件。

本指南可作为钢铁行业采选矿项目环境影响评价、工程设计、工程验收以及运营管理等环节的技术依据，是供各级环境保护部门、设计单位以及用户使用的指导性技术文件。

本指南为首次发布，将根据环境管理要求及技术发展情况适时修订。

本指南起草单位：北京市环境保护科学研究院、中国中钢集团天澄环保科技股份有限公司、中国中钢集团马鞍山矿山研究院、中国冶金科工集团建筑研究总院。

本指南由环境保护部解释。

1　总则

1.1　适用范围

本指南适用于钢铁行业采矿、选矿生产企业或具有采选矿工艺的钢铁生产企业，包括铁矿山、钢铁行业辅料矿山等。其他与铁矿开采和选矿工艺相近的冶金行业采选矿工艺可参照执行。

1.2　术语和定义

1.2.1　最佳可行技术

是针对生活、生产过程中产生的各种环境问题，为减少污染物排放，从整体上实现高水平环境保护所采用的与某一时期技术、经济发展水平和环境管理要求相适应、在公共基础设施和工业部门得到应用的、适用于不同应用条件的一项或多项先进、可行的污染防治工艺和技术。

1.2.2 最佳环境管理实践

是指运用行政、经济、技术等手段，为减少生活、生产活动对环境造成的潜在污染和危害，确保实现最佳污染防治效果，从整体上达到高水平的环境保护所采用的管理活动。

2 生产工艺及主要环境问题

2.1 生产工艺及产污环节

2.1.1 采矿工艺流程及产污环节

对于地下矿体，首先进行开拓和采准，然后通过凿岩、爆破等手段开采矿石。采矿方法主要包括空场法、充填法和崩落法。不同的采矿方法具有不同的回采率、贫化率以及资源利用率。

露天开采分为剥离和采矿两个环节。首先将矿床上方的表土和岩石剥掉，运往排土场堆放；然后将境界内的矿岩划分成具有一定厚度的水平分层，再由上向下逐层进行开采。

地下采矿及露天采矿工艺流程及主要产污环节见图 1。

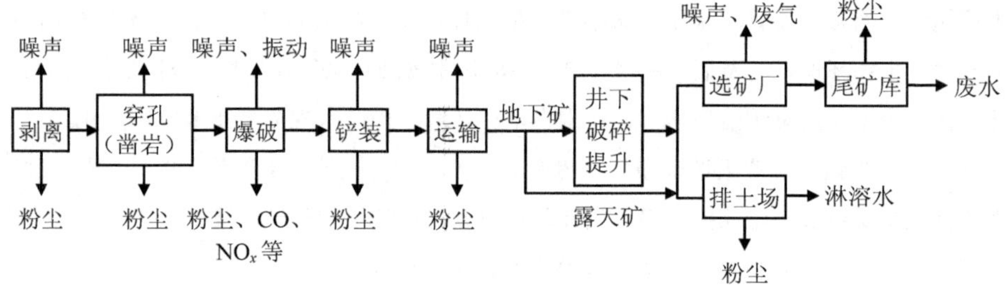

图 1 采矿工艺流程及产污环节

2.1.2 选矿工艺流程及产污环节

矿石经过粗碎、中碎、细碎作业后，进行磨矿分级。通过磨矿分离出矿石中的有用矿物颗粒单体，利用矿石颗粒的密度、磁性或对浮选剂亲疏水性不同进行分选，即常用的重选法、磁选法和浮选法。选矿作业的精矿中含有大量水分，应对其进行脱水浓缩作业。尾矿排至尾矿库。

选矿工艺流程及主要产污环节见图 2。

2.2 主要环境问题

采选矿工艺的主要环境问题包括生态破坏、大气污染、水污染、噪声污染和固体废弃物污染。

采选矿过程的大气污染物主要为扬尘。采矿过程的穿孔、凿岩、爆破、装卸、井下爆破、矿石运输等作业产生大量粉尘，以及选矿厂的矿石运输、转载、破碎、筛分等环节产生大量粉尘。

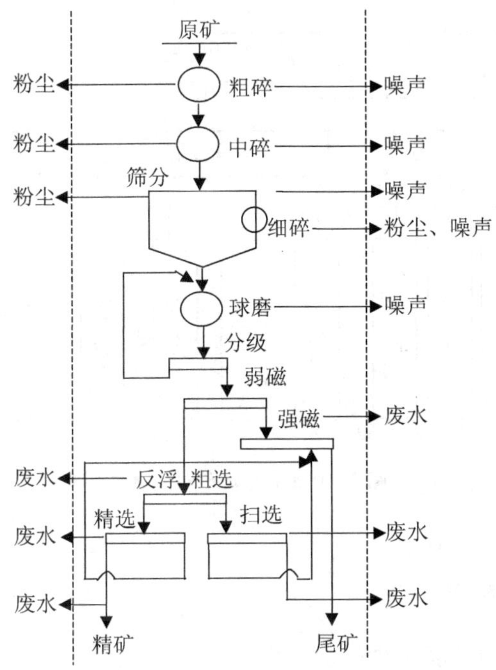

图 2 选矿工艺流程及产污环节

采选矿过程的废水主要为露天矿坑水、地下坑道水、废石堆场淋溶水和尾矿库溢流水，以及选矿厂生产废水。矿山废水由于矿石的氧化、水解而呈酸性；选矿过程中产生的废水由于 pH 值不同而溶解汞、镉、铬、铅等不同重金属元素，同时还含有选矿的残余药剂。

采选矿过程的固体废物主要为采矿生产中产生的废石和选矿加工过程中产生的尾矿。废石和尾矿产生量大，排土场和尾矿库的建设影响生态环境。

采选矿工艺的其他环境影响包括植被破坏、扰动土壤、表土破坏、矿井水排泄、地表塌陷以及由此引起的水土流失等问题。同时，采矿生产活动中，由于噪声、扬尘的产生，对周围动植物也产生不良影响，矿山开发对环境产生的综合影响见图 3。

采选矿过程产生环境问题的主要原因之一是矿产资源在开采中的损失和浪费。充分利用矿产资源，减少开采损失的办法是：对整体矿块而言选取回采率高、贫化率低的采矿方法；对复杂难采矿体，采用综合方法尽可能地把矿石开采出来，从根本上减少对环境的污染。

矿山开发导致环境污染的另一主要原因是矿产资源回收率低。在选矿工艺中，可选取适宜的破、磨、选别的优化组合工序，提高精矿品位，提高金属回收率，充分利用矿产资源，从源头上控制污染。

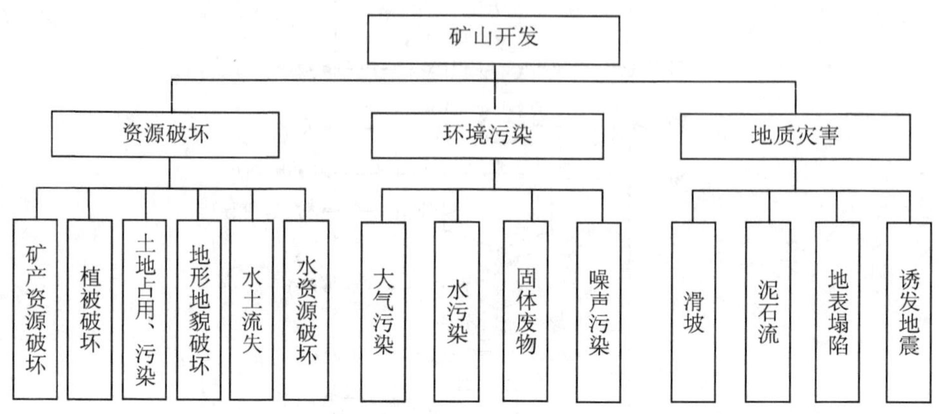

图 3 矿山采矿选矿对环境的影响

3 采选矿工艺污染防治技术

3.1 采矿工艺减少矿产资源损失技术

3.1.1 胶结充填开采技术

3.1.1.1 技术原理

胶结充填开采技术是将尾矿和水泥等固体物料与少量水搅拌制备成充填料浆，充填至采空区的充填开采技术。该技术典型工艺流程见图 4。

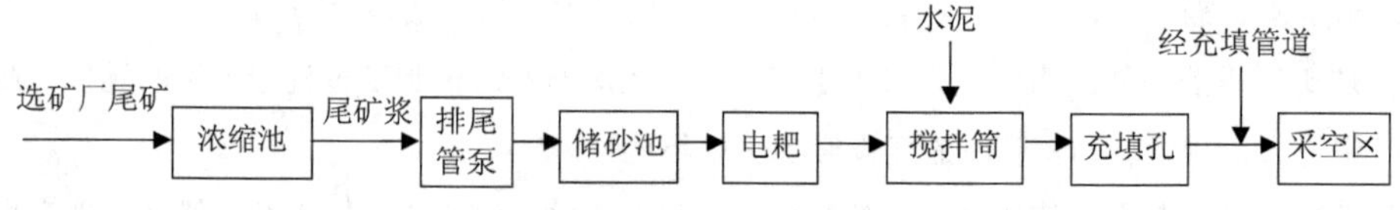

图 4 胶结充填工艺流程图

3.1.1.2 技术适用性及特点

该技术回采率高、贫化率低，可防止岩层移动和地表塌陷，同时可处置矿山固体废物。

该技术生产能力较低，约为崩落法的二分之一；使用该技术时，如充填体接顶不实密，会影响顶板稳定性。

该技术适用于品位大于 40%的富矿的新建和已建地下矿山。

3.1.2　无底柱分段崩落法开采技术

3.1.2.1　技术原理

无底柱分段崩落法开采技术是指随着回采工作面的推进，崩落顶板，在覆盖岩块下出矿，不留底柱。通常无底柱分段崩落法开采矿石贫化率较高。该技术包括实施集中化、大进路间距、高分段等开采工艺。

3.1.2.2　技术适用性及特点

大间距集中化无底柱分段崩落法开采技术具有实施方便、采准工程量小、采矿强度高、损失贫化指标好等特点，可使贫化率降到约 10%，有效地减少矿产资源损失。

无底柱分段崩落法开采技术适用于厚大矿体的新建和已建地下矿山。

3.1.3　无底柱分段崩落低贫化放矿技术

3.1.3.1　技术原理

无底柱分段崩落低贫化放矿技术打破截止品位放矿时以单个步距为矿石回收指标的考核单元，在上部分层放矿时，在采场内残留部分矿作为“隔离层”，每个步距都按此方式放矿，使上部分层矿岩混合程度减少。该技术从整体上减少矿岩混合量。

3.1.3.2　技术适用性及特点

该技术可使贫化率降至约 10%，从源头削减污染。该技术可减少采出矿石中岩石混入量，降低矿山提升、运输、选矿等日常运行费用，提高选矿回收率；但造成积压部分矿量。

该技术适合于厚大矿体的新建和已建地下矿山。

3.1.4　阶段自然崩落法开采技术

3.1.4.1　技术原理

阶段自然崩落法开采技术是指在拉底空间上依靠矿体自身的软弱结构面，在自重应力、次生构造应力作用下使其进一步失稳，通过底部放矿使上部矿岩逐渐崩落，直至上部分层或崩透地表的过程。

3.1.4.2　技术适用性及特点

该技术可使矿石贫化率小于 10%。

该技术适合于厚大矿体和存在一定程度可崩性矿体的新建和已建地下矿山。对于崩落区的残留矿体和本水平矿柱，也可采用自然崩落法平巷回采。

3.1.5　空场法开采技术

3.1.5.1　技术原理

空场法开采技术是指将矿块划分为矿房和矿柱，在回采过程中既不崩落围岩，也不充填采空区，而是利用空场的侧帮岩石和所留的矿柱来支撑采空区顶板围岩。

3.1.5.2 技术适用性及特点

该技术可提高选矿回收率，但由于需要留矿柱而损失大量的矿产资源。

该技术适用于矿石和围岩稳固的水平或倾斜的地下矿体。对于复杂难采矿体如松软破碎矿体、残留矿体等，其综合回采可采用空场法中的房柱法、全面采矿法等技术。对于矿岩稳固条件较好的边角矿，可采用空场法中的全面采矿法、浅孔爆破落矿、人工装矿等技术。

3.1.6 露天转地下联合开采技术

3.1.6.1 技术原理

露天转地下联合开采技术是指矿床埋藏较深而覆盖层较薄时，矿床上部通常采用露天开采，下部则转为地下开采。地下开采方法根据矿体赋存的特点、露天边坡地压情况和露天坑底是否留设境界矿柱等因素确定。

3.1.6.2 技术适用性及特点

该技术适用于新建和已建露天矿山。

3.1.7 挂帮矿回采技术

3.1.7.1 技术原理

挂帮矿回采技术是指在露天矿开采后期，当底部矿体尖灭无延深条件时，采用深部边坡角加陡方法或露天转地下开采的回采技术。采用深部边坡加陡方法回收挂帮矿时，应适当调整边坡治理方案，当影响边坡稳定时，可采取“以坡养坡”办法。若转地下开采，可选用空场法等。

3.1.7.2 技术适用性及特点

该技术可提高回采率、充分利用矿产资源。

该技术适用于露天闭坑矿山与露天转地下开采矿山挂帮矿开采。

3.2 选矿工艺提高矿产资源综合利用率技术

3.2.1 阶段磨矿、弱磁选—反浮选技术

3.2.1.1 技术原理

采用阳离子反浮选或阴离子反浮选技术，经一次粗选、一次精选后获得最终精矿。反浮选泡沫经浓缩磁选后再磨，再磨产品经脱水糟和多次扫磁选后抛尾，磁选精矿返回反浮选作业再选。

3.2.1.2 技术适用性及特点

阶段磨矿、弱磁选—反浮选技术可提高金属回收率，相对减少开采量，从源头削减污染。

使用该技术可使铁精矿品位接近 69%，SiO_2 降至 4%以下，浮选尾矿含铁 10%～12%。

该技术适用于要求高质量铁精矿或含杂质多的磁铁矿。

3.2.2 全磁选选别技术

3.2.2.1 技术原理

全磁选选别技术是指在现有阶段磨矿—弱磁选—细筛再磨再选工艺的基础上，再以高效细筛和高效磁选设备进行精选。高效磁选设备主要包括高频振网筛、磁选机、磁选柱、盘式过滤机等。

3.2.2.2 技术适用性及特点

该技术可提高金属回收率，从源头削减污染。

使用该技术可使铁精矿品位达到67%～69.5%，SiO_2含量小于4%。

该技术适用于已建和新建的磁铁矿矿山。

3.2.3 超细碎—湿式磁选抛尾技术

3.2.3.1 技术原理

用高压辊磨机将矿石磨细碎至5 mm或3 mm以下，然后用永磁中场强磁选机进行湿式磁选抛尾。

3.2.3.2 技术适用性及特点

超细碎—湿式磁选抛尾技术可提高金属回收率，从源头削减污染。

采用该技术可抛出约40%的粗尾矿，使入磨物料铁品位提高到约40%，获得的铁精矿品位65%以上，SiO_2降至4%以下，尾矿品位10%以下。但该技术对自动化控制程度要求高。

该技术普遍适用于已建和新建磁铁矿矿山，尤其适用于极贫矿。

3.2.4 贫磁铁矿综合选别技术

3.2.4.1 技术原理

贫磁铁矿综合选别技术是指采用高效节能的“多段干式预选—多碎少磨—阶段磁选抛尾—细筛—磁团聚提质—尾矿中磁扫选”整套贫磁铁矿综合利用技术，在破碎系统运用多段磁滑轮预选抛废，提高入磨矿石品位和系统处理能力；利用先进工艺技术和设备，提高破碎产品质量，多破少磨，节能降耗；利用阶段磁选抛尾，充分解离有用矿物与脉石矿物，增产提质；采用“细筛—磁团聚”提质降杂技术，有效分离连生体，提高铁精矿品位；采用尾矿中磁扫选技术，提高金属回收率，减少铁流失；运用高效节能的陶瓷过滤和尾矿输送技术，实现清洁生产。

3.2.4.2 技术适用性及特点

该技术可提高金属回收率，从源头削减污染。

采用该技术可使铁精矿品位达66.8%，铁回收率69%。

该技术适用于贫磁铁矿。

3.2.5 连续磨矿、磁选—阴离子反浮选技术

3.2.5.1 技术原理

连续磨矿、磁选—阴离子反浮选技术是指矿石经过连续磨矿，使矿物充分解离，从而进行磁选、浮选等的选别过程。

3.2.5.2 技术适用性及特点

该技术获得的磨矿粒度稳定，选别指标高，可充分利用资源，从源头削减污染。

该技术既可提高进入阴离子反浮选作业物料的铁品位，又可减少矿量，可为浮选作业创造良好的选别条件；浮选作业铁回收率达 90%以上。弱磁选及强磁选精矿合并后给入浮选作业，可避免矿石中 FeO 变化对选别指标的影响；该技术工艺流程紧凑，设备用量较少，便于生产操作管理。

采用该技术可实现铁精矿品位达 67%～68%，尾矿品位可降至 8%～9%。但原矿全部要经过两段连续磨矿，能耗和钢球消耗高，运行成本高。

该技术适用于贫赤铁矿。

3.2.6 阶段磨矿、粗细分选、重选—磁选—阴离子反浮选技术

3.2.6.1 技术原理

阶段磨矿、粗细分选、重选—磁选—阴离子反浮选技术是指对粗粒部分选别采用阶段磨矿、粗细分选、重选—磁选—酸性正浮选流程；对细粒部分选别采用连续磨矿、磁选—阴离子反浮选流程。

3.2.6.2 技术适用性及特点

该技术可充分利用资源，相对减少开采量，从源头削减污染。

采用该技术可实现铁精矿品位达 64%～67%，尾矿品位 11%以下，SiO_2 4%以下。

该技术适用于脉石非石英的赤铁矿或鞍山地区贫赤铁矿。

3.2.7 含稀土元素等共生铁矿弱磁—强磁—浮选技术

3.2.7.1 技术原理

含稀土元素等共生铁矿弱磁—强磁—浮选技术是指对氧化矿矿石采用弱磁—强磁—反浮选流程，对磁铁矿矿石采用弱磁—反浮选流程。矿石首先通过磨矿使磨矿产品中粒径小于 0.074 mm 的占 90%～92%，然后经弱磁选选出磁铁矿，其尾矿在强磁选机磁感应强度 1.4 T 条件下进行粗选，将赤铁矿及大部分稀土矿物选入强磁粗精矿中，粗精矿经一次强磁精选（0.6～0.7 T），强磁精选铁精矿和弱磁铁精矿合并送去反浮选，脱除萤石、稀土等脉石矿物，最后得到合格铁精矿。

3.2.7.2 技术适用性及特点

该技术可提高资源综合回收率。

采用该技术可使铁精矿品位达到 60%～61%，铁回收率达到 71%～73%；稀土中矿品位 REO

34.5%（回收 6.01%），稀土精矿品位 REO 50%～60%（回收率 12.55%），稀土总回收率 40.6%。

该技术适用于白云鄂博铁矿石及含稀土元素的铁矿石。

3.2.8 钒钛磁铁矿按粒度分选技术

3.2.8.1 技术原理

钒钛磁铁矿按粒度分选技术是指将选矿尾矿按 0.045 mm 粒度分级，大于 0.045 mm 粒度的部分采用重选—强磁—脱硫浮选—电选流程，小于 0.045 mm 粒度的部分采用强磁—脱硫浮选—钛铁矿浮选流程。

3.2.8.2 技术适用性及特点

该技术可提高资源综合回收率，从源头削减污染，具有较高的经济效益。

使用该技术可使铁精矿品位达到 47.48%，选钛总回收率达 25.01%。

该技术适用于钒钛磁铁矿和钛磁铁矿。

3.2.9 岩石干选技术

3.2.9.1 技术原理

原矿石均匀布料于给矿皮带上，当矿石运转到磁力滚筒时，有用矿物在磁力的作用下吸附在皮带表面，非磁性或磁性很弱的颗粒在惯性作用下脱离磁滚筒表面被抛出。

3.2.9.2 技术适用性及特点

岩石干选技术可提高产品质量，从源头削减污染。

采用该技术时岩石甩出量占出矿量的 6%～8%，混入岩石 90%被甩出。

该技术适用于采用汽车-胶带运输系统的露天矿的磁铁矿石。

3.3 大气污染防治技术

3.3.1 凿岩湿式防尘技术

3.3.1.1 技术原理

通过喷雾洒水捕获粉尘；或对钎杆供水，湿润、冲洗，并排出粉尘，从而从源头抑制产尘。如在水中添加湿润剂，除尘效果更佳。

3.3.1.2 技术适用性及特点

该技术通常用于地下矿山凿岩、爆破、岩矿装运等作业防尘。

3.3.2 穿爆干/湿式防尘技术

3.3.2.1 技术原理

干式防尘技术是指露天矿钻孔牙轮钻和潜孔钻机采用三级干式捕尘系统，压气排出的孔内粉尘经集尘罩收集，粗颗粒沉降后的含尘气流进入旋风除尘器作初级净化，布袋除尘器作末级净化。

湿式防尘技术是指通过喷雾风水混合器将水分散成极细水雾，经钎杆进入孔底，补给粉尘形成泥浆。井口风机的风流将排出的泥浆吹向孔口一侧，并沉积该处。泥浆干燥后呈胶结状，避免粉尘二次飞扬。

3.3.2.2 技术适用性及特点

该技术可减少粉尘和有毒气体等大气污染物的产生，降低作业场所粉尘浓度。

该技术通常用于露天矿穿爆作业防尘。

3.3.3 运输路面防尘技术

运输路面防尘措施主要是沿路铺设洒水器向路面洒水，同时路面喷洒钙、镁等吸湿盐溶液或用覆盖剂处理路面。

3.3.4 覆盖层防尘技术

3.3.4.1 技术原理

通过喷洒系统将焦油、防腐油等覆盖剂喷洒在废石堆表面，利用覆盖剂和废石间的黏结力，在废石表面形成薄层硬壳，从而减少粉尘飞扬。

3.3.4.2 技术适用性及特点

该技术可减少扬尘，降低雨水侵蚀，减少物料流失。

该技术适用于废石场、排土场、尾矿库以及矿石转载点料堆等场所的扬尘控制。

3.3.5 就地抑尘技术

3.3.5.1 技术原理

应用压缩空气冲击共振腔产生超声波，超声波将水雾化成浓密的、直径1～50 μm的微细雾滴，雾滴在局部密闭的产尘点内捕获、凝聚细粉尘，使粉尘迅速沉降，实现就地抑尘。

3.3.5.2 技术适用性及特点

就地抑尘系统占据空间少，节省场地；使用该技术无须清灰，避免二次污染。

该技术适用于细尘扬尘大产尘点的防尘。

3.3.6 固体物料浆体长距离管道输送技术

3.3.6.1 技术原理

固体物料浆体长距离管道输送技术是以有压气体或液体为载体，在密闭管道中输送固体物料，从而防止粉尘外排。

3.3.6.2 技术适用性及特点

该技术对地形适应性强，占用土地少，基建及运营成本低，环境影响小。

该技术适用于铁精矿的输送作业。

3.3.7 袋式除尘技术

3.3.7.1 技术原理

利用纤维织物的过滤作用对含尘气体进行过滤，当含尘气体进入袋式除尘器后，颗粒大、比重大的粉尘，由于重力的作用沉降下来，落入灰斗，含有较细小粉尘的气体在通过滤料时，粉尘被阻留，气体得到净化。

3.3.7.2 技术适用性及特点

袋式除尘技术除尘效率高，但运行维护工作量较大，滤袋破损需及时更换。为避免潮湿粉尘造成糊袋现象，应采用由防水滤料制成的滤袋。

对布袋收集的粉尘进行处理时可能产生二次污染。

该技术适用于选矿厂破碎筛分系统的粉尘治理。

3.3.8 高效微孔膜除尘技术

3.3.8.1 技术原理

含尘气体进入除尘器后，大颗粒靠自重沉降，小颗粒随气流通过微孔膜滤料被阻留，清洁空气通过微孔膜后排出。粉尘在膜上积到一定厚度时在重力作用下脱落，粘在膜上的粉尘由 PLC 定时控制的高频振打电机振打脱落。

3.3.8.2 技术适用性及特点

高效微孔膜除尘技术具有阻力低、透气性好、寿命长、耐潮、除尘效率高等特点。

该技术适用于矿山破碎筛分系统的粉尘治理，尤其适用于潮湿性粉尘。

3.3.9 高效湿式除尘技术

3.3.9.1 技术原理

颗粒与水雾强力碰撞、凝聚成大颗粒后被除掉，或通过惯性和离心力作用被捕获。

3.3.9.2 技术适用性及特点

高效湿式除尘技术的除尘效率可达 95%，排放浓度达 50 mg/m^3 以下。

该技术运行成本低，适用于新建和已建矿山破碎筛分系统除尘。

3.3.10 旋风除尘技术

3.3.10.1 技术原理

含尘气流沿某一方向作连续旋转运动，粉尘颗粒在离心力作用下被去除。多管旋风除尘器是指通过一组平行的旋风除尘器，应用相同原理而得到较好的效果。

3.3.10.2 技术适用性及特点

多管旋风除尘器结构简单、工作可靠、维护容易、体积小、成本低、管理简便。

旋风除尘技术多用于收集粗颗粒，对于粉尘细微的矿山选矿厂破碎点的粉尘，多管旋风除尘器仅可达 60%～80%的除尘效率。该技术通常作为矿山除尘系统的前级除尘，以提高除尘系统的总除尘效率。

3.3.11 静电除尘技术

3.3.11.1 技术原理

含尘空气进入由放电极和收集极组成的静电场后，空气被电离，荷电尘粒在电场力作用下向收集极运动并集积其上，释放电荷；通过振打极板使集尘落入灰斗，实现除尘。

3.3.11.2 技术适用性及特点

静电除尘技术的除尘效率通常为 90%～95%，在运行良好的情况下可达 99%。

该技术适用于比电阻在 10^4～10^9 Ω范围内的矿尘治理。

使用该技术时，设备清灰过程对环境有一定影响。灰斗收集的干粉尘可直接进入选矿流程。

3.3.12 传统湿式除尘技术

3.3.12.1 技术原理

传统湿式除尘技术是指尘粒与液滴或水膜的惯性碰撞、截留的过程。粒经 1～5 μm 以上颗粒直接被捕获，微细颗粒则通过无规则运动与液滴接触加湿彼此凝聚增重而沉降。湿式除尘器主要包括水膜除尘器、泡沫除尘器和冲激除尘器，以冲击除尘器为主。

3.3.12.2 技术适用性及特点

湿式除尘器对粒径小于 5 μm 的粉尘捕集效率较低。在北方冬季结冻地区，传统湿式除尘技术的使用受到限制。

3.4 废水控制与治理技术

3.4.1 矿坑涌水控制技术

通常采用以下技术措施预防矿山废水的产生：

- 留足水岩柱；
- 井巷掘进接近含水层、导水断层时，打超前钻孔探水；
- 在井下有突水危险的地区设水闸门或水墙；
- 矿山边界设排水沟或引流渠，截断地表水进入矿区、露天采场、排土场，防止渗漏而进入井下；
- 地下开采时，选择上部顶板不产生或不易产生裂隙的采矿技术，防止地表水进入矿井；
- 露天开采时，下边坡应留矿壁，防止地面水流入采场；
- 对废弃凹地、与井下相通的裂隙、废弃钻井、溶洞等进行排水、填堵等复地措施；
- 对废石堆进行密封或防范处理。

预防和控制矿坑涌水是从源头预防废水产生的重要措施，对已建和新建的矿山均适用。

3.4.2 硫铁矿酸性水控制技术

硫铁矿酸性水是由于硫铁矿（Fe^{2+}）的氧化、水解而产生具有腐蚀性的 H_2SO_4 形成。硫铁矿酸性水来源有地下采场、覆盖岩层剥离后露天采场、废石场等，控制措施有：

- 废石场实行分台阶排土，含硫较多的废石或表外矿石集中排放和管理，也可分层掺和石灰粉，废石场储用后及时复垦、植被，以减少硫化矿氧化；
- 在采场、排土场、尾矿库周围修截流水沟渠，对酸性水源上游进行截水，既减少与硫铁矿接触，又可清污分流；采矿技术采用陡帮开采，减少矿体暴露和推迟矿体暴露时间；
- 对产生的酸性废水设截水沟、蓄水池，部分废水经中和泵送回采场，用于采场降尘用水。

3.4.3 酸性废水处理

酸性废水成分复杂多样，在众多方法中，中和法技术成熟，应用广泛。

中和法处理酸性废水是指以碱性物质作为中和剂，与酸反应生成盐，从而提高废水的 pH 值，同时去除重金属等污染物。对于矿山酸性废水，可直接投加碱性中和剂，在反应池中进行混合，发生中和和氧化反应，将 Fe^{2+}氧化生成 $Fe(OH)_3$，经沉淀去除。常用的中和剂有石灰石、氧化钙、电石渣和氢氧化钠等。处理工艺有中和反应池、中和滤池、中和滚筒、变速膨胀滤池等。

石灰中和法处理技术具有反应速度快，占地面积小，出水水质好，排泥量小，污泥含水率低等优点。但中和反应后生产泥渣，存在二次污染；适用于已建和新建矿山的酸性废水治理。

3.4.4 选矿废水循环利用技术

该技术是采用循环供水系统，使废水在生产过程中多次重复利用，将尾矿库溢流水闭路循环用作选矿生产用水。选矿厂设置废水沉淀池，洗矿水、碎矿水及尾矿水进入沉淀池，经化学沉淀净化处理后，出水全部循环利用，其底流排入尾矿库。

此技术可使选矿废水全部循环利用，从而节省水资源，减少水环境污染。同时选矿废水循环利用可提高选矿指标；该技术适用于已建和新建矿山选矿厂。

3.4.5 含汞废水处理

含汞废水处理方法主要有铁屑过滤法和硫化沉淀法。

铁屑过滤法是指含汞废水经砂滤后，再经铁屑还原处理，在 pH 为 3.0～3.5 时汞离子被还原成金属汞而被过滤去除。

硫化沉淀法是指将废水中悬浮物除去后，加入硫化钠，生成硫化汞沉淀，并加入铁盐或铝盐使之沉淀，焚烧沉淀物可回收汞。经硫化法处理的出水再经活性炭处理，废水中残留的汞被活性炭吸附去除。

3.4.6 含镉废水处理

含镉废水处理技术主要是化学沉淀法，是指在碱性条件下形成氢氧化镉、碳酸镉或硫化镉沉淀。处理时向废水中加碱或硫化钠，在 pH 值达 10.5～11 时，经沉淀去除镉。

3.4.7 含铅废水处理

含铅废水处理可采用化学沉淀-过滤法，是指向废水中加碱或硫化钠维持 pH 值在 9～10 使铅沉淀分离，再经过滤或活性炭吸附进一步除铅。处理过程中严格控制 pH 值，若 pH 值在 11 以上时，则形成亚铅酸离子，沉淀物再度溶解。

3.4.8 含铬废水处理

含铬废水处理通常采用化学还原法、钡盐法、电解还原法。

化学还原法是指利用硫酸亚铁、亚硫酸钠、硫酸氢钠等作为还原剂，使六价铬还原为三价铬，然后加碱调节 pH 值，使三价铬形成氢氧化铬沉淀得以去除。

钡盐法是指向废水中投加碳酸钡、氯化钡，形成铬酸钡沉淀。钡盐法除铬效果好，出水可排放或回用。

电解还原法是指在废水中加入一定量食盐，以铁板为阳极和阴极，通直流电进行电解，析出 Fe^{2+}把六价铬还原成三价铬，形成三价铬和三价铁的沉淀，电解后的水入沉淀池沉淀分离。

3.5 固体废物处置及综合利用技术

3.5.1 铁尾矿再选技术

3.5.1.1 技术原理

铁尾矿按选矿不同阶段可分为浓缩机前、浓缩机至尾矿库前和尾矿库中的尾矿。尾矿再选技术是指对尾矿进行二次选矿的技术，主要有单一磁选；尾矿初选后再选、再磨，尾矿内部回收流程；单一重选及干/湿尾矿再磨的磁选—重选联合流程。

3.5.1.2 技术适用性及特点

该技术内部回收流程可生产品位大于 66%的铁精矿，单一重选可获得含铁 57%～62%的铁精矿。该技术可提高金属回收率和资源利用率，减少固体废物排放。适用于已建和新建铁矿山的尾矿。

3.5.2 废石、尾矿生产建筑材料技术

3.5.2.1 技术原理

废石、尾矿生产建筑材料技术是以废石、尾矿作为原料生产建材产品，如空心砖、路面砖、饰面砖、免蒸砌块，代替黄沙做混凝土骨料等。

3.5.2.2 技术适用性及特点

该技术能够提高尾矿资源利用率，减少尾矿、废石排放和对水体、大气的污染，保护生态环境。

该技术适用于已建及新建矿山。

3.5.3 尾矿制造微晶玻璃技术

3.5.3.1 技术原理

针对含钛磁铁矿和高铁尾矿含铁高的特点，以尾矿及石灰石、河砂、石英为原料，生产微晶玻璃。

尾矿制造微晶玻璃技术通常采用水淬法，其主要工艺流程如图 5。

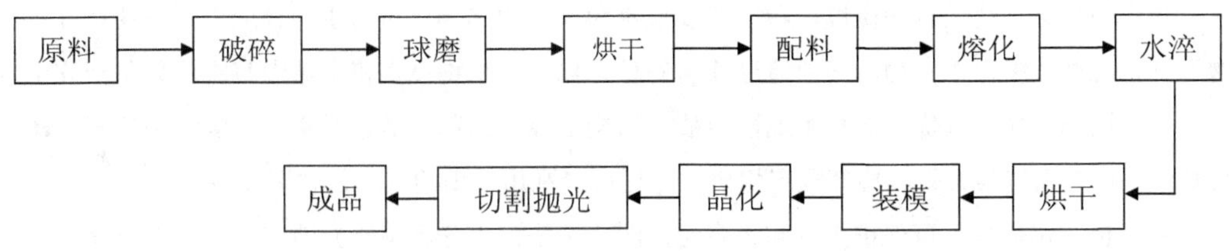

图 5 水淬法微晶玻璃生产主要工艺流程

3.5.3.2 技术适用性及特点

微晶玻璃生产的关键技术是热处理工艺，是尾矿微晶玻璃成核和晶体成长的关键，采用阶梯制度微晶化比等温制度微晶化更有利于提高晶化率和产品性能。

该技术能够充分利用矿产资源，可使尾矿得以资源化利用。

3.5.4 固体废物排放采空区技术

3.5.4.1 技术原理

将采选矿固体废物排放于矿山地下采空区、露天矿坑或地表塌陷区等废弃采空空间。

3.5.4.2 技术适用性及特点

该技术可有效利用采空空间，减少了废石、尾矿的堆放空间，消除或减少废石、尾矿对水和大气环境的污染，改善生态环境。

该技术适用于有地下采空区、露天矿坑或地表塌陷区等废弃空间稳定的矿山。

3.6 生态恢复技术

根据矿山开发的不同时段，实施不同的生态恢复技术。

施工期的生态恢复技术包括开拓运输道路、工业广场、露天矿剥离工序等的生态恢复，主要内容为：选址尽量少占土地，设置表土场，将施工的土石方及剥离的表土集中堆放，以便日后复垦时作为覆土利用。运输道路两侧及工业广场四周设置排水沟，防止水土流失。

运营期对露天开采应边采矿边复垦，宜使用采掘机械复垦。对缓倾斜薄矿体，剥离表土可边采边回填采空区，使剥离物不占用土地。

闭坑期，对矿山各类废弃地进行全面复垦，其中包括工业广场、露天采空区、地表塌陷区、排土场、尾矿库等。复垦方式应结合当地具体条件，将破坏的土地复垦成为自然生态系统、农林生态系统和城市生态系统。

3.6.1 复垦植被优化技术

排土场复垦时利用开采初期预先剥离、储存的原有表土层作为复垦的覆土回填；或采用尾矿砂回填，铺垫表土复垦。

覆土应保证植物的种植深度，覆土厚度通常为 0.4～0.5 m。对适生品种应进行筛选和互生植物配置。若种植粮源性植物，必须通过使用物理、化学、生物技术将土壤中有害成分降至安全水平。在植被的选择上，优先选择本地性植被，结构上体现出草、灌、乔搭配的复合型模式；覆土与修坡工作要保持与开采、排弃顺序相协调，尽可能利用矿山的采、装、运设备。

复垦植被优化技术可保护大气和水资源，防止污染，充分利用废弃地、恢复生态环境，形成生态型矿山。该技术适用于已建和新建的矿山。

3.6.2 尾矿库无土植被技术

尾矿库无土植被技术是在不覆盖土层的条件下采用生物稳定技术，直接种植有强大护坡功能的植物，建立植被，形成生物坝，使其达到稳定并同时减少对环境的污染。

根据尾矿库不同基质条件，试验实施培肥熟化的植被基质，确定肥料的用量和品种。筛选适生品种，筛选出抗贫瘠、耐热性强、发芽率高、繁衍快、分蘖快、根系发达的品种。配置互生植物，确定种植方式、密度、方法、施肥等。

尾矿库无土植被技术可节约土源和覆土费用；与有土植被相比，节省投资 50%，适用于已封闭和正在使用的尾矿库。

3.7 新技术

3.7.1 充填采矿新技术

原充填工艺已不能满足回采工艺和进一步降低采矿成本或环境保护的需要，因而发展了高浓度充填、膏体充填、废石胶结充填和全尾砂胶结充填等新技术。

高浓度充填技术是指通过特殊设备和造浆技术，按试验的配比加入水泥和其他辅料，将极细粒级的全尾砂直接制备成高浓度砂浆，用以充填采空区。该技术可有效控制回采区域地压，广泛应用于充填采矿矿山。

膏体充填是指把尾矿等固体废物在地面加工成膏状浆体，利用管道泵送到井下工作面，适时充填采空区的采矿方法。

废石胶结充填采矿技术是指以废石作为充填材料，以水泥浆或砂浆作为胶结介质的一种在采场不脱水的充填技术。

全尾砂胶结充填采矿技术是指尾砂不分级，全部用作矿山充填料，适用于尾砂产率低和需要实现零排放目标的矿山。

3.7.2 选矿新技术

“多破少磨”工艺流程是选矿技术的发展趋势，是指从采矿过程中的爆破开始到选矿的入磨，降低入磨矿石粒度，减少选矿磨矿能耗，如利用挤压爆破技术、高压辊磨机等。

选矿新技术和设备包括浮选柱、旋流器分级机、盘式真空过滤机、带式真空过滤机、陶瓷过滤机、高效浓密机、深锥浓密机、高浓度输送技术等。

3.7.3 矿山酸性废水处理新技术

3.7.3.1 电石渣代替石灰处理酸性矿山废水技术

利用新鲜电石渣（含水率 30%左右）乳化制浆来处理矿山酸性废水。采用电石渣可避免采用人工石灰乳制备时造成的石灰粉尘飞扬及易结钙堵塞管道等恶化作业环境、容易发生人员灼伤事故等问题。

电石渣处理酸性矿山废水只需少量装卸、运输，节省人力、物力及费用，使废水处理成本显著降低。

3.7.3.2 人工湿地处理技术

利用湿地种植水葱、香蒲、芦苇、菖蒲、凤眼莲等抗酸性重金属废水能力较强的植物处理铁矿排放的酸性重金属废水。

人工湿地法具有建设费用低、易管理、工艺流程简捷的特点，处理后的水可回用或农用，可改善和美化环境。

3.7.3.3 利用尾矿分级溢流液处理酸性矿山废水技术

将尾矿浆经旋流器分级产生的尾矿分级溢流液作为中和剂处理酸性矿山废水。该法产生的中和渣存放于尾矿库内，不用另建矿渣库，既节省了建设投资，又不产生二次污染，处理后出水可满足选矿生产用水水质要求。

4 采选矿工艺污染防治最佳可行技术

4.1 采选矿工艺污染防治最佳可行技术概述

采选矿工艺可分为采矿生产工艺和选矿生产工艺两部分。每部分按整体性原则，从设计时段的源头污染预防、生产时段的污染防治，到闭坑时段的生态恢复，按生产工序的产污节点和技术经济适宜性，确定最佳可行技术组合，以保证生产工艺全过程的污染防治。

图 6 和图 7 分别为采矿工艺和选矿工艺的污染防治最佳可行技术组合。

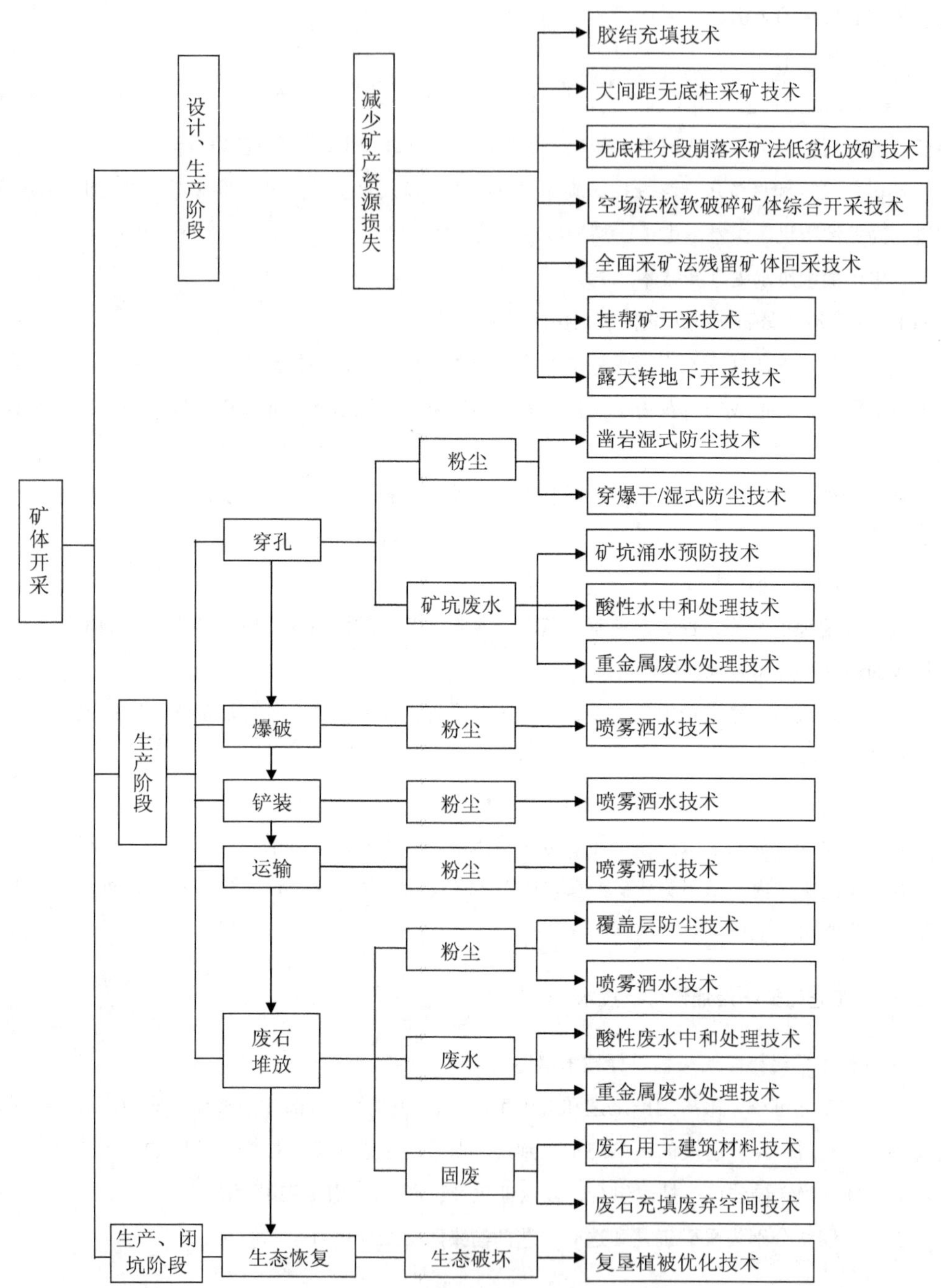

图 6　采矿工艺污染防治最佳可行技术组合图

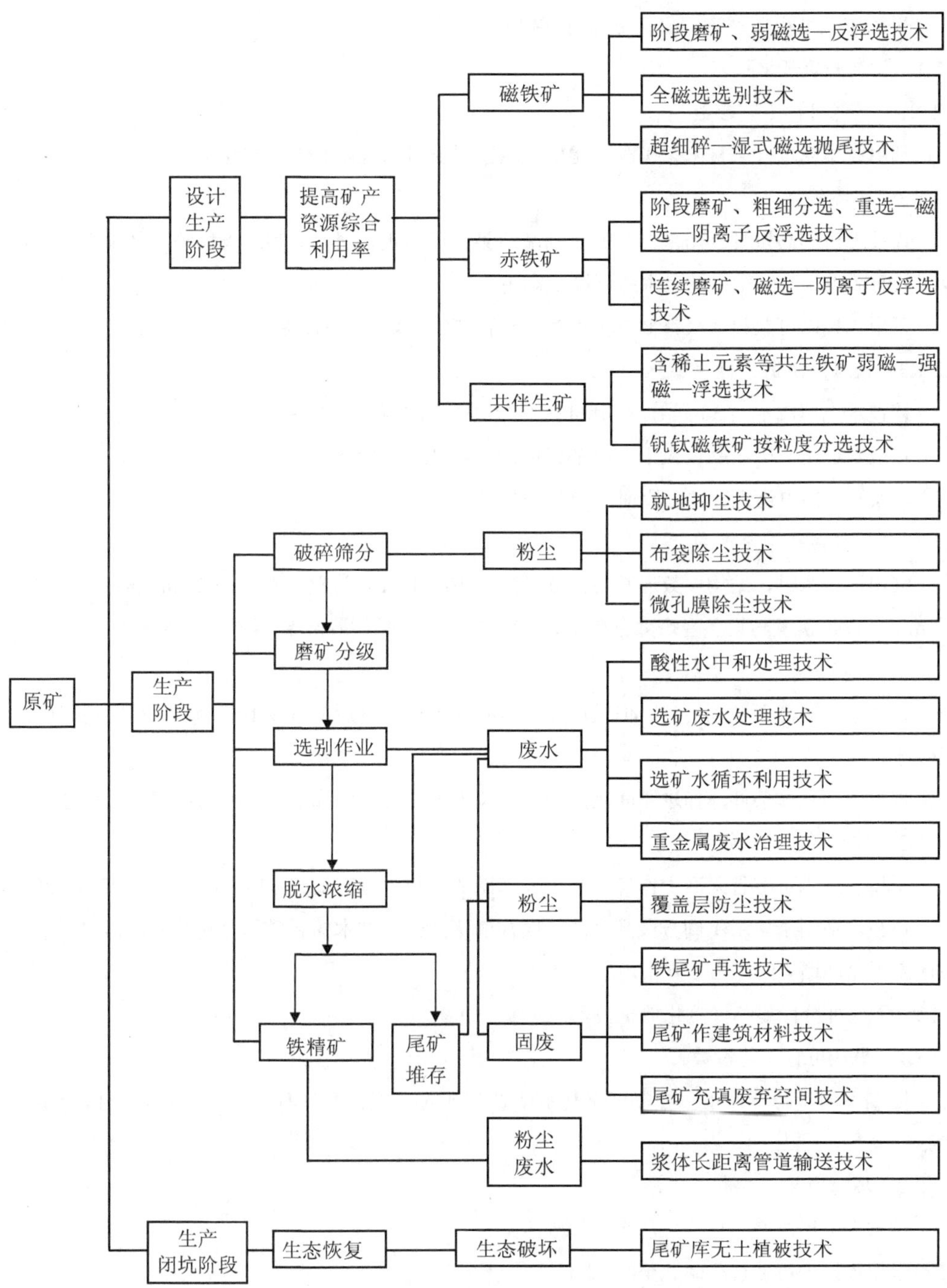

图 7　选矿工艺污染防治最佳可行技术组合图

4.2 采矿工艺减少矿产资源损失最佳可行技术

4.2.1 胶结充填开采技术

4.2.1.1 最佳可行工艺参数

利用胶结充填开采技术采矿时，尾矿充填浆料质量浓度以68%～75%为宜。

4.2.1.2 环境效益

该技术可提高资源利用率，从源头削减污染；可防止岩层移动和地表塌陷，减少固体废物排放，从而减少二次污染以及对生态环境的影响。

采用该技术可获得回采率80%～95%，矿石贫化率为3%～10%。

4.2.1.3 技术经济适用性

该技术充填成本约30元/t，胶凝材料占充填成本的40%～70%。

该技术适用于矿石品位大于40%的富矿的新建和已建地下矿山。

4.2.2 大间距集中化无底柱分段崩落采矿法开采技术

4.2.2.1 最佳可行工艺参数

采用该技术时，结构参数通常为：分段高度10～15 m，进路间距15～20 m，崩矿步距2.5～3.2 m，一次崩矿量与设备台班效率比1：（3～4）。通常采用6 m^3 铲运机与之相配套。

4.2.2.2 环境效益

该技术可提高资源利用率，但采用该技术时在顶板崩落后易造成地表塌陷，可能造成生态环境破坏。

根据矿山具体条件选择进路间距，采用该技术可使贫化率降至约10%，矿石回收率达85%。

4.2.2.3 技术经济适用性

采用该技术可节省采准工作量，减少采矿循环次数，提高采矿强度，降低成本20%～25%。

该技术适用于采用不同分段高度的无底柱崩落法开采技术的新建和已建厚大矿体地下矿山，在地表不允许塌陷的矿山不宜采用。

4.2.3 无底柱分段崩落低贫化放矿技术

4.2.3.1 最佳可行工艺参数

控制不同步距条件下，控制低贫化放矿的出矿量，提高采矿计量的准确性，严格控制爆破参数。

4.2.3.2 环境效益

该技术可提高产品质量，从源头削减污染。

采用该技术可使贫化率达至约10%。

4.2.3.3 技术经济适用性

采用该技术采出矿石的岩石含量减少，可降低提升、运输、选矿等工序的费用。

该技术适用于厚大矿体的新建和已建矿山。

4.2.4 空场法松软破碎矿体综合开采技术

4.2.4.1 最佳可行工艺参数

在松软破碎矿体的开采中，根据地压活动规律，确定锚杆类型、布局、密度及柱网参数。通常情况，参数为：锚杆长度 2 m，锚杆间距 750 mm×750 mm，网线尺寸 2.1 m×1.2 m，网目 100 mm×100 mm，喷射混凝土厚度 80～100 mm，长螺杆长度（外加）3 m。

4.2.4.2 环境效益

该技术可提高资源利用率，从源头削减污染。

采用该技术可使回采率达 80%～90%，贫化率下降至 7%～8%。

4.2.4.3 技术经济适用性

该技术可提高采场生产能力和巷道利用率。采用该技术时，需加强支护，大大增加支护成本。

该技术适用于已建和新建的松软破碎岩体矿山。

4.2.5 全面采矿法残留矿体回采技术

4.2.5.1 最佳可行工艺参数

矿体厚度为 2～3 m 时，一次采全厚；当矿体厚度大于 3 m 时，分层回采。

4.2.5.2 环境效益

该技术可提高矿产资源利用率，从源头削减污染。

4.2.5.3 技术经济适用性

该技术可回收残矿，适用于薄和中厚（小于 5～7 m）的矿石和围岩均稳固的缓倾斜（倾角小于 30°）的已建和新建矿体（含残留矿体）。

4.2.6 露天转地下联合开采技术

4.2.6.1 最佳可行工艺参数

在采用露天转地下开采技术时，按照露天开采和地下开采矿石生产成本相等的原则确定露天开采的极限深度。

露天矿境界内地下采空区顶板上方的岩层厚度受岩体自身强度等内在因素与爆破震动、雨水侵蚀等外在因素综合决定，根据岩石力学试验计算指标确定。

4.2.6.2 环境效益

该技术可增加采矿量，从源头减少污染。

4.2.6.3 技术经济适用性

采用该技术可缩小露天境界，减少剥离量，增加矿石回收量，节省建设投资。

该技术适用于新建和已建露天矿山。

4.2.7 挂帮矿回采技术

4.2.7.1 最佳可行工艺参数

采用挂帮矿回采技术时，为达到中深部边坡加陡效果，通常在已靠帮的上部边坡不做改动、在未靠帮的下部边坡加陡，形成上缓下陡的凸形边坡，最终边坡并段数为2～3个以上；提高并段后阶段坡面角到70°；在边坡面留有挂帮矿的地段，边坡线向原设计境界线外挂；在无矿地段，边坡线尽量向内移动；对采场内压有大量矿石的原有运输线路，线路改道后将矿石采出。部分挂帮矿体可转地下开采。

4.2.7.2 环境效益

该技术可减少资源损失，从源头削减污染。

4.2.7.3 技术经济适用性

该技术可实现矿产资源回收，增加经济效益。

该技术适用于新建和已建的露天闭坑矿山。

4.2.8 最佳可行技术及适用性

钢铁行业采矿工艺减少矿产资源损失最佳可行技术见表1。

表1 钢铁采矿生产工艺减少矿产资源损失最佳可行技术及适用性

最佳可行技术		环境效益	适用条件
充填法	胶结充填开采技术	回采率80%～95%，矿石贫化率3%～10%；资源利用率高，相对减少开采量	品位大于40%的富矿的新建和已建地下矿山、具有高经济效益的共伴生矿石矿山敏感区
崩落法	大间距集中化无底柱分段崩落采矿技术	矿石回收率85%，贫化率10%，相对减少开采量	采用不同分段高度的无底柱崩落法开采技术的新建和已建厚大矿体地下矿山
	无底柱分段崩落采矿法低贫化放矿技术	贫化率10%左右	厚大矿体的新建和已建矿山
空场法	空场法松软破碎矿体综合开采技术	回采率大于80%，贫化率小于8%；充分利用资源	松软破碎岩体的已建和新建矿山
	全面采矿法残留矿体回采技术	提高资源回收率，减少开采损失率，相对减少开采量	薄和中厚（小于5～7 m）的矿石和围岩均稳固的缓倾斜（倾角小于30°）的已建和新建矿体（含残留矿体）
露天转地下开采及联合开采技术		提高矿产资源开发利用率，稳定矿山产量	已建和新建露天矿山
挂帮矿回采技术		提高回采率，充分利用资源	露天闭坑矿山

4.3 选矿工艺提高矿产资源综合利用率最佳可行技术

选矿工艺提高矿产资源综合利用率最佳可行技术见表 2。

表 2 选矿工艺提高矿产资源综合利用率最佳可行技术及适用性

最佳可行技术	环境效益	适用条件
阶段磨矿、弱磁选—反浮选技术	铁精矿品位 69%，SiO_2 降至 4%以下；金属回收率高	要求高质量铁精矿以及含杂质多的已建和新建磁铁矿矿山
全磁选选别技术	铁精矿品位 67%～69%，SiO_2＜4%，金属回收率高	已建和新建矿山的磁铁矿
超细碎—湿式磁选抛尾技术	抛出 40%粗尾矿，铁精矿品位 65%，SiO_2＜4%，金属回收率高	已建和新建磁铁矿矿山，具有普遍性，尤其适用于极贫矿
连续磨矿、磁选—阴离子反浮选技术	铁精矿品位 67%～68%，尾矿品位 8%～9%，金属回收率高	已建和新建的贫赤铁矿
阶段磨矿、粗细分选、重选—磁选—阴离子反浮选技术	铁精矿品位 65%～67%，SiO_2＜4%，金属回收率高	已建、新建脉石非石英的赤铁矿，鞍山地区贫赤铁矿
含稀土元素等共生铁矿弱磁—强磁—浮选技术	铁精矿品位 60%～61%，稀土精矿品位 ERO50%～60%，综合回收率高，资源利用率高	已建和新建的含稀土铁矿，白云鄂博铁矿石
钒钛磁铁矿按粒度分选技术	铁精矿品位达到 47.48%，选钛总回收率达 25.01%，资源综合回收率高	已建和新建的钒钛磁铁矿、钛磁铁矿
岩石干选技术	甩出混合岩石 90%，提高产品质量，从源头削减污染	已建和新建的采用露天汽车—胶带运输的磁铁矿石

4.4 大气污染防治最佳可行技术

4.4.1 凿岩湿式防尘技术

4.4.1.1 最佳可行工艺参数

湿式凿岩工艺中水压不低于 304 kPa，风压大于 5.07 MPa；喷雾洒水工艺中喷雾器水雾粒度宜为 100～200 μm。

4.4.1.2 环境效益

该技术从源头减少粉尘产生量并防止粉尘飞扬。

4.4.1.3 技术经济适用性

该技术通常用于地下矿山凿岩、爆破、岩矿装运等作业。

4.4.2　穿爆干/湿式防尘技术

4.4.2.1　环境效益

钻机三级干式捕尘系统的除尘效率达 99.9%，排放粉尘浓度可降为 6 mg/m^3；其他措施可减少粉尘和有毒气体产生，减少大气污染。

4.4.2.2　技术经济适用性

该技术适用于新建和已建的露天矿山穿爆作业。

4.4.3　覆盖层防尘技术

4.4.3.1　最佳可行工艺参数

料堆表面形成的硬壳厚度为 10～20 mm，壳体应致密连续、无裂隙。

4.4.3.2　环境效益

该技术可减少扬尘，粉尘浓度达 1 mg/m^3 以下，可减少料堆雨水侵蚀和物料流失，防止水土污染。

4.4.3.3　技术经济适用性

该技术适用于新建和已建矿山排土场、尾矿库以及矿石堆存点等料堆的防尘。

4.4.4　就地抑尘技术

4.4.4.1　最佳可行工艺参数

超声雾化器工作时压缩空气压力为 0.3～0.4 MPa，水压为 0.1～0.15 MPa，耗气量为 0.08～0.1 m^3/min，耗水量为 0.3～0.5 L/min。

4.4.4.2　环境效益

该技术显著降低产尘点扬尘浓度，无须清灰，避免二次污染。

4.4.4.3　技术经济适用性

就地抑尘技术比其他除尘系统节省 30%～50%投资，节能 50%，且占据空间小，节省场地。

该技术适用于矿石破碎、筛分、皮带运输转载点等细尘扬尘大的产尘点，对呼吸性粉尘捕获效果更佳。

4.4.5　固体物料浆体长距离管道输送技术

4.4.5.1　最佳可行工艺参数

根据运行要求确定管道输送参数。确定参数时应考虑停泵再启对管道压力、堵管的影响，进行浆体水击及过渡过程分析计算，考虑气囊及加速流的产生及预防，进行线路选择及优化等。

对长距离细颗粒黏度高的精矿管道，通常选用隔膜泵。

4.4.5.2　环境效益

由于输送管线埋入地下，不占用或占用土地少；建成后土地可复垦利用；管线沿程污染小。

4.4.5.3 技术经济适用性

该技术的基建投资和运营成本比铁路运输低 30%～50%。

该技术适用于新建和已建矿山输送铁精矿。

4.4.6 袋式除尘技术

4.4.6.1 最佳可行工艺参数

气布比为 0.8～1.2 m/min；系统阻力小于 1 500 Pa；系统漏风系数小于 3%。

4.4.6.2 环境效益

对于粒径 0.5 μm 的粉尘，除尘效率为 98%～99%，总除尘效率可达 99.99%，排放浓度可达 20 mg/m^3 或更低。

4.4.6.3 技术经济适用性

布袋除尘器一次性投资约为 10 元/（$m^3 \cdot h$），换料、电耗等运行费约 60 元/万 t 矿石。

该技术适用于已建和新建选矿厂破碎筛分系统除尘。

4.4.7 高效微孔膜除尘技术

4.4.7.1 最佳可行工艺参数

高效微孔膜运行阻力应小于 1 300 Pa，粉膜透气度为 1.2 $m \cdot min^{-1}$，清灰剥离率达 98.4%～100%。

4.4.7.2 环境效益

除尘效率大于 99%，选矿厂破碎筛分系统中的粉尘排放浓度为 30～50 mg/m^3。

4.4.7.3 技术经济适用性

该技术适用于新建和已建的矿山破碎筛分系统粉尘治理，适用于潮湿性粉尘。

4.4.8 最佳可行技术及适用性

钢铁行业采选矿工艺大气污染防治最佳可行技术及适用性见表 3。

表 3 钢铁行业采选矿工艺大气污染防治最佳可行技术及适用性

防治阶段	最佳可行技术	环境效益	适用条件
工艺过程	凿岩湿式防尘技术	从源头减少粉尘产生量，防止粉尘飞扬	已建和新建地下矿山凿岩、爆破、岩矿装运等作业
	穿爆干/湿式防尘技术	钻机二级除尘效率达 99.9% 粉尘排放浓度＜6 mg/m^3	已建和新建露天矿山穿爆作业
	覆盖层防尘技术	粉尘浓度＜1 mg/m^3，减少扬尘、雨水侵蚀和物料流失	已建和新建矿山排土场、尾矿库以及矿石堆存点等料堆的防尘
	就地抑尘技术	降低产尘点扬尘浓度，避免二次污染	已建和新建矿山矿石破碎、筛分、皮带运输等扬尘点，对呼吸性粉尘捕获效果更佳

防治阶段	最佳可行技术	环境效益	适用条件
工艺过程	固体物料浆体长距离管道输送技术	少占用土地，管线沿线无污染	已建和新建矿山铁精矿输送
末端治理	袋式除尘技术	除尘效率＞99%，排放浓度＜20 mg/m^3	已建和新建矿山破碎筛分系统除尘
	高效微孔膜除尘技术	除尘效率＞99%，排放浓度40～50 mg/m^3	已建和新建矿山的破碎筛分系统亲水性粉尘

4.5 废水控制与处理最佳可行技术

钢铁行业采选矿工艺废水控制与处理最佳可行技术见表 4。

表 4 钢铁行业采选矿工艺废水控制与处理最佳可行技术及适用性

废水来源或种类	最佳可行技术	适用条件
矿坑涌水	采矿矿坑涌水控制技术	已建和新建矿山，敏感区
酸性废水	中和法	已建和新建矿山，敏感区
含汞废水	铁屑过滤法、硫化沉淀法	已建和新建矿山，敏感区
含镉废水	化学沉淀法-硫化法	已建和新建矿山，敏感区
含铅废水	化学沉淀法-硫化法	已建和新建矿山，敏感区
含铬废水	药剂还原沉淀法、电解还原法、钡盐法	已建和新建矿山，敏感区
选矿废水	絮凝-沉淀，循环利用	已建和新建矿山，敏感区

4.6 固体废物处置及综合利用最佳可行技术

4.6.1 铁尾矿再选技术

4.6.1.1 环境效益

减少尾矿固废排放量，提高铁的回收率。通过再选工艺内部回收流程，可提高品位大于 66%的铁精矿产量，单一重选可获得含铁 57%～62%的铁精矿。

4.6.1.2 技术经济适用性

该技术适用于已建和新建的铁矿山的尾矿。

与只进行处理原矿选矿相比，采用该技术可增加产量，可降低成本。

4.6.2 废石、尾矿用于建筑材料技术

4.6.2.1 最佳可行工艺参数

生产尾矿地面砖时应控制尾矿粒级比例，粒级比例要求可参照表 5。

表 5 生产尾矿地面砖尾矿粒级比例表

粒级/目	+55	−55+100	−100+200	−200
混合样/%	37.0	31.0	22.5	9.5

尾矿建材地面砖应达到下列质量要求：抗折强度＞40 MPa，吸水率＜8%，耐磨耐抗长度＜35 mm，抗冻融损失＜20%。

4.6.2.2 环境效益

提高尾矿资源利用率，减少尾矿、废石排放，消除和减少尾矿、废石环境污染。

4.6.2.3 技术经济适用性

该技术经济效益显著，适用于已建和新建矿山。

4.6.3 尾矿制造微晶玻璃技术

4.6.3.1 最佳可行工艺参数

原料主要为高铁尾矿和含钛磁铁矿。产品应达到以下要求：抗压强度：1.25 $t{\cdot}cm^{-2}$，弯曲强度：37.3 MPa，防震能力：2.5，莫氏硬度：6，耐酸性（1%H_2SO_4）：0.11%，耐碱性（1%NaOH）：0.15%，密度：2.63 $g{\cdot}cm^{-3}$，光泽度 5～100。

4.6.3.2 环境效益

该技术可提高尾矿资源利用率，减少尾矿、废石排放，消除和减少尾矿、废石的环境污染。

4.6.3.3 技术经济适用性

采用尾矿制造微晶玻璃技术可获得显著经济效益。

4.6.4 固体废物排放采空区技术

4.6.4.1 最佳可行工艺参数

采空区固体废物回填量：采出 1 t 矿石可回填 0.25～0.4 m^3 的固废。

4.6.4.2 环境效益

该技术可减少废石、尾矿的排放状况，消除或减少废石、尾矿对环境的污染，改善生态环境。

4.6.4.3 技术经济适用性

该技术可节省尾矿库建设工程投资，适用于有地下采空区、露天采坑或地表塌陷区等废弃空间稳定的新建和已建矿山。

4.6.5 最佳可行技术及适用性

钢铁行业采选矿工艺固体废物处置及综合利用最佳可行技术见表 6。

表 6　钢铁行业采选矿工艺固体废物处置及综合利用最佳可行技术及适用性

最佳可行技术	环境效益	适用条件
铁尾矿再选技术	再选的铁精矿品位 66%，减少固体废物排放，提高资源利用率	已建和新建矿山尾矿，敏感区
废石、尾矿用于建筑材料技术	减少排放，减少和消除对大气和水系污染	已建和新建矿山，敏感区
尾矿制造微晶玻璃技术	减少排放，减少对大气和水系污染	已建和新建矿山
固体废物排放采空区技术	减少排放，减少和消除对大气污染和对水系污染	有地下采空区，露天坑或地表塌陷区等稳定废弃空间的矿山，敏感区

4.7　生态恢复最佳可行技术

钢铁行业采选矿工艺生态恢复最佳可行技术见表 7。

表 7　钢铁行业采选矿工艺生态恢复最佳可行技术及适用性

最佳可行技术	技术指标和环境效益	适用条件
铁矿复垦植被优化技术	保护大气和水资源，恢复采区生态环境，充分利用废弃地	已建和新建矿山 已建和新建矿山的选矿作业，敏感区
尾矿库无土植被技术	植被覆盖率 90%，控制水土流失、抑尘	已建和新建矿山的选矿作业，敏感区

4.8　采选矿工艺污染防治最佳环境管理实践

为保证最佳可行技术的应用效果，采取如下最佳环境管理实践：

- 矿产资源综合开发规划和设计阶段包含资源开发利用、生态环境保护、地质灾害防治、水土保持和废弃地复垦等内容，充分考虑低污染、高附加值的产业链延伸建设和多元化经营建设。
- 根据矿山地质条件以及矿石性质，采用适宜的采矿技术，提高资源利用率。
- 对于采、选矿过程产生的废水，根据用水水质要求实现废水梯级利用。
- 采选矿生产中采用低噪声设备或采用隔声减震措施，控制噪声源强。
- 加强采矿点排土场和拦渣坝及选矿厂尾矿库的管理和维护，防止扬尘和溃坝。
- 坚持开采与恢复并举，根据复垦条件选择不同的复垦模式。
- 加强生产设备的使用、维护和检修，保证设备正常运行。
- 重视污染物的监测和计量管理工作，定期进行全厂物料平衡测试。
- 加强操作管理，建立岗位操作规程，制定应急预案，定期对职工进行技术培训和演练。

中华人民共和国国家环境保护标准

矿山生态环境保护与恢复治理方案（规划）编制规范（试行）

HJ 652—2013　2013 年 7 月 23 日起实施

1　适用范围

本标准规定了矿山生态环境保护与恢复治理方案（规划）编制的原则、程序、内容和技术要求。

本标准适用于新建、改（扩）建矿山及生产和闭坑矿山编制矿山生态环境保护与恢复治理方案（规划）。

2　规范性引用文件

本标准引用了下列文件或其中的条款。凡是未注明日期的引用文件，其最新版本适用于本标准。

HJ 651　矿山生态环境保护与恢复治理技术规范（试行）

3　术语和定义

下列术语和定义适用于本标准。

3.1　矿山生态环境

指矿区内生态系统和环境系统的整体，包括地表植被与景观、生物多样性、大气环境、水环境、声环境、土壤环境、地质环境等。

3.2　矿山生态环境保护

指采取必要的预防和保护措施，避免或减轻矿产资源勘探和采选矿造成的生态破坏和环境污染。

3.3 矿区生态环境恢复

指对矿产资源勘探和采选矿过程中造成的各类生态破坏和环境污染采取人工促进措施，依靠生态系统的自我调节能力与自组织能力，逐步恢复与重建其生态功能。

3.4 露天采矿场

开采所形成的采坑、台阶和露天沟道总称为露天采矿场。

3.5 地下采矿

指采用立井、斜井和平硐方式从地下矿床采出有用矿物的过程。

3.6 排土场

指矿山剥离和掘进排弃物集中排放的场所，包括外排土场和内排土场，又称为废石场、排岩场或弃渣场。

3.7 矸石场

指煤矿采选过程中产生的含炭岩石及其他岩石等固体废弃物的集中排放和处置场所。

3.8 选矿场

指采用物理、化学、生物等各类方法将有用矿物与脉石矿物分开，以获得工业原料的分选场所。

3.9 尾矿库

指由筑坝拦截谷口或围地构成的、用于贮存经选矿场选别后排出尾矿的场所。

3.10 矿山沉陷区

指矿山开采导致采空区之上覆岩层的原始应力平衡状态受到破坏，发生冒落、断裂、弯曲等移动变形，最终导致地表形成下沉盆地和裂隙等的沉陷区域。

4 方案（规划）编制的基本原则和工作程序

4.1 基本原则

4.1.1 保护优先，防治结合

矿山企业要遵循在开发中保护、在保护中开发的理念，坚持“边开采、边治理”的原则，从源头上控制生态环境破坏，减少对生态环境影响。对矿产资源开发造成的生态功能破坏和环境污染，通过生物、工程和管理措施及时开展恢复治理。

4.1.2 景观相似，功能恢复

根据矿山所处的区域、自然地理条件、生态恢复与环境治理的技术经济条件，按“整体生态功能恢复”和“景观相似性”原则，宜耕则耕、宜林则林、宜草则草、宜藤植藤、宜景建景、注重成效，因地制宜采取切实可行的恢复治理措施，恢复矿区整体生态功能。

4.1.3 突出重点，分步实施

坚持矿产资源开发与生态环境恢复治理同步进行，按照轻、重、缓、急，分步实施，优先抓好生态破坏与环境污染严重的重点恢复治理工程。以典型示范和以点带面的方式，有计划地推广试点经验，稳步推动《矿山生态环境保护与恢复治理方案》的全面实施。

4.1.4 科技引领，注重实效

坚持科学性、前瞻性和实用性相统一的原则，鼓励广泛应用新技术、新方法，选择适宜的保护与治理方案，努力提高矿山生态环境保护和恢复治理成效和水平。

4.2 方案（规划）编制的工作程序

矿山生态环境保护与恢复治理方案（规划）编制的工作程序如图 1 所示。

5 方案（规划）编制背景资料收集与现状调查

通过资料收集、现场踏勘、监测分析、人员访谈等方式开展调查，确定矿山生态环境保护与恢复方案（规划）范围、时限。

5.1 资料收集

5.1.1 背景资料和专业资料

矿区自然地理资料、地质资料；土地利用、农业、林业、城乡建设等规划资料；矿山开发利用规划、地质灾害防治规划；矿产资源开发利用方案、矿产资源开发建设项目环评、矿山土地复垦方案、矿山地质环境保护与恢复治理方案、水土保持方案等生态环境保护相关资料；矿山开发相关政府文件等。

5.1.2 矿山变迁资料

反映矿山及其邻近区域的开发及活动状况航片或卫片，其他有助于评价矿区生态破坏和环境污染的历史资料；矿山资源开发利用变迁过程中的建筑、设施、工艺流程和产生污染等的变化情况。

5.1.3 社会经济资料

矿山所在地的经济现状和发展规划、人口密度和分布、敏感目标分布等。

5.2 现状调查

5.2.1 调查方式

5.2.1.1 现场踏勘

应对矿山开采工艺过程、矿山及周边生态环境状况、自然环境及人文景观、社会经济状况进行全面踏勘。

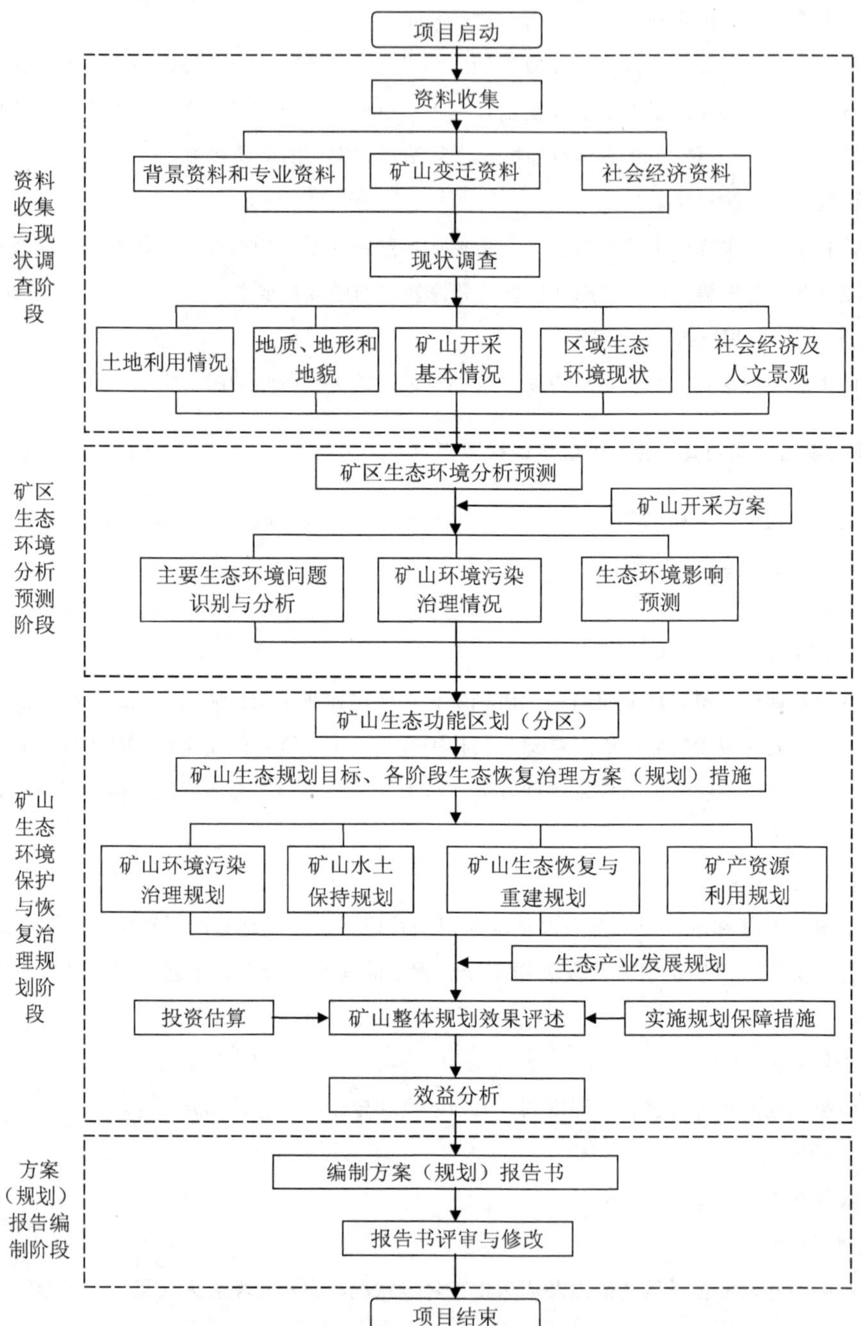

图 1 矿山生态环境保护与恢复治理方案（规划）编制的工作程序

5.2.1.2 监测分析

必要时，应对矿山及受影响区域大气、水体、声环境、土壤环境质量状况进行监测，以及对受保护的动植物进行生态监测。

5.2.1.3 人员访谈

访谈对象为矿山的现状或历史的知情者，包括地方政府的行政人员、矿山及其周边居民、矿山土地不同阶段使用者以及熟悉当地情况或矿山的第三方等。访谈内容主要包括矿区生态破坏、环境污染的历史及现状、社会经济状况等。

5.2.2 调查内容

5.2.2.1 土地利用现状

踏勘和记录矿区土地功能和性质；土地利用的类型；废弃地恢复利用情况等。

5.2.2.2 地质、地形和地貌

踏勘和记录矿山及其周围区域的水文、地质与地形地貌。

5.2.2.3 矿山开采基本情况

踏勘和记录矿山范围、矿床赋存条件、采选矿工艺与设备、尾矿及废石（矸石）处理与处置和生产能力、水耗、电耗等矿山工程项目的基本情况。

5.2.2.4 区域生态环境现状

踏勘和记录矿区大气、水体、土壤、固体废弃物污染及环境质量状况；动植物分布状况；植被破坏、地表沉陷等生态破坏状况；矿山开采历史遗留的环境污染问题等。

5.2.2.5 社会经济及人文景观情况

踏勘和记录矿山所在地的工农业总产值、人口数量、人均耕地、人均收入、三大产业组成比例、重点发展产业、周边景观位置及分布，以及区域所在地的经济现状和发展规划等。

6 方案（规划）生态环境影响分析与预测

6.1 主要生态环境问题识别与分析

结合矿区生态环境现状调查，分析大气、水体、土壤等环境污染及生态破坏的范围、程度。包括对矿区生态系统和生物多样性的影响与分析（主要是对动物、植物、森林、草地资源等的影响）；矿山生产对大气污染影响与分析；矿山生产对水体（地表水、地下水）的影响与分析；矿山生产对土壤质量及污染的影响与分析；水土流失影响与分析、地表沉陷对土地资源的破坏、生态功能下降的情况、工业场地“三废”排放对环境的污染情况，以及人文景观的防护措施等。新、改（扩）建矿山可根据环境影响评价预测结果说明方案实施期内生态环境破坏情况。

6.2 矿山环境污染治理情况分析

根据调查结果，分析矿山目前环保装备水平、“三同时”履行情况、运行状况、污染治理技术水平、污染物排放情况、是否满足现行环保标准要求和总量控制要求等，分析存在的主要环境问题。

6.3 生态环境影响预测

结合矿床开拓布局和采掘规划或计划，对采矿活动在方案（规划）期内不同年份造成的生态破坏和环境污染进行预测，包括生态破坏和环境污染的范围和强度。明确矿山生态恢复与污染治理的重点，确定重点治理区、次重点治理区和一般治理区。

7 方案（规划）编制要点

7.1 范围与时限

规划以矿区为基准，包括其生态环境影响范围。编制含矿山服务年限在内的规划，一般分近期、中期和矿山服务期满（闭坑）后三个阶段。

方案期限。对于新建和改（扩）建矿山，方案编制应以矿山基本建设完成、未投产前的年份为基准年，对于已投产矿山，方案编制以前一年为基准年。方案应根据不同矿种特点原则上3～5年为一个周期，滚动编制、审批、实施和验收。

7.2 方案（规划）分区

分区应根据矿山企业生态破坏与环境污染状况现状调查、评价与预测确定，按照重点治理区、次重点治理区和一般治理区进行分区。

重点治理区一般指排土场、尾矿库、塌陷区等。一般治理区指矿山生活区、办公区等。其他为次重点治理区。

7.3 方案（规划）目标

编制规划，应按照国家和地方对矿山清洁生产、污染控制、水土保持、生态恢复治理等方面的要求提出生态环境保护与恢复治理的总体目标、阶段目标和具体指标，制定各阶段规划的切实可行目标指标体系。

制订方案，应根据矿山企业生态破坏与环境污染状况及相关技术政策和标准，分阶段确定目标和指标。

7.3.1 清洁生产指标

包括采选矿生产工艺先进性及装备技术水平、资源能源利用指标、综合利用指标、环境管理要求，并符合相应的国家和地方环境保护标准要求。

7.3.1.1 资源能源利用指标

采矿回采率（%）、采矿贫化率（%）、选矿金属回收率（%）、耗水量（m^3/t）、电耗（kW·h/t）等。

7.3.1.2 综合利用指标

采矿废石（矸石）利用率（%）、矿坑（露天、井下）涌水利用率（%）、选矿尾矿综合利用率（%）、选矿水重复利用率（%）等。

7.3.2 污染控制指标

包括工业废水排放达标率（%）、工业废气排放达标率（%）、作业环境粉尘合格率（%）、固体废弃物安全处置率（%）、生活垃圾无害化处理率（%）、生活污水处理率（%）、环境空气质量达标率（%）、地表水环境质量达标率（%）、声环境质量达标率（%）等。

7.3.3 水土保持指标

包括扰动土地整治率（%）、水土流失总治理度（%）、林草覆盖率（%）等。

7.3.4 生态恢复指标

包括矿山损毁土地恢复率（%）、工业广场及办公生活区绿化率（%）、污染场地治理达标率（%）等。

7.4 方案（规划）工程措施

方案（规划）应对各类生态环境保护与恢复治理工程所采取的技术措施、技术指标、实施时间等进行说明，对各类生态环境保护和恢复治理的要求应当符合 HJ 651 规定。

7.4.1 污染防治工程

7.4.1.1 大气污染防治工程

包括采选矿生产过程粉尘污染控制及有害气体防治等工程。

7.4.1.2 水污染防治与水资源保护工程

包括采选矿过程中产生的矿坑水、排土场淋溶水、选矿废水及生活污水等治理。根据矿山废水形成的条件和原因，从减源、减量、减时三个方面进行预防或减轻其危害程度，采取截流减源、减少疏干水量、改进工艺减少废水产生量、废水循环利用等工程措施，保护矿区地表水和地下水资源。

7.4.1.3 固体废弃物处理与处置利用工程

包括排土场、尾矿库有价值元素选别、建筑及其他材料应用；固体废弃物处理与处置包括安全贮存、植被复垦等。

7.4.1.4 噪声与振动控制工程

包括矿山生产爆破冲击波与爆破振动；采选矿设备及道路运输噪声等控制工程。

7.4.2 生态恢复与重建工程

包括采矿表土资源管理、采矿过程生态恢复与重建（含采矿坑或沉陷区生态恢复与重建）、排土（矸石）场生态恢复与重建、选矿场及尾矿库生态恢复与重建、工业场地生态恢复与重建，以及必要的土壤污染治理工程等。

7.4.3 水土保持建设工程

包括土地整治、拦渣、防洪排导、植被复垦等工程。

7.4.4 地质环境保护与治理恢复工程

包括矿山开采过程中和服务期满后矿山地质灾害防治措施（地面塌陷、地裂缝的预防措施，滑坡、崩塌的预防措施，泥石流的预防措施等）；地下含水层保护措施；矿区地形地貌景观（包括人文景观）保护与恢复工程措施等。

7.4.5 生态产业工程

可产生经济效益的生态产业，如建材业（固废利用）、花卉苗圃园等。

7.5 矿山生态环境监测与评估

提出矿山生态环境监测（地面与遥感）方案和生态环境评估方法等。

7.6 矿山生态环境保护与恢复治理效果

依据建设工程和生态监测绘制矿山生态环境保护与恢复治理工程实施后的生态恢复与重建效果，并附效果图。

7.7 投资估算

包括生态恢复与重建、环境污染治理、水土保持、资源综合利用（固废资源）、生态产业发展等工程所需要的资金估算，工程实施与执行计划（含资金计划）。

7.8 效益分析

效益主要体现在社会、经济及生态环境效益三个方面。

7.9 实施方案（规划）保障措施

包括组织管理措施、技术保障措施、资金保障措施（资金来源、渠道、责任主体）等。

8 方案（规划）报告编制

8.1 报告书文本内容

矿山生态环境保护与恢复治理方案（规划）报告书的内容结构参见附录 A-1 方案（规划）报告编写大纲。可根据矿山实际情况适当增、减有关内容。

8.2 资料性附件

报告书的资料性附件参见附录 A-2 方案（规划）报告书附件，可根据矿山实际情况适当增、减有关内容。

中华人民共和国国家环境保护标准

建设项目竣工环境保护验收技术规范　煤炭采选

HJ 672—2013　2014 年 1 月 1 日起实施

1　适用范围

本标准规定了煤炭采选建设项目竣工环境保护验收调查的一般原则、内容、方法和要求。

本标准适用于按规定需编制《建设项目竣工环境保护验收调查报告》的煤炭采选建设项目竣工环境保护验收调查工作。按规定需填制《建设项目竣工环境保护验收调查报告表》的煤炭采选建设项目竣工环境保护验收调查工作可参照执行。

2　规范性引用文件

本标准内容引用了下列文件或其中的条款。凡是未注日期的引用文件，其最新版本适用于本标准。

HJ 446　清洁生产标准　煤炭采选业

3　术语与定义

下列术语和定义适用于本标准。

3.1　煤炭采选业 coal mining and processing projects

指开采地下煤炭资源并进行加工的行业，可以划分为煤炭开采和煤炭洗选加工两个子行业。煤炭开采业的产品是原煤（露天煤矿称为毛煤），煤炭洗选业的产品是不同粒径和灰分等级的商品煤。

3.2　煤炭矿区 mining area

统一规划和开发的煤田或其一部分，文中简称“矿区”。

3.3　井田（矿田）　mine field

矿区内划归一个矿井（露天矿）开采的部分。

3.4 煤炭地下开采 underground coal mining

通过开掘井巷采出煤炭或其他矿产的作业，又称井工开采。

3.5 煤炭露天开采 coal open-pit mining

直接从地表揭露出煤炭或其他矿产并将其采出的作业。

3.6 选煤 coal preparation

利用物理或化学等方法，去掉煤中杂质，将煤按需要分成不同质量、规格产品的加工过程。

3.7 煤矸石 gangue

采掘过程中顶、底板和夹层混入煤中的岩石和选煤厂生产过程中排出的洗矸石。

3.8 剥离物 overburden

露天采场内的表土、岩层和不可采矿体。

3.9 矿井水 coal mine water

在煤矿建设和煤炭开采过程中产生并从井下抽排到地面的水，包括井下涌水、井下生产过程中产生的废水。

3.10 露天矿疏干水 opencast coal mine draining water

在露天矿剥离和开采过程中，采用排水设施主动降低露天矿地下水水位或水压而产生的排水。

3.11 露天矿矿坑水 opencast coal mine pit water

在露天矿剥离和开采过程中，由地下涌入或地表汇入采坑内的积水。

3.12 开采沉陷 mining subsidence

因地下采矿引起的上覆岩层和地表移动、变形的现象和过程。

3.13 排矸场 gangue dump

堆放煤矸石的场所。

3.14 排土场 overburden dump

堆放剥离物的场所。

4 总则

4.1 验收调查分类管理要求

4.1.1 编制环境影响报告书的煤炭采选建设项目应编制建设项目竣工环境保护验收调查报告。

4.1.2 编制环境影响报告表的煤炭采选建设项目应编制建设项目竣工环境保护验收调查表。

4.2 验收工况要求

4.2.1 煤炭采选建设项目实际生产能力达到其设计生产能力的 75%或以上并稳定试运行，同时配套环境保护设施已投入正常试运行的情况下，即可开展竣工环境保护验收调查工作。

4.2.2 如果短期内项目的实际生产能力无法达到设计生产能力的 75%或以上，验收调查应在主体工程试运行稳定、配套环境保护设施运行试正常的条件下进行，注明实际调查工况，按设计生产能力对主要环境要素的影响进行校核，并提出在项目达到设计生产能力时应根据实际监测结果采取相应环境保护措施的要求。

4.2.3 对于分期建设、分期投入运行的煤炭采选建设项目，可分阶段开展竣工环境保护验收调查工作。

4.3 验收调查时段及范围

4.3.1 验收调查时段一般分为工程前期（包括工程设计、项目批复或核准等前期工作）、施工期、试运行期三个阶段。

4.3.2 验收调查范围原则上与环境影响评价文件的评价范围一致；当工程实际建设内容发生变更或环境影响评价文件的评价范围不能全面反映项目建设的实际环境影响时，根据工程实际变更和实际环境影响情况，结合现场踏勘对调查范围进行适当调整。

4.4 验收调查标准

4.4.1 原则上采用建设项目环境影响评价文件及其批复文件中确认的评价标准作为验收调查标准。

4.4.2 对已修订的环境质量标准，采用修订后的现行环境质量标准作为验收调查校核标准；对已修订的污染物排放标准，采用修订后的现行污染物排放标准作为验收调查校核标准。

4.4.3 对环境影响评价文件及其批复文件中没有要求的，可参照现行国家、地方和行业标准或国外有关标准。

4.4.4 现阶段还没有环境保护标准的，可按照实际调查情况进行分析。

4.5 验收调查原则与方法

4.5.1 验收调查原则

a）科学性原则

验收调查方法应注重科学性、先进性，应符合国家有关规范要求。

b）实事求是原则

验收调查应如实反映工程实际建设及运行情况、环境保护措施落实情况及运行效果。

c）全面性原则

对工程前期（包括工程设计、项目批复或核准等前期工作）、施工期、试运行期全过程进行调查。

d）重点性原则

突出煤炭采选建设项目生态、地下水资源破坏与污染影响并重的特点，有重点、有针对性地开展验收调查工作。

e）公众参与原则

开展公众参与工作，充分考虑社会各方面的利益和主张。

4.5.2 验收调查方法

采用资料调研、现场勘察、环境监测与公众调查相结合的方法，必要时可利用全球卫星定位系统（GPS）、遥感（RS）、地理信息系统（GIS）等技术手段。

4.6 验收调查主要内容

a）环境影响评价制度执行情况调查。

b）工程实际建设内容及工程变更情况调查。

c）工程建设前后环境敏感目标分布及其变化情况调查，环境质量变化情况调查。

d）工程实际内容变更所造成的环境影响变化情况调查，变更环境保护措施调查。

e）环境影响评价文件及其批复文件中提出的环境保护措施落实情况、运行情况及试运行效果调查。

f）搬迁安置和耕地补偿措施落实情况调查。

g）工程试运行期环境污染影响调查；煤炭开采地表沉陷、露天矿地表挖损、排土场和排矸场占压情况，对生态和地下水影响情况调查。

h）环境风险防范与应急措施落实情况调查。

i）环境影响评价文件未提及或对环境影响估计不足，但实际存在的严重环境问题以及公众反映强烈的环境问题调查。

j）工程环境监理执行情况及其效果调查。

k）工程环保投资情况调查。

l）建设单位环境管理情况调查。

4.7 验收调查工作程序

煤炭采选建设项目竣工环境保护验收调查的工作程序见图 1。

5 验收调查技术要求

5.1 资料收集与查阅

5.1.1 法律、法规及相关规划

收集与建设项目竣工环境保护验收调查有关的国家、地方法律法规和行业管理规定；区域或流域的环境功能区划分文件；煤炭矿区总体规划；相关技术规范、标准等。

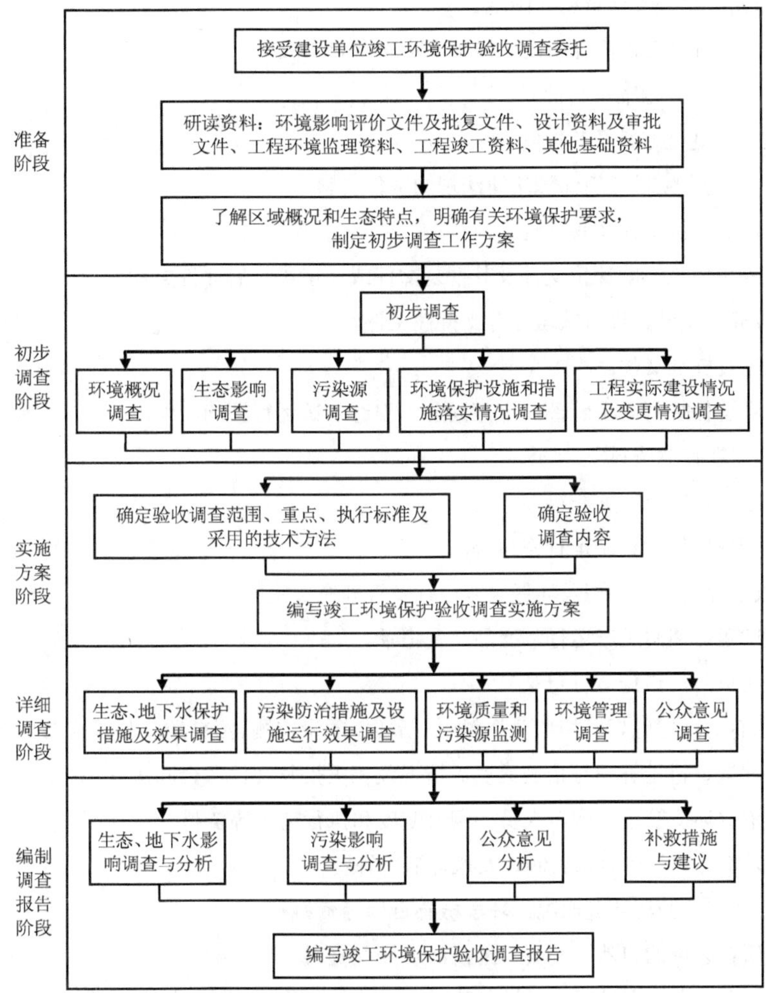

图 1 煤炭采选建设项目竣工环境保护验收调查工作程序

5.1.2 工程设计文件和相关资料

a）工程可行性研究报告、初步设计文件及其批复。

b）工程变更设计文件及其批复。

c）环境保护工程设计文件及批复。

d）工程煤田地质勘探报告，井（矿）田范围及周边环境水文地质勘查资料。

e）首采区煤炭采掘方案设计图、井工矿井上井下对照图、全井（矿）田煤炭开拓开采布置图、煤柱留设分布图等相关设计资料和图纸。

f）采煤工作面地表岩移观测设计方案及阶段性观测成果。

g）工程水土保持方案及其批复。

h）工程土地复垦方案及其批复。

5.1.3 工程执行建设项目环境保护法律法规的文件资料

a）环境影响评价文件及其批复文件。

b）工程变更环境影响评价文件及其批复文件或环境影响后评价文件。

5.1.4 工程核准、建设、投入试运行等支持性文件

a）建设项目核准文件。

b）地方环境保护行政主管部门审查同意工程进入试运行期的文件。

5.1.5 工程施工期有关资料

a）环境监理报告及相关资料。

b）施工期环境保护设施运行资料等。

5.1.6 工程试运行期主体工程及环保设施运行及管理有关资料

a）工程试运行期间生产运行、产品产量记录。

b）主要污染防治设施运行记录。

c）目前已有的试运行期环境监测资料（包括环境质量监测、污染源监测以及水文监测资料等）。

d）搬迁安置、耕地补偿等措施的实施情况及相关批复文件、合同协议。

e）建设单位环境管理机构、人员、规章制度和执行情况等资料。

f）环境风险防范与应急预案制订及执行情况等资料。

5.1.7 自然、社会及经济环境概况，环境敏感目标等资料

a）工程所在区域的自然、社会、经济环境概况资料；

b）工程涉及的自然保护区、风景名胜区、饮用水水源保护区、森林公园、文物保护单位等各类环境敏感目标的规划资料及相关管理部门的批准文件等。

5.2 现场踏勘

a）调查矿井（露天矿）及选煤厂主体工程、辅助工程、储运工程及公用工程的建设和运行情况。

b）调查工程各类污染源及污染防治措施的建设与运行情况。

c）调查首采区煤炭开采地表沉陷、露天矿地表挖损情况及对生态的影响。

d）调查煤矸石、露天矿剥离物的处置情况或堆存对地表植被、土壤、大气、水体等环境要素的影响；排矸场拦矸坝、排土场边坡防护等水土流失防治工程的建设情况；露天矿剥离表土储存

和利用情况。

e）调查矿井水、露天矿疏干水和矿坑水、煤矸石以及矿井瓦斯资源综合利用情况。

f）调查煤矿工业场地、风井场地、对外联络道路、铁路专用线水土保持工程、绿化工程实施情况；施工期临时占地、取弃土场生态恢复情况。

g）调查井（矿）田范围内及周边，特别是首采区、工业场地周边、运煤线路两侧重要环境敏感目标的分布情况，项目建设前后环境敏感目标的变化情况。

h）走访当地环保、水利、农林牧等相关部门及周围居民点，了解煤矿建设期及试运行期是否存在重大环境问题，是否有环保投诉，以及上述部门和群众对该项目环保工作的评价和意见等。

i）查看工业场地污染源在线监测记录、定期监测记录以及项目日常环境管理记录等。

5.3 工程调查

5.3.1 工程建设历程

调查工程核准时间和审批部门，初步设计完成及审批时间，环境影响评价文件完成及批复时间，工程开工建设时间，施工单位和环境监理单位，工程竣工投入试运行时间等。

5.3.2 工程概况

5.3.2.1 工程建设情况调查

a）基本情况：工程所处地理位置及交通情况，工程建设规模、建设性质。附项目地理位置及交通图。

b）项目组成：按主体工程、辅助工程、储运工程、公用工程、环保工程分别列出实际工程建设内容。附项目组成一览表。

c）资源概况：井（矿）田境界及储量、可采煤层特征。附可采煤层及煤质特征表。

d）井（矿）田开拓开采：开拓方式、开采水平及采区划分、采煤工艺。附井（矿）田开拓方式平面图，首采区采掘工程平面布置图，露天矿剥、采、排方案及排土场布置图。

e）项目总平面布置：项目地面总布置、工业场地总平面布置。附项目地面总布置图，工业场地总平面布置图，项目占地情况一览表。

f）地面生产系统：主井、副井生产系统、选煤厂生产系统及选煤工艺、煤炭储运系统、矸石处置系统。附工艺及排污流程图。

g）工程环保投资：列表分类详细列出工程环境保护投资。

5.3.2.2 工程变更情况调查

a）当工程实际建设内容发生变更时，应重点说明其具体变更内容及变更原因、相关管理部门对工程变更的审查或批复情况、环境保护主管部门对工程变更环境影响评价文件的批复情况。

b）详细列出工程实际建设内容与环境影响评价时工程内容的对照一览表。

5.4 环境保护措施落实情况调查

5.4.1 调查工程在设计、施工、试运行阶段采取的污染防治措施、生态和地下水保护措施以及采煤沉陷区、露天矿挖损区及排土场占压区村庄搬迁安置和耕地补偿等环境保护措施。

5.4.2 调查环境影响评价文件及其批复文件、工程设计文件所提出的各项环境保护措施的落实情况，对于改扩建或技改工程，还应重点调查“以新带老”环境保护措施的落实情况。

5.4.3 对各类环境保护措施的落实情况和变化情况进行对比分析，对变化情况及变化原因进行必要的说明。对无法落实的环境保护措施，应说明实际情况并提出后续改进的建议，给出环境保护措施落实情况对比分析一览表。

5.4.4 按施工期、试运行期分别调查环境保护措施的落实情况，重点调查内容包括：

a）生态保护措施

工程施工作业范围，临时占地面积以及临时占地的生态恢复，主要包括工程施工期取弃土场生态恢复，输水输电线路敷设生态恢复等；场内外道路及铁路专用线护坡水土流失防治措施；工业场地及道路两侧绿化措施；首采区煤炭开采地表沉陷、露天矿地表挖损预防或减缓措施；采空沉陷区生态保护与恢复措施；排矸场、露天矿排土场生态保护与恢复措施等。当工程涉及自然保护区、风景名胜区、森林公园等环境敏感目标时，应重点调查对环境敏感目标的保护措施。

b）水资源保护措施

煤炭开采水资源保护及监测、监控措施等。当工程涉及饮用水水源保护区时，应重点调查对饮用水水源保护区的保护措施、监测监控措施的落实情况。

c）污染防治措施

矿井水、露天矿矿坑水、工业场地生产生活污水处理设施；选煤厂煤泥水闭路循环保证措施等；锅炉烟气除尘、脱硫设施，地面生产系统及煤炭储装运过程的降尘措施；露天矿采掘场、排土场及运输道路扬尘治理措施；煤矸石、露天矿剥离物、锅炉灰渣的处置措施；工业场地及运输线路噪声治理措施等。

d）社会环境影响保护措施

井工矿开采沉陷区、露天矿挖损区以及排矸场、排土场占压区地面居民搬迁安置或建筑物修复加固等措施；占用耕地的补偿措施；项目涉及的文物古迹的保护措施等。

5.5 生态影响调查与分析

5.5.1 调查范围

生态影响调查范围原则上与 4.3.2 一致，重点调查煤炭开采首采区、工业场地周边、道路及铁路专用线两侧以及排矸场和排土场周围的生态影响。

5.5.2　调查方法

生态影响调查方法主要包括文件资料查阅、现场勘察、必要的生态监测、遥感影像解译与 GIS 系统分析、公众意见调查、机理分析评估等。

5.5.3　生态现状调查

工程所在区域地形地貌、气象气候特征、河流水系、土地利用、土壤与植被类型、水土流失、动植物资源等。

5.5.4　重要生态敏感目标调查

调查工程影响范围内及周边自然保护区、风景名胜区、森林公园等重要生态敏感目标的分布状况、保护范围、保护级别、保护内容及保护要求，重要生态敏感目标与项目工业场地、排矸场、排土场、井（矿）田范围的相对位置关系等。给出合适比例的重要生态敏感目标与工程的相对位置关系图。

5.5.5　生态影响调查

5.5.5.1　施工期生态影响调查

a）施工期取弃土场具体位置，占地面积及类型，生态影响和恢复情况。

b）施工期井工矿掘进矸石、露天矿剥离物处置方式，生态影响和恢复情况。

c）道路及铁路专用线施工建设生态影响和恢复情况，输水输电线路敷设生态影响及恢复情况。

d）煤矿工业场地、道路两侧绿化面积、植物种类、绿化系数等。

5.5.5.2　试运行期生态影响调查

a）井工矿首采区煤炭开采地表沉陷变形、露天矿首采区地表挖损实际情况及其主要表现形式，对耕地、林地、草地的实际影响程度及整治恢复情况。

b）道路及铁路专用线运输对周围生态的影响情况。

c）煤炭开采对周边自然保护区、风景名胜区、森林公园等重要生态敏感目标的实际影响情况。

d）煤矸石、露天矿排土场占压对土地利用的影响情况。

e）排矸场、露天矿排土场水土流失情况。

f）受影响的耕地、林地、草地和其他用地的生态补偿情况。

5.5.5.3　生态保护措施有效性分析与补救措施建议

a）从煤炭开采对地形地貌的影响，对重要生态敏感目标的影响，对农、牧、林业生产的影响，对水土流失的影响等方面分析项目采取的生态保护措施的有效性。

b）对存在的问题进行分析，查找原因，从保护、恢复、补偿、重建等方面提出具有可操作性的生态保护措施和建议，有针对性地避免或减缓项目建设所造成的生态影响。

c）对短期内难以显现的预期生态影响，应调查建设单位是否根据环境影响评价文件的预测结果，制定了开展生态监测的计划和后期煤矿开采生态保护和恢复计划。

5.6 地下水环境调查与分析

5.6.1 调查范围

地下水影响调查范围原则上与 4.3.2 一致，重点调查煤炭开采首采区、排矸场、露天矿排土场周围地下水水位、水质的影响。

5.6.2 调查方法

地下水环境影响调查方法主要包括文件资料查阅、现场勘察、地下水环境质量监测、公众意见调查、理论分析评估等。

5.6.3 地下水环境概况调查

进行区域及井（矿）田水文地质条件基本概况调查，包括含水层、隔水层分布情况，地下水补、径、排条件，区域具有供水意义的含水层层位，当地城镇、居民生活用水水源情况等。

5.6.4 重要地下水敏感目标调查

调查工程影响范围内地下水饮用水源保护区、泉域的分布情况，保护范围、保护内容及保护要求，与项目工业场地、排矸场、露天矿排土场、井（矿）田范围的相对位置关系等。给出适当比例的重要地下水敏感目标与工程的相对位置关系图。

5.6.5 地下水环境质量监测

a）监测点位布设与取样深度原则上与环境影响评价文件相一致，可根据相关规范进行必要的调整。如果地下水敏感保护目标、首采区、排矸场、露天矿排土场等位置发生变化，应根据变化情况合理调整监测点位。附地下水环境质量监测布点图。

b）监测因子原则上与环境影响评价文件一致，可根据工程实际情况及相关规范进行必要的调整。

c）监测频次、采样要求和监测分析方法按相关规范执行。

d）根据地下水监测结果，分析工程所在区域地下水环境质量达标情况，并与环境影响评价文件地下水监测结果进行对比分析。

5.6.6 地下水环境影响调查

a）调查首采区煤炭开采对周围居民水井水位、水质的影响情况。

b）调查煤炭开采对周围地下水饮用水源保护区和泉域重点保护区水资源、水质的影响情况。

c）调查煤矸石、露天矿剥离物堆放对周围居民井泉、地下水饮用水源保护区的水质污染影响情况。

5.6.7 地下水保护措施有效性分析及整改措施建议

a）根据地下水环境监测结果、采空区上方（露天矿开采区周围）居民水源井水位变化的调查结果等，分析工程已采取的地下水保护措施的有效性。

b）对存在的问题进行分析，查找原因，提出补救措施和建议。

c）对短期内难以显现的预期地下水环境影响，应调查建设单位是否根据环境影响评价文件的预测结果，制定了开展地下水水位、水质跟踪监测监控的计划和后期煤矿开采地下水保护的计划；是否制定了当居民饮用水源受到影响时的供水应急预案和资金保障计划。

5.7 地表水环境调查与分析

5.7.1 调查范围

地表水影响调查范围原则上与4.3.2一致，重点调查煤矿工业场地污、废水排放对受纳水体的影响，排矸场、排土场淋滤液排放对下游地表水体的影响。

5.7.2 调查方法

地表水环境影响调查方法主要包括现场勘察、地表水环境质量现状监测、工程水污染源监测、公众意见调查等。

5.7.3 地表水环境概况调查

工程所在区域的河流、水系、水库分布情况，水体功能及水环境功能区划。

5.7.4 重要地表水敏感目标调查

井（矿）田范围内及周边地表水水源保护区分布情况、保护范围及保护要求、与项目工业场地排水口、井（矿）田范围的相对位置关系。给出适当比例的重要地表水敏感目标与项目的相对位置关系图。

5.7.5 地表水环境质量监测

a）监测断面布设原则上与环境影响评价文件一致，可根据工程实际情况和相关规范进行必要的调整。如果项目排水口位置发生变化，应根据变化情况合理调整监测断面。附地表水环境质量监测断面分布图。

b）监测因子原则上与环境影响评价文件一致，可根据工程实际情况及相关规范进行必要的调整。

c）监测频次、采样要求和监测分析方法按相关规范执行。

d）根据地表水监测结果，分析工程所在区域地表水环境质量达标情况，并与环境影响评价文件地表水监测结果进行对比分析。

5.7.6 工程水污染源监测

a）监测内容包括：矿井水、露天矿矿坑水和工业场地生产生活污水处理设施进、出口水污染物浓度监测，项目总排水口水污染物浓度监测。附水污染源监测布点图。

b）监测因子根据矿井水、露天矿矿坑水和工业场地生产生活污水主要污染物类型确定，同时应测定排水量。矿井水、露天矿矿坑水监测因子一般应包括：pH、SS、COD、石油类、硫化物、氟化物等，在高矿化度矿井水地区，应增加溶解性总固体监测因子，在酸性矿井水地区，应增加总铁、总锰等监测因子；生产生活污水监测因子一般应包括：pH、SS、COD、BOD、氨氮、氟化物、挥发酚、动植物油、LAS等。

c）监测分析方法按相关规范执行。

5.7.7　地表水环境影响调查

a）工程试运行期工业场地各设施的用水量，矿井水、露天矿矿坑水、工业场地生产生活污水排放量，排放去向，进行项目给排水平衡分析，给出工程试运行期给排水平衡图。

b）矿井水、露天矿矿坑水、工业场地生产生活污水处理工艺及处理规模，各项水污染物去除率及达标情况调查，项目总排水口各项水污染物达标排放情况调查。

c）选煤厂煤泥水处理工艺及闭路循环情况调查。

d）矿井水、露天矿疏干水和矿坑水、生活污水综合利用情况调查。

e）项目总排水口规范化设置与管理情况调查。

f）工程废、污水排放对地表水环境质量的影响分析。

5.7.8　水污染源治理措施有效性分析及整改措施建议

a）根据水污染源监测结果、水污染物达标情况及治理措施的去除率分析，水污染物排放总量与环境影响评价阶段环境保护主管部门批复的水污染物总量指标对比分析等，分析工程已采取的水污染治理措施的有效性。

b）对存在的问题进行分析，查找原因，提出整改措施和建议。

5.8　大气环境调查与分析

5.8.1　调查范围

大气环境影响调查范围原则上与4.3.2一致，重点调查矿井工业场地锅炉房排烟，地面生产系统、煤炭储装运系统、排矸场、露天矿采掘场、排土场等粉尘排放对周围大气环境的影响。

5.8.2　调查方法

大气环境影响调查方法主要包括现场勘察、环境空气质量监测、项目大气污染源监测、公众意见调查等。

5.8.3　大气环境概况调查

a）工程所在区域的大气环境功能区划。

b）煤矿工业场地、露天矿采掘场、排土场、排矸场周围及运煤道路两侧居住区、学校等重要大气环境敏感目标分布情况调查。给出适当比例的重要大气环境敏感目标与主要大气污染源的相对位置关系图。

5.8.4 环境空气质量监测

a）应对工程所在区域的环境空气质量现状进行监测。附环境空气质量现状监测布点图。

b）监测点位布设原则上与环境影响评价文件一致，可根据工程实际情况和相关规范进行必要的调整。如果工程主要大气污染源位置或大气环境敏感目标发生变化，应根据变化情况合理调整监测点位。

c）监测因子原则上与环境影响评价文件一致，可根据工程实际情况和相关规范进行必要的调整。

d）监测频次、采样要求和监测分析方法按相关规范执行。

e）根据环境空气质量监测结果，分析项目区环境空气质量达标情况，并与环境影响评价文件的环境空气质量监测结果进行对比分析。

5.8.5 大气污染源监测

a）监测内容包括：锅炉房除尘脱硫设施进出口烟尘、二氧化硫、氮氧化物浓度监测，锅炉烟气流量监测；原煤筛分破碎、转载点除尘系统进出口粉尘浓度监测；露天储煤场、排矸场、排土场粉尘无组织排放浓度监测。

b）监测点位布设、监测方法、分析方法按相关规范执行。

5.8.6 大气环境影响调查

a）工业场地锅炉房、原煤筛分破碎及转载尘点有组织大气排放点源除尘脱硫设施的处理工艺、处理效果及各类大气污染物达标排放情况调查。

b）露天矿采掘场、排土场和运输道路大气扬尘影响及治理措施调查。

c）露天储煤场、排矸场、排土场粉尘无组织排放监控点浓度达标情况调查。

5.8.7 大气污染源治理措施有效性分析及整改措施建议

a）根据大气污染源监测结果、大气污染物达标排放情况及治理措施的去除率调查结果，大气污染物排放总量与环境影响评价阶段环境保护主管部门批复的大气污染物总量指标对比分析等，分析工程已采取的大气污染源治理措施的有效性。

b）对存在的问题进行分析，查找原因，提出整改措施和建议。

5.9 声环境调查与分析

5.9.1 调查范围

声环境影响调查范围原则上与 4.3.2 一致，重点调查煤矿工业场地、风井场地和瓦斯抽放站周围 200 m，以及场外运煤道路和铁路专用线两侧 200 m 范围内的声环境影响。

5.9.2 调查方法

声环境影响调查方法主要包括现场勘察、声环境质量监测、厂界噪声监测、公众意见调查等。

5.9.3 声环境概况调查

a）工程所在区域的声环境功能区划。

b）煤矿工业场地周边，场外运煤道路，运矸道路及铁路专用线两侧居民点、学校等对声环境有特殊要求的敏感目标分布情况。

5.9.4 声环境质量监测

a）监测点位布设原则上与环境影响评价文件一致，可根据工程实际情况和相关规范进行必要的调整。如果项目工业场地、运输线路、主要噪声源以及声环境敏感目标发生变化，应根据变化情况合理调整监测点位。附声环境质量监测布点图。

b）监测频次、监测分析方法按相关规范执行。

c）根据声环境质量监测结果，分析工程所在区域声环境质量达标情况，并与环境影响评价文件的声环境质量监测结果进行对比分析。

5.9.5 项目厂界噪声监测

a）对煤矿工业场地、风井场地以及瓦斯抽防站厂界噪声进行监测。

b）监测点位、分析方法按相关规范执行。附厂界噪声监测布点图。

5.9.6 声环境影响调查

a）对工程主要噪声源进行监测，并分析声源特性。

b）工程试运行期各噪声源降噪处理措施的工艺特性、降噪效果。

c）工业场地、风井场地及瓦斯抽放站厂界噪声达标情况调查，对厂界周围声环境敏感目标的影响调查。

d）运煤道路、运矸道路以及铁路专用线交通运输噪声对两侧声环境敏感目标的影响情况调查。

5.9.7 噪声治理措施有效性分析及整改措施建议

a）根据工程主要噪声源治理措施调查、厂界噪声达标情况调查、对声环境敏感保护目标的影响情况调查等，分析项目已采取的噪声治理措施的有效性。

b）对比环境影响评价文件噪声预测结果，分析工程声环境影响的变化情况，对存在的问题进行分析，查找原因，提出整改措施和建议。

5.10 固体废物环境调查与分析

5.10.1 调查内容

a）调查工程施工期和试运行期产生的固体废物的种类、属性、主要来源及产生量。主要包括：井工矿施工期、试运行期掘进矸石，露天矿剥离物，选煤厂洗选矸石，工业场地锅炉灰渣以及生活垃圾等。

b）调查各类固体废物在施工期和试运行期的处置方式。

c）调查排矸场拦矸坝、防洪排水工程的建设情况，露天矿排土场边坡治理情况。

d）调查煤泥、煤矸石、锅炉灰渣等固体废物综合利用的途径和去向，分析项目固体废物综合利用率。

5.10.2　固体废物环境影响调查

a）对项目煤矸石、露天矿剥离物进行浸出试验，对比相应标准，判定矸石、剥离物的属性以及堆存处置措施是否符合相关规范或标准要求。

b）对于有自燃倾向的煤矸石，应调查防止矸石自燃的措施和落实情况。

5.10.3　固体废物影响及处置措施有效性分析

a）根据排矸场、露天矿排土场水土保持工程措施建设情况调查，矸石、剥离物浸出试验及土壤监测结果，分析已采取的固体废物污染防治及水土保持措施的有效性及存在的问题。

b）对存在的问题进行分析，查找原因，提出整改措施和建议。

5.11　社会环境调查与分析

5.11.1　现状调查

a）调查煤矿所在区域社会经济发展状况。

b）调查工程永久占地区、井（矿）田范围内及周边文物古迹、有保护价值的历史遗迹分布情况、保护级别、保护范围及保护要求，与本项目工业场地及井（矿）田的相对位置关系。

5.11.2　社会环境影响调查

a）调查首采区煤炭开采地表沉陷对地面建筑物的实际破坏情况和采取的保护措施。

b）调查煤炭开采沉陷区（露天矿挖损区）、排土场和排矸场影响区居民搬迁安置、耕地补偿措施及落实情况，后期煤炭开采涉及的搬迁安置工作计划的制订情况等。

c）调查搬迁安置点的环境条件、供水、供电以及出行条件等，分析项目搬迁安置对当地居民生活、生产的影响，分析搬迁安置存在或潜在的环境问题，提出整改措施及建议。

d）对于在 1～2 年内即将受到采煤沉陷（露天矿挖损和排土场压占）影响的居民，应调查建设单位是否已制定了详细的搬迁安置方案并签订了相应的合同或协议。对存在的问题提出整改措施和建议。

e）调查工程施工建设、煤炭开采过程中对文物古迹、有保护价值的历史遗迹等重要保护目标的影响，采取的保护措施及其有效性，对存在的问题提出整改措施和建议。

5.12　清洁生产调查与分析

核查工程试运行期各项清洁生产指标，分析工程实际清洁生产指标与环境影响评价文件、HJ 446—2008 中相应指标之间的符合性；分析项目的清洁生产水平，提出进一步提高项目清洁生产水平的对策建议。

5.13 污染物排放总量控制调查

5.13.1 根据环境影响评价文件及其批复文件有关污染物排放总量控制指标要求，确定建设项目污染物排放总量调查对象。

5.13.2 调查工程试运行期主要污染物的实际产生量、削减量、排放量，并根据年运行小时数折算为年度产生量、削减量、排放量。若工程在试运行期尚不能达到设计生产能力，应根据设计生产能力核算项目各项污染物排放总量。

5.13.3 对比环境影响评价阶段地方环境保护行政主管部门对项目污染物排放总量的核定文件，分析评判建设项目试运行期和达到设计生产能力时，是否能满足各项污染物总量控制指标的要求，针对存在的问题提出整改措施和建议。

5.14 环境风险事故防范及应急措施调查与分析

5.14.1 调查建设单位环境风险事故防范与应急管理机构设置情况，环境风险事故防范规章制度制订情况，必要的应急设施配备情况和应急队伍建设、培训情况。

5.14.2 调查建设单位对国家、地方及有关行业关于环境风险事故防范与应急方面的相关规定落实情况，评述工程现有环境风险防范措施与应急预案的针对性和可操作性，环境风险应急预案的演练情况。

5.14.3 调查工程施工期、试运行期是否发生过环境风险事故和环境危害事故，发生事故的原因及造成的环境影响；分析企业所采取的应急措施的有效性，对存在的问题提出整改措施和建议。

5.15 环境管理状况调查

5.15.1 环境管理状况调查

a）建设单位环境管理机构、环境管理专兼职人员的设置情况调查。

b）建设单位环境保护规章制度的制订、执行情况调查。

c）建设单位环境保护相关档案、资料的管理及齐备情况调查。

d）建设单位环境保护“三同时”制度的执行情况调查。

5.15.2 环境保护设施运行管理及环境监测计划落实情况调查

a）环境影响评价文件及其批复文件、初步设计文件中要求的对各类环境保护设施的运行管理要求的落实情况调查。

b）项目各类排污口的规范化设置和管理情况调查。

c）环境影响评价文件及其批复文件提出的环境监测计划的落实情况，污染源在线监测设施的建设情况及监测数据的有效性调查。

5.15.3 工程环境监理工作的开展情况调查

调查是否开展了工程环境监理工作，分析环境监理工作对项目施工建设过程环境保护工作的监督作用和有效性。

5.15.4　环境管理状况分析与建议

分析建设单位环境管理方面存在的问题，提出进一步完善环境管理的建议和整改措施。

5.16　公众意见调查

5.16.1　公众意见调查目的

为了了解公众对工程施工期及试运行期环境保护工作的意见，以及工程建设对周围的居民生产、生活的影响情况，需开展公众意见调查。

5.16.2　公众意见调查方式

公众意见调查应在公众知情的情况下开展。可采用问询、问卷调查、座谈会、媒体公示等方法，较为敏感或知名度较高的建设项目也可采取听证会的方式。当工程所在地区为少数民族地区时，调查问卷和媒体公示材料应同时采用汉语和少数民族语。

5.16.3　调查对象及样本数量

调查对象应选择工程影响范围内的人群。从性别、年龄、职业、居住地、受教育程度等方面考虑覆盖社会各层次人群的意见，少数民族地区必须有少数民族的代表。

调查样本数量应根据实际受影响人群数量和人群分布特征，在满足代表性的前提下确定。

5.16.4　调查内容

调查内容应根据建设项目的工程特点和周围环境特征设置，一般应包括：

a）工程施工期和试运行期是否发生过环境污染事件或扰民事件。

b）公众对工程施工期、试运行期存在的主要环境问题和可能存在的潜在环境影响的看法和认识。

c）公众对工程施工期、试运行期采取的环境保护措施效果的满意度及其他意见。

d）公众对搬迁安置工作的满意度和意见。

e）对涉及重要环境敏感目标或公众环境利益的建设项目，应针对环境敏感目标或公众环境利益设计调查问题，了解公众的意见和建议。

f）公众最关注的环境问题及希望进一步采取的环境保护措施建议。

g）公众对建设项目环境保护工作的总体评价。

h）将公众的反对意见及时反馈给建设单位，并进行必要的回访，了解公众意见的采纳与解决情况。

5.16.5　调查结论

a）给出公众意见调查逐项分类统计结果及各类意向或意见的数量和比例。

b）定量说明公众对建设项目环境保护工作的认同度，分析公众反对建设项目的主要意见和原因。

c）公众对工程施工期、试运行后环境保护工作所提出的合理性意见和建议，以及公众意见的采纳与解决情况。

d）结合调查结果，提出对公众关注的环境问题的解决方案建议。

5.17 调查结论与建议

5.17.1 调查结论是建设项目竣工环境保护验收调查工作的总结，编写时需概括和总结全部工作。

5.17.2 总结工程对环境影响评价文件及其批复文件要求的落实情况。

5.17.3 重点概括说明工程建设和运行产生的主要环境问题及现有环境保护措施的有效性，针对存在的问题提出整改措施和建议。

5.17.4 根据调查和分析结果，客观、明确地从技术角度论证建设项目是否符合竣工环境保护验收条件。

6 附件

a）建设项目竣工环境保护验收调查委托书。

b）环境影响评价文件及其批复文件。

c）地方环境保护行政主管部门对环境影响评价文件的预审意见。

d）环境影响评价文件执行的评价标准的批复文件。

e）地方环境保护行政主管部门对项目污染物排放总量的核定文件。

f）地方环境保护行政主管部门同意项目进入试运行的批准文件。

g）建设项目竣工环境保护验收监测报告。

h）“三同时”验收登记表。

i）项目核准批复文件。

j）其他需要的文件。

中华人民共和国国家环境保护标准

建设项目竣工环境保护验收技术规范 石油天然气开采

HJ 612—2011　2011 年 6 月 1 日起实施

1　适用范围

本标准规定了陆地、滩海石油天然气开采建设项目竣工环境保护验收的工作范围、工作内容、技术方法及要求等。

本标准适用于陆地、滩海石油天然气开采的新建、改建、扩建建设项目竣工环境保护验收。

2　规范性引用文件

本标准内容引用了下列文件中的条款。凡是不注日期的引用文件，其有效版本适用于本标准。

GB 3096　声环境质量标准

GB 3838　地表水环境质量标准

GB 5468　锅炉烟尘测试方法

GB 8978　污水综合排放标准

GB 9078　工业炉窑大气污染物排放标准

GB 12348　工业企业厂界环境噪声排放标准

GB 12763.1　海洋调查规范

GB 13271　锅炉大气污染物排放标准

GB 14554　恶臭污染物排放标准

GB 15618　土壤环境质量标准

GB 16157　固定污染源排气中颗粒物测定和气态污染物采样方法

GB 16297　大气污染物综合排放标准

GB 17378　海洋监测规范

HJ/T 2.1　环境影响评价技术导则　总纲

HJ 2.2　环境影响评价技术导则　大气环境

HJ/T 2.3　环境影响评价技术导则　地面水环境

HJ 2.4　环境影响评价技术导则　声环境

HJ/T 19　环境影响评价技术导则　非污染生态影响

HJ/T 55　大气污染物无组织排放监测技术导则

HJ/T 91　地表水和污水监测技术规范

HJ/T 164　地下水环境监测技术规范

HJ/T 394　建设项目竣工环境保护验收技术规范　生态影响类

3　术语和定义

下列术语和定义适用于本标准。

3.1　石油天然气开采　oil & natural gas exploitation and development

指石油和天然气勘探、生产及油气田服务业，包括油气田的勘探、钻井、井下作业、采油（气）、油气处理、油气集输等作业过程。不含外输管线和独立的储油库、储气库等建设项目。

3.2　石油勘探　oil & natural gas exploitation

指为了寻找和查明油气资源，而利用各种勘探手段了解地下的地质状况，认识生油、储油、油气运移、聚集、保存等条件，综合评价含油气远景，确定油气聚集的有利地区，找到储油气的圈闭，并探明油气田面积，搞清油气层情况和产出能力的过程。

3.3　油田开发　oil & natural gas development

指在认识和掌握油田地质及其变化规律的基础上，在油藏上合理的分布油井和投产顺序，以及通过调整采油井的工作制度和其他技术措施，把地下石油资源采到地面的全过程。

3.4　井下作业　borehole operation

在油田开发过程中，根据油田调整、改造、完善、挖潜的需要，按照工艺设计要求，利用一套地面和井下设备、工具，对油、水井采取各种井下技术措施，达到提高注采量，改善油层渗流条件及油、水井技术状况，提高采油速度和最终采收率的目的的井下施工工艺技术过程。

4　总则

4.1　工作程序

4.1.1　验收调查工作分准备、初步调查、制定工作方案、详细调查、编制调查报告 5 个阶段进行。具体工作程序见图 1。

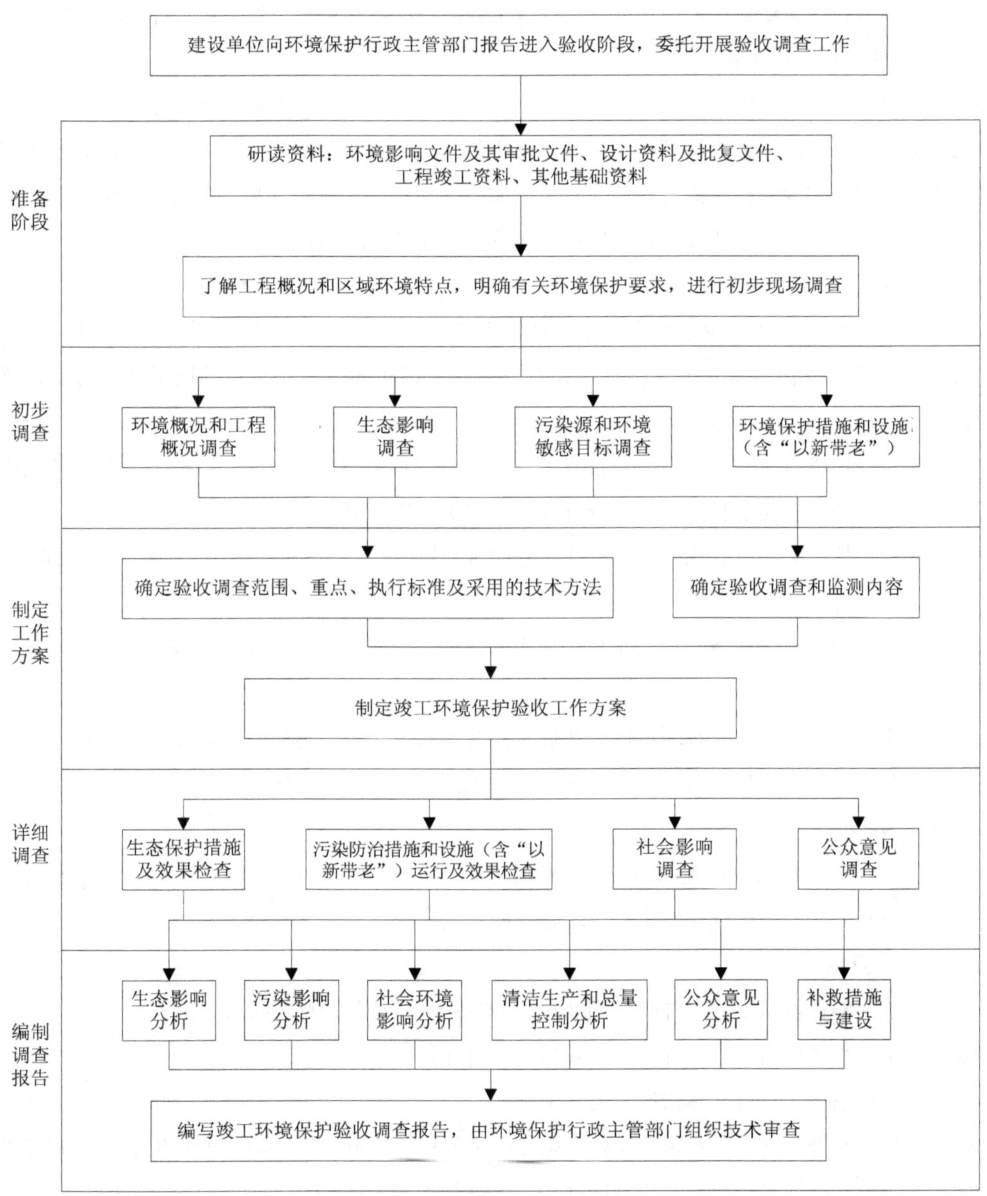

图 1　验收调查工作程序图

4.1.2　验收调查工作结束后，由环境保护行政主管部门组织实施竣工环境保护验收现场检查。

4.2　验收调查时段和范围

4.2.1　根据工程建设过程，验收调查时段一般分为勘探开发期、施工期、试运行期三个时段。

4.2.2　验收调查范围原则上与环境影响评价文件的评价范围一致；当工程实际建设内容发生变更或环境影响评价文件未能全面反映建设项目的实际生态影响和其他环境影响时，应根据工程实际建设情况及环境影响实际情况，结合现场勘察情况对其进行适当调整。

4.3　验收调查标准

4.3.1　原则上采用环境影响评价文件中经环境保护行政主管部门确认的环境保护标准与污染防治设施的相关指标作为验收调查标准，如有已修订新颁布的环境保护标准则用其作为验收调查的标准。

4.3.2　现阶段环境质量标准中暂时还没有的因子，可用环境影响评价文件中的现状值、环境影响评价审批文件确定的因子和限值或区域背景值和本底值作为参照。

4.3.3　环境保护标准中没有该因子但设计文件已对其做出规定的，按设计文件指标进行验收。

4.4　工程运行情况要求

4.4.1　根据行业特征，在建设项目主体工程正常运行、配套环境保护设施建成使用后即可开展验收调查工作。

4.4.2　注明实际调查工况，按环境影响评价文件近期的设计能力对主要环境要素进行影响分析。

4.4.3　对分期建设、分期投入生产的建设项目应分阶段开展验收调查、分阶段进行环境保护验收。

4.5　验收调查方法

宜采用近期资料调研、现场调查、现状监测和公众意见调查相结合的办法，并充分利用先进的科技手段和方法，如全球定位系统、遥感系统、航拍等。

4.6　验收调查内容

4.6.1　环境影响评价制度、“三同时”制度及其他环境保护规章制度执行情况。

4.6.2　实际工程建设内容、工程变更及环境影响情况。

4.6.3　环境敏感保护目标基本情况及变化情况。

4.6.4　环境影响评价文件及其审批文件中提出的主要环境影响、环境保护设施和措施要求（含“以新带老”），以及环境保护设施和措施的落实情况及其效果。

4.6.5　工程勘探开发期、施工期和试运行期实际存在的环境问题及公众反映强烈的环境问题。

4.6.6　环境影响评价文件对污染因子达标情况预测结果与验收调查结果的符合度。

4.6.7　环境风险防范和应急措施的落实及有效性调查。

4.6.8　建设项目施工期环境管理制度（包括环境监理）的实施情况及有效性调查，并对提出的环境保护措施落实情况进行调查。

4.6.9 健康、安全和环境（HSE）管理体系建立及运行情况。

4.6.10 清洁生产水平和污染物排放总量情况。

4.6.11 环境保护投资情况。

4.6.12 其他新发现的问题，如环境保护政策发生变化带来的要求变化等。

5 技术规定

5.1 工程调查

5.1.1 工程建设过程

说明建设项目立项时间、审批部门，初步设计编制单位、完成时间、审批时间，环境影响评价文件编制单位、完成时间、审批部门及审批时间，工程开工建设时间，环境保护设施设计单位、施工单位和工程环境监理单位，投入试运行时间等。

5.1.2 工程概况及变更情况调查

5.1.2.1 说明建设项目所处的地理位置、开发面积、组成、规模、工程量、主要经济或技术指标（可列表）、主要生产工艺及流程、工程总投资与环境保护投资等情况。

5.1.2.2 与环境影响评价文件对比说明工程实际建设内容，重点说明其变更内容，分析工程变更带来的环境影响、环境保护措施变化等相关内容。

5.1.2.3 主要调查内容包括：

a）钻井、井下作业及采油气情况调查

（1）油气勘探开采井的具体数量、分布状况、开钻时间、完钻时间、完井井深、占地面积、土石方工程量、岩屑量、泥浆量；

（2）泥浆池及废水池的占地面积、防渗措施、处理方法（如固化），泥浆的处置方式；

（3）钻井废水产生量及其主要污染物、废水的处置方式及去向；

（4）油气井的主要经济技术指标；

（5）井下作业污染物产生、处理处置情况调查；

（6）采油气及采油注水作业情况调查。

b）地面工程及集输管线情况调查

（1）采油地面工程重点调查联合站、接转站、计量站、注水站、办公楼及道路网络等配套设施的建设规模、占地面积、土石方工程量、设施建设前的土地类型等内容；采气地面工程重点调查集气站、增压站、清管站、天然气处理厂（净化厂）、办公楼等配套设施的建设规模、占地面积和类型、土石方工程量等；

（2）地面工程的主要经济技术指标；

（3）集油气管网及伴行道路的长度、宽度、土石方工程量、沿线经过的土地类型、采取的施工方式；

（4）输油气管网事故污染情况调查。

c）环境保护措施、设施和管理制度调查

包括生态、水、气、声、固体废物等方面的措施、设施及管理制度。调查具体的措施内容，采取的污染防治设施的位置、规模、工艺、排放去向及效果等。

d）环境保护投资调查

列表分类详细列出，包括勘探开发期、施工期和试运行期的污染（废水、废气、噪声、固体废物、振动等）治理、场站绿化、临时占地恢复、水土保持（包括防止作业区域以及影响区域水土流失的工程费用、防风固沙费用、永久占地绿化费用等）、生态补偿、勘探开发期和施工期的环境监测及环境监理（监督）、HSE 培训和管理等费用。

5.1.3 图件要求

提供适当比例的工程地理位置图和平面布置图(集输管线给出线路走向示意图)，明确比例尺，工程平面布置图中应标注主要工程设施、环境保护设施和环境敏感目标。

5.2 环境影响评价文件及其审批文件回顾

5.2.1 环境影响评价文件回顾应明确说明环境影响评价阶段确定的主要环境影响要素、环境敏感目标、环境影响预测结果、采取的环境保护措施和建议、评价结论。

5.2.2 审批文件回顾应简述环境影响审批文件中所提出的要求。

5.3 环境保护措施落实情况调查

5.3.1 调查环境影响评价文件及其审批文件所提各项环境保护措施的落实情况。

5.3.2 对比说明实际采取的生态保护和污染防治措施与环境影响评价、初步设计的变化情况，对未全面落实的措施说明变化原因，并提出后续实施、改进的建议。

5.4 建设过程环境影响调查

5.4.1 调查方法

5.4.1.1 收集分析建设项目勘探开发过程的有关文件，走访相关人员，估算污染物的实际发生量，分析其对环境的主要影响。

5.4.1.2 结合工程调查、环境监理（监督），通过走访当地环境保护和相关部门及公众意见调查，了解建设项目勘探开发过程中产生的生态影响和水、气、声、固体废物的污染情况，以及是否发生过环境污染和居民环境保护投诉事件。

5.4.1.3 收集、利用建设项目勘探开发期和施工期所在地的环境监测资料，结合建设项目勘探开发过程调查和公众意见调查情况，分析建设项目勘探开发期和施工期对所在地区环境质量的影响。

5.4.2 调查内容

5.4.2.1 调查采油地面工程永久占地（包括联合站、接转站、计量站、注水站、办公楼、道路等）、采气地面工程永久占地（包括集气站、增压站、清管站、天然气处理厂或净化厂、办公楼、道路等）和钻井、油气集输管网、材料堆放、施工营地等临时占地的数量、类型和恢复情况等，需特别注意对调查区域内特殊生境，如自然保护区、湿地、水源地等生态敏感目标的影响调查。

5.4.2.2 调查建设项目勘探开发期和施工期用水量、施工人数等相关参数，分析生产废水、生活废水的产生量，调查其处理及排放情况；结合水环境质量的监测资料和公众意见调查结果，分析建设项目勘探开发期和施工期对地表水及地下水环境的影响，重点分析对水环境敏感目标的影响，评价勘探开发期和施工期采取的地表水和地下水环境保护措施的有效性。

5.4.2.3 调查建设项目勘探开发期和施工期燃料种类、用量等相关参数，分析废气的产生量，调查采取的大气污染防治和控制措施；结合建设项目环境空气质量监测资料及公众意见调查结果，分析建设项目勘探开发期和施工期对环境空气质量的影响，评价建设项目勘探开发期和施工期采取的大气环境保护措施的有效性。

5.4.2.4 调查建设项目勘探开发期和施工期主要噪声污染源及采取的降噪措施的情况；结合声环境质量的监测资料及公众意见调查结果（注意建设项目是否有夜间施工等问题），分析建设项目勘探开发期和施工期声环境质量的影响及声环境保护措施的有效性。

5.4.2.5 调查勘探开发期和施工期产生的固体废物（主要是钻井岩屑、废弃钻井泥浆和落地油）、生活垃圾的处置方式和排放去向；结合地下水和土壤环境质量的监测资料及公众意见调查结果，分析建设项目勘探开发期和施工期固体废物的影响及其环境保护措施的有效性。

5.4.2.6 调查了解工程勘探开发期和施工期有无环境污染事件和环境保护投诉事件发生，如有，应调查事件发生时间、地点、原因、损失情况及处理结果，并对其应急处理措施有效性和环境影响后果进行分析。

5.5 生态保护措施及影响调查

5.5.1 调查内容

5.5.1.1 自然环境概况

概括描述调查范围内自然环境基本特征，包括气象气候因素、地形、地貌特征、水资源、土壤资源、动植物资源、珍稀濒危动植物的分布和生理生态特性、历史演化情况及发展趋势等；调查范围内勘探、开发活动对生态系统的干扰方式和强度、对生境的干扰破坏情况、生态系统演变的基本特征等；调查范围内生态敏感目标现状情况等。

5.5.1.2 工程占地影响调查

列表说明工程永久和临时占地的情况，包括占地位置、面积、占地类型与性质、用途等。

5.5.1.3 生态敏感目标调查

重点调查环境影响评价文件中确定的生态敏感目标，若调查过程中发现新增的生态敏感目标，应进行补充说明与详细调查。提供工程与生态敏感目标的相对位置关系图，必要时提供图片辅助说明工程前后生态敏感目标的变化情况。

对工程建设前后因有关环境保护规划、功能区划调整而导致生态敏感目标的数量、位置、范围、敏感程度发生改变的须特别做出说明。工程实际建设内容与初步设计和环境影响评价文件不符，并有可能造成较大生态影响的区域，应重新判定和识别生态敏感目标。

5.5.1.4 土壤环境影响调查

重点调查农田土壤的扰动情况，特别是配套集输管线施工中是否执行了分层开挖、分层回填的有关要求；穿跨越产生的固体废物处理是否满足要求，钻井废物处理是否满足要求，产生的（包括采油、井下作业、集输等）泥浆、落地油等对土壤的污染影响。

5.5.1.5 植被或水生生物影响调查

对比分析工程建设前后区域内植被或水生生物的变化，主要包括植被或水生生物的类型、优势物种等。结合工程采取的环境保护措施，分析工程建设对植被或水生生物的影响。

5.5.1.6 生态功能调查

调查建设项目建设前后生态敏感目标功能完整性的变化情况，结合工程采取的生态减免、补偿措施的落实情况，分析工程建设对生态敏感目标的影响。

5.5.1.7 水土流失影响调查

调查造成水土流失的类型和程度、危害以及对水土保持设施的破坏情况；同时调查建设项目采取工程、植物和管理措施后水土流失的控制情况，必要时辅以图表进行说明。

若建设项目已通过水土保持验收，可适当参考其验收结果。

5.5.1.8 主要生态问题及采取的保护措施调查

对比工程建设前后区域内生态系统的变化情况，核查区域生态现状是否符合环境影响评价文件的预测结论，是否在其可接受的变动范围之内，调查存在的问题、生态保护措施的落实情况及是否符合有关环境保护规划和功能区划的要求。

5.5.2 调查方法

5.5.2.1 文件资料调查

收集和分析建设项目环境影响评价文件、施工期监理记录和报告及工程有关协议、合同等文件，了解建设项目勘探开发期和施工期产生的生态影响，调查因工程建设占用土地（耕地、林地、草地、湿地等）和水域（滩涂等）产生的生态影响及采取的保护措施与补偿措施。

5.5.2.2 现场勘察

a）调查区域与调查对象应基本覆盖调查区域和主要调查对象的50%以上。

b）核查建设项目永久占地或临时占地的位置、面积、类型。

c）勘察建设项目勘探开发对生态敏感目标、水土保持设施的影响情况及采取的生态保护措施情况。

d）勘察建设项目勘探开发对植被的影响情况及目前的恢复情况，如植被覆盖率、主要植被类型、植物种类等。

5.5.2.3 样方调查及土壤监测

a）对于产生重大生态影响和涉及生态敏感目标影响的建设项目须进行植物样方或水生生态调查。

（1）选择有代表性植物的区域，在施工迹地布设 1 个调查样带（具体样方数和大小根据实际情况确定）和 1 个对照调查样带（距施工迹地 30 m 以外，具体样方数和大小根据实际情况确定）。

（2）水生生态调查重点为核实环境影响评价文件及其审批文件要求的落实情况。如果开展水生生态监测可选择与环境影响评价文件相同的监测点位和因子开展工作，但如环境影响评价时未进行监测或工程变更导致影响位置发生变化，除在影响范围内布设监测点外，还应在非影响区设置对照测点。监测因子和采样分析方法按 GB 12763.1 和 GB 17378.1～7 有关规定执行。

b）判断建设项目配套集输管线是否执行了分层开挖分层回填措施和钻井废物处理是否满足环境保护要求，必要时需进行土壤环境质量监测。

（1）原则上在植物调查样带选择有代表性的施工迹地布设 1 个监测点（施工迹地的上方）和 1 个对照点（距施工迹地外 30 m），并可根据土壤变化情况，加密调查点位。

（2）调查建设项目试运行中落地油对土壤的影响，可选择有代表性的井场，在井场及井场周围 10 m、20 m、30 m、50 m 分别布设 1 个监测点。

（3）监测因子

配套集输管线监测主要为 pH、有机质、速效磷、总氮等 4 项因子，钻井废物处理场监测主要为 pH、石油类、铅、六价铬等 4 项因子，井场监测主要为 pH、石油类、挥发酚等 3 项因子。

（4）采样及分析方法

每个监测点梅花法分别取 2 个样，采样深度根据可能造成的污染情况确定，原则上最深不超过 50 cm，集输管线处测点土壤剖面的开挖深度在建设项目安全允许的范围内。分析方法按 GB 15618 有关规定执行。

5.5.2.4　其他技术方法

建设项目环境影响评价文件采用全球定位系统、地理信息系统、遥感系统技术方法进行生态评价的，竣工验收环境影响调查阶段也应采用该技术进行生态制图，并尽量选择相同的季节时段，以反映工程建设前后油气田用地类型的变化、生态分布的情况等内容，该技术方法必须配合必要的现场勘察验证工作进行。

5.5.3　调查结果分析

5.5.3.1　从植被类型、盖度、人类活动引起景观变化等角度分析工程占地、土地使用类型改变对原有生态系统的影响；根据土壤和植被调查结果分析临时占地生态影响及恢复的效果；分析建设项目占地对农业生产的影响。

5.5.3.2　分析生产井、配套集输管网等在事故状态下对周围生态系统，尤其是土壤和植被的影响。

5.5.3.3　分析由于油气田开发导致的人类活动的增加，对区域生态系统长期、潜在的影响。

5.5.4　生态保护措施及对策建议

根据生态调查及分析的结果，对已采取的生态恢复措施有效性进行分析，提出进一步采取恢复及保护措施建议。

5.6　水污染防治措施及环境影响调查

5.6.1　水污染源及环境保护措施调查

5.6.1.1　调查对象

油田重点调查联合站、办公区、公寓等处产生的工艺废水和生活污水；气田重点调查天然气处理厂、办公区、公寓等处产生的工艺废水和生活污水。

5.6.1.2　调查内容

废（污）水产生量、排放量，污染物种类、浓度和数量；废（污）水处理方法、排放去向，处理设施的设计单位、设计参数、工艺流程、施工单位及完工时间、运行效果等。

5.6.1.3　调查方法

可采用现场监测与已有资料收集分析相结合的方法获取数据，其中环境保护设施排放口须进行现场监测，其余定量分析数据可视情况依据现场监测获取或收集利用已有资料。

5.6.1.4　监测要求

a）环境影响评价文件或环境影响评价审批文件对污水处理设施效率有明确要求的，应在污水处理或回用设施的进、出口及污水总排口设置监测点，否则可只在污水处理或回用设施的出口及污水总排口设置监测点位，并提供监测点位图。

b）生产废水监测因子主要包括 pH、COD、BOD_5、氨氮、SS、石油类、挥发酚、硫化物等，生活污水监测因子主要包括 pH、COD、BOD_5、氨氮、SS、动植物油类、阴离子表面活性剂（LAS）等。

c）监测频次、采样和分析方法按照 GB 8978、HJ/T 91 的要求进行。

5.6.2 环境影响调查

5.6.2.1 调查建设项目影响范围内的主要地表水体名称、与工程关系（包括废水受纳水体）、环境功能区划，必要时须调查地下水分布、流向、用途、影响因素等内容。

5.6.2.2 原则上选择与环境影响评价文件中相一致的地表水监测断面及监测因子进行监测，可根据建设项目的实际建设内容和影响酌情增减。

5.6.2.3 地下水监测一般视情况选择地下水井（如固体废物处理场周围）进行监测，监测因子主要有 pH、石油类、挥发酚、总硬度、溶解性总固体、氟化物、铜、砷、六价铬等；根据油藏特征，可适当补充铁、锰、氯、硫等离子。

5.6.2.4 监测频次、采样和分析方法按照 GB 3838、HJ/T 91 和 HJ/T 164 的要求进行。

5.6.3 监测结果达标分析

5.6.3.1 统计监测结果，分析达标情况。

5.6.3.2 明确污水处理设施效果。

5.6.3.3 分析污水排放对环境敏感目标的影响，包括影响程度、范围及环境功能区管理目标的可达性。

5.6.4 环境保护措施有效性分析及建议

5.6.4.1 根据监测结果及达标情况，分析现有环境保护措施的有效性、存在的问题及原因。

5.6.4.2 分析污水处理设施事故排放的可能性，评估事故排放应急措施的有效性和可靠性。

5.6.4.3 针对存在的问题，提出具有可操作性的整改、补救措施与建议。

5.7 大气污染防治措施及环境影响调查

5.7.1 大气污染源及环境保护措施调查

5.7.1.1 调查对象

联合站、天然气处理厂和基地锅炉排放的烟气，联合站加热炉排放的烟气，天然气处理厂硫磺回收及尾气处理装置排放的废气，集气站产生的废气，燃烧伴生气的火炬所排放的污染物，油气集输过程中挥发损失的烃类气体等。

5.7.1.2 调查内容

废气排放量，污染物种类、浓度和数量，排气筒高度、出口内径、温度；废气处理设施设计参数、工艺流程、建成和投入运行时间、运行效果；排放口及无组织排放达标情况等。

5.7.1.3 调查方法

采用现场监测和资料收集分析相结合的方法获取废气污染源调查数据，对同类废气污染源选择有代表性的排放源进行监测。

5.7.1.4　监测要求

a）油田重点在联合站、接转站的加热炉和基地锅炉的排气筒等位置设置监测点，并在联合站厂界设置无组织排放监控点；气田重点在天然气处理厂、集气站加热炉排气筒和基地锅炉的排气筒、天然气处理厂硫磺回收及尾气处理装置排气筒等位置设置监测点，并在天然气处理厂厂界设置无组织排放监控点；根据环境影响评价文件及其审批文件要求确定环境敏感目标是否需要设置监测点；提供监测点位图。

b）排气筒监测 SO_2、NO_x、烟尘等因子，同步记录排气筒高度、内径、烟气温度、烟气量、燃气量等工况参数；厂界无组织排放监控点监测非甲烷总烃浓度和特征因子（如 H_2S、压气站的 NO_x），同步记录风速、风向、气温、气压等气象要素。

c）监测频次、采集、保存、分析的原则和方法按照 GB 5468、GB 9078、GB 13271、GB 14554、GB 16297、GB 16157、HJ/T 55 相关要求进行。

5.7.2　监测结果达标分析

5.7.2.1　统计监测结果，分析达标情况。

5.7.2.2　如进行了废气处理设施去除效率的监测，需明确处理设施效果。

5.7.2.3　分析废气排放对环境敏感目标的影响程度，包括影响程度、范围及环境功能区管理目标的可达性。

5.7.3　环境保护措施有效性分析及建议

5.7.3.1　根据监测结果及达标情况，分析现有环境保护措施的有效性、先进性、存在的问题及原因。

5.7.3.2　分析废气处理设施事故排放的可能性，评估事故排放应急措施的有效性和可靠性。

5.7.3.3　针对存在的问题，提出具有可操作性的整改、补救措施与建议。

5.8　噪声防治措施及环境影响调查

5.8.1　调查内容

5.8.1.1　调查工程影响范围内声环境敏感目标的分布情况，列表说明其名称、与工程的相对位置关系（包括方位、距离、高差）、规模等。

5.8.1.2　调查建设项目主体工程所在地区的声环境功能区划，如联合站、天然气处理厂、增压站等，明确声环境敏感目标和建设项目厂界应执行的环境噪声标准。

5.8.1.3　调查建设项目试运行期的噪声源情况，包括源强种类、声场特征、声级范围、分布等。

5.8.1.4　调查建设项目降噪措施的实施和落实情况，并结合环境监测分析其实际降噪效果。

5.8.2 监测要求

5.8.2.1 布点原则

一般选择与环境影响评价文件中相一致的点位进行监测，当其不能满足调查要求时，可根据实际情况选择合适的监测点位。

5.8.2.2 监测点位

一般选择联合站、天然气处理厂或增压站的厂界和声环境敏感目标设置监测点，注意靠近噪声源和临近声环境保护目标的厂界应适当加密监测点位。

5.8.2.3 监测频率、采样与分析方法按照 GB 12348、GB 3096 的要求进行。

5.8.2.4 提供监测点位图，注明监测点位与建设项目的相对位置关系。

5.8.3 监测结果达标分析

5.8.3.1 统计监测结果，分析建设项目厂界和声环境敏感目标达标情况，对环境影响评价文件中预测超标的点位进行重点分析。

5.8.3.2 当建设项目所在地区环境背景值较高时，应结合现状监测情况进行背景值的修正。

5.8.3.3 分析对环境敏感目标的影响程度，包括影响程度、范围及环境功能区管理目标的可达性。

5.8.4 环境保护措施有效性分析与建议

5.8.4.1 分析声环境保护措施是否满足环境影响评价文件、环境影响评价审批文件或初步设计要求，厂界和声环境敏感目标是否满足相应标准要求。

5.8.4.2 针对存在的问题，提出具有可操作性的整改、补救措施与建议。

5.9 固体废物污染控制措施及环境影响调查

5.9.1 调查对象

主要调查钻井废弃泥浆、钻井岩屑，落地油，油气生产和集输过程中的油泥、油沙，基地的生活垃圾等。

5.9.2 调查内容

5.9.2.1 分类核查固体废物的主要来源、发生量，区分危险废物和一般固体废物，并将危险废物作为调查重点。

5.9.2.2 调查各类固体废物的处置方式和处置量．综合利用方式和利用量，检查处置方式和综合利用情况是否符合相关技术规范和标准要求，废弃钻井泥浆的处置方式应作为调查重点。

5.9.2.3 一般固体废物委托处理，应核查委托合同和执行情况；危险废物委托处理，应核查被委托方的资质和委托合同，并检查合同中处理的固体废物的种类、产生量和处理处置方式是否与其资质相符合，必要时对固体废物的去向做相应的跟踪调查。

5.9.3 影响分析

5.9.3.1 分析固体废物的收集、贮运及处置是否满足环境影响评价文件及其审批文件或初步设计文件的环境保护要求。

5.9.3.2 分析现有固体废物处置措施的有效性、存在的问题及原因。

5.9.4 环境保护措施有效性分析与建议

5.9.4.1 分析建设项目在勘探、开发和最大产能条件下，所采取的固体废物收集、贮运及处置措施是否满足环境保护要求。

5.9.4.2 针对存在的问题，提出具有可操作性的整改、补救措施与建议。

5.10 清洁生产调查

5.10.1 根据石油天然气开采业清洁生产的一般要求，可从生产工艺与装备要求、资源能源、利用指标、污染物产生指标（末端处理前）、废物回收利用指标和环境管理要求等5方面开展清洁生产调查。

5.10.2 从生产工艺与装备、资源能源利用、污染物产生、废物回收利用等方面调查建设项目投入试运行后的能耗、物耗和污染物排放情况，核算清洁生产指标，参考环境影响评价文件或初步设计要求，分析建设项目的清洁生产水平。

5.10.3 主要清洁生产指标包括环境保护设施运转率、固体废物和危险废物处置率、钻井井场占地、落地原油回收率和废水回用率等。

一些清洁生产指标说明或计算方法如下：

a）环境保护设施运转率：环境保护设施包括水、气、声、固体废物等污染防治设施。运转率是指企业环境保护设施正常运转天数与环境保护设施应正常运转天数的百分比。

b）固体废物和危险废物处置率：指企业固体废物和危险废物处置量与产生量的百分比。处置量系指企业将不能综合利用的固体废物焚烧或者最终置于符合环境保护规定的场所的工业固体废物量（包括当年处置往年的工业固体废物累计贮存量），以及危险废物安全填埋量。

c）落地原油回收率

$$E_{回收}(\%)=\frac{T_{回收}}{T_{产生}}\times 100 \tag{1}$$

式中：$E_{回收}$ —— 落地原油回收率，%；

$T_{回收}$ —— 落地原油回收量，t；

$T_{产生}$ —— 落地原油产生量，t。

d）废水回用率 100%

$$E_{回用}(\%)=\frac{Q_{回用}}{Q_{产生}}\times 100 \quad (2)$$

式中：$E_{回用}$ —— 废水回用率，%；

$Q_{回用}$ —— 回用废水量，m^3；

$Q_{产生}$ —— 废水产生量，m^3。

5.11 社会环境影响调查

5.11.1 拆迁安置影响调查

调查拆迁区的再利用和恢复情况、拆迁安置区的分布及环境概况，重点调查集中安置区的设置对周边环境的影响、所采取的环境保护措施及其效果。

5.11.2 文物保护措施调查

调查环境影响评价文件及其审批文件中要求的环境保护措施的落实情况；明确文物保护级别，提供文物与工程相对位置关系图。

5.12 公众意见调查

5.12.1 为了了解公众对工程勘探开发期、施工期和试运行期环境保护工作的意见及对工程影响范围内的居民工作和生活的影响情况，须开展公众意见调查工作。

5.12.2 在公众知情的原则下开展，可采用问询、问卷调查、座谈会、媒体公示等方法，较为敏感或知名度较高的建设项目也可采取听证会的方式。

5.12.3 调查对象应选择与工程环境影响有关的人群、单位和社会团体，以及政府有关部门。民族地区必须有少数民族的代表。

5.12.4 根据建设项目的影响范围、实际受影响人群数量、人群分布特征在满足代表性的前提下确定合理的调查样本数量。

5.12.5 调查内容可根据建设项目的工程特点、环境影响和所在区域环境特征设置，一般包括：

a）建设项目勘探开发期、施工期、试运行期是否发生过环境污染或扰民事件，事件的后果及处理情况。

b）公众对建设项目勘探开发期、施工期、试运行期存在主要环境问题和可能存在的环境影响方式的看法与认识，主要是可能对居民生活质量产生影响的水、气、声、固体废物等方面。

c）公众对建设项目勘探开发期、施工期、试运行期采取的环境保护措施效果的满意度及其他意见。

d）对涉及环境敏感目标或公众环境利益的建设项目，应针对环境敏感目标或公众环境利益设计调查问题，了解其是否受到影响。

e）公众最关注的环境问题及希望采取的环境保护措施。

f）公众对建设项目环境保护工作的总体评价。

5.12.6 结果分析应包括以下内容：

a）给出公众意见调查逐项分类统计结果及各类意向或意见数量和比例。

b）定量说明公众对建设项目环境保护工作的认同度，分析公众反对建设项目的主要意见和原因。

c）重点分析建设项目各时期对社会和环境的影响、公众对建设项目建设的主要意见和合理性。

d）结合调查结果，提出热点、难点环境问题的解决方案。

5.13 污染物排放总量控制调查

5.13.1 调查内容

5.13.1.1 根据环境影响评价文件及其审批文件有关总量控制指标要求，确定建设项目污染物排放总量调查对象。

5.13.1.2 调查建设项目试运行期主要污染物的实际产生量、削减量和排放量，并折算成年度产生量、削减量和排放量。

5.13.1.3 调查建设项目达到设计生产能力后的污染物排放总量，并与环境影响评价文件的预测结果进行对比；对于尚不能达到设计生产能力的建设项目，应分析最大产能时的污染物排放量。

5.13.1.4 环境影响评价文件及其审批文件中对污染物有“区域削减”要求的，应对“区域削减”措施落实情况进行调查，并分析其效果。

5.13.2 总量控制指标符合性分析

分析评判建设项目试运行期及达到设计生产能力后能否满足环境影响评价文件及其审批文件中提出的污染物总量控制指标要求。

5.14 环境风险事故防范及应急措施调查

5.14.1 根据建设项目可能存在的风险事故的特点及环境影响评价文件有关要求确定调查内容，一般包括：

a）工程勘探开发期、施工期和试运行期存在的环境风险因素。

b）工程勘探开发期、施工期和试运行期环境风险事故发生情况、原因及造成的环境影响。

c）工程环境风险防范措施与应急预案的制定和设置情况，国家、地方及行业有关环境风险事故防范与应急方面相关规定的落实情况。

d）工程环境风险事故防范与应急管理机构的设置情况。

e）工程环境风险应急物资的配备和应急队伍培训情况。

5.14.2 评述建设项目现有环境风险防范措施与应急预案的有效性，针对存在的问题提出具有可操作性的改进措施与建议。

5.15 环境管理及环境监测计划落实情况调查

5.15.1 调查建设项目 HSE 管理体系的建立及执行情况。

5.15.2 调查建设项目环境管理机构和制度制定、实施情况，环境保护人员设置情况，环境保护档案资料齐备情况。

5.15.3 调查建设项目勘探开发期、施工期和试运行期监测计划实施情况。

5.15.4 调查建设项目施工期环境监理实施情况，包括环境监理单位、环境监理计划、执行情况及效果。

5.15.5 总结环境影响评价文件及其审批文件要求的环境管理、环境监理和环境监测计划的落实情况，根据调查结果，提出健全运行期环境管理与环境监测计划的建议。

5.16 调查结论与建议

竣工环境保护验收调查报告结论中应包括工程概况、建设项目环境保护工作执行情况、生态影响调查结论、污染类要素环境影响调查结论、社会类要素环境影响调查结论，同时应提出明确的验收意见。

5.16.1 总结建设项目对环境影响评价文件及其审批文件要求的落实情况。

5.16.2 概括说明工程建设成后产生的主要环境问题（包括生态、水、气、声、固体废物、拆迁安置、文物保护等）及现有环境保护措施的有效性，在此基础上，对环境保护措施提出改进措施和建议。

5.16.3 明确建设项目清洁生产、总量控制指标、环境风险事故防范及应急措施、环境管理与监测计划落实情况等方面的调查结论。

5.16.4 明确建设项目目前遗留的主要问题，提出补救措施与建议。

5.16.5 根据调查和分析的结果，客观、明确地从技术角度论证建设项目是否符合竣工环境保护验收条件，主要包括：

a）建议通过竣工环境保护验收。

b）限期整改后，建议通过竣工环境保护验收。

6 竣工环境保护验收现场检查

6.1 环境保护设施检查

a）检查生态保护设施的建设与运行情况。

b）检查环境风险应急设施的配备情况。

c）检查其他环境保护设施的建设与运行情况，包括污水处理设施、废气无组织排放、烟气脱硫措施、隔声降噪、固体废物处理等设施的建设与运行情况。

6.2　环境保护措施检查

a）检查生态保护措施的落实情况，包括生态敏感目标保护措施、临时占地的恢复措施、基本农田保护措施、生态补偿措施、绿化措施等。

b）检查排污口的规范化建设、污染源在线监测仪的安装、监测仪器配置情况等。

c）检查环境风险应急措施的落实情况。

d）检查其他环境保护措施的落实情况。

中华人民共和国地质矿产行业标准

矿山地质环境保护与恢复治理方案编制规范（节选）

DZ/T 0223—2011　2011 年 8 月 31 日起实施

3　术语和定义

3.2　矿山地质环境问题

受采矿活动影响而产生的地质环境破坏的现象。主要包括矿区地面塌陷、地裂缝、崩塌、滑坡、泥石流、含水层破坏、地形地貌景观破坏等。

3.7　地形地貌景观破坏

因矿山建设与采矿活动而改变原有的地形条件与地貌特征，造成土地毁坏、山体破损、岩石裸露、植被破坏等现象。

4　总则

4.3　矿山地质环境保护与恢复治理方案应在矿山地质环境现状调查和矿产资源开发利用方案或矿山开采设计等基础上编制，并符合相关规划。

8　矿山地质环境保护与恢复治理分区

8.1　矿山地质环境保护与恢复治理分区应根据矿山地质环境影响评估结果，划分为重点防治区、次重点防治区、一般防治区，见附录 F。各防治区可根据区内矿山地质环境问题类型的差异，进一步细分为亚区。

中华人民共和国地质矿产行业标准

非金属矿行业绿色矿山建设规范（节选）

DZ/T 0312—2018　2018 年 10 月 1 日起实施

3　术语和定义

下列术语和定义适用于本文件。

3.1　绿色矿山　green mine

在矿产资源开发全过程中，实施科学有序的开采，对矿区及周边生态环境扰动控制在可控制范围内，实现环境生态化、开采方式科学化、资源利用高效化、企业管理规范化和矿区社区和谐化的矿山。

3.2　矿区绿化覆盖率　green coverage ratio of the mining area

矿区土地绿化面积占可绿化面积的百分比。

4　总则

4.1　矿山企业应遵守国家法律法规和相关产业政策，依法办矿。

4.2　矿山企业应贯彻创新、协调、绿色、开放、共享的发展理念，遵循因矿制宜的原则，实现矿产资源开发全过程的资源利用、节能减排、环境保护、土地复垦、企业文化和企地和谐等的统筹兼顾和全面发展。

4.3　矿山企业应以人为本，保护职工身体健康。

4.4　绿色矿山建设应贯穿规划、设计、建设和运营全过程；新建、改扩建矿山应根据本标准建设；生产矿山应根据本标准进行升级改造。

5　矿区环境

5.1　基本要求

5.1.1　矿区功能分区布局合理；应绿化和美化矿区，使矿区整体环境整洁美观。

5.1.2 生产、运输、贮存管理规范有序。

5.2 矿容矿貌

5.2.1 矿区按生产区、管理区、生活区和生态区等功能分区，各功能区应符合 GB 50187 的规定，应运行有序、管理规范。

5.2.2 矿区地面道路、供水、供电、卫生、环保等配套设施应齐全；在生产区应设置操作提示牌、说明牌、线路示意图牌等标牌，标牌应符合 GB/T 13306 的规定。

5.2.3 矿山应采用喷雾、洒水、湿式凿岩、加设除尘装置等措施处置采选、运输等过程中产生的粉尘。

5.3 矿区绿化

矿区绿化应与周边自然环境和景观相协调，绿化植物搭配合理，矿区绿化覆盖率应达到100%。

6 资源开发方式

6.1 基本要求

6.1.1 资源开发应与环境保护、资源保护、城乡建设相协调，最大限度地减少对自然环境的扰动和破坏，选择资源节约型、环境友好型开发方式。

6.1.2 根据非金属矿资源赋存状况、生态环境特征等条件，因地制宜地选择合理的开采顺序、开采方式、开采方法。矿山企业应优先选择国家鼓励、支持和推广的资源利用率高，且对矿区生态破坏小的先进装备、技术与工艺，充分实现资源分级利用、优质优用、综合利用。

6.1.3 应贯彻“边开采、边治理、边恢复”的原则，及时治理恢复矿山地质环境，复垦矿山压占和损毁土地。矿山占用土地和损毁土地治理和复垦应符合矿山地质环境保护与土地复垦方案的要求。

6.2 绿色开发

6.2.1 露天开采宜采用剥离—排土—开采—造地—复垦技术。地下开采应根据矿石、围岩等地质条件，结合矿山技术条件和经济因素，选择合理的开采技术。

6.2.2 涉及选矿作业的矿山，应在选矿试验基础上制定选矿工艺，提高主矿产和共伴生矿产选矿回收率，推进资源保护和合理利用。

6.2.3 矿产资源开发利用指标应符合当地产业政策及行业准入条件等规定，部分矿种开采回采率、选矿回收率和综合利用率指标应达到相关“三率”最低指标要求，参见附录 A。

6.3 矿区生态环境保护与恢复

6.3.1 认真落实矿山地质环境保护与土地复垦方案的要求：

a）矿山土地复垦质量应符合 TD/T 1036 的规定。

b）矿山恢复治理后的各类场地应与周边自然环境和景观相协调。矿山土地复垦应因地制宜，实现土地可持续利用，区域整体生态功能得到保护和恢复。

6.3.2 建立环境监测机制，配备管理人员和监测人员。

7 资源综合利用

7.1 基本要求

按照减量化、再利用、资源化的原则，综合开发利用共伴生矿产资源，科学合理利用废石等固体废弃物及选矿废水等。

7.3 固体废弃物利用

宜对废石等固体废弃物开展回填、筑路、制作建筑材料等资源综合利用工作。

7.4 矿山废水利用

7.4.1 矿井水、选矿废水应采用洁净化、资源化技术和工艺合理处置。

7.4.2 矿山选矿废水重复利用率不低于 85%。

中华人民共和国地质矿产行业标准

黄金行业绿色矿山建设规范（节选）

DZ/T 0314—2018　2018 年 10 月 1 日起实施

3　术语和定义

下列术语和定义适用于本文件。

3.1　绿色矿山　green mine

在矿产资源开发全过程中，实施科学有序的开采，对矿区及周边生态环境扰动控制在可控范围内，实现矿区环境生态化、开采方式科学化、资源利用高效化、企业管理规范化和矿区社区和谐化的矿山。

3.2　矿区绿化覆盖率　green coverage ratio of the mining area

矿区土地绿化面积占可绿化面积的百分比。

4　总则

4.4　绿色矿山建设应贯穿规划、设计、建设和运营全过程；新建、改扩建矿山应根据本标准建设；生产矿山应根据本标准进行升级改造。

5　矿区环境

5.2.3　矿山生产过程中应采取喷雾、洒水、加设除尘器等措施处置粉尘，保持矿区环境卫生整洁。

5.2.4　固体废弃物外运时应采取防尘、防雨及防渗（漏）等措施。

5.2.5　应采用合理有效的措施对高噪声设备进行降噪处理。

5.3　矿区绿化

5.3.1　矿区绿化应与周边自然环境和景观相协调，绿化植物搭配合理，矿区绿化覆盖率应达到 100%。

5.3.2　应对露天开采矿山的排土场进行治理、复垦及绿化，在矿区专用道路两侧因地制宜地设置隔离绿化带。

6 资源开发方式

6.1 基本要求

6.1.1 资源开发应与环境保护、资源保护、城乡建设相协调，最大限度地减少对自然环境的扰动和破坏，选择资源节约型、环境友好型开发方式。

6.1.2 根据矿体赋存条件、矿石性质和矿区生态环境等特征，因地制宜地选择采选工艺。优先选择对矿区生态扰动和影响小、资源利用率高的采、选工艺技术与装备，符合清洁生产要求。

6.1.3 应贯彻“边开采、边治理、边恢复”的原则，及时治理恢复矿山地质环境，复垦矿山压占和损毁土地。

6.2 绿色开发

6.2.1 根据金矿床成矿地质特征，应因地制宜地发展集约化开采技术，走规模化发展开采之路。

6.2.2 有粗颗粒金的矿石宜选用重选工艺作为前处理，应采用国家鼓励、支持和推广的采选工艺技术和装备。

6.2.3 应采用绿色开采工艺技术，具体要求如下：

a）应制定科学合理、因地制宜的开采规划，开拓和采准工作合理超前，开拓矿量、采准矿量及备采矿量保持合理关系，采场工作面推进均衡有序。

b）露天开采矿山宜采用剥采比低、铲装效率高的工艺技术，应根据黄金市场价格和企业生产成本变化，动态调整露天开采境界。

c）地下开采矿山宜采用无轨运输、井下废石就地充填、井下碎石等绿色开采技术。

d）应根据不同的矿体赋存条件，选择合理的采矿方法，提高开采回采率。开采回采率指标应按照附录A的要求。

e）宜对残留矿石和矿柱进行技术经济论证，并根据论证结论采用合理的技术进行回收，以提高黄金资源回收率、延长矿山服务年限。

6.2.4 采用绿色选冶工艺技术：

a）宜采用环保型浮选工艺和提金药剂进行生产。

b）对复杂的含砷、含硫、微细包裹型金精矿（或含金矿石）宜采用生物氧化、热压氧化等工艺进行预处理。

c）应根据不同的矿石性质，选择合理的选冶工艺，提高选矿（冶）回收率。选矿（冶）回收率指标应按照附录A的要求。

d）应对低品位资源进行技术经济论证，对于技术经济可行的，应进行合理利用，提高资源回收率。

6.3 矿区生态环境保护

6.3.1 认真落实矿山地质环境保护与土地复垦方案的要求：

a）排土场、露天采场、矿区专用道路、矿山工业场地、废石场等应及时恢复治理。

b）土地复垦质量应符合 TD/T 1036 的规定。

c）恢复治理后的各类场地与周边自然环境和景观相协调，恢复土地基本功能，因地制宜实现土地可持续利用。

6.3.2 建立环境监测机制，配备专职管理人员和监测人员。

7 资源综合利用

7.3 固体废弃物利用

7.3.1 应对采选活动产生的废石等固体废弃物进行可利用性评价，并分类合理利用。

7.3.2 宜将矿山固体废弃物用作充填材料、建筑材料，开展二次利用。

7.3.3 露天开采矿山废石利用率不低于 3%，地下开采矿山废石利用率不低于 50%。

7.4 废水利用

7.4.1 采用先进的节水技术，确保水的循环、循序利用，建设规范完备的水循环处理设施和矿区排水系统。

7.4.2 应采用洁净化、资源化技术和工艺合理处置和利用矿井水，最大限度地提高矿井水利用率，矿井水处置率达 100%。

7.4.3 选矿过程产生的废水应循环利用。

8 节能减排

8.3 固体废弃物排放

8.3.1 应选用先进合理的采、选工艺，减少固体废弃物的产生。

8.3.2 矿山生活垃圾应集中、无害化处置。

8.4 污水排放

8.4.1 矿山应单独或联合建立污水处理站，同时实现雨污分流、清污分流。

8.4.2 采、选过程中产生的废水应合理处置，实现达标排放。

8.4.3 矿区生活污水应处置达标，宜回用于矿区绿化或达标排放。

8.5 粉尘和废气排放

8.5.1 应对爆破、装运过程中产生的粉尘进行喷雾洒水，有效控制粉尘排放。

8.5.2 宜使用清洁动力设备，降低井下废气排放量，保证空气新鲜。

中华人民共和国地质矿产行业标准

煤炭行业绿色矿山建设规范（节选）

DZ/T 0315—2018　2018年10月1日起实施

3　术语和定义

下列术语和定义适用于本文件。

3.1　绿色矿山　green mine

在矿产资源开发全过程中，实施科学有序的开采，对矿区及周边生态环境扰动控制在可控范围内，实现矿区环境生态化、开采方式科学化、资源利用高效化、企业管理规范和矿区社区和谐化的矿山。

3.2　矿区绿化覆盖率　green coverage ratio of the mining area

矿区土地绿化面积占可绿化面积的百分比。

4　总则

4.1　矿山企业应遵守国家法律法规和相关产业政策，依法办矿。

4.2　矿山企业应贯彻创新、协调、绿色、开放、共享的发展理念。遵循因矿制宜的原则，实现矿产资源开发全过程的资源利用、节能减排、环境保护、土地复垦、企业文化和企地和谐等的统筹兼顾和全面发展。

4.3　矿山企业应以人为本，保护职工身体健康。

4.4　绿色矿山建设应贯穿规划、设计、建设和运营全过程；新建、改扩建矿山应根据本标准建设；生产矿山应根据本标准进行升级改造。

5　矿区环境

5.1　基本要求

5.1.1　矿区功能分区布局合理，应绿化和美化矿区，使矿区整体环境整洁美观。

5.1.2 煤炭生产、运输和贮存等管理规范有序。

5.2 矿容矿貌

5.2.1 矿区按生产区、管理区、生活区和生态区等功能分区，各功能区应符合 GB 50187 的规定，应运行有序、管理规范。

5.2.2 矿区地面运输、供水、供电、卫生、环保等配套设施应齐全；在生产区应设置操作提示牌、说明牌、线路示意图牌等标牌，标牌应符合 GB/T 13306 的规定。

5.2.3 矿容矿貌应与周边地表、植被等自然环境相协调。

5.3 矿区绿化

5.3.1 矿区绿化应与周边自然景观相协调，绿化植物搭配合理，矿区绿化覆盖率应达到 100%。

5.3.2 应对露天开采矿山的排土场进行治理、复垦及绿化，在矿区专用道路两侧因地制宜地设置隔离绿化带。

6 资源开发方式

6.1 基本要求

6.1.1 资源开发应与环境保护、资源保护、城乡建设相协调，最大限度地减少对自然环境的扰动和破坏，选择资源节约型、环境友好型开发方式。

6.1.2 应根据矿区煤炭资源赋存状况、生态环境特征等条件，因地制宜地选择资源利用率高，且对矿区生态破坏小的减排保护开采技术。

6.1.3 应贯彻“边开采、边治理、边恢复”的原则，及时治理恢复矿山地质环境，复垦矿山占用土地和损毁土地。

6.2 减排保护开采技术

6.2.1 充填开采注意事宜：

a）充填区域的选择及充填开采方案应与矿山地质环境保护与土地复垦方案有机结合；

b）在不产生二次污染的前提下，应优先利用煤矸石等固体废弃物充填采空区。

6.2.2 共伴生资源合理开采技术注意事宜：

a）达到工业指标要求的可利用共伴生资源应与煤炭同时进行开采；

b）应对煤系地层共伴生矿产资源进行综合勘查、综合评价，制定煤与共伴生资源综合开发利用方案，根据国家规定严格执行；

c）新建矿山共伴生矿产资源综合利用工程应与煤炭开采、洗选工程同时设计、同时施工、同时投入生产。

7 资源综合利用

7.4 固体废弃物处理与利用

7.4.1 对煤矸石等固体废弃物宜通过资源化利用的方式进行处理。煤矸石综合利用率应达到75%以上。

7.4.2 矿井生活垃圾应集中，并进行无害化处置。

7.5 矿井水、疏干水利用

7.5.1 矿井水、疏干水应采用洁净化、资源化技术和工艺进行合理处置，处置率达到100%。

7.5.2 矿井水利用率应符合附录C的规定。

8 节能减排

8.3 粉尘排放

8.3.1 井工煤矿应建立洒水防尘或喷雾降尘系统，并正常运行。

8.3.2 储煤场厂区应定期洒水抑尘，储煤场四周应设抑尘网，装卸煤炭应喷雾降尘或洒水降尘，煤炭外运应采取密闭措施。

8.4 污水排放

8.4.1 应建立污水处理站，合理处置矿井水。矿区实现雨污分流、清污分流。

8.4.2 矿区及储煤场应建有雨水截（排）水沟，地表径流水经沉淀处理后达标排放。

8.5 固体废弃物排放

8.5.1 应优化采煤、洗选技术和工艺，加强综合利用，减少煤矸石、煤泥等固体废弃物的排放。

8.5.2 应通过对露天矿剥离表土、煤层上覆岩石等进行资源化利用的方式减少固体废弃物的堆存。

附 录 C

（规范性附录）

矿井水利用率

矿井水利用率/%	水资源短缺矿区	100
	一般水资源矿区	≥90
	水资源丰富矿区 （其中工业用水）	≥80 （100）
	水质复杂矿区	≥70

注：引自 HJ 446—2008。

中华人民共和国地质矿产行业标准

砂石行业绿色矿山建设规范（节选）

DZ/T 0316—2018　2018 年 10 月 1 日起实施

4　总则

4.1　矿山企业应遵守国家法律法规和相关产业政策，依法办矿。

4.2　矿山企业应贯彻创新、协调、绿色、开放、共享的发展理念。遵循因矿制宜的原则，实现矿产资源开发全过程的资源利用、节能减排、环境保护、土地复垦、企业文化和企地和谐等统筹兼顾和全面发展。

4.3　矿山企业应以人为本，保护职工身体健康。

4.4　绿色矿山建设应贯穿规划、设计、建设和运营全过程；新建、改扩建矿山应根据本标准建设；生产矿山应根据本标准进行升级改造。

5　矿区环境

5.1　基本要求

5.1.1　矿区功能分区布局合理，应绿化和美化矿区，使矿区整体环境整洁美观。

5.1.2　开采、生产、运输和贮存等管理规范有序。

5.2　矿容矿貌

5.2.1　矿区按生产区、办公区、生活区和生态区等功能分区，各功能区应符合 GB 50187 的规定，应运行有序、管理规范。

5.2.2　矿区道路、供水、供电、卫生、环保等配套设施齐全；在生产区应设置线路示意牌、简介牌、岗位技术操作规程等标牌，标牌应符合 GB/T 13306 的规定。

5.2.3　矿山生产过程中应采取喷雾、喷洒水或生物纳膜、加装除尘设备等措施处置粉尘。应对输送系统、生产线、料库等采取有效措施进行抑尘；做好车辆保洁，车辆驶离矿区必须冲洗，严禁运料遗撒和带泥上路，保持矿区及周边环境卫生。

5.2.4 应采用合理有效的技术措施对高噪声设备进行降噪处理。

5.2.5 矿山开采面、作业平台应干净整洁，规范美观。

5.3 矿区绿化

5.3.1 矿区绿化应与周边自然环境和景观相协调，绿化植物搭配合理，矿区绿化覆盖率应达到100%。

5.3.2 应对排土场进行治理、复垦及绿化，在矿区专用道路两侧因地制宜地设置隔离绿化带。

6 资源开发方式

6.1 基本要求

6.1.1 资源开发应与环境保护、资源保护和城乡建设相协调，最大限度地减少对自然环境的扰动和破坏，选择资源节约型、环境友好型开发方式。

6.1.2 采用先进的工艺技术与装备，做到绿色开采、绿色生产、绿色存贮、绿色运输。

6.1.3 应贯彻“边开采、边恢复”的原则，及时治理恢复矿山地质环境，复垦矿山占用土地和损毁土地。治理率和复垦率应达到矿山地质环境保护与土地复垦方案的要求。

6.2 绿色开发

6.2.1 应做好矿山中长期开采规划和短期开采计划，采场工作面推进均衡有序。

6.2.2 采场准备应遵循采剥并举、剥离先行的原则，最大限度地保留原生自然环境，减少环境扰动。

6.2.3 排土场应通过勘测选择地质条件稳定的场所，避免占压可采矿量，并方便未来矿区进行环境恢复治理和土地复垦时取用。

6.3 绿色生产

6.3.1 生产线设计应符合GB 51186的要求。

6.3.2 应根据母岩材质性能、产品结构、产能要求等因素选择先进工艺和设备，配置与生产规模和工艺相符的辅助设施，合理规划堆料、装卸以及设备检修维护场地。

6.3.3 根据原料品质分级利用砂石资源，做到优质优用，提高砂石产品的成品率。

6.3.4 干法生产应配备高效除尘设备，并保持与生产设备同步运行。湿法生产应配置泥粉和水分离、废水处理和循环使用系统。

6.3.5 生产加工车间的产尘点应封闭。

6.3.6 合理设计工艺布置，控制噪声传播。

6.3.7 砂石骨料成品堆场（库）应地面硬化，分类或分仓储存。

6.4 绿色运输

矿石的运输方式应结合矿山地形地质条件、岩石特性、开采方案、运输强度等因素选择运输方案，宜推进清洁能源和新能源运输工具在矿山运输中的应用。

6.5 矿区生态环境保护

6.5.1 认真落实矿山地质环境保护与土地复垦方案的要求：

a）露天采场、矿区专用道路、矿山工业场地、排土场等生态环境保护与恢复治理，应符合相关规定。

b）土地复垦质量应符合 TD/T 1036 的规定。

c）恢复治理后的各类场地应与周边自然环境和景观相协调；恢复土地基本功能，因地制宜实现土地可持续利用；区域整体生态功能得到保护和恢复。

6.5.2 应建立环境监测机制，配备专职管理人员和监测人员。

7 资源综合利用

7.4 表土和渣土利用

排土场堆放的剥离表土或筛分后的渣土，宜用于环境治理、土地复垦和生态修复。

7.5 废水利用

应配备完善的生产废水处理系统，经过固液分离处理后的清水循环利用率应达到 100%。

8 节能减排

8.3 粉尘排放

8.3.1 矿石开采和砂石生产过程中的粉尘控制应遵循源头抑制、过程协同控制、末端监控、系统联动集成的治理思路，达到环保节能和清洁生产的目的。

8.3.2 矿区应配置洒水车、高压喷雾车等设备。

8.3.3 应在装载机、破碎机、筛分机、整形机、制砂机、输送机端口等连续产生粉尘部位安装高效除尘装置。

8.4 污水排放

8.4.1 矿区及厂区应建有雨水截（排）水沟和集水池，地表径流水经沉淀处理后达标排放。

8.4.2 矿区及厂区的生产排水、雨水和生活污水，应实现雨污分流、清污分流。

中华人民共和国地质矿产行业标准

陆上石油天然气开采业绿色矿山建设规范
（节选）

DZ/T 0317—2018 2018 年 10 月 1 日起实施

4 总则

4.1 矿山企业应遵守国家法律法规和相关产业政策，依法办矿。

4.2 矿山企业应贯彻创新、协调、绿色、开放、共享的发展理念。遵循因矿制宜的原则，实现矿产资源开发全过程的资源利用、节能减排、环境保护、土地复垦、企业文化和企地和谐等的统筹兼顾和全面发展。

4.3 矿山企业以人为本，保护职工身体健康。

4.4 绿色矿山建设应贯穿规划、设计、建设和运营全过程；新建、改扩建矿山应根据本标准建设；生产矿山应根据本标准进行升级改造。

5 矿区环境

5.1 基本要求

5.1.1 矿区功能分区布局合理，应绿化和美化矿区，使矿区整体环境整洁美观。

5.1.2 生产、运输和储存等管理规范有序。

5.2 矿容矿貌

5.2.1 矿区按生产区、管理区、生活区等功能分区，各功能区应符合 GB 50187 的规定，应运行有序、管理规范。

5.2.2 矿区地面道路、供水、供电、卫生、环保等基础配套设施完善，道路平整规范，标识清晰、标牌统一。在生产区设置操作提示牌、说明牌、线路示意图牌等标牌，标牌应符合 GB/T 13306 的规定。

5.2.3 油气场站应采用合理有效的技术措施对高噪声设备进行降噪处理。

5.3 矿区绿化

5.3.1 因地制宜绿化矿区，绿化应与周边自然环境和景观相协调，绿化植物搭配合理。

5.3.2 矿区绿化覆盖率应达到100%。

6 资源开发方式

6.1 基本要求

6.1.1 资源开发应与环境保护、资源保护、城乡建设相协调，最大限度地减少对自然环境的扰动和破坏，选择资源节约型、环境友好型开发方式。

6.1.2 因矿制宜选择开采工艺和装备，符合清洁生产要求。

6.1.3 应贯彻“边开采、边治理、边恢复”的原则，及时治理恢复矿区地质环境，复垦矿区压占和损毁土地。

6.2 绿色开发

6.2.1 应遵循矿区油气资源赋存状况、生态环境特征等条件，科学合理确定开发方案，选择与油气藏类型相适应的先进开采技术和工艺，推广使用成熟、先进的技术装备，严禁使用国家明文规定的限制和淘汰的技术工艺及装备。

6.2.2 集约节约利用土地资源，土地利用符合用地指标政策。合理确定站址、场址、管网、路网建设占地规模。

6.2.3 应实施绿色钻井技术体系，科学选择钻井方式、环境友好型钻井液及井控措施，配备完善的固控系统，及时妥善处置钻井泥浆。

6.2.4 既有项目应依据开发动态情况及时调整开发方案，适时进行工艺技术革新改造。

6.2.5 对伴生有二氧化碳气体的油气藏，二氧化碳气体含量未达到工业综合利用要求的，应采取有效处置方案。

6.2.6 对伴生有硫化氢气体的油气藏，硫化氢气体含量未达到工业综合利用要求的，应采取有效处置方案。

6.4 矿区生态环境保护

6.4.1 认真落实矿山地质环境保护与土地复垦方案的要求。矿区压占和损毁土地、相关站场址结余用地、功能废弃地等，应及时按TD/T 1036的要求开展土地复垦。

6.4.2 应对矿区及周边生态环境进行监测监控，积极配合属地政府环境保护部门的工作。

8 节能减排

8.3 废物处置及利用

8.3.1 废液、废气、固体废物应建档分类管理，并清洁化、无害化处置，处置率应达到100%。

8.3.2 油气生产过程中的采出水应清洁处理后循环利用；不能循环利用的，应达标排放、回注或采取其他有效利用方式。

8.3.3 油气开采过程中产生的落地原油应及时全部回收。

8.3.4 油气开采过程中产生的含油污泥，采取技术措施进行原油回收处理和利用，处理后固体物含油率低于2%。

中华人民共和国地质矿产行业标准

水泥灰岩绿色矿山建设规范（节选）

DZ/T 0318—2018　2018 年 10 月 1 日起实施

4　总则

4.1　矿山企业应遵守国家法律法规和相关产业政策，依法办矿。

4.2　矿山企业应贯彻创新、协调、绿色、开放、共享的发展理念。遵循因矿制宜的原则，实现矿产资源开发全过程的资源利用、节能减排、环境保护、土地复垦、企业文化和企地和谐等的统筹兼顾和全面发展。

4.3　矿山应以人为本，保护职工身体健康。

4.4　绿色矿山建设应贯穿规划、设计、建设和运营全过程；新建、改扩建矿山应根据本标准建设；生产矿山应根据本标准进行升级改造。

5　矿区环境

5.1　基本要求

5.1.1　矿区功能分区布局合理，应绿化和美化矿区，使矿区整体环境整洁美观。

5.1.2　生产、运输和贮存等管理规范有序。

5.2　矿容矿貌

5.2.1　矿区按生产区、管理区、生活区和生态区等功能分区，各功能区应符合 GB 50187 的规定，应运行有序、管理规范。

5.2.2　矿区地面道路、供水、供电、卫生、环保等配套设施应齐全；在生产区应设置操作提示牌、说明牌、线路示意图牌等标牌，标牌应符合 GB/T 13306 的规定。

5.2.3　在矿山生产过程中应采取喷雾、洒水、加设除尘器、全封闭皮带运输等措施处置开采、运输过程中产生的粉尘和撒落物，保持矿区环境卫生整洁。

5.2.4　矿山工业场地内的生产、生活产生的废水应进行处理后达标排放。

5.2.5 应采用合理有效的技术措施对高噪声设备进行降噪处理。

5.3 矿区绿化

5.3.1 矿区绿化应与周边自然环境和景观相协调，绿化植物搭配合理，矿区绿化覆盖率应达到100%。

5.3.2 矿山开采应科学确定采矿工作面推进方向，采取延缓外侧山体开采等措施，减轻对可视景观的不利影响。

5.3.3 应对露天开采矿山的排土场进行治理、复垦及绿化，在矿区专用道路两侧因地制宜地设置隔离绿化带。

6 资源开发方式

6.1 基本要求

6.1.1 资源开发应与城乡建设、环境保护、资源保护相协调，最大限度地减少对自然环境的扰动和破坏，选择资源节约型、环境友好型开发方式。

6.1.2 根据矿区资源赋存状况、生态环境特征等条件，因地制宜地选择开采工艺。

6.1.3 应贯彻“边开采、边恢复”的原则，及时治理恢复矿山地质环境，复垦矿山占用土地和损毁土地。治理率和复垦率应达到矿山地质环境保护与土地复垦方案的要求。

6.1.4 根据矿体赋存和矿区生态等特征，应选择合理的开采规模、开采顺序、开采工艺和设备。

6.2 绿色开采

6.2.1 矿山应建立完善的组织管理机构，配备地质、测量等专业技术人员。

6.2.2 矿山生产工艺、技术和装备宜采用《产业结构调整指导目录》中的鼓励类生产工艺、技术和装备。

6.2.3 矿山贯彻“采剥并举，剥离先行，贫富兼采”的方针。开拓运输方式应根据矿山赋存条件及地形地貌特征进行方案比较后确定。

6.2.4 应淘汰落后工艺；推动科技进步，发展循环经济，提高矿山企业的社会、经济和环境效益。

6.4 矿区生态环境保护

6.4.1 认真落实矿山地质环境保护与土地复垦方案的要求：

a）废石场、露天采场、矿区专用道路、矿山工业场地等应及时恢复治理。

b）土地复垦质量应达到TD/T 1036规定的要求。

c）暂时难以治理的，应采取有效措施，把环境负效应控制在最低限度之内。

d）恢复治理后的各类场地应与周边自然环境和景观相协调；恢复土地基本功能，因地制宜地实现土地可持续利用；区域整体生态功能得到保护和恢复。

6.4.2 建立环境监测机制，配备专职管理人员和监测人员。

7 资源综合利用

7.2 合理开发

7.2.1 应制定科学合理、因地制宜的开采规划，合理安排开拓和采准工作，开拓矿量、采准矿量及可采矿量保持合理关系，采场工作面推进均衡有序。

7.2.2 矿山开采应实现资源分级利用、优质优用。

7.3 综合利用

7.3.1 应进行高品位矿石与低品位矿石、夹层、顶底板围岩等的综合利用。

7.3.2 应将符合要求的土质剥离物用作硅铝质原料或用于复垦；其他剥离物可用作水泥配料、砂石骨料或其他工程用料，最大限度地综合利用资源。

8 节能减排

8.3 废水排放

8.3.1 矿山生产过程中应从源头减少废水产生，应实施清污分流。

8.3.2 矿区应建有雨水截（排）水沟，宜回用于矿区绿化。

8.4 固体废弃物排放

矿山生产应对露天矿剥离的表土进行资源化利用或采取单独堆存作为矿山后期土地复垦利用。

中华人民共和国地质矿产行业标准

冶金行业绿色矿山建设规范（节选）

DZ/T 0319—2018　2018 年 10 月 1 日起实施

1　范围

本标准规定了冶金行业绿色矿山矿区环境、资源开发方式、资源综合利用、节能减排、科技创新与数字化矿山、企业管理与企业形象方面的基本要求。

本标准适用于冶金行业（铁矿、锰矿、铬矿、钒矿、钛矿）新建、改扩建和生产矿山的绿色矿山建设。

4　总则

4.1　矿山企业应遵守国家法律法规和相关产业政策，依法办矿。

4.2　矿山企业应贯彻创新、协调、绿色、开放、共享的发展理念，遵循因矿制宜的原则，实现矿产资源开发全过程的资源利用、节能减排、环境保护、土地复垦、企业文化和企地和谐等的统筹兼顾和全面发展。

4.4　绿色矿山建设应贯穿规划、设计、建设和运营全过程；新建、改扩建矿山应根据本标准建设；生产矿山应根据本标准进行升级改造。

5　矿区环境

5.1　基本要求

5.1.1　矿区开发规划和功能分区布局合理，应绿化和美化矿区，使矿区整体环境整洁优美。

5.1.2　生产、运输和贮存等管理规范有序。

5.2　矿容矿貌

5.2.1　矿区按生产区、管理区、生活区和生态区等功能分区，各功能区应符合 GB 50187 的规定；应运行有序、管理规范。

5.2.2　矿区地面道路、供水、供电、卫生、环保等配套设施应齐全；在生产区应设置操作提示牌、说明牌、线路示意图牌等标牌，标牌规范清晰并符合 GB/T 13306 的规定。

5.2.3　地面运输系统、运输设备、贮存场所实现全封闭或采取设置挡风、洒水喷淋等有效措施进行防尘。

5.2.4　应采用合理有效的技术措施对高噪声设备进行降噪处理。

5.3　矿区绿化

5.3.1　矿区绿化应与周边自然环境和景观相协调，绿化植物搭配合理，矿区绿化覆盖率应达到100%。

5.3.2　应对露天开采矿山的排土场进行治理、复垦及绿化，在矿区主运输通道两侧因地制宜地设置隔离绿化带。

5.4　废弃物处置

固体废弃物应有专用堆积场所，废水应优先回用。

6　资源开发方式

6.1　基本要求

6.1.1　资源开发应与环境保护、资源保护、城乡建设相协调，选择资源节约型、环境友好型的绿色开发方式。

6.1.2　根据矿区资源赋存状况、生态环境特征等条件，因地制宜地选择采选工艺。优先选择资源利用率高、对矿区生态破坏小的采选工艺、技术与装备，符合清洁生产要求。

6.1.3　应贯彻“边开采、边治理、边恢复”的原则，及时治理恢复矿山地质环境，复垦矿山压占和损毁土地。

6.2　绿色开发

6.2.1　矿山开采应根据不同的矿体赋存条件，宜选用对环境扰动小的机械化、自动化、信息化和智能化开采的技术和装备。

6.2.2　应选用国家鼓励、支持和推广的采选工艺、技术和装备。

6.2.3　应采用绿色开采工艺技术和装备：

a）露天开采矿山宜采用剥采比低、铲装效率高的工艺技术。

b）地下开采宜采用高效采矿法、高浓度或膏体充填技术。

6.2.4　应采用绿色选矿工艺技术：

a）新建矿山应在充分选矿试验基础上制定适宜的选矿工艺流程。在经济合理的情况下，主矿产及伴生元素应得到充分利用。

b）宜采用节能环保型选矿工艺；禁止采用国家明文规定的限制和淘汰类技术。

c）对复杂难处理矿石宜采用创新的工艺技术降低能耗，提高技术经济指标，或者采用直接还原等选冶联合工艺。

6.2.5 开采回采率、选矿回收率应符合附录 A 的相关要求。

6.3 矿区生态环境保护

6.3.1 认真落实矿山地质环境保护与土地复垦方案的要求：

a）排土场、露天采场、矿区专用道路、矿山工业场地等生态环境保护与恢复治理，应符合相关规定。

b）土地复垦质量应符合 TD/T 1036 的规定。

c）暂时难以治理的，应采取有效措施降低对环境的负效应。

d）恢复治理后的各类场地与周边自然环境和景观相协调；恢复土地基本功能，因地制宜实现土地可持续利用；区域整体生态功能得到保护和恢复。

e）矿山地质环境治理率和土地复垦率应达到备案矿山地质环境保护与土地复垦方案的要求。

6.3.2 应建立环境监测与灾害应急预警机制，设置专门机构，配备专职管理人员和监测人员。具体要求如下：

a）对生产废水、噪声等污染源和污染物实行动态监测，并做好环保处置应急预案。

b）开采中和开采后应建立、健全长效监测机制，对土地复垦区稳定性与质量进行动态监测。

c）应对矿山边坡、地压监测，实现露天边坡、深部地压动态显现监测，防止地质灾害发生。

7 资源综合利用

7.1 基本要求

综合开发利用共伴生矿产资源；按照减量化、再利用、资源化的原则，科学利用固体废弃物、废水等资源，发展循环经济。

7.2 共伴生资源利用

7.2.1 应对共伴生资源进行综合勘查、综合评价、综合开发。

7.2.2 多种资源共伴生的冶金矿山，应坚持主矿产开采的同时有效回收共伴生矿产资源，主矿产开发不得对共伴生资源造成破坏和浪费。

7.2.3 选择适宜的选矿方法，优化选矿工艺，改善碎磨流程，综合利用共伴生资源。

7.2.4 共伴生资源综合利用率等应符合附录 B 的规定。

7.3 固体废物处理与利用

7.3.1 宜采用井下回填、筑路、制作建筑材料等途径实现废石、尾矿综合利用。

7.3.2 建立废石、尾矿加工利用系统，经济可行的矿山宜将废石、尾矿加工成砂石料、混凝土骨料、微晶玻璃、土壤改良剂等产品。

7.4 废水处理与利用

7.4.1 废水应采用合理技术、工艺和措施洁净化处理，进行资源化利用。

7.4.2 宜充分利用矿井水，选矿废水应循环利用，循环利用率不低于90%。

8 节能减排

8.1 基本要求

建立矿山生产全过程能耗核算体系，通过采取节能减排措施，控制并减少单位产品能耗、物耗、水耗，“三废”排放符合生态环境保护部门的有关标准、规定和要求。

8.2 节能降耗

8.2.1 开发利用高效节能的新技术、新工艺、新设备和新材料，及时淘汰高能耗、高污染、低效率的工艺和设备，推广使用变频设备及节能照明灯具。

8.2.2 建立生产全过程能耗核算体系，控制单位产品能耗。铁矿山开采单位产品能耗、选矿单位产品能耗应符合附录C和附录D的规定。

8.2.3 铁矿企业宜通过节能技术改造和节能监管，具体指标应符合附录E和附录F的规定。

8.2.4 锰矿和铬矿矿山开采综合能耗、选矿（或加工）综合能耗应低于国家、行业相关标准及当地政府有关部门规定考核的限额。

8.3 粉尘排放

应采取喷雾洒水措施，降低生产作业现场物料倒运点位的产尘量。

8.4 废水排放

8.4.1 矿山应单独或联合建立矿山废水处理站，同时实现雨污分流、清污分流。

8.4.2 矿区及贮存场应建有雨水截（排）水沟。

8.5 固体废弃物排放

8.5.1 应优化采选工艺技术，减少废石等固体废弃物排放。

8.5.2 应对生产过程中产生的废石、尾矿进行资源化利用。

中华人民共和国地质矿产行业标准

有色金属行业绿色矿山建设规范（节选）

DZ/T 0320—2018　2018 年 10 月 1 日起实施

1　范围

本标准规定了有色金属行业绿色矿山矿区环境、资源开发方式、资源综合利用、节能减排、科技创新与数字化矿山、企业管理与企业形象方面的基本要求。

本标准适用于有色金属（铜矿、铝土矿、铅锌矿、钨矿、钼矿、锑矿、锡矿、镍矿、镁矿等）行业新建、改扩建和生产矿山的绿色矿山建设。

4　总则

4.1　矿山企业应遵守国家法律法规和相关产业政策，依法办矿。

4.2　矿山企业应贯彻创新、协调、绿色、开放、共享的发展理念，遵循因矿制宜的原则，实现矿产资源开发全过程的资源利用、节能减排、环境保护、土地复垦、企业文化和企地和谐等的统筹兼顾和全面发展。

4.3　矿山企业应以人为本，保护职工身体健康。

4.4　绿色矿山建设应贯穿规划、设计、建设和运营全过程；新建、改扩建矿山应根据本标准建设；生产矿山应根据本标准进行升级改造。

5　矿区环境

5.1　基本要求

5.1.1　矿区功能分区布局合理，应绿化和美化矿区，使矿区整体环境整洁美观。

5.1.2　厂址选择合理，排土场等厂址应选择渗透性小的场地。

5.1.3　生产、运输、贮存等管理规范有序。

5.2 矿容矿貌

5.2.1 矿区按照生产区、管理区、生活区和生态区等功能分区，各功能区应符合 GB 50187 的规定，应运行有序、管理规范。

5.2.2 矿区地面运输、供水、供电、卫生、环保等配套设施应齐全；在生产区应设置操作提示牌、说明牌、线路示意图牌等标牌，标牌应符合 GB/T 13306 的规定。

5.2.3 在生产、运输、储存过程中，应采取防尘保洁措施，在储矿仓、破碎机、振动筛、带式输送机的受料点、卸料点等产生粉尘的部位，宜采取全封闭措施或采取机械除尘、喷雾降尘及生物纳膜抑尘；道路、采区作业面、排土场等应采用洒水或喷雾降尘。

5.2.4 矿区生活污水与生产废水分开收集、处理，污水 100%达标排放。

5.2.5 应采用合理有效的技术措施对高噪声设备进行降噪处理。

5.3 矿区绿化

5.3.1 矿区绿化应与周边自然环境和景观相协调，绿化植物搭配合理，矿区绿化覆盖率应达到 100%。

5.3.2 在矿区专用道路两侧，因地制宜地设置隔离绿化带。

6 资源开发方式

6.1 基本要求

6.1.1 资源开发应与环境保护、资源保护、城乡建设相协调，最大限度地减少对自然环境的扰动和破坏，选择资源节约型、环境友好型开发方式。

6.1.2 在“坚持保护和合理开发利用原则”基础上，根据资源赋存状况、地质条件、生态环境特征等条件，因地制宜地选择合理的开采顺序、开采方法。优先选择资源利用率高，且对矿区生态破坏小的工艺技术与装备。

6.1.3 在开采主要矿产的同时，对具有工业价值的共生和伴生矿产应统一规划、综合开采、综合利用、防止浪费；对暂时不能综合开采或应同时采出而暂时还不能综合利用的矿产，应采取有效的保护措施。

6.1.4 应贯彻“边开采、边治理、边恢复”的原则，及时治理恢复矿山地质环境，复垦矿山占用土地和损毁土地。

6.2 绿色开发

6.2.1 矿山生产以资源的高效开发和循环利用为核心，通过技术创新，优化工艺流程，实现采、选、冶过程的环境扰动最小化和生态再造最优化。

6.2.2 采矿工艺要求：露天开采宜采用剥离—排土—造地—复垦的一体化技术；井下开采宜采用

充填开采及减轻地表沉陷的开采技术；氧化矿宜因地制宜采用采选冶联合开发，发展集采、选、冶于一体，或直接从矿床中获取金属的工艺技术。

6.2.3 选矿工艺要求如下：

a）采用的选矿工艺流程及产品方案，应在充分的选矿试验基础上制订，主金属及伴生元素得到充分利用。

b）对复杂难处理矿石宜采用创新的工艺技术降低能耗，提高技术经济指标，或者采用选冶联合工艺。

c）选矿工艺宜选用高效、对环境影响小的选矿药剂。产生有害气体的厂房，应设置通风设施，氰化药剂室应单独隔离且完全封闭。

6.3 技术与装备

6.3.1 地下开采宜选用高效采矿法和高浓度或膏体充填技术，宜实现无轨机械化采矿。

6.3.2 露天矿优先采用自动化程度高的采、剥、运、排的机械化装备。

6.3.3 选矿厂宜采用大型、高效、节能的技术装备。

6.4 指标要求

铜、铝、铅、锌、钨、钼、锡、锑、镍等矿山的开采回采率、选矿回收率指标应达到附录 A 的要求。嵌布特征复杂、属于极难单体解离的连生体铅、锌矿选矿回收率可视实际情况酌情调整。其他有色金属矿的开采回采率和选矿回收率，应符合相关“三率”最低指标要求。

6.5 矿区生态环境保护

6.5.1 认真落实矿山地质环境保护与土地复垦方案的要求：

a）排土场、露天采场、矿区专用道路、矿山工业场地等的生态环境保护与恢复治理，应符合有关规定。

b）土地复垦质量应符合 TD/T 1036 的规定。

c）恢复治理后的各类场地与周边自然环境和景观相协调；恢复土地基本功能，因地制宜实现土地可持续利用；区域整体生态功能得到保护和恢复。

d）矿山地质环境治理程度和土地复垦符合矿山地质环境保护与土地复垦方案的要求。

6.5.2 建立环境监测机制，配备专职管理人员和监测人员。

7 资源综合利用

7.1 基本要求

综合开发利用共伴生矿产资源；按照减量化、再利用、资源化的原则，科学利用固体废弃物、废水等，发展循环经济。

7.2　共伴生资源利用

7.2.1　应根据国家相关规定，对共伴生资源进行综合勘查、综合评价和综合开发。

7.2.2　应选用先进适用、经济合理的工艺技术综合回收利用共伴生资源，最大限度地提高铜伴生钼、铜伴生金、钼伴生钨、铅锌伴生银、铅锌伴生锑、铝土矿伴生镓、钽铌矿伴生锂资源以及低品位多金属共生矿的利用。共伴生矿产综合利用率应符合有色金属矿“三率”最低指标要求。

7.2.3　新建、改扩建矿山，共伴生资源利用工程应与主矿种的开采、选冶工程同时设计，同时施工，同时投产；不能同时施工或投产的，应预留开采、选冶工程条件。

7.3　固体废物处理与利用

7.3.1　废石等固体废弃物堆放应符合相关规定。

7.3.2　企业宜开展废石、尾矿中的有用组分回收和尾矿中稀散金属的提取与利用，以及针对废石、尾矿开展回填、筑路、制作建筑材料等资源化利用工作。

7.4　废水与废气处理与利用

7.4.1　采用先进的节水技术，建设规范完备的矿区排水系统和必要的水处理设施。

7.4.2　应采用洁净化、资源化技术和工艺合理处置矿井水、选矿废水。

7.4.3　宜充分利用矿井水，选矿废水应循环重复利用。

7.4.4　应设废气净化处理装置，净化后的气体应达到排放标准。

8　节能减排

8.1　基本要求

建立矿山生产全过程能耗核算体系，通过采取节能减排措施，控制并减少单位产品能耗、物耗、水耗。“三废”排放符合生态环境保护部门的有关标准、规定和要求。

8.2　采矿能耗要求

应通过综合评价资源、能耗、经济和环境等因素，合理确定开采方式，降低采矿能耗；应采用节能降耗的新技术、新工艺和新设备，降低采矿能耗。

8.3　选矿能耗要求

应遵循“多碎少磨，能收早收，能丢早丢”的原则，合理确定选矿工艺流程，提高生产效率，降低选矿能耗；宜采用先进技术对选矿生产过程实施自动化检测和监控，保证设备在最佳状态下运转，充分发挥设备效能，达到节能降耗的目的。

8.4　废水排放

8.4.1　矿区应建立废水处理系统，实现雨污分流、清污分流。

8.4.2　排土场（废石堆场）等应建有雨水截（排）水沟，淋溶水经处理后回用或达标排放。

8.5 固体废弃物排放

8.5.1 优化采选技术与工艺，综合利用废石等固体废弃物。

8.5.2 宜将矿山固体废弃物用作充填材料、建筑材料或进行二次利用等。

8.5.3 露天矿剥离的表土应单独堆存，用于复垦。

生态环境部办公厅关于印发《地下水污染源防渗技术指南（试行）》和《废弃井封井回填技术指南（试行）》的通知

环办土壤函〔2020〕72号 2020年2月20日起施行

各省、自治区、直辖市生态环境厅（局），新疆生产建设兵团生态环实施境局：

按照《水污染防治行动计划》和《地下水污染防治实施方案》（环土壤〔2019〕25号）有关工作部署，为有序开展地下水污染源防渗、废弃井封井回填相关工作，我部组织编制了《地下水污染源防渗技术指南（试行）》和《废弃井封井回填技术指南（试行）》，请参考使用。

地下水污染源防渗技术指南（试行）（节选）

第一章 总 则

1.1 编制目的

为贯彻落实《水污染防治行动计划》《土壤污染防治行动计划》《地下水污染防治实施方案》（环土壤〔2019〕25号），推进地下水污染源头防控工作，增强地下水污染源防渗工作的科学性和规范性，根据《中华人民共和国环境保护法》《中华人民共和国水污染防治法》及相关法律、法规、标准，编制《地下水污染源防渗技术指南（试行）》（以下简称指南）。

1.2 适用范围

本指南规定了地下水污染源防渗的原则、工作内容、流程和技术要求。

本指南适用于已建成的工业企业、矿山开采区、尾矿库、危险废物处置场、垃圾填埋场等地下水污染源的防渗工作，其他污染源可参照执行。

本指南不适用于放射性核素的开采、加工场地及核废料贮存场地的防渗工作。

1.4 术语与定义

下列术语与定义适用于本指南。

地下水污染源防渗：对可能或已经造成地下水环境污染的区域或部位进行防渗漏（控制）处理的工程措施。

正规垃圾填埋场：指符合国家相关政策法规和规范所建设运行的垃圾填埋场，即生活垃圾卫生填埋场。除此之外的生活垃圾填埋场地视为非正规垃圾填埋场。

危险废物处置场：指可能造成地下水污染的危险废物贮存、填埋区，包含危险废物的填埋区、贮存单元、预处理单元、渗滤液调节池、渗滤液处理系统等。

矿山开采区：是指包括矿石采掘及堆存场、矿山工业设施场地、废石堆放场等与矿山开采、加工相关的全部区域。

尾矿库：指用以贮存金属、非金属矿山进行矿石选别后排出尾矿的场所。

1.5 指导原则

（1）规范性原则：提出程序化、系统化的工作流程和技术要求，用以规范已建成的地下水污染源防渗的工程设计、施工、有效性评估及长期监测等工作，确保地下水污染源防渗工作规范开展。

（2）可行性原则：充分考虑重点污染源的水文地质条件、环境敏感性及地下水污染状况，确定技术可行、经济合理的地下水污染源防渗工程设计方案。

（3）经济性原则：综合考虑已建项目的现状及对地下水环境的污染风险，在对正常生产经营活动影响不大的情况下，通过重点区域（或部位）的防渗改造，防范地下水环境风险，落实以防为主的地下水环境保护要求。

第二章 工作内容和流程

2.1 工作内容

2.1.1 重点污染源判定

根据污染源的环境敏感性、是否已造成地下水污染、潜在地下水污染风险等，判定是否将其纳入重点污染源。

2.1.2 防渗需求分析

针对筛选的重点污染源，以污染源防渗工程现状及是否满足相应防渗技术要求等作为判定条件，开展防渗需求分析，确定是否需要开展防渗工程设计。

2.1.3 防渗工程设计与施工

针对需要开展防渗的重点污染源，进行防渗技术比选，确定防渗工程设计方案，并开展防渗工程施工等。

2.1.4 防渗工程有效性评估与长期监测

为确保防渗工程的有效性，需开展有效性评估，编制有效性评估报告，并开展长期环境监测。

2.2 工作流程

工作流程包括重点污染源判定、防渗需求分析、防渗工程设计与施工、防渗工程有效性评估与长期监测等内容。

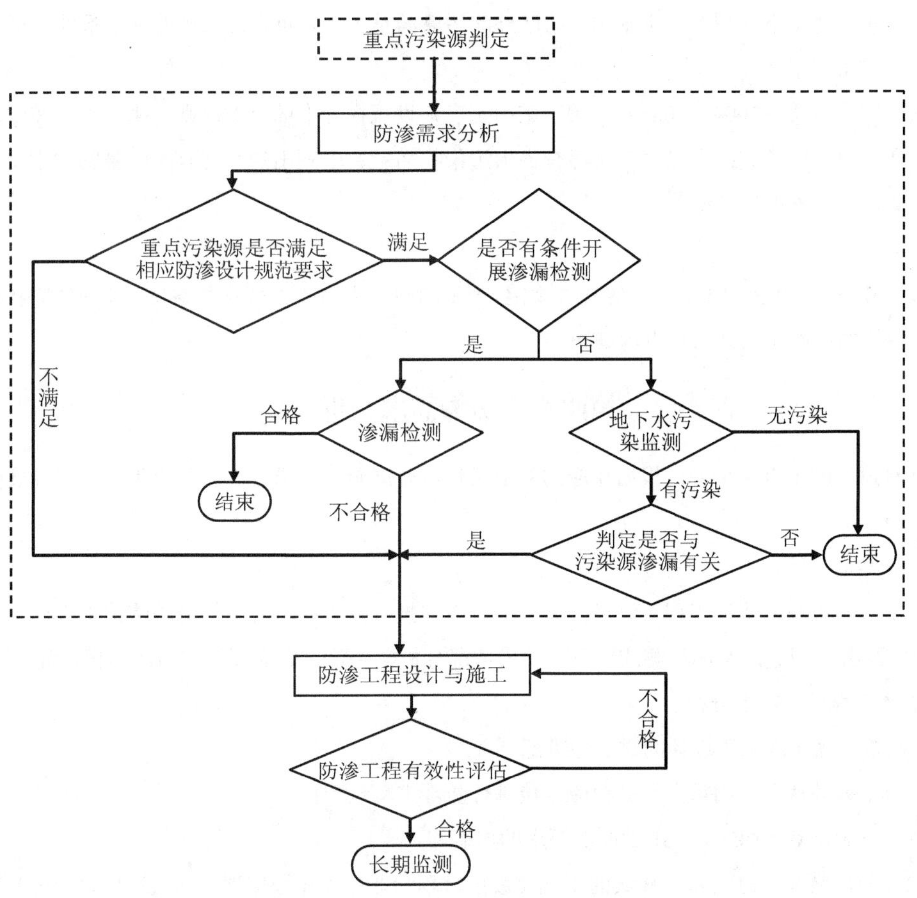

图 2-1 地下水污染源防渗工作流程图

第三章 重点污染源判定

在已建成的工业企业、矿山开采区、尾矿库、垃圾填埋场、危险废物处置场等地下水污染源中，满足以下条件之一的应列入重点污染源：已造成地下水污染的；位于集中式地下水型饮用水水源补给区内的；位于集中式地下水型饮用水水源补给区外，符合一定时限、规模、行业类别等要求具有潜在地下水污染风险的。

位于集中式地下水型饮用水水源补给区外的污染源是否纳入重点污染源的判定条件包括：

（2）矿山开采区

按照国土资发〔2004〕208 号中关于矿山生产建设规模标准的分类原则，属于大型和中型的矿山生产企业，以及矿床中包含《有毒有害水污染物名录》中列出的有毒有害污染物的小型矿山生产企业，列入重点污染源。

（3）尾矿库

按照 GB 18599 及 GB 5085.7 等相关规定，产生的固体废物属于第Ⅱ类一般工业固体废物或属于危险废物的尾矿库，列入重点污染源。

第四章 防渗需求分析

针对筛选的重点污染源，根据相应的判定条件，开展防渗需求分析，确定是否需要开展防渗工程设计。

4.1 工作步骤

当重点污染源或防渗工程不满足国家或地方防渗技术要求时，应直接启动防渗工程设计。其他重点污染源则应通过渗漏检测或地下水污染情况分析，判定是否需要开展防渗工程设计。

4.2 防渗工程设计需求分析

4.2.1 直接启动防渗工程设计的重点污染源

符合下列条件之一的重点污染源应直接进行防渗工程设计：

（1）不满足 GB 18599、GB 50863 要求的尾矿库；

（2）无害化等级为 A 级、B 级的正规垃圾填埋场和非正规垃圾填埋场（搬迁处置除外）；

（3）未达到 GB 18597、GB 18598 要求的危险废物处置场；

（4）其他未进行防渗的工业企业、矿山开采区等。

4.2.2 其他重点污染源

除上述直接启动防渗工程设计的重点污染源外，其他重点污染源是否需要开展防渗工程设计可通过渗漏量检测及地下水污染监测结果判定。

若有条件对装置区开展渗漏量检测的，则应根据渗漏量检测结果判定是否需要开展防渗工程设计。若无法开展渗漏量检测的，则需通过地下水监测结果综合判断是否需要开展防渗工程设计。

4.2.2.1 渗漏检测结果判定

参照附录 A 选择合适的渗漏检测方法对装置区开展渗漏量检测，渗漏量检测结果为下述情况之一的，应开展防渗工程设计：

（1）污水排水管道渗漏量检测

对于污（废）水处理、输运（送）装置或设备等管道状构筑物，当渗漏量检测值超过 GB 50268、SH/T 3533 等要求的允许渗漏量时，应开展防渗工程设计。

（2）地面渗漏量检测

对于装置区内地面、罐区地面、危险废物储存区地面、危险化学品仓库（包括原料和成品库）地面等区域，在条件允许时可通过开展闭水试验测定渗漏量。若渗漏量超过装置单元或区域应满足的分区防渗性能时，应开展防渗工程设计。

（3）池体渗漏量检测

对于原水、污（废）水贮存、调蓄装置或设备等池体状构筑物，应按照 GB 50141 开展满水试验。当钢筋混凝土结构池体渗水量超过 0.2 L/（$d \cdot m^2$），砌体结构池体渗水量超过 0.3 L/（$d \cdot m^2$）时，应开展防渗工程设计。

（4）有预埋绝缘电极的垃圾填埋场、危险废物处置场

对于有预埋电极的垃圾填埋场、危险废物处置场等，当检测值超过仪器检出限和方法检出限中较大值时，应开展防渗工程设计。

4.2.2.2 地下水污染情况判定

若无法开展渗漏检测时，则需参照 HJ/T 164 或 GB/T 51040 对污染源周边地下水监测井开展监测分析。若下游监测井地下水中特征污染指标超过相应水质标准或显著高于对照监测井时，则应参照环办土壤函〔2019〕770 号文件开展地下水环境状况调查评估。若评估结果显示污染与评估对象渗漏有关，则应开展防渗工程设计；若评估结果显示污染与评估对象渗漏无关，则无须针对评估对象开展防渗工程设计，可依据相关规范进一步调查周边是否存在其他污染源对地下水造成污染。

第五章　防渗工程设计与施工

5.1　防渗技术比选

根据水文地质条件、场区周边地下水环境保护目标、防渗工程所在装置区对地下水环境质量影响程度，分析不同防渗技术的适用性与经济性，确定适宜的防渗技术。

5.1.1　地面防渗技术

地面防渗技术是以极低渗透性（渗透系数应不高于 1.0×10^{-7} cm/s）的材料（天然的或化学合成的）为核心，组成全封闭的非透水隔离层，将污染源与外界进行隔离。

地面防渗技术一般应用于有地面防渗操作空间与防渗效果的改扩建项目的防渗工程。由于地面防渗技术使用的限制，对于已建成污染源的地面防渗，主要应用在池体、地面、可转移填埋物的填埋场，以及无障碍物的平面等。根据污染物特性、工程地质及水文地质等条件，在装置和周围环境之间设置地面防渗屏障。

典型地面防渗技术类型及施工工艺见附录 B.1。此外，针对地面施工缝（围堰、桩柱边缝及角缝等）的防渗技术类型及施工工艺见附录 B.3。

5.1.2　垂直防渗技术

垂直防渗技术是利用场区底部的天然相对不透水层作为底部隔水层，在场区或装置区四周设置垂向防渗工程，垂向防渗层底部深入天然相对不透水层一定深度（一般需深入渗透系数不大于 1.0×10^{-7} cm/s 的地层深度≥2.0 m），阻断场区或装置区内污染物与周边土壤和地下水的水力联系，使其形成一个相对封闭单元。

垂直防渗技术主要应用于以下情形：（1）由于地形条件限制，无法进行地面防渗的，且下伏的天然相对不透水层在场区内分布连续且稳定；（2）由于已有装置的限制而无法开展地面防渗的；（3）已有大量固体废物堆存（贮存/填埋）而无法开展地面防渗的。

垂直防渗技术的设计应根据工程的水文地质条件、污染物特性、工程地质条件等情况，结合防渗帷幕需要达到的渗透系数、深度和刚度，选择与之相适应的防渗类型。典型垂直防渗技术类型及施工工艺见附录 B.2。

5.1.3　内衬防渗技术

内衬防渗技术包括埋地管线内衬防渗技术和污水检查井防渗技术。

埋地管线内衬防渗技术是在现有的旧管道内壁浸渍液态热固性树脂的软衬层，通过加热或常温使其固化，形成与旧管道紧密结合的复合管，达到防渗目标。

污水检查井防渗技术是使用柔性材料，通过井上预制或井下拼装焊接的方式，在井底和井壁内侧形成防渗层，对进出水管做防渗密封处理后，用横纵内支撑连接的方式固定支撑防渗层，并起到抗浮的作用。

典型内衬防渗技术类型及施工工艺见附录 B.4。

5.1.4 其他防渗技术

除上述技术外，可根据工程实际条件选择其他适用的防渗技术。

5.2 防渗工程设计

经过防渗需求分析，应针对需要防渗漏（控制）处理的区域或部位开展防渗工程设计。

5.2.1 防渗设计标准规范

（1）生活垃圾填埋场需按 GB 50869、GB 16889、GB/T 18772、GB 51220、CJJ 176、CJJ 113 开展防渗工程设计。

（2）尾矿库需按 GB 50863 及 GB 18599 的技术要求开展防渗工程设计，涉及危险废物的尾矿库需按 GB 18598 的技术要求开展防渗工程设计。

（3）危险废物贮存、填埋需按照 GB 18597、GB 18598 技术要求开展防渗工程设计。

（4）石油化工企业需按照 GB/T 50934、GB 18597、GB18598、GB 18599 等规范技术要求开展防渗工程设计。

5.2.2 防渗工程设计要求

防渗工程设计应符合下列规定：

（1）防渗工程的设计使用年限不应低于其主体工程的设计使用年限，且不得少于 10 年；主体工程服务年限到期后，污染源仍持续存在的，应对防渗设计的性能进行检测和评估。

（2）根据装置及设施发生污染物泄漏后是否容易及时发现和处理，将典型污染源装置单元、区域分为污染难控制区、污染易控制区，典型污染源污染控制难易程度分级表见附录 C。将污染控制难易程度分区叠加所在区域的天然包气带防污性能以及污染物的危害程度，得到地下水污染防渗分区，即重点防渗区、一般防渗区、简单防渗区。重点防渗区防渗层的防渗性能应不低于 6.0 m 厚、渗透系数不高于 1.0×10^{-7} cm/s 的等效黏土防渗层，或参照 GB 18598 执行；一般防渗区防渗层的防渗性能应不低于 1.5 m 厚、渗透系数不高于 1.0×10^{-7} cm/s 的等效黏土防渗层，或参照 GB 16889 执行。

（3）防渗层可由单一或多种防渗材料组成，采用的防渗材料及施工工艺应符合健康、安全、环保的要求。

（4）防渗工程设计应收集下列资料：a. 原工程的设计及竣工验收图纸、资料；b. 工程及附近地区的地表水、地下水及水文气象资料，工程地质资料以及周边公共设施、建筑物、构筑物资料；c. 场地污染调查报告；d. 其他相关资料。

5.2.3 地下水监测

5.2.3.1 监测井布设

地下水监测井布设可结合 HJ/T 164 及相关行业标准规范要求，在防渗工程区的上游、两侧、下游等区域分别布设监测井，必要时需对储罐区、污水处理设施等装置区增设监测点，以满足对防渗工程进行有效监测的要求。

5.2.3.2 样品采集

地下水样品采集方法应符合 HJ/T 164 中的相关技术要求。在防渗工程施工完毕后 1 个水文年内，采样频率应满足每月监测 1 次；在判定防渗工程达到防渗效果后 2 个水文年内，采样频率原则上为每年 3 次，即丰水期、平水期、枯水期各一次；后续按 HJ/T 164 有关要求开展常规监测。在实施过程中，应遵循质量控制程序，以确保收集和分析的数据有效。

5.2.3.3 监测项目

优先参考 HJ/T 164、HJ 610，选择行业的特征因子开展定期监测，无行业特征因子参考时，以 GB/T 14848 中要求控制的监测项目为主，满足地下水质量要求。

5.3 防渗工程施工

防渗工程施工应满足 GB/T 50934、CJJ 113、GB/T 50600、SL 174 等施工技术规范，防渗性能应满足防渗工程设计要求，同时做好相关监测设施（在线监测、地下水监测井等）的建设工作，有效保障防渗工程的运行。

第六章 防渗工程有效性评估与长期监测

防渗工程施工完毕后，应开展地下水监测及工程性能评价，评估防渗工程的有效性，编制有效性评估报告。

6.1 防渗工程有效性判定

对于管道、地面、池体等防渗工程，应参照附录 A 选择合适的渗漏检测方法对装置区开展渗漏量检测，若渗漏量检测结果满足 4.2 要求，则认为防渗工程达到防渗效果。

对于垂直防渗或无法开展渗漏检测的工程，若同时满足以下条件时，则认为该防渗工程达到防渗效果：

（1）工程性能指标满足设计要求，可包括抗压强度、渗透（阻隔）性能、工程设施连续性等指标。

（2）地下水水质监测结果满足相应水质要求，即若定期监测一个水文年之后，监测项目浓度值有明显连续下降趋势或稳定趋于上游对照值。

若防渗工程未达到防渗效果，需对防渗工程进行补救或对防渗工程措施进行调整。

6.2　长期环境监测

一般继续利用有效性判定过程中使用的地下水监测井进行定期地下水样品采集和检测，在判定防渗工程达到防渗效果后 2 个水文年内，环境监测的采样频次原则上为每年 3 次，即丰水期、平水期、枯水期各一次，且两个批次之间间隔不得少于 2 个月。

若在判定防渗工程达到防渗效果后 2 个水文年内，水质监测结果均满足相关地下水质量要求，则后续应参照 HJ/T 164 开展地下水环境常规监测。

后续监测过程中，若发现监测项目浓度值存在反弹，则应及时检查防渗工程运行情况，并采取相应的补救或风险管控措施。

6.3　有效性评估报告

6.3.1　工程性能评估报告

工程性能评估报告主要内容包括检测装置单元、区域情况及其检测方法与结果等信息。

6.3.2　阶段评估报告

阶段评估报告主要内容包括地下水水质监测点数量、分布、监测系统运行情况、阶段监测数据及地下水环境质量变化趋势、渗漏情况判断等。

6.3.3　年度评估报告

年度评估报告应包括所有阶段评估报告和全年监测结果，分析年度监测系统运行状况及年度地下水环境质量变化趋势等，判断渗漏情况。

废弃井封井回填技术指南（试行）（节选）

第一章　总　则

1.1　编制目的

为贯彻落实《水污染防治行动计划》《地下水污染防治实施方案》（环土壤〔2019〕25 号），推进地下水污染防治工作，规范废弃矿井、钻井和取水井等封井回填工作，根据《中华人民共和国水污染防治法》及相关法律、法规、标准，编制《废弃井封井回填技术指南（试行）》（以下简称指南）。

1.2　适用范围

本指南规定了废弃矿井、钻井和取水井的封井回填工作的内容、流程和技术要求。

本指南适用于废弃矿井、钻井和取水井的判定、环境风险评估、封井回填与验收。

1.4 术语与定义

下列术语与定义适用于本指南。

含水层：能够透过并给出相当数量水的岩层。

隔水层：不能透过与给出水，或者透过与给出的水量微不足道的岩层。

矿井：由于矿产资源地下开采而形成的竖井、斜井、平硐等矿山井筒。

钻井：勘探和开发石油、天然气、地热、卤水等液态和气态矿产等过程中因开采需要而钻凿的井。

取水井：用于汲取地下水的管状设施，包括供水井、地下水监测井、水文地质勘探井和疏降水井等。

废弃井：因各种原因无法继续利用，弃用的矿井、钻井和取水井等。

1.5 指导原则

（1）规范性原则：采用程序化、系统化方式规范废弃井封井回填的工作内容和流程，确保废弃井封井回填工作的规范开展。

（2）针对性原则：针对存在环境风险的废弃井开展封井回填工作，为地下水污染防治提供技术支撑。

（3）可行性原则：充分考虑废弃井及其所属场地环境特征，选择技术可行、经济合理的方案开展封井回填。

第二章 工作内容和流程

2.1 工作内容

（1）废弃井判定

判定矿井、钻井和取水井是否符合废弃条件。

（2）废弃井环境风险评估

对符合废弃条件的矿井、钻井和取水井开展环境风险评估，通过识别污染源、污染通道和敏感受体等，评估废弃井环境风险等级。

（3）废弃井封井回填与验收

根据废弃井环境风险等级，对废弃井进行封井回填并做好井口处置。废弃井封井回填工作完成后，应进行验收。验收合格的，对资料进行整理和归档。验收不合格的，应采取补救措施。

2.2 工作流程

废弃井封井回填工作流程包括废弃井判定、环境风险评估、封井回填与验收等步骤。工作流程如下图所示：

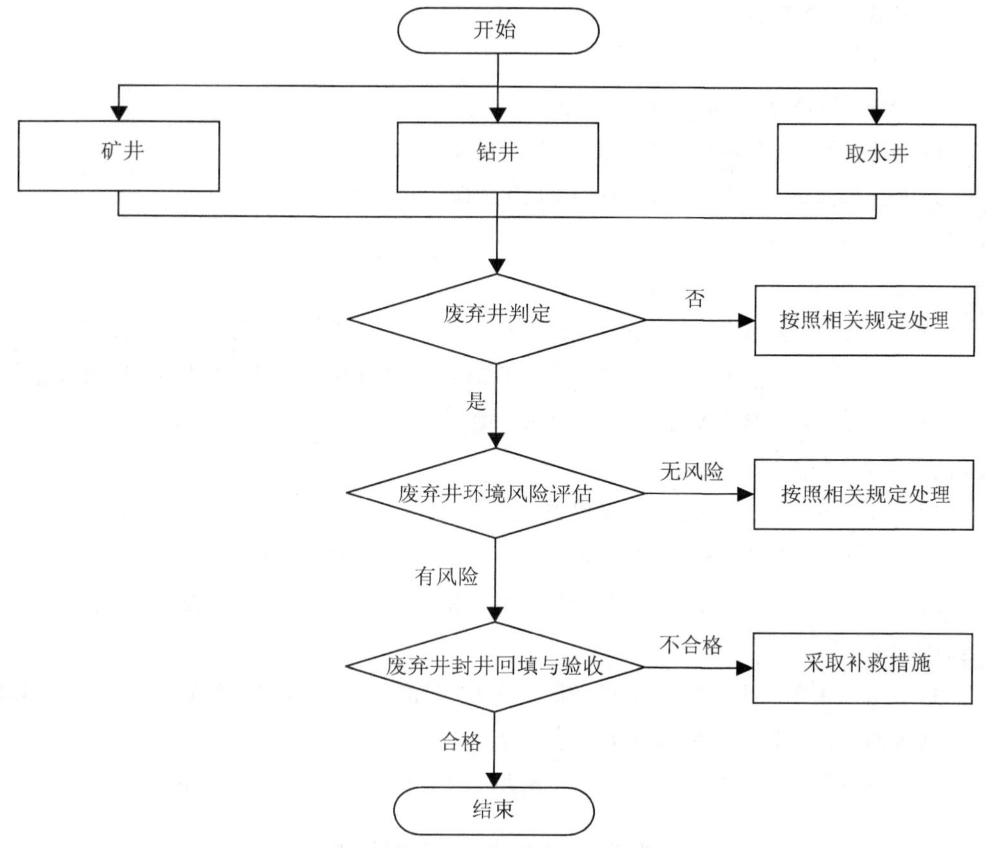

图 2-1 废弃井封井回填工作流程图

第三章 废弃井判定

3.1 资料收集

主要收集以下资料：

（1）井址、成井时间、成井工艺、用途、生产历史、管理单位与联络方式等。

（2）开采层位、开采规模、井上下对照图、采掘工程平面图、工业污染源平面布置图等。

（3）井的类型、井管材质、井径、井深、井孔结构、井孔综合柱状图和井中设备或异物等。

（4）地下水补径排条件、含水层结构、水文地质平面图及剖面图等。

（5）地下水环境质量状况。

（6）地面及周边情况，包括构筑物、管线、道路、土地规划、周边污染源和敏感受体等。

（7）井管（筒）破损及维护情况。

3.2 废弃矿井判定

矿井出现下列情况之一时，宜予以废弃：

（1）符合法律、法规和管理部门相关规定关闭或废弃的矿井。

（2）矿产资源储量枯竭、开采条件经论证不能保障安全生产的矿井。

3.3 废弃钻井判定

钻井出现下列情况之一时，宜予以废弃：

（1）对石油、天然气、地热、卤水等资源开发不起作用、无综合利用价值的钻井。

（2）经过多种措施处理仍不能消除隐患，对资源开发或生态环境保护造成不良影响的钻井。

（3）无法修复或修复投入大于修复后产出的钻井。

3.4 废弃取水井判定

取水井出现下列情况之一时，宜予以废弃：

（1）因地下水位下降，导致长期可取水量不足，或已经干枯的供水井。

（2）水质变差或遭受污染，无法满足设计供水水质要求，并无法通过修复进行改善且无其他用途的供水井。

（3）因井管损坏、过滤器堵塞、井壁坍塌、井内淤淀等原因，导致无法修复或修复价值较低的地下水监测井、水文地质勘探井和疏降水井等。

（4）完成任务且无其他用途的地下水监测井、水文地质勘探井和疏降水井等。

第四章 废弃井环境风险评估

4.1 环境风险分析

针对符合废弃条件的矿井、钻井和取水井，开展废弃井环境调查和风险分析，识别废弃井及周边可能存在的污染源和敏感受体，判断废弃井成为污染通道的可能性，研判废弃井对地下水环境造成的影响。

4.1.1 识别污染源

（1）当矿产资源开采过程中，污染物通过串层、渗透等方式污染含水层，废弃矿井、钻井可识别为污染源。

（2）当污染物已经或可能通过废弃井进入地下水环境，造成地下水污染，可结合地形、地下水补径排条件及含水层渗透性，对废弃井周边地下水 1 000 天流程范围内存在的化学品生产企业及工业集聚区、矿山开采区、危险废物处置场、垃圾填埋场等污染源进行识别；若水文地质条件不详，原则上针对废弃井周边 1 km 范围内的污染源进行识别。

4.1.2 识别污染通道

（1）井（筒）管破损可成为潜在污染通道。若废弃井的井（筒）管破损严重造成层间连通，将加大地下水污染风险。

（2）井管开筛或封井止水不佳可成为潜在污染通道。若取水井开筛或封井止水不佳造成层间连通，将加大地下水污染风险。

4.1.3 识别敏感受体

当废弃矿井、钻井识别为污染源时，可结合地形、地下水补径排条件及含水层渗透性，针对废弃矿井、钻井周边地下水 1 000 天流程范围内的密集人群、水源井等敏感受体进行识别；若水文地质条件不详，原则上针对废弃矿井、钻井周边 1 km 范围内的敏感受体进行识别。

4.2 废弃井环境风险等级评估

4.2.1 矿井环境风险等级评估

矿井作为潜在污染源和污染通道，可参考下表开展环境风险等级评估。

评估为无风险的废弃矿井可根据其他相关规定封井回填；评估为低风险、中风险、高风险的废弃矿井参照 5.2 开展封井回填。

表 4-1 废弃矿井环境风险等级评估

井筒状况 / 环境状况	井筒无明显破损	井筒破损
未污染，距离敏感受体大于地下水 1 000 天流程或 1 km	无风险	中风险
未污染，距离敏感受体小于等于地下水 1 000 天流程或 1 km	低风险	高风险
矿井造成地下水污染	—	高风险

4.2.2 钻井环境风险等级评估

钻井作为潜在污染源和污染通道，可参考下表开展环境风险等级评估。

表 4-2 废弃钻井环境风险等级评估

井筒状况 / 环境状况	井筒无破损	层间有连通或井管破损点在生产层套管水泥返高以上但无窜漏	层间有连通，井管破损点在生产层套管水泥返高以上且窜漏
未污染，距离敏感受体大于地下水 1 000 天流程或 1 km	无风险	中风险	高风险
未污染，距离敏感受体小于等于地下水 1 000 天流程或 1 km	低风险	中风险	高风险
钻井造成地下水污染	—	高风险	高风险

评估为无风险的废弃钻井可根据其他相关规定封井回填；评估为低风险、中风险、高风险的废弃钻井参照 5.3 开展封井回填。

4.2.3 取水井环境风险等级评估

取水井作为潜在污染通道，可参考下表开展环境风险等级评估。

表 4-3 废弃取水井环境风险等级评估

环境状况 \ 井筒状况	单层含水层	多层含水层，层间无连通	多层含水层，层间有连通
未污染，井周边地下水 1 000 天流程或 1 km 范围内无污染源	无风险	无风险	低风险
未污染，井周边地下水 1 000 天流程或 1 km 范围内有污染源	低风险	低风险	高风险
地下水已污染	低风险	中风险	高风险

评估为无风险的废弃取水井可根据其他相关规定封井回填；评估为低风险、中风险、高风险的废弃取水井参照 5.4 开展封井回填。

第五章 废弃井封井回填与验收

5.1 一般要求

（1）回填前，资料不全的井，应根据现场情况，开展调查工作，摸清废弃井（筒）管现状。

（2）回填时，应根据不同环境风险等级对应的要求开展回填工作，或采用更严格的回填要求进行回填；回填材料应无污染，不得使用可能对地下水造成污染的材料。

（3）回填后，应开展井盖封堵或密闭填充，确保地表污染物不进入井内，各层位地下水不连通。

5.2 废弃矿井封井回填处理要求

5.2.1 废弃矿井封井回填技术要求

竖井一般采用井盖封堵、分段回填和全井筒回填，斜井和平硐一般采用密闭填充开展封井回填。竖井和斜井回填时可设置水文观测孔，水文观测孔应满足水位监测及水质取样要求。平峒不设置导气管和水文观测孔。

（1）井盖封堵或密闭填充

井盖封堵应按井筒边缘外扩 1.0 m 作为封闭井筒井盖范围，井筒井壁拆除深度不得小于 1.2 m。采用钢筋混凝土结构，浇筑混凝土厚度不得小于 1 m，将井筒封闭。盖板上如需回填土，应待混凝土养护达到设计强度后再回填，回填土应分层夯实，压实系数不小于 0.94。井盖应设置导气孔，导气管高出地表 0.5 m，露出地面部分应设成倒 U 型。

密闭填充应设置两道密闭墙，密闭墙之间采用黄泥、黏土或混凝土等材料填充。内密闭墙自井口以下垂深大于 20 m 处砌筑混凝土墙，强度满足承重要求，外密闭墙在井口处砌筑厚度不小于 1 m 的混凝土墙。两道密闭墙之间应埋设导气管，导气管前端伸出内密闭墙 0.5 m，末端高出地表 0.5 m，露出地面部分应设成倒 U 型。

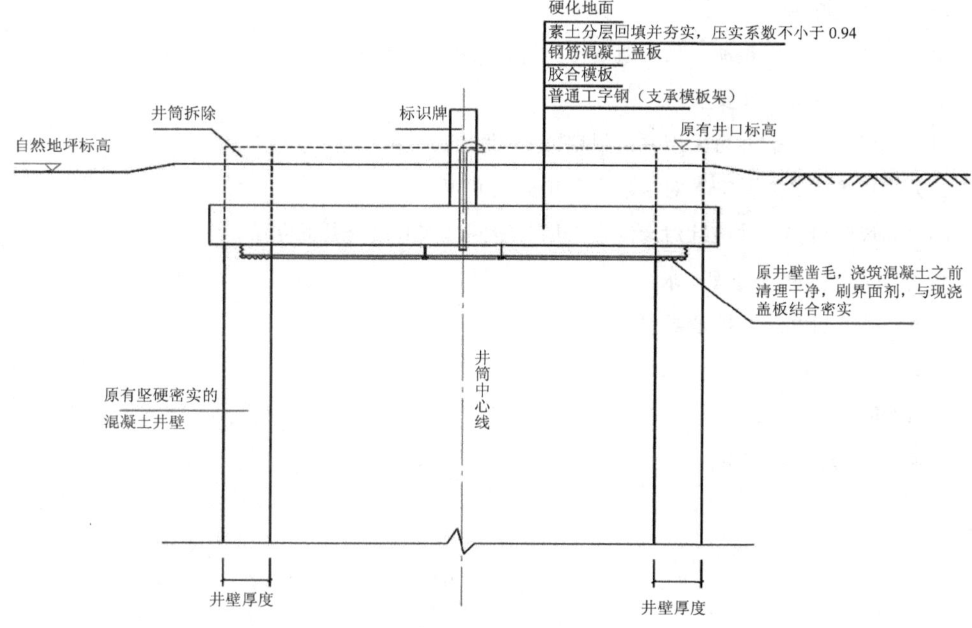

图 5-1　竖井井盖封堵示意图

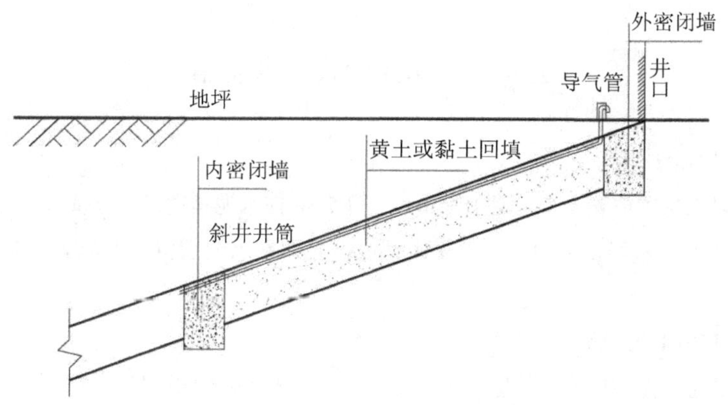

图 5-2　斜井密闭填充示意图

（2）分段回填

分段回填方式指针对井筒渗漏点进行回填后再进行井盖封堵，分段回填应根据井筒地质剖面，按照“下托上固”的思路，在井壁合适位置构筑钢筋混凝土栓塞，在栓塞之上针对渗漏点进行止水封堵，止水后压实封闭。

（3）全井筒回填

全井筒回填一般以黄泥、黏土或混凝土等作为回填材料。

5.2.2 废弃矿井分级处理要求

（1）低风险废弃矿井可采用井盖封堵或密闭填充。

（2）中风险废弃矿井应针对渗漏点采用分段回填。

（3）高风险废弃矿井应针对渗漏点采用分段回填或开展全井筒回填。

5.3 废弃钻井封井回填处理要求

5.3.1 废弃钻井封井回填技术要求

（1）管鞋封隔

a）顶替法

水泥塞在套管鞋上下的长度至少应各为 30 m，见图 5-3。

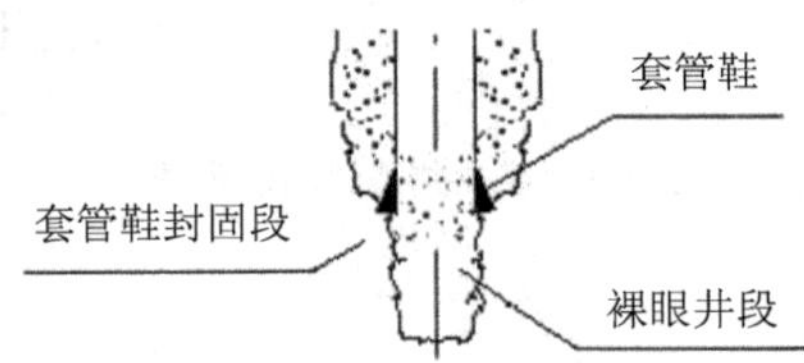

图 5-3 水泥塞封堵裸眼井结构示意图

b）水泥承留器法

在套管鞋以上位置放置一个水泥承留器，见图 5-4，向水泥承留器下方挤水泥进行封堵，水泥浆的量应填满水泥承留器以下 30 m 的裸眼井段，且留在水泥承留器上部的水泥塞长度应大于 15 m。

（2）裸眼井段内的封隔

裸眼井段悬空水泥塞应封堵封层上下 30 m，气井井筒内水泥塞应封堵至应封层位以上 200 m，见图 5-5。

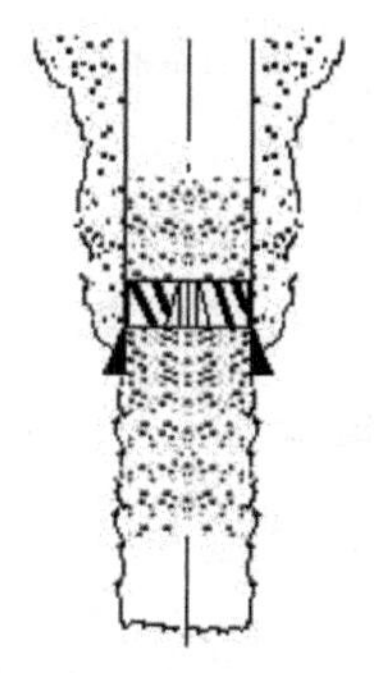

图 5-4　水泥承留器封堵裸眼示意图

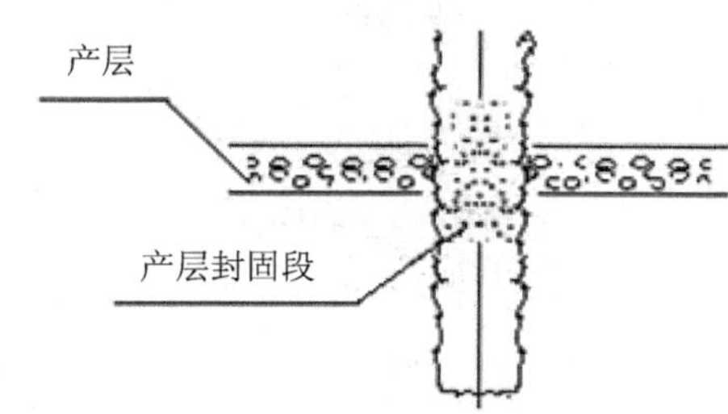

图 5-5　裸眼井段内封隔示意图

裸眼井段井壁垮塌，施工管柱无法下至待封井段的井，可在井壁垮塌位置以上裸眼井段挤注打水泥塞。垮塌深度较浅的井，从垮塌部位开始采取全井灌注水泥至井口进行封井。

（3）有套管井的封隔

a）套管完整，固井质量较好的井

①顶替法

射孔井段宜在其上方或者整个射孔段上打一个悬空水泥塞来封堵，见图 5-6 a)。水泥塞位置应从射孔井段以下 30 m（或人工井底）到射孔井段以上 30 m，如果储层物性较差，也可以在长射孔井段以上打一个不小于 50 m 长的水泥塞来封堵射孔井段，见图 5-6 b)。

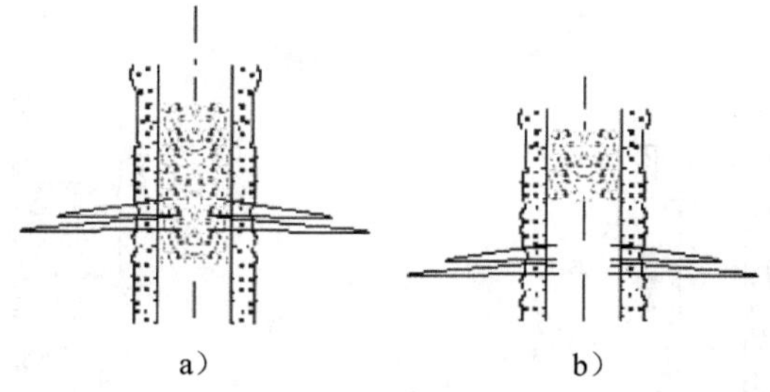

图 5-6　顶替法封井示意图

②挤水泥法

可采取常规下生产套管关井口环空正挤或下入水泥承留器、封隔器等工具，向炮眼里挤水泥来封堵射孔井段，见图 5-7。水泥浆的用量应满足水泥承留器以下至少 30 m 水泥塞，套管内容积和炮眼漏失量，并在其上留至少 15 m 厚的水泥塞。

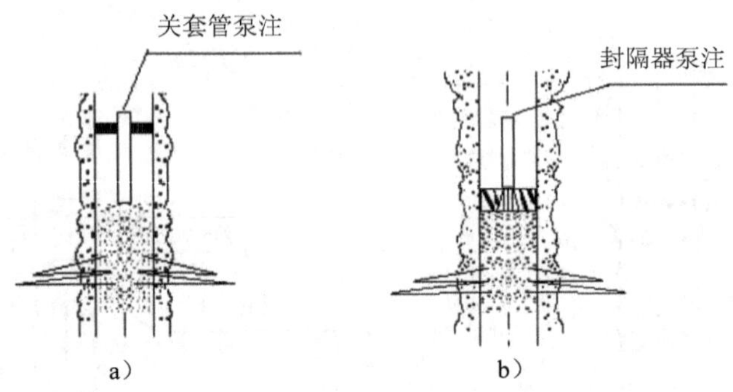

图 5-7　挤水泥法封井示意图

b）封堵被切割后余留套管

套管被切割后，当余留套管下部地层没有产液运移或漏失时，可用顶替法来封堵余留套管；若在余留套管中地层有产液或有漏失时，则应采用挤水泥法。

①顶替法

水泥塞封固断口上下各不小于 30 m，见图 5-8。

②挤水泥法

在余留套管的上一级套管以上至少 15 m 处放置一个水泥承留器或者挤水泥封隔器，并向工具下部挤水泥，见图 5-9。水泥浆的用量应大于挤水泥工具以下套管的容积加上 30 m 余留套管的内外容积，并在其上应留至少 15 m 的水泥塞。

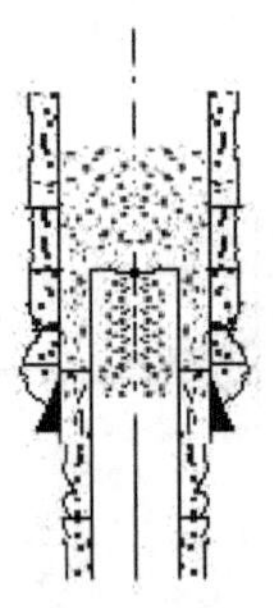

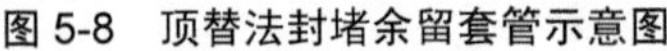

图 5-8　顶替法封堵余留套管示意图

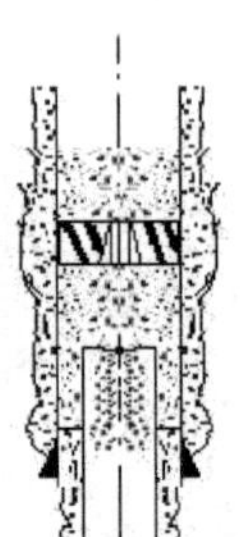

图 5-9　挤水泥法封堵余留套管示意图

c）封堵井内所留套管

封堵井内所留套管的井段从下至上依次为：套管鞋、套管外无水泥的井段（主要为水层）和井口。如果井内所留套管深度较浅，且套管外无水泥固结，应将井内套管拔出（或切割后拔出），在井内全部灌注水泥浆封井。

①封堵套管鞋

当生产套管外被水泥固结到上层套管鞋以上至少有 30 m 时，在生产套管内，上层套管以下 30 m 到管鞋以上 30 m 井段位置打一个至少 60 m 的悬空水泥塞。

而当生产套管外没有水泥固结到上层套管鞋以上至少 30 m 时，管鞋的封堵可以采用封堵套管外无水泥井段方法进行封堵，同时保证在封堵后，在生产套管内留一个至少 50 m 的水泥塞。

②封堵套管外无水泥的井段

当井眼条件允许循环时，在水泥返高顶部附近进行射孔，通过在环空建立循环来进行水泥封堵。无法循环时，在待封堵井段高于层位顶界 1 m 及低于底界 1 m 处进行射孔，然后向炮眼里面挤水泥，挤堵半径不低于 1 m。封堵后都应在层位对应部位打水泥塞，水泥塞长度应不低于 50 m。

5.3.2 废弃钻井分级处理要求

（1）低风险废弃钻井应自下而上分别封固含水层、上层套管的套管鞋及井口。推荐的低风险井封井结构见图 5-10。

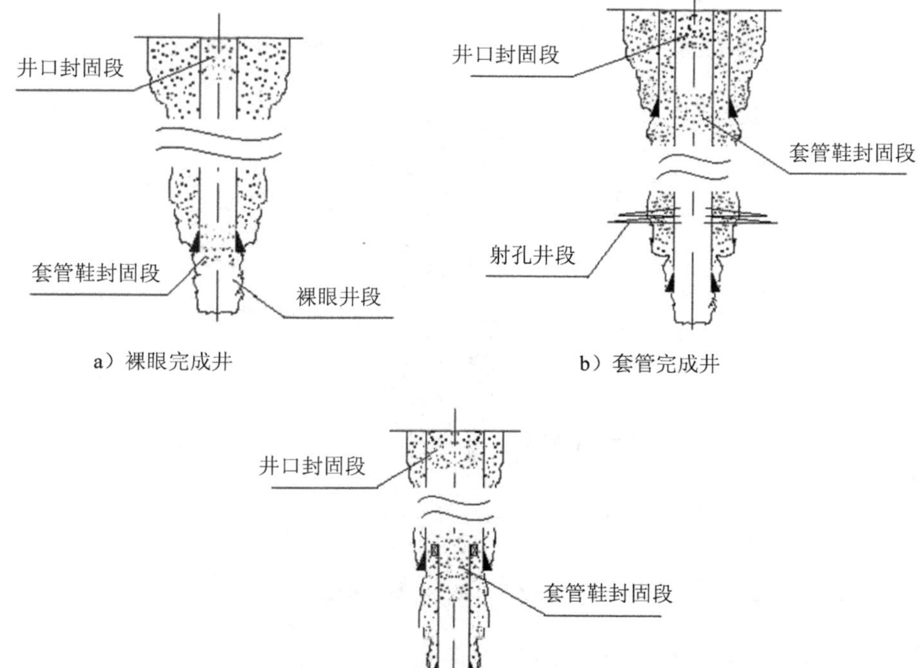

a）裸眼完成井　　b）套管完成井

c）尾管完成井

图 5-10 低风险井封井结构

（2）中风险废弃钻井应自下而上分别封固产层（或射孔段）、上层套管鞋（或本层套管水泥返高处）、井口。推荐的中风险井封井结构见图 5-11。

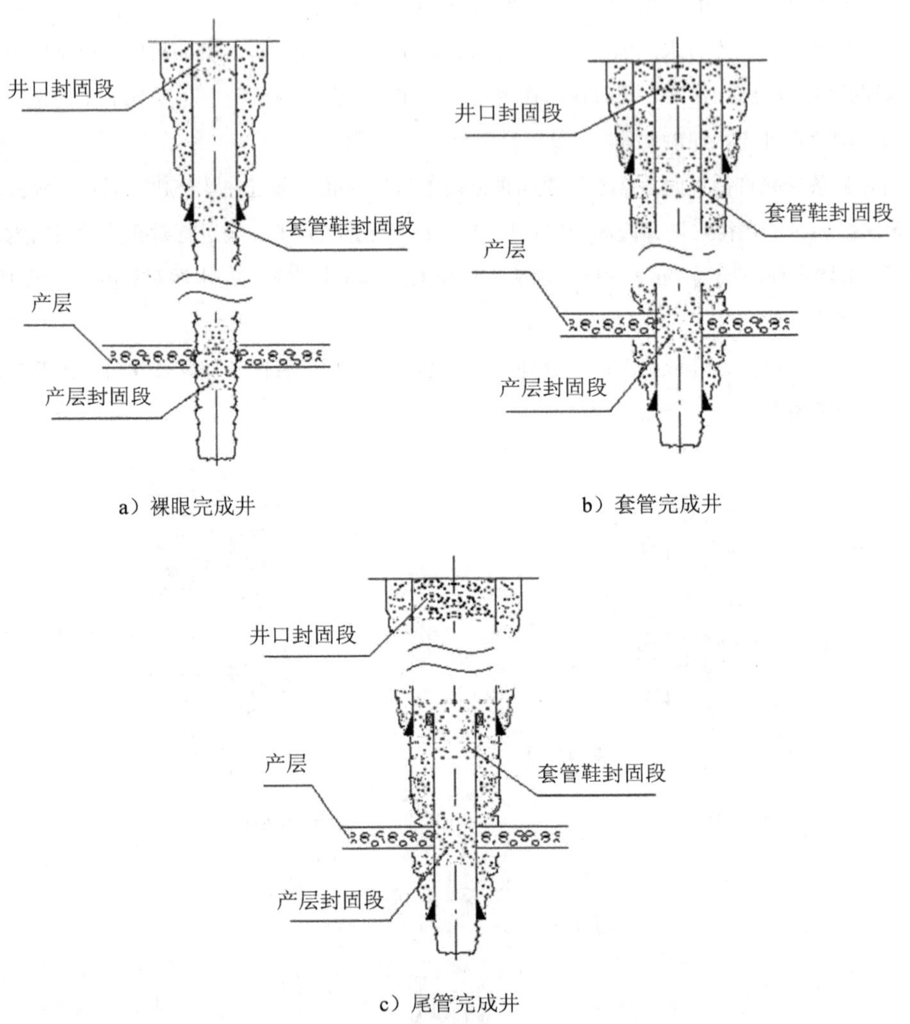

图 5-11 中风险井封井结构

（3）高风险废弃钻井除按照中风险废弃钻井封固井段外，应对射孔孔眼进行挤水泥作业，推荐的高风险废弃钻井封井结构见图 5-12。

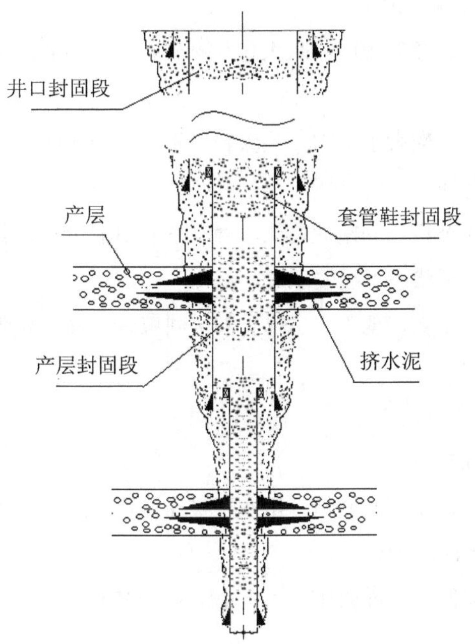

图 5-12　高风险井封井示意图

5.4　废弃取水井封井回填处理要求

5.4.1　废弃取水井封井回填技术要求

（1）井盖封堵

井盖尺寸和强度应满足要求，混凝土或钢筋混凝土井盖重量不宜低于 100 kg，应坚固、稳定、不错位。钢制井盖宜采用焊接或其他连接方式与井管固定，并进行防腐处理，在满足强度要求的基础上加 3～5 mm 防腐厚度。覆土厚度不应低于当地冻土层厚度且不小于 1 m。

（2）全井回填

a）总体要求

全井回填时，宜优先采用无污染的黏土（球、块）回填或水泥浆回填，井径较大的可使用水泥砂浆回填；其次采用无污染的井周围的原土或与水井地层相近的原土回填。

对于周围有建筑物、构筑物或道路，在抽水过程中因返砂而导致水井周围出现空洞，对回填有沉降要求，且附近没有饮用水水源井的废弃井，宜选用水泥水玻璃双液灌浆回填。

承压含水层基岩水井，基岩段宜选用水泥浆灌浆回填。

b）土、砂、级配砂石、黏土回填

①土块的直径不应超过井径的10%，最大直径不应大于50 mm，土中不应含有机杂质，含水率不应大于15%。

②砂、级配砂石含泥量不应大于10%，最大粒径不应大于50 mm，不应含有植物残体、垃圾等杂质，级配砂石应级配良好。

③黏土宜选用天然、无杂质和高塑性黏土，含水率应小于20%，黏土做成球（块）状，大小宜为20～30 mm，并应在半干状态下缓慢填入。

④回填应缓慢、均匀、密实，地下水位以上部位回填时，每5 m应回灌清水。有特殊要求的应采用分层夯实回填。

c）水泥浆回填

①水泥浆水灰比宜为0.5～1.2。

②水泥浆回填宜采用水泥浆灌浆回填。用灰浆泵通过管道注浆，注浆管插入井底，保持在浆液面下2 m以上，随灌随提注浆管。

③针对水井滤料的灌浆回填，灌浆压力不宜小于0.5 MPa。

d）水泥砂浆回填

①水泥砂浆的强度等级不宜小于M5。

②水泥砂浆可用提筒法或砂浆泵注入。

e）水泥水玻璃双液灌浆回填

①水泥强度等级不宜低于42.5。

②灌浆液水玻璃含量宜为3%。

③灌浆应不少于2序，1序水灰比宜为0.6～1.2，2序孔水灰比宜为0.4～1.0。

④终止灌浆压力不宜小于0.5 MPa。

（3）井管清除

a）井管清除深度

在全井回填前，应对地面以下一定深度的井管和滤料进行清除，清除深度不小于1 m。对于高风险取水井，还应清除导致含水层层间连通的井管和滤料，具体清除深度可根据含水层和隔水层的状况、土壤、地表水和地下水污染状况以及当地冻土层厚度等综合分析确定。

b）井管清除方法

井管清除可采用吊车、千斤顶、振动拉拔机等设备取出完整井管。不能完整取出的井管可采用切割、射孔或破碎等方法清除或者按一定比例和间隔局部破除（割管或射孔长度和间隔需达到水泥浆等封堵材料能均匀进入井壁管外壁与围岩间隙的标准，一般割管长度＞20%，射孔率＞30%），遗留套管不能影响封堵效果。

5.4.2 废弃取水井分级处理要求

（1）低风险废弃取水井可采取井盖封堵。

（2）中风险废弃取水井应全井回填，可不完全清除井管。

（3）高风险废弃取水井应清除导致含水层层间连通的井管和滤料后全孔回填。

5.5 井口处置

5.5.1 矿井

矿山井筒封填后应设置围栏和安全警示标志，建立统一标识，标注名称、坐标、建井时间与建井单位、井筒类型与深度、封井时间与封井施工单位等。

5.5.2 钻井

不要求留存井口的钻井应在封填后按相关规定恢复地貌，并视情况设置标识。

要求留存井口的钻井在封填后保留井口套管头，并设置相应的保护装置。气井封填后应安装简易井口、压力表和放气阀，设置井口房。井口应设置统一标识，标注名称、坐标、井口性质、建井时间与建井单位、封井时间与封井施工单位等。含硫井封填后应设立警示标志。

5.5.3 取水井

不要求留存井口的取水井应在封填后按相关规定恢复地貌，并视情况设置标识。

要求保留井口的取水井应设置统一标识，标注名称、坐标、封井时间与封井施工单位等。

5.6 废弃井封井回填验收

废弃井封井回填作业应建立档案，妥善管理，可参照附录A的格式填写废弃井基本情况表。

废弃井封井回填工作完成后，应进行验收。

（1）验收时应提交以下资料：

a）封井回填方案或施工设计书。

b）施工记录。

c）监理报告。

d）隐蔽工程验收记录。

e）见证取样试验记录。

f）竣工验收报告。

（2）验收时应符合下列规定：

a）封井回填材料应符合设计和规范要求。

b）回填材料的实际量应达到设计要求。

c）施工资料齐全。

d）井口标识清晰。

（3）验收合格的，可参照附录 B 的格式填写废弃井封井回填验收备案表，并对封井回填过程中形成的废弃井基本情况表、验收备案表、管理档案、注销的取水许可证复印件以及封井照片、录像等影像资料进行整理和归档。

（4）验收不合格的，应采取补救措施。